1998 年 7 月 5 日，江西省委副书记钟起煌（右一）
调研九江水文工作

1998 年 9 月 21 日，江西省副省长孙用和（前排中）
参加在九江召开的全省水文工作会

2001 年 5 月 24 日，水利部水文局副局长、总工程师
张建云（前排中）调研九江水文工作

2001 年，江西省水文局局长熊小群（右二）
陪同省水利厅副厅长孙晓山一行调研九江水文工作

2002 年 10 月 31 日，水利部水文局局长刘雅鸣（左二）
检查指导九江水文工作

2004 年 6 月 2 日，九江市委副书记邵春保（左）
调研九江水文工作

2007 年 4 月 12 日，九江市委副书记、
市长王萍（右一）调研九江水文工作

2009 年 7 月，九江市委常委、江西省九江军分区司令员
张玉生（前排中）在水情信息中心了解水文信息

2010 年 5 月 27 日，水利部水文局局长邓坚（前排中）
检查指导九江水文工作

2011 年 6 月 11 日，江西省副省长胡幼桃（左三）到渣津水文站检查指导防汛工作

2014 年 8 月 24 日，江西省水利厅厅长
孙晓山（右二）到梓坊水文站检查工作

2014 年，江西省水文局局长谭国良（左一）
到梓坊水文站调研工作

2015 年 3 月 4 日，江西省水利厅厅长
罗小云（中）到高沙水文站调研工作

2016 年汛期，九江市副市长赵伟（左）
对水文部门给予防汛工作的大力支持表示感谢

2016 年 7 月 6 日，江西省水文局局长
祝水贵（中）调研九江水文工作

2016 年 11 月 25 日，江西省水文局副局长
方少文（右一）考察九江水文巡测基地

1998年，九江市水文分局机关党支部在党员活动日重温入党誓言

2008年11月2日，九江市水文局机关党支部党员赴井冈山接受革命传统教育

2009 年 9 月 27 日，九江市水文局修水水文队赴韶山接受红色教育

2011 年 7 月 1 日，九江市水文局机关党支部组织党员和机关干部开展登山活动

2015 年 4 月 29 日，九江市水文局团支部开展"五四"专题活动

2016 年 6 月 6 日，九江市水文局开展警示教育活动

2016 年 12 月，九江市水文局参加市直工委举办的党章党规知识竞赛获奖

九江市水文局机关支部开展
"两学一做"主题党日活动

九江市水文局领导班子
民主生活会

九江市水文局领导上党课

九江市水文局接受市直工委党建工作考评

九江市水文局领导班子及领导干部述职述廉大会

九江市水文局参加《江西省水文管理办法》知识竞赛

九江市水文局办公楼

九江市水文防汛抗旱预测预报中心

修水高沙水文站

修水渣津水文站

修水先锋水文站

武宁罗溪水文站

永修虬津水文站

永修水文站

永修吴城水位站

德安梓坊水文站

瑞昌铺头水文站

都昌彭冲涧水文站

庐山观口水文站

中小河流水文监测系统建设武宁船滩水文站

中小河流水文监测系统建设永修鄱湾水文站

标准化水位测井

永修水文测报中心

瑞昌水文测报中心

彭泽水文测报中心

修水水文测报中心（位于县服务中心办公楼）

2009 年 8 月 17 日，长江水质应急监测

2011 年 1 月 25 日，踏雪维修监测设备

2013 年 2 月 19 日，中小河流设站洪水调查

2014 年 7 月 25 日，德安县特大暴雨水文观测

2015 年 5 月 26 日，与武警水电部队进行
大堤决口封堵演练

2015 年 6 月 7 日，修水先锋站抢测洪水

2016 年 3 月 31 日，九江市水文巡测基地（中心站）试运行启动会

2016 年 4 月 29 日，参加全省水文应急演练

2016 年 6 月 20 日，为抗洪部队提供水情服务

2016 年 6 月 21 日，都昌彭
冲涧站 "6·19" 洪水调查

2016 年 7 月 3 日，九江市
水文局水情科分析长江
九江段水情

2016 年 8 月 9 日，九江市
水文局参加全市防汛调度会

汛前准备缆道涂油

汛前准备高程接测

汛前准备桥测培训

汛前准备设备维护

水文应急监测演练

鄱阳湖地理信息采集

枯水期涉水测量

湖泊水质调查

全市第一口地下水监测站开建

水文新仪器使用　　　　　　　　　　　　墒情站网规范化建设

自主研发的 HCS－2000A 缆道自控仪

长江近岸水质调查

考察企业用水情况

雷达式水位雨量站

渣津水文站测流取沙双缆道

九江市水文局组织大合唱《我们这群人》

九江市水文局庆祝"三八"国际妇女节

九江市水文局庆祝"七一"登山活动

九江市水文局参加市直机关羽毛球比赛

九江市水文局参加市总工会健身长跑

退休职工欢度重阳节

"中国水周"宣传

"中国梦 水文梦"专题演讲

全省职工运动会太极拳表演

唱红歌比赛

彝族舞蹈表演

现代舞表演

舞蹈小品串烧

庆祝中华人民共和国成立六十周年联欢活动

中华人民共和国成立六十周年排练大合唱

九江市电视台记者采访宣传水文条例活动

水文文化宣传员培训

科技水文沙龙

九江市水文局赴南京水文自动化研究所进行科技交流

修水探源

汨罗江科学考察

水文化宣传期刊

学术研究永无止境

九江市水文局成立六十周年纪念画册

1998年抗洪抢险

全国水利系统先进集体

中华人民共和国人事部
中华人民共和国水利部
一九九八年十二月

江西省水利科技工作

先进集体

江西省水利厅
二○○二年五月

全省水利系统精神文明建设

先进集体

江西省水利厅精神文明建设指导委员会
二○○四年六月

赣鄱水利科学技术奖

三 等 奖

获奖成果：九江市八里湖水生态动态监测与研究
获奖单位：江西省九江市水文局
编号：GPJ-2016-3-D 01

赣鄱水利科学技术奖奖励委员会
二○○四年一月

2004年度全市统战工作

先进单位

中共九江市统战部
二○○五年三月一日

全省文明水文站

江西省水利厅精神文明建设指导委员会办公室
江 西 省 水 文 局
二○○五年七月

江西省2002-2005年度

群众体育先进单位

江西省体育局
二○○六年十月

全省水利系统（2003-2005年度）

文 明 单 位

江西省水利厅

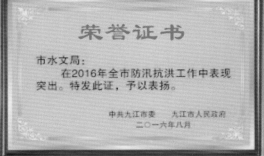

获得的荣誉奖状

1956年,《江西日报》报道永修女子水文站

1956年,永修女子水文站观测场景

1956年,水文职工工作证

1956年修建的庐山量水堰

1956 年手绘的修水水位站水尺断面图

1956 年设立的龙潭峡水文站站房

1957 年设立的杨树坪水文站站房

1958 年 8 月，九江水文分站从永修迁至九江市的站房

1974 年，水文资料整编工作合影

1977 年，水文职工赴韶山参观合影

1979 年，水文职工赴南昌学习合影

1983 年，铺头水文站全体职工合影

1993 年，全市水文工作会议合影

1996 年，重阳节水文局领导与退休职工合影

1997 年，罗溪水文站职工陈定贵（第二排右起第三人）来北京考察留念

2007 年 11 月 9 日，九江市水文局第一届职工代表大会合影

2016 年，九江市水文局领导班子合影

九江市水文志

江西省九江市水文局　编

中国水利水电出版社
www.waterpub.com.cn
·北京·

图书在版编目（CIP）数据

九江市水文志 / 江西省九江市水文局编. -- 北京：
中国水利水电出版社，2020.6
ISBN 978-7-5170-8590-4

Ⅰ．①九… Ⅱ．①江… Ⅲ．①水文工作－概况－九江
Ⅳ．①P337.256.3

中国版本图书馆CIP数据核字(2020)第092551号

审图号：赣S（2020）029号

书　　名	**九江市水文志** JIUJIANG SHI SHUIWEN ZHI	
作　　者	江西省九江市水文局　编	
出版发行	中国水利水电出版社 （北京市海淀区玉渊潭南路1号D座　100038） 网址：www.waterpub.com.cn E-mail：sales@waterpub.com.cn 电话：(010) 68367658（营销中心）	
经　　售	北京科水图书销售中心（零售） 电话：(010) 88383994、63202643、68545874 全国各地新华书店和相关出版物销售网点	
排　　版	中国水利水电出版社微机排版中心	
印　　刷	北京印匠彩色印刷有限公司	
规　　格	184mm×260mm　16开本　34印张　612千字　22插页	
版　　次	2020年6月第1版　2020年6月第1次印刷	
定　　价	**168.00元**	

《九江市水文志》编纂委员会

主　　任：吕兰军

副 主 任：曹正池

委　　员：黄良保　　张　纯　　黄开忠

主　　编：樊建华

成　　员：王东志　　占承德　　兰　俊　　代银萍

　　　　　江小青　　李晓辉　　刘　敏　　陈义进

　　　　　余兰玲　　金　戎　　张九耘　　段青青

　　　　　欧阳庆　　桂良友　　殷晓杰

序一

《中华人民共和国水文条例》第一章总则第三条指出：水文事业是国民经济和社会发展的基础性公益事业。

水文是指自然界中水的各种变化和运动的现象，它研究自然界水的时间变化和空间分布。基层水文通过对各项水文要素的长期监测与分析，对水资源的量、质及其时空变化规律进行研究，为水旱灾害防治、水资源合理开发利用、水环境保护和水生态修复提供科学依据。

九江的水文观测始于清光绪十一年（1885年），开江西水文观测之先河，并把江西有记录的水文观测历史延长至134年，是江西水文的奠基石。一百多年来，九江水文经历了1885—1955年的努力探索阶段，1956—1978年的曲折前进阶段及1979年以后的改革发展阶段。一百多年来，九江水文已由当初的一粒种子，逐渐成长壮大，枝繁叶茂，在有些领域，甚至引领着江西水文的发展方向。

《九江市水文志》是江西省市级水文机构第一部记述水文事业的专业志书，它全面地记述了九江水文事业的发展过程，系统地反映了九江水文在站网规划建设和管理、水文基础设施建设、水文测验和资料整编、水文情报和预报、水环境监测、水资源调查评价、水文科研、人才队伍建设、水文文化建设等方面取得的巨大成就。《九江市水文志》体例完备、资料翔实、内容丰富、朴实简洁、文风严谨、语言精练，凝聚了编纂人员的心血和汗水，是一部成功的行业志书。

《九江市水文志》的出版问世，为人们了解、认识和研究水文科学在人类发展中的地位提供了帮助，为江西省水文文化事业增添了一朵艳丽的小花，能够起到"存史、资政、育人"的良好作用，同时为全省其他市级水文机构编纂水文志书提供了借鉴，值得庆贺。

江西省水利厅党委书记、厅长：

2019 年 8 月 15 日

2016 年 3 月，因工作需要，我加入到了江西水文这个大家庭，正赶上《江西省志·水文志》作为新增首部志书列入《江西省志》序列，这是江西水文的一件大事。

随着我对水文工作的逐步深入和了解，对江西水文的发展历史有了新的认识。江西最早用近代科学方法进行水文测验，是在 1885 年九江海关观测九江降雨量，1904 年观测长江水位、1922 年巡测长江九江流量、1923 年加测含沙量。九江水文的发展历史，可以说就是江西水文发展历史的缩影。如何对这一段历史加以总结、发展和传承，我和九江市水文局的吕兰军同志有着一个共同的想法，那就是借着全省第二轮志书修编的东风，把《九江市水文志》列入议事日程。

2017 年 3 月 17 日，我收到了九江市水文局关于成立《九江市水文志》编纂室的通知文件，之后也听取了九江市水文局关于志书编纂进度的汇报，时至今日，也就是短短的两年时间，《九江市水文志》即将出版，时间之快，质量之高，记述之全面仍然让我吃惊不小，在此，向参与《九江市水文志》编纂的全体工作人员表示感谢。

作为全省第一部市级水文专业志，该志以大量翔实的资料为基础，本着略古详今、实事求是的原则，客观地记述了九江市水文工作的发展历程，特别是对改革开放以来的水文发展历史情况记述的尤为详细。对探索九江水文的规律、总结历史经验、传承水文文化、推动未来九江水文事业更好更快的发展具有重要的现实意义。

希望《九江市水文志》的出版，可以推动江西省各个地市水文志书的编纂工作，并借此机会，向一直关心江西水文事业发展的有关单位和领导，以及为江西水文事业发展作出贡献的水文工作者表示衷心的感谢。愿江西的水文事业在新的历史发展时期，谱写出新的更加辉煌的篇章。

江西省水文局党委书记、局长：

2019 年 8 月 16 日

序三

　　九江市江河湖泊众多、水资源丰沛、生态环境优美，但洪、涝、旱灾频发。进入 21 世纪以来，水资源短缺、水环境污染、水生态损害成为水利工作的主要问题。江西省九江市水文局为此做出了艰苦卓绝的努力，在为地方防汛抗旱、水资源管理、水环境保护和水生态修复、经济社会发展等所做的工作成为历史缩影。

　　江西水文始于九江，编纂《九江市水文志》成为大家的共识。2017 年 3 月 16 日局党组会议上，大家一致认为编纂《九江市水文志》是水文文化建设的一个重要内容，具有资政、存史、教化功能，是功在当代、利在千秋的水文文化建设基础工程，有利于推进水文文化传承创新、增强水文凝聚力。因此，决定成立编纂委员会和编纂室，由樊建华同志担任主编。

　　樊建华同志不辱使命，本着"志书属信史，信史要精修"的原则，与编纂室同志一道，按照"篇、章、节、目"志书结构，以时为经，以事为纬，横分门类，纵写历史，重点突出，记述全面，分 7 篇、24 章、92 节，全书约 60 万字。

　　在两年半的时间里，樊建华同志不辞辛劳，广泛征集资料，探其本末，溯其渊源，并到各水文站访贤问老，请教专家和当事人，或座谈交流，或促膝谈心，获得了第一手资料，进行了大量的整理、分析、校核和编写工作，可谓殚精竭虑，案牍劳形，其情甚笃，其意殷殷。2019 年 1 月形成的初稿，得到市方志办专家的肯定；修改后，2019 年 5 月形成送审稿，通过市方志办组织的技术审查和批复；进一步修改后正式出版。可喜可贺！

　　《九江市水文志》的编纂，是落实"监测、服务、管理、人才、文化"五位一体工作思路的体现，得到上级领导的高度肯定，省水利厅厅长罗小云为志书写序，省水文局局长方少文多次过问志书编纂进展并写序；也是"情系九江、把脉河湖、精准测报、服务社会"九江水文人核心价值观的充分写照，得到九江水文全体职工的积极支持并提供了大量宝贵的第一手资料。本志的编纂得到市方志办的高度重视和精心指导；作为行业志，得到长江水利委员会下游局九江水文分局、江西省鄱阳湖水文局的鼎力相助。在此，表示衷心感谢，并致以崇高的敬意！

九江市水文局党组书记、局长：

2019 年 8 月 20 日

凡　例

一、本志以马克思列宁主义、毛泽东思想、邓小平理论、"三个代表"重要思想、科学发展观和习近平新时代中国特色社会主义思想为指导，坚持党的路线、方针、政策，坚持辩证唯物主义和历史唯物主义，坚持实事求是原则，全面系统记述九江市的水文历史变化状况。

二、本志遵循"统合古今、详今略古、存真求实"的原则，突出九江市水文专业特点，全面系统地记述事物的客观实际，充分反映九江水文事业的发展和现状，力求具有鲜明的专业性、地方性和时代性。

三、断限。本志为首轮九江市水文志，所叙事物尽量追溯其发端，以阐明历史演变过程。上限始自用近代科学方法进行水文测验工作的清光绪十一年（1885 年），下限为 2016 年年底。

四、本志以志为主体，概述为总纲，大事记为脉络，辅以图照、表及附录等；采取横排门类、纵述史实、横不缺项、纵不断线、以类系事、以事系人和生不立传的传统志书体例。

五、篇目基本框架包括图照、序、凡例、目录、概述、大事记、专业志、人物、附录、编后记等。专业志中设篇、章、节、目，全志共 7 篇、24 章、92 节，约 60 万字。

六、本志除概述、大事记外，各篇、章下均设无题小述。

七、本志大事记以编年体为主，辅以纪事本末体，原则上一事一条，以时为序，纵贯古今。

八、本志个别词语的解释，以随文括注方式标注。

九、本志一律使用规范的现代语体文，以第三人称记述，述而不论，寓褒贬于记述之中。

十、本志纪年，凡 1949 年 10 月 1 日以前的，采用历史纪年括注公元纪年；1949 年 10 月 1 日起，采用公元纪年。志中"现""今"等指下限 2016 年。

十一、人物的称谓，除引文外，一般直书其名。所加职务（职称）、学衔冠于人名之前，身份一般与人物活动内容相关。

十二、本志中的水文测站，是指为收集水文监测资料在江河、湖泊、渠道、水库和流域内设立的各种水文观测场所的总称。

十三、本志中水文站、水位站站名一般用全称，个别情况用简称。其他类型站名多用简称。志中无特殊说明的，"省"指江西省，"市"指九江市，"国家防总"指国家防汛抗旱总指挥部、"省防总"指江西省防汛抗旱总指挥部，"部水文局"指中华人民共和国水利部水文局，"长江委"指长江水利委员会，"黄委"指黄河水利委员会。

十四、本志所用数字、标点符号，以《出版物上数字用法》（GB/T 15835—2011）和《标点符号用法》（GB/T 15834—2011）为规范。

十五、本志使用的量和单位，以《量和单位》（GB 3100～3102—1993）为准，一律采用中华人民共和国法定计量单位。

十六、本志资料，取自九江市档案馆，《江西省·水文志》编辑室，江西省水文局文书档案室、科技档案室、人事档案室、水文年鉴、历年《江西水文》合订本、历年《九江水文》、江西省九江市水文局各科室。入志资料翔实可靠，均经检查核实，力求准确无误。所有资料一般不注明出处，重要文件括注文号；引文、辅文和需要注释的专用名词、特定事物，随文括注。

十七、本志的水文数值，多以水文年鉴刊印的数值为准；部分水文年鉴未刊印的数值，则以测资、水情、水资源等部门统计的数值为准。其他类型数据以国家统计部门公布的法定数据为主，专业部门数据和调查数据为辅。

十八、本志站点统计时，凡以水位、流量测验为主的，作为水文站统计；以水位观测为主的，作为水位站统计；以降水量观测为主的，作为雨量站统计。

十九、本志各站水位特征值采用的高程系统如下：长江九江水文站、修水高沙水文站、修水先锋水文站、永修水文站、永修虬津水文站、永修吴城水文站、武宁罗溪水文站、都昌棠荫水文站、都昌水位站、星子水位站、鄱阳湖湖口水文站为吴淞基面；修水渣津水文站为黄海基面；

德安梓坊水文站、瑞昌铺头水文站、都昌彭冲涧水文站、庐山观口水文站为假定基面。

二十、第一篇第三章第二节水系中，河流名称在河湖普查中有部分改变，但在水功能区划名称中为了保证引用文档的一致性，水功能区名称仍使用当时区划时的河名。开发利用区后面括号内的为该区划中的二级区划。

二十一、九江市共有长江水利委员会长江下游水文水资源勘测局九江分局、江西省九江市水文局、江西省鄱阳湖水文局三家水文单位，分别管辖不同的水文区域。本志书只对长江水利委员会长江下游水文水资源勘测局、江西省鄱阳湖水文局做站点上的统计，不涉及其他内容。

目录

第二篇　水　文　监　测

第三篇　水 文 情 报 预 报

第四篇　水 文 资 料 与 分 析

第七篇　人物与荣誉

概　　述

一

　　九江市位于江西省北部，地处赣、鄂、湘、皖 4 省交界处的长江中、下游南岸。市境地理坐标为东经 113°56′～116°54′，北纬 28°41′～30°05′，全境东西长 270km，南北宽 140km。距省会南昌 115km（直线距离，下同），东南距景德镇市 125km，距上饶市 234km，东北距安徽省安庆市 138km，西北距湖北省黄冈市 102km、距湖北省黄石市 109km，西距湖北省咸宁市 163km、距湖南省岳阳市 281km，西南距宜春市 262km。

　　至 2016 年，全市下辖 8 县、3 市、2 区，有 102 个镇、79 个乡和 14 个街道办事处，总面积 19078km²。

　　境内平均海拔 32m，市区平均海拔 20m。俗称"六山二水半分田，半分道路和庄园"。西部为丘陵山区。西南的九岭山脉主脉蜿蜒修水、武宁、永修，是修水流域与锦江流域的分水岭，主峰九岭尖海拔 1794m，为全市地势最高点。西北的幕阜山脉主脉蜿蜒修水、武宁、瑞昌，是江西省与湖北省的分界山脉，主峰老鸦尖海拔 1656m。两大山脉之间，组成丘陵山区。东部彭泽、都昌、湖口有怀玉山脉余脉，主峰大浩山海拔 859.4m。中部唯有庐山飞峙于大江之滨，余则多为鄱阳湖平原。庐山市蛤蟆石附近鄱阳湖底海拔 −9.37m，是全市地势最低点。全市地形东西高，中间低，南部略高，向北缓渐倾斜。

　　境域山地、丘陵、平原、水域纵横交错。山地面积 4883.968km²，占市总面积的 25.6%；丘陵面积 6467.442km²，占市总面积的 33.9%；平原面积 4502.408km²，占市总面积的 23.6%；水域面积 3224.182km²，占市总面积的 16.9%。水域面积包括湖泊、河流、水库、池塘、港汊等，其中湖泊面积 2218.237km²，占水域面积的 68.8%（内含市管辖鄱阳湖水面 1982.12km²）；池塘、水库、港汊等面积 609.371km²，占水域面积的 18.9%；河流面积 396.574km²，占水域面积的 12.3%。

　　九江市河流集水面积在 10km² 以上的有 310 条，河流总长 4924km，相应

1

的河网密度为 0.227km/km²。流域划分为修水水系（主要河流有渣津水、东港水、杨津水、北岸水、杭口水、武宁水、奉乡水、安溪水、船滩水、洋湖港水、罗溪水、巾口水、大桥河、潦河、龙安河）、鄱阳湖湖区水系（主要河流有徐埠港、土塘水、博阳河、庐山水）、长江中游干流下段南岸（主要河流有长江干流九江段、乐园河、南阳河、长河、横港河、沙河）、长江下游干流上段南岸（主要河流有太平河、东升水、浪溪水）、洞庭湖水系（主要河流有渎水）5 个区域。主要湖泊有鄱阳湖、赤湖、赛城湖、八里湖、甘棠湖、南门湖、芳湖、太泊湖。

九江属中亚热带向北亚热带过渡地区，气候温和，四季分明，雨量丰沛，水量充足。全市多年平均气温 16.9℃，除庐山市、共青城市年平均气温低于多年均值外，其他市（县）年平均气温都高于多年均值。气候具有春寒、夏热、秋燥、冬冷、无霜期长和冰冻期短的特点。

1956—2016 年，全市多年平均降水量为 1508.7mm，雨水分配不均匀，年降水量 40%～50% 集中在夏季。多年平均年径流量为 148.25 亿 m³，平均每平方千米 78.8 万 m³，平均年径流深为 787.6mm，多年平均水资源总量 154.4254 亿 m³。全年日照充足，日照时数多年平均为 1708.8h。平均年水面蒸发量为 700～1100mm（E-601 型蒸发皿）。年平均相对湿度 79% 左右。

九江市土壤类型及分布变化复杂，具有水平分布规律和垂直分布规律相互交错的特点。从水平分布上形成由北向南的黄壤、红壤地带，从垂直分布上由于山体坡向、山体形状不同，形成由上而下为暗棕壤、土地棕壤（局部山地草甸土、山地沼泽土）、山地黄棕壤、黄红壤土壤带谱。

九江市林业资源丰富，植被属亚热带绿阔叶林过渡北亚热带的常绿阔叶与落叶阔叶混交类型。植物资源约 3000 种，树种达 1264 种，属国家重点保护的珍稀树种 40 余种。森林覆盖率达到 55.2%，经济林木主要有油茶、油桐、板栗和漆树等。

九江市北临长江，东滨鄱阳湖，修水蜿蜒于西南，是水灾多发地，也是全国重点设防城市之一。水灾在 12—14 世纪，大抵每 10 年出现一次；15—17 世纪，平均每 4 年出现一次；18 世纪以后，平均每 3 年就出现一次。除水灾之外，九江的自然灾害种类繁多，如气象类灾害、地质类灾害等。

二

江西水文始于九江。清光绪十一年（1885）三月，九江海关观测九江降水量；光绪三十年（1904）一月，又在九江西门外开始观测长江水位。

民国 11 年（1922）5 月，扬子江水道讨论委员会九江流量测量队沿用海关水尺观测九江水位；8 月，又巡测九江流量；次年 3—10 月，加测含沙量。

江西水利部门设立水文观测站始于民国 17 年（1928）9—10 月间，吴城、星子和湖口水文观测站是最早设立的观测站之一。民国 25 年（1936）开始，时局动荡，受战争影响，水文测站时设时撤，资料系列短暂。至民国 38 年（1949）上半年，九江市仅有九江水位站还在保持观测。

1956 年以前，九江的水文测站是从满足流域规划、兴建水利工程和防汛工作的需要布设的，没有整体规划。1956 年，九江遵照水利部及江西省的统一布置，在学习苏联经验的基础上，进行第一次水文基本站网规划。以后，随着水文资料的增加和设站后不同时期的要求以及站网工作中存在的问题，于 1964 年、1975 年、1984 年进行三次分析验证和调整充实。至 1990 年，九江市基本建成按一定规划原则布设的、较为合理的水文站网，基本上能满足水利水电建设和国民经济建设发展的需要。但由于水文管理体制的两次下放和两次上收以及设站所需人力、财力和物力等条件制约等原因，后三次规划均未得到全面实施。

2006 年，九江水情分中心开始建设；2008 年、2009 年、2011 年山洪灾害防治第二、三、四期工程分批实施；2011 年中小河流预警系统建设开始启动；2011 年、2012 年、2015 年山洪灾害防治非工程措施开工建设。随着这些项目的逐步实施，九江市水文站网建设进入快速发展阶段，建成任务涵盖防汛抗旱、水资源管理及保护和水生态安全各领域、地理布局基本合理、监测项目基本完备的水文监测站网体系。截至 2016 年年底，全市已建水文（位）站 243 站、雨量站 361 站、泥沙站 1 站、蒸发站 13 站、地下水站 19 站、墒情站 57 站、水质站 109 站。

九江的水文测验工作经历了从最初的雨量、水位人工观测过渡到利用仪器设备进行自记记录，再到多项目水文测验，逐步实现现代化的漫长进程。特别是中华人民共和国成立后，严格执行全国统一的技术标准，建立健全各项水文测验的规章制度，明确水文测站的勘测任务和技术要求，水文测验技术逐步走向系统化、规范化、现代化，测验设备也不断改进提高，逐步引进应用测报新技术，提高了测验成果质量、工作效率和为水利建设以及国民经济建设服务的能力。

水文调查是水文工作的重要组成部分。为适应航运事业的发展和军事的需要，民国 25 年（1936），九江市水文部门配合江西水利局在全市开展河流水文调查。

中华人民共和国成立后，随着国民经济建设和水文事业发展的需要，九江水文系统配合有关部门开展内容广泛的水文调查。这些调查，补充了水文测站定位观测的不足，为国民经济建设特别是水利建设提供了基本的水文资料。

截至 2016 年，全市水文系统的水文调查主要对河流、暴雨、洪水、山洪灾害、洲滩、鄱阳湖泥沙淤积、水质调查和水资源进行了调查等工作。

三

水文情报预报是掌握雨情、水情，分析和预测未来水文情势变化的一门科学，对合理利用水资源，保护人民生命财产安全和减免灾害损失等方面，起着非常重大的作用。

九江市水文情报工作始于 1949 年，预报工作始于 1954 年。至 2016 年，通过各个不同历史时期的发展建设，已逐步形成覆盖全市的水情报汛网络，预报工作也随之取得了长足进步。2016 年，全市共有 604 个情报站，初步建立起一套比较健全的水文情报预报工作体制，基本满足全市水情监测和预报的需要。随着计算机技术和现代通信技术的发展，水情信息采集和传输实现自动化，提高了水情信息传递的速度和准确率，能够确保中央报汛站水雨情信息 20min 内传递至国家水情信息中心。

水文预报服务于防汛抗旱工作，在 1954 年、1973 年、1983 年、1995 年、1998 年、1999 年、2005 年、2010 年、2016 年等历次大洪水过程中，都发挥了突出作用。

2005 年，江西赣禹遥测技术服务中心承建彭泽县浪溪水库、九江县马头水库遥测系统建设，开创九江市信息与服务系统建设的先河。

2006 年，九江首次执行《江西旱情信息测报办法》，辖区内报送河道旱情的站点有 10 站，报送蒸发量的站点有 6 站，报送墒情的站点有 7 站。

按照国家防汛抗旱总指挥部《关于印发〈水情预警发布管理办法（试行）〉的通知》（国汛〔2013〕1 号）的要求，长江防汛抗旱总指挥部办公室、九江市水文局、鄱阳湖水文局分别制定相应的试行办法，从 2014 年开始试行，永修、梓坊、星子、都昌、九江 5 站根据不同水位级别，适时发布蓝色、黄色、橙色、红色洪水及枯水预警信息。

至 2016 年，水文信息历史库、实时水雨情报汛数据库、遥测水雨情数据库、山洪灾害预警雨水情信息采集数据库、水质数据库等基本建成，实现了信息实时接收转发处理。开发实时雨水情查询系统、遥测雨水情查询系统等，基本实现实时雨水情及洪水预报等信息的网上发布与查询。

四

水文资料是指通过实地调查、观测及计算分析所得的与水文有关的各项资料。水文资料整编及刊印是将水文资料按科学方法和统一图表格式进行整编、审查、汇编和刊印，为国民经济建设各部门提供基本系统的水文资料，其主要工作分在站整编、资料审查、资料复审验收、资料汇编几个阶段。

九江市用近代科学方法进行水文测验始于清光绪十一年（1885），民国27年（1938），九江水文历史上第一次对涂家埠、星子和湖口站资料进行了手工整编，资料范围为民国18—26年（1929—1937）的水位和降水量资料。

1956年，省水利厅出版江西省有水文记录以来第一册水文年鉴。1988年，水文年鉴暂停刊印，2000年逐步恢复水文年鉴刊印。2007年，全省按《水文资料整编规范》要求，各项水文资料整编成果全面恢复刊印。

九江水文数据库建设同全省同步，工作始于1991年。在做好原始数据录入的同时，建立数据库管理制度，并完善数据库查询系统，提高了数据库服务水平。

从1958年开始，编印出版九江地区及各县水文手册，编制工作至1974年结束。后参与全省的暴雨洪水查算手册的编制，2008年对查算手册进行补充和创新。对辖区内的9处水文站点，从断面的稳定性、历年水位流量关系、流量测次等方面进行测站特性分析，并对暴雨等值线、历史洪水调查、中小河流产汇流、测站巡间测等进行专题分析与计算。

五

1958年，张良志撰写的《三碛滩站测速测深垂线分析》在《水文》特刊登载，这是九江水文历史上发表的第一篇科研论文。至2016年，在期刊发表较有质量的科技学术论文达78篇，其中有30篇刊登发表于全国中文核心期刊、全国科技核心期刊、国家级期刊上；有10篇入选各类论文专辑；有13篇分别获得中国水利学会、江西省水利学会、九江市科学技术协会颁发的优秀论文奖和二、三等奖。

2005年1月，《修水县淹家滩电站水资源论证报告》完成，顺利通过了江西省水利厅组织的评审，这是九江市水文部门完成的第一个水资源论证报告。2008年，九江市水文局在全省第一批取得建设项目水资源论证乙级资质，有16人通过培训，取得水资源论证上岗证书，编制各类水资源论证报告书88份，涉及行业有水利、采掘、纺织、建材、化工、规划等，为水行政主管部门实施取水许可提供了重要依据和保障。

1977年6月，九江地区气象水文局分设，水文系统成立九江地区水文站，正式以九江地区水文站的名义加入九江地区水利学会。2005年，九江市水文局有43人登记为九江市水利学会会员，其中有27人登记为江西省水利学会会员，有10人登记为中国水利学会会员。

在基础理论研究方面取得成果。为编写《湿润地区小河站网规划分析方法》提供基础资料，先后设立南山、大坑、王坑、彭冲涧、爆竹铺等小河水文站点；承担长江水资源保护局《长江九江段近岸水域水环境水资源质量调查》《长江九江段入江排污口调查》两个课题的研究工作；承担江西省水利厅《九江市八里湖水生态动态监测与研究》《九江高沙水文站下游电站泄流关系率定》课题研究，前者获赣鄱水利科技三等奖。

在应用技术研究方面取得突破。1991年，邓镇华同省水文局及上饶地区水文站科技人员一同完成水利部《PAM－8801型水文缆道微机自动测流取沙控制系统》的开发研制工作，应用于部分水文测站。该项目获得1991年度水利部科学技术进步奖四等奖、江西省科技进步三等奖；1999年，承担江西省水利厅《HCS－2000A型水文缆道测流自动控制仪》的开发研制，2000年项目完成并通过验收，在江苏、浙江、福建、云南、海南、湖南、安徽、湖北、江西、长江委10个省（部门）水文测站得到推广应用；由九江市水文局设计承建的大跨度单跨缆道及克服漂浮物干扰使缆道正常运行的宽浅河床单跨钢管内走线缆道新技术在江西、海南、湖北、安徽等省推广；1999年，采用网格定位法施测长江九江段近岸水下地形，采用计算机自动设计护岸抛石线，为抛石固岸提供可靠的科学依据，其技术在邻省推广。

六

清光绪十一年（1885）三月，九江海关首先建立测候所观测降水量。清光绪三十年（1904）一月一日，九江海关在九江西门外长江设立水尺（通称"海关水尺"）开始观测水位。站点的设立均为当时航运所需，九江海关承担所有的水文管理工作。

民国11年（1922），扬子江水道讨论委员会九江流量测量队沿用海关水尺观测水位。九江水位站是流域机构在省内最早设立的水文观测机构。扬子江水道讨论委员会承担所有的水文管理工作。

至1952年1月，各水文测站工作由江西水利局直接领导。1952年2月，省水利局将永修二等水文站定为中心站，分片管理九江水文测站业务和经费核拨工作。1953年4月，全省按水系划分中心站管理范围，永修站调整为一等水文站开始分片管理所属测站，并配备有财务会计人员，同时指定技术干部为中心站负责人。1954年，永修一等水文站调整为水位站，设武宁三硔滩一等水文站作为修水水系的中心站。1954年12月，地方党委调派行政干部任一等水文站站长。

1956年11月，设立江西省水利厅水文总站九江水文分站，成为地区级的水文管理机构。至1979年，九江水文管理机构变动频繁。1980年1月1日，完成九江市水文管理体制上收工作，九江地区水文站作为省水利厅的派出机构，由省水利厅直接领导，省水文总站具体管理。1983年8月，九江市行政区划调整，九江地区水文站更名为九江市水文站。1989年1月20日，更名为江西省水利厅九江市水文站。1993年3月12日，更名为江西省水利厅九江市水文分局。2005年8月1日，更名为江西省九江市水文局。

2008年10月，完成九江市水文局参照公务员法登记，全局共有在职职工87人，其中55人参照公务员管理，保留工勤人员32人。2013年10月24日，九江市水文局实行省水利厅和九江市人民政府双重管理体制。

九江市水文局主要职责为负责《中华人民共和国水文条例》和国家、地方有关水文法律、法规的组织实施与监督检查；负责全市水文行业管理；归口管理全市水文监测、预报、分析与计算、水资源调查评价、水环境监测和水文资料审定、裁决；负责全市防汛抗旱水雨情信息系统、水文数据库、水资源监测评价管理服务系统的开发建设和运行管理，向本级人民政府防汛抗旱指挥机构、水行政主管部门提供汛情、旱情实时水文信息；承担全市范围内江、河、湖、库洪水预测预报，水生态环境、城市饮用水监测评价工作，以及水文测报现代化、信息化和新技术的推广应用工作。

1979年9月，成立中共九江地区水文站支部委员会。1993年3月，更名为中共九江市水文分局支部委员会。2003年2月，成立中共九江市水文分局党组，8月成立中共九江市水文分局机关党支部，隶属于九江市直机关工委领导。2005年8月，更名为中共九江市水文局支部委员会。2009年11月，成立中共九江市水文局机关总支部委员会，下设机关党支部和离退休党支部。各水文巡测中心按照属地管理原则，由各地基层党委领导，九江市水文局机关党总支进行指导。1983 年，成立九江市水文站工会委员会。2013 年 5 月，成立共青团九江市水文局支部委员会。市水文局工会、团支部隶属九江市直机关工会、团委领导。

2016 年，江西省九江市水文局（九江市水资源监测中心）内设办公室、组织人事科、水情科、水资源科、水质监测科、测资科、地下水监测科、自动化科、德安梓坊水文站、武宁罗溪水文站 10 个副科级机构；设九江水文勘测队、永修虬津水文站、修水水文勘测队、修水高沙水文站 4 个正科级机构，分职能对九江水文的人力资源、水文业务、水文档案等进行相应的管理。

七

九江的水文文化内涵十分丰富，在精神文明创建、水文宣传、水文文化方面开展了大量的、卓有成效的系列活动，捧得众多奖项，提升了职工的精神境界，丰富了职工的精神食粮，营造了良好的工作氛围，促进了九江水文工作的高效发展。

至 1990 年，新闻机构刊登九江水文的报道为数不多。1990 年之后，随着水文对外宣传力度的加大，在电视、报刊等各类新闻媒体上经常能看到九江水文人自己采编的新闻稿件。之后，九江水文好新闻、好作品不断，作品刊登于全国数十家报刊，多次荣获全省水文宣传先进集体，多人荣获全省水文宣传先进个人和热心撰稿人。

九江水文系统的精神文明建设始于 1997 年 7 月，根据省水文局党委下发的《全省水文系统精神文明建设"九五"规划》，成立九江市水文分局精神文明建设指导小组，分局支部委员会书记任组长，下设办公室。1999 年，高沙、先锋水文站被省水利厅团委授予厅直首批"青年文明号"荣誉称号。修水水文勘测分队、武宁罗溪水文站被江西省水文局党委授予"全省水文系统文明站队"。有多人被江西省水文局党委授予"全省水文系统文明职工"。九江市水文分局获水利厅"精神文明先进集体"，荣获全省水利系统首届（2001—2002 年度）"文明单位"和"2002—2003 年度全省水利系统精神文明建设先进集体"。

2005—2010 年，策应省水文局号召，连续在全市水文系统开展测报质量、绩效考核、公共服务、学习教育、机关效能和创业服务等主题突出、组织扎实、成果显著的水文主题活动，丰富了九江水文文化建设的内涵。

九江市水文局多年坚持开展形式多样的群众性体育健身活动，如工间操、太极拳、乒乓球、羽毛球、篮球、跳绳、健身器械运动、拔河、登山、长跑等，每年参加九江市直机关工委举办的乒乓球、长跑、太极拳等比赛。2004年9月22日，九江市水文分局太极拳队代表九江市赴南昌参加江西省首届机关运动会，获得团体甲组（女子40岁、男子45岁以上级）第七名和个人项目竞赛第十名的好成绩。2006年荣获"江西省2002—2005年度群众体育先进单位"，同年代表江西水文参加省水利厅太极拳比赛获得第一名。2008年再次代表九江市参加全省第二届机关运动会，获全省第二届机关运动会太极拳比赛第六名。

历年来，有多人的多部文学作品入选省水文局编辑的《远方的水文人》、全国水文文学作品集《倾听水文》和《江西水文化》丛书。

八

中华人民共和国成立后，在历年的水文测报工作中，九江水文干部职工刻苦钻研业务技术，努力掌握操作技能，吃苦耐劳，爱岗敬业，忠于职守，为防汛抗旱、防灾减灾、水资源开发利用管理、水利工程和国民经济建设作出了重大贡献，涌现出一大批先进集体和模范人物，获得众多荣誉和奖项。

郭华安、王宪文、周广成先后担任九江市水文部门的主要领导，是九江水文事业的开拓者和杰出代表，在省内外水利、水文界都有较大影响力，并在水文科研等方面取得了许多重要成果。在历年的水文测报工作中，有2位基层水文测站职工因公殉职；有5位职工受到省、部表彰；有5位职工获得九江市劳动模范荣誉称号。

九江水文部门为防汛抗旱、防灾减灾、水资源开发利用管理、水利工程和国民经济建设等提供了大量的、准确的、科学的水文服务，获得了社会的认可，受到了上级的好评。共获得109次县级（含县级）以上集体表彰，有154人次获得县级（含县级）以上个人表彰。

九

九江水文发展与社会发展息息相关，经济越发达越需要水文，社会越进步越重视水文。

九江水文服务对象从最初的相对单一到改革开放阶段的政府多个部门再到现在的社会各个方面，水文经历了工程水文、资源水文和生态水文三个历史阶段，反映了水文的与时俱进。从单一的为防汛抗洪服务，发展到为防汛抗旱、水资源管理和水生态环境保护等全方位服务。

九江水文还存在能力建设相对滞后、体制机制不够健全的问题；水文站网布设还不能完全满足水功能区、界河、土壤墒情、城市防洪、生态环境保护的需要；蒸发、流量、泥沙尚未实现自动监测，报汛自动化信息化进展较慢；县域水文发展相对薄弱，部分县（市、区）还未设立水文机构；地方投入有待加强；激励机制尚需完善。

最大限度地满足社会需求是九江水文发展的方向和动力。要努力提高水文基本业务水平和能力，增强水文服务社会功能；实现从监测服务型水文向技术服务型水文转变，从资料服务型水文向成果服务型水文转变，从行业水文向社会水文转变；打造先进完善的水文水资源信息监测体系，快速可靠的水文水资源传输体系，科学准确的水文水资源预测预报及分析体系，便捷高效的水文水资源信息管理、储存和提供体系。

为加快九江水文体制改革进程，实现县（市、区）水文机构全覆盖，按照公益一类事业单位强化管理，按照创新、协调、绿色、开放、共享的发展理念，全面推进九江水文"监测、服务、管理、人才、文化"五位一体工作布局，打造"生命水文、资源水文、生态水文、社会水文、和谐水文"，积极发挥水文在防汛抗旱、水资源管理、水生态环境保护以及经济建设和社会发展中的技术支撑作用。

大事记

清

光绪十一年 （1885）

三月　九江海关开始在九江观测降水量，是省内最早用近代科学方法观测降水量的机构。

光绪三十年 （1904）

一月一日　九江海关开始在九江西门外长江河道中装设水尺（通称"海关水尺"）观测水位，是省内最早用近代科学方法观测水位的机构。

宣统元年 （1909）

二月　庐山牯岭观测降水量，民国2年（1913）1月停测，观测单位不详。

民国

11 年 （1922）

5月　扬子江水道讨论委员会九江流量测量队沿用海关水尺，观测九江水位。

8月　九江流量测量队在张家洲上游约4.5km处的长江河道中布设断面，巡测九江流量。次年3—10月，加测含沙量，是省内最早用近代科学方法测验流量和含沙量的部门。

9月　九江流量测量队增测湖口（八里江）流量。

10月14日　九江流量测量队在湖口设立水尺，观测水位，民国14年（1925）6月停测。

12 年 （1923）

这一年扬子江技术委员会在庐山牯岭设立雨量站，由教会代为观测。该

11

站于民国 16 年（1927）1 月停测。

15 年（1926）

7 月上旬　长江、鄱阳湖涨水，南浔铁路沿线一片汪洋，九江西门外正街水深 4 尺。

7 月 10 日　九江站水位 20.52m，是自 1904 年有记录以来的最高水位。

17 年（1928）

5 月　江西水利局呈请省建设厅转饬各县建设局办理雨量气象观测。10 月，省建设厅通令各县建设局、各农业试验场和各林场遵照办理。

9 月　江西水利局在永修吴城和庐山市（原星子县，下同）设水文观测站，由二科测验股管理。

10 月　江西水利局在湖口设水文观测站，由二科测验股管理。

18 年（1929）

2—5 月　扬子江水道整理委员会第一测量队开始巡测涂家埠、杨柳津和德安流量，驻南昌。

5—8 月　江西水利局在修水水系的永修县涂家埠设水文观测站。

11 月　江西水利局在长江设彭泽水位站，民国 20 年（1931）6 月停测。

是年　江西水利局印发《水文测量队施测方法》，内分水位观测、流量测量、含沙量测验、雨量测量、蒸发量观测和其他各项气象观测等篇章，是省内最早的水文技术文件。

19 年（1930）

10 月　江西水利局改水文测量班为流量测量队，继续担负涂家埠、杨柳津和德安的流量巡测工作。

20 年（1931）

1 月　扬子江水道整理委员会恢复观测湖口水位，民国 27 年（1938）9 月停测。

是年　长江及修水均发生大洪水。

21 年（1932）

是年　扬子江水道委员会将湖北黄梅、胡家营水位站移设九江县新港之张家洲上。

23 年（1934）

6 月 28 日　江西水利局函扬子江水道整理委员会，告知湖口站站名和站址，请交通部电政司转饬县电信局，予以免费拍发水位电报。湖口站是省内最早使用电报报汛的水文观测站之一。

24 年（1935）

5 月　国民政府通过施行《水利建设纲领》。

9 月 16 日　仪器安装和观测方法统一执行江西水利局《雨量观测方法》。

25 年（1936）

年初　扬子江水利委员会开始沿浔南铁路施测鄱阳湖环湖水准。

5 月　为适应航运事业发展和军事的需要，江西水利局遵照省政府指令在全省进行河流调查。

8 月　江西水利局裁撤流量测量队，将涂家埠水文观测站改组为流量站，派员驻站观测。

9 月　民国全国经济委员会制定《报汛办法》16 条。

26 年（1937）

8 月　江西水利局设武宁三等测候所，除气象观测项目外，并兼测水位。民国 27 年（1938）9 月，武宁测候所因临近抗日战争前线被裁撤。

27 年（1938）

1 月　受抗日战争影响，江西水利局遵令紧缩行政费，疏散人员，湖口水文观测站为保留站之一，只留一名观测员。

6 月　省建设厅铅印《江西省水利事业概况》，湖口水文观测站的水位、流量、降水量、蒸发量和气象观测资料等统计图表为内容之一。

是年　九江水文历史上第一次对涂家埠、星子和湖口站资料进行手工整编。

30 年（1941）

是年　辖区各站开始执行中央水工试验所制订的《水文水位测候站规范》

《水文测读及记载细则》和《雨量气象测读及记载细则》。

31 年（1942）

7 月　开始执行国民政府颁发的《水利法》。

32 年（1943）

是年　执行国民政府行政院颁发的《水利法施行细则》。

33 年（1944）

7 月 26 日　江西水利局向国民政府主计处统计局呈报鄱阳湖（含邻近小湖和出口）湖面积 5191km²，中水位时平均水深 8m，湖周围长度 415km。

秋　江西水利局二科增设水文股，管理全省水文工作。

35 年（1946）

1 月　执行国民政府行政院水利委员会颁发的《报汛办法》。

9 月 1 日　九江水文工作由江西水利局水文总站进行管理。

冬　江西水利局设湖口水文站，因和民国 36 年（1947）4 月扬子江水利委员会恢复的湖口水文站重复，民国 36 年 8 月，江西水利局裁撤湖口站。

是年　恢复涂家埠水文站和修水、吴城及扬子江水利委员会所属的九江水位站。

36 年（1947）

2 月　国民政府行政院水利委员会检发《水利委员会所属机关水文测站组织规程》。

3 月　九江水文委托代办员观测的雨量站执行中央气象局颁发的《雨量站委托办法》。

6 月 2 日　江西水利局以"中央水利实验处既在本省设立水文总站，本省原设水文总站似嫌重复"，经呈准省政府 6 月 18 日指令，准予撤销。从此，九江水文工作由中央水利实验处江西省水文总站管理，行政上仍由江西水利局代管。

8 月　九江水文报汛站从民国 37 年（1948）起执行国民政府行政院水利部颁发全国统一的报汛办法。

是年　扬子江水利委员会将湖北广济武穴水位站移至瑞昌码头镇建站。

14

37 年 （1948）

2月　执行国民政府行政院水利部检发《水利部所属各机关水文站、所组织规程》（修正本）。

5月　由省政府成立的赣江水利设计委员会和工程顾问团完成修水水系河道勘测。

38 年 （1949）

2—3月　水文、水位和雨量站不断减少，长江水利工程总局所属九江水位站仍坚持观测，保证了资料的连续性和完整性。

6月16日　江西省人民政府成立，在省人民政府建设厅下设江西省人民政府水利局，下设水文科，主管全省水文工作。

6月　永修水位站开始报汛。

6月　恢复湖口水文站。

🕐 中华人民共和国

1950 年

3月　水利部颁发报汛办法和规定，省水利局据此制订《江西省人民政府水利局报汛办法》，列有 11 条，定 5—8 月为汛期。

6月　执行水利部、邮电部颁发的《报汛电报拍报规则》。水利部颁发《报汛办法》21 条。

6月　报汛站开始执行省水利局和省电信指挥局签订的报汛电报暂行合约。

6月　永修站列为报汛站。

9—12月　省水利局组成修水水准测量队，沿河每隔 2～4km 设水准基点一个。从此修水水系采用统一的吴淞基面。

是年　省水利局编写《水文测验手册》，印发测站执行。

1951 年

4月　执行水利部颁发的《报汛办法》。

4月　水利部提出"当前水文建设的方针和任务"，基本方针是"探求水情变化规律，以达到为水利建设创造必备的水文条件"，同时，提出六项任务。

6月　执行水利部颁发的《水文测验报表格式和填制说明》。1952年和1954年，水利部根据执行情况修订两次。

7月　水利部颁发全国统一的《水文资料整编办法》（是中华人民共和国成立后第一个有关水文资料整编的技术文件）。

9月15日　20时20分至21时45分，农历中秋节，杨增德、陈方坦在永修周坊站用流速仪测流，是江西省的第一次夜间测流成果。

10月　执行水利部颁发的《水文资料整编成果表式及填制说明》。1953年和1954年，水利部根据执行情况，先后修订两次。

12月18日　省政府将设在县（市）所在地的雨量站重新调整加强，设站设备和观测技术方面，统由省水利局负责协助；实时观测和记载业务，由县（市）指定农场或农林单位干部负责兼办。

是年　各站派员参加省水利局举办的第一、第二届水文技术干部训练班和水文测工训练班，结业人员后均分配至水文测站工作。

是年　水利部提出试行巡回测流制度。由于条件不具备，巡测站的测次少，且不易测到洪水过程，1953年，省水利局改巡回测流为驻站测验。

1952 年

2月15日　省水利局颁发的《各级测站经费收支暂行办法》，从2月起执行。

2月　执行《水文预报拍报办法》，是九江水文开展水文预报工作的第一年。

2月　永修二等水文站定为中心站，分片管理所有水文测站业务，各站经费开支，由中心站汇总省水利局报销。

3月20日　执行水利部颁发的《修正报汛办法》。

3月　执行水利部颁发的《报汛电台通讯网及传递报汛电报办法》。

是年　省水利局在修水的一级支流和永修附近的湖泊水网区，增设一批水文站和水位站。其中部分站的水位委托当地人员代为观测，部分站的流量采用巡测。

1953 年

1月　在武宁县杨洲公社滩头边村设立三硔滩水文站。

4月1日　从本年度开始，汛期时间调整为4月1日至9月30日。

4月　永修二等水文站调整为永修一等水文站，继续为中心站，配备财务会计人员，并指定技术干部为中心负责人。

8月17日　全省先后经历大雨或暴雨天气。17—18日两天的降水量，庐山站1073.0mm，都昌站574.2mm，吴城站468.9mm。中国科学院庐山工作站降水量月报表显示，8月降水量为1104.9mm，为全省各站月降水量的最大值；8月17日降水量705.0mm，为全省各站最大一日降水量中的最大值。

10月15日　全体水文人员分两批参加省水利局组织的集中集训，次年2月16日结束，内容是：一、检查思想、工作和生活作风；二、组织学习《水文资料整编方法》。通过集训，提高水文职工的政治思想和业务水平。第二批集训的部分人员，参加1953年资料整编工作。

10月　部水文局编写《流速仪测量》《浮标测量》《含沙量测验》《断面布设和测量》等水文测验技术参考文件，省水利局分发各水文站，九江水文测站在测验过程中参考执行。

12月5日　省水利局通知各站，1954年降水量、蒸发量观测时制的日分界改为19时，以便和气象部门一致。

是年　水利部颁发《水文测站工作人员津贴办法》，九江水文测站工作人员开始享受外勤补贴。

1954 年

1月　湖口站作为测验悬移质输沙率的站点，是省内建设最早的站。

2月　省水利局根据水利部重新颁发的《报汛办法》，制订补充办法，九江水文开始对报汛站进行站号编码，布设枯季（10月至次年3月）情报站网，实行枯季拍报雨情、水情电报。

5月11日　省公安厅、省水利局合作设立赛湖、芙蓉农场雨量站。

10月22日　派技术干部参加省水利局在南昌开办的水文人员枯季集训班，学习政治和业务技术，开展批评和自我批评，以解决职工间存在的不团结现象，1955年2月结束。集训后期，结合进行1954年资料整编工作。

12月17日　江西省编制委员会（简称"省编委"）批复省水利局："关于水文站的领导关系，同意你局意见，即干部理论学习、思想教育，应由各专（行）署具体领导。干部材料、人事关系和业务部署，统一由你局掌握。至于干部的奖惩，专（行）署可以提出意见。"年内，开始调派行政干部任一等水文站站长。

　　是年　执行水利部水文局颁发的《水文资料整编方法》，1958 年，全面修订后，分流量、泥沙两册出版。

　　是年　继续调整水文站网，凡可以缓办的站一律撤销，并将一部分三等水文站改为水位站。永修水文站调整为水位站，另设三碗滩水文站作为修水水系水文测站的中心站。

　　是年　长江发生全流域大洪水，长江九江站 7 月 6 日出现最高水位 22.08m，水位超警戒时间长达 116 天，导致 56 处圩堤溃决，九江城区 80% 街道被淹。鄱阳湖湖口站 7 月 16 日出现最高水位 21.68m。7 月 30 日，永修吴城（修水断面）、都昌和星子站水位分别为 22.20m、21.71m 和 21.85m，均为历史最高纪录。由于大水冲击南浔铁路，有 3 段路基被毁，铁轨扭曲变形，中断通车达 120 余天。

1955 年

　　2 月 22 日　派员参加省水利局在南昌开办的"第三届水文技术干部培训班"。

　　2 月　执行水利部颁发的《水文资料整编刊印办法》，8 月又颁发修正本。

　　4 月　市内水文测站推广由梅港一等水文站就地取材制成的竹筒救生衣。

　　6 月中下旬　信江、饶河和修水水系相继出现暴雨或大暴雨，23 日，湖口站入江流量 28800m³/s，为 1955 年前最大值。

　　6—8 月　武宁三碗滩站的含沙量测验，改为测验悬移质输沙率和单位含沙量。

　　10—12 月　派员参加两个月的《水文测站暂行规范》学习。

　　12 月　省水利厅向三碗滩一等水文站颁发测站任务书，从 1956 年 1 月起执行。二等水文站以下各站的测站任务书，由负责领导的一等水文站颁发。

　　是年　庐山（明耻桥）站开始加测水温，是市内最早观测水温的站。

1956 年

　　1 月 1 日　开始执行水利部 1955 年 10 月颁发的《水文测站报表填制说明》。

　　1 月　执行水利部颁发的《水文测站暂行规范》，改为以 8 时为日分界。

　　4 月　省水利厅出版的《1954 年鄱阳湖区水文资料》，是江西省第一次出版的水文年鉴。修水、武宁、三碗滩、虹津、永修、杨柳津、吴城站资料刊登其中。

　　5 月　省水利厅组织人员在学习苏联站网规划的基础上，进行第一次水文基本站网规划工作。

5月　省水利厅在永修县虬津镇设水位站,观测水位至12月。

5月　省水利厅提出"流量基本站网普查计划",九江抽调技术干部开展修水及其主要支流的设站普查工作。

6月27日　执行水利部颁发的《水文测站暂行组织简则》。

6月　省水利厅组织六名女青年水文工作者成立永修女子流量站(第二年改在万家埠),至1961年10月止。1956年10月,《江西日报》刊登女子流量站两幅测流照片。

7月　省水利厅在武宁县黄塅公社窑塅村设立黄塅水文站。

10月　省水利厅在修水县四都公社高沙村设白马殿水文站。1966年改名为高沙水文站。

11月　执行水利部颁发的《水文资料审编刊印须知》。

11月　按行政区划设江西省水利厅水文总站九江水文分站,成为地区级水文管理机构,杨增德任站长,内设办事组、业务检查组和资料审核组。

12月　省水利厅在修水县宁州公社任家铺村设立龙潭峡水文站。1966年改名为先锋水文站。

12月　省水利厅在德安县聂桥梓坊村设立梓坊水文站。

是年　水文站开始承担所在县内全部或部分代办水位站和雨量站的管理工作,包括仪器安装、技术指导和报表审核等任务。

1957 年

2月9日　按厅水文总站通知要求,代办水位站的气象观测项目停止;停止日照观测;部分站停止气象观测项目(不包括降水量和蒸发量)。

3月　贯彻水利部"水文测站实行分层负责,双重领导"的原则,省水利厅会同各专(行)署向各水文分站颁发任务书;流量站、水位站和雨量站的任务书,由九江水文分站会同所在地县人民委员会颁发。

3月　水利部颁发《1957年报汛办法》,结合省水利厅要求,九江辖区拍报雨量的站点,分为自办站和代办站两种报汛办法。

4月3日　执行省水利厅制订下发的《水文测站仪器器材管理办法》。

4—9月　武宁县人民委员会规定:每晚在对农村有线广播的时间内,安排半小时(20:00—20:30)为水文情报传递时间,以保证情报信息及时畅通。

6月11日　江西省人民委员会发出"关于加强各级水文测站领导和水文人员管理的通知"。确定全省水文测站由各专(行)署和省水利厅双重领导。

是年　厅水文总站举办永修站次年最高水位预报培训班。

是年　武宁牛头坳、德安梓坊、修水龙潭峡水文站架设吊船过河索测流。

1958 年

1月　修水控制站三硒滩站开展水化学分析，是省内最早开展水化学分析的站之一。

2月12日　执行水利电力部颁发的《水文测站调整、撤销、移交管理办法》。

2月　执行水利部制订的《水情电报拍报办法》（初稿），检发《全国径流实验站网规划》（草案）。

3月6日　省水利厅发出"关于水文测站管理区域划分的通知"，决定各水文分站的测站管理区域，按各专（行）署行政区域划分，仍保留九江水文分站设置。

3月19日　执行水利电力部颁发的《水文实验站暂行管理办法》。

4月　执行水电部颁发的《省（区）水文统计编制说明》《区域水文手册提纲》。

4—9月　省水文气象局在全省范围内查勘和设立小面积流量站（又称"小汇水站"），为中小河流域规划和农田水利建设收集基本资料。修水林桥、大坑，瑞昌铺头开始设站。

5月　原水利电力部武汉水力发电设计院编制《修河流域河流规划报告》。

7月　派员参加由省水文气象局组成的水文地理调查队，在修水水系的南潦河进行试点工作，8月中旬结束。

8月　执行水利电力部水文局颁发的《降水量观测暂行规范》。

8月　九江水文分站从永修迁至九江市。

9月13日　省水文气象局成立技术革命指导委员会，九江气象台成立技术革命指导组。

9月　根据"水文预报下放"的精神，各水文分站和流量站开展水文预报业务，为水利建设和工农业生产服务。

9月　九江水文分站和九江市气象台合并，成立九江专区水文气象总站，郭华安任站长。

9—11月　九江专区水文气象总站按水系开展水文调查，流域面积200km² 以上的河流为调查对象。

11月　《九江日报》登文：高沙水文站廖传湖、奚同龄利用广播扬声器等材料试验无线测流成功。

是年　省水文气象局将集中管理的中华人民共和国成立后的水文原始资料和整编底稿，分散至各水文分站保管。

是年　长江江水倒灌入鄱阳湖，先后3次，共历时47d，倒灌总量93.8亿 m³，为1958年前最大值。

是年　张良志执笔的论文《三碛滩站测速测深垂线分析》在《水文》特刊登载。

1959 年

1月　油印分发各县水文调查报告，供有关部门使用。

1月18日　九江专区水文气象总站根据"以全面服务为纲，以水利电力和农业为重点，国家站网和群众站网同时并举，社社办水文，站站搞服务"的水文工作方针，布置开展群众水文观测工作。

3月3日　九江专区根据江西省人民委员会《关于充分做好防汛准备工作的指示》，举办洪水预报训练班，流量站编制预报方案。

3月5日　省水电厅向九江专署发出"关于柘林水库实验站筹建的函"。决定水库实验站由专署领导，有关业务、人员和经费，由专署审批决定；具体建站、观测工作，由水电工程局和九江专区水文气象总站负责，并和省水文气象局取得联系。站址在永修县柘林。由于人力、物力和财力困难，1960年，改为水库水文站。

4月　九江水文气象台站下放由专署和县领导，各县成立水文气象服务站。

6月3日　修水杨树坪流量站抢测洪水流量时，上游冲来一大树将测船撞翻，庄国华落水不幸殉职，时年19岁。

9月初　派员参加省水电厅在玉山开办的水文干部培训班。

9—12月　根据省水电厅要求各地开展算水账的工作要求，九江行署和部分县成立了算水账指导小组。

11月　测站开始使用省水文气象局下发的《水文资料整编汇刊工作手册》。

1960 年

1月　湖口水文站开展悬移质输沙率颗粒分析，是省内最早的站。

2月6—13日　派员参加省水文气象局在清江召开的全省水文气象工作会议，副省长邓洪到会讲话。

3月　修水龙潭峡水文站、德安梓坊水文站荣获"1959年全省农业生产先进集体"。

4月　执行水电部颁发的《水文测验暂行规范》，共分《基本规定》《水位及水温观测》《流量测验》和《泥沙测验》4册。

6月　开始实施水电部3月颁发的《水文情报预报拍报办法》。

7月20日　省水电厅发文，柘林水库库区范围内的柘林、巾口、三硔滩、黄墩水文站划归柘林水电工程部管理。

9月9日　执行省水文气象局颁发的《江西省雨情旱情汇报电报拍报暂行办法》。

9月19日　省水电厅发出《关于采用国家统一的"黄海高程系统"的几点规定的通知》，但九江水文测站并未执行此通知要求。

是年　执行省水文气象局颁发的《江西水文情报预报拍报办法》《水文情报预报拍报补充规定》。

是年　九江专区水文气象总站和鄱阳湖水文气象实验站合作，在九江设立水化学分析室，承担九江专区和鄱阳湖湖区各站的水化学分析任务，是省内地区级的第一个水化学分析室，1962年撤销。

1961 年

1月　九江水文工作开始执行水电部颁发的《水文测验暂行规范》。

1月16日　省水文气象局组成9人的柘林流动水文气象服务台，内设情报、预报两组，加强和协助柘林水电工程局水文气象总站，作为大坝施工阶段和防汛时期水文气象情报预报服务中心。7月1日，流动服务台撤销。

3月8日　省水电厅发出"关于明确部分台站业务领导关系问题的函"。庐山水文气象台站业务上由九江水文气象总站管理；柘林水文气象总站业务上由省水文气象局管理。

4月　省水电厅在武宁县罗溪乡设立罗溪水文站。

4月26日　省水文气象局内设庐山天气控制研究所。

9月　省水文气象局通知各专（行）区水文气象总站在全省测站中开展历史洪水调查，为补充修订《江西省实用水文手册》第八分册提供基本资料。市属水文站点在测验河段一定范围内开展历史洪水调查。

10月11日　为贯彻"调整、巩固、充实、提高"的八字方针，根据省水文气象局《关于调整水文测站的通知》，对辖区内水文测站进行初步调整；12月，又作较全面的调整，调整方案从1962年1月起执行。

是年　执行水电部颁发的《水化学资料整编方法》。

1962 年

3 月 31 日　省水电厅通知，凡基本水文测站（包括列为基本站的工程专用站）和由省提出的专用水文站、水位站，其撤销、迁移、调整和业务项目的增减，均须报水电厅批准。

5 月 10 日　根据中央关于专区一级原则上不直接管理事业、企业机构的精神，九江专区将原下放由专（行、市）、县领导的水文气象总站、台、站和试验站以及各县、镇和各水电工程管理局管理的国家基本气象服务站、水文站、水位站、雨量站上收省水电厅直接领导。

7 月　完成全省水文气象体制上收工作，由省水文气象局直接管理，九江专区水文气象总站改名为九江水文气象总站。

8 月 9 日省卫生厅下发通知，九江专区对收归省直接管理的各地水文气象台、站人员享受公费医疗待遇继续给予办理。

10 月 1 日　中共中央和国务院批转水电部党组《关于当前水文工作存在问题和解决意见的报告》，国家基本站网规划、设置、调整、撤销的审批权收归水电部；基本站一律归省（自治区、直辖市）水电厅（局）直接领导；水文测站职工列为勘测工种，对其待遇给予调整，并给水文测站发放劳保用品和驻站外勤费。

11 月 23 日　执行省水文气象局颁发的《全省水文气象干部劳动工资管理办法》。

11 月下旬　省水文气象局在九江召开全省水文测验技术座谈会。对水文测站新任务书的制定方法、步骤、内容、格式和各项任务的控制指标以及颁发程序进行研究，明确任务书是测站各项任务的具体规定，是贯彻规范提高测报质量的重要措施。新任务书从 1964 年 1 月起执行。

是年　执行水电部颁发的《水面蒸发观测》《水化学成分测验》。

1963 年

1 月　执行省水文气象局颁发的《江西省水文测站和水文测验人员测报工作质量评分办法》。

1 月　执行省水文气象局 1962 年 12 月 12 日颁发的《水文测验报表工作暂行规定》，内容包括报表报送单位、份数和期限，报表填制和审核要求以及报表整理和管理等事项。

1—10 月　地区平均降水量偏少，部分站出现有记录以来的最小值。湖口站年径流深 338.3mm，为该站多年平均年径流深的 37％。

2月23日　执行省水文气象局颁发的《测洪方案编制办法》，附有测洪方案示例，要求各水文气象总站，在 4 月底前，将所属各站测洪方案汇总报省水文气象局。

3月　江西省人民委员会授予九江水文气象服务台"全省工农业生产先进单位"。

9月3日　执行省水文气象局颁发的《水情工作质量评定试行办法（草案）》，要求各有关站试行。

9月23日　江西省人民委员会批复省水电厅报告，九江水文气象总站改为江西省水利电力厅水文气象局九江分局，行政上受水电厅直接领导，业务上由省水文气象局管理。

11月6日　省水电厅批复水文气象局九江分局内设秘书科、水文科、气象科和水文气象服务台。

12月9日　国务院批转水电部《关于改变水文工作管理体制的报告》，水文体制收归水电部统一管理，九江水文机构受水利电力部委托由市水利电力局代管。

是年　水文气象工作继续深入贯彻"调整、巩固、充实、提高"八字方针和省委提出的"加强领导，依靠群众，以生产服务为纲，以农业和水利服务为重点，全面开展水文气象工作"方针。

1964 年

2月　江西省人民委员会授予九江专区水文气象服务台"1963 年全省农业生产先进单位"、授予黄福耕"1963 年全省农业生产先进个人"。

3月4日　试行水电部颁发的《关于各省、区、市水利电力厅（局）代管水利电力部各省、区、市水文总站试行办法》。

3月11—18日　江西省水文气象学会在九江市召开会员代表会议，通过学会会章（草案），成立江西省水文气象学会，选举产生理事会。学会设天气学、气候和农业气象学、陆地水文学、应用水文学、科普工作以及秘书等六组。

4月1日　执行省水文气象局颁发的《江西省水文气象资料档案工作试行办法》。

8月　执行水电部颁发的《水文年鉴审编刊印暂行规范》。

1965 年

4月1日　执行水电部颁发的《水文情报预报拍报办法》《降水量、水位拍报办法》（1964 年 12 月颁发）。

5 月　武宁罗溪水文站测船翻沉，3 名职工被冲至下游数百米沙洲后得救。

5 月 18 日　水电部颁发《水文站网审批程序暂行规定》，对水文站网的规划、设置、调整、撤销的审批权和审批程序以及劳动工资计划指标和经费等问题作出六条规定。

7 月 23 日　省编委调整水文气象编制，调整后九江分局定编 84 人。

8 月　执行水电部水文局颁发的《水化学、泥沙颗粒分析试验室安全生产规则（草案）》。

9 月　执行水电部水文局颁发的《径流站、径流实验站资料整编汇刊暂行规范（试行稿）》。

是年　执行水电部颁发的《泥沙颗粒分析》。

是年　水文测站开始使用省水文气象局汇编的《水文测验常用手册》。

1966 年

3 月 11 日　抽调人员参加省水文气象局成立的基建办公室。

4 月　在修水县四都公社大坑村设立小流域试验水文站。

1967 年

5 月 20 日　省防总发出《关于加强防汛工作的紧急通知》，要求迅速扭转报汛工作中的混乱现象，杜绝缺报、迟报、漏报现象，提高拍报质量，搞好防汛工作。接通知后，要求各报汛站加以整改。

6 月 24 日　修水上游普降大暴雨，修水县朱溪厂站最大 6h 降水量 319.4mm，为全省各站最大 6h 降水量中的最大值。修水杨树坪、先锋和高沙站水位分别为 155.61m、101.75m 和 95.95m，均为各站年最高水位。

9 月 5 日　省水文气象局下发通知，布置枯季雨情、水情拍报任务。九江辖区内的中央及省级报汛站开始执行枯季拍报任务。

1968 年

2 月 2 日　省水文气象局临时领导小组布置 1968 年水情拍报工作通知，要求报汛站做好测汛准备、服务调查，检查维修通讯设备，熟悉拍报办法，落实水情拍报任务。

2 月 24 日　遵照执行中央防汛总指挥部下发的《关于 1968 年水情工作

的意见》。

1969 年

4 月 30 日　水利电力部军事管理委员会撤销水利电力部江西省水文总站，将水文管理体制下放到省。

1970 年

6 月　根据水电部军事管理会《关于水文体制下放的通知》精神，九江专区水文气象站由专区和县革命委员会领导。

7 月　武宁罗溪水文站测船翻沉，熊经文落水，在下游比降水尺处获救。

8 月 6 日　接省水文气象站革命委员会《关于水文资料整编改革的通知》，在资料整编过程中，调整了水文测站资料整编项目和水文年鉴刊印图表。

是年　九江地区农业服务站水文气象组对修水上游的安坪水、武宁水、东津水、渣津水、东港水和百万水等河流进行水文调查。

1971 年

1 月　九江地区水文气象机构分设。

3 月　成立九江地区水文站。内设秘书组、测管组、资料组和水情组。

4 月 26 日　省水电局革命委员会向各地、市水电处（局）发出《关于进一步加强对水文工作领导的通知》。

11 月 27 日　省水文总站向各站下发《关于加强测站基本设施整顿维修的通知》，以扭转测站基本设施损坏严重的局面。

1972 年

12 月 6—13 日　派员出席省水电局召开的"全省水文工作座谈会"，总结几年来水文工作的经验教训，布置 1973 年工作。

1973 年

1 月 3 日　九江地区及各县水电局按省水电局批转的《全省水文工作座谈会纪要》，开始把水文工作列入议事日程，加强对水文工作的领导。

6 月 20—25 日　赣北连降大雨或暴雨，河水猛涨。24 日，修水高沙站水位 99.00m，修水先锋站水位 105.08m，均为历年最高纪录。同日，罗溪站用浮标法测流，实测最大流速 7.5m/s。

7月上旬　鄱阳湖受长江上中游和省内降水的影响，发生仅次于1954年的大洪水。

8月　九江专员公署决定地区水文、气象部门合并，成立九江地区气象水文局。

是年　暴雨频繁，部分水文站遭受大洪水的冲击，修水先锋水文站水尺设备被冲毁，修水杨树坪和高沙水文站站房被冲倒。

是年　武宁县黄塅水文站停测。

1974 年

2月23—26日　派员参加在清江县召开的全省防汛工作会议。

3月　江西省革命委员会授予修水高沙水文站"1973年度全省农业学大寨先进集体"称号。

4月25日　江西省革命委员会批转《全省防汛工作会议纪要》，提出："要加强水文气象部门的领导，在汛期要尽最大的努力，掌握好天气和水情变化情况，做好预报工作，及时提供可靠的情报和预报"。

1975 年

2月4日　水电部水利司下达统一全国水面蒸发皿的通知，决定采用改进的 E-601 型蒸发皿为统一定型的仪器。杨树坪等有蒸发观测任务的站点统一更换蒸发皿。

4月12日　德安县梓坊水文站电动缆道正式投产。

6月17日　执行水电部《关于加强水文原始资料保管工作的通知》，清理历年原始资料，建水文资料仓库，集中在九江地区气象水文局作为技术档案材料统一永久保存。

7月15日　派员参加江西省水文总站革命委员会开办的"水质污染监测学习班"，为期五个星期。

8月2—21日　派员参加江西省水文总站革命委员会开办的"长期水文预报学习班"。

12月　派员参加江西省水文总站革命委员会开办的"电子技术基础学习班"，为期一个月。

是年　水电部颁发《水文测验手册》第一册"野外工作"，下发各测站与第三次《水文测验试行规范》配套使用。

1976 年

1月1日　水文测站开始执行水电部 1975 年 4 月颁发的《水文测验试行规范》。

2月15日　德安梓坊水文站喻何生乘拖拉机去德安县装运基建施工材料，不幸从拖拉机上摔下，后轮从身上驶过，当场殉职，时年 29 岁。

2月　江西省革命委员会授予德安县梓坊水文站"1975 年全省农业先进集体"称号。

5月　江西省邮电管理局根据省革委会批复，在高沙、修水、武宁、永修、柘林和九江等处设立无线电台，确保柘林水库的汛期通信，5 月 16 日开始工作，使用至 9 月 30 日 24 时止。

10月　执行水电部颁发的《洪水调查资料审编刊印办法》。

是年　执行水电部颁发的《水文资料整编刊印图表填制说明》。

是年　全市开展水库水文工作，部分水库开始水文观测，并制订简易水账查算表，供水库使用。

1977 年

3月30日　长江流域规划办公室和江西省水文总站革命委员会主持，在九江召开"1977 年长江流域长期水文气象预报讨论会"，分析长江流域 1977 年汛期旱涝趋势和雨情水情展望，交流中长期预报技术经验，座谈中长期预报业务开展等有关问题。

6月　九江专员公署通知九江地区气象水文局分设，水文系统成立九江地区水文站，王宪文任站长，由九江地区水电局领导。

6月中旬　修水水系潦河出现特大洪水。15 日，万家埠站最大流量 $5600 \mathrm{m}^3/\mathrm{s}$，站以上 4 处圩堤溃决，走失水量 3.2 亿 m^3。16 日，万家埠站洪峰水位 29.63m，为历年最高纪录。17 日，永修站洪峰水位 22.07m。经推算，因柘林水库调蓄和潦河决堤影响，分别降低永修站水位 0.77m 和 1.96m。

9月　江西省水文总站革命委员会同意设立都昌县西边畈水文站，搜集、积累水文资料，探索小河水文规律，分别管理全县群众水文，辅导水库水文工作，为防汛抗旱和工农业生产、中小型农田水利、水利水电建设做好服务。

12月　由柘林水电厂在武宁县清江乡清江村设立清江水文站，为水库干流入库控制站。

是年　执行水电部颁发的《水库水文泥沙观测试行办法》。

1978 年

5 月 4—11 日　派员参加江西省水文总站革命委员会在南昌召开的"资料整编座谈会",交流 1977 年资料整编工作经验,分析部分站存在漏测、缺测和资料质量不高的问题,讨论培养好代办观测员和做好代办站检查工作的措施,并提出应用电子计算机整编水文资料的工作步骤和对小河水文站资料整编的具体要求。

9 月 4—28 日　派员参加省水文总站(8 月 11 日正名)在南昌开办的"电子计算机整编水文资料学习班"。

11 月 1 日　省水文总站同意兴建武宁县下米潭、永修县后村熊家两处小河水文站。

是年汛期　九江地区平均降水量只有同期多年平均值的 62%,出现夏秋旱。

是年　湖区水系都昌站年降水量 699.1mm,为全省各站年降水量中的最小值。

1979 年

1 月　武宁县下米潭站更名为武宁县宋溪水文站。

2 月　派员参加省水文总站在南昌开办的"水文电测仪器学习班",为期 30d。

2 月　将永修后村熊家小河水文站下迁至南山共产主义大学,并更名为南山小流域试验水文站。

4 月　布设鄱阳湖湖区修水河口、星子、蛤蟆石、湖口水质监测断面。

7 月 10—16 日　派员参加省水文总站在庐山召开的"小河站网建设经验交流会",交流小河站查勘、设计、施工和测流经验,讨论小河水文站测验整编技术规定(草案)。

7 月　执行水利部颁发的《湿润地区小河站水文测验补充技术规定(试行稿)》。

8 月　执行水利部颁发的《水利水电工程建设洪水计算规范(试行)》。

9 月　武宁县宋溪水文站断面上迁,同时改名为武宁县王坑水文站。

是年　执行水利部颁发的《水情拍报办法(修订)》。

是年　在长江九江段、鄱阳湖区、修河、博阳河及长河等全面开展水质监测。

1980 年

1 月 1 日　根据省水利局《关于改变我省水文管理体制的请示报告》，完成九江市水文管理体制上收工作，由省水利局直接领导，省水文总站具体管理。

汛期　九江市水文站水情科利用省水文总站配置的 555 型电传机接收（或发出）水文情报。

6 月 4 日　省水文总站通知，江西省水利技工学校 1980 年设置水文专业，根据专业设置和学生分配去向，经省劳动局审核同意，在水利系统职工子女中内招，学制两年。

8 月　上、中旬，全省平均降雨量超过同期多年平均值约一倍，长江中、下游和鄱阳湖发生大水。8 月下旬，长江中、下游又降大雨，江水继续上涨，曾三次向鄱阳湖倒灌，灌进水量 21.92 亿 m^3，最大倒灌流量 2830m^3/s。9 月 3 日，湖口出现最高水位 20.63m，至 9 月 20 日退到警戒线以下，高水位持续时间 45d。

9 月 1 日　开始试行《江西省水文总站计划财务工作管理暂行规定（试行）》，以适应水文管理体制上收后的计划财务工作，统一开支标准。

11 月 13 日　省政府办公厅批复水利厅，同意恢复九江地区水文站作为水利厅的派出机构，行政上由水利厅直接领导。

11 月 19 日　根据国务院批转的《国家劳动总局、地质部关于地质勘测职工野外工作津贴的报告》和水利部以及省劳动局和省地质局关于贯彻执行上述报告的联合通知精神，省水文总站发出《关于水文站勘测职工享受野外工作津贴暂行办法》，规定在偏僻山区、江河湖区从事水文野外勘测工作的职工，发给野外工作津贴，从 1980 年 7 月 24 日国务院批准之日起执行。

12 月 17 日　派员参加在吉安地区水文站开办的"电算整编业务学习班"。

是年　下发水利部制订的《水文测验手册》第五册"资料整编和审查"，与第三次修订的《水文测验试行规范》配套使用。

是年　市内各水文、水位测站执行省水文总站颁发的测站任务书。

1981 年

8 月 10—18 日　长江委水文局在庐山召开"水位流量沙量资料电算整编通用程序讨论会"，就通用程序功能、流量和泥沙资料插值计算方法以及洪水水文要素摘录等问题进行讨论，并提出处理意见。江西省等 18 个省、市水文总站参加讨论会。

8 月 12 日　省水文总站检发《关于1981年各测站基本设施整顿工作意见》。

8 月　执行水利部水文局印发的《地表水资源调查和统计分析技术细则》。

10 月　柘林实验站撤销，下迁永修虬津镇。

11 月　根据水利部水文工作会议提出"加强水质站网建设"的精神，组织人员对全市主要水系的水质状况进行查勘和取样分析。

11 月　派员参加全省水文系统在吉安开展的小河水文站产汇流资料分析工作，历时月余。

是年　组织在职职工报考华东水利学院开办的陆地水文专业考试，曲永和、陈远龙、朱庆平被华东水利学院开办的陆地水文专业录取。

1982 年

1 月 30 日　根据水利部水文局《关于增设不同型号蒸发器对比观测站的通知》，修水县杨树坪站和瑞昌县铺头站进行口径 20cm 蒸发皿和 E－601 型蒸发皿的蒸发对比观测。

3 月 23 日　谢家远同志受水电部对外公司、江西省电力局援外办公室委托，前往非洲塞拉利昂共和国援建哥马水电站，负责设立专用水文站，1984年 5 月回国。

4 月　水情科和所属情报站试用省水文总站配置的 XBC－301 对讲机。

7 月 20 日　省水文总站印发试行《江西省水文工作管理暂行条例》，8 月开始执行。

7 月　执行水电部颁发的《旋桨式流速仪标准（试行）》（SL 101—82）。

8 月　周广成任九江地区水文站负责人。

9 月 2 日　执行省水文总站下发的《关于小河水文站水文资料整编若干规定》。

10 月　水电部水文局处长徐健在省水文总站副站长韩承模陪同下检查指导梓坊水文站工作。

12 月 28 日　执行省水文总站下发的《关于水质监测取样工作的规定》。

是年　永修县虬津水文站恢复开展水文观测。

是年　张德贵被评为九江市劳动模范。

是年　陈晓生、曹素琴、曹正池被华东水利学院开办的陆地水文专业专科录取。

1983 年

1 月 水文科技人员开始享受每年报销业务书刊费的待遇。

6 月 在武宁县宋溪镇东山村设立爆竹铺小流域试验水文站。

7 月 5—13 日 赣北暴雨，长江九江段、修水和湖区水位上涨。10 日，永修站水位 22.90m；11 日，柘林水库水位 65.31m；13 日，九江站水位 22.12m，湖口站水位 21.71m，均为历年最高记录。由于发布预报早、抢险主动，措施得力，洪水位虽高出 1954 年，但灾情比 1954 年大大减轻。

8 月 九江市行政区划调整，九江地区水文站改名为九江市水文站。

是年 参与省水文总站组织的鄱阳湖泥沙淤积情况调查工作，1985 年结束。

1984 年

1 月 执行国务院颁发的《关于测量标志保护条例》。

1 月 执行省水文总站 1983 年 10 月编写的《水文测验试行规范》补充规定（整编部分试行稿），1976 年 11 月 24 日省水电局颁发的《水文测验试行规范》补充规定（暂行稿）第十部分停止使用。

3 月 7—11 日 派员参加省水利厅在南昌召开的全省水文工作会议，总结 1983 年工作，部署 1984 年任务，研讨长期洪水预报。

3 月 19 日 省水文总站颁发小河水文站测站任务书。

6 月 7 日 执行水电部颁发的《水文缆道测验规范》（SD 121—84）。

7 月 6—20 日 派员参加省水文总站开办的"第一期 PC－1500 电子计算机培训班"。

7 月 30 日 按省水文总站通知要求，组成 2 个测量队，进行测站地形图的测绘工作。

9 月 张良志任九江地区水文站负责人。

11 月 7 日 执行省水文总站下发的《江西省水文系统对外开展水文咨询综合服务收费暂行办法》。

11 月 省水文总站颁发《江西省水文测站质量检验标准》，1985 年 1 月 1 日起执行。

1985 年

1 月 1 日 执行水电部颁发的《水质监测规范》（SD 127—84）。

1月26日　接省水文总站通知，从1983年7月1日起，水文第一线科技人员向上浮动一级工资。

5月1日　执行水电部印发的《关于拍发水情报实行收费的暂行办法》。

5月9日　执行省水利厅制订的《拍报水情报实行收费的暂行办法》（实施细则）。

6月1日　执行水电部颁发的《水文情报预报规范》（SD 138—85）。

汛期　降雨偏少，发生较重的伏秋干旱，时间长达近70d。

7月　成立水文志编辑室，凡建站5年以上的水文站（不含水位站）开展修志工作。

8月31日至9月27日　派员参加省水文总站在南昌开办的"第一期微机电算整编研习班"。

9月7日　省水利厅转发水电部《对长期在水利水土保持基层单位工作职工颁发荣誉证书和证章的通知》。从事水文野外测报25年以上的职工，由水电部授予荣誉证书和证章。

12月4日　派员参加省水文总站在安义万家埠水文站举办的"全省水文系统柴油机技术保养研习班"。

1986 年

1月1日　执行水电部颁发的《水文自动测报系统规范》（SD 159—85）。

1月1日　执行省人民政府颁发的《江西省保护水文测报设施的暂行规定》（1985年12月8日颁发）。

1月1日　试行省水文总站的《开展有偿水文专业服务和水文科技咨询收费标准及分成试行办法》（1985年12月25日颁发）。

6月28日　开始执行水电部颁发的《动船法测流规范》（SD 185—86）。

7月　执行水电部颁发的《比降面积法测流规范》。

7月　执行水利部水文局颁发的《全国水文测站编码试行办法》。

9月15日　执行水电部水文局颁发的《水质监测资料整编补充规定》。

10月23日　执行水电部制订的《水文资料的密级和对国外提供的试行规定》。

11月14—15日　派员参加省水文总站召开的"水文测站编码工作座谈会"，并开展工作。

12月　经九江市劳动人事局批准，成立九江市水文站劳动服务公司。

是年　李晓辉、林杨、柯东、盛菊荣、游爱华、余兰玲、欧阳松林参加河海大学水文系专科函授班学习。

是年　由九江市水文站参与的《鄱阳湖泥沙淤积情况调查》成果获 1986 年省科技进步奖三等奖。

1987 年

4 月 25 日　经国务院同意,中华人民共和国国家计划委员会、财政部、水利电力部联合发布《关于加强水文工作意见的函》,强调水文工作是水利电力及一切与水资源有关联的国民经济建设所必需的前期工作和基础工作,是防汛抗旱、水资源规划、开发、管理、运用和保护的耳目和尖兵。

5 月 1 日　执行水电部水文局颁发的《水质分析方法》,《水文测验手册》第二册中的水化学分析方法停止使用。

7 月 16 日　执行省水文总站制订的《江西省水文站网技术改造经费暂行管理办法》。

9 月 12 日　执行水电部颁发的《水文测验仪器设备的配置和管理暂行规定》。

9 月　执行水电部水文局颁发的《湿润地区调节中小河流水文站网调整部署和观测办法》。

11 月中旬　部分复转军人和新入职人员参加省水利技工学校开办的为期三个月的"第一期中级水文技术工人培训班"。

12 月　宋宝昌、谢孔榕、周广成 3 人被评聘为高级工程师,这是九江市水文工作第一批取得高级职称的科技人员。

是年　执行省水文总站制订的《江西省水文资料电算整编试行规定》。

1988 年

1 月 21 日　《中华人民共和国水法》颁发施行,全市水文系统组织学习贯彻执行。

2 月 1 日　执行水电部颁发的《明渠水流测量、水位测量仪器》(SD 221—87)。

4 月 19 日　执行省水文总站下发的《防汛工作纪律和汛期工作纪律》。

6 月 1 日　试行省水文总站制订的《江西省水文总站财务管理暂行规定》。

9 月 7 日　省水文总站转发水利部颁发的《水文年鉴编印规范》(SD 244—87),九江各站整编 1988 年水文资料时按此新规范执行。

10 月 25 日　派部分水文测工参加在省交通干部学校开办的"第二期中级水文技术工人培训班"。

1989 年

1 月 1 日　执行水利部 1985 年 5 月 6 日颁发的《水面蒸发观测规范》（SD 265—88）。

1 月 20 日　省编委同意江西省水利厅九江市水文站为相当于副处级事业单位，定事业编制 116 人，内设办公室、水情科、测资科、水资源科 4 个副科级机构，下设修水高沙、永修虬津 2 个正科级水文站，武宁罗溪、德安梓坊 2 个副科级水文站。

5 月　张良志任江西省水利厅九江市水文站站长。

6 月 2 日　落实省水文总站下发的《加强和改善全省水文宣传工作的意见》。

12 月 12—15 日　派员参加省水文总站召开的"全省水资源工作会议"。

是年，省水文总站编印《水文年鉴编印规范》补充规定，从整编 1990 年资料起执行。

1990 年

3 月　根据水利部水文局"基本水文站分级工作提纲"，对全市水文站进行等级划分。

7 月 2 日　执行建设部颁发的《水位观测标准》（GBJ 138—90）。

7 月 28 日　执行省政府发布的《江西省防汛工作暂行规定》，共 21 条。

8 月 24 日　1990 年前在基层从事野外测报工作满 25 年以上的职工，由水电部授予荣誉证书和奖章。

11 月　修水县何市雨量站刘顺发在全国水文系统先进集体及先进个人表彰大会上，获"先进委托观测员"称号。

1991 年

1 月 14 日　执行省水文总站下发的《水文资料整编达标评分办法（试行稿）》。

3 月 26—29 日　张良志出席省水文局召开的地市（湖）水文站站长会议，传达贯彻全国水文系统"双先"表彰大会精神，总结 1990 年全省水文工作，交流工作经验，研究全省水文工作十年规划和"八五"计划，部署 1991 年全省水文工作任务。

4 月 6—8 日　派员参加省水文局召开的"全省第一次水资源工作会议"。总结交流 1990 年水资源工作，研究县级区域水资源调查评价试点工作提纲，研究全省流域面积 100km² 以上河流特征参数量算成果整编，讨论全省 1990 年度水资源公报编制及 1986—1990 年水文特征值统计，讨论贯彻《中华人民共和国水法》中赋予水文部门的工作职责和范围。

7 月 1 日　实施水利部颁发的《降水量观测规范》（SL 21—90）。

7 月 2 日　落实水利部下发的《关于贯彻"八五"纲要，加强水文工作的通知》。

7 月 20 日　落实省水文局下发的《关于职工休假的实施意见》。

7 月 2—20 日　长江洪水倒灌鄱阳湖，历时 18d，最大倒灌流量 1.37 万 m³/s，倒灌总水量 51.4 亿 m³。

8 月 11—24 日　长江洪水第二次倒灌鄱阳湖，历时 13d，最大倒灌流量 1300m³/s，倒灌总水量 8.38 亿 m³。

9—12 月　黄良保、柯东、易史林参加省水文局举办的"第一期水文测站站（队）长岗位培训班"。

10 月 15 日　落实水利部颁发的《水文管理暂行办法》，水文工作开始走上法治轨道。

10 月　沈顺根任江西省水利厅九江市水文站站长。

11 月 7 日　落实省水文局下发的《关于地、市水文职工公费医疗制度改革的管理试行办法》。

11 月 15 日　执行省水文局下发的《有关资料整编的若干规定》。

12 月 4 日　省水利厅批复省水文局，同意撤销武宁县王坑水文站。

12 月 11—14 日　派员参加省水文局召开的"全省洪水预报方案汇编会议"，交流洪水预报方案汇编经验，审查洪水预报方案，布置 1992 年洪水预报方案汇编工作。

12 月 29 日　水利部印发《水文工作十年（1991—2000）发展纲要》。

12 月　九江市水文站余家垅宿舍区竣工，30 户机关职工乔迁新居。

1992 年

3 月 1 日　实施国家技术监督局、国家环境保护局颁发的《水质采样方案设计技术规定》（GB 12997—91）；实施国家环境保护局颁发的《水质采样技术指导》（GB 12998—91）和《水质采样样品的保存和管理技术规定》（GB 12999—91）。

3 月 10—12 日　派员参加省防总在南昌召开的"全省防汛暨水文工作会议"。

3 月　落实水利部颁发的《水文、水资源调查评价资格认证管理暂行办法》。

4月6日　省水文局转发水利部水文局《水文站队结合建设标准》《水文站队结合管理试行办法》。

5月6日　实施水利部公布的《水工建筑物测流规范》(SL 20—92)和16日发布的《水文站网规划技术导则》(SL 34—92)，均从1992年7月1日实施。

5月22日　水利部转发国家物价局、财政部《关于发布中央管理的水利系统行政事业性收费项目及标准的通知》。

7月13日，执行省水文局转发的国家物价局、财政部的《水文专业有偿服务收费》文件。

8月31日　省防总授予王培金"1992年全省抗洪抢险先进个人"。

10月6—12日　柯东在省水利厅、省劳动厅组织的"江西省首届水文勘测工技术比赛"中获得第四名。

12月1日　实施建设部颁发的《河流悬移质泥沙测验规范》(GB 50159—92)。

是年　九江市水文站举办测站特性分析培训班，并开展全市各站特性分析，成果报省水文局审查并批复。

1993 年

3月4日　首批申领的水文水资源调查评价乙级资格证书获省水利厅批复，九江市水文站获得乙级资格证书。

3月11—13日　出席省水文局召开的全省地、市（湖）水文站站长工作会议，传达1992年全省防汛工作会议精神，总结1992年全省水文工作，部署1993年全省水文工作任务。

3月12日　江西省机构编制委员会办公室同意将江西省水利厅九江市水文站更名为江西省水利厅九江市水文分局，机构更名后，其隶属关系、性质、级别和人员编制均不变。

3月12日　沈顺根任江西省水利厅九江市水文分局局长。

5月　完成九江市龙开河地形测量。

7月16日　落实省水文局下发的《降水量观测场整顿改造意见》。

7月17日　省财政厅向九江市财政局下发《关于省驻地方水文职工公费医疗管理有关问题的通知》，要求对省驻地方水文站享受公费医疗工作人员在公费医疗经费管理方面，应结合当地的实际情况和水文站的特点，给予适当照顾和支持；对省驻地方水文职工的公费医疗应尽可能实行统筹管理。

10月6日　省水利厅批复同意九江市水文分局设置总工程师岗位1个，

副处级调研员 1 人；成立九江水文勘测队（正科级），不增加科级干部职数。

11 月 2—6 日 派员参加省水文局举办的"ORACLE 数据库学习班"。

是年 天气异常，降雨偏多，水位较高，发生洪水次数多。7 月上旬，柘林水库出现有记录以来的第一大洪水；修水下游出现有记录以来的第三大洪水，鄱阳湖水位超过警戒线。7 月中旬入伏以后，鄱阳湖水位受长江连续涨水顶托影响，维持超警戒高水位时间长，湖区受淹面积大。

是年 饶知孙被评为九江市劳动模范。

1994 年

1 月 1 日 实施水利部 1993 年 12 月 10 日发布的《河流推移质泥沙及床沙测验规程》（SL 43—92）、《河流泥沙颗粒分析规程》（SL 42—92）（1993 年 5 月 1 日发布）、《水文普通测量规范》（SL 58—93）。

1 月 11—13 日 派员参加省水文局召开的"报汛水文站网调整及全省洪水预报方案汇编审查会议"。

2 月 1 日 实施建设部 1993 年 7 月 19 日发布的《河流流量测验规范》（GB 50179—93）。

3 月 19 日 省编委办同意增挂"九江市水环境监测中心"牌子，与九江市水文分局为一套机构、两块牌子，不增加人员编制和提高机构规格。

4 月 1 日 实施国家环境保护局 1993 年 8 月 14 日颁发的《水质、湖泊和水库采样技术指导》。

4 月 1 日 省防总下发通知：要求市县防汛指挥部重视和关心当地水文站工作，积极协助解决防汛电话等实际问题，确保汛期通信畅通。

4 月 6 日 落实省水文局下发的《关于当前深化我省水文改革的意见》。九江水文以科室为单位在水文综合经营上进行了探索。

5 月 1 日 实施水利部 1994 年 2 月 4 日发布的《水文自动测报系统规范》（SL 61—94）。

7 月 1 日 执行水利部制定下发的《水文专业有偿服务收费管理试行办法》和《水文专业有偿服务收费标准》。

10 月 1 日 开始实施国家技术监督局 1993 年 12 月 30 日颁发的《地下水环境质量标准》（GB/T 14848—93）。

12 月 12 日 水利部水文司印发《水文资料存贮及供应改革措施和服务办法》。

是年 修水县大坑水文站、永修县南山水文站完成实验任务撤销。

是年 派出测量队开始对武宁县和永修县地籍情况进行测量。

是年　恢复重建高沙水文站缆道，增加缆道取沙项目，安装了 PAM－8801 型水文缆道微机自动测流取沙控制系统。

1995 年

1 月 1 日　实施建设部 1994 年 6 月 2 日颁发的《防洪标准》（GB 50201—94）。

5 月 1 日　实施水利部 1995 年 6 月 9 日发布的《水质分析方法》（SL 78—94）。

8 月 20—22 日　出席省水文局召开的各地市（湖）水文分局局长会议，提出"一干（做好本职工作）、二要（要政策、要投入）、三赚（技术咨询、综合经营、分流创收）"工作思路。

10 月 7—10 日　全国水文水资源科技信息网华东组工作会议在九江市召开，会议讨论今后如何开展水文信息网工作，交流 15 篇论文。

是年　修水县水文职工宿舍楼竣工，在全省水文系统率先为职工在县城解决住房问题，为开展县域水文服务打下了基础。杨树坪、先锋、高沙三站水文职工乔迁新居。

是年　对高沙水文站、先锋水文站、罗溪水文站、梓坊水文站进行站容站貌整顿，省水文局在九江召开现场会，拉开全省水文站站容站貌整顿序幕。

是年　先锋水文站缆道及水位井改造完成并投产。

是年　汛期全省出现三次强降雨过程，以 6 月 22 日至 7 月 6 日强降雨过程最为严重。赣北地区平均降雨 319～493mm，降雨强度之大、雨区范围之广、持续时间之长，在有记录资料中甚为少见。修水、鄱阳湖、长江九江段发生中华人民共和国成立以来罕见的大洪水。修水永修站 7 月 3 日 4 时洪峰水位 22.80m，超警戒水位 2.80m，为历史第三高洪水位。受五河来水影响，鄱阳湖水位涨势迅猛，湖口、星子等站自 6 月 22 日开始超警戒水位；星子站 7 月 8 日 14 时洪峰水位 21.93m，湖口站 9 日 5 时洪峰水位 21.80m，分别超建站以来历史最高水位 0.08m 和 0.09m；长江九江站 7 月 9 日 15.5 时洪峰水位 22.20m，超历史最高水位 0.08m，至 7 月 29 日才退至警戒水位以下，超警戒水位历时 38d。

1996 年

1 月 3 日　水文水毁修复内容纳入《中央级防汛岁修经费使用管理办法》。

1 月 27 日　全省水文系统举行中级、高级水文勘测工及水化试验工、汽车驾驶员等技术等级考试、考核，九江分局设考场，省水文局派员负责监考。

5月8日 省水文局下达《1996年地市（湖）水文工作目标管理》。

5月13日 落实省水文局颁发的《江西省水文站网技术改造经费管理暂行规定》。

7月23日 13时，长江九江站洪峰水位21.78m，超警戒2.28m，为近百年来第四大洪水。九江市水文分局水文预报服务减灾效益5亿元以上。

9月10日 1995年前在基层水文站、水位站从事野外测报工作满25年以上的职工获得水电部授予的荣誉证书和证章。

11月4日 宋宝昌获"1996年全省抗洪抢险先进个人"称号。

11月 受长江最大洪水倒灌和顶托影响，鄱阳湖星子站水位出现初冬涨水反常现象。11月7日8时起，星子站水位由10.85m上升至11月24日8时的13.76m，平均日涨率0.48m，历年同期所罕见。

12月12日 贯彻执行省水文局下发的《河流流量测验规范》（GB 50179—93）。

12月 邓镇华任江西省水利厅九江市水文分局局长。

是年 武宁县和永修县地籍测量完成，并顺利通过验收。

1997 年

1月15—17日 全市水文工作会议召开，省水文局副局长谭国良到会。会议主要议题是水文测报和水利经济。

1月31日 九江市水文勘测队修水分队挂牌成立。

1月 九江市水文分局完成新一届工会委员会改选工作。

3月6日 落实水利部水文局、水利信息中心下发的《水文情报预报拍报办法》补充规定。

3月11日 全市报汛工作会议在修水县召开。

3月27日 省水利厅副厅长朱来友到局机关检查指导工作。

3月28日 省水文局下达1997年地市（湖）水文分局管理目标。

4—6月 与河海大学合作完成广东龙川县枫树坝水电厂库区地形测量。

4月16—18日 出席省水文局召开的全省水文工作会议，传达全国水文工作会议和全省防汛工作会议精神，交流工作经验，讨论开创全省水文工作新局面的意见和措施。副省长、省防总总指挥孙用和到会讲话。

5月1日 实施水利部1997年2月13日发布的《水质采样技术规程》（SL 187—96）。

5月5日 省水文局下发《江西省水文局1997年水文人才开发年实施计划》。

5月6日 九江市人民政府市长戚善宏批示："水文分局每年在防洪季节

为市政府提供大量的准确的信息，做了不少工作"。

5月14日　九江市水文分局工会修水片分会在修水县成立。

5月19日　省水文局下发《全省水情先进评选办法》。

6月1日　实施水利部1997年5月12日发布的《水文巡测规范》（SL 195—97），1997年5月16日发布的《水文调查规范》（SL 196—97）。

6月27日　举办"庆七一、迎回归"座谈会。

8月15—17日　派员参加省水文局举办"全省水文系统技工技术竞赛"。

9月2日　市水利电力局与市水环境监测中心联合下发《关于开展水环境监测工作的通知》。

10月4日　武宁县罗溪水文站陈定贵作为江西水文系统赴京考察组成员进京考察。

10月29日　南昌市水文分局局长周世儒率队到九江市水文分局参观交流。

1998 年

1月1日　开始执行省水文局下发的《水文测验质量检验标准》。

1月12—14日　全市水文工作会议召开，省水文局局长熊小群及九江市政府、水利局相关领导到会，九江电视台进行采访。

2月11日　九江电视台就汛期展望和预报情况对邓镇华进行了采访。

2月19—21日　派员参加省水文局召开的"1998年汛期降雨洪水趋势研讨会"，一致认为赣北地区有可能出现较大洪水。

2月　江西省电视台《江西新闻》、中央电视台《晚间新闻》分别播出了对九江市水文分局邓镇华局长的专访节目。

3月9日　省防总发出紧急通知，鉴于汛情日趋紧张，全省于3月10日进入汛期，较正常年份的4月1日"入汛"提前20d。

3月10日　省水文局表彰九江市水文分局为"1997年度全省水文系统目标管理先进单位"。

4月14—15日　省水文局副局长谭国良率队对修水水文勘测队申报省水利厅"青年文明号"进行实地考察。

5月4日　落实省水文局下达的1998年地市（湖）水文分局管理目标。

5月9—14日　全省水文工作会议暨1998年第一期党委中心组理论学习班在九江举行。

5月13日　省水利厅副厅长朱来友率省防办、省水文局领导来九江市水文分局检查指导。

5月14—15日　在省水利学会第四次会员代表大会上，吕兰军获"优秀中青年科技工作者"称号。

6月16日　九江市委副书记、代市长刘积福率防汛、财政、水利部门领导视察九江市水文分局，九江电视台、九江日报记者随同采访报道。

6月26日　《九江日报》第一版刊登反映水情科进行水情会商的工作照片，题为：忙碌的"抗洪情报局"。

7月5日　省委副书记钟起煌视察九江市水文分局，看望水文科技人员，了解长江水位情况。

7月24日　九江市人民政府致函省水利厅，建议表彰九江市水文分局。

7月26日　省防总宣布从26日12时起，全省进入紧急防汛期。

7月28日　新华通讯社南昌电讯"防汛耳目立奇功——记九江市水文分局"，对九江市水文分局在抗洪工作中的成绩给予充分肯定。

8月1日　永修虬津水文站职工在抢测洪水中，成功救起8名落水的防汛人员。

8月7日　13时30分，九江城防堤4～5号闸之间发生决口，至12日16时，大堤决口封堵成功。

8月13—20日　省水文局组织九江、鄱阳湖水文局开展长江九江段（九江县永安乡滨江电排站至彭泽县马垱镇马垱圩）100km近岸洪水流速测量，区间共设8个断面，施测25根垂线193个洪水测点流速，编写了技术报告。

8月14日　九江市水文分局购买近千元慰问品，派人专程送至南京军区通讯兵机务大队，慰问、感谢解放军在抗洪中作出的突出贡献。

8月26日　江苏省南京水文水资源勘测局向九江市水文分局发来慰问电，并汇来捐款3380元。

8月27日至9月3日　省水环境监测中心组织技术人员对湖口县以及九江市八里湖缺口等淹没区进行洪水水环境质量抽查。

8月30日　省水利厅副厅长孙晓山检查指导九江市水文分局工作。

8月31日　省防总副总指挥、省军区副司令员、少将季崇武视察九江市水文分局。

9月1日　实施水利部1998年7月20日颁发的《水环境监测规范》（SL 219—98）。

9月20日　省防总宣布自9月20日12时起，全省紧急防汛期结束。长江、鄱阳湖洪水水位仍较高，水情24h值班延至10月10日结束。

9月21—23日　省水文局在九江市举办第二期党委理论中心组学习班暨全省水文分局长会议，认真总结战胜1998年特大洪水工作，进行洪灾后反思，探讨水文如何更好地服务防汛减灾。副省长、省防总总指挥孙用和到会并讲话，赞扬水文工作做得很好、很满意。

10月27日　中共江西省委、省政府召开"全省抗洪抢险总结表彰大会"，邓镇华被授予"全省抗洪抢险先进个人"称号。

12月4日　余国胜获长江委"1998年长江抗洪先进个人"称号。

12月26—27日　省水文局召开"全省水文工作会议"，总结1998年全省水文工作，交流经验，部署1999年全省水文工作，九江市水文分局黄良保、张纯、曲永和、樊建华、徐圣良、江小青、王红霞、王立军、熊道光、余国胜、余兰玲、梁军、卢甫全13人获，"'98特大洪水水文测报有功人员"称号。

12月31日　九江市水文分局获人事部、水利部"全国水利系统先进集体"称号，邓镇华获"全国水利系统先进工作者"称号。

是年　从6月中旬起，修水、鄱阳湖、长江流域相继反复强降雨，发生超历史的特大洪水，长江发生中华人民共和国成立以来第二次全流域大洪水，创下了水位和时间的最高值。7月31日，永修山下渡站最高水位23.48m，柘林水库最高水位67.97m，吴城站最高水位22.97m，长江九江水位站23.03m。

是年　武宁县清江水文站停测。

是年　邓镇华获水利部"1998年全国水利系统安全生产先进个人"称号。

1999 年

1月4日　省防办、南昌大学等单位来九江市水文分局安装调试"水情信息计算机局域网"。

2月1—2日　全市水文工作会议在九江召开，省水文局局长熊小群到会。

2月3日　省人民政府印发《江西省人民政府关于加强水文工作的通知》，下发省辖市人民政府、各县（市、区）人民政府、省政府各部门，要求各级政府切实加强对水文工作的领导，对水文测报设施的保护，加大对水文工作的扶持力度。

3月　九江市水文分局完成长江堤岸整治工程部分阶段性测量任务，即第一期瑞昌码头镇至九江县赛城湖全长26km整治工程岸上及近岸水下地形测量任务，是全省唯一代表水文部门参与长江堤岸治理工程的单位。他们采用的网格定位施测方法、编制的电脑自动绘制抛石设计线、方量计算软件，受到指挥部门充分肯定。

4月1—2日　陕西省水文局一行18人到九江市水文分局参观交流。

4月12日　在巡测和管理考评中执行省水文局下发的《流量巡测误差分析方法与步骤》《水文系统1999年度管理工作考核评比办法》。

4月30日　河南省水文局一行18人到九江市水文分局参观交流。

5月1日　开始实施建设部1998年12月11日颁发的《水文基本术语和符号标准》（GB/T 50095—98）。

5月15日　开始实施水利部1998年4月9日颁发的《水资源评价导则》（SL/T 238—99）。

5月29日　修水先锋水文站职工集体参与扑灭山火受到好评。

7月19日　九江站水位突破22m，市防总宣布全市进入紧急防汛期。

7月20日　受省委、省政府的委派，省水利厅厅长刘政民到九江市水文分局视察工作。

7月21日　20时，鄱阳湖星子站出现22.01m洪峰水位。21时和22时，鄱阳湖湖口站、长江九江站先后出现21.93m、22.43m洪峰水位，均列各站有水位记录以来的第二位。长江九江站和鄱阳湖各站洪水超警戒达67d和72d。

8月10日　执行省水文局下发的《关于建立水文分局党组织民主生活会报告制度的通知》。

8月28日　九江市人民政府致函省水利厅"继1998年洪水之后，长江九江段今年发生有记录以来历史第二高洪水位，九江市水文分局充分发挥防汛耳目和参谋作用，为我市夺取抗洪斗争全胜立了大功"。

10月14日　安徽省水文局一行4人到九江市水文分局参观交流。

10月24日　浙江省桐庐水利局一行8人到九江市水文分局参观交流。

11月　九江市水文分局与长江委丹江口水文局、黄河水利委员会水文局测绘总队合作，利用GPS技术，对500多平方千米的鄱阳湖分蓄洪区进行平面、高程控制测量。2000年5月任务完成。

11月14日　水利部水文局局长陈德坤一行视察九江市水文分局。

11月9日　省发展计划委员会批复省水利厅，同意1999年实施九江水文勘测队基地建设和测报设施建设。

12月3日　省水利厅通知省水文局，1999年实施九江水文勘测队基地建设和测报设施建设。

12月7日　九江市人民政府下发《关于贯彻江西省人民政府关于加强水文工作的通知》。

12月14日　省水文局党委表彰九江市水文分局"98、99 洪水宣传服务先进单位"。

是年　高沙、先锋水文站被省水利厅团委授予厅直首批"青年文明号"荣誉称号。

是年　开展1998年《中国水资源公报》(九江行政区)的编制工作。

是年　九江市水文分局被市政府确定为第一批上网单位。

2000 年

1月1日　开始实施水利部1999年12月17日发布的《水文资料整编规范》(SL 247—1999)。

1月10—20日　曲永和、樊建华参加由省水文局、南昌大学主办的"江西省实时水文计算机广域网开发应用培训班"。

1月13—14日　全市水文工作会议在九江召开,省水文局局长熊小群参加。

1月24—29日　局长邓镇华列席九江市政协十一届二次会议,政协委员曲永和参加会议。

2月25日　《九江日报》记者就汛情趋势专访局长邓镇华、副局长曹正池。

2月27日　福建省水文局局长林涌泉率漳州、三明、蒲田、厦门等分局局长到九江市水文分局参观考察。

3月24日　九江市水文分局党支部被市工委评为1999年"先进基层党组织"。

4月20日　副局长曹正池被评为九江市劳动模范。

4月25日　修水高沙水文站取沙缆道试车成功。

4月28日　水情科副科长樊建华在长江九江段4～5号闸接受中央电视台《军事天地》栏目专访,介绍长江九江段水文情况。

6月30日　开始实施水利部2000年6月14日发布的《水文情报预报规范》(SL 250—2000)。

7月3日　开始执行水利部发布的《重大水污染事件报告暂行办法》(水资源〔2000〕251号)。

7月4日　九江水情测报中心及宿舍综合楼竣工,解决了机关职工的住宿问题,共计12套宿舍,同时对机关老办公楼进行了改造。

7月19日　省水利厅监察室主任朱志勇到九江市水文分局检查指导工作。

8月2日　水利部颁布《关于加强水文工作的若干意见》。要求各级水行政主管部门加强水文行业管理，理顺水文管理体制，完善水文投入机制，扩展水文工作内涵，加快水文现代化建设，深化水文改革。

8月10日　省政协委员、民建九江市委会主委曹岩波率26位民建会员到九江市水文分局进行社会调研。

8月16日　由水利部水文局监测处副处长郭治清、水情处副处长刘金平、项目办总工辛国荣及湖南省水文局相关人员组成的专家组，在省水文局、省防办领导陪同下到九江市水文分局考察指导工作。

9月30日　省水利厅下发《关于贯彻落实水利部〈关于加强水文工作的若干意见〉的通知》，九江市水文分局按照通知中提出的九条贯彻意见，加强全市水文工作。

10月8日　安徽省水文局局长贺泽群率局机关有关负责人及滁州、芜湖、宿州、六安水文局局长一行11人到九江市水文分局考察交流。

10月15日　按照省河道湖泊管理局要求，承担鄱阳湖康山大堤填塘压浸区、疏浚区地形和横断面测量外业工作。

10月24日　北京市水文总站副书记王吉荣一行4人到九江市水文分局考察交流。

11月7日　安徽省水文局党委书记潮隆金一行到九江市水文分局考察交流。

11月14日　省水文局转发水利部水文局《关于编制全国重要水文站测洪及报汛方案的通知》。

12月10—18日　全省水文系统劳动人事工作会议在九江召开。

12月30日　开始实施水利部2000年12月12日颁发的《水道观测规范》（SL 257—2000）。

是年　汛期赣北降雨偏少，降雨强度也小于常年。4—9月五河入湖总水量555.94亿 m^3，比多年同期均值少43.0%。特别是5月上、中旬雨量极少，潦河、鄱阳湖在5月中、下旬出现异常枯水位。

是年　完成大中河站站队结合资料分析工作。

是年　九江市政府将水文补偿经费正式列入地方财政预算。

2001 年

1月9—10日　全市水文工作会议在九江召开。

1月11—14日　局长邓镇华列席九江市人大、政协十一届三次全会。

2月28日　省水利厅下发《关于组织发布重点城市主要供水源地水资源质量状况旬报的通知》。由市水电局委托，从5月开始，九江市水文分局承担市区3个主要水厂的月报编制工作。

3月5—7日　出席省水文局召开的全省水文工作会议，传达全国水文工作座谈会和全省水利工作会议精神，表彰先进集体，明确"十五"期间水文工作目标。

4月　由局长邓镇华主持，邱启勇、黄开忠、余兰玲、江小青、黄信林等同志参与，无锡中良电子厂协助，在《PAM－8801型水文缆道微机自动测流取沙控制系统》项目基础上，成功研制了HCS－2000A型水文缆道测流自动控制仪，并在高沙水文站试运行。江西省抚州市水文分局、安徽省安庆水文局领导分别到该站进行参观考察。

5月14日　水利部水文局总工张建云在长江委水文局、省水文局领导陪同下，视察九江市水文分局工作。

5月16日　省水文局转发水利部水文局《水文基本建设项目建议书编制规定》《水文基本建设项目可行性研究报告编制规定》《水文基本建设项目初步设计编制规定》。

5月31日　省水文局下发《关于编制水文站基本档案及测洪报汛方案的通知》，要求全面系统掌握水文测站基本情况，加快建立水文测站基本档案和一、二类精度水文站测洪报汛计算机信息管理系统，提高水文测验管理水平。

6月21—23日　派员参加省水文局召开的"《水文资料整编规范》补充规定审定工作会议"。

9月18—21日　HCS－2000A型水文缆道测流自动控制仪代表江西省水利厅参加在北京举行的"2001年国际水利水电技术设备展览会"。

10月19日　按水利部《关于公开提供公益性水文资料的通知》要求，对于公益性水文资料进行无偿提供。

11月20—23日　"全省水文设施建设及测验管理工作会议"在九江召开。

12月16日　水利部水文局水情处处长梁家志、高级工程师程琳，新疆水文局局长王志杰、阿勒泰分局局长蒙古别克一行到九江市水文分局检查交流工作。

12月24日　省水文局下发《关于执行〈江西省重点城市主要供水水源地水质评价方法〉的通知》。

12月 省水文局编著的《'98 江西大洪水水文分析与研究》由江西科学技术出版社出版。该书全面系统地总结了 1998 年大洪水成因、特点、防洪工程和非工程措施对洪水的作用和影响，研究河道及泥沙水质变化情况，探讨高水位形成的原因。曹正池、曲永和、熊道光、樊建华参与编写。

是年 局机关第二栋职工宿舍楼竣工，解决了机关及测站水文职工的住宿问题，共计 12 套住房。

是年 抚州市水文分局马口水文站、安庆水文局东至水文站、湖南省浏阳市双江口水文站、福建省三明市永安水文站、吉安市水文分局上沙兰水文站分别引进 HCS - 2000A 型水文缆道测流自动控制仪。

2002 年

1月 17—18 日 全市水文工作会议在九江召开。

1月 29 日 执行水利部水文局下发实施的《全国重要水文站测洪及报汛方案》（第一批）。

1月 经省水文局批复同意，九江市水环监测中心实验室正式开展工作，承担辖区内的水质监测与分析。

3月 23 日 局长邓镇华当选九江市第八次党代会代表。

3月 24 日 安徽省水文局相关人员到九江市水文分局参观学习 HCS - 2000A 型水文缆道测流自动控制仪技术。

4月 5 日 河南省水文局党委书记潘涛等一行 18 人到九江市水文分局考察学习。

4月 完成长江九江段近岸水域平水期水质调查。

5月 13 日 九江市委副书记张华东在市水利、市防办领导陪同下到九江市水文分局检察指导工作。

5月 17 日 长江流域水资源保护局王彻华一行 14 人到长江九江段采集底泥，九江市水文分局派员协助。

5月 22 日 九江市水文分局获省水利厅"全省水利科技工作先进集体"称号。

5月 22 日 水利部水文局副局长孙继昌一行在长江委、省水文局领导陪同下到九江市水文分局视察指导工作。

5月 22 日 湖北省水文局虞志坚局长一行 10 人到九江市水文分局考察学习。

6月 1 日 开始实施国家环保总局、国家质量监督检验检疫总局 2002 年 4

月 28 日颁发的《地表水环境质量标准》(GB 3838—2002)。

6 月 6 日　应湖北省水文局邀请,邓镇华一行 4 人前往参观学习。

6 月 11 日　吉林省水文局一行 9 人到九江市水文分局参观交流。

6 月 18 日　《九江日报》头条刊发新闻图片,介绍市水文分局严阵以待,积极应对可能发生的暴雨洪水。

7 月 4 日　省水文局下发《九江、上饶、抚州水文勘测队设施设备建设与改造工程项目实施方案》批复。

7 月 11 日　九江市政协副主席安珍清率环保、土管、工商、物价等部门的政协委员共 15 人到九江市水文分局就城市生活用水问题进行专题调研。

7 月 20 日　长江委水文局局长岳中明率下属局 17 位局长到九江市水文分局检查指导工作。

7 月 29 日　省水文局下发通知,开展江西省水资源调查评价工作,明确水资源调查评价工作主要内容、基本要求和工作进度。

8 月 3 日　长江委汉江局技术人员一行 5 人到九江市水文分局考察缆道自控测流技术。

8 月　连续 3 年帮助修水县古市镇划坪村脱贫致富任务完成。

10 月 1 日　开始实施水利部 2002 年 7 月 15 日发布的《水文基础设施建设及技术装备标准》(SL 276—2002)。

10 月 12 日　广西壮族自治区水文局总工王治安一行 8 人到九江市水文分局参观交流。

10 月 15—17 日　派员参加省水文局召开的"全省水资源调查评价工作会议",探讨和研究各种水资源调查评价方法。

10 月 31 日　水利部水文局局长刘雅鸣、水情处处长梁家志、计财处处长陈信华、长江委水文局副局长刘东生一行到九江市水文分局调研视察。

10 月 31 日　陕西省水文局一行 8 人到九江市水文分局参观考察。

11 月 6 日　云南省水文局副局长黄英一行 6 人到九江市水文分局参观考察。

12 月 10 日　省水利厅监察室主任万桃香一行 3 人就全省水利系统首届文明单位评选到九江市水文分局实地考察。

是年　上饶水文分局德兴香屯水文站、宜春水文分局上高水文站、湖南省水文局怀化局芷江水文站、常德局石门水文站、云南省曲靖市水文局沾益水文站、福建省古田溪发电厂莲桥水文站分别引进 HCS-2000A 型水文缆道测流自动控制仪。

2003 年

1月9日　按水利部印发的《水文测站编码》要求，对测站开始重新编码。

1月12日　九江市水文分局6台 HCS－2000A 型水文缆道测流自动控制仪在云南国际河流合作项目上中标。

1月20日　2003年全市水文工作会议暨分局党支部理论中心组学习班在九江召开。

1月23日　省水利厅党委书记汪普生一行前往德安县梓坊水文站视察慰问。

2月8日　九江市水文分局获省水利厅"全省水利系统首届（2001—2002年度）文明单位"称号。

2月9日　九江市委常委、农工部长方长春到九江市水文分局视察慰问。

2月11日　九江市委常委、组织部长尧希平到九江市水文分局进行党建调研。

2月27日　中共九江市委批复："同意成立中共九江市水文分局党组"。邓镇华任党组书记，曹正池、吕兰军、龚向民为党组成员。

4月9日　湖北恩施水文分局同仁到九江市水文分局考察。

4月10日　水利部水文局科教处处长陆建华到九江市水文分局指导工作。

4月17日　水利部水文局局长刘雅鸣一行视察永修县吴城水位站。

4月21日　水利部水文局巡视员卢良梅到九江市水文分局视察。

5月7日　永修县虬津水文站职工在测流过程中成功救起两名落水群众。

6月3日　省水利厅厅长孙晓山到九江市水文分局视察指导工作。

6月26日　修水县副县长文剑峰到高沙水文站检查指导工作。

8月1日　开始实施水利部2003年5月12日颁发的《地下水超采区评价导则》（SL 286—2003）、2003年5月26日颁发的《水文自动测报系统技术规范》（SL 61—2003）。

8月27日　按水利部办公厅下发的《关于开展全国水文站网普查与功能评价工作的通知》要求，开展站网普查与功能评价工作。

8月　市直工委批准成立九江市水文分局机关党支部，市纪委、市直工委派员参加分局党组成立后的第一次民主生活会并进行指导。

9月23日　水利部水文局项目办高工张建新、长江委水文局总工李海源到九江市水文分局检查水情分中心初设报告编制情况。

9月30日　黄委水文局一行20人到九江市水文分局考察工作。

10月12日　江苏淮宿市水文局领导到九江市水文分局考察水文工作。

10月28日　江苏省水文局一行11人到九江市水文分局考察机关作风建设。

10月29日　原省人事厅副厅长程宗锦就修水河源调查一事到九江市水文分局调研。

11月5日　全省水文系统人员编制进行调整，九江市水文分局人员编制由116人调整至108人。

11月19日　省水文局党委转发《全国水文系统创建文明测站实施办法》。

是年　降雨偏少、气温偏高，7月出现严重旱情，旱情出现概率相当于20年一遇，列有记录以来第三位。

是年　除云南国际河流合作项目安装13台HCS-2000A型水文缆道测流自动控制仪外，安徽省驷马山灌区管理处水文站、福建省三明水文局和南平水文局、湖北恩施水文局和黄石水文局分别引进HCS-2000A型水文缆道测流自动控制仪。

是年　九江市水文分局强化措施做好"非典"（非典型肺炎）防控工作。

是年　修水水文勘测队每年2万元建设维护经费列入县级财政预算，以后逐年递增，至2007年增至7万元。

2004 年

1月5—8日　2004年全市水文工作会议暨分局党支部理论中心组学习班在九江召开。

1月8日　市直工委宣传部长石海舟一行到九江市水文分局考评党建工作。

2月2日　江苏淮宿市水文局领导一行5人到九江市水文分局考察机关管理、科技服务工作。

2月12日　九江市水文分局第一批获省水利厅"水文水资源调查评价乙级资质单位"和"建设项目水资源论证乙级资质单位"。

2月19日　水利部水文局副局长蔡阳到九江市水文分局视察工作。

3月2日　执行省水文局下发的《江西省水情工作管理暂行办法》。

3月29日　市供电公司修水施工队在先锋水文站跨河索上空架设11万V高压电线，修水水文勘测队职工出面制止，致使11名水文职工受伤。经九江市政府法制办认定，修水施工队违法侵害水文权益，在九江市政府、省水利厅的协调下，至 5 月 24 日，事件得到妥善处理。

3 月　九江市水文分局水环境中心实验室通过国家级计量认证。

3 月　九江水情分中心建设列入九江市 2004 年"十大民心工程"。

4 月 7 日　江苏省常州市水文局局长李家振一行到九江市水文分局参观考察。

5 月 10 日　省水利厅党委书记汪普生到九江市水文分局视察水文工作。

5 月 17 日　全国总工会农林水分会、水利部水文局工会领导到九江市水文分局调研工会工作。

5 月 26 日　省水利厅助理巡视员、人事处长杨华英到九江市水文分局考察精神文明建设工作。

6 月 2 日　执行省水文局党委下发的《江西省水文系统领导班子党风廉政建设责任制考核细则》。

6 月 10 日　九江市委副书记邵春保到九江市水文分局检查指导工作。

6 月 23 日　安徽省巢湖水文局副局长王耀武一行到永修水文站现场考察水文缆道测流自控仪。

7 月 28 日　九江市水文分局获省水利厅"2002—2003 年度全省水利系统精神文明建设先进集体"称号，修水高沙水文站黄良保获"2002—2003 年度全省水利系统精神文明建设先进个人"称号。

7 月 13 日　文明测站评选与管理工作执行省水利厅文明办、省水文局党委下发的《江西省水文系统创建文明测站评选管理办法》。

7 月 23 日　九江市水文分局举办职工代表大会。

7 月　受长江上游来水影响，鄱阳湖出现倒灌。

9 月 8 日　省防办主任万贻鹏、副主任王顺长、徐卫明在省水文局副局长谭国良陪同下到九江市水文分局检查防汛工作。

9 月 13 日　市政府农业处处长段志宏、副处长涂有志一行到九江市水文分局调研。

9 月 22 日　九江市水文分局太极拳队代表九江市参加首届全省机关运动会，获得团体甲组第七名。

9 月 23 日　江苏省镇江市水文局副局长钟长华一行到九江市水文分局考察。

9 月　受长江来水影响，鄱阳湖再次发生倒灌。

10 月 28 日　九江水文信息网站开通。

11 月 8 日　市直工委工会第四片区工作会议在九江市水文分局召开。

是年　修水县杨树坪水文站撤销，迁往渣津。

是年　九江市水环境监测中心取得"国家计量认证合格证书"。

2005 年

1月1日　开始执行财政部、国家发展改革委下发的《关于同意将水文专业有偿服务费转为经营服务性收费的复函》。

1月10日　水利部水文局水质处处长毛学文、站网处副处长何惠一行前往永修水文站检查指导工作。

1月14日　2005年全市水文工作会议暨分局党组理论中心组学习班在九江召开。

1月14日　西藏自治区水文局站网科科长陈尚志到永修水文站参观学习。

1月23—28日　国家质检总局、水利部水文仪器质检中心对九江市水文分局的水文缆道测流控制仪进行申领生产许可证之前的预审。

2月7日　党员先进性教育活动按省水文局党委印发的《江西省水文局保持共产党员先进性教育活动工作方案》开展。

2月17日　九江市政府副秘书长肖明在办公厅农业处处长段志宏、副处长涂有志陪同下，到九江市水文分局慰问进行测汛准备工作的水文职工。

2月18日　邓镇华参加九江市政府成员及市直各单位领导全体会议。

2月21日　参与九江市"魅力九江风采"元宵灯会布展。

2月22日　省水利厅水政监察总队总队长邹紫伟一行4人，在九江市防指秘书长戚方亮、市防办主任邓习珠、修水县水利局有关同志陪同下，看望基层水文测站职工。

2月23日　九江市水文分局党组邀请九江市委党校副校长钟万祥上党课。

2月25日　水文现代化建设工作按水利部下发的《关于印发水文现代化建设指导意见的通知》要求进行。

3月6日　《浔阳晚报》记者姜月平到九江市水文分局水情科采访。

3月16日　九江市水文分局编制的第一个水资源论证项目《修水淹家滩水电站水资源论证报告》通过省水利厅组织的专家评审验收。

3月22日　按省水文局决定，在全市开展2005年"水文测报质量年"活动。

3月29日　《浔阳晚报》记者谈思宏来到九江市水文分局水情科采访。

3月30日　九江市水文分局党组获统战工作先进单位称号。

3月31日　九江电视台记者、播音员钟熹到九江市水文分局采访。

4月6日　修水县政府副县长李广松到修水水文勘测队指导工作。

4月13日　九江市政府副市长陈晖到九江市水文分局指导工作。

4月13日　全市2005年第一次防汛抗旱指挥部成员会议在九江市水文分局召开。

4月21日　开始实施水利部2005年4月12日发布的《全国水情工作管理办法》（水文〔2005〕114号）。

4月27日　修水水文勘测队黄良保当选九江市劳动模范。

4月29日　水文局与气象局为庆"五一"举行联谊活动。

5月20日　省防总通报表扬永修县虬津水文站。该站为非报汛站，4月30日永修县虬津镇突发暴雨、冰雹的强对流天气过程中，该站积极主动测报，并及时向防汛指挥部门汇报，第一时间为防汛指挥调度提供决策依据。

5月19日　市政协副主席杜万安率13位政协委员到九江市水文分局进行《八里湖环境保护》专题调研。

5月23日　九江市委副书记邵春保到九江市水文分局视察水文工作。

5月24日　局长邓镇华全程陪同副省长危朝安检查九江防汛工作。

6月9日　九江市防汛抗旱指挥部下发通知："要求各地水行政主管部门和水利工程建设部门要严格审查涉河建筑物对水文测报设施的影响，严禁在国家防汛网络的重点水文站，在水情报汛中无法替代的骨干水文站的水文测验河段保护区内修建涉水工程，其业主和设计单位必须事前与水文主管部门协商，并按有关规定报批"。

6月25—29日　江西西北部发生特大暴雨。27日凌晨，九江修水县白岭站1h降雨107mm，半坑、全丰站6h降雨分别达274mm、254mm。九江市水文分局和修水水文勘测队及时发布准确暴雨洪水信息和洪水预报，对修河东津、抱子石水电站提供服务，避免在上游洪峰水位通过修水县城时对城区淹没造成的损失，为市、县、乡镇指挥抗洪抢险赢得宝贵时间。修水县渣津镇司前小学200多名学生得到提前转移，8名守校老师在房顶得到及时解救，成为全国农村教育战线抗洪的成功范例。全丰雨量站代办员戴宝林家中被洪水淹没1m左右，仍坚持报告雨情。全丰镇被洪水围困的45户190名群众得到成功解救。7月4日，省水文局通报表扬九江市水文分局及修水水文勘测队。

7月6日　省水科院一行4人到九江市水文分局考察了解长江九江段险工险段测量情况。

8月1日　邓镇华、吕兰军、戴宝林3人荣获"2005年全省防汛抗洪先进个人"称号。

8月1日　省编委办同意将江西省水利厅九江市水文分局更名为江西省九江市水文局，邓镇华任局长。

8月8日　湖北咸宁水文水资源局副局长许定雄一行8人到九江市水文局考察测流自控系统。

9月1日　开始实施水利部2005年5月20日颁发的《实时雨情数据库表结构与标识符标准》（SL 323—2005）、2005年6月20日颁发的《水质数据库表结构与标识符规定》（SL 325—2005）。

9月1—4日　第13号台风"泰利"影响九江地区，各地普降大到暴雨，局部地区有特大暴雨。暴雨中心位于庐山站（降雨量934mm）和武宁县的邢家庄站（降雨量403mm），全市30个报汛站点中，过程降雨超过100mm的有27站，过程降雨超过200mm的有10站，过程降雨超过300mm的有3站。受强降雨过程的影响，永修水文站、德安梓坊水文站出现超警戒洪水。

9月5日　省水文局、南昌市水文局开展永修青湖圩堤决口段洪水调查。9月4日4时50分，潦河万家埠水文站超历史记录29.68m洪水，造成该站下游10km处青湖圩堤永修县马口镇新丰村卢家老居段决口，受该圩堤保护的九江永修、南昌安义两县部分乡镇受淹。

9月7日　九江电视台新闻中心记者到九江市水文局就第13号台风"泰利"影响情况进行采访。

10月11日　九江市水文局离退休职工一行20人到南昌、永修、共青城开展活动。

10月17日　长江委水文局局长魏山忠一行到九江市水文局视察水文工作。

10月27日　市政府办公厅副主任谭晓峰一行到九江市水文局调研九江水情分中心建设进展情况。

10月　局长邓镇华参加省水利厅水利考察团到荷兰考察水利工程。

11月8—11日　修水县普降大到暴雨，平均降雨量达226mm，全县受灾严重。加上铜鼓大墩水库开闸泄洪，修水水位猛涨，导致山口镇、征村乡两地大面积农田受淹，房屋进水，人员被困。

11月11日　市防办在九江市水文局召开"庐山地区水文站网建设审查会"。

11月26日　九江发生里氏5.7级地震，机关及部分测站遭受不同程度的损失。

11月28日　海南省水文局同仁到九江市水文局考察。

12月4—5日　派员参加省水文局召开的"全省水文测站基面换算审查会

议"。会议对高程换算精度进行检查评定，全部符合报汛要求。所有报汛测站于 2006 年汛期开始统一采用黄海基面高程系统报汛。

12 月 17 日　水利部国家防汛抗旱指挥系统工程项目办下发《关于〈赣州、宜春、九江和南昌水情分中心项目实施方案〉的批复》。同意《实施方案》提出的建设范围和建设内容；基本同意《实施方案》提出的设施、设备配置方案；基本同意省级报汛站网建设技术方案，建议积极争取地方投资，与中央报汛站网同步建设；确保明年汛期投入试运行。

12 月 19 日　长江委水文局下发确认函，永修水文站为首批长江委水文局与江西省水文局实施共建共管重要水文站。

12 月 22 日　受市防汛办委托，由樊建华、石贤凯主编的《九江市防汛抗旱应急预案》通过专家评审，同时获市政府优秀预案。

12 月 23 日　九江市水文局领导班子和工会邀请机关离退休职工 19 人座谈。

12 月 29 日　副局长曹正池率测资科科长冯丽珠、办公室副主任王东志到九江县地震灾区走访慰问困难群众。

12 月 30 日　九江市水文局 10 名职工参加"环湖杯"绿色迎新年长跑活动。

是年　九江市水文局获省水利厅"2003—2005 年度全省水利系统文明单位"称号。

是年　九江市水文局荣获省水文局"2005 度全省水情工作先进集体"称号。

是年　武宁县爆竹铺水文站完成实验任务后停测。

是年　景德镇市水文局（江西赣禹遥测技术服务中心）承建彭泽县浪溪水库、九江县马头水库遥测系统建设，开创了九江市信息与服务系统建设的先河。

是年　江西省鄱阳湖区防汛通信预警系统九江水情分中心建成投入使用，该建设项目列入九江市"一百件惠民工程"。

2006 年

1 月 13 日　2006 年全市水文工作会议在九江召开。

1 月 17 日　九江市委副书记邵春保看望机关水文工作人员。

1 月 18 日　九江市水文局 VOIP 语音电话开通，实现国家防总、省防总、11 个设区市防汛抗旱指挥部、4 个省级防汛技术支持单位、8 个市水文局、24

个防洪重点县、6 座大型水库的互联互通。

2 月 10 日　《九江水情自动测报系统初步设计报告》在南昌通过水利厅组织的专家审查。

2 月 11 日　按省水文局决定，全市水文开展"水文绩效考核年"活动。

2 月 11 日　长江委水文局水文测验研究所韩友平一行到九江市水文局商谈长江九江等四站水文信息共享事宜。

2 月 15 日　局长邓镇华参加九江市人大、政协两会。

2 月 21 日　基层水文勘测站（队）落实省水文局下发的《关于基层水文勘测站（队）工作人员有关待遇的实施办法》。

2 月 26 日　省水文局局长谭国良、副局长李世勤率宜春市水文局局长刘玉山、南昌市水文局局长周世儒、吉安市水文局副局长李慧明一行到长江委九江水文勘测队调研水文测验工作，参观九江水文站的水文测船等设施。

2 月 27 日　水情科举办"报汛站（含水库）《水情信息编码标准》培训班"。

3 月 1 日　开始实施水利部 2005 年 10 月 21 日发布的《水情信息编码标准》（SL 330—2005）、2005 年 12 月 19 日发布的《地下水监测规范》（SL/T 183—2005）。

3 月 2 日　省水利厅下发《江西省九江市水情信息自动测报系统建设初步设计报告》批复。

3 月 3 日　荣获九江市统战部颁发的"2005 年度全市统战工作先进集体"称号。

3 月 9—10 日　九江市水文局青年科技小组获"全省水文宣传先进集体"称号，张纯获"全省水文宣传先进个人"称号，吕兰军、樊建华获"2005 年《江西水文》热心撰稿人"称号。

3 月 11 日　省卫生厅、省水利厅下发通知，要求切实加强水文部门血吸虫病预防控制工作，加强对水文部门血防工作的业务指导和专业培训，督促指导水文部门血吸虫病的综合治理、科学防治；对辖区内水文部门职工进行免费血吸虫病检查和治疗。

4 月 1 日　全市所有报汛站开始统一采用黄海基面高程系统报汛。

4 月 4 日　下午 6—7 时，武宁县境内遭受特大暴风雨袭击，风速 22m/s。全县有 18 个乡（镇）15 万人受灾，倒塌房屋 154 间，毁坏农作物 1494hm²，直接经济损失 6759 万元。

4 月 14 日　九江市政府召开全市防汛工作会议，副市长陈晖高度称赞九江水文服务做得好。

5月8日　派员参加省防汛抗旱指挥系统水情信息采集项目建设办公室在南昌主持召开的"江西省水情分中心建设工作会议"。对即将开工建设的九江市水情分中心建设进度和实施中的技术细节进行研究和部署，分析研究项目建设中存在的管理问题。

5月9日　九江市政府市长助理程宪国到九江市水文局检查指导工作。

5月31日　九江市水文局获省水利厅"全省水利系统文明单位"称号。

6月1日　九江市水情分中心建设全面启动。

6月20日　省编委办下发批复，九江市水文局调整后的内设机构为12个，即办公室、水情科、水资源科、测资科、水质科、自动化科、九江水文勘测队、修水水文勘测队、武宁罗溪水文站、德安梓坊水文站、永修虬津水文站和修水高沙水文站。

7月1日　开始实施水利部2006年4月24日颁发的《水文测验铅鱼》（SL 06—2006）、《悬移质泥沙采样器》（SL 07—2006）、《水文仪器及水利水文自动化系统型号命名方法》（SL 108—2006）、《声学多普勒流量测验规范》（SL 337—2006）、《水文测船测验规范》（SL 338—2006）、《水库水文泥沙观测规范》（SL 339—2006）、《流速流量记录仪》（SL 340—2006）。

7月4日　省水利厅同意水文系统科级领导干部职数调整，九江市水文局科级领导职数20名，其中正科7名，副科13名。

7月20日　在庐山及周边地区建立雨量、水位全自动监测网络，掌握庐山降雨情况。

8月14日　江苏省淮宿水文局洪国喜一行5人到九江市水文局参观交流。

8月15日　开始执行省水文局下发的《江西旱情信息测报办法》。

8月27日　20时，鄱阳湖星子站水位10.62m，为有水文记录以来同期最低水位。

9月10日　福建省三明市水文局局长朱孝明到九江市水文局参观考察。

9月　九江市水文局获江西省体育局"江西省群众体育先进单位"称号。

10月1日　开始执行水利部2006年9月9日颁发的《降水量观测规范》（SL 21—2006）。

10月16日　执行省水文局党委下发的《全省水文系统开展法制宣传教育第五个五年规划》。

10月28日　水利部水文局局长邓坚一行到九江市水文局调研指导工作。

10月30日　山西省水文局党委书记阎珠林一行到九江市水文局参观考察。

10 月　永修水文站被共青团江西省委命名为"省级青年文明号"称号。

是年　8 月、9 月，鄱阳湖及长江九江段持续出现低于历史同期最低枯水位。

是年　根据九江市水利局 39 号文件《2006 年度取水计划申请审批表》，办理年度取水计划由九江市水文局承担取水户退水水质监测。

2007 年

1 月 20 日　2007 年全市水文工作会议在九江召开。

1 月　曹正池、李辉程、袁达成、陈颖参与编纂的《江西水系》一书由长江出版社出版。

2 月 2 日　按省水文局决定，在全市水文系统中开展"水文公共服务年"活动。

2 月 4 日　安徽省水文局、安徽省防办领导一行 7 人到九江市水文局考察水情分中心建设。

2 月 28 日　水利部南京水利水文自动化研究所副所长陆云扬一行到九江市水文局了解水情分中心建设进展情况。

3 月 7 日　九江电视台采访九江市水环境监测工作。

3 月 15 日　浙江湖州市水文局局长曹妙才一行到九江市水文局考察。

3 月 18 日　湖南衡阳市水文局局长刘玉辉一行 5 人到九江市水文局考察。

3 月 19 日　九江市副市长廖凯波到九江市水文局检查指导工作。

3 月 30 日　九江市人大常委会城建环保暨"环保修河行"工作座谈会通过《关于编纂〈修河志〉的决定》。曹正池、李辉程、樊建华参与编纂，退休高级工程师陶建平被聘为执行编辑。

3 月 26 日　成立资产清查领导小组，对全市水文资产进行清查核对。

4 月 12 日　九江市政府市长王萍视察九江水文。

4 月 19 日　按省水文局党委下发的《关于加强和改进全省水文系统党员思想政治工作的意见》和《关于在全省水文系统开展党员主题实践活动的意见》要求，开展党员思想政治工作和党员主题实践活动。

4 月 26 日　九江市"建设新九江，我们怎么干"活动督察组就九江市水文局工作开展情况进行了督察。

5 月 8 日　执行省水文局党委决定，在全市水文系统开展学习宣传贯彻《中华人民共和国水文条例》活动。

6 月 1 日　《中华人民共和国水文条例》开始施行。九江市水文局在和中广场举办宣传活动，并接受电视台专访。

6月5日　省水文局通知在全省水文系统集中开展一次水文宣传月活动。

6月7日　庐山管理局举办防汛工作培训班，九江市水文局局长邓镇华受邀参加大会，为学员作《水文测报在水库调度管理中的应用》培训。

6月23日　省水利厅厅长孙晓山、九江市政府市长王萍检查指导永修水文站工作。

7月20日　水利部下发《关于全面恢复水文年鉴汇编刊印的通知》。从2007年起，省水文局全面恢复江西水文资料汇编刊印工作（1998年停刊）。

8月16日　即日起在九江水文信息网站开辟"旱情公报"专栏，将每天雨情、水情、水库蓄水、蒸发、墒情等监测信息进行整理、分析和预测，为抗旱决策提供依据。

8月16日　《九江日报》记者应邀对九江市水文局的工作性质、任务、在防汛抗旱工作中所起的作用以及典型事例进行了采访。

9月18日　依照《全国省界水体监测断面标志设置规定》，九江市水文局在江西省与安徽省交界地彭泽县马垱镇湖西村渡口埋设省界水体监测断面马垱界碑。

9月23日　水利部水文局水资源处处长英爱文到九江市水文局检查指导工作。

10月15日　九江市水文局组织职工集中收看党的十七大开幕式。

10月19日　九江市水文局党组、工会召开离退休干部职工座谈会。

11月12日　九江市水利局召开全市水功能区划会，受九江市水利局委托，九江市水文局承担《九江市水功能区划》报告的编制工作。

11月14日　九江市水文局、气象局工会联合举办第二届乒乓球友谊赛，比赛在气象局活动室举行。

11月16日　省水文局转发《水利部水文局关于公布水文行业标志的通知》，全市水文统一使用行业标志。

11月20日　开始实施水利部2007年8月20日颁发的《地表水资源质量评价技术规程》（SL 395—2007）。

11月26日　水利部水文局下发《关于启用国家基本水文测站标牌的通知》，全市水文统一使用测站标牌。

12月7日　黄良保荣获国家防总、人事部和解放军总政治部"全国防汛抗旱模范"称号。

12月10日　省水利厅副巡视员、省水文局局党委书记孙新生、局长谭国良、人事科科长万发兴到九江市水文局对领导班子进行年度考察。

12月17—22日　九江市水文局组织第一批技术人员前往水利部南京水利水文自动化研究所参加业务培训。

12月18日　吕兰军荣获中国水利职工思想政治工作研究会"2006—2007年度水利系统优秀政研工作者"称号。

12月　水环境监测中心配备应急监测车，专项用于突发性水污染事件应急监测。

是年　全面启动鄱阳湖和设区市界河水质水量动态监测，保护鄱阳湖"一湖清水"的江西水文"百大哨口工程"。

2008 年

1月4—9日　九江市水文局组织第二批技术人员前往水利部南京水利水文自动化研究所参加业务培训。

1月10—15日　派员参加省水文局举办的"全省水文科级干部科技管理、科技服务培训班"。

1月12日至2月5日　遭受持续低温雨雪冰冻灾害袭击，水文监测设施受到重创。省水文局下发《关于切实做好水文抗寒救灾工作的通知》，成立应急工作领导小组，启动灾害性天气应急机制，要求对水文测报设施设备进行科学维护和保养，对报汛终端、备用电源进行排查和抢修，加强公共饮用水水源检测，把冰冻灾害造成的损失降到最低。

1月18日　2008年全市水文工作会议在九江召开。

2月14日　执行省水文局下发的《江西省水文局表彰奖惩管理办法》。

2月20日　按省水文局党委决定，在全市水文系统中开展以"六学""六教""六项活动"为主要内容的学习教育年活动。

2月23日　省水利厅副厅长朱来友检查指导修水水文工作。

2月24—26日　全省水情及信息化工作会议在九江举行，省水利厅副厅长朱来友到会指导，九江市水文局获"2007年度水情工作先进单位"称号。

2月26日　开始实施水利部2007年11月26日颁发的《水文基础设施及技术装备管理规范》（SL 415—2007）、《水文仪器报废技术规定》（SL 416—2007）、《水环境监测实验室安全技术导则》（SL/Z 390—2007）。

2月28日　在全市农村工作会议上，九江市水文工作受到市政府表彰，修水县被评为水文工作先进县。

3月3日　湖北省黄石市水文局一行到九江市水文局参观走访。

3月17日　省编委办同意九江市水文局增设"地下水监测科""组织人事科"2个副科级内设机构。

3月25日至4月12日　局长邓镇华及人事干部参加省水文局举办的"参照公务员法管理培训班"。

4月18日　江苏省淮安市水文局副局长陈家大一行4人到九江市水文局考察。

4月23日　省水利厅厅长孙晓山致电瑞昌铺头水文站，感谢胡文对其给全省水利人的公开信所提的建议。

4月24日　九江市政协副主席魏改生、纪岗昌率提案委员会等10余人到九江市水文局视察水文工作。

4月28日　樊建华、金戎、李辉程、代银萍、吕兰军等人编写的《九江市水功能区划》报告通过由省水利厅组织的专家技术审查。

4月　九江市水文局工会荣获"2007年度职工互助保险工作先进单位"称号及"2006—2007年度先进机关工会"称号，工会主席曲永和荣获"2006—2007年度优秀工作者"称号。

5月14日　九江市水文局党组倡议，向汶川地震灾区人民捐款，奉献自己的一份爱心。机关38名在职职工捐款5003元，通过九江市民政局救灾捐赠办公室汇往地震灾区。

5月15日　执行省水文局下发的《江西省水文局水文水资源科技咨询管理试行办法》。

5月26日　执行水利部水文局下发的《全国洪水作业预报管理办法（试行）》。

5月　按照市委组织部明传电报要求，九江市水文局组织党员交纳"特殊党费"共计4095元。

6月15日　九江市水文局太极拳队代表九江市参加江西省第二届机关运动会。

7月8日　落实省水文局下发的《江西省水文局参照公务员法管理实施方案》。

7月17日　江河洪峰编号执行省防汛办下发的《江西省主要江河洪峰编号规定（试行）》。

7月17日　江苏省盐城水文局副局长杭庆丰一行3人到九江市水文局参观考察。

7月30日　开展因第8号台风"凤凰"造成的彭泽县暴雨山洪情况调查。

8月1日　省编委办下发通知："江西省九江市水文局（江西省九江市水

环境监测中心）为江西省水文局管理的副处级全额拨款事业单位，内设办公室、组织人事科、水情科、水资源科、水质监测科、测资科、地下水监测科、自动化科、德安梓坊水文站、武宁罗溪水文站 10 个副科级机构；设九江水文勘测队、永修虬津水文站、修水水文勘测队、修水高沙水文站 4 个正科级机构，全额拨款事业编制 108 名。领导职数：局长 1 名（副处级），副局长 4 名（正科级）；正科 4 名，副科 18 名。"

8 月 13 日　执行省水文局下发的《江西省水文局职工带薪年休假管理规定》。

9 月 10 日　省人事厅通知：经省委、省政府批准，江西省九江市水文局列入参照《中华人民共和国公务员法》管理。

9 月 16 日　卢兵任九江市水文局局长。

9 月 22—25 日　派员参加省水文局召开的"全省水文工作会议"。传达贯彻全国水文工作会议和全省水利工作会议精神，探讨江西水文"参公"管理。

9 月 25 日　九江市水环境监测中心应对湖北阳新驰顺化工厂有毒废水泄漏事故。

9 月 28 日　九江市水文局获省水利厅"全省水文、水资源调查评价乙级资质单位"。

9 月　由原省人事厅副厅长程宗锦主编的《江西五大河流科学考察》出版，曹正池参与编写。

9 月　经过民主推荐和选举，曲永和作为九江市工会代表和全省唯一的水利行业代表参加江西省工会第十二次代表大会。

10 月 13—24 日　省水环境监测中心内审组对九江市水环境监测中心展开质量体系内部审核工作。

10 月　曲永和获中国农林水利工会全国委员会"全国水利系统职工文化工作先进个人"称号。

10 月　黄良保代表江西水文基层职工进京参观考察学习。

11 月 18—21 日　派员参加省水文局举办的"全省水文系统青年水文站长培训班"。

12 月 1 日　九江市水文局召开党员民主生活会。

12 月 31 日　九江市水文局举办迎新年晚会。

是年　完成山洪灾害预警系统二期工程建设。

是年　修水流域为枯水年份。

2009 年

1 月 1 日　开始实施国家质检总局、国家标准化管理委员会 2008 年 11 月

4 日发布的《水文情报预报规范》（GB/T 22482—2008）。

1 月 6 日　《浔阳晚报》第二版发表记者葛先虎题为《专家把脉河流纳污能力》的文章，对九江市水文局在全市范围内开展的 50km² 以上河流、2km² 以上的湖泊水量、水质调查及河流纳污能力分析进行全面报道。

1 月 26 日　鄱阳湖都昌水位站出现 7.99m 历史最低水位。

2 月 3 日　省水利厅组织人事处副处长戴金华一行到九江市水文局调研。

2 月 19 日　省水利厅水资源处副处长付敏一行到九江市水文局调研九江水资源及水质工作。

2 月 20 日　2009 年全市水文工作会议在九江召开。

3 月 2 日　执行省水文局党委下发的《江西省水文局精神文明建设实施办法》。

3 月 8 日　落实省水文局下发的《江西省水文局开展机关效能年活动实施方案》，在全市水文系统中开展机关效能年活动。

3 月 17 日　执行省水文局党委下发的《江西省水文局党委贯彻落实中央〈建立健全惩治和预防腐败体系 2008—2012 年工作规划〉实施办法》《关于建立江西省水文局新任科级干部任前廉政谈话制度的实施意见》。

3 月 19 日　由九江市水文局编制的《九江市水功能区划》报告获九江市政府常务会议通过。

3 月　九江市水文局把八里湖列入水质监测计划，同时把城市景观湖泊甘棠湖、南门湖、白水湖及城市河流十里河、濂溪河纳入水质监测体系。

4 月 6 日　全市冰冻雪灾恢复建设遥测雨量站全部安装完毕。

4 月 8 日　《浔阳晚报》发表题为《呵护生命之源　我市开展水功能区划》的文章，介绍《九江市水功能区划》的意义、内容和要求。

4 月 14 日　九江市第一口地下水监测专用井在九江市超采中心区国棉三厂开钻，是全省唯一列入《江西省地下水通报》的监测站点。

5 月 14 日　省防办调研员王顺长、副主任李世勤、省水文局副局长李国文到九江市水文局检查指导九江水情分中心建设项目预验收准备工作。

5 月 17 日　局长卢兵陪同国家发展改革委专家就鄱阳湖生态经济区建设进行调研。

5 月 18 日　在由水利部水文局委托中国水利杂志编辑部举办的"贯彻落实水文条例加速发展水文事业"征文活动中，吕兰军的《水文发展与改革的几点思考》获三等奖，九江市水文局荣获组织奖。

5 月 24—25 日　国家防汛抗旱指挥系统一期工程江西省九江水情分中心建设工程通过国家项目办预验收。

5月　九江市水文局在淮河第一个控制站王家坝水文站成功建设测流缆道及缆道自动测流控制系统。

6月12日　贵州省铜仁市水文局书记段黔丽一行11人到九江市水文局参观考察。

6月22日　九江市水环境监测中心接受国家计量认证水利评审组的复查评审。

7月2日　执行省水文局下发的《江西省水文局安全生产管理办法》。

7月3日　执行省水文局党委印发的《江西省水文系统干部上挂下派暂行办法》《江西省水文局干部任前谈话制度》《江西省水文局新录用人员谈话制度》《江西省水文局干部职工退休谈话制度》。

7月23日　九江市水文局编制的《九江市水资源公报》（2008）通过专家评审。

7月28日　落实水利部下发的《关于进一步加强水文工作的通知》，在全市水文工作中，强调要牢固树立"大水文"发展理念，提出"统筹规划、突出重点、适度超前、全面发展"的十六字发展方针，努力建设适应时代发展的民生水文、科技水文、现代水文。

8月10日　九江市水文局启动应对突发水污染事件应急预案，对宜昌市石牌水域发生危化品集装箱落水事故可能给九江带来的影响进行不间断水质监测。16日，《浔阳晚报》记者就此次事件到九江市水文局进行专题采访，17日《浔阳晚报》发表《"宜昌集装箱落水事故"未影响本市水源　自来水大可放心饮用》的文章。

8月13日　省水利厅水资源处副处长李学红到九江市水环境监测中心检查指导。

8月17日　九江电视台、大江网、九江广播电台等媒体记者到九江市水环境监测中心联合采访。

8月25—29日　省水利厅审计组对国家防汛抗旱指挥系统一期工程江西省九江水情分中心信息采集系统建设项目进行竣工财务决算审计。

9月10日　国家防汛抗旱指挥系统一期工程江西省九江水情分中心项目通过竣工验收。

9月21日　省水利厅厅长孙晓山到九江市水文局检查指导工作。

9月　省水文局编辑的《远方的水文人》内部出版发行，张良志、樊建华、柯东、金戎、陈忠宝、高立钧、王参发、石红云、胡景秋、黄开忠、张纯、程璇、陈晓生、占承德、陈定贵、潘乐富、刘克武、邱启勇18人的27部诗歌散文作品入选。

10月15日　九江市委常委副市长魏宏彬肯定九江市水文局开展的城区河湖水质监测工作。

10月22日至11月5日　局长卢兵参加由省水利厅组织的学术考察团，赴加拿大、美国进行学术考察。

11月1日　市水环境监测中心积极应对长江湖北鄂州段西山水域浓盐酸货船沉没水污染事件。

11月11日　九江市水文局召开党总支成立大会。

11月23日　受省人大常委会委派的"地下水污染状况调研组"到九江进行调研。

11月26日　派员参加省水文局召开的"全省水文思想政治工作座谈会"。

12月2日　派员参加省水文局召开的"江西省湖泊普查成果汇总工作会议"。

12月5日　水利部水文局副书记卢良梅到九江市水文局检查指导工作。

12月18日　全局主要技术人员参加由水利部水文局、江西省水利厅联合主办，江西省水文局承办，在星子县召开的"鄱阳湖水生态保护与监测论坛"。水利部副部长胡四一，江西省人大常委会副主任胡振鹏，中国工程院院士、中国水利水电科学研究院水资源所所长王浩，中国工程院院士、南京水利科学研究院院长张建云在会上作主旨报告。论坛分主旨报告、专题报告和青年学术论文交流三个部分。

是年　完成往年固定资产清查工作。

是年　九江市水文局在全省率先完成《九江市水域纳污能力及限制排污总量意见》报告，并顺利通过江西省水利厅主持的专家评审。

是年　完成湖泊水质外业调查工作，对九江市辖区内水面面积在$1km^2$以上的40个湖泊进行湖泊地理位置、主要功能、大小、水深、水量以及入湖排污口情况进行调查，编制完成《九江市湖泊普查成果报告》。

2010年

1月25—28日　派员参加省水文局召开的"全省水环境监测工作暨水功能区水资源质量调查评价会议"。

1月　曹正池、樊建华、张纯、李辉程、陈晓生、陈颖、柯东、袁达成参与编写的《中国河湖大典（长江卷）》由中国水利水电出版社出版发行。

2月6日　九江市暴雨洪水监测系统（三期工程）建设全面完成。

2月23日　执行省水文局决定，在全市水文系统中开展创业服务年活动。

3月7日　完成鄱阳湖国家级自然保护区朱市湖、大湖池、常湖池圩堤高程及水利设施外业测量任务。

3月25日　九江市水文局机关党支部荣获"市直工委2009年度'创先争优'活动先进基层党支部"荣誉称号。

4月23日　执行省水文局转发的《江西省防汛抗旱总指挥部防汛抗旱应急响应工作规程》。

5月27日　水利部水文局局长邓坚到九江市水文局检查水文防汛和安全生产工作情况。

6月9日　省水文局党委决定在全省水文系统开展创建水文技术服务先进典型活动。

6月23日　全市水文即日起启动水文系统水质监测Ⅰ级应急响应。要求做好大洪水期间水质监测工作，保障全省人民饮水安全和社会稳定。

6月25日　九江市地下水监测站二期建设工作启动。

6月　九江市水文局水情服务工作引起九江新闻媒体高度关注，先后有《九江日报》、《浔阳晚报》、九江人民广播电台、九江交通台、九江电视台等多家媒体对九江水文进行采访报道。

7月15日　执行省水文局下发的《江西省水文局行政事业单位收款收据管理办法》。

7月17日　16时，江西长江九江段彭泽县棉船洲圩堤受鄱阳湖区持续高水位影响，发生崩岸险情。省水文局立即派出水文应急抢测队，对崩岸处流速、流量、水深及河道的变化等水文要素进行实测分析，掌握第一手水文资料，为抢险固岸提供科学依据。

7月28日至8月6日　九江市水文局完成九江市11个县（市、区）68个1km² 以上湖泊的清查和勘察工作。

7月　省水利厅编辑的《江西河湖大典》正式出版，并获"2010年度赣鄱水利科技奖二等奖"。曹正池、樊建华、张纯、李辉程、陈晓生、陈颖、柯东、袁达成参与编写。

8月27日　省水利厅对外合作与科技处处长黎文杰一行到九江市水文局调研水文科技工作。

8月30日　九江市水文局荣获"2010年全市防汛抗洪先进集体"荣誉称号。

9月2日，省水利厅水资源处副处长付敏、省水文局副局长吴学文、水质科科长邢久生一行，在九江市水文局局长卢兵，副局长吕兰军、张纯陪同下，视察九江市地下水超采区国棉三厂地下水监测站。

10月30日 2010年江西五大水系上、下游沙量对照暨2009年度资料工作总结会在九江召开。

10月31日 由樊建华、李辉程、张洁、刘敏、代银萍、金戎、吕兰军等人编写的《九江市水量分配细化研究报告》通过专家评审。

11月2日 九江市水文局获"2010年度市直单位党报党刊发行工作先进单位"荣誉称号。

11月 《江西省水利学会防汛抗旱专业委员会论文集》出版,九江市水文局樊建华、曹正池撰写的《2010年长江九江段洪水分析》,王荣撰写的《九江山洪灾害的成因及防治措施》,吕兰军撰写的《浅析水文在防汛抗旱中的地位与作用》三篇论文入选。

12月12—14日 派员参加省水文局召开的"全省城市饮用水水源地安全保障规划实施方案工作布置会"。

是年 副局长张纯被评为"九江市劳动模范"。

是年 国家水文数据库江西节点数据源建设工作第一阶段成果验收在九江圆满结束。

是年 组织力量开展鄱阳湖基础地理测量工作。

是年 副局长吕兰军获"2008—2009年度全国水利系统优秀政研工作者"称号。

是年 气候异常,极端天气过程频繁。7月份,长江九江段、鄱阳湖水位复涨并长时间维持超警戒高水位。

是年 曲永和荣获中国民主建国会江西省委员"全省优秀会员"荣誉称号。

2011 年

1月1日 开始施行省水文局印发的《江西省水文局水文测验质量核定标准》。

1月6—8日 派员参加省水文局召开的"全省水环境监测工作会议"。

1月15日 九江十里河发生水污染,十里河中段至八里湖出口处水色呈绿色,市民反映强烈。吕兰军率水质科技人员现场调查发现是一电镀厂排放废水中铜超标所致。

2月25日 省水利厅在都昌县召开"水利改革与发展"征求意见座谈会,副局长吕兰军参会就提升水文服务能力提出六条建议。

3月2日 副局长张纯调鄱阳湖水文局工作。

3月15日 鄱阳湖水文局副局长吴传红调九江市水文局工作。

3月16日 省水利厅水资源处副处长付敏、省水文局地下水科科长刘洪波到九江市水文局了解地下水监测进展情况。

3月16日 瑞昌市水利局副局长周勇到九江市水文局商谈《建设项目水资源论证报告》的编制。

3月23日 武宁县水利局局长钱学钧、副局长胡启国一行到九江市水文局商谈水资源工作。

4月15日 省水利厅在九江市水文局召开《江西省水文条例》修改意见座谈会，省厅政策法规处副处长邹威、省水文局局长钟涛、副局长吴学文与九江市水文局中层以上干部参加座谈。

4月27日 永修星火化工厂因废水排放造成鄱阳湖星子水厂停水，吕兰军率水质技术人员当晚赶赴现场进行调查。

5月20日 由九江市水文局编制的《武宁县修河河道采砂规划报告》通过市水利局组织的专家评审。

5月23日 水利部计量认证专家组田华一行到九江市水环境监测中心进行现场评审。

6月2日 国务院总理温家宝亲临干旱严重的鄱阳湖大湖池实地调研。九江市水文局积极配合省水利厅、省水文局开展布展和准备工作。此前该区域110d无有效降雨，湖泊滩涂干裂裸露。之后，旱涝急转，暴雨持续，修水中、上游地区发生山洪灾害。

6月9日 省水利厅在南昌召开专家评审会，由九江市水文局编制的《江西理文造纸有限公司水资源论证报告》通过评审。

6月11日 副省长胡幼桃到渣津水文站检查指导防汛工作。

6月28日 市委党史办主任罗环到九江市水文局进行"九江红色历史"讲座。

7月5日 湖北省黄石市水文局一行6人到九江市水文局参观考察。

7月13日 九江市水利局副局长熊诞宁到九江市水文局调研，围绕水资源管理中"三条红线"同九江市水文局相关科室技术人员座谈交流。

7月 九江市人大常委会发文通报表扬退休职工陶建平，高度肯定陶建平在编撰《修河志》中所做的工作。

8月11日 九江市水文局党组成员、机关各科室负责人在市委八楼会议室聆听省水利厅总工张文捷作《加快水利改革发展》宣讲报告。

8月17日 由九江市水文局编制的《修水县大洋洲防洪影响评价报告》

通过市水利局组织的专家评审。

9月10日　23时20分发生4.6级地震，震中位于瑞昌市与湖北阳新县交界地区，卢兵等局领导迅速通知各位职工做好防范。

10月18日　全省水文系统河流湖泊水利普查成果汇总会在九江召开。

10月19日　省水利厅在南昌核工宾馆召开专家评审会，由九江市水文局编制的《江西铜业铅锌冶炼工程水资源论证报告》获得通过。

10月20—25日　机关全体党员赴延安接受革命传统教育。

10月　吕兰军撰写的《落实中央一号文件　提升水文服务能力的思考》一文，荣获《水利发展》杂志主办的"贯彻落实中央一号文件精神有奖征文"二等奖。

11月4日　九江市水文局被中共九江市直属机关工作委员会授予"2011年度市直单位党报党刊发行工作先进单位"荣誉称号。

11月8日　市水利局总工陈爱民到九江市水文局调研八里湖、赛城湖水文情况，为城市河湖连通方案的编制提供资料。

11月13日　湖南省水文局副局长杨诗君一行到九江市水文局调研。

11月14日　湖北省水文局局长赵金河一行到九江市水文局调研。

11月15日　陕西省水文局水质科三位同志到九江市水文局参观水质实验室。

12月5日　省水利厅安排局长卢兵、副局长吕兰军到北京参加由水利部水资源司举办的"建设项目水资源论证座谈会"。

12月28日　九江市水文局、鄱阳湖水文局在九江联合举办"迎新春"水文晚会。

12月28日，九江市人民政府印发《九江市水功能区、县（市）界河及重点水库水质动态监测实施方案》，九江市水功能区、界河水体和水库监测水质水量评价工作统一委托九江市水环境监测中心完成。

是年　开始每月编制《九江市水资源质量月报》。

是年　九江市水文局四篇论文入选《江西省水利学会2005—2011年度优秀学术论文集》，并获江西省水利学会表彰。其中，曹正池撰写的《试论江河干旱告警水位制定办法》、吕兰军撰写的《水文发展与改革的几点思考》评为优秀学术论文二等奖；代银萍撰写的《九江市城区河湖水质现状及污染防治对策》，樊建华、金戎撰写的《简易测报系统在庐山地区水文测报中的应用》评为优秀学术论文三等奖。同时，吕兰军获"江西省水利学会先进工作者"荣誉称号。

2012 年

1月4日 水质科人员赴各县（市、区）进行入河排污口调查。

1月14日 九江市第4次市政府常务会议研究《九江市水量分配细化研究报告》推荐方案，会议原则同意该方案，根据全省情况适时执行。

2月1日 执行省水文局制定的《江西省水文局水文文化建设管理办法》。

2月22日 省水利厅人事处处长朱志勇到九江市水文局进行干部考察。

2月 九江市水文局5篇论文入选由东南大学出版社出版的《水文水资源技术与管理》一书。

3月8日 湖北省武当山农林水利局局长一行到九江市水文局调研。

3月31日 副局长曹正池被江西省水文局荣记三等功。

4月 九江市水文局工会获九江市"2011年度市直机关工会工作先进单位"荣誉称号。

4月 在全市互保工作会议上，九江市水文局工会受到通报表彰。

4月24日至5月1日 市委农工部组织农口单位主要负责人到台湾考察农业，局长卢兵随同。

5月3日 省水利厅水资源处处长傅国儒到瑞昌考察江西理文造纸有限公司，并到九江市水文局检查水质实验室。

5月22日 九江市水文局定点扶贫村修水县新湾乡回坑村党支部书记阚东来一行到九江市水文局座谈扶贫工作。

6月20日 省水利厅人事处副处长邹威、省水文局副书记詹耀煌一行到九江市水文局考察副调研员人选。

6月25日 柘林灌区管理局党委书记叶凌志到九江市水文局商谈水资源论证报告编制业务。

7月6日 市发展改革委在九江市水文局主持召开《九江市水文预测预报中心设计方案》审查会，省水文局建设管理处处长洪全祥、省水利厅防汛办黄志勇参加。

7月 九江市水文局在党员干部中开展一次捐款帮扶助困活动，募集捐款1080元。

8月2日 市政协环资委主任周光灿一行到九江市水文局调研水环境监测情况。

8月27日 水利部计量认证专家组王丽伟、李广源一行到九江市水文局对实验室进行现场考评。

9月14日 由九江市水文局编制的《九江市饮用水水源地突发水污染水利系统应急预案》通过市水利局组织的评审。

9月29日 武宁县水利局副局长胡启国一行5人到九江市水文局座谈水资源工作。

10月18日 局长卢兵、副局长吕兰军应邀到郑州大学参加中国水利学会水资源专业委员会学术年会。

10月24日 省水利厅在南昌召开专家评审会，由九江市水文局编制的《大唐化学有限公司水资源论证报告》获得通过。

10月25日 市水利局召开专家评审会，由九江市水文局编制的《九江市饮用水水源地保护规划》获得通过。

11月8日 曹正池任副调研员。

12月1日 省水利厅监察室主任张鲁江到九江市水文局检查党风廉政建设工作。

12月12日 省水利厅在南昌召开专家评审会，由九江市水文局编制的《柘林灌区供水工程水资源论证报告》获得通过。

12月19日 省水利厅厅长孙晓山到九江市水文局调研水文工作。

12月23日 省水利厅在南昌召开专家验收会，由九江市水文局编制的《九江市八里湖水生态动态监测与研究》《高沙水文站流量率定研究》2个科研课题验收通过。

12月27日 水利部水文局检查组刘红林、崔玉香、刘俊辉一行到九江市水文局检查水质实验室"七项制度"建设情况。

12月27日 贯彻落实省水利厅出台的《省水利厅关于加强水文工作的决定》（赣水办字〔2012〕158号）。

是年 九江市水环境监测中心正式更名为九江市水资源监测中心。

2013 年

1月14日 九江市水文局编撰的《九江市国家重要饮用水水源地保护规划报告》顺利通过审查。

1月 《九江市八里湖水生态动态监测与研究》报告荣获赣鄱水利科技三等奖。

1月18日 副局长吴传红调鄱阳湖水文局工作，鄱阳湖水文局副局长张纯调九江市水文局工作。

2月26日 九江市水文局副局长黄开忠率相关科室人员走进九江新闻广

播"政风行风热线"直播间，通过节目热线、短信和论坛与市民沟通，接受听众、网友对市水文局党政行风、机关效能工作的建议和意见，并对听众提出的咨询问题进行解答。

3月　九江市水文局吕兰军获首批"江西省注册咨询专家"资格。

3月　全国水文文学作品集《倾听水文》出版发行，樊建华、胡景秋、黄开忠、金戎、高立钧作品入选。

4月11日　九江市直妇工委组织授予李国霞"2012年度市直机关妇女工作先进个人"荣誉称号。

5月8日　开始启动《江西省志·江河志》（修水篇、长江九江段、鄱阳湖区部分河流）编纂工作。参编人员有曹正池、樊建华、曲永和。

6月　九江市总工会授予曲永和"2012年度市直单位机关工会工作先进个人"荣誉称号。

7月1日　九江市水文局机关党支部获市直工委"先进基层党组织"荣誉称号。李辉程、欧阳庆分获优秀共产党员和优秀党务工作者称号。

8月9日　九江电视台就近期出现的旱情采访水情部门。

9月28日　九江市水文局召开《水文测验方式方法》研讨会。

10月9日　由江西省法制办组织的《江西省水文管理与服务办法》立法调研会在九江召开，参会的有省水利厅、九江市政府、环保局、水利局、水文局、气象局、发展改革委、交通局、财政局、农业局、民政局、供电局及服务单位代表。

10月24日　九江市人民政府致函省水利厅《九江人民政府关于〈九江市水文局实行省水利厅和九江市人民政府双重管理〉的复函》（九府函〔2013〕63号），同意九江市水文局实行省水利厅和九江市人民政府双重管理体制，以省水利厅管理为主。

12月2日　九江市水文局派员赴北京水博会参观学习。

12月6日　举办以"科技水文"为主题的科技讲座活动。

12月30日　省长鹿心社主持召开第17次省政府常务会议，审议通过《江西省水文管理与服务办法》并更名为《江西省水文管理办法》，全市水文系统学习并加以贯彻。

2014 年

1月1日　受九江市水利局委托，九江市水文局编制的《九江市饮用水水源地突发性水污染事件水利系统应急预案》颁发实施。

1月13日　瑞昌市人民政府下发抄告单,将铺头水文站每年5万元建设维护经费列入市财政预算。

1月16日　曹正池的《鞋山晨曦》获全省水利职工摄影优秀奖。

1月24日　九江市第二纪工委副书记但传捷就如何落实党风廉政建设党委主体责任和纪委监督责任到九江市水文局进行传达讲话。

3月25日至4月2日　完成全市第一期入河排污口调查任务。

3月27日　李国霞荣获"2013年度市直机关妇女工作先进个人"称号。

3月　九江市水文局工会被九江市总工会评为"2013年度工会工作先进单位"称号。

3月　吕兰军被评为《水政水资源》杂志2013年度十佳论文作者。

3月　修水水文勘测队入住修水县市民服务中心,占用办公面积283m²。

4月1日　《江西省水文管理办法》颁发施行,全市水文系统在各地开展宣传活动。

4月23日　九江市第二纪工委巡查组到九江市水文局检查党风廉政建设工作。

5月28日　九江市水文局组织党员干部参观廉政警示教育基地。

6月18日　九江市水利局局长江少文、九江市水文局局长卢兵作为双方法人代表正式签署行政执法委托书,九江市水文局可对全市范围内的水文活动进行督促、检查和查处。

6月25日　省水土保持监督监测站站长钟应林到修水水文勘测队和渣津水文站调研。

7月9日　全省水资源调查评价分析汇总会在九江召开。

7月24日　受第10号台风"麦德姆"外围影响,德安县出现特大暴雨,24日2—16时,全县有21个站点降雨量超过100mm,13个站点降雨量超过200mm,6个站点降雨量超过300mm,4个站点降雨量超过400mm,1个站点降雨量超过500mm,最大为丰林站534.5mm,3～6h短历时暴雨频率均超过百年一遇。

7月　开展修水县"7·04"、德安县"7·24"暴雨洪水调查工作。

8月12日　黄委设计院一行到梓坊水文站参观。

8月14日　省水利厅厅长孙晓山专程到德安县梓坊水文站看望慰问水文一线职工。

8月21日　梓坊水文站荣获德安县政府"7·24"特大洪水灾害抗洪抢险工作先进集体光荣称号。

8月21日　德安县人民政府致信九江市水文局，感谢九江市水文局及梓坊水文站在抗击"7·24"特大暴雨洪水中所作的重大贡献。

8月20日　局机关职工食堂正式投入使用。

8月28—29日　举办计算机定线及相关程序的培训班，聘请抚州水文局副科长蔡云峰担任培训老师，进行现场讲解和操作辅导。

8月　受九江市水利局委托，九江市水文局开展《城市水生态文明建设规划》水质监测工作。

9月5日　副局长、扶贫小组副组长黄良保带领机关支部人员前往修水县新湾乡回坑村开展帮扶调研，认真落实帮扶工作。

9月18日　九江水文信息网改版。

10月4日　九江日报特约记者到都昌徐埠水文站进行实地采访。

10月　全市水文工作人员全部纳入社会养老保险体系，并调整工作人员基本工资标准。

11月1日　《光明日报》记者到梓坊水文站采访。

11月11—14日　《江西省志·江河志》修水篇编纂人员到修水源头进行实地查勘。

11月17　九江学院2011届资源与环境专业师生30余人到九江市水文局参观学习。

12月18日　参加市政府组织的饮用水水源保护现场调研。

12月18—19日　全省水文系统工会干部培训班在德安县举办。

是年　九江市人民政府批准水功能区监测经费列入市财政预算，每年80万元。

2015 年

1月13日　九江市直机关工委副书记胡中琴一行到九江市水文局考评党建工作。

1月23日　水质科荣获2014年度市"青年文明号"称号。

1月27日　局党组理论中心组学习暨全市水文工作会议在九江召开。

1月28日至2月4日　全省第一个规划类水资源论证报告《赣江新区规划水资源论证报告》编制布置会在九江县召开，省水文局调研员刘建新到会并讲话，九江市水文局为报告编制主要单位。

2月13日　九江市水文局被九江市委、市政府授予"2014年度社会治安综合治理先进单位"称号。

2月15日　九江市水文局召开局领导班子民主生活会情况通报会。

3月3日　九江市气象局局长孙国栋一行到九江市水文局走访交流。

3月4日　省水利厅副厅长罗小云检查指导修水水文防汛工作。

3月14日　省水文局修志办实地考察梓坊水文站。

3月24—25日　九江市水文局在修水勘测队举办瑞智型相控阵 ADCP 操作培训班。

4月2—3日　江西省水利职业学院 2014 级水文水资源专业学生到九江市水文局参观实习。

4月10日　九江市水资源监测中心通过长江委水保局组织的水功能区水质达标评价监督监测考核。

4月13日　长江流域水环境监测中心高级工程师黑大明一行对设立马垱监测断面立碑工作进行勘察。

4月22日　九江市水文局制定的《九江市水情预警发布实施办法（试行）》由九江市防汛抗旱指挥部以九汛〔2015〕9号文下发实施。

4月24日　《长江九江段水功能区纳污能力研究及对策》科技项目启动会在九江县召开。

4月28日　九江市防汛抗旱预测预报中心大楼开标，抚州市临川建筑工程公司中标。

4月29—30日　九江市水文局团支部开展"红色青春、艰苦奋斗"五四专题活动。

5月13日　省发展改革委召开赣江新区申报材料审查会，《赣江新区规划水资源论证报告》审查通过。

5月20日　九江市水文局荣获 2014 年度市直机关工会工作先进单位。

5月21日　省水文局局长祝水贵一行到九江市水文局调研水文体制机制改革。

5月18—24日　2014 年度长江流域第 6 卷 18 册水文年鉴汇编、审查工作在九江进行。

5月26日　武警水电部队在湖口基地进行防汛应急演习，九江市水文局派出应急抢测监测队参演。

5月26日　省中小河流水文建设系统总监理部对九江部分中小河流站网建设项目（2012—2013 年 A9、A10 标段）工程进行验收。

5月28日　《修水报》刊发《李晓辉　修河把脉人》的专题报道，讲述修水勘测队副队长李晓辉扎根基层、敬业奉献的故事。

5月29日　省中小河流水文建设项目部组织南昌、九江、鄱阳湖、抚州二级项目部在九江开展以《施工质量控制和管理要点》为主题的知识讲座。

6月10—11日　九江市水文局工会派出骨干人员参加市直机关第九套广播体操培训班。

6月12日　九江市水文局举办廉政教育专题党课。

6月28日　组队参加"郎牌特曲杯"市直机关第四届羽毛球比赛。

7月7日　省法制办召开《江西省水资源条例》（修正）专家评审会，副局长吕兰军参加。

7月10日　九江水文防汛抗旱预测预报中心（水文巡测基地）项目工程开工建设。

7月15日　省水利厅副厅长杨丕龙调研九江水文工作。

7月17日　举办水文文化宣传员培训班，省水利厅水文化办主任占任生授课。

7月21—23日　局长卢兵一行考察长江委中游局水质实验室及湖北黄石市水文局。

7月25—26日　举办山洪灾害调查评价工作人员培训班。同时启动县级山洪灾害调查评价工作。

7月28—29日　全省中小河流水文监测系统建设工作调度会在九江召开。

7月30日　九江市水文局举办"三严三实"专题教育党课。

8月18日　省水文局党委副书记、纪委书记詹耀煌率党风廉政建设考核组，采取听取汇报、民主测评、查阅台账、个别谈话等方式，对九江市水文局十八大以来的党风廉政建设工作进行全面考核。

8月27日　河海大学水文水资源系主任李国芳教授率"江西省山洪灾害招标项目课题组"一行6人到九江市水文局考察工作。

8月28—29日　《江西省志·江河志》修水篇长篇初稿审查会在九江县召开。

9月2日　九江市水文局选派工会骨干参加九江市直机关工委工会举办的市直机关工会干部培训班。

9月9日　接受市普法办"六五"普法检查验收。

9月15日　九江市水资源监测中心接受国家计量认证复查换证评审。

9月23—26日　吕兰军作为江西省水文文化规划起草小组成员随队前往黄委宁蒙水文水资源局开展专题学习调研。

9月　九江市水文局承担《2014年湖口县水资源公报》编制任务，县级水资源公报编制在全国尚属首次。12月4日公报通过专家评审。

10月10日　全省水文系统执法证件管理工作座谈会在九江召开。

10月20日　九江市水文局参与九江市党员志愿服务队活动启动仪式暨现场无偿献血活动。

10月24日　瑞昌市水利局局长徐成带领分管防汛领导及防办等主要部门负责人到九江市水文局走访。

10月25—26日　赣州水文一行5人到修水勘测队考察交流县域水文工作。

10月28日　省水文局副调研员刘玉山一行到修水勘测队调研指导水文新技术、新仪器在水文测验断面的使用情况。

11月6日　九江市水文局荣获"2014年度目标管理考评绩效管理先进单位"称号。

12月3日　全省水资源监测工作座谈会在九江召开。

12月18日　省鄱建办副主任纪伟涛一行到永修、虬津水文站考察鄱阳湖水系五河七口水文情势，了解河流水文现状以及与鄱阳湖的关系，并与水文职工座谈交流。

12月29日　省水文局局长祝水贵一行考察观口水文站及九江市防汛抗旱预测预报中心大楼建设。

12月31日　举办"我运动、我健康"迎新年趣味运动会。

2016年

1月9日　九江市水文局举办"水文桥测车测流培训班"。

1月19日　九江市直机关工委考核九江水文党建工作。

1月26日　召开领导班子和领导干部述职述廉大会。

1月28日　完成国家防汛抗旱指挥系统二期工程墒情固定、移动监测站设备安装。

2月3日　落实省水文局下发的《2016年全省水文系统安全生产目标和工作要点》。

2月3日　召开职工大会，省水文局党委书记、局长祝水贵宣布卢兵退休，吕兰军临时主持工作。

2月23日　九江市河长制办公室召开工作会，审议通过了九江市水文局编制的《鄱阳湖九江区域水质不达标治理实施方案》大纲。

2月23日　全体职工签订禁赌承诺书。

3月1日　梓坊水文站被共青团九江市委授予2015年度市"青年文明号"荣誉称号。

3月4日　九江市水文局水质科被共青团江西省委授予全省"青年雷锋岗"荣誉称号。

3月11日　九江市水文局工会荣获"2015年度市直机关党的工作优秀单位"称号。

3月31日　按照水文监测改革巡测方案，九江市瑞昌、修水、永修、彭泽4个巡测中心开始试运行，省水文局局长祝水贵出席启动动员会。

4月19日　组织应急监测队前往吉安，参加省水文局举办的全省水文应急监测演练。

4月26日　《江西省志·水文志》二审稿内审会在九江召开。

4月27日　九江水文局参加市直机关迎"五一"乒乓球比赛。

5月9日　省水文局副局长李国文、人事处处长刘玫一行到九江市水文局进行干部考察，5月25日再次到局征求意见。

5月11日　九江市水文局举办消防知识讲座。

5月13日　由九江市水文局编制的《鄱阳湖九江区域水质不达标治理实施方案》评审会在九江召开，会议邀请了市发展改革委和国土、农业、海事、环保等部门，以及星子、都昌、湖口、永修、庐山区的专家代表，方案通过专家评审。

5月　受长江流域水环境监测中心委托，九江市水资源监测中心对长江九江段入河排污口进行调查监测。

6月2日　九江市水文预测预报中心大楼封顶。

6月15日　省水文局局长祝水贵到九江市水文局检查指导中心大楼建设工作。

6月21日　组织技术人员对都昌、湖口、彭泽3县"6·19"暴雨洪水展开调查工作。

7月6日　省水文局局长祝水贵、水情处处长李慧明到九江市水文局检查指导防汛工作。

7月8日　省水文局党委书记、局长祝水贵到九江市水文局宣布主要领导干部任职决定，吕兰军任九江市水文局党组书记、局长。

7月10日　九江市委书记杨伟东、副市长卢天锡在市防办专题听取水文防汛工作汇报。

7月15日　吕兰军陪同省水利厅副厅长廖瑞钊到赛城湖检查防汛工作。

7月17日 九江市委书记杨伟东主持召开防汛紧急会议，吕兰军在会上作了水情展望，预测7月27日长江九江站退至20.50m，鄱阳湖星子站水位退至20.00m。预测结果与预报值十分接近。

7月 调整全市水文工作人员基本工资标准。

8月9日 九江市委书记杨伟东率市四套班子主要领导，到市防指看望、慰问市防指成员单位领导、市防办工作人员，并召开座谈会。九江市水文局局长吕兰军参加接见与座谈，全市水文工作受到杨伟东的赞扬。

8月15日 九江市委、市政府召开全市防汛抗洪工作总结大会，九江市水文局及曹正池获得通报表扬。

8月16日 水利部水文情报中心专家到永修站参观考察。

8月30日 九江市直工委第六片区工作会议在九江市水文局召开。

9月6—7日 副局长黄良保、高沙水文站站长李晓辉应邀参加由湖南省岳阳市启动的"对话汨罗江"大型水文生态科考活动。

9月8—11日 九江市水文局和鄱阳湖水文局组织两局年轻职工，在修水勘测队开展业务学习交流培训活动。

9月23—26日 吕兰军当选九江市第十一届党代表，并参加党代会。

10月9日 九江市水文局组织机关退休职工召开座谈会。

10月20日 九江市水文局参加市人大组织召开的九江市城市湖泊管理保护立法调研会。

10月24—26日 江西省水资源管理系统一期工程流动注射分析仪设备（A18标）现场验收会在九江召开。

10月26日 省水文局在九江召开国家地下水监测工程（江西水利部分）项目建设推进会。

11月1日 省水文局副局长方少文到九江市水文局检查指导中心大楼建设工作。

11月7—8日 全省基层站队负责人在九江开展安全生产培训。

11月26日 纪念九江水文60年发展历程，出版了画册《把脉江河》。

11月28—30日 九江局积极组织应急监测小组成员，赴杨柳津河段进行河段地形及枯水量调查。

11月30日 江西水利职业学院水文班大一新生来到九江市水文局参观，并到瑞昌水文巡测中心实地学习水文业务知识。

12月19日 中共九江市水文局机关总支部委员会召开全体党员大会，进行换届选举，并按照组织程序选举产生新一届党总支委员会。

12月26日　召开"九江水文机构成立六十周年座谈会",省水文局副局长余小林到会祝贺。

12月30日　吕兰军到市政府向副市长赵伟专题汇报水文工作。

是年　长江九江段、鄱阳湖区、修水流域发生继1999年以来最大洪水,九江站、湖口站、星子站、永修站最高水位分别达21.68m、21.33m、21.38m、23.18m。修水永修水文站最高水位超警戒3.18m,为有记录以来第二高水位。长江九江段洪水超警戒时间29d,鄱阳湖星子站超警戒时间35d,赛城湖区超警戒时间45d。

第一篇 **水文** 环境

九江市位于江西省北部，地处江西、湖北、湖南、安徽4省交界处的长江中、下游南岸，全境东西长270km，南北宽140km。"山拥千峰，江怀九派"是九江山川形势的概括。境内山脉（幕阜、九岭、怀玉山脉等）、丘陵（分布于修水两侧）、盆地（修水县三都—渣津断陷盆地、武宁县武宁—清江断陷盆地、永修县涂家埠—梅棠盆地等）、平原（修水及一级支流沿岸、永修县城涂家埠以东地区）、沙丘（修水尾闾地区）、江湖（长江、鄱阳湖、修水、博阳河、潦河、长河等）皆备。

九江市地壳的形成及发展经历了漫长的地质历史时期。大体在距今6亿年前构成发基底，此后距今约1.5亿年的燕山地壳运动又在老的地壳面基础上承继和发展，完成了全市地壳的基本框架。各期构造运动留下了一系列形变遗迹，如隆起、凹陷、褶皱、断裂等。

全市地势地貌较为复杂，地形变化大，地势东西高，中间低，南部略高，向北倾斜，平均海拔32m，其中九江市区20m。西部为丘陵山区，层峦起伏。西南的九岭山脉主脉蜿蜒修水、武宁、永修，是修水流域与锦江流域的分水岭，主峰九岭尖海拔1794m，为全市地势最高点。西北的幕阜山脉主脉蜿蜒修水、武宁、瑞昌，是江西省与湖北省的分界山脉，主峰老鸦尖，海拔1656m。在这两大山脉间，组成了丘陵山区。东部彭泽、都昌、湖口有怀玉山脉的余脉，主峰大浩山，海拔859.4m。中部为鄱阳湖平原，水网交错。庐山区蛤蟆石附近的鄱阳湖底海拔－9.37m，是全市地势最低点。

九江市下辖8县、3市、2区，总面积19078km²。属中亚热带湿润季风区，其水汽主要来自南海、孟加拉湾和东海，春季有梅雨，夏季暴雨多，秋季高温易旱，冬季降水稀少，既有明显的规律性，又有年内分配不均、年际变化大等特征，全市多年平均降水量为1508.7mm，多年平均水资源总量154亿m³。多年平均气温16.9℃。平均年水面蒸发量一般为700～1100mm。

九江市地处亚热带过渡地带，水热条件较丰富，化学物理风化作用比较强烈，地带性土壤以红壤为主，另有水稻土、黑色石灰土、黄棕壤、潮土等。全市森林覆盖率为55.2%，植物种类和种源繁多。

九江市是全省暴雨多发地之一，洪水主要由暴雨生成，河川径流量变化趋势和降雨量变化趋势一致。气象、地质等方面引发的自然灾害也时有发生。

第一章

区 位 面 积

  九江市位于江西省北部，地处江西、湖北、湖南、安徽4省交界处的长江中、下游南岸。东与鄱阳县和安徽省东至县毗邻；南与新建、安义、靖安、奉新和铜鼓5县相连；西与湖南省平江县和湖北省崇阳、通城、通山、阳新4县交界；北濒长江，与湖北武穴市、黄梅县及安徽省宿松、望江2县隔江相望。总面积19078km²。

第一节 地 理 位 置

  市境地理坐标为东经113°56′~116°54′，北纬28°41′~30°05′。距省会南昌115km（直线距离，以下皆同），东南距景德镇市125km，距上饶市234km，东北距安徽省安庆市138km，西北距湖北省黄冈市102km、距湖北省黄石市109km，西距湖北省咸宁市163km、距湖南省岳阳市281km，西南距宜春市262km。

  浔阳区、濂溪区位于北部，湖口县、彭泽县、都昌县位于东部，九江县、庐山市、德安县、共青城市、永修县位于南部，瑞昌市、武宁县、修水县位于西部。全市沿长江岸线的区县有浔阳区、濂溪区、瑞昌市、九江县、湖口县、彭泽县，濒临鄱阳湖的区县有濂溪区、湖口县、都昌县、庐山市、共青城市、德安县、永修县。

  2016年，全市设浔阳、濂溪2区，辖九江、德安、永修、修水、武宁、湖口、都昌、彭泽8县，代管瑞昌、共青城、庐山3市。全市共有102个镇、79个乡和14个街道办事处。

第二节 境 域 面 积

  九江全境东西长270km，南北宽140km，1991年全市总面积18824km²（见1988年3月版《江西省地图集》），1996—2001年进行勘界，总面积调整为 19078km^2（见 2005 年版《江西省地图集》），占省总面积 166947km^2 的 11.43%。

境域山地、丘陵、平原、水域纵横交错。山地面积 4883.968km^2，占市总面积的 25.6%；丘陵面积 6467.442km^2，占市总面积的 33.9%；平原面积 4502.408km^2，占市总面积的 23.6%；水域面积 3224.182km^2，占市总面积的 16.9%。其中水域面积包括湖泊、河流、水库、池塘、港汊等，当中湖泊面积 2218.237km^2，占水域面积的 68.8%（内含市管辖鄱阳湖水面 1982.12km^2）；池塘、水库、港汊等面积 609.371km^2，占水域面积的 18.9%；河流面积 396.574km^2，占水域面积的 12.3%。

第二章

地 质 地 貌

九江地质构造分属两个单元，以都昌至德安为界，北属扬子准台地，南为华南台块中部江南台地背斜的一部分。区内三叠系及其以下地层在印支运动中世受到褶皱的影响，燕山运动为地貌奠定了基础，差异性的升降运动造成一系列的断块山和分布其间的断陷和凹陷盆地。九江地层发育较全。自西向东大致以大湖山、德安、星子、彭泽郭桥一线为界，南部原古界板溪群广泛出露，北西则沉积了总厚达7000m左右的震旦系～中三叠系地层。中新生界陆相地层主要分布于修水沿岸和鄱阳湖一带，于滨湖地区形成广阔的冲积平原和湖积平原。

九江地貌较为复杂，地形变化大，地势东西高，中间低，南部略高，向北倾斜，平均海拔32m，其中九江市区20m。境内山地丘陵、平原皆备。俗称"六山二水分半田，半分道路和庄园"。中部为鄱阳湖平原，水网交错；西部为丘陵、山区，层峦起伏；九岭、幕阜山两大山脉，分立西部南北两侧，延绵耸翠。武宁县境内的九岭山九岭尖海拔1794m，为九江之巅。

第一节 地 质

一、地层发育

全市地层发育较全，自西向东大致以大湖山、德安、星子、彭泽郭桥一线为界，南部中元古界双桥山群广泛出露，北部则沉积总厚达7000m左右的震旦系～中三叠系地层。中新生界陆相地层主要分布于修水沿岸和鄱阳湖一带，滨湖地区形成广阔的冲积平原和湖积平原。

二、主要界系

中元古界双桥山群 主要为一套火山岩的泥、砂质浅变质岩系。依岩性自下而上分为安乐林组、修水组二组，构成两个比较明显的沉积旋回。在横向上自西向东，砂质减少，颗粒变细。修水一带夹多层砾岩，东部地区则有灰岩及钙质砂、板岩出现。永修、都昌一带，全群普遍含火山碎屑物质。尤其彭泽、庐山、都昌潭树下一带群中夹有石英角斑岩及变流纹岩。该群出露厚度修水地区为8609m，湖口地区为6581m，双桥山、永修及庐山地区仅为3204～3420m，相差比较悬殊。

震旦系 上元古界落可崇群，为双桥山群褶皱后山间盆地堆积的火山—磨拉石建造，不整合于双桥山群之上。全市仅见于武宁落可崇和都昌马涧桥两处，厚236m。除由杂色凝灰质角砾岩、火山角砾岩、凝灰质砂岩、安山质层凝灰岩等火山碎屑岩组成外，尚夹石英斑岩、英安岩等熔岩。下统莲沱组不整合于落可崇群之上。下段为灰白、紫红色厚层状细至粗粒长石石英砂岩砂砾岩夹凝灰岩，上部夹灰绿色粉砂岩。彭泽、永修一带多处见含砾砂岩。上段为暗绿色、浅灰色厚层冰碛砾岩、泥岩夹粉砂岩及凝灰岩，局部见有流纹岩、安山岩，底部常有锰土层，该组厚度一般为200～300m，但在庐山、武宁等地局部厚度逾1000m。上统整合于南沱组之上，主要为深灰、灰白色薄～中薄层白云石，含灰质白云岩、炭质硅质岩。于湖口、彭泽一带相变灰黑色硅质岩、硅质灰岩和灰质灰岩，厚度87～306m。

寒武系 系内各组均为连续沉积，底部与皮园村组为假整合关系。下统为王音铺组，主要为灰黑色炭质岩夹石煤层，有时夹有薄层硅质岩或透镜状灰岩，常夹钙质及含炭页岩。厚度在武宁、德安一带为516～717m，向两侧变薄，彭泽一带为301m，修水地区为165～195m。中统杨柳岗组及上统山头组岩性相近，以灰色、深灰色泥质灰岩或泥质条带灰岩为主。上统在修水、武宁大源一带夹较多层粉砂质页岩，德安、彭泽一带钙质、白云质增多，总厚度为508～706m，有西厚东薄之势。

奥陶系 该系岩相变化明显。以德安夏家铺、阳新木石港一线为界，北东为浅海相碳酸盐建造，西南以近海岸的碎屑岩沉积为主，只有少量碳酸盐夹层，主要属海湾相笔石页岩建造。两种岩相过渡带见于德安三湾地区，二者交错沉积，宽达数千米。系内各组以及与寒武系之间均为整合关系。西南区奥陶系总厚346～662m。下统厚由314～500m以上。中上统厚度均小，由十几米至数十米。东北区奥陶系下统仑山群为灰色、灰白色厚层白云岩、白云质灰岩，上部含燧石条带灰岩，有时出现竹叶状灰岩、瘤状灰岩及生物碎屑岩，总厚度在300m以上。

南留系 该系以泥、砂质碎屑岩为主，韵律明显，各组间均为连续沉积，构成一个由海进到海退的完整沉积旋回，总厚度为1289～4984m。

泥盆系 区内仅有上统五通组。以灰白色厚层状长石石英砂岩、石英砂

岩、石英砂砾岩为主，间夹浅黄色、紫红色页岩、粉砂岩，厚数米至数十米。彭泽一带达323m。

石炭系 中统黄龙组与下状之五通组呈假整合接触，为灰白色白云岩、白云质灰岩。厚度为15～78m。上统为船山组，为肉红色厚～巨厚层灰岩，厚度大于50m。

二叠系 该系上、下两统为两个海进式沉积旋回。都以含煤建造起，向浅海相碳酸盐建造及硅质岩沉积发展，最后隆起或遭受剥蚀。下统栖霞组与下伏黄龙组为假整合关系，厚度为68～293m。上统龙潭组与茅口组呈假整合或不整合接触，厚度为72～172m。

三叠系 三叠系中统、下统为浅海相碳酸盐建造，分布较广，经中三叠系末的印支运动基本上结束海相沉积。上统为有海相沉积夹层的碎屑岩建造。下统大冶组以浅灰、黄绿色页岩为主，夹薄层灰岩，中段以薄层灰岩为主，偶夹页岩，上段为中～厚层灰岩，厚度为164～360m。中统为嘉陵江组，下部以浅灰色、肉红色中～厚层状灰岩、白云质灰岩为主，间夹白云岩、角砾状灰岩、鲕状白云质灰岩。上部为灰色薄层灰岩、泥质灰岩，夹中厚层状灰岩及少量钙质页岩。上统安源组，下部为灰白色中粗粒长石英砂岩，与茅口组呈断层接触。上部为灰白、黄褐色砂质页岩与中厚层细砂岩互层，含植物化石。其中部为厚层砾岩，厚度为106m。

侏罗系 仅有下统林山群见永修白槎河桥，出露不全，厚度为65m。为灰白色层砾岩，向上则以青灰色、褐黄色细砂岩及粉砂岩为主，夹灰黑色粉砂质泥灰岩、炭质页岩。

白垩系 仅鄱阳湖滨零星出露，有下统田坂群。与较老地层呈不整合关系。岩性以紫红色砾岩、砂砾岩为主，中部夹砂岩、泥岩、钙质粉砂岩，常有薄层石膏。上部夹含砾凝质砂岩及细砂岩，产异节柏、中间型短背叶肢介等化石。出露厚度为200～300m。

下第三系新余群 为紫红色砂砾岩夹砂岩、粉质岩，不整合于老地层之上。中部颗粒较细，含钙质较高，有时夹薄层石膏，于武宁盆地本段中夹数层含砂质灰岩、生物碎屑岩，富产化石德卡利金星虫、小玻璃虫（近）纯净种等。总厚度为1129～2387m。

第四系 更新统为冲积、洪积或残积、网纹红土、砂砾石层以及冰碛黄土、泥砾等，厚度为11～108m。全新统为近代冲积、湖泊沉积，厚度为5～20m。

三、地质构造

构造体系 全市有4个县有区域规模构造体系，即横贯市域的九岭东西向构造带、沿长江展布的淮阳"山"字形构造前弧形褶皱带、束成带广泛的华夏系和新华夏系构造带、中部的王家铺一带小型"山"字形构造与反 S 状旋卷构造组成的联合构造体系（包容于东西向构造带之中）。

构造形迹　市域历经多次构造活动，有多种构造体系存在，破裂面性质往往有较复杂的转变过程，褶皱形态亦复杂多样。

九岭东西向构造带　展布范围北起阳新、东至都昌一线，南迄宜春、铅山一带，其东西两端分别在浙西、湘西与华夏系构造交接。卷入本构造带的地层，主要为双桥山群至嘉陵江组，部分第三纪盆地由于迁就东西向褶裂沉陷，亦循东西走向，在区内可进一步划分为南部的东西向构造隆起带，如瑞昌构造坳褶带。前者位于相对稳定的所谓"江南地轴"部分，后者则属于长期沉降的"下扬子坳陷带"。

九岭东西向构造隆起带　自西向东，于大湖山、九宫山、乌石山、郭桥一线与瑞昌东西向构造坳褶带分界，包括 2 个复式背斜和 1 个复式向斜。复式背斜主要为双桥山群变质岩组成的合形紧密褶皱，复式向斜则为震旦系—中三叠系的沉积岩层形成箱状，短轴状向斜，叠置于构造隆起带之上。九岭复式背斜于南岭的九岭山脉，西起修水东渡港，向东为鄱阳湖所掩。于其核部形成九岭期九岭花岗闪长岩基。基岩体亦呈东西向利展，次级褶皱有大垅山向斜。武宁复式向斜展布于修水、武宁、都昌一线，以武宁长条形箱状向斜为主体，并有驼背山倾状背斜以及东津、修水、太原、东坑、杨村山、佛祖山、都昌等地的短轴向斜。九宫复式背斜位于九宫山、双桥山、德安、湖口、蔡家岭一带。次级褶皱有双桥山，德安背斜、向津向斜、东头倒转背斜、南岳背斜、鸹峰尖背斜等。

瑞昌东西向构造坳褶带　西起湖北崇阳，经通山、瑞昌，东至彭泽庙前一带，为一近东西向复式背斜，次级褶皱和走向断裂十分发育。坳褶带的南部边缘以震旦系、寒武系组成的短轴状、箱状褶皱为主。带内则为奥陶系～中三叠统组成的长条状、线状褶皱，最长东西达 90km 左右。

淮阳"山"字形构造前弧形褶皱带　李四光所认定的淮阳"山"字形构造，其前弧弧顶位置确定在广济龙坪附近。东翼于彭泽、湖口一线与华夏系构造发生重接，显得宽阔强大，主要由北东向褶皱和走向断层组成，如湖口—彭泽冲断带沿江分布，长达 40 余千米。在弧顶东南侧，庐山北东向倾状背斜的北段，轴向渐渐折向北东，东被卷入前弧褶带。该弧褶带西翼在田家镇—广济一带的伸展态势与九瑞地区所显示的一些构造特征相吻合。九瑞地区一系列近东西的背斜拱起的高点连线成北西向排列，恰与田家镇西南面的北西向赛桥背斜隆起相对应。而背斜的东端倾伏伏点的连线则定在田家镇北西向向斜轴的延长线上。另在码头东北侧有第三系红色砂砾岩出露，与其北西面赤湖、乌石湖一带的侏罗系、第三系构成一个与长江走向一致的中新生代凹陷，同是淮阳"山"字形构造前弧西翼组成部分。

华夏系构造　形成于印支运动和燕山早期。斜贯全市，自西而东，侧列分布着4个构造带：①石门—沙店华夏系构造带，沿湖北、江西省界的幕阜山、九宫山、沙店、洋港街、石门一线展布，北与"淮阳地盾"东缘黄梅北东向断裂相对应，在区内长达120km，宽约15km。②范家铺—罗溪华夏系构造带，由一组北东向压扭性断裂组成，北段在瑞昌一带与东西向构造相反接，沿构造带形成赛湖、范家铺、巾口一带的小型断陷盆地，至九岭山区则为以罗溪断裂、邱家街断裂为主干的一组密集的北东向压扭性断裂带。③庐山—云山华夏系构造带，北段为庐山复式背斜、鞍山向斜，南延即以断裂为主，密集成带。海会—周田压扭性断裂在庐山东侧形成一个强烈的动力变质带，岩层片理及火成岩线理作北东走向，有燕山晚期、云山花岗岩体，加里东期东牯岭、海会花岗岩体、安义珠珞山喜山期基性成岩脉群以及星子温泉沿断裂分布。④郭桥—花尖山华夏系构造带，以郭桥花尖山复式向斜为主体，包括震旦系—奥陶系组成的北东向花尖山—大碑尖背斜和老屋镜—郭桥向斜以及板溪群组成的雷锋尖背斜，并有2条规模较大走向冲断裂，宽约15km，南端在庙前地区与东西带交接，东北端则继续向安徽境内延伸。

新华夏系构造　以压扭性断裂为主，次为北北东向小型褶皱及横跨褶皱，断裂往往兼有左行扭错，并常常派生次级褶皱、断裂和小型旋卷构造。按其空间展布位置，划分为3个构造带。幕阜山—东渡港新华夏系构造带，北段展布于幕阜山地区，由南林桥至黄马冲、高枧等5条兼有左行扭错的压扭性断裂组成，南段在东渡港一带由程坊、征村等6条北东向主干断裂组成。赣北新华夏系构造带，为一北与庐江大断裂侧列相接的北北东向断裂束，规模较大，东侧沉积了白垩系，西侧第三系分布较广，南至南昌西山、丰城、清江一带。石门街新华系夏构造带，展布于石门街、都昌、郭桥一带，断裂密集成带、规模较大者有14条，局部在北北东向的小型褶皱沿断裂的燕山晚期小岩体贯入，宽约50km，向北延至安徽贵池一带，南面淹没于鄱阳湖畔。

王家铺"山"字形构造与反S状旋卷构造联合体系　该"山"字形构造各个组成部分完备，唯脊柱构造发育欠佳。其前弧褶带伴随着显著的旋卷运动，形成一个联合构造体系。根据褶带构造特点，划分为内、中、外3个带。中带褶皱紧密，延伸较长；内带次之；外带则为开阔的短轴褶皱。走向冲断裂由内带向外带逐渐增多。

第二节 地 貌

一、地势地形

境内平均海拔 32m，市区平均海拔 20m。俗称"六山二水半分田，半分道路和庄园"。西部为丘陵山区。西南的九岭山脉主脉蜿蜒修水、武宁、永修，是修水流域与锦江流域的分水岭，主峰九岭尖海拔 1794m，为全市地势最高点。西北的幕阜山脉主脉蜿蜒修水、武宁、瑞昌，是江西省与湖北省的分界山脉，主峰老鸦尖海拔 1656m。两大山脉之间，组成丘陵山区。东部彭泽、都昌、湖口有怀玉山脉余脉，主峰大浩山海拔 859.4m。中部唯有庐山飞峙于大江之滨，余则多为鄱阳湖平原。庐山市蛤蟆石附近鄱阳湖底海拔－9.37m，是全市地势最低点。构成全市东西高，中间低，南部略高，向北缓渐倾斜地形。全市海拔 500m 以上的山地面积 4948.4km^2，占土地面积的25.6％；海拔在 300～500m 的高丘面积 2861.5km^2，占 15.2％；海拔 100～300m 的低丘面积 3640.7km^2，占 18.7％；海拔低于 100m 的平原面积4614.7km^2，占 23.6％；水域面积 3301.33km^2，占土地总面积的 16.9％。

二、地貌区分

东北部低丘平原区 怀玉山脉余脉大浩山屏于东北面，地势起伏较大，一般坡度在 20°～30°，森林资源较少，活立木占全市 3.4％。东北面地势低平，紧靠长江、鄱阳湖滨，江湖港汊较多，大小湖泊密布，且均与长江、鄱阳湖水相连，有天然捕捞、养殖水产之利。水位较稳定，水源丰富，平原圩区地下水位高，遇到雨季降水量过多，易成内涝。沿江有大量过境水可以利用，灌溉条件较好，是全市棉花主要产区。按地貌特征又可以分为东北部平原区，包括彭泽、湖口、瑞昌的沿长江冲积洲地；东北部低丘地区，包括彭泽、湖口、都昌、瑞昌的低丘岗地。

中部中山低丘区 包括濂溪区（原庐山区）、九江县、庐山市，地貌以低丘岗地为主。由断裂抬升而成的断块山庐山，耸立于东南面，是幕阜山脉东延分支，滨鄱阳湖，紧靠长江，主峰大汉阳峰海拔 1473.8m。在庐山周围呈带状分布的丘陵地势起伏不平，坡度较缓，一般海拔 100～200m。由于地势平缓，耕地较集中连片，是粮、棉混合产区。水利设施基础较好，并有大量过境水可以利用。

南部丘陵谷阶地区　包括德安、永修县，东接鄱阳湖，西连柘林水库，地处修河谷地，地势较为复杂。有九岭、幕阜山脉支脉绵延境内，南面主峰为珠岩尖，海拔963.6m，北面主峰是竹篙山，海拔580m。地型属低山丘陵，丘岗起伏，多为河谷平原，山地面积较大，有较丰富的土地资源。地表水系发达，有修水、博阳河、长河及柘林灌区，灌溉条件良好，是以水稻为主的重点产粮区，经济作物发展潜力很大。

西部中低山山区　包括武宁、修水县，在西北面的幕阜、西南面的九岭两山脉之间，有修水直泄吴城流入鄱阳湖，河流两侧是宽窄不等的河谷平原，山岭之间的缓坡地带是低山丘陵、山间盆地，整个地形呈现岭谷相间，平行排列。平原丘陵多为畈田、梯田，山区多为冲田、垄田，少数坑田。修水两岸主要是冲积物形成的潮沙土。地表水丰沛，河流港溪交错，林地面积较大，是全市主要木竹产区，同时盛产油茶、茶叶、蚕茧等特产。

三、地貌特征

以鄱阳湖为核心，各种地貌类型大体呈现不大规则的阶梯结构形式。由中心东北及西北向缓渐上升，构成丘陵阶地相间的平原。鄱阳湖平原地势开阔平坦，河湖交织，土壤肥沃。山地的构造基本上属东北～西南向复背斜构造，其岩系大部分由古老变质岩组成，核心部分常为花岗岩，往往形成千米以上的崇山峻岭，如屏障于西部南北两侧千米以上的山头，修水县有64座，武宁县有54座。位于中北部的庐山，濒鄱阳湖，为堆垒式断块山阶梯状地貌类型，对境内土地利用和农业生产布局产生深远影响。

四、地貌类型

中低山　幕阜山耸峙于西北，九岭山屏障于西南，主要由变质岩、花岗岩等岩层组成东北～西南走向山脉，气温也随山地高度升高而递减，一般在海拔500m以上气温较低。西部山地有修水贯穿其中，谷深狭窄，耕地多小块且分散，属坑田及排田。因山高水冷，土壤受山水冷泉长期浸灌影响，成为潜育型（冷浸型）低产田集中区。耕管较为粗放，农作物单产低。但山区气温较低，湿度大，对竹木生长十分有利，森林资源较为丰富，是市内主要林业生产基地。同时也有利于茶叶、油茶等经济林发展。

丘陵　面积较广。以鄱阳湖周围及修河沿岸分布较为集中，构成丘陵的岩层多属白垩系紫红色砂砾岩、第三系红色砂岩，以及泥质岩、石英砂岩。除石英岩外，结构都较疏松，经后期风化和侵蚀，形成坡残积相沉积物，与第四纪冲积相红色黏土、下蜀系黄土成互层堆积，构成蜿蜒状丘陵。由于长期受剥蚀而形成岗地，海拔多在200m。海拔300～500m沟谷较为宽展，起伏平缓，垦殖程度也较高。从发展农业生产所需条件比较，高丘地区海拔低于中低丘，热量条件较好，兼有较充裕的山地水源，对种植业及经济林木发展十分有利。低丘坡度虽然比较平缓，但地形被切割得较为破碎，水源缺乏，加上植被覆盖率低，夏秋之际旱情频繁发生，对农业、林业生产有不利影响。丘陵地区耕地主要为垅田、排田及阶地。由于受人为耕种熟化的影响，土壤肥力差异较大，产量属中上水平，但部分地区仍有较大面积的低产田和低产地。红壤及黄棕壤丘陵坡地，旱作种植面积较大。由于植被破坏较为严重，水土流失，带来一系列不利于农业生产的生态变化。

平原 主要分布在鄱阳湖周围和长江沿岸，为河湖冲积、淤积而成，海拔低于100m，港汊交织，湖田洲地集中边片，平坦开阔，土地较肥沃，为市粮棉生产重要基地。由于局部洼地排泄不畅，易成内涝，对农业生产威胁较大。境内耕地分为水田、旱地两部分，在水田中，畈田占27.9%，垄田占16.3%，坑田占6.9%，排田占7.6%，梯田占4.8%；在旱地中，岗地占11%，坡地占14.4%，洲地占11%。各类耕地所占比重，农业生产条件较好的畈田、洲地均占一定比例，为开发利用奠定了良好的基础。

水面 全市水面辽阔，主要有湖泊、河流、水库、池塘、港汊等，其中湖泊水面占68.8%（内含市管辖鄱阳湖水面198212hm²，占总水域的60.1%），池塘、水库、港汊等水面占18.9%，河流占12.3%。水生经济动植物种类繁多，资源丰富，发展淡水渔业生产的自然优势得天独厚，渔业生产潜力很大。鄱阳湖既是长江水量的调节器，又是航运的枢纽，水生资源丰富，沿湖地区平原广阔，土质肥沃，农业繁荣，素有"鱼米之乡"之称。

五、特殊地貌

山地、丘陵地貌类型中，还有岩溶、冰川和瀑布等特殊地貌。石灰岩地层分布广泛，受地表水和地下水淋蚀和溶解，形成特殊的岩溶地貌。境内地下溶洞千姿百态，引人入胜，著名的溶洞有彭泽县龙宫洞，九江县狮子洞、涌泉洞，瑞昌市峨嵋群洞。据地质学家李四光调查研究，庐山保存有众多的第四纪冰川遗迹，如王家坡U形谷、大坳冰斗、冰川漂砾、羊角石等，为庐山增添了许多旅游情趣。瀑布是综合成因的特殊地貌景观，受地质作用和重力影响，由流水对河床软硬岩石差别侵蚀而成。著名的瀑布有庐山三叠泉瀑布、秀峰黄岩瀑布等。

第三章

山 脉 水 系

　　九江的山脉主要有幕阜山脉、九岭山脉和怀玉山余脉，另有庐山、云居山（永修）、秦山（瑞昌）、桃红岭（彭泽）以及石钟山（湖口）等风景山体点缀其中。

　　九江有集水面积在 $10km^2$ 以上的河流 310 条，河流总长 4924km，相应的河网密度为 $0.227km/km^2$。流域划分为修水水系（主要河流有渣津水、东港水、杨津水、北岸水、杭口水、武宁水、奉乡水、安溪水、船滩水、洋湖港水、罗溪水、巾口水、大桥河、潦河、龙安河等）、鄱阳湖湖区水系（主要河流有徐埠港、土塘水、博阳河、庐山水等）、长江中游干流下段南岸（主要河流有乐园河、南阳河、长河、横港河、沙河等）、长江下游干流上段南岸（主要河流有太平河、东升水、浪溪水等）、洞庭湖水系（主要河流有渡水等）5个区域。

第一节　山　　脉

一、幕阜山脉

　　横贯九江市西部，西出湘鄂边境，东延余脉到庐山，属褶皱断块山，主要由前震旦系变质岩及燕山、印支期混合花岗岩组成。从修水县西部的黄龙山逶迤到北部的太阳山，构成江西与湖北通城、崇阳、通山三县的自然疆界。幕阜山主脉在修水县境内 800m 以上山体有 17 座，主要有黄龙山（海拔1511m，下同）、狮子山（986m）、白米山（812m）、凤形山（1025m）、将军场（1110m）、太湖山（1239m）、箬箕岭（1097m）、三尖山（931m）、九曲山（838m）、饭箩尖（1048m）、九龙山（900m）、三界尖（1013m）、高塘山（1012m）、老虎山（1149m）、八角尖（1033m）、白砂尖（1037m）、太阳山（1319m）等。

　　幕阜山脉在修水县境内有 5 条支脉向南延伸，其中东西 2 条由县界展布入武宁、瑞昌境内，3 条入修水中部，形成杭口水、北岸水、杨津水、渣津水 4

条河流的分水岭。主要山体有牛尾尖（1099m）、香炉山（797m）、张澄湖（1145m）、黄鹤尖（1040m）、白云庵（852m）等。

幕阜山脉在修水北岸伸入武宁县境，绵亘在赣鄂边界上，由西北向东南斜伸出仰天塘、南坪、老鸦尖、九宫山、水壶尖、四面山、太平山、岩岭山、马公岭9条支脉。主要山体有九宫山（1569m）、水壶尖（1144m）、三峰尖（1479m）、老鸦尖（1656m）、太阳山（1386m）、大坪山（1329m）、四面山（1447m）、大坳尖（1239m）、太坪岭（1219m）、余洞山（1215m）、横岩（1217m）等。

幕阜山脉之余脉经武宁县、瑞昌市、德安县延入永修县境内修水以北，主要山体有大壁山（898m）、高山尖（969m）、桃花尖（943m）等。

幕阜山脉东延经瑞昌市、德安县、九江县可一直延至庐山市，以永修县界为界线，其发育水系直入鄱阳湖和长江。

二、九岭山脉

九岭山脉斜跨修水县东南面，南入铜鼓，东出武宁、靖安，是修水与锦江的分水岭，属褶皱断块山，主要由前震旦系变质岩与晋宁、澄江期斜长花岗岩构成。东起修水、武宁、靖安三县交界处1712m的无名高峰，南至修水、铜鼓、宜丰三县接壤处1204m的无名高峰。全长40km山脊，有1000m以上的跨界高峰27处。其西端有一支脉沿修水、铜鼓县界绵延至修水境内的复源乡，与幕阜山脉支脉相接，并在金鸡桥、界牌垅两处被武宁水和东津水深度切割。九岭山主脉在修水县境内主要山体有五枚山（1716m）、毛竹山（1663m）、九云岭（1494m）、千里峰（1365m）、五梅山（1516m）、东港山（1305m）、九龙尖（1420m）、操兵场（1095m）、萝卜山（1011m）。

九岭山脉在修水县内有5条支脉向北展布。第一支脉自修水、武宁、靖安三县交界点起，沿塘排、黄沙林场、庙岭乡入武宁县界，余脉伸到三都镇境内，主要山体有山排峡（1717m）等；第二支脉从五枚山起，沿黄沙港、汤桥、黄沙桥伸入桃李，穿过庙岭与宁洲之间，余脉延至抱子石附近，构成洋湖港水与安溪水的分界线，主要山体有昆山（1262m）、眉毛山（1198m）等；第三支脉从黄沙、黄沙港林场与奉新交界处起，在黄沙港、何市赤江间延绵，伸入宁洲乡境内，主要山体有清凉山（1269m）等；第四支脉自操兵场起，沿何市、桃坪、征村伸至赤江，主要山体有轿顶岩（682m）等；第五支脉自山口、雅洋与铜鼓县交界处起，向漫江、崇河、竹坪、征村交界处伸延，脉止板山，主要山体有理顺尖（1027m）等。

九岭山脉自西向东沿武修、武靖边界延至武宁县境内，最高峰为位于石门楼镇的九岭尖（1794m）。向北伸出雍岭、大湖塘、大尧山、朱家山、鸡婆塘、茶子山6条支脉。在武宁县境内主要山体有九岭山（1704m）、犁头尖（1648m）、九岭尖（1794m）、七个墩（1440m）、茶子坪（1397m）、严阳山（1521m）、大源洞（1400m）、白岩山（1469m）、南山尖（1312m）等。

九岭山脉从武宁、靖安延入永修县境内的潦河、修水之间，主要山体有云居山（926m）、鸡笼山（866m）、大双尖岭（906m）等。

潦河以南，西山余脉伸入永修县境东南部，有屹立于鄱阳湖中的松门山，还有吴城镇的吉山、狮子山等中矮山丘。

三、怀玉山余脉

安徽省怀玉山脉黄山支脉，向西南蜿蜒至赣东北，入彭泽县境，分成5条山脉。

大浩山脉位于彭泽县境东部与安徽省东至县交界处，呈东北至西南走向，蜿蜒20多千米，是境内最高、切割强烈、地势复杂的中低山区。主峰大浩山海拔859.4m，为市境鄱阳湖以东3县最高峰。该脉株树檀、四谷尖、梓树岭、岷山、雷锋尖等主峰，均高600m左右，坡度一般在30°以上。

武山山脉位于县境西南端，彭泽、都昌、湖口3县交界处，长5000m，呈北东至南西走向，主峰675m。

桃红山山脉位于彭泽县中部，呈南北走向，蜿蜒20km，南为连绵群山，北滨太泊湖，海拔为300～500m，主峰鹰窝536.8m。

马垱山山脉位于彭泽县东北部，马当山矶头伸入长江中，悬崖绝壁，形势险要，为历代兵家江防重地。呈北东至南西走向，延绵10km。

狗头山山脉位于彭泽县城南郊，呈北东至南西走向，长15km，主峰283m。

怀玉山余脉武山南支，由彭泽、湖口交界处，逶迤南伸进入都昌县境，起伏延绵，海拔一般为300～600m。其中在鄱阳湖中岛屿32座。

怀玉山脉余支武山余脉，由彭泽蜿蜒至湖口县境内，同另外3个低矮山系在湖口全境形成4条支脉。武山支脉：始于湖口、彭泽、都昌、鄱阳4县交界处，在湖口境内的武山六峰675.1m，余脉包括长岭、狮子山、凰山、殷山、马迹岭、花尖山。屏峰螺丝山支脉：东起高桥、西至鄱阳湖，并至湖口县城，南与都昌交界，主峰佛台岭190m。横山支脉：东起武山、南至需山，主峰249m。陪湖台山支脉：南起鄱阳湖畔，北接彭湖公路，东濒黄茅潭，西临长江，余脉包括潭山、梅兰山，主峰台山 286m。

第二节 水 系

一、修水流域

修水干流 修水流域地处长江中、下游南岸鄱阳湖区西北部（江西西北部），地处东经 $113°56′$～$116°01′$，北纬 $28°23′$～$29°32′$，流域面积 $14910km^2$，流域平均高程 323.0m，主河道纵比降 0.52‰。东临鄱阳湖；南隔九岭山主脉与宜春地区的锦江毗邻；西以九岭山脉之黄龙山、大围山为分水岭，与湖北省的陆水和湖南省的汨罗江相背；北以幕阜山脉为界，与湖北省的富水水系和长江干流相邻。流域呈西北高而东南低，东西宽而南北狭，形似芭蕉叶。流域涉及江西省九江市修水、武宁、永修、瑞昌，宜春市铜鼓、奉新、靖安、宜丰、高安和南昌市湾里区、安义、新建等 3 市 12 县（市）。

修水发源于江西省铜鼓县高桥乡白石村（东经 $114°13′36.1″$，北纬 $28°30′48.9″$）。源河在铜鼓县境内称金沙河，在修水县境内称东津水，与渣津水汇合后始称修水。修水干流自西向东，流经江西省的铜鼓县、修水县、武宁县、永修县，全长 391km，河口位于永修县吴城镇望湖亭下，地处东经 $116°00′03.6″$，北纬 $29°11′06.6″$。

流域地势西高东低，干流自西向东穿行于九岭山与幕阜山之间，各支流发育于两大山系之中，右岸较左岸发达，较大的支流多位于干流右岸九岭山脉中。按流域面积划分：大于 $2000km^2$ 的支流 1 条（潦河，属修水一级支流）；1000～$2000km^2$ 的支流 2 条（其中武宁水属修水一级支流、北潦河属修水二级支流）；200～$1000km^2$ 的支流 15 条（其中渣津水、北岸水、杭口水、安溪水、船滩水、洋湖港水、罗溪水、横路河属修水一级支流，东港水、杨津水、奉乡水、黄沙港、石鼻河、龙安河属修水二级支流，北河属修水三级支流）；50～$200km^2$ 的支流 20 条（均属修水一级支流）；小于 $50km^2$ 的支流 79 条（其中修水一级支流 50 条，修水二级支流 29 条）。按水库库容划分：流域有大型水库 3 座（柘林水库、东津水库、大㙦水库）；有中型水库 16 座（红旗水库、源口水库、云山水库、石嘴水库、盘溪水库、抱子石水库、郭家滩水库、淹家滩水库、龙潭峡水库、小山口水库、罗湾水库、小湾水库、石马水库、小栏关水库、香坪水库、樟树岭水库）；有小（2）型以上水库 599 座（其中铜鼓县 26 座、修水县 180 座、武宁县 74 座、永修县 64 座、瑞昌市 2 座、奉新县 104 座、靖安县 27 座、安义县 109 座、新建县 1 座、湾里区 12

座）。流域有水面面积大于 2km² 的湖泊 6 个（蚌湖、沙湖、大湖池、南湖、朱市湖、长湖）。

干流中、上游已建东津、郭家滩、抱子石、下坊、柘林等多座大中型水库，形成了多级人工湖泊。流域中、上游山区内古木参天，森林茂密，为江西省的重要森林基地，共有 91 科 500 余种树木，其中金钱松、红豆杉、樟树、楠树、檫树、柏树、银杏、丹桂等国家级、省级重点保护的名贵树种 30 余种。流域内主要矿产为钨矿，此外，金、锡、铀、锰、铜、石英、云母、高岭土、花岗岩、煤炭等也有一定的蕴藏量。

《江西省地表水（环境）功能区划》共划定修水干流一级水功能区 9 个，二级水功能区 9 个，即：修水源头水保护区、修水县保留区、修水县开发利用区（修水县工业用水区）、修水县—武宁保留区、修水柘林水库开发利用区（修水柘林水库武宁工业用水区、修水柘林水库武宁过渡区、修水柘林水库武宁饮用水源区、修水柘林水库景观娱乐用水区）、修水武宁—永修保留区、修水永修开发利用区（修水永修工业用水区、修水永修过渡区、修水永修饮用水源区、修水永修景观娱乐用水区）、修水永修县保留区、修水吴城自然保护区。

渣津河　渣津河系修水上游左岸一级支流，渣津镇烈士陵园以上亦称噪口水，以下始称渣津河。发源于修水县白岭镇黄龙林场，流域地处东经 113°56′25″~114°20′43″，北纬 28°47′36″~29°14′24″，流域面积 942km²，主河长 71km，流域平均高程 364.00m，主河道纵比降 2.27‰。水系发达呈树状。流域南部与湖南省汨罗江水系相邻，西北部隔幕阜山山脉与湖北省陆水水系毗邻，东靠修水干、支流。

渣津河河源位于东经 113°56′25″，北纬 29°47′36″。干流出黄龙山后东北向流经白岭镇（此段亦称桃树港），至全丰镇黄沙段村纳黄沙港水（亦称全丰水），在青板桥村改向东南流，于古市镇杨田村纳杨田水折向东直奔渣津镇，在烈士陵园处与上衫水、东港水两大支流会合，在水车村折向北，于司前艾城桥纳杨津水改向东北流，在马坳镇塘三里村下与东津水汇合进入修水干流，河口位于东经 114°20′43″，北纬 29°14′24″。

渣津河流域面积为 200~1000km² 的支流 2 条（东港水、杨津水，均属修水二级支流）；50~200km² 的支流 2 条（其中属修水二级支流 1 条，三级支流 1 条）；小于 50km² 的支流 16 条（其中属修水二级支流 5 条，三级支流 8 条，四级支流 1 条，五级支流 2 条）。

渣津河上游河面宽一般小于 60m，属山区性河流，水势暴涨暴落，靠近渣津地势平坦，河槽逐渐开阔，一般有 150m 左右，宽浅弯曲，河床多为粗、细沙覆盖。流域内杨津水、东港水两支流内森林茂密，植被良好，噪口水、上杉水两支流以荒山为主，植被较差，古市以上白沙裸露，水土流失严重，是长江流域严重水土流失区，面积达 65 万亩，河道淤塞，不通航。流域地处扬子地区修水—武宁凹褶断束，主要地层结构为中元古代、新生代第三纪和白垩纪，局部间有震旦纪、寒武纪构造。流域内山峦起伏，上游山区及流域边界为强烈侵蚀变质岩中山，中东部、南部为强侵蚀的变质岩、岩浆岩低山、丘陵。主要岩层为花岗岩、砂砾岩、夹粉砂岩、页岩、板岩夹变质凝灰岩等。地震烈度Ⅵ度。已探采的矿产主要有岩金、砂金、绿柱石、石英、云母等，主要经济作物有木材、粮油、花椒、中药材等。

流域内黄龙山有丰富的自然风景资源和人文景观。龙王峰、太史幕、试剑石、犀牛望月、泰清温泉、鸣水瀑布、黄龙寺等诸多胜景，美丽壮观，引人入胜。渣津镇高庄村境内的黄大塘水利工程修建于明末清初时期，是修水县历史上最大的塘坝工程之一；渣津镇上游 7.5km 处白茅洲的苏区堰为全县最大的堰坝工程，为纪念在此作战牺牲的中国工农红军 16 路军的先烈而命名。

《江西省地表水（环境）功能区划》共划定渣津河一级水功能区 2 个，即：修水渣津河源头水保护区、修水渣津河修水县保留区。

东港水 东港水又称东渡港，系修水二级支流，渣津河右岸一级支流，流域面积 942km²，主河长 48km，流域平均高程 364.00m，主河道纵比降 2.27‰。发源于九岭山脉大龙山西北麓的今修水县东港乡山溪坳村，水系呈长方形状。流域东邻修水干流，南毗修水上游一级支流港口水，西靠渡水，北邻渣津河。

东港水河源位于东经 114°10′36.5″，北纬 28°48′37.3″，流域地形南高北低，东港以上属山区。东港水自源头始穿行于崇山峻岭之中，由南向北流经黄荆、靖林、岭下、东源，在东港乡左岸纳平家湾水（亦称西源水），转西北流至桃树源左岸纳郭家坪水（亦称鸭坑水），出桂坳，继续北流至渣津镇西左岸纳最大支流上杉水，在渣津镇烈士陵园处右岸汇入渣津水。河口位于东经 114°14′40.3″，北纬 29°00′38.4″。

东港水流域面积为 50～200km² 的支流 1 条，属修水三级支流；小于 50km² 的支流 5 条（其中属修水三级支流 2 条，四级支流 2 条，五级支流 1 条）。

东港水上游河宽一般小于 30m，分水岭呈东北延伸，东港以下地势平坦开阔，河道宽浅较顺直，河宽一般为 100m，属山区性河流。东港以上河床由砾石组成，下游由粗、细砂组成。流域内主要是山林，植被良好，属自然生态环境。流域中、上游地貌为强烈侵蚀变质岩中山和碳酸盐低山，下游为中度侵蚀的碎屑岩丘陵。地处扬子准地台修水—武宁凹褶断束，上游地层结构以中元古代、晚元古代震旦纪及早古生代寒武纪为主，下游以新生代第三纪为主。主要岩层为砾岩、砂砾岩、变质砂岩和粉砂岩。地震烈度Ⅵ度。已探采的矿产主要有金、银、锑、砷等，主要经济作物有木竹、中药材等。

《九江市水功能区划》划定东港水一级水功能区 1 个，即：东港水修水县保留区。

杨津水　杨津水又称司前水，系修水二级支流，渣津水左岸一级支流，发源于修水县幕阜山脉之大湖山南麓，全丰镇官坑村，水系呈扇形。流域面积 210km²，主河长 41km，流域平均高程 443.00m，主河道纵比降 4.71‰。流域东邻北岸水，西毗渣津水，北隔幕阜山山脉与湖北省陆水水系毗邻，南入渣津河。

杨津水河源位于东经 114°07′50.4″，北纬 29°09′43.6″，流域地形属幕阜山脉南伸，北高南低，河道自源头向东流，穿行于崇山峻岭之间，过船舱、柏树至峡井，左岸纳茶坑水转东南流，于大椿镇左岸纳西源水，过大椿镇后干流转南流，经石门、田西于渣津镇司前村左岸注入渣津水。河口位于东经 114°16′26.7″，北纬 29°01′26.0″。

杨津水流域面积小于 50km² 的支流 5 条，均属修水三级支流。杨津水大椿以上属山区，河面宽一般小于 30m，分水岭由西北支脉向南延伸，沿途重峦叠嶂，连绵起伏，溪涧交错，河道蜿蜒曲折，水势暴涨暴落，汹涌急湍。大椿以下河道宽浅较顺直，河面宽一般为 50～80m，河床以砾石为主，河道不通航。流域内大椿以上森林茂密，植被良好，属自然生态环境。流域地貌特征为强烈侵蚀和中强侵蚀变质岩中、低山，地处扬子准地台修水—武宁凹褶断束，地层结构为中元古代、寒武纪及老第三纪。主要岩层为板岩、砂砾岩和夹粉砂岩。地震烈度Ⅵ度。主要经济作物有油茶、油桐等。

《九江市水功能区划》划定杨津水一级水功能区 1 个，即：杨津水修水县保留区。

北岸水　北岸水又称溪口水，亦称百菖水，系修水上游左岸一级支流，发源于修水县幕阜山脉之三界尖南麓，今港口镇大源村，水系呈扇形。流域面积 472km²，主河长 61km，流域平均高程 449.00m，主河道纵比降 2.74‰。东临杭口水，西毗杨津水，北隔幕阜山山脉与湖北省陆水水系毗邻，南入修水干流。

北岸水河源位于东经114°16′2.1″，北纬29°21′11.0″，流域地形北高南低，自源头而下，河道蜿蜒曲折，穿行于崇山峻岭之间，经大源于港口镇卢坊村折向东，在港口镇首左岸纳港口水，过港口镇于布甲口左岸纳流域最大支流布甲水后折向南，经蒲口、南田于祁源港上首右岸纳淇源水，过溪口镇奔北岸，经西港镇出楼前，穿越马祖湖至西港镇焦驳滩汇入修水干流。河口位于东经114°23′52.1″，北纬29°03′16.7″。

北岸水流域面积为50～200km²的支流3条，均属修水二级支流；小于50km²的支流8条（其中属修水二级支流5条，三级支流3条）。

北岸水中、上游河道蜿蜒曲折，水势暴涨暴落，汹涌急湍，属山区性河流，河宽一般小于50m，河槽以V形与U形交替，河床多砾石、砂岩。西港镇以下地势渐趋平坦，河槽逐渐开阔，一般为80～120m，河槽多U形，河床主要由砾石、粗砂组成，河道不通航。流域中、上游地貌特征为强烈侵蚀的碎屑岩、碳酸盐岩和变质岩中山，中、下游为中强侵蚀的碎屑岩、变质岩低山和中度侵蚀碎屑岩丘陵。地层结构较为复杂，自中元古代至古生代志留纪均有出露。主要岩层为板岩、页岩和粉砂岩。土壤类型以红壤性土、黄红壤及红色石灰土为主，河口附近有潴育型水稻土分布。地震烈度Ⅵ度。已探采的有钨矿，其品位居亚洲第一，产量居亚洲第二。主要经济作物有油茶、板栗等。

《九江市水功能区划》划定北岸水一级水功能区2个，二级水功能区1个，即：北岸水修水县港口保留区、北岸水修水县港口—西港开发利用区（北岸水修水县港口—西港工业用水区）。

杭口水　杭口水又称坑口水，系修水上游左岸一级支流，发源于修水与武宁两县交界的幕阜山脉太阳山西南麓的赤岩，新湾乡小流村，水系呈椭圆形。流域面积225km²，主河长51km，流域平均高程229.00m，主河道纵比降3.35‰。东临船滩水，西毗北岸水，北隔幕阜山山脉与湖北省陆水水系毗邻，南入修水干流。

杭口水河源位于东经114°30′57.8″，北纬29°17′37.8″，流域地形北高南低，自源头而下，向西南流经小流、磨刀汇入南茶水库，出水库南流进入新湾乡，左岸纳三湾水，继续南下经麻田右岸纳沉塘水后进入上杭乡，左岸纳杏港水，至寒坪纳甘坑水，经过下坑、雷岭至杭口镇杭口村于左岸汇入修水干流。河口位于东经114°28′4.4″，北纬29°03′12.3″。

杭口水流域面积小于50km²的支流有4条，均属修水二级支流。

　　杭口水上游河面宽一般小于 30m，分水岭由北向南延伸，重峦叠嶂，连绵起伏，麻田以下地势较平坦开阔，河道宽浅一般为 70～90m，水势暴涨暴落，流速大，属山区性河流，河床多为砾石覆盖，河道不通航。流域地处扬子准地台修水—都昌台陷修水—武宁凹褶断束。中、上游地貌特征为强烈侵蚀的变质岩中山，中、下游为中强侵蚀的变质岩低山和中度侵蚀碎屑岩丘陵。地层结构较为复杂，自中元古代至古生代志留纪均有出露。主要岩层为变质砂岩、粉板岩等。土壤类型以红壤性土、红色石灰土及紫色土为主，河口附近有潴育型水稻土分布。地震烈度Ⅵ度。已探采的有煤矿，金、铀等矿产资源也有分布。主要经济作物有油茶、油桐、板栗、蚕桑、中药材，还有山羊、杭猪等种养殖业。

　　河口双井村是北宋著名诗人、书法家、江西诗派始祖黄庭坚的故乡，建有黄庭坚陵园，陵园附近有黄氏宗族祖墓、月池、钓鱼台和明月湾等名胜古迹。

　　《九江市水功能区划》划定北岸水一级水功能区 2 个，二级水功能区 1 个，即：杭口水修水县新湾—上杭保留区、杭口水修水县杭口开发利用区（杭口水修水县杭口景观娱乐用水区）。

　　武宁水　武宁水又称山口水，铜鼓县境内俗称定江河，其下游又称山漫河，系修水右岸一级支流，发源于江西省铜鼓县九岭山脉之大围山七星岭东麓龙须洞，今排埠镇梅洞村，水系呈三角形状。流域面积 1720km^2，主河长 127km，流域平均高程 424.00m，主河道纵比降 1.47‰。西、北邻修水干流，南毗锦江上游支流，东邻安溪水。

　　武宁水河源位于东经 114°17′54.3″，北纬 28°24′14.0″，流域地形南高北低。自源头出谷后，干流汇集众多溪流由西南向东北经华联村进入铜鼓县排埠镇，东北行经永庆、高陂、曾溪、丰田、西湖进入铜鼓县城永宁镇。出铜鼓县城，左岸纳石桥水继续东北流，经江头、八亩、枫槎、在三都镇进入大墩水库，至坝下右岸纳大墩水，西北流经浒村进入 8000m 的隘口峡谷。跨越金鸡桥电站出峡谷进入修水县，在山口镇附近穿过小盆地进入漫江乡，过漫江武宁水急转向东北，经黄荆洲进入征村乡，过茶子岗电站右岸纳其最大支流奉乡水，过龙潭峡电站，于修水县义宁镇良塘村从右岸汇入修水。河口位于东经 114°30′49.0″，北纬 29°01′3.2″。

　　武宁水流域面积为 200～1000km^2 的支流 1 条（奉乡水，属修水二级支流）；50～200km^2 的支流 6 条（其中属修水二级支流 4 条，三级支流 2 条）；小于 50km^2 的支流 32 条（其中属修水二级支流 22 条，三级支流 6 条，四级支流 4 条）。

武宁水上游铜鼓段河面宽 80～120m，漫江、何市以上属中山和高山区，海拔一般为 600～1000m，分水岭山峰多在 1000m 以上，流域内沟壑纵横，坡陡谷深，层峦叠嶂，河道弯曲，水流湍急，瀑布轰鸣。中游（大坂电站以下）河面宽 120～150m，出龙潭峡后，河道宽浅顺直，河面宽 150～200m。武宁水地处扬子准地台，九宫穹断束与修水—武宁凹褶断束交接部位。地层分布以中元古代和晚元古代为主，上游铜鼓县城至大坂水库间有晚白垩纪出露，中游修水县漫江镇附近有老第三纪始新世分布。流域地貌经侵蚀以岩浆岩和变质岩为主，上游山区则表现为强烈侵蚀特征。主要岩层为富斜花岗岩、板岩、变沉凝灰岩、粉砂岩及砂砾岩等。土壤类型以红壤、黄壤、黄棕壤为主，局部山谷有潴育型水稻土分布。地震烈度Ⅵ度。矿产资源有钨、金、硅、花岗岩、高岭土等，是铜鼓、修水县粮食生产、木竹加工、水电产业的主要基地。

流域内有丰富的自然资源，诸多名胜古迹点缀其间，其中以秋收起义旧址肖家祠和天柱峰最为有名。

《江西省地表水（环境）功能区划》共划定武宁水一级水功能区 4 个，二级水功能区 2 个，即：修水武宁水铜鼓上保留区、修水武宁水铜鼓开发利用区（修水武宁水铜鼓饮用水源区、修水武宁水铜鼓工业用水区）、修水武宁水铜鼓县保留区、修水武宁水修水县保留区。

奉乡水　奉乡水又称何市水、赤江水，系修水二级支流，武宁水下游右岸一级支流，发源于修水县上奉镇九龙尖北麓天狗岭，上奉镇麻洞村，水系呈葫芦状。流域面积 445km²，主河长 66km，流域平均高程 430.00m，主河道纵比降 3.01‰。东邻安溪水，西、南毗武宁水，北靠修水干流。

奉乡水河源位于东经 114°44′49.4″，北纬 28°42′51.5″，流域地形东南高西北低，自源头而下由东向西，过上奉镇至沙州街纳石街水，折向北流，经戴家源峡谷，过双港口水库，在双港口村右岸会杨家坪水进入何市镇，过何市镇纳戴家段水，沿峡谷北上经上田铺进入征村乡，过车联至车联村急转向西，经吴坪、白沙至赤江老街处从右岸注入武宁水。河口位于东经 114°31′55.2″，北纬 28°57′1.3″。

奉乡水流域面积小于 50km² 的支流 7 条（其中属修水三级支流 4 条，四级支流 3 条）。

奉乡水河道蜿蜒迂回，穿行于崇山峻岭之间，水势暴涨暴落，汹涌湍急，属山区性河流。上游河面宽一般小于 50m，何市以下河槽逐渐开阔，河道宽浅弯曲，河面宽一般为 70～90m，河道不通航。奉乡水上游段为强烈侵蚀的变质岩中山，中游段为强烈侵蚀的岩浆岩、变质岩低山丘陵，下游段为强烈侵蚀的碎屑岩丘陵，处扬子准地台区江南台隆九岭穹断束，地层结构多为中元古代和中晚元古代，主要岩层为板岩、变质凝灰岩、粉砂岩等。土壤类型以红壤为主，间有少量潴育型水稻土分布。地震烈度Ⅵ度。探采矿主要有河流中的沙金，主要经济作物有水稻、药材、槟榔芋、香菇等，该流域为修水县重点林区，珍稀树种有银杏、云杉等。

奉乡水流域内有丰富的自然资源，位于上奉乡观前村分水岭九龙尖西麓的祥云瀑布磅礴壮观，轰鸣声闻数里。上奉镇山背跑马岭至杨家坪，是长江中、下游新石器时代晚期文化——山背文化遗址。

《九江市水功能区划》划定奉乡水一级水功能区 1 个，即：奉乡水修水县保留区。

安溪水　安溪水又称安平水、黄沙河、黄港河，系修水右岸一级支流，发源于江西省靖安、奉新与修水三县交界的九岭山脉九云岭西麓，修水县黄港镇茅竹山林场，水系呈不规则长方形。流域面积 507km²，主河长 69km，流域平均高程 484.00m，主河道纵比降 4.45‰。东南临潦河，西南毗武宁水，西北入修水干流，东北靠洋湖港水。

安溪水河源位于东经 114°53′10.1″，北纬 28°46′54.0″。流域地形东南高西北低，河道蜿蜒曲折，穿越于崇山峻岭之间。由源头自东南流向西北，经南坪纳朗田水、东坑水，至黄港镇月山左岸纳垅港水，经安全至下朗田右岸纳汤桥水，经长坑、傅家铺、下高丽至黄沙镇有茅田水汇入，过泉源、彭桥，出大湾山峡谷进入修水县城宁州工业园区，继而折向西，于义宁镇安坪村塅里从右岸注入修水，河口位于东经 114°34′2.9″，北纬 29°03′0.2″。

安溪水流域面积为 50～200km² 的支流 2 条，均属修水二级支流；小于 50km² 的支流 6 条（其中属修水二级支流 4 条，三级支流 2 条）。

安溪水上游河面宽一般在 40～60m，山峰海拔高度均为 800～1000m，边界山峰都在 1400m 以上，分水岭由西南向东延伸，山势险峻，沟壑纵横，水流湍急，水势暴涨暴落，属山区性河流。湘竹以下地势较为平坦，河槽逐渐开阔，河面宽一般为 60～120m。流域地处扬子准地台区修水—武宁凹褶断束。上游为中山，中游湘竹以上为高丘陵区，以下为丘陵区。地震烈度Ⅵ度。已探采的有钨矿，钼、矾等矿产也有分布，主要经济作物有水稻、蚕桑、药材、茶叶、香菇等。

《江西省地表水（环境）功能区划》共划定安溪水一级水功能区 2 个，二级水功能区 1 个，即：修水安平水修水县保留区、修水安平水开发利用区（修水安平水饮用水源区）。

船滩水 船滩水又称船滩河、三都水，系修水中游左岸一级支流，发源于江西省武宁县幕阜山脉太阳山老鸦尖西南麓，船滩镇黄沙村，水系状如扇形。流域面积 434km²，主河长 40km，流域平均高程 387.00m，主河道纵比降 5.86‰。东临修水支流大源水，西毗杭口水，北隔幕阜山脉与湖北省富水水系毗邻，南入修水干流。

船滩水河源位于东经 114°33′29.5″，北纬 29°20′56.7″，流域地形西北高东南低。干流自源头而下，过黄沙村折向东南经南岳、易溪、吴湾进入船滩镇，左岸纳温汤水，出船滩镇于左岸纳辽田水，右岸纳东林水，继续东南流，经莲塘、修水县的坳头于三都镇峡石从左岸注入修水。河口位于东经 114°41′42.7″，北纬 29°10′42.1″。

船滩水流域面积为 50～200km² 的支流 2 条，均属修水二级支流；小于 50km² 的支流 6 条（其中属修水二级支流 3 条，三级支流 3 条）。

船滩水上游重峦叠嶂，连绵起伏，沟壑纵横，河窄谷深，悬崖奇绝，溪涧交错，飞瀑如云，分水岭呈西北东南向延伸，海拔高度一般为 400～1500m，河面宽一般小于 30m，河床为板岩、大砾石覆盖。船滩镇以下地势较为平坦，属高丘陵区，河道宽浅弯曲，河面宽为 80～120m，河床多卵石、粗砂，河道不通航。流域地处扬子准地台江南台隆修水—都昌台陷修水—武宁凹褶断束，流域上游为强烈侵蚀的岩浆岩和变质岩中山，中、下游为中度侵蚀的碎屑岩丘陵，局部间有溶蚀侵蚀的碳酸盐岩丘陵。地层结构多为中元古代和早古生代志留纪为主，主要岩层为变质砂岩、粉砂岩、泥岩、页岩等。土壤类型以红壤性土为主，上游局部为黄壤性土、黄棕壤性土，下游则多为潴育型水稻土。地震烈度Ⅵ度。主要矿产资源有铜、煤等，主要经济作物有水稻、油茶等。

《九江市水功能区划》划定船滩水一级水功能区 3 个，二级水功能区 1 个，即：船滩水武宁县船滩保留区、船滩水辽埠—莲塘开发利用区（船滩水辽埠—莲塘工业用水区）、船滩水武宁—修水保留区。

洋湖港水 洋湖港水又称洋港水，系修水中游右岸一级支流，发源于修水县黄坳乡九岭山脉九岭尖西麓，黄坳乡九龙村，水系如带状。流域面积 271km²，主河长 57km，流域平均高程 441.00m，主河道纵比降 6.74‰。东邻修水支流清江水、罗溪水，西、南毗安溪水，北入修水干流。

洋湖港水河源位于东经 114°56′5.6″，北纬 28°52′37.0″，流域地形南高北低。自源头由东南向西北汇流而下，穿行于崇山峻岭之间，经九龙、丁桥、潭溪进入黄坳乡驻地，于左岸纳石门水，至半墩左岸纳旁培水，折向北经岩嘴右岸纳银炉水，左岸纳青龙嘴水，过黄坳村经船形、小山口水库至王府电站，出小山口右岸纳戴家水进入三都镇丘陵地带，经上坪至三都镇洋湖村港口自右岸注入修水干流。河口位于东经114°44′4.1″，北纬29°10′40.3″。

洋湖港水流域面积小于50km² 的支流 5 条，均属修水二级支流。

洋湖港水上游河面宽小于30m，分水岭呈东北向西南延伸，流域内山峦起伏，高峰耸立，九岭尖山峰海拔1794m，河道深窄弯曲，蜿蜒迂回，水势暴涨暴落，汹涌湍急，河床以砾、卵石覆盖。小山口至河口属丘陵地带，地势平坦，河槽逐渐开阔，河面宽一般为50～70m，河床为卵石粗砂，河道不通航。流域地貌为侵蚀变质岩、岩浆岩、碎屑岩中山和丘陵。地处扬子准地台区九岭—高台山台拱九岭穹断束，地层构造较复杂，中、上游以中晚元古代为主，下游为古生代寒武纪、奥陶纪、志留纪分布，河口附近则多以第三纪为主。主要岩层为灰岩、板岩、泥岩、页岩等。土壤以红壤、黄棕壤为主，间有潴育型水稻土。地震烈度Ⅵ度。已探采的有钨矿，花岗石、石英等矿产也有分布，主要经济作物有水稻、茶叶、蚕桑等。

《九江市水功能区划》划定洋湖港水一级水功能区 2 个，二级水功能区 1 个，即：洋湖港水修水县保留区、洋湖港水修水县杨梅山开发利用区（洋湖港水修水县杨梅山工业用水区）。

罗溪水 罗溪水系修水中游右岸一级支流，发源于靖安、修水、武宁三县交界武宁县石门楼镇九岭山脉主峰九岭尖北麓，罗溪乡罗溪林站，水系呈斜长条状。流域面积325km²，主河长60km，流域平均高程530.00m，主河道纵比降7.83‰。东邻修水支流沙田水，南隔九岭山脉与潦河毗邻，西靠洋湖港水和清江水，北入修水柘林水库。

罗溪水河源位于东经114°56′30.5″，北纬28°52′50.0″，流域西南高东北低，盘溪以上属山区，河道蜿蜒曲折。自九岭山而下，经武宁钨矿向西北流，过田铺、河坽达武宁县西南最大集镇石门楼镇，折向东北一路顺直，经西桥、新牌、炉山于岸头村纳下铺水，经联村于鹤头岗右岸纳桐坪水抵罗溪乡，于右岸纳最大支流田铺里水。过罗溪水文站向北流进入盘溪水库库区。出盘溪水库向北经盘溪、丰年于石渡乡柳山村注入修水干流柘林水库库区。河口位于东经114°58′21.6″，北纬29°12′46.1″。

罗溪水流域面积小于50km² 的支流 3 条，均属修水二级支流。

罗溪水分水岭呈东西延伸，山峦起伏，高岭连绵。中、上游河面宽小于

30m，河床多为岩石、大卵石。石门楼—罗溪沿河两岸有一狭长的海带状平坦地，河道较宽浅，河面宽一般在70m左右，中游河床多为细砂覆盖。盘溪以下地势较为平坦，河道宽浅顺直，水流较为平缓，河面宽70～90m，下游河床多卵石覆盖。河道不通航。流域地处扬子准地台区九岭—高台山台拱九岭穹断束，地层构造以中晚元古代为主，地貌特征为中强侵蚀的变质岩、碎屑岩和岩浆岩中低山。土壤分布以红壤为主。地震烈度Ⅵ度。已探采的有钨矿，钼、锡、铜、瓷土、石英等矿产也有分布，主要经济作物有水稻、油菜、药材、香菇等。罗溪乡坪坑村是著名军事家、国民革命军陆军二级上将李烈钧的故里。

《九江市水功能区划》划定罗溪水一级水功能区1个，二级水功能区1个，即：罗溪水武宁县开发利用区（罗溪水武宁县工业用水区）。

横路水 横路水原名巾口水，因柘林水库修建，河口水文情势发生重大改变，系修河一级支流，发源于武宁县泉口镇高泉山林场，河源位于东经115°0′22.5″，北纬29°31′18.8″。流域面积203km²，主河长29km，流域平均高程233.00m，主河道纵比降2.94‰。自西北向东南，经路口村，过杨家湾、港口、大富、儒庄，于武宁县横路乡花园村注入修河，河口位于东经115°8′40.0″，北纬29°24′1.4″。

横路水流域面积小于50km²的支流6条，均属修水二级支流。

流域西北高东南低，属丘陵小盆地，多为灰岩、页岩、板岩、麻岩等，盆地红层内的岩溶较为发育，形成独特的方山、绝壁溶洞。植被以灌木、茅草为主，水土流失较严重，河床逐年抬高。横路水境内西面多为杉木、阔叶林，植被生态环境较好。沿幕阜山脉有丰富的煤、大理石，还有铁、石膏、钡、钒等矿产。河道蜿蜒曲折，穿行于丘陵、山冈之间，上游河道蜿蜒迂回，河面宽一般小于40m，水势陡涨陡落，水流湍急，属山区性河流；中、下游丘陵地带河道宽浅弯曲，河面宽一般为40～60m，水流较为平缓，河床多小卵石、粗沙。流域内柘林水库蓄水后，横路乡花园村以下均为水库淹没区，可通航50t位机帆船。

流域内设红旗雨量站，建有红旗中型水库及新源等5座小（1）型水库。流域内有丰富的自然资源和旅游景观，如鲁溪溶洞、灵台寺、横路回头山寺庙等胜景。

《九江市水功能区划》划定巾口水一级水功能区1个，二级水功能区1个，即巾口水武宁县开发利用区（巾口水武宁县工业用水区）。

潦河 古称缭河，《水经注》称潦水，又名上潦水、奉新江、冯水、海昏江。系修水下游右岸一级支流，发源于江西省宜丰县北部九岭山脉东南麓，奉新县甘坊镇百丈西塔村委会，水系大致呈东西长、南北短的四边形。东与赣江、乌沙河、流湖水相邻，南与锦江相望，西、北与修河干流分界。流域面积 4372km²，主河长 156km，流域平均高程 291.00m，主河道纵比降 0.88‰。

潦河河源位于东经 114°45′44.3″，北纬 28°42′33.6″，自源头而下，经奉新县的百丈山—萝卜潭风景名胜区，过牛头岭至长坪之间的仙人桥峡谷、洞口—坳背之间的瘦狗洞峡谷，一路东行至甘坊镇，过黄潭—横桥之间的燕子崖峡谷，经上富镇抵罗市镇，东行过罗市镇有仰山水从左岸汇入，过会埠镇左岸有龙溪河汇入，东行至奉新县城冯川镇，在冯川镇右岸纳黄沙港。继续东行进入安义县石鼻镇，右岸纳石鼻河。过石鼻镇，潦河折向东北流，经长埠镇—石窝龚家从左岸与北潦河汇合。经万埠镇进入永修县，在立新乡鄡湾村左岸纳龙安河，在永修县城区涂家埠镇上游 800m 处从右岸注入修水干流。河口位于东经 115°48′15.8″，北纬 29°02′2.8″。

潦河流域面积为 1000～2000km² 的支流 1 条（北潦河，属修水二级支流）；200～1000km² 的支流 4 条（其中黄沙港、石鼻河、龙安河属修水二级支流，北河属修水三级支流），50～200km² 的支流 19 条（属修水二级支流 12 条，三级支流 5 条，四级支流 2 条）；小于 50km² 的支流 71 条（其中属修水二级支流 18 条，三级支流 37 条，四级支流 15 条，五级支流 1 条）。

潦河自奉新县城冯川镇以上称上游段，以下为中、下游段。甘坊镇以上，河水穿行于九岭山脉与华林山脉之间的峡谷和盆地，河面宽一般为 15～70m。从甘坊镇至会埠镇，河面逐渐加宽至 100～150m。过会埠镇，水流趋缓，河面展宽至 200～450m。出永修县马口镇，河宽增至 400～500m。流域地势西高东低，自西向东依次为中低山区、丘陵和冲积平原。上游处九岭山脉，山峰高耸陡峭，河谷狭窄，间有盆地。下游为冲积平原，地面平坦，偶有红层丘陵分布，接鄱阳湖平原。处扬子地台的江南地块九岭台拱，地层发育齐全，第四纪全新统广泛分布。主要矿产资源有钨、钴、锡、钼等，主要经济作物有水稻、椪柑、猕猴桃、珠珞枇杷、中药材西桔梗等。

《江西省地表水（环境）功能区划》共划定潦河一级水功能区 9 个，二级水功能区 4 个，即：潦河源头水保护区、潦河奉新上保留区、潦河奉新开发利用区（潦河奉新饮用水源区、潦河奉新工业用水区）、潦河奉新下保留区、潦河安义上保留区、潦河安义万埠开发利用区（潦河安义万埠工业用水区）、潦河安义下保留区、潦河永修保留区、潦河永修开发利用区（潦河永修饮用水源区)。

龙安河 又称滩溪水,系修水下游二级支流,潦河下游左岸一级支流。流域面积 321km²,主河长 56km,流域平均高程 207.00m,主河道纵比降 2.77‰。发源于九岭山东部余脉永修县柘林镇易家河村,水系呈树状分布。北临修水支流察溪河,西、南毗北潦河,东入潦河干流。

龙安河河源位于东经 115°29′6.4″,北纬 29°08′17.1″,自源头而下,东南流入燕山水库,于库区左岸纳林源水,出水库至钵盂山右岸纳罗石源水,至三皇村右岸纳西宛洲水,至赵家转东流至赤石港左岸纳黄坑水,转东南流至官田纳黄韶水进入云山水库。出水库后进入丘陵平原地区,转东流经沙龙、甘棠于滩溪镇东山村下游右岸纳最大支流峤岭水,继续东流,于立新乡鄂湾坪上新基分出两支,一支经鄂湾村直入潦河,另一支名雪仓河,自鄂湾坪上新基折向北,绕过上桥头,经黄婆井注入潦河,修建立新联圩时将雪仓河两头堵截,现已成内河。河口位于东经 115°44′54.7″,北纬 28°58′32.4″。

龙安河流域面积为 50～200km² 的支流 1 条,属修水三级支流;小于 50km² 的支流 7 条(其中属修水三级支流 6 条,四级支流 1 条)。

龙安河云山水库以上属山区,河面宽一般小于 50m,源头山高坡陡,多瀑布,水流湍急,水势暴涨暴落,河床多粗砂砾石。云山水库以下河槽逐渐开阔,水流趋于平缓,河面宽一般为 80～150m,河床由细砂淤泥组成,河道不通航。流域地势西北高、东南低,上游三面峰峦起伏,为中强侵蚀岩浆岩中低山地貌。云山水库以下为侵蚀剥蚀的红色碎屑岩岗地和河谷冲积洲地平原。地处扬子准地台区九岭—高台山台拱九岭穹断束,中、上游地层构造为中元古代和晚元古代震旦纪,下游则多为新生第三纪、第四纪冲积和河湖积分布。主要岩层有板岩夹沉凝灰岩、粉砂岩、泥砚、细砂等。土壤分布以红壤和水稻土为主。地震烈度Ⅵ度。已探采的有铜、锡、铌、钽、花岗岩、水晶石等,主要经济作物有水稻、棉花、柑橘、油菜、大豆、甘蔗等。

流域内有始建于唐元和元年(806)的真如禅寺,寺内的塔林是国家重点保护文物。

《九江市水功能区划》划定龙安河一级水功能区 1 个,即:龙安河永修县保留区。

二、入鄱阳湖河流

博阳河 其上游为"西河",下游为"大河",位于江西省北部,地处东经 115°22′～115°58′,北纬 29°14′～29°35′,呈不规则阔叶形。流域涉及瑞昌市、德安县、共青城市、庐山市、九江县、濂溪区。东临鄱阳湖，西、南毗修水，北部与长河、乐园河相依。流域面积 1309km²，主河长 97km，流域平均高程 118.00m，主河道纵比降 0.784‰，河流弯曲系数 1.72，河网密度系数 0.35。

流域内面积为 200～1000km² 的支流有庐山水；50～200km² 的支流 8 条，其中一级支流 4 条，二级支流 4 条；建有幸福、湖塘、林泉、马头、观音塘 5 座中型水库，11 座小（1）型、112 座小（2）型水库。

博阳河河源位于瑞昌市南义镇杨段村，地处东经 115°22′20.2″，北纬 29°32′52.4″，高程 547.90m。自源头而下流经 16.5km，穿幸福、湖塘两座中型水库，到达瑞昌市与德安县界，又经 8.9km 抵达德安县邹桥乡，在邹桥乡附近呈向北的大湾后续流向东南，于磨溪乡尖山村右岸纳入车桥水（流域面积 107km²），之后折向东北，抵达磨溪乡驻地，由邹桥乡流至磨溪乡 18.3km，磨溪乡附近河段顺直。过磨溪乡，向东北方向于聂桥镇柳田村右岸纳田家河（又称吴山水，流域面积 142km²），由磨溪乡流经 16.9km，到达梓坊水文站。梓坊站位于聂桥镇梓坊村，此处河段流向折向东南，河段顺直。流过梓坊站，河流折向东南，流经 9.5km，于高塘乡依塘村左岸纳入最大支流庐山水（流域面积 369km²），后折向西南，流经 6.8km，抵达德安县县城蒲亭镇，在此右岸纳入木环垄水（又称金带河，流域面积 58.3km²）。蒲亭镇附近河道较顺直，略向北翘起。之后，博阳河继续流向东南，左岸纳支流泽泉水（流域面积 72.3km²），经 5.3km 抵达德安县与共青城市交界处，继续东流 4.7km，达共青城市金湖乡。过金湖乡向南流 5.9km，达共青城市区甘露镇。甘露镇附近河段收窄，上部河段较顺直，下部呈 L 形弯道，折向东南。过甘露镇一路向南，经 4.2km 于茶山街道办林果公司处汇入鄱阳湖（南湖）。河口位于东经 115°49′46.1″，北纬 29°13′56.3″，高程 9.00m。

流域每年 4—9 月降水量占全年的 69.1%。历年最大降水量 2111.7mm（1998 年），历年最小降水量 837.5mm（2011 年）。多年平均水位 22.53m（假定基面，下同），最高水位 30.60m（1998 年 6 月 27 日），最低水位 21.74m（1970 年 8 月 12 日）；多年平均径流量 4.23 亿 m³，最大年径流量 9.48 亿 m³（1998 年），最小年径流量 1.33 亿 m³（1968 年）；实测最大流量 1180m³/s（1998 年 6 月 27 日），最小流量为 0m³/s（1970 年 8 月 12 日），最大流速 2.94m/s（1969 年 7 月 17 日）。

《江西省地表水（环境）功能区划》共划定博阳河一级水功能区 5 个，二级水功能区 3 个，即博阳河德安保留区、博阳河德安县开发利用区（博阳河德安县饮用水源区、博阳河德安工业用水区)、博阳河德安—共青城保留区、博阳河共青城开发利用区(博阳河共青城饮用水源区)、博阳河星子保留区。

庐山水　亦名潘溪河、谷帘水、罗桥港、洞霄水,其上游别称观泉河。位于江西省的北部,地处东经115°45′～115°58′,北纬29°23′～29°31′,呈三角形。流域涉及九江县、濂溪区、德安县、庐山市。西、南靠博阳河,北毗八里湖流域,东隔庐山与鄱阳湖相邻。流域面积369km²,主河长32.4km,流域平均高程130.00m,主河道纵比降8.17‰,河流弯曲系数1.27,河网密度系数0.39。

流域内面积为50～200km²的支流有马回岭水和岷山水;建有马头和林泉中型水库2座和小(1)型水库4座、小(2)型水库47座。

庐山水河源位于庐山市牯岭镇,地处东经115°57′23.1″,北纬29°30′58.4″,高程1055.20m。自源头庐山汉阳峰顺流而下,东北流向西南,在庐山市温泉镇傅家塆村附近转西流,过观口水文站后入九江县马头水库。观口水文站断面东经115°53′25.1″,北纬29°27′14.8″,河槽呈U形,高程118.00m,河床底为板岩,多活动冰川块石,河宽为10余米,最大水深3m。穿过马头水库,流入九江县境内,于马回岭镇右岸纳马回岭水(流域面积101km²),干支流汇合后进入德安县境。九江县与德安县界断面地处东经115°47′38.4″,北纬29°26′14.6″,高程23.00m。过德安县高塘乡于丰林镇罗家桥纳最大支流岷山水(流域面积152km²)。德安县高塘乡断面地处东经115°46′13.1″,北纬29°24′13.7″,河槽呈U形,河宽30～80m,高程18.00m,河床多淤泥、粗砂。之后向西南流经1.2km从丰林镇依塘村附近右岸汇入博阳河。河口位于东经115°44′42.5″,北纬29°23′5.1″,高程11.40m。

流域多年平均降水量为1504.9mm。流域内马回岭雨量站4—9月降水量占全年的69.6%;最大年降水量2171.4mm(1998年),最小降水量963.4mm(1978年)。

《九江市水功能区划》划定洞霄水一级水功能区3个,二级水功能区1个,即:洞霄水源头保护区、洞霄水星子县开发利用区(洞霄水星子县景观娱乐用水区)、洞霄水九江县—德安县保留区。

响水滩河　又名响滩河,在彭泽县境内称杨梓河,鄱阳县境内称响水河。系龙泉河(亦称漳田河、西河、龙河口)中游右岸一级支流,流域涉及彭泽、都昌、鄱阳县,地处东经116°37′24.9″～116°34′55.2″,北纬29°44′41.2″～29°22′53.5″。西邻土塘水,北毗东升河,东南接龙泉河。状似橄榄形。流域面积439km²,主河长55km,流域平均高程108.00m,主河道纵比降1.23‰,

河流弯曲系数 1.36，河网密度系数 0.27。

流域内面积为 $50\sim200km^2$ 的支流有乐观水和大港水，均为一级支流。域内建有大港中型水库 1 座，小（2）型以上小型水库 67 座。

河源位于彭泽县杨梓镇西峰村，地处东经 $116°37'24.9''$，北纬 $29°44'41.2''$，高程 173.60m。自河源向东南流，经彭泽县西峰水库至方家店转西南流，经田丰、杨梓镇、双峰、金峰，在杨梓镇唐家洲于右岸纳万年埠水（流域面积 $16.9km^2$），过唐家洲入鄱阳县英豪折向南流至响水滩乡塘下村，于新梓湾右岸纳乐观水，继续南流经谭家，在牌港于右岸纳大港水，过铁炉铺、草埠，在油墩街镇漳田渡从右岸汇入龙泉河。河口位于鄱阳县油墩街镇潼田村，东经 $116°34'55.2''$，北纬 $29°22'53.5''$。

《九江市水功能区划》划定响水滩河彭泽县境内一级水功能区 1 个，即：响水河彭泽县保留区。

土塘水　位于江西省北部，地处东经 $116°20'\sim116°30'$，北纬 $29°19'\sim29°30'$，在都昌县境内，流域形似手掌。东、北邻漳田河，西毗徐埠港，南临鄱阳湖。流域面积 $230km^2$，主河长 29km，流域平均高程 84.00m，主河道纵比降 $1.33‰$，河流弯曲系数 1.51，河网密度系数 0.46。

流域内面积在 $50\sim200km^2$ 的支流有化民水；域内建有梅溪等小（1）型水库 6 座，总库容 840 万 m^3。

河源位于都昌县大港镇丹山村，地处东经 $116°30'22.6''$，北纬 $29°29'44.4''$，高程 73.40m。自源头南下，过盐田、里泗，在鸣山乡大屋孙家村转西南流，至七里村复蜿蜒南下，过曹店、土桥于土塘镇附近右岸纳化民水（流域面积 $50km^2$），在刘云村转东南流，直至入湖。河口位于都昌县土塘镇珠光村，东经 $116°26'20.2''$，北纬 $29°19'56.3''$。

《九江市水功能区划》划定土塘水一级水功能区 1 个，即：土塘水都昌县保留区。

徐埠港　又名候港水，上游称曹便港。位于都昌县境内，地处东经 $116°14'\sim116°24'$，北纬 $29°25'\sim29°35'$，形似樟叶。东、南邻土塘水，西南接鄱阳湖子湖新妙湖，西临鄱阳湖，北毗南北港水系。流域面积 $227km^2$，主河长 39km，流域平均高程 80.00m，主河道纵比降 $1.87‰$，河流弯曲系数 1.53，河网密度系数 0.41。域内建有张岭中型水库 1 座，小（1）型水库 14 座。

河源位于都昌县红光林场幸福分场，地处东经 $116°24'27.6''$，北纬 $29°35'20.2''$，高程 357.60m。自源头三尖源省级森林公园集溪南下汇入张岭水库，此段河流又称七里冲港，过水库流向西南，经蔡岭镇左岸纳太平坂水（流域面积

19.1km²）流向徐埠镇。徐埠镇以下依次于右岸纳王满水（流域面积33.8km²），左岸纳黄竹尖水（流域面积26.5km²），近河口处右岸纳黄家桥水（流域面积21.1km²）后于汪墩乡新生村注入新妙湖。河口位于都昌县新妙湖水产场，东经116°13′48.3″，北纬29°25′12.8″。

《九江市水功能区划》划定徐埠港一级水功能区3个，二级水功能区1个，即徐埠港都昌县张岭保留区、徐埠港都昌县蔡岭开发利用区（徐埠港都昌县蔡岭工业用水区）、徐埠港都昌县徐埠—汪墩保留区。

三、长江及通江河流

长江干流九江段　九江北境界河（也是江西省际界河），于瑞昌市黄金乡下巢湖的帅山入境，沿途流经瑞昌市、九江县、浔阳区、濂溪区，会鄱阳湖于湖口，再经湖口县、彭泽县，至彭泽县马当镇下线湾出境，流入安徽省境内。市行政区域岸线长152km。以主航道中心线为界，属九江市管辖的江面约166km²。河宽水深，水产丰富。

实测最高水位23.03m（1998年8月2日），最低水位6.48m（1901年3月19日）；最大流量75000m³/s（1996年7月23日），最小流量5850m³/s（1999年3月27日）。

《江西省地表水（环境）功能区划》共划定长江干流九江段一级水功能区9个，二级水功能区5个，即：长江赣鄂缓冲区、长江瑞昌—九江保留区、长江九江开发利用区（长江九江饮用水源区、长江九江工业用水区）、长江九江保留区、长江湖口开发利用区（长江湖口工业用水区）、长江湖口—彭泽保留区、长江彭泽开发利用区（长江彭泽饮用水源区、长江彭泽工业用水区）、长江彭泽保留区、长江赣皖缓冲区。

长河　长江中游下段右岸一级支流，上中游又称乌石港（河），下游称长河。流域涉及瑞昌市、九江县，呈长条形状。东临赛城湖，南毗博阳河，西依湖北省的富水，北与赤湖及湖北省网湖流域相邻。流域面积703km²，流域平均高程194.00m，主河长73.4km，主河道纵比降1.57‰。

长河河源位于瑞昌市花园乡毛竹村（东经115°13′55.2″，北纬29°33′09.7″），自源头由西向东过茅竹村转向东北流经田畈、花园村抵达花园乡，沿河两岸渐阔，一路直行，经油市、下杨湾、港北、高露、洪下村转向东。过大屋冯村达洪下乡，经张家铺于桐林畈右岸纳青山水，过铺头水文站经永丰堰达高丰镇，流过石山堰于桂林桥附近右岸纳入最大支流横港河。干支流会合后转向东北达瑞昌市溢城镇东郊。自溢城镇起，长河干流成为瑞昌市、九江县的界河，向东偏北流至九江县赛湖农场毛沟新村注入赛城湖，入湖口位置坐标为东经115°46′10.5″，北纬29°41′32.4″，河口高程13.50m。后经赛城湖闸汇入长江。入江口位于九江市城西斩缆咀（阎家渡外），位于东经115°55′16.2″，北纬29°42′35.0″。

年最大降水量2064.2mm（1998年），年最小降水量1096.4mm（1992年）；多年平均水位36.29m（假定高程，下同），最高水位39.93m（1982年9月2日），最低水位35.88m（2005年6月24日）；最大年径流量7.714亿m³（2001年），最小年径流量0.9770亿m³（2007年）。实测最大流量717m³/s（1982年9月2日），最小流量0.09m³/s（2000年3月3日）；实测最大流速4.45m/s（1982年9月2日）。

《江西省地表水（环境）功能区划》共划定长河一级水功能区3个，二级水功能区1个，即：长河瑞昌保留区、长河瑞昌开发利用区（长河瑞昌工业用水区）、长河九江县保留区。

横港河　长江中游下段右岸二级支流，长河一级支流。旧称溢水，又名筒车港，位于江西省北部。流域涉及瑞昌市、九江县，呈长条形。东为汇入赛城湖的蚂蚁河，北邻长河，西毗乐园河，南靠博阳河。流域面积283km²，主河长38.2km，流域平均高程193.00m，主河道纵比降2.53‰。

横港河河源位于瑞昌市南义镇程家村，东经115°22′48.7″，北纬29°33′2.7″，高程为501.40m。自源头向东南流，至红光村转向东北流。在繁荣左岸汇集干港河，过横港镇右岸纳钟家铺水，经长春于源源村右岸纳入最大支流九都源水，九都源水支流建有高泉中型水库。之后流向东北，于范镇街附近左岸纳入八都坂水。流至红岗村右岸有座二峰尖，山中有龙王洞和观音洞。后经永和、常丰于九江县交界处的石山村右岸纳入牛颈山水，牛颈山水下游有涌泉洞，干流于瑞昌市桂林桥附近汇入长河。河口位于江西省瑞昌市桂林街道办事处大塘村，东经115°37′57.0″，北纬29°38′26.0″，高程为17.00m。

《九江市水功能区划》划定横港河一级水功能区1个，即：横港河瑞昌市保留区。

沙河　沙河因流经沙河镇而得名，位于江西省北部。流域东面为庐山西坡，西南界为九江县的岷山，北接八里湖。流域涉及浔阳区、濂溪区、九江县，呈扇形。流域面积180km²，主河长21.9km²，流域平均高程249.00m，主河道纵比降15.7‰，流域河网密度系数0.50，河流弯曲系数2.17，流域形状系数0.36。

沙河流域为典型的扇形流域，河流呈南北向，扇端面向长江。沙河流域水系发达,尤其是来自庐山西面的沟壑较多,支流密集。流域面积10km² 以上的支流5条,除干家河外,其他4条支流均发源于庐山山脉。

沙河发源于庐山风景区仰天坪北风口顶,位于东经115°57′,北纬29°32′,高程1340.00m。主流自源头由东南向西北,经庐山羊场黄龙庵、碧云庵、龙溪庙,于濂溪区赛阳镇金桥村穿过105国道,过红花岭,于兰桥村先后穿过福银高速和京九铁路进入九江县,于下街头左岸纳聂家河转北行,出马鞍山,于九江县东风村烂泥湾左岸纳干家河,进入沙河街,沙河街为九江县政府驻地。又于沙河街西北殷家村右岸纳赛阳水,之后,右岸先后又有谭家河、丁家河汇入,转东北,行至九江县青山咀附近赛城湖水产场五丰村注入八里湖。河口位置东经115°53′53.1″,北纬29°38′18.0″,高程为14.00m。入江口位于九江市城西港(阎家渡外),位于东经115°55′16.2″,北纬29°42′35.0″,与赛城湖入江口合并。

《江西省地表水(环境)功能区划》共划定沙河一级水功能区3个,二级水功能区2个,即:沙河庐山自然保护区、沙河庐山—九江县保留区、沙河九江县开发利用区(沙河九江县饮用水源区、沙河九江县工业用水区)。

太平河 长江下游上段右岸一级支流,又称太平港。位于江西省北部。流域涉及湖口县、彭泽县,呈长方形分布。东、南邻响水河,西毗鄱阳湖子湖南北港流域。流域面积264km²,主河长34.2km,流域平均高程111.00m,主河道纵比降2.49‰。

流域内面积大于(等于)10km² 以上的一级支流有6条。河网密度系数0.39,河流弯曲系数1.36,流域形状系数0.36。流域内建有马迹岭、白沙2座中型水库。

太平河河源位于彭泽县杨梓镇邻都村,东经116°31′49.1″,北纬29°41′18.7″,河源高程为540.00m。自源头而下,过武山林场北行于彭泽县天红镇武山村左岸纳东涧水,继续北行右岸纳葡萄港至天红镇。后于天红村右岸纳阳家水,向北穿行5km峡谷,至太平关乡桥头华村左岸纳马迹岭水,继续北流于右岸鼓楼村附近纳袁家水,之后过太平关乡进入滨湖地带,左岸纳莲花水后,于太平关乡毕家渡注入芳湖,后经芳湖调蓄后汇入长江。河口位于江西省彭泽县龙城镇流芳社区,东经116°29′52.9″,北纬29°52′41.5″,河口高程为10.00m。

《九江市水功能区划》划定太平河一级水功能区1个,即:太平河彭泽县保留区。

东升水 长江下游上段右岸一级支流,又称东升河、新桥河,因流经

"东升镇"而得名。位于江西省北部。流经彭泽县境内，流域形状呈葫芦状。东邻浪溪水，南毗漳田河，西靠芳湖，北临太泊湖。流域面积277km²，主河长39.2km，流域平均高程95.00m，主河道纵比降1.36‰。

流域内面积大于（等于）10km²以上的一级支流有5条。河网密度系数0.39，河流弯曲系数1.73，流域形状系数0.36。流域内建有红光、新屋笼等7座小（1）型水库。

东升水河源位于彭泽县上十岭综合垦殖场，东经116°37′52.8″，北纬29°44′36.6″，河源点高程为330.00m。自源头向东北流，过红光水库于芦峰口左岸纳华桥水到达上十岭垦殖场，继续北上至东升镇白铜坊右岸纳东庄水进入东升镇。过东升镇转向西北，又在畈上村左岸纳桃红水，折向北行8.5km，右岸纳芳村水，穿过铁路桥进入太泊湖农业综合开发区，左岸纳黄花水后汇入太泊湖，1966年流域下游湖区治理，改道后于马垱镇金山村黄山脚下汇入长江。河口位于彭泽县马垱乡马垱村，东经116°38′25.5″，北纬29°59′30.9″，河口高程为9.00m。

《九江市水功能区划》划定东升水一级水功能区1个，即：东升河彭泽县保留区。

浪溪水　长江下游上段右岸一级支流，又称瀼溪港、瀼溪河。位于江西省北部。流域在彭泽县境内，呈扇形。东南邻漳田河，西毗东升水，北靠太泊湖。流域面积241km²，主河长45.5km，流域平均高程174.00m，主河道纵比降3.5‰。

流域内面积大于（等于）10km²以上的一级支流有5条。河网密度系数0.39，河流弯曲系数2.77，流域形状系数0.48。流域内建有1座中型水库浪溪水库，小（1）型水库2座。

浪溪水河源位于彭泽县浩山乡小山村，东经116°52′08.4″，北纬29°58′43.4″，高程为450.00m。源头自东北流向西南，经小山于海形左岸纳丰科水，向南经盘谷于下保里右岸纳田里冯水。过岷山折向西于浩山乡柳墅村左岸依次纳柳墅港和桑园水，转向西北汇入浪溪水库，于库内港下村上游右岸纳大桂水，出水库经瀼溪镇主流在马垱镇亭子墩进入太泊湖，后经太泊湖汇入长江，另一部分经麻山渠汇入长江。河口位于安徽省东至县香隅镇香口村，东经116°44′13.7″，北纬30°02′46.3″，高程为8.00m。

《九江市水功能区划》划定浪溪水一级水功能区3个，二级水功能区1个，即：浪溪水彭泽县浩山保留区、浪溪水彭泽县浪溪开发利用区（浪溪水彭泽县浪溪工业用水区）、浪溪水彭泽县浪溪保留区。

四、主要湖泊

鄱阳湖 古称彭蠡、彭泽、彭湖，为我国最大淡水湖，系中生代末期燕山运动断裂而形成地堑性湖盆，属新构造断陷湖泊。其形成发展经历了漫长的过程，现代鄱阳湖是古"彭蠡"逐渐南迁扩张的结果。战国时期成书的《禹贡》记载了古长江河道上的彭蠡泽，古长江穿泽而过，当时湖口地区是"彭蠡"的南部边界。至汉代长江主泓逐渐形成，江道南北两侧的洪泛盆地逐渐发育成为河漫湖，南侧的河漫湖就是班固在《汉书·地理志》中所称的湖口附近的"彭蠡"。三国以后因湖水扩展到庐山市附近的宫庭庙，彭蠡又称"宫庭湖"。至北魏郦道元著《水经注》时，彭蠡湖水域已经扩展到今松门山附近。松门山以南原本是人烟稠密的鄡阳平原，随着湖水不断南侵，湖盆地内的鄡阳县和海昏县治先后被淹入水中，历史上曾有"沉鄡阳浮都昌、沉海昏浮吴城"之说。隋代彭蠡湖向南扩展到鄱阳县鄱阳山，始称鄱阳湖。唐、宋、元继续南侵扩展，至元末明初鄱阳湖已扩展为水域浩瀚的大湖。其扩展趋势并未终止，湖南部湖岸沿线伸入陆地的大量港汊，就是湖域扩展的产物。

鄱阳湖水域辽阔，地处东经 $115°49'\sim116°46'$，北纬 $28°24'\sim29°46'$。其水域、湖滩洲地，分别隶属于沿湖 11 个县（区），东为湖口、都昌、鄱阳 3 县，南为余干、进贤、南昌、新建 4 县，西为永修、共青城、庐山 3 县（市），西北为濂溪区。鄱阳湖汇纳江西省赣江、抚河、信江、饶河、修水 5 大河以及博阳河、漳田河、清丰山溪、潼津河等河流来水，各河来水经鄱阳湖调蓄后，于湖口注入长江。鄱阳湖流域面积 16.2 万 km^2，正常水面面积 3900 km^2，年平均吞吐量 1480 亿 m^3，是黄河的 3 倍。鄱阳湖在九江境内面积达 2346 km^2，占鄱阳湖总面积的 2/3。鄱阳湖是吞吐型、季节性淡水湖泊，高水湖相，低水河相，具有"高水是湖，低水似河""洪水一片，枯水一线"的独特形态。进入汛期，五河洪水入湖，湖水漫滩，湖面扩大，碧波荡漾，茫茫无际；冬春枯水季节，湖水落槽，湖滩显露，湖面缩小，比降增大，流速加快，与河道无异。洪水期和枯水期的湖泊面积、容积相差极大，湖口水文站水位 22.59m 时，相应面积 5100 km^2（含康山、珠湖、黄湖、方洲斜塘 4 个分蓄洪区面积），容积 365 亿 m^3。湖口水文站水位 5.83m 时，面积 146 km^2，容积 4.5 亿 m^3。湖面似葫芦形，以松门山为界，分为南、北两部分。南部宽浅，为主湖体；北部窄深，为入江水道区。湖南北最长 173km，东西最宽 74km，最窄处 2.8km，平均宽 18.6km，平均水深 7.38m，岸线长 1200km。湖盆自东向西、由南向北倾斜，湖底高程由 12.00m 降至湖口 1.00m，最底处为

—9.37m。湖中有 25 处共 41 个岛屿，总面积 103km²，岛屿率为 2.3%。鄱阳湖属亚热带湿润季风气候区，气候温和，雨量丰沛，光照充足，无霜期较长。四季分明，冬季寒冷少雨，春季梅雨明显，夏秋受副热带高压控制，晴热少雨，偶有台风侵袭。多年平均气温 16.5～17.8℃，7 月气温最高，日平均气温 30℃，极端最高气温 40.5℃；1 月气温最低，日平均气温 4.4℃，极端最低气温—11.9℃。

鄱阳湖有部分水面在中华人民共和国成立后因兴修水利围堵切割形成一些湖中湖，境内面积较大者有寺下湖、新妙湖、南北港等。

寺下湖位于庐山市蛟塘镇，系 1966 年于庐山市境鄱阳湖子湖蚌湖西北部田埠咀和土牛之间建起大坝，隔断湖汊而形成，面积 7km²。北部有发源于庐山南麓庐山市的诸多溪流，东部季节性地与鄱阳湖贯通，顺逆无定，南部与沙湖分分合合；西部主要承接南湖、西汊湖、牛轭湖的来水。湖区及周边水禽鸟类众多，多数为候鸟。湖区被省政府列为鄱阳湖蚌河省级保护区，1988年被列入鄱阳湖国家级自然保护区范围。

新妙湖，旧称北庙湖，位于都昌县西部。原是鄱阳湖东北岸大湖汊，1960 年开始堵汊，1962 年建成大坝，江西省省长邵式平见长堤横贯，湖光浩渺，提笔书写"新妙大坝"，新妙湖由此得名。新妙湖西、北邻鄱阳湖，南毗矶山湖，东接徐埠港。除承接徐埠港之水，还有汪墩水（流域面积 34.7km²）汇入，总集水面积 433km²。水位 16.00m（吴淞基面）时，水面面积 36km²，湖底平坦，相应蓄水量 9000 万 m³。湖区地势低洼，四周以丘陵为主，由低及高，构成层状环形地貌。湖周村落棋布，湖汊较多。渔业水产养殖面积 2214hm²，精养水面 66.7hm²，以鲢鱼、鳙鱼、彭泽鲫、青鱼为主，特色水产有河蟹、青虾、珍珠养殖。鄱阳湖水位低于 21.71m 时，保护内湖 3.5 万人和 3473hm² 农田免受洪灾。同时可减轻湖区血吸虫病威胁，有蓄水抗旱、水产养殖等多种效益。1998 年大洪水后，国家提出"平垸行洪、退田还湖"方针，新妙湖坝改为"单退湖圩"：正常水位时挡水防洪，超标准洪水时为鄱阳湖的蓄洪区。

南北港位于湖口县西部，北隔湖口县城双钟镇与长江相邻，南为徐埠港，东靠太平河，西与鄱阳湖仅一堤之隔。原为鄱阳湖北部湖区东北岸两湖汊，由南港口和北港湖两水域组成。1966 年在北港南垅湾与南湖叶家滩之间修建大堤，将两湖汊连成一体，形成固定湖泊，始称南北港。入湖主要河流有张青水（流域面积 62.3km²）和五里水（流域面积 87.5km²），总集水面积 276km²。湖水位 17.8m 时（吴淞基面），水面面积 23.33km²，相应容积 8700

万 m³。湖底平坦，中心区湖底高程 12.50m，最大水深 10.2m。南北港圩兼有防洪、抗旱、灭螺、养殖等多种功能，保护区面积 4600hm²，防洪效益惠及 7 个乡（镇），保护人口 3 万余人、农田 3353hm²，消灭有螺湖田、湖滩近千公顷。原属鄱阳湖重点堤防工程，1998 年大洪水后改为"退田还湖"单退湖圩。圩堤保证水位 21.68m，外湖水位高于此值时，则弃堤蓄洪，南北港与鄱阳湖融为一体。

赤湖　属长江干流中游下段右岸水系，湖中有青竹墩，相传为赤松子羽化登仙之地，故而得名"赤湖"。赤湖原为江河冲积后的沼泽区，后经筑堤围垦形成河迹洼地型淡水湖泊。赤湖处瑞昌市与九江县结合部，地理位置在东经 115°37′~115°45′，北纬 29°44′~29°50′。涉及瑞昌市武蛟、白杨、流庄乡、码头镇，九江县港口街和永安、城子镇。东、北部隔赤心堤、梁公堤与长江相邻，南与长河相毗，西与湖北省网湖流域相邻。主要接纳南阳河、白杨水、黄桥水，此外还有 20 余条小溪、泉水，总集水面积 355km²。湖周湖汊众多，湖中有许家洲、陈家洲、汤家洲等大小岛屿，如指形探出，形成里湖（朱湖）、灌湖、雷家湖、上菊湖、黄泥旦、李家汊、外塞、蓼湖、龙江湖等诸多湖汊，因此有"庐山九十九个洼，赤湖九十九个汊"之说。水位 16.00m（吴淞基面）时，水面面积 68.95km²，蓄水量 2.07 亿 m³，平均水深 3m，最大水深 7m。岸线总长 36km。湖区多年平均水位 15.2m，历年最高水位 19.30m（1999 年）。赤湖过去依靠涵洞通江排涝和泄流，1956 年冬在长江边彭湾村开挖 550m 引水渠，新建 2 孔 3.5m×3.5m 赤湖闸，使湖水直入长江，1996 年于老闸下游 480m 处易址重建新闸，设计排水流量 120m³/s，2001 年 1 月竣工。

赛城湖　赛城湖原名赛湖，属长江干流中游下段右岸水系，属河迹洼地型淡水湖泊。原为江河冲积沼泽，后经修堤围垦形成固定湖泊。湖泊紧邻九江市区西郊，涉及九江县、瑞昌市及浔阳区 3 县（市、区）。入湖河流主要为长河和发源于湖区南部的大岷山坡面河流，总集水面积 991km²。湖东隔八赛隔堤与八里湖相邻，南毗博阳河，北隔永安堤与长江相邻，西与赤湖相依。地处东经 115°45′~115°56′，北纬 29°39′~29°43′，包括大、小城门湖，牧湖、长港湖、雪湖、船头湖等 16 个湖泊。1958 年将赛湖与大、小城门湖合称赛城湖。湖泊东自八赛隔堤，西至瑞昌市城郭，东西长约 15km，最宽处 5.5km，最窄处 750m。1953 年以前湖区面积达 127km²，为长江蓄洪区之一。20 世纪 50 年代和 70 年代两次筑堤围垦，修建大小圩堤 25 座，使湖水面积大幅减少，水位 20.00m（吴淞基面）时水面面积 53.6km²，蓄水量 2.33 亿 m³。湖水位年际变化 15.5～20m，岸线长 54km。湖区水陆交通便利，京九铁路，省道 304、303 及县级公路沿湖穿行。2004 年水体透明度 0.33m，水质低于Ⅲ类地表水标准，主要为总磷和总氮超标。历史上赛城湖与八里湖两湖相通，湖水经南浔铁路桥入八里湖，再通过九江市区内龙开河注入长江。1970 年赛城湖、八里湖分治，在南浔铁路桥西附近筑起八赛隔堤，并在赛城湖距长江最近地段阎家渡开河兴建 5 孔大闸，湖水通过该闸直入长江。1998 年大洪水后，拆除老闸重建，2001 年底 5 孔 5m×7m 新闸竣工，设计最大泄洪流量 1060m³/s，减轻内涝威胁。

八里湖　又称七里湖，属长江干流中游下段右岸水系，与七里湖、蛟滩湖水面贯为一体。湖泊位于九江市区西部，涉及浔阳区、濂溪区和九江县。湖区地处东经 115°53.4′～115°57.2′，北纬 29°37.6′～29°42.2′。流域东邻鄱阳湖，南毗博阳河，西靠赛城湖，北毗长江。湖区主要承接庐山西北面沙河、十里水等支流坡面汇流，总集水面积 273km²。正常水位 17.50m（吴淞基面）时水面面积约 17km²，水位 20.00m 时水面面积 22.3km²，水位 22.00m 时水面面积 27km²，相应蓄水量 1.54 亿 m³。湖底较平坦，最低点高程 14.50m 左右。湖区南北长、东西窄，呈不规则分布，岸线总长 29km。湖区近山、近江、近城，水质受人类活动影响较大，2005 年水体年平均 pH 值 8，水质超Ⅲ类地表水标准，主要为总氮、氨氮超标，属富营养化水质。历史上八里湖与赛城湖相互贯通，湖水经龙开河注入长江。1970 年建成八赛隔堤和赛城湖闸后，两湖分离，八里湖水经龙开河注入长江。1994 年填平龙开河，在阎家渡开河建泄洪闸，湖水改道新开河经泄洪闸汇入长江。湖区交通便利，京九铁路横跨湖面，福银高速公路临湖穿行，九江城区道路直通湖畔，胜利大道以湖心岛为起点通向市区。流域内庐山地区多次发生山洪泥石流等灾害，2005 年台风"泰利"造成山洪泥石流，使主要入湖河道多处淤塞，河堤冲毁。

甘棠湖、南门湖　两湖原为一湖，古名景星湖，俗称南门湖。东有白水湖，南倚庐山，西毗八里湖，北临长江。唐长庆二年（822）春，江州刺史李渤为方便行人，于湖上筑堤约千米，将湖一分为二，堤上筑石拱桥，两湖相通。后人为纪念李渤贤德，称西北侧为甘棠湖，东南部仍为南门湖，堤为"李公"堤。两湖除承接湖周城区径流外，其余入湖水量来自城东南丘陵地区坡面汇流，总集水面积 15.35km²。湖底高程 14.00～15.00m（吴淞基面），正常蓄水位 17.50m 时水面面积 1.22km²，蓄水量 390 万 m³；设计最低水位 16.50m，最高限制水位 19.00m。甘棠湖呈不规则四边形，最长处 1.3km，宽 600m。南门湖形似巴掌，最长处 1.8km，窄处 450m。甘棠湖至长江最短距离

300m，湖水旧时可由溢浦港流入长江，此港于 19 世纪在英租界内被填没后，改经龙开河排入长江。1994 年龙开河填平后，湖水由龙开河地下管道排入长江。龙开河地下管道为 2m×2m 的箱涵，设计过水能力 8m³/s。汛期关闸则由河口泵站抽排，泵站装机 6×155kW。20 世纪 80 年代以前，湖区水质优良，湖中鱼儿欢跳，游船如织，夏天更是九江市民游泳、消暑的好地方。随着城市化进程的加快，沿湖周边建设大量住宅区，湖水受到污染。1994 年龙开河填平后，甘棠湖成为一潭死水，水质变成劣Ⅴ类。进入 21 世纪，采取多项改造措施，清淤截污，引水循环，2005 年末综合污染指数由 2000 年的 18.03 下降到 10.67。2007 年又重新引来八里湖水，水质状况进一步好转。

芳湖 芳湖为上、下芳湖及刘芝湖的总称，位于彭泽县城西南，属长江干流下游上段右岸水系，系河迹洼地型淡水湖泊，湖水经芙蓉河过芙蓉闸注入长江。流域涉及彭泽县芙蓉农场和芙蓉墩镇、黄岭乡、太平关乡、定山镇，总集水面积 516km²。湖区多年平均水位 17.50m（吴淞基面）时水面面积 14.3km²，蓄水量 3580 万 m³，岸线总长 59km。1998 年大洪水后重建芙蓉闸，新闸 6 孔，过水流量 460m³/s。湖东北部称下芳湖，汇集湖泊上游来水导入长江；南部称上芳湖。湖区围垦开发程度较高；西部湖面又称刘芝湖，上游主要承接西南部太平河来水，湖水通过渠道直接汇入下芳湖，上下芳湖间以堤坝为界，两湖通过桐子山下公路桥涵相通。湖泊水质含钙量达 22.09mg/L，有利于河蚌珍珠养殖。2004 年水质为Ⅲ类地表水标准，2009 年，九江市湖泊普查成果报告中为Ⅴ类水，总磷超标，轻度富营养。

太泊湖 位于彭泽县与安徽省西南部交界处，属长江干流下游上段右岸水系，为河迹洼地型淡水湖泊。湖区涉及彭泽县和安徽省东至县，湖水经跃进村、八亩田、香口 3 处涵闸排入长江。流域内主要河流为浪溪水，总集水面积 379km²，湖水位 15.5m（吴淞基面）时湖面积 25.7km²，蓄水 5140 万 m³。湖岸线长 23.55km。湖周为平原、湖沼地貌，地层结构以第四纪冲积、河湖积为主，水稻土土壤。全湖被 10 座内湖堤分割为东、西、中、下 4 个湖区，东、西、中湖区以种植为主，属彭泽县产粮基地，下湖区为水产养殖区，特色水产有彭泽鲫、螃蟹、黄鳝等。2004 年水质为Ⅲ类地表水标准。太泊湖原为天然湖泊，地势低洼，易受江水倒灌，仅靠涵闸控制，无排涝泵站，且为血吸虫病重灾区。1992—1995 年进行第二次综合治理，将西部部分河流改道直排长江，治理后湖泊集水面积减少 278km²。

五、出省河流

渌水 属洞庭湖水系湘江二级支流、汨罗江一级支流，又称大桥河，位于江西省西北部修水县,是汨罗江(又称汨水)的上游源河。发源于湖南省平江与江西省修水县交界处的幕阜山脉之黄龙山东南麓,流域面积275km²。流域东邻修水支流东港水,北毗渣津水,西、南入汨罗江,涉及江西省修水县黄龙乡、大桥镇、水源乡、湖南省平江县,呈不对称阔叶状。主河道长32.8km,主河道纵比降3.51‰,流域平均高程306.00m。

流域处于幕阜山与九岭山脉西部交界处的峡谷之间,地貌特征以中度侵蚀碎屑岩低山、丘陵为主。土壤多见山地灌丛草甸土和红壤土。生态环境脆弱,植被单一。

《江西省地表水(环境)功能区划》划定渼水一级水功能区1个,即汨罗江修水县源头保护区。

乐园河 长江流域富水支流朝阳河干流上游在江西省境内的部分河段,又称龙港河、柯乐园,因流经乐园乡得名,位于瑞昌市境内。北、东邻长江中游南岸支流长河,夹于长河干流源河乌石港与长河支流横港河之间,南毗修水支流巾口水,西入湖北省富水水系朝阳河。发源于瑞昌市乐园乡茶辽村石桥塘,流域面积309km²,主河长40.9km,主河道纵比降4.06‰。中、上游呈狭长形,状似羽毛,全流域似水母状。干流自东向西流经乐园乡、肇陈镇,于瑞昌市肇陈镇大林村洪家垄进入湖北省阳新县洋港镇,后折北流回瑞昌市洪一乡边界,于王司畈村二次流出江西省界,汇入富水支流朝阳河。

流域中、上游两岸均为低山,最高山峰为桃花尖(860.6m)。河道两岸山高坡陡,垄多畈窄,水流甚急,属山区性河流,沿途纳众多溪流,除双港河外,余无较大支流汇入。中、上游河床多岩石、砾石,下游多砾石、泥沙,河道不通航。地下水含量丰富,常年可见地表径流。

《九江市水功能区划》划定乐园河一级水功能区2个,即乐园河瑞昌市乐园保留区和乐园河赣鄂缓冲区。

第四章

水 文 气 象

九江地处中亚热带向北亚热带过渡地区，气候温和，四季分明。年均气温 16.9℃，雨量充沛，多年平均降水量为 1508.7mm，但雨水分配不均匀，年降水量的 40%～50% 集中在夏季。多年平均年径流量为 148.25 亿 m³，平均每平方千米 78.8 万 m³，平均年径流深为 787.6mm。多年平均水资源总量 154 亿 m³。全年日照充足，日照时数多年平均为 1708.8h。平均年水面蒸发量一般为 700～1100mm（E–601 型蒸发皿）。年平均相对湿度 79% 左右。

第一节 水 文 特 征

一、降水量

总体概况　九江市降水量以降雨为主，雪和其他形式的降水，其量较少。赣北降雪最多的年份只占年降水量的 1% 左右。九江春季回暖较早，天气易变，乍暖乍寒；初夏的 4—5 月，常年平均月降水量有 200mm 左右，极易导致洪涝灾害的发生；6—7 月，开始进入梅雨期间，降水期集中、降水量大、暴雨频繁。1953 年 8 月庐山站降水量达到 1104.9mm，为江西省该时段内最大降水量站；出梅后受副热带高压控制，天气往往晴热干燥，不少年份高于 35℃ 的高温日长达 20 多天；秋季气温较为温和且雨水少；冬季阴冷但霜冻期短，2000 年以后，暖冬现象明显。

修水流域少雨期持续时间为 7～11 年，多雨期持续时间为 16～19 年，一个完整的周期在 16～19 年间变化，20 世纪 80 年代后进入一个相对比较稳定的降水时期。

地区分布　1956—2016 年，全市平均年降水量为 1508.7mm。各站平均年降水量一般为 1300～1900mm，大部分站为 1400～1700mm。降水量的地区分布不均匀，总的分布趋势是：山区多于中部盆地，山丘区大于平原区，迎风面大于背风面。单站实测最大年降水量 3034.8mm（1975 年庐山站），实测最小年降水量为 399.1mm（1978 年都昌站），两者比值数为 4.3。多年平均降水量的高值中心与低值中心的比值为 1.5。

年内分配 各站降水量的年内分配比较接近，多年平均月降水量占平均年降水量的百分比，都从 1 月的 4%左右开始逐月上升，以 5 月或 6 月达 17%～19%为最大，自 7 月开始逐月下降，至 11 月或 12 月为最小，占 3%左右。最大月降水量出现的月份全市比较有规律，各站都出现在 5—6 月。最小月降水量普遍出现在 11 月或 12 月。多年平均各月降水量最大月与最小月比值的地区分布，全市各地比较稳定，绝大部分地区都在 5～6 倍。季节分配不均主要是集中在汛期（4—9 月），其降水量占年降水量的 60%～90%，非汛期（10 月至次年 3 月）合计只占 10%～40%。多年平均连续最大 4 个月降水量全市大部分地区为 3—6 月，只有少数地区出现在 4—7 月和 5—8 月，连续最大 4 个月降水量一般占全年的 50%～60%。7—9 月全省各地的蒸发能力均大于降水量，是全市的干旱季节，其降水量约占全年降水量的 20%，一般在 350mm左右。

年际变化 全市各站降水量的年际变化均比较大，大部分站的历年最大年降水量和最小年降水量的比值为 2.0～3.0，吴城、庐山市、都昌一环形地区内，略大于 3.0，为全市最高区。各站年降水量的极值比一般均为本站多年年降水量变差系数 C_v 的 10 倍左右。因此，全市年降水量极值比的变化规律，与年降水量 C_v 的变化规律基本一致，两者大体对应。

最大年降水量： 全市以庐山站降水量 3034.8mm（1975 年）为最大，武宁县螺丝塘站 2676.0mm（1998 年）次之。最大年降水量出现的年份主要集中在 1954 年、1961 年、1973 年、1975 年、1983 年、1995 年、1998 年和2010 年，其中在 1998 年出现最大降水量的雨量站最多。

最小年降水量： 全市以都昌站降水量 699.1mm（1962 年）为最小，都昌县彭冲涧水文站的上配套站 766.0mm（2011 年）次之。最小年降水量出现的年份主要集中在 1962 年、1963 年、1978 年、1986 年、2007 年和 2011 年，其中在 1978 年出现最小年降水量的雨量站数最多。

暴雨及暴雨季节 九江市属于中亚热带向北亚热带的过渡区，受季风影响，主要降水时期为每年的 4—9 月，暴雨类型既有锋面雨，又有台风雨，其水汽的来源主要是太平洋西部的南海和印度洋的孟加拉湾。一般每年从 4 月开始，降水量逐渐增加，至 6 月，西南暖湿气流与西北南下的冷空气持续交绥于长江中、下游地区，冷暖空气强烈的辐合上升运动，形成大范围的暴雨区，九江市正处在这一大范围的锋面雨区之中，这一时期，九江辖区内降水量剧增，降水时间长，降水强度大，锋面雨是九江地区的主要暴雨类型。7—

9 月，九江市常受台风影响，锋面雨与台风雨会交替产生，暴雨历时一般为 1~3d，2d 居多，最长可达 5d。锋面雨历时较长，台风雨历时较短。绝大多数的暴雨出现在 4—8 月，以 5—7 月上旬出现次数最多。此时期正值江南梅雨期，冷暖气团交绥于江淮流域，形成持续性梅雨天气。

九江市暴雨中心主要在修水、武宁、彭泽 3 县，暴雨过程一般持续 1~2d，个别年份暴雨带在市内东西摆动，持续 10d 以上，如 1962 年 6 月、1998 年 7 月等。暴雨强度一般日降水量 50~100mm，少数暴雨量达 100~200mm/d，最大暴雨量可达 300~500mm/d。

暴雨特性 根据省水文总站《江西省时程雨型分析报告》的统计分析（资料至 1985 年），九江市主要属锋面雨，偶有台风雨。一般一次暴雨过程分为单峰雨、双峰雨、三峰雨等类型。暴雨走向多呈东西向。暴雨量大，历时 3~5d，一场暴雨一般有大、小两个雨峰，次峰在前，主峰在后，两峰间隔约 1d。

短历时暴雨 1956—2016 年，实测最大 10min 暴雨以德安县竹林下站 57.0mm 为最大（2011 年 6 月 6 日），修水县蕉洞站 53.0mm 次之（2011 年 6 月 10 日），大丰站 40.8mm 居第三（1983 年 5 月 23 日）；年实测最大 60min 暴雨以德安县丰林站 125.0mm 为最大（2014 年 7 月 24 日），修水县蕉洞站 124.0mm 次之（2011 年 6 月 10 日），德安县罗桥站 112.5mm 居第三（2014 年 7 月 24 日）；最大 6h 降水量，以德安县丰林站 357.5mm 为最大（2014 年 7 月 24 日）；最大 24h 降水量，以德安县丰林站为 534.5mm 为最大（2014 年 7 月 24 日）；24h 降水量以庐山站 900mm 为最大（1953 年 8 月 17 日）。

二、蒸发

地区分布 水文所测蒸发均为水面蒸发，蒸发皿型式为 E-601 型蒸发皿。全市各站平均年水面蒸发量一般为 700~1100mm，大部分站为 800~1000mm，总趋势山区小于丘陵，丘陵小于盆地和平原。

年内分配 全市各站多年平均各月蒸发量占平均年蒸发量的百分比，以 1 月或 2 月为最小，占 3%~5%，以后逐月增大，至 7 月或 8 月为最大，占 13%~17%，7 月、8 月以后，逐月减小，至 12 月占 4%~5%。大部分地区历年平均季蒸发量情况是：1—3 月为 60~100mm，4—6 月为 260~290mm，7—9 月为 400~500mm，10—12 月为 180~220mm。蒸发量最小月均出现在 1 月，最大月均出现在 7 月。

年际变化 根据观测系列较长站的资料分析，各站水面蒸发量的年际变化比较接近，大多数站的最大年蒸发量和最小年蒸发量的比值为 1.35～1.50。全市 1980—2000 年多年平均年水面蒸发量比 1956—1979 年系统性偏小，可能受观测场地、仪器的安装形式、仪器的材料、质量以及观测方法的影响，其原因有待作进一步的研究。

鄱阳湖蒸发　湖区多年平均年水面蒸发量除南昌、新建大于 1300mm，庐山小于 800mm 以外，其他为 1050～1300mm，并以湖区为中心，向四周递减。鄱阳湖大水体多年平均年水面蒸发量为 1170mm，蒸发量的年内变化呈单峰型，8 月最大为 191mm，1 月最小为 32.9mm。年内分配不均，1—3 月占 10.6％，4—6 月占 24％，7—9 月占 45.1％，10—12 月占 20.3％；大水体蒸发量面上分布规律为湖中大，周围小。

三、径流

径流特征　九江市河川径流的补给来源主要是降雨，属雨水补给型，冬季虽有降雪，只占年降水量的 1％左右，因而，河川径流量的变化趋势和降水量的变化趋势一致。就全市而言，各河河川径流的地下水补给量约占全年河川径流量的 12％～34％，全市平均为 20％，总趋势为各河上游大于下游、山区大于丘陵、丘陵大于滨湖平原。

径流深的地区分布　1956—2000 年全省第二次水资源调查评价成果，全市多年年平均年径流量为 148.25 亿 m³，平均每平方千米有 78.8 万 m³，平均年径流深为 787.6mm。全市各水资源分区径流量中，修水区有 80.16 亿 m³，占全市的 54.1％；鄱阳湖环湖平原区 36.81 亿 m³，占全市的 24.8％；城陵矶至湖口右岸（江西省境内）18.27 亿 m³，占全市的 12.3％；青弋江区和水阳江及沿江诸河（江西省境内）10.48 亿 m³，占全市的 7.1％；洞庭湖水系 2.53 亿 m³，占全市的 1.7％。全市各水资源分区 1956—2000 年平均年径流深在 647.9～919.9mm 之间，洞庭湖水系最大，达 919.9mm，修水区 885.7mm，鄱阳湖环湖平原区 647.9mm，城陵矶至湖口右岸 768.5mm，青弋江区和水阳江及沿江诸河区 728.5mm。

径流量的年内分配　全市各河各月各季度径流分配大致相近。历年最大月径流量，全市大多数水文站一般都出现在 6 月，最大月平均径流量占年平均径流量的 26％～34％；最小月径流量一般都出现在 12 月，最小月平均径流量占年平均径流量的 1.9％～3.1％；冬季（12 月至次年 2 月）平均径流量占全年平均径流量的 8.9％～11.4％；春季（3—5 月）平均径流量占全年平均径流量的 34.5％～43.3％；夏季（6—8 月）平均径流量占全年平均径流量的

37.9％～39.9％；秋季（9—11月）平均径流量占全年平均径流量的9.0％～14.1％；汛期（4—9月）平均径流量占全年平均径流量的72.4％～76.4％。

径流量的年际变化 全市各站径流量的年际变化较大，最大年径流量和最小年径流量的比值为4.0～6.5，较降水量的年际变化大。总趋势是：鄱阳湖地区大于其他地区。大致是：德安、永修一线以北地区为4.5～6.5。九岭山地区略小于4，为全市最小值。湖区的博阳河大于6，为全市最大值。

最大年径流深及其出现年份 各站最大年径流深，多数站为1700～1900mm，先锋站1998年1934.7mm为全市最大值，德安梓坊站1998年1531.6mm为全市最小值。最大年径流深出现的年份，在地区分布上有一定的规律性，各地区皆出现于1998年。

最小年径流深及其出现年份 各站最小年径流深，多数站为300～450mm，以罗溪站1968年474.5mm为最小年径流深的最大值，德安梓坊站1968年234.1mm为最小值。最小年径流深出现的年份，各站均出现在1968年。

四、水位

江西省有记录可查的水位观测，始于清光绪三十年（1904），九江海关开始观测长江水位。

长江九江段洪水期一般为7—9月，水位年变幅最大为14.65m，最小为8.22m。历年最高水位23.03m，历年最低水位6.48m（调查水位）。

鄱阳湖受各水系来水和长江洪水双重影响，高水位时间长。每年4—6月，湖水位随鄱阳湖水系洪水入湖而上涨，7—9月因长江洪水顶托或倒灌而维持高水位，10月才稳定退水。水位年变幅大，最大达9.59～14.85m，最小为3.54～9.59m。鄱阳湖各站多年平均水位为11.36～13.39m，最高水位20.55～20.71m，最低水位3.99～10.25m。多年最高最低水位差10.34～16.69m。有77.8％的年份最高水位发生在6—7月，79.3％的年份最低水位发生在12月和1月。鄱阳湖湖口站多年平均水位12.85m，最高水位22.59m，最低水位5.90m。

修水流域最高水位6月出现最多，5月次之。永修水文站受鄱阳湖回水影响较大，一次大的洪水过程历时多达1个月以上。实测最高水位为23.48m，最低水位为13.68m，多年平均水位为16.43m。修河河口的吴城水位站实测最高水位22.96m，最低水位为8.60m，多年平均水位为14.65m，见表1.4.1。

表 1.4.1　　　　　1956—2016 年市内主要水文（位）站特征水位

站名	河湖名称	基面	最高水位/m	发生时间	最低水位/m	发生时间	基面换算关系吴淞（假定）±＝黄海
九江	长江	吴淞	23.03	1998-08-02	6.48（调查）	1901-03-19	−1.895
湖口	鄱阳湖	吴淞	22.59	1998-07-31	5.90	1963-02-06	−1.881
星子	鄱阳湖	吴淞	22.52	1998-08-02	7.11	2004-02-04	−1.860
都昌	鄱阳湖	吴淞	22.43	1998-08-02	7.46	2014-02-01	−1.660
棠荫	鄱阳湖	吴淞	22.57	1998-07-30	9.64	2007-12-18	−1.720
铺头	乌石港	假定	39.93	1982-09-02	35.88	2005-06-24	+10.865
高沙	修水	吴淞	99.00	1973-06-25	84.80	1968-09-08	−1.152
虬津	修水	吴淞	25.29	1993-07-05	15.60	2016-11-13	−1.885
永修	修水	吴淞	23.48	1998-07-31	13.68	2013-10-28	−2.061
渣津	渣津水	黄海	126.67	2011-06-10	120.36	2016-10-21	+17.047
先锋	武宁水	吴淞	105.08	1973-06-25	94.35	2014-04-24	−1.243
罗溪	罗溪水	吴淞	146.60	1973-06-24	140.90	2015-10-29	−1.100
彭冲涧	彭冲涧水	假定	47.22	2016-06-19	45.14	2009-11-06	−7.630
吴城	赣江	吴淞	22.98	1998-08-02	8.64	2015-02-20	−2.260
吴城	修水	吴淞	22.96	1998-08-02	8.60	2015-02-20	
梓坊	博阳河	假定	30.60	1998-06-27	21.74	1970-08-12	−9.272
观口	观泉河	假定	19.525	2005-09-03	15.51	2005-01-03	

五、泥沙

修水流域上游渣津水支流河源地带植被较差，水土流失严重，干流中游地区植被较好，又有柘林水库拦蓄，下游河势平缓，湖水倒灌，含沙量相对稳定。形成上游河流含沙量较大，中下游河清水绿的状况。多年平均悬移质含沙量 $0.113kg/m^3$，多年平均年输沙量 153 万 t。输沙量分布主要集中在主汛期，其中 4—7 月占全年的 84.7%，4—9 月占全年的 89.3%。位于噪口水下游的杨树坪水文站 1975 年 6 月 10 日的实测最大含沙量为 $13.7kg/m^3$，1967年实测年最大输沙模数 $1890t/km^2$，多年平均含沙量为 $0.49kg/m^3$，多年平均输沙模数达 $572t/km^2$。近年泥沙逐渐减少，1980—2000 年与 1956—1979 年比较，含沙量减少 32.7%，输沙模数减少 15.9%。

鄱阳湖水系多年平均年入湖输沙量为 1860 万 t，其中 5 河（赣江、修水、信江、饶河、抚河）多年平均年入湖输沙量 1510 万 t，占入湖总输沙量81.2%。入湖输沙量年际变化大，1970 年最大达 3400 万 t，1963 年最小仅509 万 t，最大与最小倍比值为 6.68。泥沙入湖主要集中在 4—7 月，占年总量的 79.3%。通过湖口进入长江的多年平均年输沙量为 938 万 t，入出湖相抵，每年淤积于湖中的泥沙量为 922 万 t，占入湖沙量的 49.6%。泥沙出湖集中于长江大汛前的 2—6 月，占年总量的 90.4%，其中 3—4 月占 53%。7—9月长江大汛期间，长江泥沙常倒灌入湖，平均每年倒灌入湖沙量 105 万 t。

长江九江段汛期含沙量最大达 1.48kg/m³，枯水期含沙量最小为0.024kg/m³。

六、水质

2016 年对全市 5 条主要河流 77 个监测点、646.7km 长的河流，采用《地表水环境质量标准》（GB 3838—2002）进行水质状况评价表明，全年Ⅰ类～Ⅲ类水占 100%，其中：Ⅰ类水占 24.4%，Ⅱ类水占 69.6%，Ⅲ类水占6.0%。总体来看，全市河流水质状况全年、汛期、非汛期Ⅰ～Ⅲ类水河长比例均为 100%。

据《2016 年江西省水资源公报》，对鄱阳湖 2184km² 水域进行评价，评价结果表明：全年优于或符合Ⅲ类水的水域，采用面积达标率统计占 24.0%，采用监测频次达标率统计占 49.6%，主要污染物为总磷、氨氮。4—9 月营养化评分值为 49，属中营养。

七、水资源

水资源分区 九江市共分为洞庭湖水系、鄱阳湖水系、宜昌至湖口、湖口以下干流 4 个二级区；在二级区基础上划分出洞庭湖环湖区（江西省境内）、修水区、鄱阳湖环湖区、城陵矶至湖口右岸区（江西省境内）、青弋江和水阳江及沿江诸河区（江西省境内）5 个三级区；在三级区基础上划分出汨水（江西省境内）、修水干流、潦河、西河中下游、湖西北区、湖东北区、赤湖、彭泽区 8 个四级区，见表 1.4.2。

分区还原水量 全市还原水量多年平均值（1956—2000 年全市第二次水资源调查评价数据，下同）65844 万 m³，其中修水区为 27601 万 m³，鄱阳湖环湖区为 23817 万 m³，城陵矶至湖口右岸区（江西省境内）为 7470 万 m³，青弋江水阳江及沿江诸河区（江西省境内）为 5966 万 m³，洞庭湖环湖区（江西省境内）为 990 万 m³。

表 1.4.2 **2016 年九江市水资源分区、行政区划及面积对照表** 单位：km²

二级水资源分区及面积	三级水资源分区及面积	四级水资源分区及面积	县级行政区及四级水资源分区面积	
洞庭湖水系（275）	洞庭湖环湖区（江西省境内）（275）	汨水（江西省境内）（275）	修水县（275）	
鄱阳湖水系（14732）	修水区（9050）	修水干流（8611）	武宁县（3369）	
			修水县（4229）	
			永修县（798）	
			瑞昌市（215）	
		潦河（439）	永修县（439）	
	鄱阳湖环湖区（5682）	西河中下游（290）	都昌县（39）	
			彭泽县（251）	
		湖西北区（2955）	浔阳、濂溪、开发区（282）	
			九江县（196）	
			永修县（798）	
			德安县（927）	
			庐山市（719）	
			都昌县（33）	
		湖东北区（2437）	都昌县（1916）	
			湖口县（521）	
宜昌至湖口（2377）	城陵矶至湖口右岸区（江西省境内）（2377）	赤湖（2377）	浔阳、濂溪、开发区（417）	
			九江县（614）	
			武宁县（138）	
			瑞昌市（1208）	
湖口以下干流（1439）	青弋江和水阳江及沿江诸河区（江西省境内）（1439）	彭泽区（1439）	湖口县（148）	
			彭泽县（1291）	

鄱阳湖湖区产水量　湖区多年平均产水量为 150.2 亿 m³。

出境水量　市境内直接流出外省面积 4091km²，其中洞庭湖水系 275km²、城陵矶至湖口右岸区（江西省境内）2377km²、青弋江和水阳江及沿江清河区（江西省境内）1439km²。多年平均出境水量 312800 万 m³，其中洞庭湖水系 25300 万 m³、城陵矶至湖口右岸区（江西省境内）182700 万 m³、青弋江和水阳江及沿江诸河区（江西省境内）104800 万 m³。

分区地表水资源量 全市多年平均年地表水水资源量1482482万m³，平均每平方千米78.76万m³，多年平均年径流深787.6mm。

全市各水资源分区径流量中，修水区有801569万m³，占全市的54.1%；鄱阳湖环湖区368124万m³，占全市的24.8%；城陵矶至湖口右岸区（江西省境内）182669万m³，占全市的12.3%；青弋江和水阳江及沿江诸河区（江西省境内）104824万m³，占全市的7.1%；洞庭湖环湖区25296万m³，占全市的1.7%，见表1.4.3。

表1.4.3　1956—2000年九江市水资源分区天然年径流量特征

水资源三级区名称及计算面积/km²	统计参数			不同频率天然年径流量/万m³			
	年均值/万m³	C_v	C_s/C_v	20%	50%	75%	95%
修水区（9050）	801569	0.36	2.0	1028981	767158	592971	392926
鄱阳湖环湖区（5682）	368124	0.44	2.0	493052	344670	249986	147806
城陵矶至湖口右岸区（江西省境内）（2377）	182669	0.34	2.0	231851	175668	137885	93861
青弋江和水阳江及沿江诸河区（江西省境内）（1439）	104824	0.35	2.0	133808	100568	78335	52616
洞庭湖环湖区（江西省境内）（275）	25296	0.31	2.0	31548	24491	19666	13916
全市（18823）	1482482	0.34	2.0	1881624	1425662	1119026	761740

全市各水资源分区年平均径流深为728.5～919.9mm，洞庭湖水系最大，达919.9mm，修水区885.7mm，鄱阳湖环湖区647.9mm、城陵矶至湖口右岸区（江西省境内）768.5mm，青弋江区和水阳江及沿江诸河区（江西省境内）728.6mm。

水资源分区地下水资源量 全市多年平均地下水资源量为301670万m³，地下水资源分布不均衡，其中修水区为171618万m³，占全市的56.9%；鄱阳湖环湖区76790万m³，占全市的25.4%；城陵矶至湖口右岸区（江西省境内）34395万m³，占全市的11.5%；青弋江和水阳江及沿江诸河区（江西省境内）13879万m³，占全市的4.6%，洞庭湖环湖区4988万m³，占全市的1.6%。地下水模数修水区最大，为18.96万m³/km²，其次为洞庭湖环湖区（江西省境内）18.14万m³/km²，城陵矶至湖口右岸区（江西省境内）14.47万m³/km²，鄱阳湖环湖区13.51万m³/km²，最小为青弋江和水阳江及沿江诸河区（江西省境内）9.64万m³/km²。地下水模数总体而言，山丘区大于平原区，上游大于下游，支流大于干流，见表 1.4.4。

表 1.4.4　　　　1980—2000 年九江市各计算区地下水资源量

三级区名称	控制断面	面积/km²	地下水资源量/万 m³	地下水模数/(万 m³/km²)	模数采用站
修水区（永修以上）	永修	9050	171618	18.96	上游用杨树坪，高—虬区间用高沙基径比乘（虬津径流—高沙径流）
鄱阳湖环湖区	市界	5682	76790	13.51	
城陵矶至湖口右岸区（江西省境内）	省界	2377	34395	14.47	修水基径比
青弋江和水阳江及沿江诸河区（江西省境内）	省界	1439	13879	9.64	石门街
洞庭湖环湖区（江西省境内）	省界	275	4988	18.14	杨树坪站基径比
全市合计		18823	301670	16.03	

水资源总量　　全市多年平均水资源总量 1544254 万 m³，其中山丘区 1114358 万 m³，平原区 429896 万 m³。按水资源三级区划分计算，修水区（永修以上）多年平均水资源总量 801569 万 m³，鄱阳湖环湖区多年平均水资源总量 368124 万 m³，城陵矶至湖口右岸区（江西省境内）多年平均水资源总量 182669 万 m³，青弋江和水阳江及沿江诸河区多年平均水资源总量 104824 万 m³，洞庭湖环湖区多年平均水资源总量 25296 万 m³，见表 1.4.5。

表 1.4.5　　　　1956—2000 年九江市水资源分区平均水资源总量

三级区名称	计算面积/km²			地表水资源量/万 m³			平原区地下水与河川径流不重复量/万 m³	水资源总量/万 m³		
	山丘区	平原区	合计	山丘区	平原区	全区		山丘区	平原区	全区
修水区（永修以上）	9050		9050	801569		801569		801569		801569
鄱阳湖环湖区		5682	5682		368124	368124	61772		429896	429896
城陵矶至湖口右岸区（江西省境内）	2377		2377	182669		182669		182669		182669

三级区名称	计算面积/km²			地表水资源量/万 m³			平原区地下水与河川径流不重复量/万 m³	水资源总量/万 m³		
	山丘区	平原区	合计	山丘区	平原区	全区		山丘区	平原区	全区
青弋江和水阳江及沿江诸河区（江西省境内）	1439		1439	104824		104824		104824		104824
洞庭湖环湖区（江西省境内）	275		275	25296		25296		25296		25296
全市合计	13141	5682	18823	1114358	368124	1482482	61772	1114358	429896	1544254

八、水温

修水虬津水文站实测多年平均水温 16.9℃，年最高 31.2℃，最低 3.0℃。鄱阳湖水多年平均温度 18℃，最高 35.1℃，最低 0.4℃。日最高水温出现在 15—17 时，日最低水温出现在 6—8 时，水温日变幅 2.5℃ 以内。水温的年内变化分为增温期和降温期两个阶段，从 2 月开始增温，至 8 月达最高值，9 月开始降温，至次年 1 月降至最低。夏、秋季节中高水位的水温，一般南部湖域高于北部湖域，东北湖湾区高于西部湖域，沿岸湖域高于中心湖域；冬季枯水时水温变化为入江水道高于南部和东部湖域。长江九江段最高水温为 33℃，最低 2℃。

第二节 气 象 特 征

一、气温

全市多年平均气温 16.9℃，除庐山、共青城市年平均气温低于全市多年均值外，其他区、县（市）年平均气温都高于多年均值，见表 1.4.6。

表 1.4.6　　　　　九江市区、县（市）多年平均气温统计　　　　　单位：℃

区、县（市）	九江	修水	武宁	瑞昌	永修	德安	庐山	湖口	都昌	彭泽	共青城市
温度	17.8	16.9	17.3	17.4	17.7	17.1	17.8	17.3	17.6	17.2	16.7

全市月平均气温呈明显月变化特征。1 月平均气温为 4.3℃，4 月平均气

温为 16.8℃，因春季太阳辐射逐渐增强，升温快，气温地区差异不明显。7月平均气温为 28.3℃，因雨季结束后，受太平洋副热带高压控制，天气晴热，日照充足，温度高，地区差异也不明显。10月平均气温为 18.4℃，温度分布趋向冬季形势。根据气象资料统计，极端最高气温为 44.9℃，出现在 1953 年 8 月 15 日修水站；极端最低气温为 -18.9℃，出现在 1969 年 2 月 6 日的彭泽站。

二、日照

全市日照时数年平均为 1708.8h，1—2 月，每月日照时数只有 90.0h 左右，日照百分率只有 25%～40%，为一年中日照时数和日照百分率最小的时期。7—8 月，每月日照时数为 210.4～188.1h，日照百分率为 53%～70%，为一年中日照时数和日照百分率最大的时期，见表 1.4.7。

表 1.4.7　　　　1991—2010 年全市各月平均日照时数和百分率

月份	1月	2月	3月	4月	5月	6月	7月	8月	9月	10月	11月	12月	全年
日照时数 /h	91.2	92.3	102.2	128.3	155.0	139.5	212.8	188.1	175.9	163.7	135.9	122.7	1707.6
百分率 /%	25	23	22	29	35	34	50	50	45	41	38	40	50

日照时数和日照百分率地区分布与云量和地形密切相关。修水山区比平原多云雾，故山区日照时数少于平原区，日照百分率也小于平原区。日照分布状况与地形地貌关系密切，山区林木茂盛，云雾较多，日照时数相应减少。坡向与日照也关系密切，南坡日照多，北坡日照少。在山谷地带，两侧山体相对高度差越大，日照越少。

三、风

风的季节变化　全市常年以偏北风为主。冬季盛行偏北风；春季风向不够稳定，南北风交替，以偏北风为主；夏季受副热带高压控制，多为偏南风；秋季，到 10 月，偏北气流基本控制，为偏北风。

风速的地区分布　风速，平原区比西部丘陵山区大。庐山因地势原因，年平均风速为 4.5m/s。平原区月平均风速大于 3.0m/s 的月数，永修有 5 个月，而西部山区因山地阻隔作用，一年中 12 个月的平均风速均小于 1.7m/s。

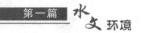

四、湿度

九江处东亚季风区，属亚热带温暖湿润气候，降水量较充沛，空气湿度较大。年平均相对湿度79％左右。其中3—6月多雨，相对湿度最大，湿度在80％～85％；冬季12月至次年1月，相对湿度最小，湿度为75％左右。其他各月相对湿度为75％～80％。

五、雾

全市一年四季均可出现大雾，冬季出现的频率占42.5％，春季占27.8％，秋季占21.4％，夏季占8.30％。1991—2010年，全市年平均出现大雾天数为6.75～191.9d，庐山最多，年平均为191.9d，其次为修水（47.35d），最少的地区为瑞昌（6.75d），见表1.4.8。

表1.4.8　　　　　　　1991—2010年九江市大雾平均日数　　　　　　单位：d

地区	修水	武宁	瑞昌	九江市	湖口	彭泽	庐山市	德安	永修	都昌	庐山	共青城市
年平均天数	47.35	24.8	6.75	7.25	8.65	8.1	9.2	16.9	13.25	10.05	191.9	17.0

第五章

土　壤　植　被

九江市土壤类型及分布变化复杂，具有水平分布规律和垂直分布规律相互交错的特点。从水平分布上形成由北向南的黄壤、红壤地带，从垂直分布上由于山体坡向、山体形状不同，形成由上而下为暗棕壤、土地棕壤（局部山地草甸土、山地沼泽土）、山地黄棕壤、黄红壤带谱。

九江市林业资源丰富，植被属亚热带绿阔叶林过渡北亚热带的常绿阔叶与落叶阔叶混交类型。植物资源约3000种，树种达1264种，属国家重点保护的珍稀树种40余种。2010年，森林覆盖率达到55.2%，经济林木主要有油茶、油桐、板栗和漆树等。

第一节　土　　壤

一、母质类型

全市土壤母质类型有酸性结晶类风化物、石英岩类风化物、泥质岩类风化物、碳酸盐岩类风化物、红色砂岩风化物、紫红色泥页岩类风化物等。酸性结晶类风化物主要岩类有花岗岩、花岗片麻岩、花岗闪长岩、花岗斑岩，分布在修水、武宁、永修、九江、濂溪、瑞昌、庐山市、都昌等县（市、区）。

石英岩类风化物主要岩类有石英砂岩、石英岩、石英砾岩、硅质岩，分布在永修、都昌、九江、濂溪区、武宁、修水、彭泽、德安等县（市、区）。

泥质岩类风化物主要岩类有泥岩、页岩、板岩、千枚岩、片岩，分布在九江、瑞昌、修水、濂溪区、武宁、永修、庐山、彭泽、湖口等县（市、区）。

碳酸盐岩类风化物主要岩类有石灰岩，分布在九江、瑞昌、永修、庐山市、彭泽、德等县（市、区）。

红色砂岩风化物主要岩类有红色砂岩、砂砾岩、紫红色砂岩，分布在九江、濂溪区、瑞昌、武宁、修水、永修、庐山市、湖口等县（市、区）。

紫红色泥页岩类风化物主要岩类有紫色泥岩、紫红色泥页岩，分布在九江、濂溪区、修水、永修、庐山市、湖口等县（市、区）。

二、类型数量

全市处北亚热带过渡地带，水热条件较丰富，化学物理风化作用比较强烈，生物小循环活跃，矿物质元素的淋溶迁移也较为强烈，故土壤形成过程以脱硅富铝化作用为主导，地带性土壤仍以红壤为主。由于形成土壤的母质类型不同，加之人为耕种活动影响，故发育成不同的土壤类型。全市土壤分为9个土类、16个亚类、72个土属和126个土种。

土类有水稻土265994hm²，占土壤总面积的17.09%；潮土68067hm²，占4.37%；紫色土13763hm²，占0.88%；黑色石灰土78296hm²，占5.03%；红色石灰土38541hm²，占2.48%；红壤1010671hm²，占64.95%；黄壤8106hm²，占0.52%；黄棕壤68354hm²，占4.39%；山地草甸土4239hm²，占0.27%。亚类土有淹育型水稻土6143hm²，占本土类型2.31%；潴育型水稻土231430hm²，占87.01%；潜育型水稻土28421hm²，占10.68%；灰潮土13888hm²，占20.4%；潮土17327hm²，占25.48%；湿潮土30240hm²，占44.42%；中性紫色土13763hm²，占本土类（黑色石灰）面积的100%；红色石灰土38541hm²，占本土类面积的92.41%；黄红壤61899hm²，占6.12%；红壤性土14801hm²，占1.47%；黄壤8106hm²，占本土类面积100%；暗黄棕壤14661hm²，占本土类面积的21.45%；黏盘黄棕壤53694hm²，占本土类面积的78.55%；山地草甸土4239hm²，占本土类面积的100%。

土属按成土母质类型划分，有酸性结晶岩、石英岩、泥质岩、石灰岩、红砂岩、紫色砂砾岩、第四纪红色黏土、下蜀系黄土、河湖沉积物9个成土母质，划分72个土属。

土种按土壤发育度、肥沃度、土层深厚和障碍因素划分，有126个土种。

第二节 植 被

一、暖性针叶林

全市森林植被以常绿针叶树为优势种的林分面积最大，占林分面积的63.26%，活立林蓄积量也最多，占林分蓄积量的65.26%。市内天然生长的针叶树有马尾松、杉木、台湾松、柳杉、柏木、刺柏、粗榧、穗花杉、金钱松等13种，还有马尾松与台湾松的天然杂交种杉枞；引种栽培的针叶树约有

76 种。市内天然生长针叶纯林林系不多，能形成优势树种的森林仅见有马尾松林系、台湾松林系。杉木林系存有半天然林，其大多数均为人工林。其他针叶树多伴生在各类阔叶林中，尤以伴生常绿阔叶林中为多。

二、常绿阔叶林

常绿阔叶林是市内地带性顶级森林植被类型，森林资源蕴藏比较丰富，对涵养水源、维护环境、调节气候、防止污染，起着极其重要的作用。常绿阔叶林分布于海拔 800m 以下的平原、丘陵和低山地带。在平原和低丘地区，受人们经济活动的影响，大部分原生常绿阔叶林已遭破坏，仅在局部地区保留残存片段。较为完整的常绿阔叶林，大都散见于交通不便的边远偏僻山区。常绿阔叶林的组成复杂，主要由壳斗科、樟科、山茶科、金缕梅科、杜英科、冬青科的一些常绿阔叶树种组成。立木组成以壳斗科的栲属、青冈属、石栎属等常绿种类为建群种，其次为樟科的润楠属、樟属，山茶科的木荷属、山茶属，厚皮香科的厚皮香属，杜英科的杜英属，山矾科的山矾属，冬青科的冬青属。林中也常混杂有一些暖温带的植物区系成分，如栎属、水青冈属、桦木属、槭属、椴属、鹅耳枥属、桤木属等落叶阔叶树种。此外，还混生一些扁平叶型的杉木、三尖杉、南方红豆杉、铁坚杉、香榧、穗花杉等针叶树种。林下灌木层一般高低两层，较高层主要有厚皮香科的柃木属、山茶科的山茶属、杜鹃科的杜鹃花属、乌饭树科的乌饭树属、金缕梅科的檵木属、鼠李科的鼠李属、茜草科的栀子属和虎刺属；低矮层有紫金牛科的紫金牛属、杜茎山属等。草本有狗脊、瘤足蕨、苔草。层外植物常见的有藤黄檀、大血藤、络石、三叶木通、野木瓜等。九江市常绿阔叶林主要有苦槠林系、钓栲林系、甜槠林系、青冈林系、细叶青冈、云山稠林系、木荷林系。

三、常绿、落叶阔叶混交林

九江市为江西常绿、落叶阔叶混交林的主要分布区之一。常绿、落叶阔叶混交林主要分布于幕阜山、九岭山及庐山海拔 800m 以上低、中山地带。

常绿、落叶阔叶混交林为市地带性森林类型，是以常绿阔叶树占优势、落叶阔叶树为亚优势种混合组成的森林群落，一般无明显单优势种，树种复杂，林冠参差不齐，呈现常年性间断季相。群落结构通常分为乔、灌、草 3 个层次。在乔木层中常有 2～3 个亚层，第一亚层往往是以落叶阔叶树为主，第二、三亚层以常绿阔叶树为主。常绿阔叶树种主要有壳斗科的甜槠、苦槠、乌楣栲、青冈、细叶青冈、石栎、包槲栎、绵稠；樟科的毛豹皮樟、黄丹木姜子、土肉桂、细叶香桂、白楠；山茶科的木荷、厚皮香，以及杜英科的杜英属、山矾科的山矾属、冬青科的冬青属。落叶阔叶树主要有壳斗科的锥栗、茅栗、小叶栎、白栎、枹树；桦木科的光皮桦、鹅耳枥；胡桃科的化香；椴树科的椴树；木兰科的玉兰；樟科的檫树；珙桐科的蓝果树；以及青榨槭、枫香、小叶白辛、拟赤杨、粉叶柿、灯台树等。伴生树种还有三尖杉、粗榧、香榧、穗花杉、台湾松、柳杉等针叶树。林内还有鹅掌楸、喜树、青钱柳、连香树、天师栗、钟萼树、花榈木、金叶含笑等珍稀树种。林内下木比较多，常见的有鹿角杜鹃、马银花、钓樟、乌药、细齿柃、溲疏、荚蒾、杨桐、乌饭、红脉钓樟等。林下草本植物主要有苔草、沿阶草、斑叶兰、狗脊等。

四、落叶阔叶林

落叶阔叶林大都分布于高海拔的山地，居于常绿阔叶林或常绿、落叶阔叶林分布的上限，成为垂直分布带上的一个重要森林植被类型。但亦有在低山丘陵的常绿阔叶林或针叶林遭受破坏后，迹地上被阳性落叶阔叶树种侵入而形成的过渡性次生落叶阔叶林。九江市特殊的地理位置，给一些温带、暖温带和北亚热带植物向南延伸的机会，致使市内落叶阔叶林植物组成既有亚热带历史遗留成分，又有温带、暖温带植物区系成分。本类型森林立木层组成树种主要有壳斗科的栎属、栗属，野茉莉科的拟赤杨属等一些落叶阔叶树种为建群种。其次为胡桃科的化香树属、胡桃属、青钱柳属，金缕梅科的枫香属，漆树科的南酸枣属、黄连木属，蝶形花科的香槐属、黄檀属，含羞草科的合欢属，桦木科的鹅耳枥属、桦木属，珙桐科的喜树属、紫树属，榆科的朴属，大风子科的山桐子属，以及伯乐树科的伯乐树属，苦木科的臭椿属，楝科的香椿属，七叶树科的七叶树属等一些落叶树种组成建群种或共建群种或伴生种。除短柄枹树、麻栎、栓皮栎、小叶栎、锥栗、拟赤杨、枫香、椴树、化香树等树高可达 15m 以上外，其他乔木一般在 10m 左右，出材率较低。林下灌木层通常有两个亚层。较高层的灌木伸入立木下层，如四照花、红果钓樟、蜡瓣花等；矮小的灌木有紫金牛等。主要下木有杜鹃花属、钓樟属、胡枝子属、荚蒾属、蜡瓣花属、石楠属、野鸦椿属、山矾属、金丝桃属、六月雪属、馒头果属、野茉莉属、楤木属、乌饭树属、柃木属、山楂属、盐肤木属、鼠李属、檵木属、山茶属、叶下珠属、紫珠属、豆腐柴属、云道木属、卫矛属、紫金牛属、瑞香属、樱属、刚竹属、箬竹属等一些种类组成。草本层植物种类也较丰富，主要由芒属、野青茅属、苔属、白茅属、菊属、败酱属、麦冬属、鸭跖草属、瘤足蕨属、鳞毛蕨属等一些种类构成。层外植物通常有紫藤属、菝葜属、蛇葡萄属、鸡屎藤属、蔷薇属、猕猴桃属、络石属、五加属、常春藤属、野木瓜属、马荄莓属、海金沙属等一些植物种类。

全市落叶阔叶林主要有 9 个林系，即分布于庐山、修水县、武宁县海拔 800～1200m 低、中山地带的短柄枹树林系；分布于庐山、瑞昌市、德安县、修水县海拔 150～500m 丘陵山区的锐齿槲栎林系；分布于彭泽、九江、德安县以及庐山、永修县的云山海拔 150～600m 丘陵低山的栓皮栎林系；分布于修水、永修、都昌、九江、彭泽县海拔 100～700m 红壤或黄红壤上的小叶栎林系；分布于庐山、九岭山、幕阜山海拔 700～1200m 低中山的锥栗林系；分布于武宁县瓜源乡和伊山乡、修水县茅竹山、永修县云山的拟赤杨林系；分布于全市的枫香林系、化香林系和南酸枣林系。

五、竹林

九江市自然分布的竹种，大都是较为耐寒的散生型竹类。合轴丛生型竹类只有孝顺竹 1 种。全市竹类约有 11 属 35 种，其中自然分布种有 11 属 28 种。刚竹属占有 13 种，显示出境内是华中亚热带散生竹类林刚竹属种类的分布中心地带。各类散生竹种林广泛分布在与其生态环境相适应的平原、丘陵、山地和河谷。

第三节　湿　地　草　场

一、湿地

湖泊湿地　市内湖泊湿地众多，均为淡水湖泊湿地，面积 8hm² 以上的大小湖泊湿地有 92 个，其中面积大于 100hm² 的湖泊湿地有 42 个。鄱阳湖是中国最大的淡水湖，其 61.7％的面积分布在九江市境内。除鄱阳湖及其支汊湖外，其他较大的湖泊有太泊湖、赛城湖、八里湖、赤湖和下巢湖。全市湖泊湿地总面积 119113hm²，其中都昌县 25280hm²，永修县 16533hm²，湖口县 7987hm²，濂溪区 29873hm²，庐山市 28013hm²，九江县 3860hm²，瑞昌市 3567hm²，彭泽县 2573hm²，共青城市 1427hm²。

河流湿地　全市有长度 5km 以上大小河流近百条，主要河流有长江、修水、赣江、潦河、渣津河、武宁水、安溪水、长河等。河流湿地总面积 27646hm²，其中都昌县 440hm²，永修县 2807hm²，湖口县 1740hm²，濂溪区 2853hm²，德安县 433hm²，庐山市 60hm²，九江县 2113hm²，瑞昌市 1947hm²，彭泽县 10093hm²，修水县 3767hm²，武宁县 1153hm²，共青城市 240hm²。

沼泽湿地　全市沼泽湿地面积 101780hm²，主要集中在都昌县境内的鄱阳湖中，有西湖渡草洲、北岸洲、南岸洲、西长河草洲，面积达 100980hm²，其他 800hm² 沼泽湿地分布在永修县境内。

地热湿地　市内地热湿地主要有庐山市温泉、武宁县上汤乡上汤温泉、武宁县罗溪乡汤里温泉、修水县白岭镇泰清温泉、修水县渣津镇泉坑温泉、修水县黄沙镇汤桥温泉、永修县柘林镇易家河温泉等，面积共 40 余公顷。温泉含氟多，含磷化氢较高，均可作为矿化医疗之用。

人工湿地　市内人工湿地主要包括水库、池塘（不含水田），大多是拦截天然河流或鄱阳湖汊湖而形成，与天然湿地有着密切联系，许多水库形成山水相映的湿地景观，不仅具有较高观赏游览价值，还成为珍禽候鸟的栖息地。全市有面积 6.67hm² 以上的水库、池塘 148 座，总面积 42253hm²。其中面积 100hm² 以上的水库和池塘有都昌县大港水库、张岭水库，修水县东津水库、武宁县源口水库、盘溪水库，濂溪区谷山湖水库，彭泽县浪溪水库，湖口县造湖、南北港、泊洋湖、黄毛塘，瑞昌市横港水库、幸福水库、石门水库，永修县和武宁县柘林水库。其中柘林水库是省内最大水库，也是中国土坝库容最大的水库，面积达 31813hm²。各地人工湿地面积为：都昌县 707hm²，永修县 9953hm²，湖口县 4133hm²，濂溪区 320hm²，德安县 100hm²，庐山市 553hm²，九江县 113hm²，瑞昌市 660hm²，彭泽县 433hm²，修水县 807hm²，武宁县 24440hm²。

二、草场

滨湖草场　主要分布在都昌、永修、庐山市等滨湖县境内，总面积约 34200hm²，海拔为 10~30m，多属一等一级草场。由于受水情涨落影响，草场可利用面积随季节而变动。草场土壤多是潮沙泥或草甸土，表层有机质 2.5%~3.2%，土壤水湿条件好，草丛生长茂盛，再生力强，草丛高 0.8~2.5m，覆盖度 85%~100%。牧草主要种类有：禾本的马唐、芦苇、梭草、看麦娘、雀麦、狗牙根等；豆科的铁扫帚、金花菜、紫云英等；沙草科的细叶落草、蛾子草等。草质优良，牛羊喜食，适口性好。鲜草亩产量 460~1548kg，载畜量 6~10 黄牛单位/亩。湖滨草场的汛期，一般出现在 5—8 月，1 年有近 8 个月放牧时间。都昌南岸洲面积约 13333hm²，离湖岸 5000 多米，来往交通不便，每年放牧时间只有 5 个来月。优势牧草有马唐、芦苇、稗草、紫云英等，牧草再生力强，水退复生，平均亩产鲜草 1000kg 以上，载畜量为

6.6 黄牛单位/亩。还没有大规模开发利用。永修县吴城、江益、三角、九合等乡，都有成片草洲湖滩，枯水季节有 7300 余公顷，当水涨到 15m、16m、17m 时，可利用面积分别是 6000hm²、4000hm²、1333hm²。

山坡草场　坡度在 30°以下的草丛、灌木丛，俗称草山坡，分布在全市各县，共 213333hm²。

中山草场　可利用面积 9067hm²，主要分布在修水境内 800m 以上的高地。眉毛山、太湖山、太阳山等万亩以上连片草场，草丛极密，覆盖率为 70%～100%，山上也较平坦，土壤较肥沃，腐殖质层较厚，但一般离村庄较远，交通不便，冬季风大，气温较低。植被以芒、野古草、羽茅、白茅为优势草种，草丛高 80cm 以上，鲜草亩产 600～950kg，草质较好，属三等一级草场。永修柘林、云山、江上和武宁温汤、九宫山等地草场 667hm² 左右，鲜草亩产量 350～550kg。尚未开发利用。

低山丘陵草场　面积 62667hm²，主要分布在修水、瑞昌，其次是都昌、永修、武宁、彭泽、庐山市等地 400m 以下低山丘陵坡地。植被主要是白茅、丝茅、黄白草、鸭咀草、刺芒、野古草、野麦、小山竹等。覆盖率 60%～70%，鲜草亩产 500～800kg，草质中等，属三等一至二级草场。利用率不高。在人多地少的地方，农民开垦种芝麻、红苕、花生或割草沤肥，植被受到破坏，水土流失严重。

低山丘陵灌丛草丛草场　面积 61000 余公顷，主要分布在瑞昌、武宁、都昌、彭泽等县，庐山市和湖口面积不大。草场高度一般在 300～800m，坡度一般是 15°～20°，植被以小灌木为主，如大叶栗、胡枝子、毛栗、映山红、小山竹，也有草本芭茅、丝茅、白茅、野古草等。覆盖率 20%～90% 不等。鲜草亩产 3040～620kg，草质中等偏下，属三、四等一至六级草场。这类草场受人类活动的影响最大，其面积、植被经常发生变化。实际上是原始林木迭遭破坏后的一种次生小灌木草地，是农村薪柴的主要来源地。

丘陵疏幼林灌丛草丛草场　面积近 41000hm²，主要分布在瑞昌、永修、修水、湖口、都昌等县 1000m 以下坡地。特征是稀疏（郁闭度在 0.4°）乔木林间，种有家畜可食的灌丛和草丛，也可以作为牧地。乔木主要是马尾松，灌木主要是大叶栎、映山红，草木主要是白茅、芒、芭茅、野古草、马唐、野草等。覆盖率 70%～80%，鲜草亩产量 390～700kg，草质中等，多属三等一至四级草场。这类草场以营林为主，在林木郁闭度增大的情况下，牧草价值逐渐减少。但可作牲畜阴凉休息地。

低湿地草场　河溪两旁撂荒地、农田间隙、村前屋后草地，有 43000 余公顷，由于水湿条件较好，草丛生长茂盛密集，再生力强，利用率高。植被主要由多种杂草组成，如狗牙根、牛筋草、铺地天、鸡眼草、绊根草、马唐、雀稗、马鞭草、狗尾草、鹅冠草、鸡眼草、丝茅、白茅等。植被覆盖率70%～100%，草丛高0.1～1.0m，鲜草亩产700～1100kg，草质优良，多属一等一级，是农村主要放牧场和割草场。

人工草场 位于修水县眉毛山地区，坡度在20°以下，适合开垦种草面积1767hm²。已开辟133hm²。种植产量较高的草有白三叶、红三叶、多年生黑麦草、意大利黑麦草、鸡脚草、苏丹草等。

农作物植被 全市耕地面积236513hm²，其中水田148273hm²，旱地88240hm²。由于人口稠密，耕地少，复种指数较高，形成粮食作物和经济作物兼作种植习惯。粮、棉、油、麻、粮、菜、丝、茶、烟、果、药、杂等各种作物俱全。受地形、气候、土壤等自然条件影响，全市农作物分布地域性比较明显。水稻多分布在鄱阳湖、修水、博阳河、长河流域及景湖公路两侧。棉花多集中在长江沿岸洲地及鄱阳湖沿岸丘陵地域的彭泽、九江、瑞昌、湖口、都昌等县。西部丘陵和山地，灌溉条件较差，无霜期较短，多植一季稻、红薯、杂粮。油菜分布在各县（区），是主要越冬作物，成为粮食和棉花的良好前茬。苎麻主要分布在瑞昌市、武宁县、都昌县、湖口县、九江县等丘陵地区。三麦和豆类绝大部分在旱地里种植，多与棉花、杂粮连作。蔬菜产地多在城镇郊区，比较集中连片。茶叶在濂溪区、修水、武宁、彭泽等地，都有连片产地。成片的油茶、油桐，主要分布在修水、武宁两县。其他如烟、果、药、杂等作物，则零星分布在全市丘陵地区。柑橘有较大发展，千亩以上的分布在濂溪区和庐山市、修水、永修、德安等县。有些草地草坡逐渐演变成为果园。

第六章

自 然 灾 害

九江北临长江，东滨鄱阳湖，修水蜿蜒于西南，是水灾多发地，也是全国重点设防城市之一。水灾在 12—14 世纪，每 10 年出现一次；15—17 世纪，4 年出现一次；18 世纪以后，则是平均每 3 年就有一次。除水灾之外，九江的自然灾害种类繁多，如气象类灾害、地质类灾害等。

第一节 气 象 灾 害

一、高温

每年 5—10 月，全市都可出现日最高气温不低于 35℃的高温天气，尤其在 7—8 月盛夏时期，辖区大多处在副热带高压控制和影响之下，温度高，南风大，除庐山高山站外，都会出现高温酷热天气，其中 7 月出现日数占 49.3%，8 月出现日数占 35.3%，10 月出现日数最少，占 0.17%。西部修水、武宁丘陵山地高温天气出现多，东部湖泊平原高温出现少。1950—2010 年全市日最高气温出现在 1953 年 8 月的修水县，达 44.9℃，且修水、武宁都有连续 20d 以上不低于 35℃的高温纪录，以武宁 2003 年 7 月 12 日至 8 月 9 日高温连续维持 29d 为最长。

二、干旱

干旱是市辖区主要气象灾害之一，其中以冬旱、秋冬旱发生频率最高，分别达 45.0%、20.8%，伏旱、秋旱分别为 11.5%、16.6%，伏秋旱发生频率最低，仅占总数的 6.1%。发生轻度干旱与中度干旱次数相差不大，轻度冬旱发生频率较高，占总数的 23.0%，1978 年、1992 年都发生了较重干旱，重度干旱仅出现 1 次，发生在 1995 年的永修县和庐山市。

三、暴雨

暴雨是市辖区主要灾害性天气之一，具有发生范围广、时间短、强度大、突发性强等特点，易诱发泥石流、山洪、山体滑坡等灾害。九江地区全年除2月外，其余时间皆可出现暴雨。暴雨分布有一个高值中心，即庐山，占全区总次数的14.7％。暴雨多发生在5—7月，特别是6月，占全年暴雨次数的26.8％，此时江湖水位较高，暴雨频发常导致洪涝灾害，如逢长江上游特大洪水，灾害将更加严重，如1998年的大洪水。降水集中期结束后，8月的庐山多台风暴雨。庐山因山体陡峻，地型呈东北—西南走向，对东南风具有很强的辐合抬升作用，此时进入江西的台风低压，极易在庐山产生暴雨、大暴雨，每年8月庐山暴雨中，大暴雨就占近一半。

四、强对流

冰雹　市辖区冰雹出现的概率相对较少。1991—2010年全市共出现71站次，出现的月份为1—8月；3月出现最多，为35站次；1月出现最少，仅1站次。出现最多地区为庐山，出现20次，占全区的28.2％；最少的地区为都昌，出现2次，占全区的2.82％。

飑线　主要出现在2—9月。1991—2010年全市共出现238站次。7—8月发生概率最大，各占58站次；2月最少，仅1站次。以修水45站次为最多，彭泽最少6站次。

雷雨大风　主要出现在2—11月。1991—2010年全市共出现624站次，最多为4月，143站次；10月最少，仅2站次。春、夏两季出现最多，春季为51.6％，夏季为40.5％。最多地区为庐山243次，瑞昌最少，仅为13次。

强降水　1991—2010年全市强降水共出现315站次，主要出现在3—10月，以8月102站次为最多，3月2站次为最少。其中最多的地区为庐山59次，最少的地区为浔阳区、武宁县各18次。连续2h降水量超过100mm的市县有：永修1999年8月15日16—18时雨量为102.2mm，庐山1995年8月15日18—20时为125.9mm、2009年8月6日16—18时为137.3mm，庐山市2002年8月7日5—7时为119.6mm，都昌1999年8月15日6—8时为139.8mm，瑞昌2004年5月26日14—16时为102.4mm、2005年9月3日20—22时为107.0mm，最强的是彭泽1996年7月9日23时至10日2时连续3h降水量184.1mm，致使全县遭受洪涝灾害，直接经济损失达10830.6万元。

寒潮　寒潮出现的时间，最早开始于9月下旬，结束最晚是第二年5月。3月、11—12月是寒潮和强冷空气活动最频繁的季节，也是寒潮和强冷空气对生产活动可能造成危害最重的时期。1991—2010年全市共出现6次寒潮过程，其中 3 次出现在 3 月，12 月出现 1 次，1 月出现 1 次，2 月出现 1 次。

五、台风

1991—2010 年，从东南沿海登陆并对九江市有影响的台风有 41 个。2005 年 9 月 2—4 日，受第 13 号台风"泰利"影响，九江市出现近几十年最强的一次降水过程，全市降水量均超过 100mm，7 个县超过 200mm，4 个县超过 300mm，以庐山 940.3mm 为最大。庐山仅 9 月 2 日 2 时至 3 日 2 时 24h 雨量达 529mm，为有记录以来的最大值。庐山及庐山市 20—23 时 3h 雨量分别达 118.2mm、103.9mm。这次特大暴雨引发庐山 40 余处山体滑坡、塌方，造成部分房屋倒塌、公路中断，全山旅游景点全部关闭。部分县市严重内涝和洪涝，农作物受灾面积达 96916hm²，给人民生命财产带来惨重损失。

六、低温雨雪冰冻

1991—2010 年全市低温雨雪冰冻灾害天气共出现 2 次。1998 年 1 月 16—26 日以阴雨天气为主，冰冻日数 6～8d，其中 20 日全市出现小到中雪，局部大到暴雪，22—23 日全市普降中到大雪，部分暴雪。2008 年 1 月 12 日至 2 月 2 日，全市出现长时间低温雨雪冰冻天气，冰冻日数 19～21d（庐山 33d）。主要大的降雪过程出现 4 次，范围覆盖全市，积雪日数为 12～17d（庐山 33d）。全市还出现 4～8d 大范围的雨淞天气。其中 12—13 日、14—15 日、27—28 日、1 月 31 日至 2 月 1 日分别出现较明显的降雪天气过程，以 27 日晚至 28 日的过程最大，全区普降中到大雪，部分地区有暴雪。此次降雪过程造成多处道路受阻，供电中断。

第二节　水　旱　灾　害

一、水灾

清康熙四十七年（1708），江水暴涨，九江郡城西门出入行船。

清道光二十八年（1848）夏秋间，江水险涨，江北溃堤，郡城西尽被水淹。彭泽水涌县门，湖口舟行大厅，瑞昌城内水深 4 尺。

清光绪二十年（1894）五月，德安县城水漫高齐屋檐，县衙前舟行来往；湖口厅堂水深数尺，瑞昌城内水深 8 尺。

民国 15 年（1926）5—6 月，市区西门外正街全淹，水深 4 尺。7 月 10 日九江洪峰水位达 20.32m，为当时有记载的最高水位。

民国 20 年（1931）7 月，霪雨兼旬，伏汛猛涨，适遇川湘洪峰急湍直下，7 月 28 日水位高达 20.71m，20.00m 水位自 7 月 24 日起连续达 3 个月，为 60 年来的罕见。圩堤冲塌，田野悉成泽国，房舍牲畜农作物尽遭淹没，灾中有 2000 多人被淹死。80％以上灾民四处逃荒；又疫疬流行，病患者占灾民人数的 11％以上。国民政府救灾委员会委托中国华洋义赈救灾总会给江西包括九江、德安、星子、湖口、彭泽、瑞昌、永修在内的一等水灾区共 12 县运粮拨款。

民国 24 年（1935）大水中，粮食奇缺，灾民以树皮、草根、观音土为食，赖以度命。26 年（1937）、27 年（1938）又连续大水，区内田地淹没近百万亩，受灾人口达 40 多万人。1937 年当年政府发放赈款 10400 元。

1949 年 7 月上旬，长江九江站水位高达 20.69m，堤圩尽溃，全区受灾耕地面积占总面积的 20％。地区及时成立防汛指挥部，下设 9 个防汛委员会，33 个圩防堤防委员会，大力开展防汛救灾工作，政府 3 次拨发救济粮共 2365 万斤，市区采取政府贷款、社会募捐和组织群众救灾合作社等办法，使灾民顺利渡过了一个水灾年。

1954 年入春后，长江流域大范围降雨。4 月 14 日至 7 月 19 日共降雨 1375.3mm，大大超过正常年份的雨量，致使江水急剧上涨。6 月 5 日九江水文站水位突破警戒线 19.16m，17 日超过 20m，至 7 月 16 日 23 时，九江站最高水位达 22.08m。从 6 月 17 日至 9 月 25 日，20.00m 以上水位持续 102d，10 月 12 日水位才退出警戒线。由于大水冲击南浔铁路，6 月中旬有 3 段路基被毁，铁轨扭曲变形，中断通车 120 余天。

1973 年 5 月 1 日、17 日、31 日，修水县局部发生水灾，到 6 月 23 日，修水全流域发生大水，降雨量达 320mm，山洪暴发，高沙站最高水位 99.00m。修水县城进出公路水淹 1m 多，53 个公社受灾，其中重灾 17 个公社、229 个大队、2055 个生产队，重灾户 28411 户，受灾人员 134277 人，死亡 94 人，伤 148 人，倒塌房屋 25221 间，有 28 个生产队住房全部冲光，作物被淹面积 259614hm²，冲毁 4667hm²，冲坏水利工程 35962 处，冲坏公路 250km，冲走木材 26375m³。永修城山、马口圩全部溃决。立新联圩虽然基础较稳固，但当洪峰高潮时，多次脱坡或穿漏，险遭溃决。

1977 年 6 月 15 日，修水流域暴雨，修水县局部降雨量 225mm，高沙水文站最高水位 97.80m，修水县 52 个公社、554 个大队、4419 个生产队受灾，其中有 27 个公社、309 个大队、2036 个生产队受灾严重，无收 3655.8hm²，完全被水冲毁的 2110.5hm²。冲垮小（2）型水库 3 座、小（1）型水库 1 座，其他被冲坏工程 11092 处、电站 18 个、水轮泵 15 台，冲走木材 $2760m^3$，受灾 2057 户 10618 人，倒塌房屋 4442 间，死 21 人。

1981 年 6 月 27 日至 7 月 1 日，武宁县普降大雨，造成洪水灾害，24 个公社（场）受灾，倒塌房屋 45 间，淹死 2 人，损坏农作物 $2583.3hm^2$。

1983 年 5 月 30 日，修水突降暴雨 142mm，全县 23 个公社、214 个大队、1905 个生产队、25779 户、129927 人受灾，倒塌房屋 1432 间，死 12 人，伤 43 人，死牛 31 头，死猪 414 头，农田被淹 $10929.3hm^2$，其中冲毁堰堤长 83178m，塘、圳 283 口。7 月，修河、潦河流域又降大暴雨，雨量达 215mm。上游山洪倾泻，下游鄱阳湖洪水顶托。柘林水库水位达 65.31m，是建库以来最高纪录，下泄流量 $3900m^3/s$。7 月 5—10 日连降大暴雨，总雨量 465mm，7 日下雨 233mm，8 日第一次洪峰通过山下渡，水位 22.54m，第二次洪峰 7 月 10 日，水位 22.91m，超过 1955 年最高水位 0.20m，洪峰流量 $7680m^3/s$。永修县溃决圩堤 23 座，其中有 5 万亩以上的立新圩，千亩以上的郭东圩、红星圩、荷溪圩、红林圩、万家圩、樟山圩、小河圩、东风坪圩，$6.7hm^2$ 的骆家圩、河洲圩、宋圩、白水圩、浪里圩、周坊圩、沙港圩、王家圩、上山圩、老虎圩、吉山圩、东岸圩、花兰嘴圩、菜兰圩。永修县 293km 长圩堤出现泡泉 500 多处，堤身穿漏 18 处，洪水平漫堤 72km，堤身严重散浸 90km。永修县 20 个公社、178 个大队、1880 个生产队、33118 户、166986 人受灾。尤其是郭东圩溃决，导致南浔铁路被冲毁 160m，造成南浔铁路交通中断（7 月 11—27 日）16d，经济损失 100 万元。长江九江站出现超历史洪水 22.12m。

1993 年，永修县山下渡站最高水位 22.70m，潦河万家埠站水位 29.04m，有多座千亩以下圩堤漫决。永修县 20 多个乡（镇、场）、187 个自然村、48760 户受灾，冲毁农田 $46.7hm^2$，受灾面积达 $22730hm^2$，淹没公路 41.8km。武宁县 6 月 30 日至 7 月 6 日，降雨 325.7mm，柘林水位达 67.04m，超汛限 2.04m，毁农田 $873.07hm^2$、房屋 3815 间、水利工程 3014 处，受灾人口 104160 人，直接损失 7143 万元。

1995 年 6 月，修水流域连续降水 621.7mm。永修县山下渡最高水位 22.80m，吴城水位 22.30m，超出警戒线以上 2.00m 的高水位持续 18d。驼背湖、杨家边、钩璜、仙洲、沙港、上山、淳湖、梅西湖等 12 座百亩圩堤和樟山、荷溪 2 座千亩圩漫决。洪水冲毁小型塘、堰、坝 35 座。永修县内外涝面积达 $24530hm^2$，倒塌房屋 313 间，死亡 2 人，经济损失达 3.5 亿元。武宁县直接经济损失 1.728 亿元，受灾 7.2 万户、309600 人，其中无家可归 1974 人，成灾农作物 $24358hm^2$，被毁自然村 1 个，死亡 27 人，伤 49 人，死亡牲畜 1001 头，水毁农田 809hm²、电站 6 座。长江九江站出现超历史洪水 22.20m。

1996 年 7 月 13 日 10—18 时，武宁县降暴雨，洪水泛滥成灾，受灾人口 18 万余人，造成直接损失 3263 万余元，因灾死亡 2 人。

1998 年遭受百年未遇的特大洪涝灾害，6 月 12 日起连续遭特大暴雨的袭击，至 6 月 27 日全市平均降雨量达 410mm，超过历史同期年平均值 45%，其中永修、武宁、修水、都昌等县超过 500mm，造成山洪暴发，江河湖库水位猛涨。7 月 18 日后又受高空低槽和中低层切变北抬的共同影响，境内 12 个县（市、区）再次普降大暴雨，7 月 18—30 日平均降雨量达 400mm，其中都昌、星子、武宁、修水降雨量均超过 550mm。因长江上游各地亦同时大量降雨，洞庭湖和鄱阳湖的双水夹击使长江水位进一步猛涨，至 8 月 2 日凌晨 2 时，九江站水位高达 23.03m，超警戒水位 3.53m。全市圩堤浸顶溃决有 458 座。有 4467 个村庄、109.34 万人被洪水围困。冲塌房屋 38 万间，其中全倒 8.6 万户。大量的水利、交通、电力、电讯等基础设施被冲毁。排灌站冲毁 417 座，公路受淹中断 5648 处，九江至修水、武宁、瑞昌等县市公路交通和九江至湖口、彭泽、都昌的水陆交通被中断。农作物成灾面积 18.9 万 hm²，占总耕地面积的 83%，绝收面积 13.64 万 hm²，占总耕地面积的 60.2%，毁坏耕地 1.33 万 hm²。因洪涝灾害造成直接经济损失 118.5 亿元。其中农业损失 89 亿元，相当于本市近十年的财政收入。

1999 年 4 月 23 日 20 时至 24 日 21 时，武宁县下暴雨，雨量达 210mm，出现洪灾，直接经济损失 3884 万元。6 月 28 日 8 时至 30 日 8 时，又下暴雨 200mm，直接经济损失 9100 万元。7 月 18 日，永修县山下渡最高水位 22.55m，受灾面积 16670hm²，倒塌房屋 131 间，经济损失 3.1 亿元。长江及鄱阳湖区受降雨和上游来水共同影响，洪水暴涨，九江站 7 月 21 日出现 22.43m 的仅次于 1998 年的第二高水位。

2005 年 6 月下旬至 8 月中旬，武宁县连续三次遭狂风暴雨袭击，部分地区 12h 降雨量 277mm，导致山洪暴发，河水泛滥，全县有 147 个村受灾，其中 24 个村 2880 户、12380 人受重灾，有 1940 人紧急转移安置，直接经济损失 4267 万元。6 月 27 日，修水上游地区发生暴雨洪水，修水渣津水文站出现建站以来最高洪峰。修水县渣津镇司前小学 200 多名师生被洪水围困，全丰镇黄沙埂村一组、十三组，塘城村大屋咀被洪水围困 77 户 190 名群众，经多方营救才得以脱险。

2010 年，修水永修站于 6 月 20—21 日、6 月 24 日至 7 月 2 日和 7 月 14

日至 8 月 5 日发生 3 次超警戒水位，累计时间 34d。强降雨突袭、长时间高水位浸泡，致使山塘水库、圩堤险情不断，各地出现不同程度的洪涝灾害。6 月 20 日 2 时，由于遭遇强降雨，修水县东津水库入库流量剧增到 2750m³/s，水库水位陡涨至 189.59m，即将超汛限（汛限水位 190.00m），水库需要提前开闸泄洪。而此时从铜鼓县大塅水库下泄洪峰正在逼近修水县城，可能形成两股洪峰的叠加，情况十分紧急。在省防总的指导下，市防指在充分兼顾水库安全和水库下游修水、武宁两县修河沿岸城镇度汛安全的前提下，对东津水库进行错峰调度。有效拦蓄 1.5 亿 m³ 洪水，避免了投资 5000 万元在建的马家洲公园被洪水损毁和修水县师范学校 120 户居民受淹，确保了人民生命安全。

2016 年 7 月 5 日 13 时永修站出现 23.18m 的洪峰水位，超警戒水位 3.18m，仅次于 1998 年的 23.48m，超警时间 30d，仅次于 1998 年的 91d，位列有记录以来的第二位；修水下游控制站虬津水文站也出现 24.29m 的洪峰水位，超警戒水位 3.79m，超警时间 24d。本次洪水过程中，水库群联合调度发挥了巨大作用，柘林水库拦蓄洪水 6.44 亿 m³，最大入库流量 7000m³/s，最大出库流量 3180m³/s，削峰率达 55%。东津水库拦蓄洪量 1.36 亿 m³，最大入库流量为 5 日 2 时的 1660m³/s，出库流量 500m³/s，削峰率达 70%。2016 年 7 月 9 日，长江九江站出现年最高水位 21.68m，超警戒水位 1.68m，超警时间 29d。7 月 11 日，星子站出现年最高水位 21.38m，超警戒水位 2.38d，超警时间 35d。

二、旱灾

康熙十年（1671）连续 5 个月未雨，至 12 月始雪，泉涧皆枯，庄稼无收，道馑相望，灾民十之八九外出流浪乞讨，卖儿鬻女者甚多。

乾隆五十年（1785）夏大旱，赤地无收。冬春大荒，当年担米值银四两有奇，灾民多以蕨根树皮、观音土充食。

嘉庆七年（1802）连续 4 个月未雨，豆谷无收，当局谒免部分钱粮，并约借给灾民口粮种子藉渡灾荒。

民国 14 年（1925）大旱，市场米价昂达每石 15 元（银币），当局拨旱粮 54000 斤办平粜，一售而空。省政府曾拨发赣北灾民救济款 6000 元，因灾广人众，多有向隅。

民国 23 年（1934）夏，全区长期未雨，田土龟裂，禾稼枯萎，旱情十分严重。

　　1949—1990 年的 41 年间，大抵每隔 3～4 年就发生一次旱灾。特别是 1959—1961 年三年连续大旱，成灾耕地面积均在 100 万亩以上。赤地千里，禾枯土裂。

　　1978 年，从 6 月下旬起到 11 月初，伏旱、秋旱时间长达 5 个月，而后接冬旱，直至次年春旱，历史罕见。全境受旱面积 15 万 hm^2。其中永修县中、晚稻绝收面积 2000hm^2，武宁县 155 座蓄水工程除 3 座尚有少量底水，其余全部干涸，多数村镇群众饮水困难，农田受旱面积超过 8％。

　　1988 年 7 月 3 日至 8 月 15 日，永修县出现较严重的伏旱和秋旱，全县受灾面积 16600hm^2［早、中稻 5300hm^2，晚稻（二晚）6000hm^2］，成灾 6350hm^2，其中无收和基本无收 1446hm^2。雨季结束后进入高温干旱季节，7 月县城仅降雨 46mm，只占多年同期平均降雨量的 34％，九合乡、三角乡、马口镇、立新镇、江益镇、吴城镇等地降雨量更少，吴城镇只降雨 15.1mm。全县 45 座小（2）型以上水库蓄水量比上年少 21％。云山水库的库容仅有 132 万 m^3，占有效库容的 5％。全县 4 座小（1）型水库之一的马湾水库库内水位已降至死水位而放不出水，80％的小型水库、山塘、堰坝基本干涸。

　　1992 年 7 月 12 日至 10 月 10 日（90d）出现严重伏、秋连旱，永修县受灾面积 5993hm^2，其中棉花 2060hm^2、一晚 553hm^2、二晚 1240hm^2，其他作物 2140hm^2。3 个月时间没有下过一次能解除旱情的透雨。最高气温达 39.2℃。7 月 14 日至 8 月 13 日，近 1 个月时间（除 8 月 7 日、8 日两天气温 33.8～34.3℃外）的气温都在 35℃以上。武宁县受旱面积 12 万多亩，县委组织了 30 多个机关、干部到抗旱难度大的乡村，蹲点包干，实行包组织抗旱劳力、抗旱机器、抗旱物资、抗旱面积的四包责任制，收到明显效果。永修县县农行、商业、供销、物资、供电、农机等部门纷纷出人出物出钱，投入抗旱。

　　1995 年 7 月 3 日至 8 月 11 日、8 月 19 日至 10 月 3 日出现严重的伏旱、秋旱。永修县受灾面积 7637hm^2，其中棉花 1840hm^2、二晚 4450hm^2、其他作物 1347hm^2。

　　2003 年，修水、武宁、永修三县受旱面积 181300hm^2，受旱率 83％，最大成灾面积 95000hm^2，受灾率 43％。为百年不遇特大干旱年。

　　2009 年，修水、永修等县受旱尤为严重。7 月中旬，修水水位较低，通过加大柘林水库下泄流量，抬高修水水位，解决沿线圩内低田的用水和一部分高田的抗旱水源。

第三节　地　质　灾　害

一、地震

九江市位于扬子准地台西部和九江台陷，由于印支运动和燕山运动影响，形成一系列褶皱和断裂构造，九江一带的褶皱构造属九江—彭泽复向斜向南翼的次级褶皱，总体上为一向南弯曲的弧形褶皱带，中部被庐山地块隔断分为东西两端。区内断裂构造十分发育。本区地震地质构造主要受郯城—庐江断裂带、扬州—铜陵断裂带和襄樊—广济—鹰潭断裂控制，地质构造复杂，新构造及现代构造运动活跃，历史多次发生中强地震。

东晋大兴元年（318）冬十二月，地震，水涌出。

晋咸和二年（327）夏四月末，地震。

元至正十年（1350）七月，宁州大震（5级地震），山崩数十处。

明万历三年（1575）三月二十六日，发生5.5级地震，楼屋有倾侧之势，有感面积大。

明崇祯四年（1631）七月十七日，地震，十月十二日又震。

明崇祯十七年（1644）地震。

清乾隆二十三年（1757）冬夜，城中地震，震级不明。

清道光二十一年（1841）四月二十八日，武宁地震，兴国（今阳新）、瑞昌同。

清同治二年（1863）八月三十日，发生5级地震，檐瓦皆落。

清同治四年（1865），地震规模较大，据《修水县志》记载，推算为6～7级。

民国3年（1914），武宁地震，床动，屋作声。

1986年9月10日，德安发生4.0级有感地震，永修、虬津等地有震感。

1989年1月26日，修水县大椿乡发生3.8级地震。

1991—2016年，九江地震台地震监测共记录到市辖区发生5级以下地震165次，其中较大的有1995年11月26日瑞昌范镇4.9级地震，2002年11月修水、武宁、湖北交界处4.1级地震，2004年1月26日德安樟树4.1级地震，2005年6月5日修水县3.2级地震。2005年11月26日8时49分，九江县、瑞昌市之间发生5.7级破坏性地震，造成九江县、瑞昌市共13人死亡，82人重伤，693人轻伤，直接经济损失20.4亿元。此次地震波及湖北省黄梅县、武穴市，造成2人死亡。

二、崩塌、滑坡、泥石流

修水县早在 1349 年就记载有"大雨、山崩数处";清同治八年（1869），记载有"水高八九丈，山崩石崩，亡者数人"。山口镇柘蓬村黄陂 1973 年 6 月 24 日因强降雨引起山体滑坡；1979 年修水县白岭镇汪家洞崩塌造成泥石流 14.5 万 m³；路口乡马草垄崩塌造成泥石流 12.2 万 m³。

武宁县 1958 年农历六月，位于北部澧溪镇田垅村的花香林发生泥石流，体积为 30 万 m³ 左右，毁田 16.7hm²。

1991—2010 年，市辖区共发生崩塌、滑坡、泥石流 1038 处，其中崩塌 454 处，滑坡 554 处，泥石流 30 处，分布于修水、武宁、瑞昌、庐山风景区、彭泽等地的中低山区和丘陵区。如 1993 年以来修水县山口镇桃坪村 5 个组的多次山体滑坡；修水县义宁镇南门村老虎洞 1998 年 8 月 12 日因强降雨引起山体滑坡；武宁县澧溪镇田垅村花香林 1998 年 6 月发生泥石流等。崩塌、滑坡、泥石流体岩性以土质为主，土质 804 个，岩质 204 个。规模从数十立方米到 288 万 m³ 不等，以小型崩塌、滑坡为主，其中小型 1020 处，中型 12 处，大型 6 处。崩塌、滑坡、泥石流造成人员伤亡 112 人，直接经济损失 7198.15 万元。

三、地面塌陷

1991—2010 年，市辖区发生地面塌陷 119 处，塌陷坑 290 多个。其中，人为活动引起的地面塌陷 22 处，占 18.5%；自然引发的地面塌陷 67 处，占 56.3%；地震引发的地面塌陷 30 处，占 25.2%。岩溶地面塌陷 106 处，占 89.1%，采空地面塌陷 13 处，占 10.9%，如武宁县 1999 年 12 月岭背井主巷突水诱发北屏村地面塌陷，影响范围逐年扩大，对当地居民生命、财产安全构成威胁。按规模等级标准划分，巨型塌陷 4 处，占 3.4%；大型塌陷 13 处，占 10.9%；中型塌陷 28 处，占 23.5%；小型塌陷 72 处，占 60.5%。

第二篇

水文 监测

清光绪十一年（1885），九江海关观测降水量，是江西最早的水文记载。民国17年（1928），江西水利局在修水、博阳河和鄱阳湖滨湖地区设立水文观测站。民国25年（1936）开始，受战争影响，水文测站时设时撤，资料系列短暂。至民国38年（1949）上半年，九江市仅有九江水位站还在保持观测。

1949年6月以后，江西水利局不断恢复和增设水文、水位和雨量站，至1956年，九江遵照水利部及省水利厅的统一布置，在学习苏联经验的基础上，进行第一次水文基本站网规划，以后，随着水文资料的增加和设站后不同时期的要求以及站网工作中存在的问题，于1964年、1975年、1984年进行过三次分析验证和调整充实。经过四次站网规划的制定和实施，至1990年，九江市基本建成按一定规划原则部署的、较为合理的水文站网，基本上满足了水利水电建设和国民经济建设发展的需要。但由于水文管理体制的两次下放和两次上收以及设站所需人力、财力和物力等条件制约等原因，后三次规划，均未得到全面实施。

在站网建设过程中，一味满足规范所具备的设站条件，不少水文站不得不设在偏僻的山区，或荒无人烟的河段，站房因陋就简，就地取材，建筑标准偏低。20世纪50—60年代，有的水文站利用当地行人过路的避雨亭或庙宇作为站房。如修水上游的杨树坪站，距乡政府所在地渣津镇10余千米，距最近的简易公路有7.5km，山路崎岖，荒无人烟，生活必需品靠肩挑手提到渣津购买，生活条件艰苦。

按照水利部、省水利厅、省水文局的整体要求，以"水资源配置监督监测、水资源保护监测、城市防洪监测、旱情监测、水生态与水环境保护监测、突发性水事件应急监测、水文科学实验、河道监测"等方面的需求，对九江站网进行总体规划和布局。2006年九江水情分中心开始建设；2008年、2009年、2011年山洪灾害防治第二、三、四期工程分批实施；2011年中小河流预警系统开始启动；2011年、2012年、2015年非工程措施开工建设。至2016年，逐步建立起布局科学、结构合理、项目齐全、功能完善的水文站网体系，基本满足全市防汛抗旱、水资源管理、水环境保护和社会经济发展的需要。

2016年3月31日，修水、永修、瑞昌、彭泽4个水文巡测中心站正式开展驻巡结合的水文巡测模式。在测验手段上，全部实现雨量、水位的自动监测、采集、传输、存储、处理和整编；流量测验从常规流速仪测流到走航式ADCP测流及ADCP在线监测，基本实现了测验的现代化、整编的自动化。

为满足社会发展和经济建设需要，补充水文测站定位观测的不足，全市还对河流、暴雨、洪水、泥沙淤积和水质等开展了大量的调查工作。

第七章

水 文 站 网

历史上，九江水文经历过四次系统的站网规划，但由于各方面原因，整体实施情况不是很好。后随着社会经济发展和水文工作自身发展的需要，开展了湿润地区中小河流水文站网规划研究、水情分中心建设规划、山洪灾害预测预警系统建设规划、地下水基本监测站网建设规划、墒情监测及信息管理系统建设规划、湖泊水网区站规划、水质监测站网规划等专项规划，逐步建立起更加科学合理的水文站网体系。

至 2016 年年底，全市建水文（位）站 243 站，按站类划分：水文站 31 站、水位站 103 站、水库水位站 109 站；按管辖权限划分：长江委管辖 4 站、九江市水文局管辖 53 站、鄱阳湖水文局管辖 18 站、各县防办管辖 168 站。雨量站 361 站，按管辖权限划分：九江市水文局管辖 101 站、鄱阳湖水文局管辖 5 站、各县防办管辖 255 站。蒸发监测项目站 13 站，按管辖权限划分：九江市水文局管辖站点 11 站、鄱阳湖水文局管辖站点 2 站。地下水监测站 19 站，按管辖权限划分：九江市水文局管辖站点 14 站、鄱阳湖水文局管辖站点 5 站。墒情监测站 57 个，按站类划分：固定站 12 个、移动站 45 个；按管辖权限划分：九江市水文局管辖站点 47 个、鄱阳湖水文局管辖站点 10 个。水质监测站 109 站，按管辖权限划分：九江市水文局管辖 37 站、鄱阳湖水文局管辖 72 站。

第一节 站 网 规 划

一、第一次水文基本站网规划

1956 年 5 月，江西省水利厅根据水利部 1956 年 2 月召开的全国水文工作会议布置的开展水文基本站网规划工作的精神，组织人员，收集资料，在学习苏联站网规划的基础上，进行第一次水文基本站网规划。九江市开展历时 4 个月的设站普查工作，综合普查成果，进行水文资料的分析研究，形成九江站网规划意见上报江西省水利厅。1957 年 6 月，江西省水利厅提出《江西省水文基本站网规划报告》，上报水利部。8月20日，水利部批复《江西省水文基本站网规划报告》，并要求1960年前基本建成。九江水文基本站网主要规划内容有：控制站有白马殿、三碨滩、湖口站；区域代表站有龙潭峡、杨树坪、湘竹、罗溪、牛头坳、黄塅、梓坊、铺头、柘林坝下、白槎、虬津、艾城站；增设白沙岭、港口、船滩、下水口、王家铺、石门楼、田丘等雨量站。

控制站　又称大河站，采用"直线"原则，即满足沿河任何地点各种径流特征值的内插。规划时，凡流域面积大于5000km²的河流，其上、下游相邻两个水文站之间有适当间距，下游站所增加的区间径流量不小于上游站径流量的10%～15%。同时，结合水量平衡、洪水演算、最大洪峰流量和洪水总量的变率等径流特征以及水文预报需要和测验河段的选择等因素综合考虑，九江水文部门规划在修水干流设白马殿、三碨滩两个控制站。

区域代表站　又称中等河流站，采用"区域"原则，即在某一水文分区内，按照所布设的测站能够采用水文资料移用方法对无资料或资料系列短的河流，内插出一定精度的各种水文特征值。规划时，凡流域面积200～5000km²的河流，以径流量等值线图所显示的径流分布为主，参考降水、地形、地质、土壤、植被和流域分界等因素。九江市分区有：Ⅰ区湖泊水网区、Ⅲ-1区赣西北丘陵区、Ⅲ-2区赣西北山区及Ⅹ区长江水网区，即直接流入长江的河流。每个区内选择代表性河流，按面积分四级规划。九江水文部门规划龙潭峡、杨树坪、湘竹、罗溪、牛头坳、黄塅、梓坊、铺头、柘林坝下、白槎、虬津、艾城等国家基本水文站。

小河站　采用"站群"原则，即在一个地区布设一群站，通过对比方法，寻求一种或多种因素对径流的影响情况和计算方法，以移用到无资料的小河流上，主要满足建设小型水利工程的需要。小河站集水面积在200km²以下，按照暴雨的分布和自然地理因素的不同，均匀分布在各水文区，以能据以勾绘小河站的径流特征值等值线图为原则。

水位站基本水位站网规划原则　为配合水文情报、预报需要，掌握洪水沿河长的演变；为推求鄱阳湖蓄量变化情况和研究水网区的水量平衡；按基本流量站网"直线"原则应布设流量站的河段，但没有适宜的设站断面而改为设水位站。专用水位站规划原则：计划兴建较大水库的地址，大型灌溉引水枢纽，各河下游滨湖地区联圩、蓄洪、垦殖、改道、分洪、排涝和堵支等工程地点；为新设立流量站插补延长资料系列需要的原有水位站；有水利工程的河段，不宜布设流量站，而设立为水位站；为地方防汛需要设立的防汛专用水位站；为检验计划设立水文站的测流断面控制性而先设立为过渡性水位站等。

泥沙站规划原则　　在大河的干流上以能掌握沿河长的泥沙变化情况，尽可能布设在较大支流汇合口后的转折处；以满足面上的均匀分布，便于绘制泥沙特征值等值线图；照顾经济开发价值高和亟待提前开发的地区；为了计算沙量平衡的需要；水土流失严重的地区；尽量利用集水面积在 $1000km^2$ 以上的流量站。专用泥沙站按水电规划设计和有关部门的要求布设，主要在较大型水库和配合水土保持示范区的需要。

雨量站基本雨量站网规划原则　　同一水文区内，山区布站密度较大（达 $250km^2$/站），并照顾垂直高度变化对雨量的影响，平原地区密度较小（达 $500km^2$/站）；支流密度较大，干流密度较小；面上的均匀分布；尽量保留已设雨量站中观测质量较好的和资料系列较长的站。专用雨量站规划原则：探求水利工程地区的降雨和径流关系；探求流量站的降雨和径流关系以及点面关系；探求小汇水面积径流站的降雨和径流关系；为工矿城市建设收集降水量资料。在此规划过程中，除水文站观测雨量项目外，建有白沙岭、港口、船滩、下水口、王家铺、石门楼、田丘等一批雨量站。

蒸发站基本蒸发站网规划原则　　根据早稻、晚稻需水季节（4—9月）和干旱季节（8月）的蒸发量，用抽站法勾绘等值线图，误差率小于15%的站予以精简，以控制整个面上蒸发量和干旱季节蒸发量的变化情况；照顾空白区、蒸发量较大的各河下游滨湖区、鄱阳湖以及垂直高度的影响；考虑面上分布的均匀性和场地的代表性，尽量保留资料系列较长的站。专用蒸发站主要根据水利工程和城市建设的要求，在指定地点进行水库的水面蒸发量观测。

二、第二次基本站网验证和调整规划

1964年4月，水利部水文局在北京开办水文基本站网分析研究研习班，研习班讨论用实测资料对站网进行验证的方法，交流各地经验，重点是研究基本流量站网和基本雨量站网，要求各地进行站网分析验证和修订站网调整充实规划。9月，省水文气象局组织力量进行第二次基本站网验证和调整规划，目的是利用1956年以后增加的水文资料，检验首次站网规划和1964年已设站网的合理性。1965年7月完成规划工作。9月25日，省水文总站向水电部报送《江西省水文基本站网调整规划》。此次站网验证和调整规划，仍以首次站网规划的原则为指导，贯彻"以工业为主导，以农业为基础"的方针，将急需开发地区作为规划站网的重点，并要求结合水利工程布局，在小河站的基础上，重设和恢复小面积水文站。九江水文主要规划内容有：控制站有黄塅站；区域代表站有大坑、高沙源、沙下畈、楼下、弯庄站；雨量站有全丰、朱溪厂、杨家坪、邢家庄、码头等。

控制站 按首次站网规划"直线"原则，增加 1956 年以后的资料进行综合分析，以年径流量的内插允许相对误差 ±10％～15％，次洪水量和洪峰流量 ±20％ 和枯水流量 ±20％～25％ 为检验标准，检验首次站网规划和 1964 年已设站网的合理性。结果表明，除调整个别站外，首次站网规划是合理的，1964 年已设站网基本不变。九江市本次调整规划中增加了黄塅站。

区域代表站 按首次站网规划的"区域"原则，增加 1956 年以后的资料，以年径流量、次洪水量、洪峰流量和最小径流量四要素进行综合分析，对首次站网规划的水文分区作了较大的变动。鄱阳湖区划为 11 区，不分副区，按面积级四级规划区域代表站。鉴于 100km² 的河流可建大型水库工程，乃将区域代表站的下限面积由 200km² 下延至 100km²，区域代表站面积级分为 100～500km²、500～1000km²、1000～3000km² 和 3000～5000km² 四级，结合地形、土壤、植被、地质和工程建设等方面考虑，凡当时已设站的尽量予以保留，以免变动太大。这次规划水文分区站数为：Ⅸ区潦河设 6 站，Ⅹ区修水设 6 站，Ⅶ区长江水网区设 1 站。大坑、高沙源、沙下畈、楼下、弯庄都是本次规划的小面积水文站。

雨量站 对 1964 年已设站密度进行审核验证，选取 1952—1962 年间 20 场较大的暴雨资料，按不同的暴雨特性进行分区，即单宽面雨量和暴雨中心控制面积法的概念，以满足面上控制各种暴雨密度和满足降雨径流关系分析的需要，并和原有密度进行比较，从而确定总布站数。根据暴雨特性（暴雨成因、暴雨强度、暴雨量、暴雨中心和其出现频次）结合地形，参照天气系统，修水和博阳河以北地区划为第Ⅰ区。本次调整规划中增加了全丰、朱溪厂、杨家坪、邢家庄、码头等雨量站和配套雨量站。

三、第三次站网调整充实规划

1975 年 5 月，省水文总站革命委员会组织上饶、抚州和景德镇等地、市水文站技术干部，邀请华东水利学院参加，进行水文站网规划试点，10 月结束。工作期间，分析 3000km² 以下中小河流水文站的洪水产流、汇流参数，实地调查测站集水面积内的水利工程和植被、土壤情况，分析大中型水利工程蓄水变量对测站洪峰和洪水总量的影响情况，初步综合出中、小河流产流、汇流参数的地理规律，首先提出分区、分类、分级布设小河水文站意见。同年秋季，召开地市水文站和协作单位参加的试点总结座谈会，确定站网规划工作计划，规划重点为配合"以蓄为主、小型为主、社办为主"水利建设方针的小河水文站网和雨量站网，以控制面雨量的密度分析为主，并调整充实受水利化影响严重和控制条件差的大中河流水文站。1976年3月，在华东水利学院和江西师范学院的协作下，进行第三次站网调整充实规划，10月提出规划意见，1977年和1980年对规划意见作部分调整。

控制站　按"直线"原则，考虑到南方湿润区河流的径流量较大，将控制站集水面积的起点，由5000km²改为3000km²。长江流域规划办公室领导的湖口站在规划之列。

区域代表站　在分析方法上增加推理峰量法，应用产流、汇流参数的地理规律，参照自然地理条件，以汇流分区为主，按集水面积100～300km²、300～500km²、500～1000km²、1000～3000km²和3000～5000km²五级布设区域代表站。1977年，在作站网部分调整时，将集水面积改为四级，即100～300km²、300～500km²、500～1000km²和1000～3000km²。

小河站　根据1975年水文站网规划试点时提出的"分区分类分级"原则，运用推理峰量法、推理过程线法和瞬时单位线法综合汇流参数的地理规律，参照气候和自然地理条件的显著差异来分区。修水流域为北部（赣北区）区，按地形分低丘平原和山丘两大类。低丘平原按植被情况，又分耕地为主和草坡为主两小类；山丘，按植被情况，又分耕地为主、森林为主、草坡为主和水土流失四小类。每类按集水面积小于3km²、3～10km²、10～30km²和30～100km²四级布站。为尽快取得小河水文站资料，分析原定站网的合理性，1978年，加速小河水文站的设站工作。

1980年11月，《江西省近期调整充实水文站网规划实施情况阶段总结》指出：两年来，在查勘设站中，水田为主（原为耕地为主）和水土流失类选点困难，实际上，这类下垫面所占百分比不大，遂将这两类分别改为全省一个大区分级布站。全省森林面积较大，还有部分原始森林，这类地区是今后发展水利水电建设的主要地区，参照八省一院的湿润区小河站网分析成果，增加密林为主的一类，按赣北、赣南两个区分级布站。山丘草坡为主和森林为主及低丘草坡为主的三小类，照原布站不变。同时，增加集水面积100～200km²级，由原来的四级扩大为五级。规划中增加王坑、南山、桂林桥、东升、西边畈、三桥口等小河站。

雨量站　规划邀请江西师范学院参加，统计分析全省历年出现暴雨的地区、暴雨量、暴雨频次等资料，沿用暴雨分区和布站密度规划雨量站。在技术方法上，采用《国际水文十年资料》所介绍的相关系数法，选用331站具有 12 年（1963—1974 年）的同步资料，以日雨量大于 70mm 的频次、一日最大雨量及其均值点绘分布图，结合地形，修水流域划分为暴雨 Ⅶ 区，地形和降水情况为：位于幕阜山的南侧及九岭山脉，总趋势自西向东，一般高程 300.00m 左右，最高点北部为 1673.00m，南部为 1686.00m，平均年降水量 1500～1700mm。

运用积差法和相关系数法分析面上布站密度，结合地形及台风雨路径，将布站密度划分为四级，即一级的布站密度为 50～70km²/站，二级布站密度为 70～90km²/站，三级布站密度为 90～110km²/站，四级布站密度为 110～140km²/站。

200～2000km² 的流域，在原有雨量站的基础上，以均匀分布为原则，并考虑站点的高程位置，经验性地确定配套雨量站数，集水面积 200～500km² 的水文站，每站配套雨量站 7～8 站；500～1000km² 的水文站，每站配套雨量站 9～10 站；1000～2000km² 的水文站，每站配套雨量站 10～11 站。

规划中增加大丰、蕉洞、仙果山等一批雨量站和配套雨量站。

四、第四次水文站网发展规划

1984 年，省水文总站遵照水利部水文局 1982 年 12 月在南昌召开的全国水文站网技术经验交流会议的要求和水利部（水电部）水文局（1983）水文站字第 111 号文《请报送站网分析整顿和编制站网调整发展规划工作进行情况的通知》精神，组织力量，编制第四次水文站网发展规划，在 1976 年站网规划的基础上，增加 1976 年以后的资料，重点规划水文站网。调查小河站流域内植被情况和中、小河水文站流域内水利水电工程情况，应用中、小河水文站产流、汇流参数分析及水资源、暴雨洪水查算图表等资料，检查验证原有分区、分类、分级和测站分布的合理性，针对已设站网布局和问题，结合流域规划和防汛抗旱等要求，1984 年 10 月，编制了《江西省水文站网发展规划》。

1985 年 10 月，部水文局在北京召开部分省参加的"站网规划座谈会"，并以（1985）水文站字第 100 号文发送《关于编制水文站网发展规划的几点意见》，对全国水文站网规划作了具体部署。1986 年，省水文总站遵照部署精神，在 1984 年 10 月《江西省水文站网规划》意见的基础上，增加水位、泥沙、蒸发、实验站等项目和湖泊水网区的水文站网规划，7 月，再次提出《江西省水文站网发展规划》。

控制站 按"直线"原则规划，结合水资源评价、暴雨洪水查算图表的编制、工程规划和防汛抗旱对站网的要求，凡几项要求能结合的尽量结合。

在第四次水文站网发展规划中，全市未增加控制站点。

区域代表站　1984 年规划时，采用 1976 年分析方法，经充实 1976 年以后的资料，绘制各区的雨量加前期雨量之和与径流深相关线综合验证，并结合暴雨洪水图集资料及产流、汇流参数，将修水流域调整为Ⅷ区，全市未增加站点。

小河站　规划方法和第三次规划相同。根据南山等 32 站 509 次洪水资料，进行产流、汇流参数综合验证，发现原山丘草坡与低丘草坡类、森林与密林类的综合关系差异不大，应予以合并，全省原有六类精简为草坡、森林、水田为主和水土流失四类。采用第三次规划时的水文分区，草坡、森林类，全省分赣东、赣西和赣南三个区，水田为主和水土流失类，全省为一个大区。每个水文分区，同一类别的，按集水面积小于 3km²、3～10km²、10～30km²、30～100km² 和 100～200km² 五级布站。本次规划中，全市未增加站点。

中小河水文站的配套雨量站　应用江西省雨量站网密度试验公式计算。检验集水面积 50～300km² 已设中小河水文站和确定新规划水文站的配套雨量站数。面雨量站鉴于尚无比较好的规划分析方法，暂维持原状，仅在面上作适当调整，以保持站网的相对稳定。本次规划中，全市保留和调整的站点有路口、黄荆洲等站。

水位站　布站原则是在干流上、在大支流汇入后、在汇合口下游附近布设水位站，以掌握水面线的沿程变化。重要工矿城镇和省、地、市防汛重点地段和计划兴建大型水库的上、下游及大灌区布设水位观测；在五大河流下游尾间区，按需要适当增设水位站，满足工程规划及作为推求流量的辅助站。

泥沙站　主要是检查补充原有悬移质泥沙站，和水文站网规划结合进行，规划原则是在五大河干流和集水面积大于 3000km² 一级支流的水文站增加泥沙观测；根据侵蚀模数变化，对水土流失严重地区的主要河流及站点稀少地区的水文站增加泥沙观测；水土流失区的大型水库增设泥沙观测；湖泊水网区，根据不同的地质、地貌、集水面积和来沙情况，适当增设泥沙观测。在五河下游尾间主要支汊上增设沙量分配比的泥沙观测，并在湖区保留原泥沙淤积调查断面处，观测湖区泥沙冲淤变化。

蒸发站　参照浙江省布设蒸发站网的经验，规划布站密度为 2000～3000km²/站左右，两相邻站间的直线距离不大于 100km 为原则，结合原有蒸发站分布状况，照顾边缘地带等值线延伸的需要。

五、湿润地区中小河流水文站网规划研究

湿润地区中小河流水文站网规划及布设原则的研究，分两个阶段进行。

1975 年，省水文总站和华东水利学院通过站网试点，共同提出小河水文站网规划的分区、分类、分级布站原则。江西第三次站网规划运用这个原则规划小河站网。1977 年，水利电力部召开全国水文站网座谈会，并开办研习班。年底，部水文水利管理司委托江西省水文总站牵头研究湿润地区小河站网布设原则，以分区、分类的划分标准作为主攻方向。1978 年开始第一阶段的工作。研究的主要任务为湿润区小河站网布设原则。协作组制定协作计划，采用统一的基本理论和分析方法，共收集小河站 70 站 1000 多站年 3000 多次洪水资料进行产流、汇流分析，对其中 60 个站用推理峰量法、瞬时单位线、推理过程线法作了 1000 次洪水的汇流计算，提出《南方湿润地区小河站网布设原则》报告。1978 年 12 月，在青岛召开的湿润地区站网规划技术经验交流会上，部水文水利管理司要求"八省一院"（江西省、四川省、福建省、浙江省、安徽省、湖南省、广东省、江苏省、华东水利学院）协作组，把分析方法整理汇编成册，以利于小河站开展在站分析工作。协作组随即在原有基础上，充实洪水资料，并作进一步分析论证。

1981 年开始第二阶段工作，在小河站网规划的基础上，进行湿润地区中等河流站网布设原则的研究，主要任务是湿润区中等河流区域代表站布设原则。协作方式由单一集中型改为分散和集中相结合，协作组成员根据各自省、区的特点，自行选择研究的方法和途径，开展分析研究工作。1981—1986 年，协作组应用流域模型在计算机上共计分析 110 个流域 1109 站年的水文资料，召开 8 次协作会议，参加交流的论文 67 篇。这些研究工作，为中国水文站网规划提出一系列计算分析方法，探索出一条用流域水文模型进行站网规划研究的新途径，对中国湿润地区的站网建设具有重要意义。

爆竹铺小河水文站点为这一时期所设。

六、水情分中心建设规划

2003 年 11 月，省水文局编写完成《江西省水情分中心工程可行性报告》（以下简称《报告》），建设内容包括水文测验设施设备的更新改造，报汛通信设备的更新改造和水情分中心的系统集成及省水情中心集成。项目建设期从 2004 年 6 月至 2006 年 12 月，共 3 年。报告中规划设立九江水情分中心，同时设立修水水文勘测队为集合转发站，接收有关站的雨水情信息，为地方防汛抗旱服务。报告分中央报汛站和省级报汛站两块内容，九江水情分中心中央报汛站规划站数 10 站，规划 2 处集合转发站，其中 10 站有雨量项目、8 站有水位项目、3 站有流量项目；省级报汛站规划站数 21 站，规划 1 处集合转发站，其中 21 站均有雨量项目、2 站有水位项目、没有流量项目站。

七、山洪灾害预测预警系统建设规划

江西省暴雨区山洪地质灾害专用雨量站规划　2000 年 12 月，《江西水文"十一五"规划》对暴雨山洪专用雨量站进行规划：在暴雨高值区现有雨量站网的基础上，再增设部分防治山洪地质灾害的专用雨量站，使其密度从 300km²/站，提高到 150km²/站；在地质灾害高易发地区，选择典型流域按 10km²/站布设山洪地质灾害专用雨量站；在全省暴雨比较频繁的部分重要乡（镇、场）增设山洪地质灾害专用雨量站。本次规划在全市 20 个报汛站、17 个非报汛站基础上，增设 20 个山洪地质灾害专用雨量站，同时将 17 个非报汛站改造为报汛站。

江西省山洪灾害预警系统（二期工程）规划　2008 年 3 月，江西省山洪灾害预警系统（二期工程）设计报告编写完成，根据规划，除修水县为国家试点县外，按照轻重缓急和分期实施的原则，结合各地申报情况，从全省 49 个重点防治县范围内选择星子县、彭泽县为二期工程建设范围，建设范围总面积达 2438km²，涉及乡（镇）29 个，涉及小流域 50 个。工程建设内容主要包括：建成区域内的雨水情自动测报系统，并辅以人工测报，为山洪灾害预警提供决策依据；建成省、市、县三级防汛通信计算机网络和山洪灾害基础数据库，构建山洪灾害通信预警平台；建成山洪灾害易发区域人员应急转移信息反馈指挥调度系统及相应的应急响应体系。

江西省山洪灾害预警系统（三期工程）规划　2009 年 1 月，根据江西省山洪灾害预警系统（三期工程）设计报告，江西省山洪灾害预警系统（三期工程）建设范围涉及九江、永修、都昌、德安、共青、修水、市区及庐山管理局，建设范围总面积达 10882km²，涉及乡（镇）80 个，涉及小流域 96 个。工程建设内容主要包括：工程建设范围内的暴雨洪水监测系统的建设市、县信息传输与接收系统计算机网络的完善；通过建设山洪灾害基础数据库，完善山洪灾害防御预案，构建山洪灾害易发区预警响应体系；开发山洪灾害预警信息服务平台。

八、地下水基本监测站网建设规划

2000 年 12 月，《江西省地下水井网规划报告（初稿）》编写完成。主要内容包括地下水井网规划分区、地下水井网规划和其他基本监测井网规划。

地下水井网规划分区　地下水井网的规划一般采用分区称井网规划类型

区。根据《地下水监测规范》（SL/T 183—96），其中基本类型区即鄱阳湖平原区，范围包括九江市的永修县和庐山市；特殊类型区为九江市国棉三厂地下水位降落漏斗区，位于九江市东北侧，属一般山丘区，总面积 15.4km²，区域内有九江市国棉三厂、九江油化厂和九江师专等企业院校。

地下水井网规划 鄱阳湖平原区用正方形网格法控制，布设观测井，即按 30km×30km 布设 1 井，每井控制面积为 900km²。永修县规划建设 1 井。一般山丘区只在全省重点城市布设，其他地区不设。九江市国棉三厂设 1 个代表井。另九江市漏斗区共规划建设 5 井。

其他基本监测井网规划 重点水位监测井 1 井，井名为九江市滨江站，设在九江市水文局院内，水位监测井为自记式，同时开展水温、水质监测；开采量基本监测井 3 井，即九江市漏斗区内的九江市国棉三厂、制药厂、油化厂。

九、墒情监测及信息管理系统建设规划

依据江西省水文发展"十一五"规划，九江市在 2004 年一期站网建设规划建成的彭泽、瑞昌、都昌、武宁 4 个固定监测站的基础上，2007 年二期站网建设规划建立九江旱情分中心，旱情分中心设一个固定监测站和一个墒情移动监测站，并选 10 万亩以上引水灌区增设一个墒情移动监测站。在九江县、德安县、星子县、武宁县、修水县、永修县、都昌县、湖口县、彭泽县、瑞昌市、庐山区建设 11 个土壤墒情监测站点。

十、湖泊水网区站规划

根据湖滨地区站网规划原则，结合河道特征和下垫面情况，2001 年，全省规划分设三种类型的代表站。一是直接入湖的中小河流代表站，二是圩区径流站，三是水、沙分配比站。规划中九江市拟增加观口、新妙湖 2 个中小河流代表站，增加老基熊、山下渡 2 个水、沙分配比站。

十一、水质监测站网规划

1957 年，根据水利部水文局关于规划水化学站网的指示精神，省水利厅水文总站提出《江西省水化学站网规划报告》。根据规划，1958 年 1 月武宁县三碛滩站开展水化学分析，1958 年 6 月湖口站开展水化学分析工作；1985 年 9 月 26 日，省水文总站向部水文局上报《江西省水质监测站网规划方案》；2001 年，省水文局结合社会经济现状与发展需求，对地表水监测站网进行全

面规划。至 2015 年，九江市水文局建水质监测站 37 个，在此基础上，又规划建设水质监测站 21 个，并拟将已建的九江市河西水厂站升级为自动水质监测站。

第二节　水文站网功能评价与调整

一、站网功能评价

评价水平年　水文站网功能评价水平年为 2014 年。

站网布局　布设大河控制站（集水面积大于 3000km² ）2 站，但沿程控制不合理，潦河汇入口以下修河干流无控制站，满足不了当地防汛、水资源开发的需要；长江委水文局在长江干流九江段和鄱阳湖出口设立了九江、湖口水文站，为省防汛抗旱、水资源评价和水工程建设规划提供水文信息和服务，水文基本达到共享需求。有区域代表站（集水面积 200～3000km² ）4 站，基本上能满足各个水文分区内内插水文特征参数，解决无资料地区使用，由于地形地貌以及水利工程影响日益加剧，使得现有站点分布在山丘区较多，滨湖地区较少，还有些设站达不到目的和受水利化影响严重，形成较大空白区。小河站（集水面积小于 200km² ）3 站，1966 年开始设立小河水文站（大坑站），1976 年根据水利部要求，按分区、分类、分级的布设原则，设立了大批小河水文站，截至 2003 年年底，曾先后设立了 17 站。部分站已完成设站目的先后撤销，仅保留 3 个小河站，各站点布局较合理，包括已撤销的 14 个小河站分析成果，全市能够满足任何地点对小流域水文资料的需求。

水文站网密度　有水文站 9 站，其中大河控制站 2 站、区域代表站 4 站、小河站 3 站、水位站 3 站。有泥沙观测项目 2 站，蒸发项目 4 站，雨量观测项目 80 站，水质监测项目 6 站。全市土地面积为 19078km² ，平均站网密度为 2120km² /站，如包括已停测的水文站，资料仍可使用，则平均站网密度为 1107km² /站。与世界气象组织推荐的容许最稀站网密度标准比较，相差较远，尤其是滨湖水网区站网密度太低，主要原因是没有理想的设站断面。

水文站网受水利工程影响　水库、水电站建设对水文站的影响形式主要有：工程设在水文站控制断面上游，改变了河流的自然流态，造成水文资料失真和水账算不清，如虬津、先锋等水文站；工程修建在水文站控制断面下游，使水文站测流断面置于回水区内，无法正常开展测验工作，所收集到的资料失去代表性，如高沙水文站；工程直接建设在水文站测验河段上，使水文站失去设站目的，迫使水文站搬迁，如杨树坪水文站。近几年来，随着水利化进程加快，九江市修水水电及部分支流水电开发力度逐年加大，使水文站中、低水测验受到影响，加之河道治理、疏浚以及挖沙等影响，造成水文站断面遭受破坏，直接影响到测验工作的开展，导致中、低水需增加多个辅助测验断面。

防汛测报的站网 防洪一直是水文的一个重要服务目标，具有报汛任务的水文站长期保持稳定运行。中华人民共和国成立以来，全市已基本形成了一个比较完善的水情报汛网，为水情监测和洪水预报发挥了重要的作用，随着国民经济建设的发展，特别是城市建设的高速发展，目前报汛站网布局存在一定的缺陷，不能完全适应形势的发展，难以完全满足防洪服务目标。随着城市的快速发展和城市人口的增加，城市防洪的任务日益加重，而有相当部分有防汛任务的县城又没设水文（位）站，致使这部分县城缺乏防汛的基本信息，无法满足当地防汛需求。对即将到来的洪水，又缺乏量级的概念，因而当地防汛部门在指挥抗御洪水时缺乏科学依据，不能采取有效的防洪措施，造成许多本可减免的生命财产损失。

水资源管理监测站网 有水质站6个，辅助站6个，专用站9个（按功能分水资源质量站3个，界河站1个，入河排污口水质站5个），共计监测断面21个。现有水质监测站网还不能完全掌握水资源质量的时空变化和动态变化，还不能完全满足水资源保护与管理部门实时掌握水质信息的需求，必须加以改进。

二、站网调整

调整原则 稳定发展基本站，补充完善专用站和辅助站；根据社会发展需要，拓展水文服务功能；积极调整受水利工程影响地区的水文站网；加强基地建设，促进站队结合水文工作改革；提高水文站网资料收集系统的现代化水平；调整部分区域代表站和小河站的设站年限；站网布局的完善。

大河水文站网 以布站数目下限所需站数为控制来布设每条河流的水文站，通过调整原则进行调整。经计算，全市需设3个大河站，在已有高沙、虬津2个站的基础上，将永修水位站改建为水文站。

区域代表水文站网 增设彭泽、杨柳津2个区域代表水文站。将受水利工程影响严重的杨树坪站下迁至渣津。对于受水利工程影响不是显著的水文站，则进行迁移和增设辅助断面，便于水量平衡和还原计算。

雨量站网 增设雨量站4个，全部为报汛站。

蒸发站网 平均站网密度$4705km^2$/站，未达到站网密度要求且有的河流分布不均匀，布局不够合理。增加罗溪、彭泽2个蒸发站。

泥沙站网　泥沙站 2 个，全部设在水文站上。根据站网普查评价，现有泥沙站网布局存在一定的缺陷，站网平均密度为 9412km²/站，未达到《水文站网规划技术导则》规定的站网密度，在干流沿线的任何地点，内插年输沙量的误差超过 ±10%～15%，即未达到布站数目的下限，无法掌握修水水系泥沙粒径变化规律。需增设 1 个泥沙站，调整后泥沙站达到 3 个，平均密度为 6274km²/站。

地下水站网布设　布设省级地下水监测站 3 个，普通地下水监测站 6 个。

水文站网调整　对受水工程影响的水文站，根据站网调整原则，调整方案如下：高沙站增加比降观测、在上游杭口及溪口水、增设中低水测流断面、增加蒸发项目；杨树坪站流量、沙量、蒸发停测、保留水位、雨量迁移至渣津；先锋站测流断面下迁 100m，罗溪站完善测验部署。

第三节　站　网　建　设

一、水文（位）站

清光绪三十年（1904）一月一日，九江海关在九江西门外长江设立水尺（通称"海关水尺"）开始观测水位。民国 11 年（1922），扬子江水道讨论委员会九江流量测量队沿用海关水尺观测水位，是流域机构在省内最早设立的水文观测机构。同年 8 月，扬子江水道讨论委员会在九江张家洲上游约 4.5km 的长江布设测流断面，由所属九江流量测量队巡测流量；10 月，扬子江水道讨论委员会九江流量测量队在湖口设立水尺，观测水位。民国 14 年（1925）6 月湖口站裁撤。民国 17 年（1928）10 月，江西水利局设湖口水文观测站。民国 18 年（1929）2—5 月，扬子江水道讨论委员会开始巡测涂家埠、杨柳津、德安等地流量，民国 19 年（1930）10 月，改由赣江下游水文测量队巡测。民国 19 年（1930），增设修水水位站。民国 21 年（1932），扬子江水道讨论委员会将湖北黄梅、胡家营水位站移设九江县新港之张家洲上。民国 23 年（1934），星子县（现庐山市）开始设水位站。民国 25 年（1936）7 月，呈报省政府备案，将巡测的涂家埠水文观测站改组为流量站，派员驻站测验。民国 26 年（1937），受战乱影响，水文观测站急剧减少，九江水位站停测，全省仅剩永修水文观测站等少量站点。民国 27 年（1938），永修水文观测站裁撤。民国 29 年（1930）6 月 17 日至民国 33 年（1944）10 月 31 日，由日伪水利委员会观测九江水位，假定基面，水尺位置失考。民国 35 年（1946）1 月，由九江海关恢复长江九江段水位观测；9 月，成立江西水利局水文总站后，恢复永修水文站，并设湖口水文站。民国36年（1947）4月，扬子江水利委员会恢复湖口水文站；8月，江西水利局裁撤省办的湖口站；同年在吴城设立水位站（赣江断面）；同年扬子江水利委员会将湖北广济武穴水位站移至瑞昌码头。民国38年（1949）1月，永修水文站再次停测，保留吴城（修水断面）、修水、九江和彭泽等站。

1949年汛期，鄱阳湖洪水泛滥，为防洪和复堤堵口的需要，6—12月，省水利局恢复永修水文站。同年由九江港务局接办长江九江段水位观测。1950年5月，九江修防处设为九江报汛站，沿用海关水尺。1951年，为流域规划、水力资源开发和河网区堵支联圩的需要，修水下游永修附近的河网区增设4个专用水文站。1952年4月，永修水文站改级为水位站，另在修水干流三硔滩设水文站。1954年设立集水面积小于$200km^2$的庐山水文站。1954年7月，九江由长江委正式设为水位站，另在海关水尺上游不远处设置新尺观测水位。

1956年3月，全国水文工作会议以后，遵照省水文总站的第一次规划，先后在修水县的白马殿（现高沙）、龙潭峡（现先锋）、杨树坪、湘竹，武宁县的牛头坳、黄墩，德安县的梓坊等地设立了国家基本水文站。

1956年6月，省水利厅在修水永修设立女子流量站（第二年改在万家埠），截至1961年10月底，女子站配备女性职工6人，平均年龄20岁，最大的24岁，最小的18岁。当年国庆日，《江西日报》作了报道，并刊登女子站测流和观测水位的照片两幅，省人民广播电台作过报道。

1958年6月7日，水电部发出《关于大力开展群众性水利建设观测研究工作的意见》，要求各地大力开展群众性水利建设的观测研究，发挥水文基本站网在群众性水利观测研究中的骨干作用，以配合全民办水利的需要。7月26日，水电厅向各专（行）署、县（市）人委发出《关于布设群众性雨量气象观测站的函》，要求开展群众性观测工作。1959年1月，全国水文工作会议制定的"以全面服务为纲，以水利电力和农业为重点，国家站网和群众站网同时并举，社社办水文，站站搞服务"的水文工作方针指导下，省水文气象局对群众性水文观测工作，提出"首先要跳出正规化的圈子，生产需要观测什么，就观测什么。同时，要打破神秘观点和条件论，不受条件和规章制度的限制"，并强调"设站要贯彻自愿、自建、自管和自用的'四自'原则"，要求"观测方法简易，设备因陋就简，并尽量就地取材，土洋结合，以土法为主"，提出"人人搞水文""站站搞服务"和"苦战三天，实现全县水文气象化"等口号。省、专、县三级水文部门抽调一切可以动员的力量，设立大批群众性的水文测站。瑞昌县铺头水文站就是在这一时期设立的。

1959年在修水干流上兴建柘林水库，设立坝下水文站，在白槎、艾城设立水文观测站。除了开展本站的水文测量外，还测出这些站之间的大断面（约200m一个断面）的测量，同时还开展推移质的测量。由于工程几上几下，除保留柘林站外，白槎、艾城当年就撤销了。为兴建东津水库，设立东津专用水文站。

1960年，国家经济暂时困难时期，测站经费短缺，开展工作困难。7月20日，水电厅发文将大型水利水电工程库区范围内的水文测站划归工程部门管理，柘林、巾口、三硔滩、黄墩等水文（位）站移交柘林水电工程局管理。

1961年4月设立武宁罗溪水位站，1963年年底改为水文站。

1964年省水文总站第二次站网规划以后，域内设了几个小汇水站。1966年，根据第二次站网规划要求，结合当时水利工程布局，在小汇水站的基础上，重设和恢复一部分小面积水文站（小河水文站），年内设立了修水县大坑、高沙源、永修楼下水文站。1967年增设永修沙下畈、武宁湾庄水文站。

1968—1975年间，大批水文干部下放农村"接受贫下中农再教育"，水文系统职工急剧减少，水文站的人员相应减少，影响测站工作。1976年第三次站网规划，提出分区分类分级布设小河水文站原则后，在"大站带小站，委托群众办"和"县县有站"的设站思想指导下，在瑞昌县桂林桥、彭泽县东升、都昌县西边畈、九江县三桥口设水文站。这些站由于流域内水利工程多，人类活动频繁，流域又不闭合，断面又不符合规范要求，至1981年，所测资料达不到整编要求裁撤。

1982年设立武宁县爆竹铺水文站。1989年3月，九江水位站改为九江水文站，除抗战期间资料中断外，为省内观测时间最早、记录最长的水位资料。

至1990年，九江市属国家基本水文站网的控制站（设于流域面积大于3000km² 河流的水文站）有4站：修水县高沙（5303km²）、武宁县清江（6358km²）、永修县虬津（9914km²）和鄱阳湖入江水道的湖口站（162225km²）；区域代表站（设于流域面积200～3000km² 河流的水文站）4站：第Ⅶ水文分区的德安县梓坊（626km²）、第Ⅷ水文分区的武宁县罗溪（253km²）、修水县杨树坪（342km²）、先锋（1764km²）；小河站（设于流域面积小于200km² 河流的水文站）5站：赣东区森林类的都昌县彭冲涧（2.90km²）、赣西区草坡类的修水县大坑（9.40km²）、瑞昌县铺头（185km²）、森林类的武宁县王坑（0.78km²）、爆竹铺（7.90km²）；全省一区水田类的永修县南山（1.15km²）。基本水位和专用水位站有：永修县的永修、艾城、吴城（赣江、修水两个断面），星子县的观口，修水县的东津。

1991年12月，撤销王坑水文站。2004年，修水县杨树坪水文站撤销，迁往渣津。2005年1月1日，爆竹铺站停止观测流量、水位，保留雨量观测。2007年，永修水文站列为与长江委共建共管站。

2006年九江水情分中心开始建设；2008年、2009年、2011年山洪灾害防治第二、三、四期工程分批实施；2011年中小河流预警系统开始启动；2011年、2012年、2015年非工程措施开工建设及与鄱阳湖自然保护区合作建设项目等逐步实施。至2016年，全市已建水文（位）站243站，其中水文站31站、水位站103站、水库水位站109站，见表2.7.1、表2.7.2。

表2.7.1　　　　　　　　　　九江水文（位）站建设情况

市（县）名	站名	设站时间	裁撤时间	备　注
九江	九江	1904年1月		1937—1946年停测，1949年港务局接管，1954年7月长江委接管，1989年3月改水文站
湖口	湖口	1922年10月		1925年6月停测，1928年再设，1938年9月停测，1947年恢复
庐山	庐山	1923年	1925年6月	1954年曾恢复，1957年再次停测
永修	吴城	1928年9月		1937年停测，1946年恢复
永修	永修	1929年		1938年停测，1949年恢复，1952年升级为水位站，2002年改水文站
彭泽	彭泽	1929年11月		1931年6月停测，后由长江委恢复，时间不详
修水	修水	1930年	1957年8月	
庐山	星子	1931年		
彭泽	小孤山	1931年	1968年	
永修	老观咀	1951年10月	1952年10月	
永修	上湾	1952年1月	1953年12月	
永修	杨柳津	1952年	1957年	
彭泽	马垱	1952年	1968年	
彭泽	杨柳湖	1952年	1968年	
武宁	三碛滩	1953年1月	1971年	
永修	虬津	1956年5月	1956年12月	1981年10月柘林站下迁重建
都昌	都昌	1954年		
修水	高沙	1956年10月		原白马殿站，1966年10月改为高沙站

市（县）名	站名	设站时间	裁撤时间	备　注
修水	先锋	1956 年 12 月		原龙潭峡站，1966 年改为先锋站
武宁	牛头坳	1956 年	1962 年	
武宁	黄墈	1956 年 7 月	1973 年 1 月	
德安	梓坊	1956 年 12 月		
修水	杨树坪	1957 年 7 月	2004 年	下迁渣津建站
修水	湘竹	1957 年	1962 年 4 月	
瑞昌	铺头	1958 年		1961 年停测，1977 年恢复重建
永修	柘林	1959 年	1981 年	1981 年 10 月下迁虬津重建
修水	东津	1959 年	不详	水库专用站
永修	白槎	1959 年	1959 年	
永修	艾城	1959 年	1959 年	1985—1992 年曾恢复观测
武宁	巾口	1959 年	1961 年	
武宁	罗溪	1961 年 4 月		1963 年改为水文站
修水	林桥	1958 年 4 月	1958 年 10 月	
修水	大坑	1958 年 4 月	1994 年	1958 年 10 月停测，1966 年 4 月复建
修水	高沙源	1966 年 4 月	不详	
永修	楼下	1966 年	不详	
永修	沙下畈	1967 年 5 月	不详	
武宁	武宁	不详	不详	1965—1968 年资料由罗溪水文站管理
武宁	湾庄	1967 年 1 月	1979 年 1 月	
武宁	锦鸡坳	1972 年 1 月	1979 年 1 月	
瑞昌	桂林桥	1976 年	1981 年	
彭泽	东升	1976 年	1981 年	
都昌	西边畈	1976 年	1981 年	
九江县	三桥口	1976 年	1981 年	
武宁	清江	1977 年 12 月	1998 年	
武宁	王坑	1978 年 11 月	1991 年 12 月	原下米潭站、宋溪站，1979 年改为王坑站
永修	后村熊家	1978 年 11 月	不详	
永修	南山	1978 年	1994 年	
都昌	彭冲涧	1981 年 12 月		
武宁	爆竹铺	1982 年	2005 年 1 月	

表 2.7.2　2016 年九江市水文（位）站统计

序号	站名	河名	水系	流域	站　址	站类	管理单位	建设性质
1	码头	长江	长江干流	长江	瑞昌市码头镇	水文站	长江委	
2	九江	长江	长江干流	长江	九江市滨江路	水文站	长江委	
3	湖口	长江	长江干流	长江	湖口县	水文站	长江委	
4	彭泽	长江	长江干流	长江	彭泽县	水位站	长江委	
5	高沙	修河	修河	长江	修水县四都镇高沙村	水文站	九江市水文局	分中心建设
6	先锋	武宁水	修河	长江	修水县义宁镇任家铺	水文站	九江市水文局	分中心建设
7	渣津	渣津水	修河	长江	修水县渣津镇	水文站	九江市水文局	分中心建设
8	何市	奉乡水	修河	长江	修水县何市镇	水文站	九江市水文局	分中心建设
9	修水	修河	修河	长江	修水县城南	水文站	九江市水文局	分中心建设
10	山口	武宁水	修河	长江	修水县山口镇	水位站	九江市水文局	分中心建设
11	抱子石	修河	修河	长江	修水县四都镇六都村	水位站	九江市水文局	分中心建设
12	东津	东津水	修河	长江	修水县	水库水位站	九江市水文局	分中心建设
13	界上	渎水	汨罗江	长江	修水县大桥镇界上村	水库水位站	九江市水文局	中小河流预警系统
14	柴垴	杭口水	修河	长江	修水县新湾乡柴垴村	水文站	九江市水文局	中小河流预警系统
15	赤江	奉乡水	修河	长江	修水县征村乡白沙村	水文站	九江市水文局	中小河流预警系统
16	黄沙桥	安溪水	修河	长江	修水县黄沙桥镇茶厂	水文站	九江市水文局	中小河流预警系统
17	墩台	渎水	湘江	长江	修水县大桥镇墩台村	水文站	九江市水文局	中小河流预警系统
18	黄荆州	武宁水	修河	长江	修水县征村乡黄荆州村	水位站	九江市水文局	中小河流预警系统
19	工业园	安溪水	修河	长江	修水县吴都工业园	水位站	九江市水文局	中小河流预警系统

续表

序号	站名	河名	水系	流域	站址	站类	管理单位	建设性质
20	上杭	杭口水	修河	长江	修水县上杭乡	水位站	九江市水文局	2009 山洪三期
21	溪口水	北岸水	修河	长江	修水县溪口村	水位站	修水县防办	2009 山洪三期
22	古市水	渣津水	修河	长江	修水县古市镇政府	水位站	修水县防办	2009 山洪三期
23	黄港	安溪水	修河	长江	修水县黄港镇政府驻地	水位站	修水县防办	2009 山洪三期
24	抱子石	修河	修河	长江	修水县四都镇抱子石水库	水文站	修水县防办	2012 非工程措施
25	塘城	渣津水	修河	长江	修水县全丰镇塘城村孙家老屋组	水位站	修水县防办	2015 非工程措施
26	东港水	东港水	修河	长江	修水县东港乡东港村村委会	水位站	修水县防办	2015 非工程措施
27	大椿新桥站	杨津水	修河	长江	修水县大椿乡集镇老桥旁	水位站	修水县防办	2015 非工程措施
28	港口水站	北岸水	修河	长江	修水县港口镇港口居民委员会	水位站	修水县防办	2015 非工程措施
29	西港新桥	北岸水	修河	长江	修水县西港镇东山村桥旁	水位站	修水县防办	2015 非工程措施
30	老杭口站	杭口水	修河	长江	修水县杭口镇老街老桥头	水位站	修水县防办	2015 非工程措施
31	征村	武宁水	修河	长江	修水县征村乡赤江大桥	水位站	修水县防办	2015 非工程措施
32	黄田里	修河	修河	长江	修水县义宁镇黄田里村大洋洲	水位站	修水县防办	2015 非工程措施
33	杨梅渡	修河	修河	长江	修水县太阳升镇杨梅渡村苦槠洲	水位站	修水县防办	2015 非工程措施
34	黄坳站	洋湖港水	修河	长江	修水县黄坳集镇	水位站	修水县防办	2015 非工程措施
35	罗溪	罗溪水	修河	长江	武宁县罗溪乡	水文站	九江市水文局	分中心建设
36	邢家庄	瓜源水	修河	长江	武宁县杨洲乡邢家庄	水位站	九江市水文局	分中心建设
37	船滩	船滩水	修河	长江	武宁县船滩镇连塘村	水文站	九江市水文局	中小河流预警系统
38	横路	巾口水	修河	长江	武宁县横路乡徐塘村	水文站	九江市水文局	中小河流预警系统

续表

序号	站名	河名	水系	流域	站　　址	站类	管理单位	建设性质
39	上汤	船滩水	修河	长江	武宁县上汤乡	水位站	九江市水文局	中小河流域警系统
40	花园	巾口水	修河	长江	武宁县横路乡花园村	水位站	九江市水文局	中小河流域警系统
41	船滩	船滩水	修河	长江	武宁县船滩乡	水位站	武宁县防办	2011 山洪四期
42	上汤	船滩水	修河	长江	武宁县上汤乡	水位站	武宁县防办	2011 山洪四期
43	澧溪	修河	修河	长江	武宁县澧溪镇	水位站	武宁县防办	2011 山洪四期
44	新青湾	西渡港	修河	长江	武宁县新宁镇宋家村	水位站	武宁县防办	2011 山洪四期
45	花园	巾口水	修河	长江	武宁县横路乡	水位站	武宁县防办	2011 山洪四期
46	盘溪	罗溪水	修河	长江	武宁县石渡乡盘溪村	水位站	武宁县防办	2011 山洪四期
47	辽田	辽田水	修河	长江	武宁县船滩镇辽田村辛家	水位站	武宁县防办	2015 非工程措施
48	陈家洲	烟港水	修河	长江	武宁县甫田乡烟港村陈家洲	水位站	武宁县防办	2015 非工程措施
49	下坊	修河	修河	长江	武宁县澧溪镇下坊水库电站坝上	水位站	武宁县防办	2015 非工程措施
50	双溪	修河	修河	长江	武宁县鲁溪镇双溪村港东坂	水位站	武宁县防办	2015 非工程措施
51	邓家源水库	辽田水	修河	长江	武宁县船滩镇石坑岭下小组	水库水位站	武宁县防办	2015 非工程措施
52	龙摆尾水库	辽田水	修河	长江	武宁县船滩镇辽田村	水库水位站	武宁县防办	2015 非工程措施
53	大田水库	清江水	修河	长江	武宁县清江乡大田村	水库水位站	武宁县防办	2015 非工程措施
54	王连坑水库	西口水	修河	长江	武宁县石渡乡官田村	水库水位站	武宁县防办	2015 非工程措施
55	大源水库	大源水	修河	长江	武宁县澧溪镇大源村	水库水位站	武宁县防办	2015 非工程措施
56	郭坑水库	郭坑水	修河	长江	武宁县澧溪镇大源村	水库水位站	武宁县防办	2015 非工程措施
57	龙峰水库	甫田水	修河	长江	武宁县甫田乡甫田村	水库水位站	武宁县防办	2015 非工程措施

续表

序号	站名	河名	水系	流域	站 址	站类	管理单位	建设性质
58	羊源水库	大源水	修河	长江	武宁县澧溪镇牌楼村	水库水位站	武宁县防办	2015 非工程措施
59	徐坑水库	罗溪水	修河	长江	武宁县石门楼镇河坑村	水库水位站	武宁县防办	2015 非工程措施
60	大寺里水库	沙田水	修河	长江	武宁县新宁镇烟溪村	水库水位站	武宁县防办	2015 非工程措施
61	关门咀水库	沙田水	修河	长江	武宁县新宁镇茗洲村	水库水位站	武宁县防办	2015 非工程措施
62	源口二级水库	源口水	修河	长江	武宁县工业园区源口村	水库水位站	武宁县防办	2015 非工程措施
63	万福桥水库	宋家堨水	修河	长江	武宁县宋溪镇田堨村	水库水位站	武宁县防办	2015 非工程措施
64	南皋水库	浊港水	修河	长江	武宁县宋溪镇南皋村	水库水位站	武宁县防办	2015 非工程措施
65	红坑水库	巾口水	修河	长江	武宁县泉口镇楼下村	水库水位站	武宁县防办	2015 非工程措施
66	永红水库	富水	修河	长江	武宁县大洞乡富桥村	水库水位站	武宁县防办	2015 非工程措施
67	新源水库	新溪源水	修河	长江	武宁县横路乡新溪村	水库水位站	武宁县防办	2015 非工程措施
68	双坑水库	大桥河	修河	长江	武宁县鲁溪镇双溪村	水库水位站	武宁县防办	2015 非工程措施
69	五星水库	梅颜堨水	修河	长江	武宁县鲁溪镇张庄村	水库水位站	武宁县防办	2015 非工程措施
70	刘淮水库	洞口水	修河	长江	武宁县鲁溪镇北屏村	水库水位站	武宁县防办	2015 非工程措施
71	鲁溪洞水库	大桥水	修河	长江	武宁县鲁溪镇大桥村	水库水位站	武宁县防办	2015 非工程措施
72	山坪水库	大坪河	修河	长江	武宁县官莲乡山坪村	水库水位站	武宁县防办	2015 非工程措施
73	双港水库	曹家水	修河	长江	武宁县东林乡桥头村	水库水位站	武宁县防办	2015 非工程措施
74	虬津	修河	修河	长江	永修县虬津镇	水文站	九江市水文局	分中心建设
75	永修	修河	修河	长江	永修县涂家埠镇	水位站	九江市水文局	分中心建设
76	吴城	修河	修河	长江	永修县吴城镇	水位站	九江市水文局	分中心建设

续表

序号	站名	河名	水系	流域	站 址	站类	管理单位	建设性质
77	鄢湾	龙安河	修河	长江	永修县立新乡鄢湾村	水文站	九江市水文局	中小河流域预警系统
78	胡家	龙安河	鄱阳湖	长江	永修县滩溪镇胡家村	水位站	九江市水文局	中小河流域预警系统
79	荆湖	潦河	修河	长江	永修县马口镇圩管会	水位站	永修县防办	2009 山洪三期
80	共青（二）	博阳河	鄱阳湖	长江	共青城市	水文站	九江市水文局	中小河流预警系统
81	苏家垱	后田垅水	鄱阳湖	长江	共青城苏家垱乡	水位站	共青城市防办	2008 山洪二期
82	共青	博阳河	鄱阳湖	长江	共青电排站	水位站	共青城市防办	2009 山洪三期
83	官塘垅水库	周家湾水	鄱阳湖	长江	共青城市甘露镇官塘垅水库	水库水位站	共青城市防办	2011 非工程措施
84	长青水库	郑涧水	鄱阳湖	长江	共青城市甘露镇长青水库	水库水位站	共青城市防办	2011 非工程措施
85	大塘（共青）	鄱阳湖	鄱阳湖	长江	共青城市金湖乡大塘村大塘胡家	水位站	共青城市防办	2015 非工程措施
86	梓坊	博阳河	鄱阳湖	长江	德安县聂桥镇梓坊村	水文站	九江市水文局	分中心建设
87	德安	博阳河	鄱阳湖	长江	德安县蒲亭村	水位站	九江市水文局	分中心建设
88	高塘（水）	洞霄水	鄱阳湖	长江	德安县高塘乡	水位站	九江市水文局	中小河流预警系统
89	石门	博阳河	鄱阳湖	长江	德安县邹桥乡石门村	水位站	德安县防办	2011 非工程措施
90	上易	车桥水	鄱阳湖	长江	德安县车桥镇上易水库	水库水位站	德安县防办	2011 非工程措施
91	城门	车桥水	鄱阳湖	长江	德安县车桥镇城门水库	水库水位站	德安县防办	2011 非工程措施
92	新田	博阳河	鄱阳湖	长江	德安县磨溪乡新田水库	水库水位站	德安县防办	2011 非工程措施
93	蔡山垅	郝家湾水	鄱阳湖	长江	德安县吴山乡蔡山垅水库	水库水位站	德安县防办	2011 非工程措施
94	红桥	五台水	鄱阳湖	长江	德安县吴山乡红桥水库	水库水位站	德安县防办	2011 非工程措施
95	东山（德安县）	木环垄水	鄱阳湖	长江	德安县宝塔乡东山水库	水库水位站	德安县防办	2011 非工程措施

续表

序号	站名	河名	水系	流域	站　　址	站类	管理单位	建设性质	
96	车桥水	车桥水	鄱阳湖	长江	德安县车桥镇车桥村新港	水位站	德安县防办	2015	非工程措施
97	石门水库	后田垄水	鄱阳湖	长江	德安县河东乡后田村石门水库	水库水位站	德安县防办	2015	非工程措施
98	茅山水库	丰林水	鄱阳湖	长江	德安县丰林镇丰林村茅山水库	水库水位站	德安县防办	2015	非工程措施
99	赤石堰水库	岷山水	鄱阳湖	长江	德安县林泉乡小溪山赤石堰水库	水库水位站	德安县防办	2015	非工程措施
100	艾泉垅水库	彭山水	鄱阳湖水	长江	德安县聂桥镇聂桥村艾泉垅水库	水库水位站	德安县防办	2015	非工程措施
101	磨山水库	彭山水	鄱阳湖水	长江	德安县聂桥镇聂桥村磨山水库	水库水位站	德安县防办	2015	非工程措施
102	八字垅水库	庐山水	鄱阳湖水	长江	德安县高塘乡长垅村八字垅水库	水库水位站	德安县防办	2015	非工程措施
103	八门	乐园河	长江干流	长江	瑞昌市肇陈镇八门村	水文站	九江市水文局		中小河流预警系统
104	瑞昌	长河	长江干流	长江	瑞昌市湓城镇湓城居委会	水文站	九江市水文局		中小河流预警系统
105	范镇	横港河	长江干流	长江	瑞昌市范镇范镇村	水位站	九江市水文局		中小河流预警系统
106	乐园	乐园河	长江干流	长江	瑞昌市乐园乡	水位站	九江市水文局		中小河流预警系统
107	横港（水）	横港水	长江干流	长江	瑞昌市范镇高泉村	水位站	九江市水文局		中小河流预警系统
108	铺头（水）	乌石港	长江干流	长江	瑞昌市高丰镇	水文站	九江市水文局	2011	山洪四期
109	乐园	朝阳河	长江干流	长江	瑞昌市乐园乡	水位站	瑞昌市防办	2011	山洪四期
110	赛湖	赛湖	长江干流	长江	瑞昌市赛湖罗罗丝港闸	水位站	瑞昌市防办	2011	山洪四期
111	赤湖	赤湖	长江干流	长江	瑞昌市武蛟大兴村	水位站	瑞昌市防办	2011	山洪四期
112	南阳	南阳河	长江干流	长江	瑞昌市南阳乡	水位站	瑞昌市防办	2011	山洪四期
113	长河	长河	长江干流	长江	瑞昌市桂林桥下	水位站	瑞昌市防办	2011	山洪四期
114	范镇	九都源水	长江干流	长江	瑞昌市范镇	水位站	瑞昌市防办	2011	山洪四期

续表

序号	站名	河名	水系	流域	站　　址	站类	管理单位	建设性质
115	幸福	博阳河	鄱阳湖水	长江	瑞昌市南义乡幸福水库	水库水位站	瑞昌市防办	2011 山洪四期
116	宝龙	南阳河	长江干流	长江	瑞昌市夏畈港港南村	水位站	瑞昌市防办	2015 非工程措施
117	横冲水库	九都源水	长江干流	长江	瑞昌市范镇港中源村	水库水位站	瑞昌市防办	2015 非工程措施
118	十吉坂水库	九都源水	长江干流	长江	瑞昌市范镇开源村	水库水位站	瑞昌市防办	2015 非工程措施
119	夹头冲水库	长河	长江干流	长江	瑞昌市洪下乡迪畲村	水库水位站	瑞昌市防办	2015 非工程措施
120	急溪泉水库	南阳河	长江干流	长江	瑞昌市南阳乡燕山村	水库水位站	瑞昌市防办	2015 非工程措施
121	大山冲水库	杨林水	长江干流	长江	瑞昌市黄金乡前程村	水库水位站	瑞昌市防办	2015 非工程措施
122	中正（一）库	横港河	长江干流	长江	瑞昌市横港镇初升村山里富	水库水位站	瑞昌市防办	2015 非工程措施
123	中正（二）库	横港河	长江干流	长江	瑞昌市横港镇初升村佐家山	水库水位站	瑞昌市防办	2015 非工程措施
124	横港莲塘水库	横港河	长江干流	长江	瑞昌市横港镇清盆村陈家坡	水库水位站	瑞昌市防办	2015 非工程措施
125	老蟹港水库	横港河	长江干流	长江	瑞昌市横港镇先锋村彭家汤	水库水位站	瑞昌市防办	2015 非工程措施
126	李家凹水库	横港河	长江干流	长江	瑞昌市横港镇远景村里边户	水库水位站	瑞昌市防办	2015 非工程措施
127	胜利水库	横港河	长江干流	长江	瑞昌市范镇长春村	水库水位站	瑞昌市防办	2015 非工程措施
128	黑皂水库	八都坂水	长江干流	长江	瑞昌市范镇犹岗村	水库水位站	瑞昌市防办	2015 非工程措施
129	六房坂水库	冯家坂水	长江干流	长江	瑞昌市范镇高泉村	水库水位站	瑞昌市防办	2015 非工程措施
130	井头水库	大桥河	修河	长江	瑞昌市南义镇星明村	水库水位站	瑞昌市防办	2015 非工程措施
131	何家坡水库	博阳河	鄱阳湖	长江	瑞昌市南义镇朝阳村	水库水位站	瑞昌市防办	2015 非工程措施
132	陈家坡水库	博阳河	鄱阳湖	长江	瑞昌市南义镇朝阳村	水库水位站	瑞昌市防办	2015 非工程措施
133	东升陈家坡水库	博阳河	鄱阳湖	长江	瑞昌市南义镇东升村	水库水位站	瑞昌市防办	2015 非工程措施

续表

序号	站名	河名	水系	流域	站　　址	站类	管理单位	建设性质
134	南义莲塘水库	修河	修河	长江	瑞昌市南义镇乐园村	水库水位站	瑞昌市防办	2015 非工程措施
135	麦田坡水库	长河	长江干流	长江	瑞昌市花园乡茅竹村	水库水位站	瑞昌市防办	2015 非工程措施
136	丁泉水库	修河	修河	长江	瑞昌市南义镇乐园村	水库水位站	瑞昌市防办	2015 非工程措施
137	朱池边水库	修河	修河	长江	瑞昌市南义镇美景村	水库水位站	瑞昌市防办	2015 非工程措施
138	杨树港水库	博阳河	鄱阳湖	长江	瑞昌市横港镇嵋荣村杨树港	水库水位站	瑞昌市防办	2015 非工程措施
139	跃进水库	博阳河	鄱阳湖	长江	瑞昌市南义镇新福村	水库水位站	瑞昌市防办	2015 非工程措施
140	西家水库	双港河	长江干流	长江	瑞昌市洪一麦良村十四组（新庄）	水库水位站	瑞昌市防办	2015 非工程措施
141	邢家水库	乐园河	长江干流	长江	瑞昌市乐园乡桥棚村邢家	水库水位站	瑞昌市防办	2015 非工程措施
142	南保水库	富水	长江干流	长江	瑞昌市黄金乡界首村	水库水位站	瑞昌市防办	2015 非工程措施
143	上引井水库	富水	长江干流	长江	瑞昌市黄金乡林泉村	水库水位站	瑞昌市防办	2015 非工程措施
144	杨垅水库	博阳河	鄱阳湖	长江	瑞昌市南义镇杨垅村	水库水位站	瑞昌市防办	2015 非工程措施
145	龚家冲水库	长河	长江干流	长江	瑞昌市花园乡油市村	水库水位站	瑞昌市防办	2015 非工程措施
146	大塘水库	长河	长江干流	长江	瑞昌市花园乡花园村	水库水位站	瑞昌市防办	2015 非工程措施
147	高塍水库	长河	长江干流	长江	瑞昌市花园乡南下村	水库水位站	瑞昌市防办	2015 非工程措施
148	山中水库	长河	长江干流	长江	瑞昌市花园乡田畈村	水库水位站	瑞昌市防办	2015 非工程措施
149	江山水库	长河	长江干流	长江	瑞昌市洪下乡高露村	水库水位站	瑞昌市防办	2015 非工程措施
150	青坑水库	长河	长江干流	长江	瑞昌市洪下乡洪下村	水库水位站	瑞昌市防办	2015 非工程措施
151	周家坡水库	长河	长江干流	长江	瑞昌市高丰镇高丰村	水库水位站	瑞昌市防办	2015 非工程措施
152	张湾水库	横港河	长江干流	长江	瑞昌市横港镇凤坪村张湾	水库水位站	瑞昌市防办	2015 非工程措施

续表

序号	站名	河名	水系	流域	站址	站类	管理单位	建设性质
153	邓家冲水库	长河	长江干流	长江	瑞昌市高丰镇铺头村	水库水位站	瑞昌市防办	2015 非工程措施
154	小漠水库	长河	长江干流	长江	瑞昌市高丰镇小源村	水库水位站	瑞昌市防办	2015 非工程措施
155	赛城湖	赛城湖	长江干流	长江	九江县水安乡赛湖农场	水位站	九江市水文局	分中心建设
156	沙河	八里湖	长江干流	长江	九江县沙河街镇沙河街居委会	水文站	九江市水文局	中小河河预警系统
157	毛家沟	长河	长江干流	长江	九江县新塘乡紫荆村	水位站	九江县县防办	2011 非工程措施
158	江洲	长江	长江干流	长江	九江县江洲镇九号村	水位站	九江县县防办	2015 非工程措施
159	赤湖中圩闸	赤湖	长江干流	长江	九江县赤湖管理处赤湖联圩上	水库水位站	九江县县防办	2015 非工程措施
160	戴山水库	横泉塘坂水	长江干流	长江	九江县涌泉乡戴山村	水库水位站	九江县县防办	2015 非工程措施
161	王文里水库	马回岭水	鄱阳湖	长江	九江县岷山乡中岭村	水库水位站	九江县县防办	2015 非工程措施
162	岷山水库	通节坂水	长江干流	长江	九江县新塘乡前进村	水库水位站	九江县县防办	2015 非工程措施
163	朗山水库	住岭水	长江干流	长江	九江县狮子镇朗山村	水库水位站	九江县县防办	2015 非工程措施
164	龙城	长江	长江干流	长江	彭泽县自来水厂	水位站	九江市水文局	分中心建设
165	天红	太平河	长江干流	长江	彭泽县天红镇天红村	水文站	九江市水文局	中小河流预警系统
166	杨梓	杨梓河	鄱阳湖	长江	彭泽县杨梓镇杨梓村	水文站	九江市水文局	中小河流预警系统
167	东升	东升河	长江干流	长江	彭泽县东升镇郭桥社区	水文站	九江市水文局	中小河流预警系统
168	浩山	浪溪河	长江干流	长江	彭泽县浩山乡柳树村	水文站	九江市水文局	中小河流预警系统
169	邻波	杨梓河	鄱阳湖	长江	彭泽县杨梓镇	水位站	九江市水文局	中小河流预警系统
170	马迹岭	太平河	长江干流	长江	彭泽县太平关乡	水位站	九江市水文局	中小河流预警系统

续表

序号	站名	河名	水系	流域	站　　址	站类	管理单位	建设性质
171	东升	东升水	长江干流	长江	彭泽县东升镇	水位站	彭泽县防办	2008 山洪二期
172	芙蓉	芳湖	长江干流	长江	彭泽县芙蓉镇	水位站	彭泽县防办	2008 山洪二期
173	白沙	太平河	长江干流	长江	彭泽县太平关乡白沙水库	水库水位站	彭泽县防办	2008 山洪二期
174	浪溪	浪溪水	长江干流	长江	彭泽县浪溪镇	水库水位站	彭泽县防办	2008 山洪二期
175	余家堰水	余家堰水	鄱阳湖	长江	彭泽县芙蓉墩镇余家堰水库	水库水位站	彭泽县防办	2008 山洪二期
176	跃进闸	东升河	长江干流	长江	彭泽县马当镇跃进闸	水位站	彭泽县防办	2011 非工程措施
177	棉船（水）	长江	长江干流	长江	彭泽县棉船镇金星村	水位站	彭泽县防办	2011 非工程措施
178	太泊湖	太泊湖	长江干流	长江	彭泽县马当镇太泊湖堤	水位站	彭泽县防办	2011 非工程措施
179	上芳湖	芳湖	长江干流	长江	彭泽县芙蓉墩镇西农科所	水位站	彭泽县防办	2011 非工程措施
180	金沙湾	长江	长江干流	长江	湖口县钢厂四号码头	水位站	九江市水文局	分中心建设
181	徐埠	徐埠港	鄱阳湖	长江	都昌县徐埠镇徐埠街居委会	水文站	九江市水文局	中小河流预警系统
182	土桥	土塘水	鄱阳湖	长江	都昌县土塘镇土桥村	水文站	九江市水文局	中小河流预警系统
183	横渠	土塘水	鄱阳湖	长江	都昌县土塘镇横渠村	水位站	都昌县防办	2011 非工程措施
184	东湖	东湖水	鄱阳湖	长江	都昌县东湖坝	水位站	都昌县防办	2011 非工程措施
185	黄茅堤	黄茅潭	鄱阳湖	长江	湖口县黄茅堤场	水位站	湖口县防办	2011 非工程措施
186	造湖圩	流芳水	鄱阳湖	长江	湖口县造湖圩场	水位站	湖口县防办	2011 非工程措施
187	泊洋湖	泊洋湖	鄱阳湖	长江	湖口县泊洋湖场	水位站	湖口县防办	2011 非工程措施
188	南北港	南北港	鄱阳湖	长江	湖口县南北港场	水位站	湖口县防办	2011 非工程措施

续表

序号	站名	河名	水系	流域	站　　址	站类	管理单位	建设性质
189	观口	观泉河	长江干流	长江	庐山市隘口镇观口村	水文站	九江市水文局	分中心建设
190	大坝	将军河水	长江干流	长江	庐山市将军河水库	水位站	九江市水文局	分中心建设
191	白鹿	白鹿洞水	长江干流	长江	庐山市白鹿镇	水位站	庐山市防办	2008 山洪二期
192	横塘	花桥水	长江干流	长江	庐山市横塘镇	水位站	庐山市防办	2008 山洪二期
193	观音塘	隘口水	鄱阳湖	长江	庐山市温泉镇观音塘水库管理所	水库水位站	庐山市防办	2008 山洪二期
194	石门洞	赛阳水	长江干流	长江	庐山市牯岭镇石门洞	水位站	庐山市防办	2012 非工程措施
195	莲花洞	十里水	长江干流	长江	庐山市莲花镇彭家岭	水位站	庐山市防办	2012 非工程措施
196	剪刀峡	十里水	长江干流	长江	庐山市牯岭镇剪刀峡	水位站	庐山市防办	2012 非工程措施
197	三叠泉	三叠泉水	鄱阳湖	长江	庐山市海会镇三叠泉	水位站	庐山市防办	2012 非工程措施
198	如琴湖	赛阳水	长江干流	长江	庐山市牯岭镇如琴湖	水库水位站	庐山市防办	2012 非工程措施
199	莲花台 2	赛阳水	长江干流	长江	庐山市牯岭镇莲花台水库	水库水位站	庐山市防办	2012 非工程措施
200	仰天坪 2	观音桥水	鄱阳湖	长江	庐山市牯岭镇仰天坪水库	水库水位站	庐山市防办	2012 非工程措施
201	西牛塘水库	白鹿洞水	鄱阳湖	长江	庐山市白鹿镇玉京村白鹤观	水库水位站	庐山市防办	2015 非工程措施
202	跃进水库	三叠泉水	鄱阳湖	长江	庐山市海会镇光明村杨家湾	水库水位站	庐山市防办	2015 非工程措施
203	文敬垅水库	三叠泉水	鄱阳湖	长江	庐山市海会镇长岭村新屋陈	水库水位站	庐山市防办	2015 非工程措施
204	正垅水库	三叠泉水	鄱阳湖	长江	庐山市海会镇彭山村老屋梅	水库水位站	庐山市防办	2015 非工程措施
205	孙家垅水库	三叠泉水	鄱阳湖	长江	庐山市海会镇五星村孙家垅	水库水位站	庐山市防办	2015 非工程措施
206	黄梅垅水库	三叠泉水	鄱阳湖	长江	庐山市海会镇高垅村胡家湾	水库水位站	庐山市防办	2015 非工程措施

续表

序号	站名	河名	水系	流域	站址	站类	管理单位	建设性质	
207	鸦雀垅水库	三叠泉水	鄱阳湖	长江	庐山市海会镇双垅村邹家山	水库水位站	庐山市防办	2015	非工程措施
208	十里	十里河	鄱阳湖	长江	九江市濂溪区十里街道十里村	水位站	濂溪区防办	2011	非工程措施
209	南城	赛阳水	鄱阳湖	长江	九江市濂溪区赛阳镇南城水库	水库水位站	濂溪区防办	2011	非工程措施
210	梅山	十里河	鄱阳湖	长江	九江市濂溪区莲花镇梅山水库	水库水位站	濂溪区防办	2011	非工程措施
211	石牛山	三叠泉	鄱阳湖	长江	九江市濂溪区海会镇石牛山水库	水库水位站	濂溪区防办	2011	非工程措施
212	枧洼	小湖	鄱阳湖	长江	九江市濂溪区威家镇枧洼水库	水库水位站	濂溪区防办	2015	非工程措施
213	姑塘截流河站	鄱阳湖	鄱阳湖	长江	九江市濂溪区姑塘镇香积村	水位站	濂溪区防办	2015	非工程措施
214	虞家河截流河站	大桥水	鄱阳湖	长江	九江市濂溪区虞家河乡大桥儿童福利院	水位站	濂溪区防办	2015	非工程措施
215	姚家冲水库	赛阳水	长江干流	长江	九江市濂溪区赛阳镇赛阳村一、二组	水库水位站	濂溪区防办	2015	非工程措施
216	尖山垅水库	赛阳水	长江干流	长江	九江市濂溪区赛阳镇凤凰村十四组	水库水位站	濂溪区防办	2015	非工程措施
217	狗汉垅水库	赛阳水	长江干流	长江	九江市濂溪区赛阳镇金桥村村组	水库水位站	濂溪区防办	2015	非工程措施
218	红灯水库	十里水	长江干流	长江	九江市濂溪区莲花镇太平宫村蛇头岭	水库水位站	濂溪区防办	2015	非工程措施
219	向阳水库	十里水	长江干流	长江	九江市濂溪区莲花镇莲花村李家洼	水库水位站	濂溪区防办	2015	非工程措施
220	团结水库	十里水	长江干流	长江	九江市濂溪区莲花镇东城村多家仙洼	水库水位站	濂溪区防办	2015	非工程措施
221	龙泉水库	白沙河	鄱阳湖	长江	九江市濂溪区威家镇威家村熊家山	水库水位站	濂溪区防办	2015	非工程措施
222	邢家湾水库	大桥水	鄱阳湖	长江	九江市濂溪区虞家镇大桥村五组	水库水位站	濂溪区防办	2015	非工程措施
223	刘家垅水库	十里水	长江干流	长江	九江市濂溪区莲花镇畈村郭家村	水库水位站	濂溪区防办	2015	非工程措施
224	锁江楼	长江	长江干流	长江	九江市滨江路	水位站	九江市水文局	分中心建设	

续表

序号	站名	河名	水系	流域	站　　址	站类	管理单位	建设性质
225	八里湖	八里湖	长江干流	长江	九江市八里湖	水位站	九江市水文局	分中心建设
226	星子	湖口水道	鄱阳湖	长江	九江市庐山市南康镇	水位站	鄱阳湖水文局	分中心建设
227	屏峰	湖口水道	鄱阳湖	长江	九江市湖口县舜德乡	水位站	鄱阳湖水文局	分中心建设
228	都昌	鄱阳湖	鄱阳湖	长江	九江市都昌县都昌镇	水位站	鄱阳湖水文局	分中心建设
229	棠荫	鄱阳湖	鄱阳湖	长江	九江市都昌县周溪镇棠荫村	水位站	鄱阳湖水文局	分中心建设
230	南峰	鄱阳湖	鄱阳湖	长江	九江市都昌县南峰南峰村	水位站	鄱阳湖水文局	分中心建设
231	河东	十里湖	鄱阳湖	长江	九江市庐山市南康镇河东村	水文站	鄱阳湖水文局	中小河流预警系统
232	长西岭	花桥港	鄱阳湖	长江	九江市庐山市蓼南乡长西岭村	水文站	鄱阳湖水文局	中小河流预警系统
233	华林	花桥港	鄱阳湖	长江	九江市庐山市华林镇华林村	水位站	鄱阳湖水文局	中小河流预警系统
234	钱湖	钱湖港	鄱阳湖	长江	九江市庐山市蓼花镇钱湖湖村	水位站	鄱阳湖水文局	中小河流预警系统
235	文桥	文桥水	鄱阳湖	长江	九江市湖口县文桥乡	水位站	鄱阳湖水文局	中小河流预警系统
236	新妙	徐埠港	鄱阳湖	长江	九江市都昌县左里镇新妙村	水位站	鄱阳湖水文局	中小河流预警系统
237	杭桥	土塘水	鄱阳湖	长江	九江市都昌县土塘镇杭桥村	水位站	鄱阳湖水文局	中小河流预警系统
238	梅溪湖	鄱阳湖	鄱阳湖	长江	庐山市白鹿镇	水位站	鄱阳湖水文局	鄱保局合作项目
239	白沙湖	鄱阳湖	鄱阳湖	长江	九江市永修县	水位站	鄱阳湖水文局	鄱保局合作项目
240	常湖池	鄱阳湖	鄱阳湖	长江	九江市永修县	水位站	鄱阳湖水文局	鄱保局合作项目
241	黄金咀	鄱阳湖	鄱阳湖	长江	九江市都昌县	水位站	鄱阳湖水文局	鄱保局合作项目
242	大湖池	鄱阳湖	鄱阳湖	长江	九江市永修县	水位站	鄱阳湖水文局	鄱建办合作项目
243	沙湖	鄱阳湖	鄱阳湖	长江	九江市永修县	水位站	鄱阳湖水文局	鄱建办合作项目

以上站点中，长江九江水文站、鄱阳湖湖口水文站、修水高沙水文站、修水先锋水文站、修水渣津水文站、武宁罗溪水文站、永修水文站、永修虬津水文站、永修吴城水文站、德安梓坊水文站、瑞昌铺头水文站、都昌彭冲涧水文站、庐山观口水文站、都昌棠荫水文站、都昌水位站、星子水位站等为国家基本水文（位）站，建站历史长，在历年的防汛抗旱工作中发挥着积极重要的作用。

长江九江水文站　属长江中游干流下段控制站，中央重要报汛站，长江委下游局管辖。位于九江市滨江路老客运码头（东经115°59′，北纬29°44′），控制流域面积1523041km²。1904年1月由九江海关设立，1937—1946年停测，1949年由九江港务局接管，1954年7月由长江委接管，断面上迁，1989年3月改为水文站。自1885年以来实测年最高水位23.03m（1998年8月2日），年最低水位6.48m（1901年3月19日）；年最大流量75000m³/s（1996年7月23日），年最小流量5850m³/s（1999年3月27日），见表2.7.3。

表2.7.3　　1905—2016年长江九江水文站水情特征统计

年份	最高水位/m	最低水位/m	最大流量/(m³/s)	最小流量/(m³/s)	年份	最高水位/m	最低水位/m	最大流量/(m³/s)	最小流量/(m³/s)
1905	18.79	8.34			1921	19.34	8.44		
1906	19.22	8.37			1922	19.82	8.36		
1907	19.04	7.36			1923	19.48	6.79		
1908	18.61	8.92			1924	20.17	8.14		
1909	19.49	8.49			1925	16.83	7.78		
1910	18.12	8.40			1926	20.35	7.21		
1911	19.95	8.46			1927	18.82	8.03		
1912	19.71	8.64			1928	16.63	7.33		
1913	18.70	7.70			1929	18.40	6.51		
1914	18.85	7.47			1930	18.82	8.09		
1915	18.62	7.22			1931	20.53	7.94		
1916	17.61	8.11			1932	19.37	8.40		
1917	19.51	7.09			1933	20.19	8.28		
1918	19.28	6.79			1934	17.91	7.36		
1919	18.90	8.21			1935	20.62	7.91		
1920	19.26	6.99			1936	18.18	7.97		

续表

年份	最高水位 /m	最低水位 /m	最大流量 /(m³/s)	最小流量 /(m³/s)	年份	最高水位 /m	最低水位 /m	最大流量 /(m³/s)	最小流量 /(m³/s)
1937	20.41	7.45			1975	19.95	8.72		
1946	19.19	6.90			1976	20.35	8.35		
1947	18.91	8.34			1977	20.87	8.11		
1948	20.56	7.54			1978	17.67	7.44		
1949	20.92	8.94			1979	18.77	7.01		
1950	19.00	9.15			1980	21.17	7.56		
1951	17.72	7.72			1981	18.65	8.35		
1952	19.63	8.18			1982	20.19	8.06		
1953	17.39	8.29			1983	22.12	9.34		
1954	22.08	8.62			1984	19.12	8.60		
1955	19.80	8.53			1985	17.92	8.61		
1956	18.79	7.62			1986	18.58	8.07		
1957	18.45	7.46			1987	19.35	7.22		
1958	18.68	7.51			1988	20.69	8.45	66700	6910
1959	18.62	7.14			1989	20.27	8.36	57600	7100
1960	17.30	6.94			1990	20.17	9.20	61000	8500
1961	17.57	6.87			1991	20.60	8.72	65800	7520
1962	20.63	7.35			1992	20.98	8.04	53200	6460
1963	17.06	6.83			1993	20.48	7.88	56800	5900
1964	20.08	8.78			1994	19.83	9.02	38100	8070
1965	18.12	7.86			1995	22.20	8.90	58400	8930
1966	18.70	8.20			1996	21.78	7.57	75000	6400
1967	19.33	7.12			1997	19.94	8.70	58800	8200
1968	20.56	7.54			1998	23.03	8.62	73100	8030
1969	20.84	8.43			1999	22.43	7.78	67500	5850
1970	20.15	7.84			2000	18.81	8.76	57800	8850
1971	18.53	7.80			2001	17.51	9.29	40000	11000
1972	16.40	7.12			2002	20.78	8.17	70300	8500
1973	21.28	8.75			2003	20.06	8.65	63300	9870
1974	20.44	8.02			2004	18.12	7.69	54200	7890

年份	最高水位 /m	最低水位 /m	最大流量 /(m³/s)	最小流量 /(m³/s)	年份	最高水位 /m	最低水位 /m	最大流量 /(m³/s)	最小流量 /(m³/s)
2005	19.45	8.70	56000	9110	2011	17.58	8.67	36000	10400
2006	16.92	8.09	35600	8470	2012	19.82	8.44	55400	10300
2007	19.03	8.02	56700	8420	2013	17.24	8.09	39500	9610
2008	18.27	8.02	47400	8760	2014	19.02	8.06	50500	9280
2009	17.70	8.16	42000	9460	2015	19.73	8.26	44200	10200
2010	20.64	8.27	58600	9020	2016	21.68	9.36	65200	11500

鄱阳湖湖口水文站　属鄱阳湖出口控制站，中央重要报汛站，长江委下游局管辖。位于湖口县鄱阳湖与长江交汇处（东经116°12′，北纬29°44′），控制流域面积162225km²。1922年10月设立，1925年6月停测，1928年恢复，1938年9月再次停测，1947年再度恢复。实测年最高水位22.59m（1998年7月31日），年最低水位5.90m（1963年2月6日）；年最大流量31900m³/s（1998年6月26日），年最小流量－13700m³/s（1991年7月11日，江水倒灌），见表2.7.4。

表2.7.4　　1947—2016年鄱阳湖湖口水文站水情特征统计

年份	最高水位 /m	最低水位 /m	最大流量 /(m³/s)	最小流量 /(m³/s)	年份	最高水位 /m	最低水位 /m	最大流量 /(m³/s)	最小流量 /(m³/s)
1947	18.22	7.38			1961	17.23	5.94	17900	－2130
1948	20.08	6.49			1962	20.22	6.35	22400	－5160
1949	20.65	7.78			1963	16.26	5.90	7320	－5780
1950	18.10	8.21	12400	800	1964	19.51	7.78	15700	－7090
1951	17.04	6.79	15200	－6230	1965	17.45	6.79	9020	－9160
1952	19.18	7.18	16800	－9450	1966	18.22	7.37	15700	－6550
1953	17.17	7.29	19900	－3620	1967	18.78	6.13	17800	－1890
1954	21.68	7.84	22400	1080	1968	20.10	6.50	18000	－5400
1955	19.15	7.29	28800	－108	1969	20.35	7.35	16000	－5090
1956	18.17	6.30	16700	－4660	1970	19.66	6.85	18600	－880
1957	17.85	6.30	13700	－6780	1971	18.09	6.76	16600	－4770
1958	18.35	6.42	19100	－6090	1972	15.86	6.07	10400	491
1959	18.10	6.12	14900	－2700	1973	20.91	7.66	20400	－1830
1960	16.69	5.98	10800	－2420	1974	19.99	6.94	12500	－5270

年份	最高水位 /m	最低水位 /m	最大流量 /(m³/s)	最小流量 /(m³/s)	年份	最高水位 /m	最低水位 /m	最大流量 /(m³/s)	最小流量 /(m³/s)
1975	19.59	7.62	19800	−4270	1996	21.22	6.65	10600	−4140
1976	19.90	7.18	17200	−1040	1997	19.40	7.63	17300	937
1977	20.51	7.15	18600	787	1998	22.59	7.46	31900	1120
1978	17.05	6.61	10900	−1770	1999	21.93	6.57	15800	284
1979	18.19	6.06	8630	−4360	2000	18.13	7.72	13000	−1750
1980	20.63	6.59	18300	−2830	2001	16.93	8.38	10600	1450
1981	18.01	7.28	16200	−6260	2002	20.23	7.16	13300	−1750
1982	19.75	6.94	16400	−6350	2003	19.36	7.57	10700	−6250
1983	21.71	8.24	17700	−6810	2004	17.46	6.61	10500	−5370
1984	18.49	7.59	14700	−3600	2005	19.00	7.82	14000	−6010
1985	17.22	7.49	10100	−3240	2006	16.48	7.32	16000	1290
1986	18.01	7.12	9680	−2570	2007	18.49	7.15	10600	−3710
1987	18.84	6.27	9770	−5490	2008	17.64	7.17	12900	−4160
1988	20.01	7.31	14600	−5440	2009	17.13	7.30	8790	−825
1989	19.77	7.20	19800	−1370	2010	20.20	7.53	24400	1040
1990	19.59	8.27	12300	−623	2011	17.21	7.96	12900	−423
1991	20.00	7.78	11000	−13700	2012	19.45	7.68	19800	−4750
1992	20.57	7.18	20300	230	2013	16.73	7.26	13100	−909
1993	20.12	6.94	24500	12.8	2014	18.60	7.27	14300	−1080
1994	19.55	8.17	22500	−2870	2015	19.32	7.48	17700	978
1995	21.80	7.95	24000	1010	2016	21.32	8.70	17400	−8830

　　修水高沙水文站　属修水水系修水干流上游大河控制站，国家一类水文站，省级重点站，九江市水文局管辖。位于修水县四都镇高沙村（东经114°35′，北纬29°04′），控制流域面积5303km²。1956年10月设为白马殿水文站。1957年起观测雨量、水位、流量、蒸发量、水温、岸温等项目，1958年起增设含沙量，1966年改为高沙水文站，增测泥沙颗粒分析。实测年最高水位99.00m（1973年6月25日），年最低水位84.80m（1968年9月8日）；年最大流量9200m³/s（1973年6月25日），年最小流量8.56m³/s（1965年3月20日）。2004年抱子石水库建成蓄水后，该站变为库区站，流量项目无法定线，泥沙

测验和颗粒分析工作停止，见表 2.7.5。

表 2.7.5　　　1957—2016 年修水高沙水文站水情特征统计

年份	最高水位/m	最低水位/m	最大流量/(m³/s)	最小流量/(m³/s)	年份	最高水位/m	最低水位/m	最大流量/(m³/s)	最小流量/(m³/s)
1957	92.29	85.05	3140	11.5	1987	89.51	85.17	1560	17.8
1958	92.20	85.10	3080	15.9	1988	92.66	85.15	3540	16.5
1959	95.43	84.92	5940	11.0	1989	91.91	85.19	3040	18.3
1960	91.14	85.02	2380	15.4	1990	91.13	85.07	2380	12.9
1961	92.55	85.05	3340	18.6	1991	93.56	85.10	4130	15.0
1962	92.42	85.02	3280	15.8	1992	91.64	85.10	2870	15.0
1963	91.73	84.95	2770	13.2	1993	95.33	84.99	5340	10.0
1964	91.94	84.98	2920	13.6	1994	93.60	85.26	4170	27.1
1965	89.91	84.89	1670	8.56	1995	93.23	85.16	4020	14.6
1966	92.96	84.89	3780	11.3	1996	89.79	85.14	1760	14.5
1967	95.95	84.94	6590	15.6	1997	90.27	85.19	2050	16.7
1968	89.83	84.80	1670	10.3	1998	95.18	85.22	5600	19.3
1969	95.37	85.00	6010	20.0	1999	95.35	85.12	5760	15.4
1970	93.65	85.01	4400	20.9	2000	90.87	85.17	2410	16.8
1971	92.49	84.87	3390	11.9	2001	91.42	85.05	2870	12.0
1972	92.45	84.89	3360	12.7	2002	93.46	85.07	4280	13.6
1973	99.00	84.93	9200	19.6	2003	93.08	85.01	3990	14.3
1974	93.31	84.90	4040	15.8	2004	93.16	85.01		
1975	93.33	84.98	3980	17.8	2005	95.02	85.08		
1976	92.43	85.02	3310	16.9	2006	94.96	91.36		
1977	97.73	85.03	8020	18.2	2007	94.94	91.41		
1978	92.39	84.96	3340	11.4	2008	94.81	92.23		
1979	91.70	84.99	2860	12.8	2009	94.83	91.16		
1980	90.88	85.04	2300	15.6	2010	94.93	90.64		
1981	92.51	85.06	3370	15.7	2011	94.71	90.44	4380	4380
1982	89.87	85.16	1680	23.0	2012	94.90	91.32		
1983	96.31	85.21	6050	18.3	2013	94.85	90.99	2060	69.2
1984	92.76	85.16	3530	13.0	2014	94.90	90.33		
1985	91.06	85.21	2440	18.5	2015	94.95	90.53		
1986	91.58	85.12	2760	14.0	2016	94.84	91.05	3500	

修水先锋水文站 为修水水系一级支流武宁水区域控制站,国家二类水文站,省级重点站,属九江市水文局管辖。位于修水县义宁镇任家铺村(东经114°31′,北纬28°59′),控制流域面积1764km²。1956年12月由江西省水利厅设为龙潭峡水文站,测验项目有降水量、水位、流量等。1966年更名为先锋水文站。2003年测验河段上游500m处建有龙潭峡水电站,水位、流量关系受到严重影响。实测年最高水位105.08m(1973年6月25日),年最低水位94.35m(2014年4月24日);年最大流量5410m³/s(1973年6月25日),年最小流量0m³/s(2016年7月3日),见表2.7.6。

表2.7.6　　　　1957—2016年修水先锋水文站水情特征统计

年份	最高水位/m	最低水位/m	最大流量/(m³/s)	最小流量/(m³/s)	年份	最高水位/m	最低水位/m	最大流量/(m³/s)	最小流量/(m³/s)
1957	100.74	96.10	1020	5.20	1979	100.14	95.81	1150	5.95
1958	100.52	95.88	1180	7.40	1980	99.86	95.81	1020	5.94
1959	101.65	95.82	1330	4.86	1981	100.55	95.80	1290	6.63
1960	99.91	95.87	950	7.04	1982	99.12	95.89	709	9.47
1961	100.24	95.90	1160	7.30	1983	102.36	95.92	2420	7.76
1962	100.82	95.90	1420	8.30	1984	100.12	95.88	1140	6.10
1963	100.08	95.76	1060	4.68	1985	99.77	95.88	1060	8.50
1964	99.87	95.82	983	6.38	1986	99.72	95.72	968	4.02
1965	98.38	95.72	430	3.17	1987	98.69	95.84	641	7.72
1966	99.67	95.78	895	5.16	1988	99.99	95.82	1070	7.84
1967	101.75	95.83	1900	6.80	1989	99.51	95.75	934	6.00
1968	98.66	95.80	514	5.05	1990	99.03	95.66	751	6.26
1969	102.55	95.89	2970	8.08	1991	101.12	95.78	1600	5.62
1970	100.88	96.20	1610	10.10	1992	99.51	95.71	914	3.58
1971	100.70	95.91	1480	5.25	1993	102.37	95.68	1850	2.78
1972	100.53	95.92	1350	5.91	1994	101.12	95.91	1500	10.10
1973	105.08	96.12	5410	9.06	1995	101.76	95.83	1880	4.07
1974	100.27	96.10	970	6.50	1996	99.35	95.64	865	1.25
1975	100.79	96.13	1450	9.20	1997	98.75	95.64	631	1.25
1976	100.14	96.01	1130	8.84	1998	103.19	95.73	3790	1.43
1977	102.89	95.92	1600	8.79	1999	101.23	95.62	1770	1.65
1978	100.04	95.78	1140	4.61	2000	99.67	95.55	1000	1.68

年份	最高水位/m	最低水位/m	最大流量/(m³/s)	最小流量/(m³/s)	年份	最高水位/m	最低水位/m	最大流量/(m³/s)	最小流量/(m³/s)
2001	98.55	95.49	467	1.18	2009	98.15	94.58	479	0.09
2002	100.07	95.52	1070	1.54	2010	101.93	94.57	2320	0.89
2003	100.16	95.45	1130	0.96	2011	99.67	94.90	1090	1.09
2004	99.20	95.46	810	1.08	2012	100.45	94.62	1560	1.20
2005	101.34	95.48	1740	1.46	2013	97.94	94.36	574	1.40
2006	98.88	95.43	773	1.16	2014	99.35	94.35	1260	1.34
2007	97.56	95.40	280	1.07	2015	100.56	94.51	2030	0.60
2008	98.10	94.85	444	1.11	2016	100.98	94.50	2210	0

　　修水渣津水文站　属修水水系一级支流渣津水区域代表站，国家二类水文站，省级重点站，九江市水文局管辖。位于修水县渣津镇朴田村（东经114°16′，北纬29°00′），控制流域面积644km²。其前身为1957年12月设的杨树坪水文站，后因苏区堰电站建设，2002年决定新建渣津水文站，2003年开始建设，2004年试运行，2005年1月正式收集资料。测验项目有降水量、水位、流量和蒸发量，自2008年起增加含沙量测验。实测年最高水位126.67m（2011年6月10日），年最低水位120.36m（2016年10月21日）；年最大流量1530m³/s（2011年6月10日），年最小流量0.751m³/s（2013年8月22日），见表2.7.7。

表 2.7.7　　　　2005—2016 年修水渣津水文站水情特征统计

年份	最高水位/m	最低水位/m	最大流量/(m³/s)	最小流量/(m³/s)	年份	最高水位/m	最低水位/m	最大流量/(m³/s)	最小流量/(m³/s)
2005	126.51		1360	0.76	2011	126.67	121.52	1530	1.04
2006	125.33	122.30	784	1.25	2012	126.01	121.52	1240	1.24
2007	123.60	122.23	183	1.13	2013	123.92	120.52	622	0.751
2008	124.05	122.05	300	1.14	2014	124.45	120.45	1060	0.821
2009	124.19	121.80	335	0.84	2015	124.58	120.47	1230	1.20
2010	124.73	121.67	518	1.04	2016	122.93	120.36	540	0.802

　　武宁罗溪水文站　属修水水系一级支流罗溪水区域代表站，国家二类水文站，省级重点站，九江市水文局管辖。位于武宁县罗溪乡（东经114°59′，北纬29°06′），控制流域面积253km²。1961年4月设站观测水位、降水量，1963年

改为水文站，增测流量，2011年中小河流改造增加蒸发量观测。实测年最高水位146.60m（1973年6月24日），年最低水位140.90m（2015年10月29日）；年最大流量1270m³/s（1973年6月24日），年最小流量0.341m³/s（2014年1月15日），见表2.7.8。

表2.7.8　　　　1961—2016年武宁罗溪水文站水情特征统计

年份	最高水位/m	最低水位/m	最大流量/(m³/s)	最小流量/(m³/s)	年份	最高水位/m	最低水位/m	最大流量/(m³/s)	最小流量/(m³/s)
1961	145.56	141.94			1989	144.21	141.89	284	1.61
1962	143.57	141.90			1990	143.79	141.82	225	1.50
1963	143.63	141.85	188	0.873	1991	144.10	141.83	279	1.41
1964	143.87	141.90	245	1.17	1992	143.57	141.81	169	1.40
1965	143.34	141.85	124	0.606	1993	144.67	141.84	406	1.38
1966	145.48	141.89	686	1.06	1994	144.93	141.85	468	2.30
1967	144.40	141.90	389	1.04	1995	145.41	141.83	630	1.56
1968	143.17	141.81	94.3	0.343	1996	143.77	141.82	195	1.42
1969	144.92	141.94	494	1.60	1997	144.02	141.84	252	1.96
1970	144.41	141.94	392	1.72	1998	146.48	141.89	865	2.26
1971	144.23	141.93	253	0.73	1999	144.48	141.89	343	1.81
1972	144.15	141.94	238	1.08	2000	143.68	141.89	225	0.990
1973	146.60	142.01	1270	1.42	2001	144.14	141.87	285	1.95
1974	144.35	141.96	297	0.95	2002	144.32	141.90	339	1.84
1975	144.51	141.99	311	1.29	2003	144.08	141.87	299	1.45
1976	144.29	141.98	269	1.90	2004	143.58	141.79	200	0.910
1977	146.10	141.93	981	1.74	2005	143.76	141.79	248	0.830
1978	143.95	141.89	227	0.55	2006	144.13	141.78	304	0.820
1979	143.64	141.88	175	0.88	2007	144.32	141.77	369	0.800
1980	143.53	141.96	152	1.22	2008	143.59	141.78	198	0.780
1981	143.90	141.88	225	1.08	2009	143.29	141.79	156	0.650
1982	143.83	141.92	197	1.30	2010	143.70	141.41	248	0.710
1983	145.52	141.89	717	2.13	2012	143.65	141.26	227	0.640
1984	143.83	141.82	221	1.40	2013	143.74	141.22	250	0.400
1985	143.76	141.95	211	1.50	2014	143.37	141.23	143	0.341
1986	143.55	141.87	180	1.19	2015	144.04	140.90	333	0.680
1987	143.38	141.83	138	1.22	2016	143.96	140.95	335	0.800
1988	144.68	141.83	334	1.38					

永修水文站 属修水水系修水干流下游大河控制站，国家一类水文站，省级重点站，九江市水文局管辖。位于永修县涂埠镇建设新村（东经115°49′，北纬29°02′），控制流域面积14539km²，处滨湖河网地区，接纳控制修、潦两河来水。1929年1月建成，测验项目为降水量和水位，抗战时期和解放战争时期停测，1949年恢复观测后一直延续至今，2002年由水位站升格为水文站，观测项目增加了流量测验。实测年最高水位23.48m（1998年7月31日），年最低水位13.68m（2013年10月28日）；年最大流量4450m³/s（2005年9月4日），年最小流量0m³/s（2006年6月20日），见表2.7.9。

表 2.7.9 1947—2016 年永修水文站水情特征统计

年份	最高水位/m	最低水位/m	最大流量/(m³/s)	最小流量/(m³/s)	年份	最高水位/m	最低水位/m	最大流量/(m³/s)	最小流量/(m³/s)
1947	18.03	13.99	1110	62.1	1969	22.01	14.97		
1948	20.78	14.19	3560	91.5	1970	22.10	14.93		
1949	18.40	14.95			1971	21.17	14.46		
1950	20.12	14.79			1972	19.28	14.33		
1951	19.78	14.64			1973	21.97	14.89		
1952	20.44	14.88			1974	20.71	14.29		
1953	21.12	14.81			1975	21.50	14.44		
1954	22.59	15.11			1976	20.84	14.32		
1955	22.81	14.95			1977	22.07	14.41		
1956	20.25	14.27			1978	19.63	14.02		
1957	20.26	14.30	2810	29.0	1979	18.46	14.11		
1958	20.60	14.58			1980	20.88	14.24		
1959	21.44	14.44			1981	20.88	14.46		
1960	19.49	14.44			1982	20.17	14.68		
1961	20.67	14.55			1983	22.90	14.47		
1962	21.00	14.49			1984	19.00	14.83		
1963	19.78	14.39			1985	18.32	14.82		
1964	20.76	14.49			1986	19.08	14.52		
1965	18.34	14.33			1987	19.01	14.36		
1966	20.93	14.53			1988	20.38	15.04		
1967	21.27	14.58			1989	20.24	14.98		
1968	20.27	14.72			1990	19.80	14.85		

年份	最高水位/m	最低水位/m	最大流量/(m³/s)	最小流量/(m³/s)	年份	最高水位/m	最低水位/m	最大流量/(m³/s)	最小流量/(m³/s)
1991	21.34	14.70			2004	18.78	13.74		
1992	21.00	14.76			2005	22.10	14.57	4450	17.0
1993	22.70	14.85			2006	18.28	14.31	993	0
1994	20.44	14.90			2007	18.87	14.20	970	45.5
1995	22.80	14.72			2008	18.18	14.31	990	50.4
1996	21.51	14.63			2009	17.86	14.17	960	45.2
1997	19.82	14.75			2010	20.55	14.09		
1998	23.48	14.64			2011	20.98	13.90	2900	50.0
1999	22.55	14.35			2012	19.58	14.00	1880	0
2000	19.97	14.46			2013	19.74	13.68	1960	28.6
2001	18.34	14.30			2014	21.07	13.96		
2002	21.33	14.32			2015	20.95	14.24	2180	41.3
2003	21.69	14.90			2016	23.18	14.67	5600	46.0

永修虬津水文站 属修水水系修水干流下游大河控制站，国家一类水文站，省级重点站，九江市水文局管辖。位于永修县虬津镇（东经115°41′，北纬29°10′），控制流域面积9914km²。1956年5月由江西省水利厅设为水位站，观测水位至12月。1980年因柘林水文站撤销下迁重建，1982年恢复开展水文观测，测验项目有降水量、水位、流量和蒸发量。实测年最高水位25.29m（1993年7月5日），年最低水位15.60m（2016年11月13日）；年最大流量4070m³/s（1993年7月5日），年最小流量0m³/s（1983年5月1日），见表2.7.10。

表2.7.10　　　　1982—2016年永修虬津水文站水情特征统计

年份	最高水位/m	最低水位/m	最大流量/(m³/s)	最小流量/(m³/s)	年份	最高水位/m	最低水位/m	最大流量/(m³/s)	最小流量/(m³/s)
1982	19.99	16.75			1988	21.14	16.93	1250	32.9
1983	24.91	16.61	3790	0	1989	20.25	16.88	781	28.8
1984	19.58	16.79	724	26.5	1990	19.83	16.73	688	22.8
1985	19.05	16.72	559	17.0	1991	23.61	16.87	2770	13.3
1986	19.60	16.44	628	7.60	1992	22.45	16.71	2050	5.60
1987	19.28	16.37	626	7.70	1993	25.29	16.67	4070	11.2

年份	最高水位/m	最低水位/m	最大流量/(m³/s)	最小流量/(m³/s)	年份	最高水位/m	最低水位/m	最大流量/(m³/s)	最小流量/(m³/s)
1994	22.26	16.64	1920	26.6	2006	20.44	16.11	1290	14.9
1995	24.92	16.47	3860	4.80	2007	19.67	15.90	995	0.013
1996	21.35	16.69	1340	1.00	2008	20.44	15.75	1290	0.500
1997	19.71	16.74	561	8.80	2009	19.77	15.82	1170	11.0
1998	24.71	16.60	3420	4.80	2010	21.26	15.75	1520	9.90
1999	23.92	16.40	2940	4.70	2011	21.69	15.78	2000	14.5
2000	19.92	16.55	701	5.70	2012	20.93	15.89	1410	13.1
2001	19.18	16.41	627	8.40	2013	20.75	15.75	1350	8.00
2002	23.00	16.53	2400	2.70	2014	23.56	15.69	3120	7.50
2003	22.10	16.70	1580	9.50	2015	21.26	15.65	1680	7.40
2004	20.33	16.17	1110	5.00	2016	24.29	15.60	3870	6.50
2005	22.45	16.20	1620	2.80					

永修吴城水位站　该站设修水、赣江两个观测断面，分属修水、赣江尾间站，中央重要报汛站，省级重点站，九江市水文局管辖。位于永修县吴城镇（东经116°00′，北纬29°11′）。修水断面始建于1928年9月，1937年停测，1947年1月恢复水位和降水量观测，1949—1951年再度停测，1952年恢复观测，实测年最高水位22.96m（1998年8月2日），年最低水位9.40m（2009年2月20日）；赣江断面1953年1月建成，实测年最高水位22.98m（1998年8月2日），年最低水位8.64m（2015年2月20日），见表2.7.11、表2.7.12。

表2.7.11　1952—2016年永修吴城水位站水情特征统计（修水断面）　　单位：m

年份	最高水位	最低水位	年份	最高水位	最低水位	年份	最高水位	最低水位
1952	19.39	10.74	1958	19.14	10.24	1964	19.74	10.55
1953	18.38	10.65	1959	18.50	10.24	1965	17.80	10.37
1954	22.20	10.80	1960	17.09	10.43	1966	18.81	10.87
1955	19.72	10.30	1961	18.27	10.59	1967	19.16	10.73
1956	18.71	10.03	1962	20.69	10.71	1968	20.42	10.56
1957	18.20	10.12	1963	16.67	10.38	1969	20.64	10.83

续表

年份	最高水位	最低水位	年份	最高水位	最低水位	年份	最高水位	最低水位
1970	19.96	10.77	1986	18.37	10.77	2002	20.61	11.15
1971	18.77	10.59	1987	19.13	10.25	2003	19.74	10.87
1972	16.52	10.35	1988	20.45	10.93	2004	17.74	9.58
1973	21.35	11.09	1989	20.35	10.75	2005	19.39	10.74
1974	20.45	10.91	1990	19.93	11.06	2006	17.30	10.06
1975	20.34	11.19	1991	20.35	11.08	2007	18.84	9.48
1976	20.33	11.22	1992	21.09	10.92	2008	18.02	9.64
1977	21.09	10.94	1993	20.70	10.87	2009	17.48	9.40
1978	17.50	10.40	1994	20.33	11.79	2010	20.67	9.51
1979	18.57	10.43	1995	22.30	11.20	2011	17.78	9.49
1980	21.02	10.64	1996	21.56	10.90	2012	20.00	9.38
1981	18.36	11.07	1997	19.77	11.31	2013	17.39	9.18
1982	20.29	11.15	1998	22.96	11.03	2014	19.04	8.82
1983	22.13	11.31	1999	22.33	10.59	2015	19.90	8.60
1984	18.79	11.20	2000	18.34	11.13	2016	21.75	10.20
1985	17.53	11.31	2001	17.42	11.57			

表 2.7.12　1953—2016 年永修吴城水位站水情特征统计（赣江断面）　　单位：m

年份	最高水位	最低水位	年份	最高水位	最低水位	年份	最高水位	最低水位
1953	18.37	11.11	1963	16.67	10.75	1973	21.36	11.10
1954	22.20	11.20	1964	19.84	10.85	1974	20.38	11.06
1955	19.76	10.76	1965	17.80	10.77	1975	20.33	11.74
1956	18.74	10.48	1966	18.83	11.16	1976	20.35	11.19
1957	18.19	10.46	1967	19.20	10.93	1977	21.03	11.13
1958	19.18	10.64	1968	20.48	11.28	1978	17.51	10.92
1959	18.50	10.62	1969	20.72	11.28	1979	18.57	10.95
1960	17.14	10.71	1970	19.90	11.17	1980	21.01	11.00
1961	18.26	10.99	1971	18.74	10.72	1981	18.36	11.31
1962	20.69	11.17	1972	16.53	10.68	1982	20.30	11.55

年份	最高水位	最低水位	年份	最高水位	最低水位	年份	最高水位	最低水位
1983	22.14	11.73	1995	22.30	11.59	2007	18.84	9.45
1984	18.79	11.59	1996	21.55	11.25	2008	18.03	9.70
1985	17.53	11.60	1997	19.75	11.36	2009	17.48	9.50
1986	18.38	11.05	1998	22.98	11.43	2010	20.67	9.61
1987	19.14	10.71	1999	22.35	11.00	2011	17.78	9.46
1988	20.44	11.30	2000	18.45	11.24	2012	20.00	9.38
1989	20.44	11.13	2001	17.50	11.61	2013	17.39	9.18
1990	19.93	11.33	2002	20.58	11.09	2014	19.04	8.82
1991	20.34	11.32	2003	19.77	10.86	2015	19.90	8.64
1992	21.10	11.13	2004	17.78	10.42	2016	21.75	10.20
1993	20.71	11.25	2005	19.41	10.74			
1994	20.36	11.99	2006	17.32	10.09			

德安梓坊水文站　属湖区水系博阳河区域代表站，国家二类水文站，省级重点站，九江市水文局管辖。位于德安县聂桥镇梓坊村（东经115°40′，北纬29°22′），控制流域面积626km^2。1956年12月建成，测验项目有降水量、水位、流量和蒸发量。实测年最高水位30.60m（1998年6月27日），年最低水位21.74m（1970年8月12日）；年最大流量1180m^3/s（1998年6月27日），年最小流量0m^3/s（1970年8月12日），见表2.7.13。

表2.7.13　　　　1957—2016年德安梓坊水文站水情特征统计

年份	最高水位/m	最低水位/m	最大流量/(m^3/s)	最小流量/(m^3/s)	年份	最高水位/m	最低水位/m	最大流量/(m^3/s)	最小流量/(m^3/s)
1957	26.88	21.84	316	0.03	1965	25.59	21.88	204	0.17
1958	26.96	21.86	362	0.12	1966	27.84	21.84	474	0.04
1959	28.77	21.86	604	0.14	1967	28.95	21.81	667	0.03
1960	27.27	21.86	390	0.20	1968	24.57	21.77	123	0.01
1961	27.35	21.92	411	0.31	1969	29.35	21.92	868	0.30
1962	27.61	21.92	435	0.21	1970	28.63	21.74	711	0
1963	26.23	21.91	269	0.20	1971	26.76	21.75	360	0.004
1964	28.92	21.89	657	0.13	1972	25.55	21.95	201	0.56

续表

年份	最高水位/m	最低水位/m	最大流量/(m³/s)	最小流量/(m³/s)	年份	最高水位/m	最低水位/m	最大流量/(m³/s)	最小流量/(m³/s)
1973	28.27	21.95	591	0.56	1995	28.91	22.05	730	0.87
1974	29.51	21.86	864	0.15	1996	27.17	22.03	392	0.77
1975	29.87	22.07	960	1.10	1997	25.87	22.08	239	0.98
1976	26.47	21.88	319	0.35	1998	30.60	22.06	1180	1.14
1977	25.97	22.07	263	1.10	1999	28.32	22.03	625	0.70
1978	26.09	21.83	294	0.08	2000	25.57	21.93	234	0.22
1979	27.36	21.93	433	0.24	2001	26.93	21.91	392	0.18
1980	26.11	22.02	263	0.65	2002	28.43	22.01	603	0.56
1981	27.90	22.08	509	1.04	2003	25.65	22.05	238	0.94
1982	24.88	22.17	134	1.69	2004	27.76	22.08	509	1.34
1983	26.39	22.11	301	1.31	2005	28.73	22.12	641	1.19
1984	27.47	22.11	456	0.97	2006	25.41	22.15	203	1.48
1985	24.59	22.10	116	0.55	2007	24.06	22.16	83.8	1.10
1986	26.32	22.02	282	0.40	2008	24.95	22.22	147	1.08
1987	25.34	22.17	181	0.98	2009	25.29	22.19	175	0.98
1988	27.74	22.13	519	0.49	2010	26.54	22.25	317	1.59
1989	28.20	22.17	578	1.10	2011	25.93	22.13	232	0.53
1990	28.63	22.22	682	1.20	2012	26.89	22.14	326	0.53
1991	26.97	22.10	389	1.25	2013	27.01	22.08	343	0.70
1992	26.40	22.05	289	0.65	2014	29.57	22.16	738	0.95
1993	27.59	22.13	436	1.14	2015	27.22	22.08	385	0.76
1994	27.43	22.30	425	2.76	2016	28.66	22.07	588	1.02

　　瑞昌铺头水文站　属长江中游下段南岸水系长河（乌石港段）小河站，国家三类水文站，九江市水文局管辖。位于瑞昌市高丰镇铺头村（东经115°29′，北纬29°38′），控制流域面积185km²。1958年4月30日设立，1962年5月撤销，1977年1月恢复观测，测验项目有降水量、水位、流量、蒸发量等。实测年最高水位39.93m（1982年9月2日），年最低水位35.88m（2005年6月24日）；年最大流量717m³/s（1982年9月2日），年最小流量0.090m³/s（2000年3月3日），见表2.7.14。

表 2.7.14　　　　　　**1980—2016 年瑞昌铺头水文站水情特征统计**

年份	最高水位/m	最低水位/m	最大流量/(m³/s)	最小流量/(m³/s)	年份	最高水位/m	最低水位/m	最大流量/(m³/s)	最小流量/(m³/s)
1980	38.05	35.98	230	0.140	1999	39.14	36.05	370	0.420
1981	38.19	36.11	260	0.160	2000	36.79	35.93	25	0.090
1982	39.93	36.16	717	0.350	2001	37.66	35.97	119	0.200
1983	38.35	36.21	280	0.290	2002	38.33	35.89	247	0.290
1984	38.59	36.20	292	0.180	2003	37.62	35.95	145	0.850
1985	37.64	36.22	107	0.160	2004	38.97	35.92	459	0.530
1986	38.84	36.17	338	0.170	2005	38.83	35.88	373	0.420
1987	38.14	36.22	235	0.220	2006	38.05	35.99	209	0.900
1988	38.79	36.08	315	0.170	2007	38.48	35.97	299	0.780
1989	38.10	36.11	176	0.180	2008	37.77	35.97	156	0.750
1990	38.75	36.13	299	0.430	2009	37.59	35.97	124	0.675
1991	38.13	36.15	187	0.320	2010	37.92	35.98	176	0.690
1992	38.08	36.18	179	0.540	2011	38.37	36.09	244	0.369
1993	38.78	36.16	287	0.280	2012	37.90	36.10	167	0.378
1994	38.99	36.12	332	0.180	2013	38.71	36.07	286	0.357
1995	38.77	36.16	298	0.200	2014	38.37	36.09	244	0.369
1996	38.76	36.19	287	0.410	2015	37.90	36.10	167	0.378
1997	38.89	36.20	294	0.260	2016	38.71	36.07	286	0.361
1998	38.80	36.19	302	0.200					

都昌彭冲涧水文站　　属湖区水系彭冲涧水小河站，国家三类水文站，九江市水文局管辖。位于都昌县武山林场（东经 116°27′，北纬 29°32′），控制流域面积 2.90km²。1982 年 4 月建成，测验项目有降水量、水位、流量、蒸发量。实测年最高水位 47.220m（2016 年 6 月 29 日），年最低水位 45.135m（2009 年 11 月 6 日）；年最大流量 51.0m³/s（2016 年 6 月 29 日），年最小流量 0m³/s（1986 年 10 月 8 日），见表 2.7.15。

表 2.7.15　　　　　　**1980—2016 年都昌彭冲涧水文站水情特征统计**

年份	最高水位/m	最低水位/m	最大流量/(m³/s)	最小流量/(m³/s)	年份	最高水位/m	最低水位/m	最大流量/(m³/s)	最小流量/(m³/s)
1983	46.290	45.235	11.80	0.001	1985	46.070	45.240	7.72	0.001
1984	46.360	45.240	13.70	0.001	1986	45.800	45.225	2.54	0

续表

年份	最高水位/m	最低水位/m	最大流量/(m³/s)	最小流量/(m³/s)	年份	最高水位/m	最低水位/m	最大流量/(m³/s)	最小流量/(m³/s)
1987	45.990	45.240	5.00	0.002	2002	46.160	45.230	8.76	0.001
1988	46.570	45.230	18.40	0.001	2003	46.130	45.225	8.11	0.001
1989	45.990	45.230	6.01	0.001	2004	45.910	45.220	4.00	0
1990	46.240	45.230	11.10	0	2005	45.930	45.235	4.38	0.001
1991	46.350	45.230	12.80	0	2006	46.170	45.165	8.90	0
1992	46.100	45.225	7.50	0	2007	45.730	45.225	1.63	0
1993	45.960	45.230	5.35	0	2008	46.720	45.225	22.50	0
1994	46.110	45.230	8.13	0	2009	45.880	45.135	3.56	0
1995	46.150	45.235	8.92	0	2010	46.760	45.235	25.50	0.001
1996	46.090	45.230	7.76	0	2011	45.870	45.225	3.48	0
1997	46.340	45.230	12.30	0	2012	45.860	45.210	2.91	0
1998	46.750	45.230	23.30	0	2013	46.600	45.185	18.90	0
1999	46.290	45.235	11.50	0.001	2014	45.920	45.210	4.18	0
2000	45.930	45.235	4.53	0.001	2015	45.890	45.230	3.92	0.001
2001	46.200	45.230	9.56	0	2016	47.220	45.235	51.00	0.001

庐山观口水文站 属湖区水系观泉河小河站，国家三类水文站，九江市水文局管辖。位于庐山市温泉镇观口村（东经115°54′，北纬29°27′），控制流域面积29.6km²。1974年1月建成，测验项目有降水量、水位。该站资料从1983年开始整编，1994年停测，2004年恢复观测，2012年架设缆道测流。实测年最高水位19.525m（2005年9月3日），年最低水位15.510m（2005年1月3日）；年最大流量490m³/s（2005年9月3日），年最小流量0m³/s（2014年8月8日），见表2.7.16。

表2.7.16　　　　1983—2016年庐山观口水文站水情特征统计

年份	最高水位/m	最低水位/m	最大流量/(m³/s)	最小流量/(m³/s)	年份	最高水位/m	最低水位/m	最大流量/(m³/s)	最小流量/(m³/s)
1983	16.630	15.760			1987	16.820	15.740		
1984	17.460	15.775			1988	17.050	15.725		
1985	16.950	15.770			1989	16.970	15.710		
1986	16.620	15.760			1990	17.830	15.724		

年份	最高水位/m	最低水位/m	最大流量/(m³/s)	最小流量/(m³/s)	年份	最高水位/m	最低水位/m	最大流量/(m³/s)	最小流量/(m³/s)
1991	16.920	15.771			2009	16.635	15.645		
1992	16.640	15.760			2010	16.760	15.690		
1993	16.860	15.775			2011	17.110	15.665		
2004	17.450	15.540			2012	17.465	15.640	89.0	0.001
2005	19.525	15.510	490		2013	17.135	15.620	65.4	0.001
2006	17.980	15.570			2014	17.105	15.605	59.4	0
2007	16.505	15.560		0.054	2015	17.080	15.630	58.5	0.006
2008	18.470	15.535			2016	17.715	15.600	118	0.056

都昌棠荫水位站　属湖区站，鄱阳湖水文局管辖。位于都昌县周溪镇棠荫村（东经 116°23′，北纬 29°05′）。1957 年建站，测验项目有降水、水位、蒸发、水温。该站多年平均水位 14.60m，实测年最高水位 22.57m（1998 年 7 月 30 日），年最低水位 9.64m（2007 年 12 月 18 日），见表 2.7.17。

表 2.7.17　　1958—2016 年都昌棠荫水位站水情特征统计　　　　单位：m

年份	最高水位	最低水位	年份	最高水位	最低水位	年份	最高水位	最低水位
1958	18.44	11.48	1975	19.94	12.23	1989	19.99	11.32
1962	20.27	11.65	1976	19.94	11.85	1990	19.52	11.72
1963	16.28	11.30	1977	20.68	11.66	1991	19.89	11.43
1964	19.38	11.33	1978	17.11	11.02	1992	20.71	11.57
1965	17.35	11.29	1979	18.16	11.03	1993	20.32	11.62
1966	18.38	11.60	1980	20.60	11.18	1994	20.00	11.97
1967	18.74	11.43	1981	17.93	11.66	1995	21.94	11.59
1968	20.03	11.26	1982	19.89	11.66	1996	21.16	11.30
1969	20.24	11.71	1983	21.73	11.79	1997	19.39	11.14
1970	19.52	11.69	1984	18.37	11.52	1998	22.57	11.63
1971	18.36	11.56	1985	17.22	11.76	1999	21.95	11.50
1972	16.04	11.62	1986	17.93	11.38	2000	18.07	11.60
1973	20.94	11.84	1987	18.77	10.97	2001	17.05	12.18
1974	20.05	11.75	1988	20.05	11.26	2002	20.21	11.95

续表

年份	最高水位	最低水位	年份	最高水位	最低水位	年份	最高水位	最低水位
2003	19.23	9.99	2008	17.53	9.85	2013	17.05	11.01
2004	17.33	9.96	2009	17.07	10.97	2014	18.59	11.02
2005	19.00	11.64	2010	20.35	11.22	2015	19.44	11.03
2006	16.92	11.32	2011	17.29	11.32	2016	21.31	11.70
2007	18.41	9.64	2012	19.60	11.31			

都昌水位站　属湖区站，中央重要报汛站，鄱阳湖水文局管辖。位于鄱阳湖东北岸的都昌县都昌镇印山小岛（东经116°11′，北纬29°15′），洪水时四面环水，1952年建站。测验项目有降水、水位、水温。该站多年平均水位13.95m，实测年最高水位22.43m（1998年8月2日），年最低水位7.46m（2014年2月1日），见表2.7.18。

表2.7.18　　　　1952—2016年都昌水位站水情特征统计　　　　单位：m

年份	最高水位	最低水位	年份	最高水位	最低水位	年份	最高水位	最低水位
1952	18.26	9.98	1968	19.93	8.86	1984	18.26	9.81
1953	17.76	9.46	1969	20.11	9.54	1985	17.00	10.06
1954	21.71	10.23	1970	19.40	9.39	1986	17.82	9.63
1955	19.25	9.66	1971	18.22	9.04	1987	18.63	9.06
1956	18.23	9.24	1972	15.87	9.00	1988	19.88	9.50
1957	17.68	9.16	1973	20.81	9.64	1989	19.84	9.56
1958	18.66	9.15	1974	19.91	9.45	1990	19.38	9.89
1959	18.04	9.23	1975	19.79	10.41	1991	19.77	9.64
1960	16.55	9.34	1976	19.80	9.74	1992	20.58	9.60
1961	17.58	9.42	1977	20.54	9.31	1993	20.18	9.65
1962	20.15	9.43	1978	16.94	8.71	1994	19.85	10.50
1963	16.12	8.87	1979	18.01	8.62	1995	21.78	9.85
1964	19.27	9.01	1980	20.44	8.85	1996	21.02	9.59
1965	17.23	8.77	1981	17.80	9.51	1997	19.26	9.24
1966	18.27	9.30	1982	19.75	9.74	1998	22.43	9.90
1967	18.61	9.02	1983	21.58	10.05	1999	21.83	9.51

年份	最高水位	最低水位	年份	最高水位	最低水位	年份	最高水位	最低水位
2000	17.92	9.75	2006	16.68	9.10	2012	19.47	7.92
2001	16.89	10.55	2007	18.26	8.18	2013	16.80	7.53
2002	20.06	10.08	2008	17.46	8.05	2014	18.51	7.46
2003	19.17	8.85	2009	16.94	7.99	2015	19.30	7.60
2004	17.24	8.72	2010	20.20	8.15	2016	21.17	9.09
2005	18.83	9.47	2011	17.27	8.17			

星子水位站　属湖区站，中央重要报汛站，鄱阳湖水文局管辖。位于庐山市南康镇（东经116°02′，北纬29°26′），1931年建站。测验项目有降水、水位、蒸发、水温。该站多年平均水位13.50m，实测年最高水位22.52m（1998年8月2日），年最低水位7.11m（2004年2月4日），见表2.7.19。

表 2.7.19　　　　　1950—2016年星子水位站水情特征统计　　　　单位：m

年份	最高水位	最低水位	年份	最高水位	最低水位	年份	最高水位	最低水位
1950	18.00	9.69	1966	18.38	8.03	1982	19.90	8.20
1951	17.32	8.12	1967	18.81	7.38	1983	21.79	8.88
1952	19.11	8.65	1968	20.12	7.35	1984	18.50	8.70
1953	17.65	8.07	1969	20.35	8.16	1985	17.22	8.47
1954	21.85	9.44	1970	19.62	7.89	1986	18.05	8.10
1955	19.22	7.85	1971	18.27	7.51	1987	18.85	7.36
1956	18.28	7.32	1972	16.00	7.21	1988	20.06	8.08
1957	17.86	7.19	1973	20.98	8.36	1989	19.97	8.05
1958	18.66	7.43	1974	20.10	8.09	1990	19.62	8.89
1959	18.16	7.22	1975	19.88	8.82	1991	20.01	8.42
1960	16.72	7.46	1976	19.98	8.37	1992	20.73	8.30
1961	17.55	7.47	1977	20.69	8.31	1993	20.32	8.07
1962	20.32	7.59	1978	17.04	7.42	1994	19.92	9.36
1963	16.32	7.15	1979	18.21	7.20	1995	21.93	8.74
1964	19.53	8.14	1980	20.66	7.62	1996	21.14	8.09
1965	17.46	7.30	1981	18.03	8.40	1997	19.35	8.27

续表

年份	最高水位	最低水位	年份	最高水位	最低水位	年份	最高水位	最低水位
1998	22.52	8.33	2005	19.05	8.20	2012	19.65	7.79
1999	22.01	7.82	2006	16.73	7.80	2013	16.97	7.40
2000	18.13	8.56	2007	18.50	7.27	2014	18.68	7.39
2001	17.05	9.38	2008	17.69	7.37	2015	19.47	7.57
2002	20.27	8.40	2009	17.18	7.49	2016	21.38	8.98
2003	19.40	7.93	2010	20.31	7.74			
2004	17.46	7.11	2011	17.42	8.11			

二、雨量站

清光绪十一年（1885）三月，九江海关首先建立测候所观测降水量，民国27年（1938）3月，受日本侵略军战争影响停测，1951年由水利系统恢复，虽观测场地有所变迁，但观测一直延续至今。

清宣统元年（1909），庐山牯岭观测降水量，民国2年（1913）停测，观测单位无从查考。

民国12年（1923），扬子江技术委员会在牯岭设雨量站，民国16年（1927）1月停测。

民国17年（1928）10月，江西省建设厅批转江西水利局报告，通令各县建设局、各农业试验场和各林场办理雨量气象观测。彭泽林场开始测记降水量。此类雨量观测站，极不稳定，观测时断时续，资料大都残缺不全，民国20年（1931），除九江站保持观测外，永修水文站成为修水流域内最早观测降雨量的站点。民国36年（1947），永修吴城水位站也开始观测降雨量。

1951年12月，省人民政府通知各县（市），决定将原设在县（市）所在地的雨量站重新调整加强，设站设备和观测技术方面，统由省水利局负责协助；经常观测和记载业务，由县市指定农场或农林单位干部负责兼办，在业务和技术上，均接受省水利局指导。另有少数付酬的代办的雨量站，津贴很少，不足代办人员自身的生活费用，须另觅他业增加收入，影响代办工作，观测经常中断，记录残缺不全。1952年，转向较大市镇布设雨量站，委托当地居民、教师或干部代办业务，每月付酬工分30～80分，每分约0.22元。付报酬的代办站工作负责，资料较为完整可靠。1954年5月，省公安厅、省水利局双方合作设赛湖、芙蓉农场雨量站，观测人员和办公费由农场负责，省水利局指定庐山水文站负责技术指导和资料审核工作。

1956 年 2 月，水利部召开全国水文工作会议，会议确定江西省在 1958 年以前，增设基本雨量站 370 站。同时，省委关于《贯彻执行 1956—1967 年全国农业发展纲要的规划（草案）》，提出加强水文观测和水文预报工作。为此，3 月，水利厅提出年内布设雨量站 125 站的任务，通知各水文分站和专（行）县机构密切联系，取得当地政府协助，结合邮电情况和观测场地通盘考虑设站地点。承办对象，除以农林技术推广站、国营农场外，以农业生产合作社作为设站的主要对象之一，水利厅供应雨量站观测仪器、记载报表、业务文件和办公费，其他一切行政开支，由承办单位解决。此阶段，高沙、先锋、梓坊水文站开始观测降水量，同时增设了白沙岭、山口、黄沙桥、何市、红色水库、澧溪、石门楼、罗坪、武宁、下水口、田垅、王家铺等一批雨量站点。

1958 年 6 月，水电部发出《关于大力开展群众性水利建设观测研究工作的意见》。7 月，省水电厅向各专（行）署、各县（市）人委发出《关于布设群众性雨量气象观测站的函》，要求大力布设群众性雨量、气象观测站网，达到乡乡有农业气象哨，社社有雨量站。这些群众站哨，由于缺乏一套管理办法，有名无实，形同虚设。

1959—1961 年，国民经济暂时困难时期，雨量站逐年减少。1961 年 10 月、12 月，对雨量站作了两次调整。随着国民经济情况的好转，从 1963 年起，开始增设雨量站。此阶段，域内增设了大桥、溪口、全丰、凤凰山、邢家庄、汪家源、长榜、坪源等一批雨量站点。

1966 年"文化大革命"开始后，雨量站逐年递减，随着运动的深入，省水文气象局处于瘫痪状态，有的水文站自行撤销雨量站，不经省水文气象局审批自行撤销雨量站的情况时有发生。1972 年略有回升，站点逐年增加。

1976 年前设的水文站，有一部分站由于集水面积内的配套雨量站太少，或配套雨量站位置不当，代表性不好，直接影响产流、汇流参数的分析，无法探求参数的地理规律。第三次站网规划时，在规划面上雨量站的同时，着重考虑水文站的配套雨量站，从此，在增设面上雨量站的同时，加强配套雨量站的布设，逐年增设中小河水文站的配套雨量站。至 1982 年，基本完成区域代表站和小河水文站集水面积内配套雨量站的布设工作。此阶段，域内增设了大丰、蕉洞、半坑、杨坊、上桃坪、仙果山、螺丝塘等一批雨量站点。

1984—2006 年，域内雨量站网相对稳定。继 2006 年水情分中心建设开始，2008 年、2009 年、2011 年开展了山洪灾害预警系统二期、三期、四期的建设；2011 年中小河流预警系统开始启动；2011 年、2012 年、2015 年非工程措施开工建设。域内雨量站点增加迅速。截至 2016 年年底，全市已建雨量站 361 站［不含观测降雨量的水文（位）站，下同］，其中九江市水文局管辖 101 站、鄱阳湖水文局管辖 5 站、各县防办管辖 255 站。所有站点均实现了数据自动采集、长期固态存储、数据化自动传输，见表 2.7.20。

三、泥沙站

民国 12 年（1923）3—10 月，九江流量测量队在张家洲上游约 4.5km 处的长江河道中布设的断面上加测含沙量，是省内最早用近代科学方法测验含沙量的站。

1954 年 1 月，湖口水文站开始测验悬移质输沙率；1960 年 1 月，开展悬移质输沙率颗粒分析。

1955 年 6—8 月，武宁三碶滩水文站的含沙量测验，改为测验悬移质输沙率和单位含沙量。

1957 年起，高沙水文站增设含沙量；1958 年开始悬移质输沙率测验，1966 年开展悬移质输沙率颗粒分析。

1958 年 1 月至 1962 年 12 月，先锋水文站测验悬移质输沙率和单位含沙量。

1958 年 5 月，杨树坪水文站增设含沙量，1963 年 1 月测验悬移质输沙率。

2004 年，抱子石水库修建后，高沙水文站停止泥沙监测；杨树坪水文站撤迁停止泥沙监测。

2008 年，渣津水文站开始测验悬移质输沙率，是九江辖区内唯一的泥沙监测站点。九江辖区内没有专用的泥沙测站，泥沙监测全部设在水文站上。

四、蒸发站

1962 年 1 月，鄱阳湖水文气象实验站开展水面蒸发计算方法和测具型式的比较试验。1979 年 1 月，鄱阳湖水文气象实验站都昌蒸发实验站被列为 1979 年江西省科学委员会科研计划项目，开始筹建，1980 年 4 月开始观测，是九江辖区内唯一的专用蒸发实验站，2000 年 12 月实验任务基本完成停止观测。其他蒸发监测全部设在水文（位）站上。

不同历史时期有多个水文站进行过蒸发监测：梓坊水文站 1957 年 7 月至 1958 年 3 月、高沙水文站 1957 年 5 月至 1962 年 3 月、先锋水文站 1958 年 5 月至 1962 年 1 月、杨树坪水文站 1979 年 5 月至 2004 年（撤站）、南山水文站

表 2.7.20

2016 年九江市雨量站统计

序号	站名	河名	水系	流域	站 址	站类	管理单位	建设性质
1	白沙岭	噪口水	修河	长江	修水县白岭镇	雨量站	九江市水文局	分中心建设
2	大桥	大桥水	洞庭湖	长江	修水县大桥镇朱溪村	雨量站	九江市水文局	分中心建设
3	东津	东津水	修河	长江	修水县东津水库	雨量站	九江市水文局	分中心建设
4	港口	北岸水	修河	长江	修水县港口镇	雨量站	九江市水文局	分中心建设
5	溪口	北岸水	修河	长江	修水县溪口镇	雨量站	九江市水文局	分中心建设
6	黄沙桥	安溪水	修河	长江	修水县黄沙镇	雨量站	九江市水文局	分中心建设
7	温泉	噪口水	修河	长江	修水县白岭镇温泉村	雨量站	九江市水文局	2009 山洪三期
8	墨田	大桥水	洞庭湖	长江	修水县大桥镇墨田村	雨量站	九江市水文局	2009 山洪三期
9	金坪	渣津水	修河	长江	修水县马坳乡金坪村	雨量站	九江市水文局	2009 山洪三期
10	下田铺	奉乡水	修河	长江	修水县何市镇下田铺村	雨量站	九江市水文局	2009 山洪三期
11	蕉洞	白岭水	修河	长江	修水县白岭镇大清村	雨量站	修水县防办	2009 山洪三期
12	官坑	官坑水	修河	长江	修水县全丰镇官坑	雨量站	修水县防办	2009 山洪三期
13	半坑	黄沙港水	修河	长江	修水县全丰镇半坑村	雨量站	修水县防办	2009 山洪三期
14	全丰	黄沙港水	修河	长江	修水县全丰镇全丰村	雨量站	修水县防办	2009 山洪三期
15	画坪	黄泥河水	修河	长江	修水县古市镇东山村画坪	雨量站	修水县防办	2009 山洪三期
16	路口	南边坳水	修河	长江	修水县路口乡政府驻地	雨量站	修水县防办	2009 山洪三期
17	古市	渣津水	修河	长江	修水县古市镇政府驻地	雨量站	修水县防办	2009 山洪三期
18	杨坊	杨田水	修河	长江	修水县古市镇扫帚港村	雨量站	修水县防办	2009 山洪三期
19	古塘	大南坑水	修河	长江	修水县山口镇杨坑村	雨量站	修水县防办	2009 山洪三期

续表

序号	站名	河名	水系	流域	站　　址	站类	管理单位	建设性质
20	杨树坪	渣津水	修河	长江	修水县渣津镇板坑村	雨量站	修水县防办	2009 山洪三期
21	黄龙	中垇河	洞庭湖	长江	修水县黄龙乡政府驻地	雨量站	修水县防办	2009 山洪三期
22	白桥	大桥水	洞庭湖	长江	修水县黄龙乡白桥村	雨量站	修水县防办	2009 山洪三期
23	水源	大桥水	洞庭湖	长江	修水县水源乡政府驻地	雨量站	修水县防办	2009 山洪三期
24	红色水库	上杉水	修河	长江	修水县上杉镇中桥村	雨量站	修水县防办	2009 山洪三期
25	上杉	上杉水	修河	长江	修水县上杉乡政府驻地	雨量站	修水县防办	2009 山洪三期
26	石坳	上杉水	修河	长江	修水县石坳乡政府驻地	雨量站	修水县防办	2009 山洪三期
27	余垴	汨罗江	洞庭湖水	长江	修水县余垴乡政府驻地	雨量站	修水县防办	2009 山洪三期
28	东港	东港水	修河	长江	修水县东港乡政府驻地	雨量站	修水县防办	2009 山洪三期
29	坪地	茶泥水	修河	长江	修水县大椿乡坪地村	雨量站	修水县防办	2009 山洪三期
30	杨津	杨津水	修河	长江	修水县大椿乡杨津村	雨量站	修水县防办	2009 山洪三期
31	大椿	杨津水	修河	长江	修水县大椿乡政府驻地	雨量站	修水县防办	2009 山洪三期
32	桥亭	西源水	修河	长江	修水县大椿乡桥亭村	雨量站	修水县防办	2009 山洪三期
33	靖林	东港水	修河	长江	修水县东港乡靖林村	雨量站	修水县防办	2009 山洪三期
34	马坳	大源水	修河	长江	修水县马坳镇政府驻地	雨量站	修水县防办	2009 山洪三期
35	复源	东津水	修河	长江	修水县复源乡政府驻地	雨量站	修水县防办	2009 山洪三期
36	坑口	白羊坦水	修河	长江	修水县复源乡坑口村	雨量站	修水县防办	2009 山洪三期
37	程坊	东津水	修河	长江	修水县程坊乡政府	雨量站	修水县防办	2009 山洪三期
38	李村	茅田水	修河	长江	修水县黄沙镇李村	雨量站	修水县防办	2009 山洪三期

续表

序号	站名	河名	水系	流域	站　　址	站类	管理单位	建设性质
39	夏家	沙笼水	修河	长江	修水县港口镇长家村	雨量站	修水县防办	2009 山洪三期
40	界下	东坑源水	修河	长江	修水县港口镇界下村	雨量站	修水县防办	2009 山洪三期
41	布甲	布甲水	修河	长江	修水县布甲乡政府驻地	雨量站	修水县防办	2009 山洪三期
42	上庄	洪源水	修河	长江	修水县溪口镇上庄村	雨量站	修水县防办	2009 山洪三期
43	西港	北岸水	修河	长江	修水县西港乡政府驻地	雨量站	修水县防办	2009 山洪三期
44	漫里	杭口水	修河	长江	修水县新湾乡漫里村磨刀三组	雨量站	修水县防办	2009 山洪三期
45	新湾	杭口水	修河	长江	修水县新湾乡政府驻地	雨量站	修水县防办	2009 山洪三期
46	上杭	杭口水	修河	长江	修水县上杭乡政府驻地	雨量站	修水县防办	2009 山洪三期
47	杭口	杭口水	修河	长江	修水县杭口镇政府驻地	雨量站	修水县防办	2009 山洪三期
48	羽林	竹坪水	修河	长江	修水县竹坪乡政府驻地	雨量站	修水县防办	2009 山洪三期
49	竹坪	竹坪水	修河	长江	修水县竹坪乡政府驻地	雨量站	修水县防办	2009 山洪三期
50	漫江	漫江水	修河	长江	修水县漫江乡政府驻地	雨量站	修水县防办	2009 山洪三期
51	上桃坪	武宁水	修河	长江	修水县山口镇上桃坪村	雨量站	修水县防办	2009 山洪三期
52	黄荆洲	武宁水	修河	长江	修水县征村乡黄荆洲村	雨量站	修水县防办	2009 山洪三期
53	大团咀	杨家坪水	修河	长江	修水黄港镇杨杨坪林场大团咀	雨量站	修水县防办	2009 山洪三期
54	杨家坪	杨家坪水	修河	长江	修水县黄港镇杨家坪村	雨量站	修水县防办	2009 山洪三期
55	石街	石街水	修河	长江	修水县上奉镇石街村	雨量站	修水县防办	2009 山洪三期
56	上奉	奉乡水	修河	长江	修水县上奉镇政府驻地	雨量站	修水县防办	2009 山洪三期
57	毛竹山	郎田水	修河	长江	修水县黄港镇毛竹山林场	雨量站	修水县防办	2009 山洪三期

续表

序号	站名	河名	水系	流域	站址	站类	管理单位	建设性质
58	鸡垅山	垅港水	修河	长江	修水县黄港镇月山村	雨量站	修水县防办	2009 山洪三期
59	上沙溪	沙溪水	修河	长江	修水县漫江乡沙溪村	雨量站	修水县防办	2009 山洪三期
60	汤桥	汤坑水	修河	长江	修水县黄港镇汤桥村	雨量站	修水县防办	2009 山洪三期
61	桃里	吴都水	修河	长江	修水县宁州镇桃里村	雨量站	修水县防办	2009 山洪三期
62	苦菜窝	三溪口水	修河	长江	修水县四都镇四都村苦菜窝	雨量站	修水县防办	2009 山洪三期
63	四都	三溪口水	修河	长江	修水县四都镇政府驻地	雨量站	修水县防办	2009 山洪三期
64	庙岭	庙岭水	修河	长江	修水县庙岭乡政府驻地	雨量站	修水县防办	2009 山洪三期
65	三都	船滩水	修河	长江	修水县三都镇政府驻地	雨量站	修水县防办	2009 山洪三期
66	若坪	洋湖港水	修河	长江	修水县黄坳乡九龙村若坪	雨量站	修水县防办	2009 山洪三期
67	塘排	洋湖港	修河	长江	修水县黄坳乡塘排村	雨量站	修水县防办	2009 山洪三期
68	锅棚里	洋湖港	修河	长江	修水县庙岭乡锅棚村	雨量站	修水县防办	2009 山洪三期
69	余源	余源水	修河	长江	修水石坳乡余源村石嘴上组	雨量站	修水县防办	2015 非工程措施
70	河桥	杨田水	修河	长江	修水县古市镇河桥村黄源组	雨量站	修水县防办	2015 非工程措施
71	下杭	杭口水	修河	长江	修水县杭口镇下杭村河背郭家组	雨量站	修水县防办	2015 非工程措施
72	锯板桥	莘乡水	修河	长江	修水阿市镇锯板桥村桥背组	雨量站	修水县防办	2015 非工程措施
73	武宁	修河	修河	长江	武宁县新宁镇	雨量站	九江市水文局	分中心建设
74	红旗	修河	修河	长江	武宁县泉口镇楼下村	雨量站	九江市水文局	分中心建设
75	罗坪	罗坪水	修河	长江	武宁县罗坪镇	雨量站	九江市水文局	分中心建设
76	船滩	船滩水	修河	长江	武宁县船滩镇船滩村	雨量站	九江市水文局	分中心建设

续表

序号	站名	河名	水系	流域	站　址	站类	管理单位	建设性质
77	石门楼	罗溪水	修河	长江	武宁县石门楼镇	雨量站	九江市水文局	分中心建设
78	澧溪	修河	修河	长江	武宁县澧溪镇敬老院	雨量站	九江市水文局	分中心建设
79	汪家源	罗溪水	修河	长江	武宁县石门楼镇汪家源村	雨量站	九江市水文局	冰冻灾害
80	田圫	大源水	修河	长江	武宁县澧溪镇平圫村	雨量站	九江市水文局	冰冻灾害
81	东林	东林水	修河	长江	武宁县东林乡	雨量站	九江市水文局	中小河流预警系统
82	甫田	烟港水	修河	长江	武宁县甫田乡	雨量站	九江市水文局	中小河流预警系统
83	锦鸡坳	罗溪水	修河	长江	武宁县罗溪乡岸头村	雨量站	九江市水文局	中小河流预警系统
84	仙果山	罗溪水	修河	长江	武宁县罗溪乡仙果山村	雨量站	九江市水文局	中小河流预警系统
85	长榜	西渡港	修河	长江	武宁县罗溪镇长榜村	雨量站	九江市水文局	中小河流预警系统
86	大洞	太平河	修河	长江	武宁县大洞乡	雨量站	九江市水文局	中小河流预警系统
87	新源	大桥水	修河	长江	武宁县横路乡新源水库	雨量站	九江市水文局	中小河流预警系统
88	畈上	富水	修河	长江	武宁县大洞乡畈上村	雨量站	九江市水文局	中小河流预警系统
89	南岳	船滩水	修河	长江	武宁县船滩镇南岳村	雨量站	武宁县防办	2011 山洪四期
90	下车	东林水	修河	长江	武宁县东林乡车村	雨量站	武宁县防办	2011 山洪四期
91	茅田	东林水	修河	长江	武宁县东林乡茅田村	雨量站	武宁县防办	2011 山洪四期
92	九宫	船滩水	修河	长江	武宁县上汤乡九宫村	雨量站	武宁县防办	2011 山洪四期
93	石坑	辽田水	修河	长江	武宁县船滩镇石坑村	雨量站	武宁县防办	2011 山洪四期
94	刘家桥	辽田水	修河	长江	武宁县上汤乡刘家桥村	雨量站	武宁县防办	2011 山洪四期
95	廒夏	羊湖水	修河	长江	武宁县石门楼镇廒夏村	雨量站	武宁县防办	2011 山洪四期

续表

序号	站名	洞名	水系	流域	站 址	站类	管理单位	建设性质
96	清江	清江水	修河	长江	武宁县清江乡	雨量站	武宁县防办	2011 山洪四期
97	泥山	清江水	修河	长江	武宁县横路乡泥山村	雨量站	武宁县防办	2011 山洪四期
98	洞口	西口水	修河	长江	武宁县石渡乡洞口村	雨量站	武宁县防办	2011 山洪四期
99	坎上	曹坑水	修河	长江	武宁县澧溪镇坎上村	雨量站	武宁县防办	2011 山洪四期
100	太平山	烟港水	修河	长江	武宁县甫田乡太平山村	雨量站	武宁县防办	2011 山洪四期
101	龙峰	甫田水	修河	长江	武宁县甫田乡龙峰水库	雨量站	武宁县防办	2011 山洪四期
102	螺丝塘	大铺水	修河	长江	武宁县罗溪乡螺丝塘村	雨量站	武宁县防办	2011 山洪四期
103	新庄	罗溪水	修河	长江	武宁县罗溪乡新庄村	雨量站	武宁县防办	2011 山洪四期
104	坪源	田铺里水	修河	长江	武宁县罗溪乡坪源村	雨量站	武宁县防办	2011 山洪四期
105	天平	西渡港	修河	长江	武宁县宋溪镇天平村	雨量站	武宁县防办	2011 山洪四期
106	爆竹铺	东山水	修河	长江	武宁县宋溪乡东山村	雨量站	武宁县防办	2011 山洪四期
107	下水口	沙田水	修河	长江	武宁县宋溪乡朱山村	雨量站	武宁县防办	2011 山洪四期
108	大寺里	沙田水	修河	长江	武宁新宁镇大寺里水库	雨量站	武宁县防办	2011 山洪四期
109	石坪	洞里水	修河	长江	武宁县新宁镇石坪村	雨量站	武宁县防办	2011 山洪四期
110	东坑	源口水	修河	长江	武宁县新宁镇东坑村	雨量站	武宁县防办	2011 山洪四期
111	宋溪	喷溪山水	修河	长江	武宁县宋溪镇田东村	雨量站	武宁县防办	2011 山洪四期
112	鲁溪	梅颜段水	修河	长江	武宁县鲁溪镇	雨量站	武宁县防办	2011 山洪四期
113	官莲	曲池坂水	修河	长江	武宁县官莲乡	雨量站	武宁县防办	2011 山洪四期
114	巾口	巾口水	修河	长江	武宁县巾口乡	雨量站	武宁县防办	2011 山洪四期

续表

序号	站名	河名	水系	流域	站址	站类	管理单位	建设性质
115	石子里	罗坪水	修河	长江	武宁县罗坪镇子里村	雨量站	武宁县防办	2011 山洪四期
116	邢家庄	瓜源水	修河	长江	武宁县杨洲乡	雨量站	武宁县防办	2011 山洪四期
117	武陵岩	瓜源水	修河	长江	武宁县杨洲乡庄上村	雨量站	武宁县防办	2011 山洪四期
118	霞庄	瓜源水	修河	长江	武宁县杨洲乡霞庄村	雨量站	武宁县防办	2011 山洪四期
119	杨坑	巾口水	修河	长江	武宁县泉口镇枣顽村杨坑	雨量站	武宁县防办	2015 非工程措施
120	凤凰山	龙安河	修河	长江	永修县云山凤凰山	雨量站	九江市水文局	冰冻灾害
121	梅棠	虬津水	修河	长江	永修县梅棠镇	雨量站	九江市水文局	中小河流预警系统
122	江坡	虬津水	修河	长江	永修县梅棠镇江坡村	雨量站	九江市水文局	中小河流预警系统
123	燕坊	南山河	修河	长江	永修县燕坊镇	雨量站	九江市水文局	中小河流预警系统
124	三溪桥	木港水	修河	长江	永修县三溪桥镇	雨量站	九江市水文局	中小河流预警系统
125	白槎	修河	修河	长江	永修县白槎镇	雨量站	九江市水文局	中小河流预警系统
126	八角岭	西鄱阳贩水	修河	长江	永修县八角岭村	雨量站	九江市水文局	中小河流预警系统
127	安城	蔡溪河	修河	长江	永修县滩溪镇安城村	雨量站	九江市水文局	中小河流预警系统
128	光明	杨柳津	修河	长江	永修县艾城镇光明村	雨量站	九江市水文局	中小河流预警系统
129	艾城	谦田水	修河	长江	永修县艾城镇	雨量站	九江市水文局	中小河流预警系统
130	九合	杨柳津	修河	长江	永修县九合乡	雨量站	九江市水文局	中小河流预警系统
131	三角	蚂蚁河	修河	长江	永修县三角乡	雨量站	九江市水文局	中小河流预警系统
132	黄荆	黄荆水	修河	长江	永修县柘林镇黄荆村香棚组	雨量站	永修县防办	2009 山洪三期
133	易家河	易家河	修河	长江	永修县柘林镇易家河村白田组	雨量站	永修县防办	2009 山洪三期

续表

序号	站名	河名	水系	流域	站址	站类	管理单位	建设性质
134	木港	木港水	修河	长江	永修县三溪桥镇政府	雨量站	永修县防办	2009 山洪三期
135	后八洞	陈家渡	修河	长江	永修县江上乡后八洞	雨量站	永修县防办	2009 山洪三期
136	耕源	燕窝水	修河	长江	永修县江上乡耕源村耕源组	雨量站	永修县防办	2009 山洪三期
137	枹桐	大坪水	修河	长江	永修梅棠镇枹桐水库管理处	雨量站	永修县防办	2009 山洪三期
138	真如寺	龙安河	修河	长江	永修县云居山-柘林风景管理局	雨量站	永修县防办	2009 山洪三期
139	焦冲	陈桥坂水	修河	长江	永修县江上乡焦冲电站	雨量站	永修县防办	2009 山洪三期
140	贯边	妇港水	修河	长江	永修县云山企业集团贯边	雨量站	永修县防办	2009 山洪三期
141	燕山	龙安河	修河	长江	永修云山企业集团燕山水库	雨量站	永修县防办	2009 山洪三期
142	东山（永修）	峤岭水	修河	长江	永修县滩溪镇政府	雨量站	永修县防办	2009 山洪三期
143	叶庄	坪上水	修河	长江	永修县马口镇先锋村叶庄	雨量站	永修县防办	2009 山洪三期
144	立新	龙安河	修河	长江	永修县立新乡竹岭村下家组	雨量站	永修县防办	2009 山洪三期
145	荷塘	柘林灌渠	鄱阳湖	长江	共青城市汇益镇荷塘村	雨量站	九江市水文局	中小河流域预警系统
146	泽泉	后田垅水	鄱阳湖	长江	共青城市泽泉乡政府	雨量站	共青城市防办	2008 山洪二期
147	汇益	红林水	鄱阳湖	长江	共青城市汇益镇政府院内	雨量站	共青城市防办	2008 山洪二期
148	花园	长湖	鄱阳湖	长江	共青城市泽泉乡花园村小学	雨量站	共青城市防办	2008 山洪二期
149	金湖	博阳河	鄱阳湖	长江	共青城市金湖镇政府院内	雨量站	共青城市防办	2008 山洪二期
150	甘露	郑润水	鄱阳湖	长江	共青城市甘露镇政府院内	雨量站	共青城市防办	2008 山洪二期
151	横屋李家	凤凰水	鄱阳湖	长江	共青城市金湖乡横屋李家村	雨量站	共青城市防办	2011 非工程措施
152	南湖村	红林水	鄱阳湖	长江	共青城市汇益镇南湖村岗上万家	雨量站	共青城市防办	2015 非工程措施

续表

序号	站名	河名	水系	流域	站　　　址	站类	管理单位	建设性质	冰冻灾害
153	李树桥	太平垄水	鄱阳湖	长江	德安县爱民乡程村	雨量站	九江市水文局	冰冻灾害	
154	丰林	博阳河	鄱阳湖	长江	德安县丰林镇	雨量站	九江市水文局	中小河流预警系统	
155	高塘	博阳河	鄱阳湖	长江	德安县高塘镇	雨量站	九江市水文局	中小河流预警系统	
156	竹林下	十八冲水	鄱阳湖	长江	德安县车桥乡竹林下村	雨量站	德安县防办	2009 山洪三期	
157	钟村	博阳河	鄱阳湖	长江	德安县塘山乡钟村	雨量站	德安县防办	2009 山洪三期	
158	山脚下陈	田家水	鄱阳湖	长江	德安县吴山乡山脚下陈村	雨量站	德安县防办	2009 山洪三期	
159	李树桥	太平垄水	鄱阳湖	长江	德安县爱民乡柏树村	雨量站	德安县防办	2009 山洪三期	
160	昆山	车桥水	鄱阳湖	长江	德安县车桥镇昆山村	雨量站	德安县防办	2009 山洪三期	
161	湖塘	博阳河	鄱阳湖	长江	德安县邹桥乡湖塘水库	雨量站	德安县防办	2009 山洪三期	
162	石门	博阳河	鄱阳湖	长江	德安县邹桥乡石门村	雨量站	德安县防办	2009 山洪三期	
163	枣树李	南田铺水	鄱阳湖	长江	德安县磨溪乡郭村	雨量站	德安县防办	2009 山洪三期	
164	新田	博阳河	鄱阳湖	长江	德安县磨溪乡新田村	雨量站	德安县防办	2009 山洪三期	
165	杨柳	郝家坑水	鄱阳湖	长江	德安县吴山乡杨柳村	雨量站	德安县防办	2009 山洪三期	
166	张塘	田家水	鄱阳湖	长江	德安县吴山乡张塘村	雨量站	德安县防办	2009 山洪三期	
167	屏峰	小港口水	鄱阳湖	长江	德安县林泉乡屏峰村	雨量站	德安县防办	2009 山洪三期	
168	林泉	岷山水	鄱阳湖	长江	德安县林泉乡政府驻地	雨量站	德安县防办	2009 山洪三期	
169	九里	木环垄水	鄱阳湖	长江	德安县宝乡九里村	雨量站	德安县防办	2009 山洪三期	
170	后田	后田垄水	鄱阳湖	长江	德安县河东乡后田村	雨量站	德安县防办	2009 山洪三期	
171	罗桥	岷山水	鄱阳湖	长江	德安县高塘乡罗桥村	雨量站	德安县防办	2011 非工程措施	

续表

序号	站名	河名	水系	流域	站　　址	站类	管理单位	建设性质
172	付山村	杨坊水	鄱阳湖	长江	德安县邹桥乡付山村陈家组	雨量站	德安县防办	2015 非工程措施
173	永丰村	博阳河	鄱阳湖	长江	德安县聂桥镇永丰村一组	雨量站	德安县防办	2015 非工程措施
174	铺头	乌石港	长江干流	长江	瑞昌市高丰镇铺头村	雨量站	九江市水文局	分中心建设
175	王家铺	大桥水	修河	长江	瑞昌市南义镇	雨量站	九江市水文局	分中心建设
176	瑞昌	长河	长江干流	长江	瑞昌市溢城镇	雨量站	九江市水文局	冰冻灾害
177	码头	长江	长江干流	长江	瑞昌市码头镇	雨量站	九江市水文局	冰冻灾害
178	下畔	乌石港	长江干流	长江	瑞昌市花园乡下畔村	雨量站	九江市水文局	2011 山洪四期
179	曾家山	乌石港	长江干流	长江	瑞昌市花园乡下茅村	雨量站	九江市水文局	2011 山洪四期
180	夏畈	南阳河	长江干流	长江	瑞昌市夏畈镇	雨量站	瑞昌市防办	2011 山洪四期
181	横港	横港水	长江干流	长江	瑞昌市横港镇	雨量站	瑞昌市防办	2011 山洪四期
182	大店	长江	长江干流	长江	瑞昌市花园乡大店村	雨量站	瑞昌市防办	2011 山洪四期
183	横立山	南阳河	长江干流	长江	瑞昌市横立山乡	雨量站	瑞昌市防办	2011 山洪四期
184	黄金	富水	长江干流	长江	瑞昌市黄金乡	雨量站	瑞昌市防办	2011 山洪四期
185	武蛟	南阳河	长江干流	长江	瑞昌市武蛟乡	雨量站	瑞昌市防办	2011 山洪四期
186	白杨	赤湖	长江干流	长江	瑞昌市白杨镇	雨量站	瑞昌市防办	2011 山洪四期
187	麦良	双港水	长江干流	长江	瑞昌市洪一乡麦良村	雨量站	瑞昌市防办	2011 山洪四期
188	肇陈	朝阳河	长江干流	长江	瑞昌市肇陈镇	雨量站	瑞昌市防办	2011 山洪四期
189	桥棚	朝阳河	长江干流	长江	瑞昌市乐园乡桥棚村	雨量站	瑞昌市防办	2011 山洪四期
190	塘尾	长河	长江干流	长江	瑞昌市洪下乡塘尾村	雨量站	瑞昌市防办	2011 山洪四期

续表

序号	站名	河名	水系	流域	站址	站类	管理单位	建设性质
191	漆家	长河	长江干流	长江	瑞昌市大德山林场漆家村	雨量站	瑞昌市防办	2011 山洪四期
192	周村	长河	长江干流	长江	瑞昌市洪下乡周家村	雨量站	瑞昌市防办	2011 山洪四期
193	开源	九都源水	长江干流	长江	瑞昌市范镇	雨量站	瑞昌市防办	2011 山洪四期
194	嵋光	九都源水	长江干流	长江	瑞昌市横港镇嵋光村	雨量站	瑞昌市防办	2011 山洪四期
195	青山林场	横港水	长江干流	长江	瑞昌市青山林场	雨量站	瑞昌市防办	2011 山洪四期
196	乐园站	甘口水	修河	长江	瑞昌市南义镇乐园村部	雨量站	瑞昌市防办	2015 非工程措施
197	和平站	博阳河	鄱阳湖	长江	瑞昌市南义镇和平村	雨量站	瑞昌市防办	2015 非工程措施
198	迪畲站	长河	长江干流	长江	瑞昌市洪下乡迪畲村	雨量站	瑞昌市防办	2015 非工程措施
199	马回岭	博阳河	鄱阳湖	长江	九江县马回岭农科所	雨量站	九江市水文局	分中心建设
200	沙河	于家河	长江干流	长江	九江县东风村	雨量站	九江市水文局	分中心建设
201	港口（九江县）	长江	长江干流	长江	九江县港口镇	雨量站	九江市水文局	中小河流预警系统
202	城子	长江	长江干流	长江	九江县城子镇	雨量站	九江市水文局	2009 山洪三期
203	永安	长江	长江干流	长江	九江县永安乡	雨量站	九江市水文局	2009 山洪三期
204	城门	长江	长江干流	长江	九江县城门乡	雨量站	九江市水文局	2009 山洪三期
205	狮子	长江	长江干流	长江	九江县狮子镇	雨量站	九江市水文局	2009 山洪三期
206	江洲	长江	长江干流	长江	九江县江洲乡	雨量站	九江市水文局	2009 山洪三期
207	戴山	朱垅河	长江干流	长江	九江县涌泉乡戴山村	雨量站	九江县防办	2009 山洪三期
208	涌泉	横港河	长江干流	长江	九江县涌泉乡政府所在地	雨量站	九江县防办	2009 山洪三期
209	新塘	观音河	长江干流	长江	九江县新塘乡政府所在地	雨量站	九江县防办	2009 山洪三期

续表

序号	站名	河名	水系	流域	站　　址	站类	管理单位	建设性质
210	雨淋	三桥河	长江干流	长江	九江县雨淋水库管理处	雨量站	九江县防办	2009 山洪三期
211	青岗	路堰河	鄱阳湖	长江	九江县岷山乡青岗村	雨量站	九江县防办	2009 山洪三期
212	新合	蚂蚁河	鄱阳湖	长江	九江县新合乡螺山水库	雨量站	九江县防办	2009 山洪三期
213	文桥	岷山水	鄱阳湖	长江	九江县岷山乡文桥村	雨量站	九江县防办	2009 山洪三期
214	蛟田	蛟田河	鄱阳湖	长江	九江县马回岭镇蛟田村村委会	雨量站	九江县防办	2009 山洪三期
215	毛桥	毛桥河	长江干流	长江	九江县毛桥水库管理处	雨量站	九江县防办	2009 山洪三期
216	胡桥	长河	长江干流	长江	九江县新塘乡胡桥村委会	雨量站	九江县防办	2009 山洪三期
217	岷山	蚂蚁河	长江干流	长江	九江县新塘乡岷山村	雨量站	九江县防办	2009 山洪三期
218	朗山	蔡桥河	长江干流	长江	九江县朗山水库管理处	雨量站	九江县防办	2009 山洪三期
219	大塘	路堰河	鄱阳湖	长江	九江县岷山乡大塘村	雨量站	九江县防办	2011 非工程措施
220	彭泽	长江	长江干流	长江	彭泽县水电局	雨量站	九江市水文局	分中心建设
221	马挡	长江	长江干流	长江	彭泽县马挡镇	雨量站	九江市水文局	中小河流预警系统
222	金家榜	太泊湖	长江干流	长江	彭泽县太泊湖区	雨量站	九江市水文局	中小河流预警系统
223	芙蓉墩	长江	长江干流	长江	彭泽县芙蓉农场	雨量站	九江市水文局	中小河流预警系统
224	海形	浪溪水	长江干流	长江	彭泽县浩山乡海形村小学	雨量站	彭泽县防办	2008 山洪二期
225	黄岭	黄岭水	长江干流	长江	彭泽县黄岭乡	雨量站	彭泽县防办	2008 山洪二期
226	天红	太平河	长江干流	长江	彭泽县天红镇	雨量站	彭泽县防办	2008 山洪二期
227	定山	太平河	长江干流	长江	彭泽县定山镇	雨量站	彭泽县防办	2008 山洪二期
228	杨梓	响水河	鄱阳湖	长江	彭泽县杨梓镇	雨量站	彭泽县防办	2008 山洪二期

续表

序号	站名	河名	水系	流域	站 址	站类	管理单位	建设性质
229	泊桥	黄花水	长江干流	长江	彭泽县太白湖乡政府院外	雨量站	彭泽县防办	2008 山洪二期
230	和团	和团水	长江干流	长江	彭泽县马垱镇和团村	雨量站	彭泽县防办	2008 山洪二期
231	岷山	浪溪水	长江干流	长江	彭泽县浩山乡岷山村	雨量站	彭泽县防办	2008 山洪二期
232	棉船	长江	长江干流	长江	彭泽县棉船镇	雨量站	彭泽县防办	2008 山洪二期
233	同升	浪溪水	长江干流	长江	彭泽县浪溪镇同升村	雨量站	彭泽县防办	2008 山洪二期
234	上十岭	东升水	长江干流	长江	彭泽县东升镇上十岭垦殖场	雨量站	彭泽县防办	2008 山洪二期
235	芦峰	东升水	长江干流	长江	彭泽县上十岭垦殖场芦峰分厂	雨量站	彭泽县防办	2008 山洪二期
236	曾山	东升水	长江干流	长江	彭泽县东升镇曾山村主任家	雨量站	彭泽县防办	2008 山洪二期
237	桃红山	桃仁水	长江干流	长江	彭泽县东升镇桃红山村主任家	雨量站	彭泽县防办	2008 山洪二期
238	浩山	柳墅港	长江干流	长江	彭泽县浩山乡浩山中学	雨量站	彭泽县防办	2008 山洪二期
239	岚陵	柳墅港	长江干流	长江	彭泽县浩山乡岚陵村	雨量站	彭泽县防办	2008 山洪二期
240	团结	葡萄港	长江干流	长江	彭泽县天红镇团结村	雨量站	彭泽县防办	2008 山洪二期
241	武山	太平河	长江干流	长江	彭泽县天红镇武山村	雨量站	彭泽县防办	2008 山洪二期
242	太平关	太平河	长江干流	长江	彭泽县太平关乡	雨量站	彭泽县防办	2008 山洪二期
243	红星	阳家水	长江干流	长江	彭泽县龙城镇红星村	雨量站	彭泽县防办	2008 山洪二期
244	丰岭	芳村水	长江干流	长江	彭泽县浪溪镇丰岭村	雨量站	彭泽县防办	2008 山洪二期
245	金峰	响水河	鄱阳湖	长江	彭泽县杨梓镇金峰村	雨量站	彭泽县防办	2008 山洪二期
246	马桥	余家堰水	长江干流	长江	彭泽县杨梓镇马桥村	雨量站	彭泽县防办	2008 山洪二期
247	青峰	乐观水	鄱阳湖	长江	彭泽县杨梓镇青峰村	雨量站	彭泽县防办	2008 山洪二期

续表

序号	站名	河名	水系	流域	站　　　址	站类	管理单位	建设性质
248	龙桥	响水河	鄱阳湖	长江	彭泽县杨梓镇龙桥镇	雨量站	彭泽县防办	2008 山洪二期
249	田丰	响水河	鄱阳湖	长江	彭泽县杨梓镇田丰村	雨量站	彭泽县防办	2008 山洪二期
250	黄花	长江	长江干流	长江	彭泽县黄花镇	雨量站	彭泽县防办	2008 山洪二期
251	椿树	金丰水	鄱阳湖	长江	彭泽县杨梓镇马桥村	雨量站	彭泽县防办	2011 非工程措施
252	东冲王家	高山河	长江干流	长江	彭泽县马当镇和团村	雨量站	彭泽县防办	2011 非工程措施
253	石嘴桥	北庙湖	鄱阳湖	长江	都昌县新妙乡石嘴桥村	雨量站	九江市水文局	冰冻灾害
254	多宝	双溪港	鄱阳湖	长江	都昌县多宝镇	雨量站	九江市水文局	中小河流预警系统
255	阳峰	花庙湖	鄱阳湖	长江	都昌县阳峰镇	雨量站	九江市水文局	中小河流预警系统
256	芗溪	平池湖	鄱阳湖	长江	都昌县芗溪镇	雨量站	九江市水文局	中小河流预警系统
257	和合	双溪港	鄱阳湖	长江	都昌县和合乡	雨量站	九江市水文局	中小河流预警系统
258	西源	花庙湖	鄱阳湖	长江	都昌县西源镇	雨量站	九江市水文局	中小河流预警系统
259	大树	鄱阳湖	鄱阳湖	长江	都昌县大树乡	雨量站	九江市水文局	中小河流预警系统
260	汪墩	鄱阳湖湖区	鄱阳湖	长江	都昌县汪墩乡	雨量站	九江市水文局	中小河流预警系统
261	左里	新妙湖	鄱阳湖	长江	都昌县左里镇	雨量站	九江市水文局	中小河流预警系统
262	中馆	长垅水库	鄱阳湖	长江	都昌县中馆镇	雨量站	九江市水文局	中小河流预警系统
263	周溪	后湖	鄱阳湖	长江	都昌县周溪镇	雨量站	九江市水文局	中小河流预警系统
264	万户	平池湖	鄱阳湖	长江	都昌县万户镇	雨量站	九江市水文局	中小河流预警系统
265	南峰	酃池湖	鄱阳湖	长江	都昌县南峰镇	雨量站	九江市水文局	中小河流预警系统
266	长垅	西河	鄱阳湖	长江	都昌县狮山乡政府驻地	雨量站	都昌县防办	2009 山洪二期

续表

序号	站名	河名	水系	流域	站　　址	站类	管理单位	建设性质
267	蔡岭	徐埠港	鄱阳湖	长江	都昌县蔡岭镇政府曾文胜家	雨量站	都昌县防办	2009 山洪三期
268	新桥	新妙湖	鄱阳湖	长江	都昌县汪墩乡新桥水库管理处	雨量站	都昌县防办	2009 山洪三期
269	前山	徐埠港	鄱阳湖	长江	都昌县苏山乡前山升阳水库	雨量站	都昌县防办	2009 山洪三期
270	彭冲涧	彭冲涧水	鄱阳湖	长江	都昌县大港镇武山垦殖场	雨量站	都昌县防办	2009 山洪三期
271	伍家山	土塘水	鄱阳湖	长江	都昌县鸣山乡伍家山村	雨量站	都昌县防办	2009 山洪三期
272	春桥	流芳水	鄱阳湖	长江	都昌县春桥乡政府	雨量站	都昌县防办	2009 山洪三期
273	高桥（都昌）	徐埠港	鄱阳湖	长江	都昌县徐埠镇政府高桥水库	雨量站	都昌县防办	2009 山洪三期
274	大沙	大沙水	鄱阳湖	长江	都昌县大沙镇政府	雨量站	都昌县防办	2009 山洪三期
275	铸山	大西湖	鄱阳湖	长江	都昌县三汊港镇铸山村委会	雨量站	都昌县防办	2009 山洪三期
276	盐田	土塘水	鄱阳湖	长江	都昌大港镇盐田漂水村星坂小学	雨量站	都昌县防办	2009 山洪三期
277	土塘	土塘水	鄱阳湖	长江	都昌县土塘镇政府官洞村	雨量站	都昌县防办	2009 山洪三期
278	参岭	长垄山水	鄱阳湖	长江	都昌县大树乡参岭村委会	雨量站	都昌县防办	2009 山洪三期
279	红光	徐埠港	鄱阳湖	长江	都昌县蔡岭镇张岭水库管理处	雨量站	都昌县防办	2009 山洪三期
280	高塘（都昌）	大港水	鄱阳湖	长江	都昌县大港镇高塘村	雨量站	都昌县防办	2011 非工程措施
281	大港	大港水	鄱阳湖	长江	都昌县大港镇大港村	雨量站	都昌县防办	2011 非工程措施
282	程浪	土塘水	鄱阳湖	长江	都昌县鸣山乡程浪村	雨量站	都昌县防办	2011 非工程措施
283	九山	土塘水	鄱阳湖	长江	都昌县鸣山乡九山村	雨量站	都昌县防办	2011 非工程措施
284	化民	土塘水	鄱阳湖	长江	都昌县土塘乡潭湖村	雨量站	都昌县防办	2011 非工程措施
285	大埠	长垄山水	鄱阳湖	长江	都昌县大树乡大埠村	雨量站	都昌县防办	2011 非工程措施

续表

序号	站名	河名	水系	流域	站　　址	站类	管理单位	建设性质
286	左桥	大西湖	鄱阳湖	长江	都昌县三汊港镇左桥	雨量站	都昌县防办	2011 非工程措施
287	龙潭	大沙水	鄱阳湖	长江	都昌县大沙镇沿湖村委会	雨量站	都昌县防办	2011 非工程措施
288	七角	排门水	鄱阳湖	长江	都昌县汪墩乡古岭村	雨量站	都昌县防办	2011 非工程措施
289	油山	万户水	鄱阳湖	长江	都昌县南峰乡油山村	雨量站	都昌县防办	2011 非工程措施
290	源树	排门水	鄱阳湖	长江	都昌县左里镇源树村	雨量站	都昌县防办	2011 非工程措施
291	长平	排门水	鄱阳湖	长江	都昌县多宝乡长平村	雨量站	都昌县防办	2011 非工程措施
292	排垅	徐埠港	鄱阳湖	长江	都昌县蔡岭镇排垅村	雨量站	都昌县防办	2011 非工程措施
293	石城	樹家湖	鄱阳湖	长江	都昌县苏山乡石城村	雨量站	都昌县防办	2011 非工程措施
294	马矶	徐埠港	鄱阳湖	长江	都昌县徐埠镇马矶村	雨量站	都昌县防办	2011 非工程措施
295	莲花	徐埠港	鄱阳湖	长江	都昌县徐埠镇莲花村	雨量站	都昌县防办	2011 非工程措施
296	湖口	湖口水道	鄱阳湖	长江	湖口县双钟镇	雨量站	九江市水文局	分中心建设
297	流泗	黄茅潭	长江干流	长江	湖口县流泗镇	雨量站	九江市水文局	中小河流预警系统
298	凰村	太平港	鄱阳湖	长江	湖口县凰村乡	雨量站	九江市水文局	中小河流预警系统
299	大垅	太平港	鄱阳湖	长江	湖口县城山山镇	雨量站	九江市水文局	中小河流预警系统
300	付垅	北港湖	鄱阳湖	长江	湖口县付垅乡	雨量站	九江市水文局	中小河流预警系统
301	洪湖	北港湖	鄱阳湖	长江	湖口县双钟镇洪湖村	雨量站	九江市水文局	中小河流预警系统
302	马影	北港湖	鄱阳湖	长江	湖口县马影镇	雨量站	九江市水文局	中小河流预警系统
303	流芳	大桥湖	鄱阳湖	长江	湖口县流芳乡	雨量站	九江市水文局	中小河流预警系统
304	老山	流芳水	鄱阳湖	长江	湖口县流芳乡	雨量站	九江市水文局	中小河流预警系统

续表

序号	站名	河名	水系	流域	站　　址	站类	管理单位	建设性质
305	舜德	白洋湖	鄱阳湖	长江	湖口县舜德乡	雨量站	九江市水文局	中小河流预警系统
306	高桥（湖口）	小桂港	鄱阳湖	长江	湖口县舜德乡	雨量站	九江市水文局	中小河流预警系统
307	青竹	大桥湖	鄱阳湖	长江	湖口县舜德乡青竹村	雨量站	九江市水文局	中小河流预警系统
308	武山	北港湖	鄱阳湖	长江	湖口县武山镇	雨量站	九江市水文局	中小河流预警系统
309	城山	太平港	鄱阳湖	长江	湖口县城山镇	雨量站	九江市水文局	中小河流预警系统
310	伍家	五里水	鄱阳湖	长江	湖口县武山镇	雨量站	九江市水文局	中小河流预警系统
311	张青	北港湖	鄱阳湖	长江	湖口县张青乡	雨量站	九江市水文局	中小河流预警系统
312	文光	鄱阳湖区	鄱阳湖	长江	湖口县付垅乡文光村	雨量站	九江市水文局	中小河流预警系统
313	夏槐	段山水	鄱阳湖	长江	湖口县义桥乡夏槐村	雨量站	湖口县防办	2011 非工程措施
314	西桥站	鄱阳湖	鄱阳湖	长江	湖口均桥镇新庄村村部	雨量站	湖口县防办	2015 非工程措施
315	金凤岭	观音河	鄱阳湖	长江	庐山市温泉镇金凤岭	雨量站	九江市水文局	2008 山洪二期
316	太乙	观音塘水	鄱阳湖	长江	庐山市白鹿镇太乙村	雨量站	九江市水文局	2008 山洪二期
317	余家咀	秀峰港	鄱阳湖	长江	庐山市白鹿镇余家咀村	雨量站	庐山市防办	2008 山洪二期
318	白鹿洞	白洞水	鄱阳湖	长江	庐山市白鹿洞书院上畈李村	雨量站	庐山市防办	2008 山洪二期
319	卧龙岗	观音桥水	鄱阳湖	长江	庐山市白鹿镇卧龙岗水库管理所	雨量站	庐山市防办	2008 山洪二期
320	蓼花	花桥水	鄱阳湖	长江	庐山市蓼花镇敬老院内	雨量站	庐山市防办	2008 山洪二期
321	蓼南	鄱阳湖	鄱阳湖	长江	庐山市蓼南乡政府	雨量站	庐山市防办	2008 山洪二期
322	蛟塘	寺下湖	鄱阳湖	长江	庐山市蛟塘镇政府	雨量站	庐山市防办	2008 山洪二期
323	华林	钱湖港	鄱阳湖	长江	庐山市华林镇	雨量站	庐山市防办	2008 山洪二期

续表

序号	站名	河名	水系	流域	站址	站类	管理单位	建设性质
324	东牯山	观音桥水	鄱阳湖	长江	庐山市温泉镇东牯山林场办公楼	雨量站	庐山市防办	2008 山洪二期
325	栖贤	秀峰港	鄱阳湖	长江	庐山市县东牯山林场栖贤村张家	雨量站	庐山市防办	2008 山洪二期
326	万杉	花桥水	鄱阳湖	长江	庐山市白鹿镇万杉村	雨量站	庐山市防办	2008 山洪二期
327	温泉	隘口水	鄱阳湖	长江	庐山市温泉镇政府	雨量站	庐山市防办	2008 山洪二期
328	杜村	洞霄水	鄱阳湖	长江	庐山市温泉镇杜村	雨量站	庐山市防办	2008 山洪二期
329	西洲	隘口水	鄱阳湖	长江	庐山市温泉镇西洲村村委会	雨量站	庐山市防办	2008 山洪二期
330	板桥山	花桥水	鄱阳湖	长江	庐山市温泉镇板桥山饶家山水库	雨量站	庐山市防办	2008 山洪二期
331	郭家	秀峰港	鄱阳湖	长江	庐山市温泉镇郭家村	雨量站	庐山市防办	2008 山洪二期
332	渚溪	花桥水	鄱阳湖	长江	庐山市蓼南乡渚溪村	雨量站	庐山市防办	2011 非工程措施
333	鸦吉山	虎口冲水	鄱阳湖	长江	庐山市华林镇鸦吉山村	雨量站	庐山市防办	2011 非工程措施
334	南康站	鄱阳湖	鄱阳湖	长江	庐山市南康镇沿山新区第三栋	雨量站	庐山市防办	2015 非工程措施
335	牯岭	龚阳水	长江干流	长江	庐山市牯岭镇	雨量站	九江市水文局	分中心建设
336	莲花	十里水	长江干流	长江	濂溪区莲花镇	雨量站	九江市水文局	分中心建设
337	高垄	吟熊垄水	长江干流	长江	庐山市海会镇	雨量站	九江市水文	分中心建设
338	莲花台	石门涧水	长江干流	长江	庐山市莲花台水库处	雨量站	庐山市防办	2009 山洪三期
339	土坝岭	石门涧水	长江干流	长江	庐山市岭镇土坝岭	雨量站	庐山市防办	2009 山洪三期
340	化城	朱家山水	长江干流	长江	庐山市星殖场云雾茶场	雨量站	庐山市防办	2009 山洪三期
341	小天池	好汉坡水	长江干流	长江	庐山市牯岭镇小天池诺那塔	雨量站	庐山市防办	2009 山洪三期
342	天花井	殷家水	长江干流	长江	九江市林科所	雨量站	庐山市防办	2009 山洪三期

续表

序号	站名	河名	水系	流域	站 址	站类	管理单位	建设性质
343	茶科所	黄泥庵水	鄱阳湖	长江	庐山茶科所	雨量站	庐山市防办	2009 山洪三期
344	仰天坪	曲尺湾水	鄱阳湖	长江	庐山仰天坪	雨量站	庐山市防办	2009 山洪三期
345	园艺场	朱家河	鄱阳湖	长江	庐山园艺场	雨量站	庐山市防办	2009 山洪三期
346	青莲谷	三叠泉水	长江干流	长江	庐山经济作物试验站	雨量站	庐山市防办	2009 山洪三期
347	庐山茶场	白沙河	鄱阳湖	长江	庐山垦殖场庐山茶场	雨量站	庐山市防办	2009 山洪三期
348	北山	白沙河	长江干流	长江	庐山北山公路 12km	雨量站	庐山市防办	2009 山洪三期
349	龙门沟	十里水	长江干流	长江	九江濂溪区莲花林场龙门沟分场	雨量站	庐山市防办	2012 非工程
350	星德	广桥河	鄱阳湖	长江	九江市濂溪区海会镇星德村	雨量站	九江市水文局	中小河流预警系统
351	新港	鄱阳湖	鄱阳湖	长江	九江濂溪区新港镇	雨量站	九江市水文局	中小河流预警系统
352	五里	鄱阳湖区	鄱阳湖	长江	九江濂溪区五里镇	雨量站	九江市水文局	中小河流预警系统
353	赛阳	沙河	长江干流	长江	九江濂溪区赛阳镇文化站	雨量站	九江市水文局	中小河流预警系统
354	姑塘	鄱阳湖区	鄱阳湖	长江	九江濂溪区姑塘镇	雨量站	九江市水文局	中小河流预警系统
355	威家	鞋山湖	鄱阳湖	长江	九江濂溪区威家镇	雨量站	九江市水文局	中小河流预警系统
356	沙湖山	鄱阳湖	鄱阳湖	长江	庐山市沙湖山自然保护区	雨量站	鄱阳湖水文局	中小河流预警系统
357	朱袍山	鄱阳湖	鄱阳湖	长江	都昌县和合乡	雨量站	鄱阳湖水文局	中小河流预警系统
358	松门山	鄱阳湖	鄱阳湖	长江	永修县吴城镇砂矿	雨量站	鄱阳湖水文局	中小河流预警系统
359	老爷庙	湖口水道	鄱阳湖	长江	都昌县多宝乡天型砂厂	雨量站	鄱阳湖水文局	中小河流预警系统
360	蛤蟆石	湖口水道	鄱阳湖	长江	九江濂溪区姑塘镇	雨量站	鄱阳湖水文局	中小河流预警系统
361	九江	长江	长江干流	长江	九江市塔岭北路 44 号	雨量站	九江市水文局	分中心建设

1979年5月1日至1994年（撤站）、大坑水文站1983年7月至1994年（撤站）。

从建站之初一直坚持蒸发监测的站有：铺头水文站1979年6月开始、虬津水文站1981年10月开始、彭冲涧水文站1981年12月开始。

1982年1月30日，根据部水文局《关于增设不同型号蒸发器对比观测站的通知》，修水县杨树坪水文站和瑞昌市铺头水文站进行口径20cm蒸发皿和E-601型蒸发皿的蒸发对比观测。

通过中小河流水文预警系统建设，新建水文站配套有蒸发监测。2013年水文站开始升级改造，梓坊、高沙、罗溪等部分水文站从2014年也开始恢复了蒸发监测。截至2016年年底，全市共有蒸发监测项目站13站，其中九江市水文局管辖站点11站，鄱阳湖水文局管辖站点2站，见表2.7.21。

表 2.7.21　　　　　　　　　　2016年九江市蒸发监测站统计

序号	水系	河名	站名	地　　　址	管理单位
1	长江	乌石港	铺头	江西省瑞昌市高丰镇铺头村	九江市水文局
2	修水	渣津水	渣津	江西省修水县渣津镇朴田村	九江市水文局
3	修水	修水	高沙	江西省修水县四都镇高沙村	九江市水文局
4	修水	罗溪水	罗溪	江西省武宁县罗溪乡	九江市水文局
5	修水	修水	虬津	江西省永修县虬津镇	九江市水文局
6	湖区	彭冲涧水	彭冲涧	江西省都昌县武山林场	九江市水文局
7	湖区	博阳河	梓坊	江西省德安县聂桥镇梓坊村	九江市水文局
8	湖区	徐埠港	徐埠	徐埠镇徐埠村	九江市水文局
9	长江	长河	瑞昌	江西省瑞昌市溢城镇桂林村	九江市水文局
10	长江	太平河	天红	江西省彭泽县天红镇天红村	九江市水文局
11	修水	船滩水	船滩	江西省武宁县船滩镇莲塘村	九江市水文局
12	湖区	鄱阳湖	棠荫	江西省都昌县周溪镇棠荫村	鄱阳湖水文局
13	湖口水道	鄱阳湖	星子	江西省庐山市南康镇	鄱阳湖水文局

五、地下水监测站

2009年，成立地下水科，开展地下水监测工作。当年建成九江市国棉三厂和星子两处地下水监测站。

2013年，按省水文局要求对九江市辖区内的九江市柘林电厂、滨江、五里、庐峰小区，九江县港口，瑞昌市城东、城南，永修县涂家埠、虬津、吴城，德安，修水，彭泽县芙蓉，都昌县三汊港、棠荫，湖口县矽砂矿及共青城市 17 个站点全面开展地下水监测选址工作。2016 年，对之前所选站点进行确定和复查，当年开工建设，同步实施地下水信息中心建设。

至 2016 年，全市共有地下水监测站 19 站，其中九江市水文局管辖站点 14 站，鄱阳湖水文局管辖站点 5 站，见表 2.7.22。

表 2.7.22　　　　　　　　2016 年九江市地下水监测站统计表

序号	站名	地　　址	站类	管理单位
1	国棉三厂	九江市浔阳东路 194 号	孔隙水	九江市水文局
2	星子	九江市庐山市南康镇	孔隙水	鄱阳湖水文局
3	柘林电厂	九江市柘林电厂宿舍院内	孔隙水	九江市水文局
4	滨江	九江市水文局院内	孔隙水	九江市水文局
5	五里	九江市浔南大道 519 号	孔隙水	九江市水文局
6	庐峰小区	九江市花园西区院内	孔隙水	九江市水文局
7	港口	九江县港口镇老政府院内	孔隙水	九江市水文局
8	城东	瑞昌市气象局院内	裂隙水	九江市水文局
9	城南	瑞昌市杨林湖 32 排 2 号	裂隙水	九江市水文局
10	涂家埠	永修县水务局院内	孔隙水	九江市水文局
11	虬津	永修县虬津镇政府院内	孔隙水	九江市水文局
12	德安	德安县匡庐纯净水厂院内	孔隙水	九江市水文局
13	修水	修水县污水处理厂内	孔隙水	九江市水文局
14	芙蓉	彭泽县芙蓉镇芙蓉村	孔隙水	九江市水文局
15	吴城	永修县吴城镇	孔隙水	鄱阳湖水文局
16	共青城市	九江市共青城市	孔隙水	鄱阳湖水文局
17	三汊港	九江市都昌县	孔隙水	鄱阳湖水文局
18	棠荫	九江市都昌县棠荫	孔隙水	鄱阳湖水文局
19	矽砂矿	九江市湖口县	孔隙水	鄱阳湖水文局

六、墒情站

2004 年，九江墒情站建设一期工程第一批完成彭泽、瑞昌、武宁、都昌 4 个固定站建设。2007 年 10 月，九江墒情站建设一期工程第二批完成永修、修水、德安（含实验项目）3 个固定站建设。2015 年，九江墒情站建设二期工程完成江益、付垅、马回岭、沙岭、泽泉 5 个固定站建设，同时按每县市 4～5 个站布设，完成 45 个移动站点建设。

至 2016 年，全市有墒情监测站 57 站，其中固定站 12 站、移动站 45 站。其中九江市水文局管辖站点 47 站，鄱阳湖水文局管辖站点 10 站，见表 2.7.23。

表 2.7.23 2016 年九江市墒情站统计

序号	站名	地　　址	形式	管理单位
1	德安	九江市德安县	固定站	九江市水文局
2	彭泽	九江市彭泽县定山镇	固定站	九江市水文局
3	瑞昌	九江市瑞昌市	固定站	九江市水文局
4	都昌	九江市都昌县	固定站	九江市水文局
5	江益	九江市共青城市	固定站	九江市水文局
6	武宁	九江市武宁县	固定站	九江市水文局
7	付垅	九江市湖口县武山	固定站	九江市水文局
8	修水	九江市修水县	固定站	九江市水文局
9	永修	九江市永修县	固定站	九江市水文局
10	马回岭	九江市九江县马回岭镇	固定站	九江市水文局
11	泽泉	九江市共青城市泽泉乡	固定站	鄱阳湖水文局
12	沙岭	九江市都昌县周溪镇	固定站	鄱阳湖水文局
13	鲁溪	九江市武宁县鲁溪镇坑背村	移动站	九江市水文局
14	巾口	九江市武宁县巾口乡西厦村	移动站	九江市水文局
15	甫田	九江市武宁县甫田乡甫田村	移动站	九江市水文局
16	船滩	九江市武宁县船滩镇坎头村	移动站	九江市水文局
17	清江	九江市武宁县清江乡清江村	移动站	九江市水文局
18	丰林	九江市德安县丰林镇	移动站	九江市水文局
19	塘山	九江市德安县塘山乡	移动站	九江市水文局
20	邹桥	九江市德安县邹桥乡杨坊村	移动站	九江市水文局
21	河东	九江市德安县河东乡石桥村	移动站	九江市水文局
22	磨溪	九江市德安县磨溪乡董家村	移动站	九江市水文局
23	大垅	九江市湖口县大垅乡	移动站	九江市水文局
24	武山	九江市湖口县	移动站	九江市水文局
25	舜德	九江市湖口县舜德乡	移动站	九江市水文局
26	双钟	九江市湖口县	移动站	九江市水文局

序号	站名	地　　　址	形式	管理单位
27	江洲	九江市九江县江洲镇	移动站	九江市水文局
28	城门	九江市九江县城门乡	移动站	九江市水文局
29	港口	九江市九江县港口镇	移动站	九江市水文局
30	新塘	九江市九江县新塘乡	移动站	九江市水文局
31	云山	九江市永修县滩溪镇	移动站	九江市水文局
32	马垱	九江市彭泽县马垱镇	移动站	九江市水文局
33	棉船	九江市彭泽县棉船镇	移动站	九江市水文局
34	太平	九江市彭泽县太平乡	移动站	九江市水文局
35	杨梓	九江市彭泽县杨梓镇	移动站	九江市水文局
36	东升	九江市彭泽县东升镇	移动站	九江市水文局
37	南阳	九江市瑞昌市南阳乡	移动站	九江市水文局
38	南义	九江市瑞昌市南义镇	移动站	九江市水文局
39	高丰	九江市瑞昌市高丰乡	移动站	九江市水文局
40	肇陈	九江市瑞昌市肇陈镇	移动站	九江市水文局
41	横港	九江市瑞昌市横港镇	移动站	九江市水文局
42	渣津	九江市修水县渣津镇	移动站	九江市水文局
43	白岭	九江市修水县白岭镇	移动站	九江市水文局
44	四都	九江市修水县四都镇	移动站	九江市水文局
45	杭口	九江市修水县杭口镇	移动站	九江市水文局
46	黄港	九江市修水县黄港镇	移动站	九江市水文局
47	滩溪	九江市永修县滩溪乡	移动站	九江市水文局
48	三角	九江市永修县三角乡	移动站	九江市水文局
49	九合	九江市永修县九合乡	移动站	九江市水文局
50	蓼南	九江市庐山市蓼南乡	移动站	鄱阳湖水文局
51	蛟塘	九江市庐山市蛟塘镇	移动站	鄱阳湖水文局
52	温泉	九江市庐山市温泉镇	移动站	鄱阳湖水文局
53	白鹿	九江市庐山市白鹿镇	移动站	鄱阳湖水文局
54	长平	九江市都昌县多宝乡	移动站	鄱阳湖水文局
55	长垅	九江市都昌县狮山乡	移动站	鄱阳湖水文局
56	大港	九江市都昌县大港镇	移动站	鄱阳湖水文局
57	新桥	九江市都昌县汪墩乡	移动站	鄱阳湖水文局

七、水质站

1958 年 1 月，修水中游控制站三碡滩站开展水化学分析，是省内最早开展水化学分析的站之一。1960 年，九江专区水文气象总站和鄱阳湖水文气象实验站合作，在九江设立水化学分析室，承担九江专区和鄱阳湖湖区各站的水化学分析任务，是省内地区级的第一个水化学分析室，1962 年撤销。

1977 年 4 月开始，对长江九江段的赛城湖上游、九江铁桥、预制厂（南支、北支）和鄱阳湖与长江汇合口下游等监测断面及赛城湖口、龙开河口、自来水厂和老灌塘等排污口进行采样分析。1979 年 4 月，布设鄱阳湖湖区修水河口、星子、蛤蟆石等监测断面和湖口监测断面。

1991 年建有德安北门桥、铁路桥、梓坊，修水高沙、宁红大桥、修水大桥、古市镇，瑞昌桂林桥、铺头，永修涂家埠、王家河、虬津 12 站；2001—2002 年建有河东水厂、河西水厂、彭泽马垱、九江大桥、赛城湖闸、乌石矶 6 站；2012 年建有长棉堤、陈家渡、城子镇、东岸、东津水库、芙蓉大闸、抗洪广场、梁公堤、马垱渡口、彭泽渡口、三角乡、武宁大桥上、武宁大桥下、武宁水厂、扬州桥上、西海南码头等 16 站。另，2008 年建有码头镇、2014 年建有金湖乡、老共青水厂 3 站。至 2016 年，全市共有水质监测站 109 站，其中九江市水文局管辖 37 站，鄱阳湖水文局管辖 72 站，见表 2.7.24。

表 2.7.24 2016 年九江市水质站统计

序号	站名	地　址	站类	管理单位
1	德安北门桥	德安县蒲亭镇	水质站	九江市水文局
2	德安铁路桥	德安县蒲亭镇	水质站	九江市水文局
3	高沙	修水县清水岩乡高沙村	水文站	九江市水文局
4	铺头	瑞昌市高丰镇	水文站	九江市水文局
5	虬津	永修县虬津镇	水文站	九江市水文局
6	瑞昌桂林桥	瑞昌市桂林街道办	水质站	九江市水文局
7	涂家埠	永修县涂埠镇	水文站	九江市水文局
8	王家河	永修县三角乡	水质站	九江市水文局
9	宁红大桥	修水县宁红大桥	水质站	九江市水文局
10	修水大桥	修水县义宁镇	水质站	九江市水文局
11	古市镇	修水县古市镇	水文站	九江市水文局
12	梓坊	德安县聂桥镇	水质站	九江市水文局

序号	站名	地 址	站类	管理单位
13	河东水厂	九江市浔阳区	水质站	九江市水文局
14	河西水厂	九江市浔阳区	水质站	九江市水文局
15	马垱	彭泽县马垱镇	水质站	九江市水文局
16	九江大桥	九江市浔阳区	水质站	九江市水文局
17	赛城湖闸	九江市开发区	水质站	九江市水文局
18	乌石矶	九江市浔阳区	水质站	九江市水文局
19	长棉堤	湖口县流泗镇	水质站	九江市水文局
20	陈家渡	永修县江上乡	水质站	九江市水文局
21	城子镇	九江县城子镇	水质站	九江市水文局
22	东岸	永修县涂埠镇	水质站	九江市水文局
23	东津水库	修水县程坊镇	水质站	九江市水文局
24	芙蓉大闸	彭泽县芙蓉墩镇	水质站	九江市水文局
25	抗洪广场	九江市开发区	水质站	九江市水文局
26	梁公堤	瑞昌市码头镇	水质站	九江市水文局
27	马垱渡口	彭泽县马垱镇	水质站	九江市水文局
28	彭泽渡口	彭泽县龙城镇	水质站	九江市水文局
29	三角乡	永修县三角乡	水质站	九江市水文局
30	武宁大桥上	武宁县新宁镇	水质站	九江市水文局
31	武宁大桥下	武宁县新宁镇	水质站	九江市水文局
32	武宁水厂	武宁县新宁镇	水质站	九江市水文局
33	杨洲桥上	武宁县杨洲乡	水质站	九江市水文局
34	西海南码头	永修县柘林镇	水质站	九江市水文局
35	码头镇	瑞昌市码头镇	水质站	九江市水文局
36	金湖乡	德安县金湖乡	水质站	九江市水文局
37	老共青水厂	九江市共青城市	水质站	九江市水文局
38	湖口江心洲	湖口县金砂湾工业园九江萍钢码头	水质站	鄱阳湖水文局
39	星子	庐山市南康镇	水质站	鄱阳湖水文局
40	都昌	都昌县都昌镇印山村	水质站	鄱阳湖水文局
41	湖口	湖口县双钟镇三里街	水质站	鄱阳湖水文局
42	棠荫	都昌县周溪镇棠荫村	水质站	鄱阳湖水文局
43	老爷庙	都昌县老爷庙	水质站	鄱阳湖水文局

序号	站名	地 址	站类	管理单位
44	蛇山	都昌县周溪镇棠荫村蛇山岛	水质站	鄱阳湖水文局
45	龙口	鄱阳县莲湖乡龙口村	水质站	鄱阳湖水文局
46	康山	余干县康山乡	水质站	鄱阳湖水文局
47	赣江主支	永修县吴城镇	水质站	鄱阳湖水文局
48	修河口	永修县吴城镇	水质站	鄱阳湖水文局
49	昌江口	鄱阳县鄱阳镇昌江大桥	水质站	鄱阳湖水文局
50	乐安河口	鄱阳县三庙前乡蔡家湾村	水质站	鄱阳湖水文局
51	信江东支	鄱阳县三庙前乡乐安村	水质站	鄱阳湖水文局
52	鄱阳	鄱阳县鄱阳镇张王庙	水质站	鄱阳湖水文局
53	赣江南支	余干县瑞洪镇三江口	水质站	鄱阳湖水文局
54	抚河口	余干县瑞洪镇三江口	水质站	鄱阳湖水文局
55	信江西支	余干县瑞洪镇三江口	水质站	鄱阳湖水文局
56	渚溪口	鄱阳湖庐山市渚溪口	水质站	鄱阳湖水文局
57	蚌湖	庐山市蓼南乡蚌湖	水质站	鄱阳湖水文局
58	蛤蟆石	九江市濂溪区姑塘镇	水质站	鄱阳湖水文局
59	军山湖	进贤县军山湖	水质站	鄱阳湖水文局
60	陈家湖	进贤县三里乡丰富村	水质站	鄱阳湖水文局
61	东湖	新建区南矶乡东 4km	水质站	鄱阳湖水文局
62	康山河口	余干县康山河出口 （瓢山入康山河 0.5km）	水质站	鄱阳湖水文局
63	莲湖大桥	鄱阳县莲湖大桥	水质站	鄱阳湖水文局
64	三阳	进贤县三阳集乡三阳大桥	水质站	鄱阳湖水文局
65	内外珠湖	鄱阳县外珠湖坝	水质站	鄱阳湖水文局
66	西山	鄱阳县双港镇乐亭村	水质站	鄱阳湖水文局
67	牛山	鄱阳湖都昌县牛山岛	水质站	鄱阳湖水文局
68	南湖	共青城市南湖大桥	水质站	鄱阳湖水文局
69	蚌湖内	鄱阳湖蚌湖内	水质站	鄱阳湖水文局
70	新妙湖	都昌县新妙湖	水质站	鄱阳湖水文局
71	青岚湖	进贤县三阳集乡三阳大桥	水质站	鄱阳湖水文局
72	南北港	湖口县南北港南垅湾	水质站	鄱阳湖水文局
73	赣江中支	南昌县南新乡楼前村	水质站	鄱阳湖水文局

序号	站名	地　　　址	站类	管理单位
74	赣江北支	南昌县南新乡田垄罗家村	水质站	鄱阳湖水文局
75	清丰山溪	南昌县新联乡新联村	水质站	鄱阳湖水文局
76	潼津水	鄱阳县游城乡朗埠村	水质站	鄱阳湖水文局
77	西河	鄱阳县鸦鹊湖乡独山村	水质站	鄱阳湖水文局
78	土塘水	都昌县土塘镇	水质站	鄱阳湖水文局
79	矾山湖	都昌县杨家咀村	水质站	鄱阳湖水文局
80	杨柳津河	庐山市沙湖山管理处	水质站	鄱阳湖水文局
81	博阳河	共青城市博阳河大桥	水质站	鄱阳湖水文局
82	黄金咀	都昌县黄金咀	水质站	鄱阳湖水文局
83	白沙湖	新建区白沙湖	水质站	鄱阳湖水文局
84	常湖池	永修县常湖池	水质站	鄱阳湖水文局
85	梅西湖	永修县梅西湖	水质站	鄱阳湖水文局
86	南深湖	新建区南深湖	水质站	鄱阳湖水文局
87	凤尾湖	新建区凤尾湖	水质站	鄱阳湖水文局
88	沙湖	永修县沙湖	水质站	鄱阳湖水文局
89	中湖池	永修县中湖池	水质站	鄱阳湖水文局
90	大湖池	永修县大湖池	水质站	鄱阳湖水文局
91	长西岭	庐山市长西岭	水质站	鄱阳湖水文局
92	河东	庐山市南康镇河东	水质站	鄱阳湖水文局
93	横塘	庐山市横塘镇	水质站	鄱阳湖水文局
94	蓼花池	庐山市蓼花池	水质站	鄱阳湖水文局
95	观音塘水库	庐山市观音塘水库	水质站	鄱阳湖水文局
96	秀峰龙潭	庐山市秀峰龙潭	水质站	鄱阳湖水文局
97	姜家垄水库	庐山市姜家垄水库	水质站	鄱阳湖水文局
98	老屋尹	庐山市老屋尹	水质站	鄱阳湖水文局
99	西庙	庐山市西庙	水质站	鄱阳湖水文局
100	如琴湖	庐山市如琴湖	水质站	鄱阳湖水文局
101	芦林湖	庐山市芦林湖	水质站	鄱阳湖水文局
102	三叠泉	庐山市三叠泉	水质站	鄱阳湖水文局
103	桃花源	庐山市桃花源	水质站	鄱阳湖水文局
104	星子	庐山市南康镇	水生态站	鄱阳湖水文局

续表

序号	站名	地　　址	站类	管理单位
105	都昌	都昌县都昌镇印山村	水生态站	鄱阳湖水文局
106	湖口	湖口县双钟镇三里街	水生态站	鄱阳湖水文局
107	蚌湖	庐山市蓼南乡蚌湖	水生态站	鄱阳湖水文局
108	康山	余干县康山乡	水生态站	鄱阳湖水文局
109	蛇山	都昌县周溪镇棠荫村蛇山岛	水生态站	鄱阳湖水文局

第四节　站　网　管　理

清光绪十一年（1885）三月，九江海关首先建立测候所观测降水量，但由谁设立、由谁管理不详。

清光绪三十年（1904）一月一日，九江海关在西门外长江设立水尺（通称"海关水尺"）观测水位，主要是为航运部门服务。

民国11年（1922），扬子江水道讨论委员会九江流量测量队，沿用海关水尺，观测水位并进行管理。

民国18年（1929）2—5月，扬子江水道整理委员会开始巡测涂家埠、杨柳津等地流量。

民国19年（1930）10月，江西水利局担负涂家埠、杨柳津等地的流量巡测工作。

民国33年（1944）秋，江西水利局二科增设水文股，管理全市水文工作。

民国35年（1946）9月，成立江西水利局水文总站，恢复并管理永修水文站。民国35年（1946）至民国38年（1949）间，由江西省水利局、江西气象研究所和部分县政府设立多处降水量观测站并进行管理。

民国36年（1947）6月2日，江西水利局以"中央水利实验处既在本省设立水文总站，本省原设水文总站似嫌重复"，经呈准省政府6月18日指令，准予撤销。从此，全市水文工作，统一由中央水利实验处江西省水文总站管理，行政上仍由江西水利局代管。

1949年，九江水文站由九江港务局接管。6月16日，江西省人民政府成立，在省人民政府建设厅下设江西省人民政府水利局，水利局下设水文科，全市水文工作由水文科主管。

1952年，永修二等水文站定为中心站，分片管理所有水文测站业务，各站经费开支，由中心站汇总省水利局报销。

1954年7月，九江水文站由长江委接管。永修水文站调整为水位站，设三硔滩水文站作为全市水文测站的中心站。

1956年11月，按行政区划设江西省水利厅水文总站九江水文分站，成为地区级水文管理机构，地址设在永修水文站，内设办事组、业务检查组和资料组，主管全市水文工作。

1957年6月11日，江西省人民委员会发出《关于加强各级水文测站领导和水文人员管理的通知》。确定全市水文测站由九江专区和省水利厅双重领导。

1958年3月6日，省水利厅发出《关于水文测站管理区域划分的通知》，决定各水文分站的测站管理区域，按各专（行）署行政区域划分，仍保留九江水文分站设置。8月，九江水文分站从永修迁至九江市。9月，九江水文分站和九江市气象台合并。

1959年4月，九江水文气象台站下放由专、县领导，成立九江专区水文气象总站，县成立水文气象服务站。测站由各县人民委员会进行管理。

1960年7月20日，根据水电厅〔1960〕水电字第422号文，柘林水库库区范围内的柘林、巾口、三硔滩、黄埠水文站划归柘林水电工程部门管理。

1962年7月，全省水文气象体制上收，由省水文气象局直接管理，九江专区水文气象总站改名为九江水文气象总站。

1963年9月23日，省人委批复省水电厅报告，九江水文气象总站改为江西省水利电力厅水文气象局九江分局，行政上受省水电厅直接领导，业务上由省水文气象局管理。

1964年10月1日，全省水文工作收归水利电力部领导，成立水利电力部江西省水文总站。鉴于九江水文气象已合并的实际情况，九江分局仍和原水文气象局一起办公，一套班子、两块牌子。

1969年4月，水利电力部军管会撤销水利电力部江西省水文总站，将水文管理体制下放到省，属江西省水利电力局领导。

1970年6月，根据水电部军管会《关于水文体制下放的通知》精神，九江专区水文气象站由专区和县革命委员会领导。12月28日，省革委会、省军区通知省水电局：水文气象站分设，分别成立江西省水文总站和江西省气象局；1971年1月，九江地区水文气象机构分设。3月，成立九江地区水文站；1973年8月，九江专员公署决定地区水文、气象部门合并，成立九江地区水文气象局；1977年6月，九江专员公署通知九江地区气象水文局分设，水文系统成立九江地区水文站，由九江地区水电局领导。此段时间，测站行政上由各县革委会进行管理，业务上由市级水文机构进行管理。

1980年1月1日，根据省水利局《关于改变我省水文管理体制的请示报告》，完成九江市水文管理体制上收工作，由省水利局直接领导，省水文总站具体管理。11月13日，省政府办公厅批复水利厅，同意恢复九江地区水文站作为水利厅的派出机构管理业务工作，行政上由水利厅直接领导。

1983年8月，九江市行政区划调整，九江地区水文站改名为九江市水文站。行政、业务隶属关系不变。

1993年3月12日，江西省机构编制委员会办同意将江西省水利厅九江市水文站更名为江西省水利厅九江市水文分局，机构更名后，其隶属关系、性质、级别和人员编制均不变。

2005年8月1日，江西省机构编制委员会办同意将江西省水利厅九江市水文分局更名为江西省九江市水文局，对九江市水文业务工作实行全面管理，行政上仍由水利厅直接领导。

第八章

水 文 测 验

　　水文测验是水文工作的基础，是观测和记录水文现象的作业过程。根据不同的建站目的、任务，通过定位观测、巡回测验、水文调查等方式，收集降水量、水位、流量、蒸发、泥沙、水质、水温、地下水、墒情等各项水文要素资料，是一项长期的工作。

　　九江市的水文测验经历了从最初的雨量、水位人工观测过渡到利用仪器设备进行自动记录，再到多项目水文测验，逐步实现现代化的漫长进程。特别是中华人民共和国成立后，严格执行全国统一的技术标准，建立健全各项水文测验的规章制度、明确水文测站的勘测任务和技术要求，水文测验技术逐步走向系统化、规范化、现代化，测验设备也不断改进提高，逐步引进应用测报新技术，从而提高了测验成果质量、工作效率和为水利建设以及国民经济建设服务的能力。

　　清光绪十一年（1885），九江海关开始观测降水量，开江西水文测验之先河。清光绪三十年（1904），九江海关开始观测九江水位；民国 11 年（1922），扬子江水道讨论委员会九江流量测量队开始巡测九江流量；民国 12 年（1923），扬子江水道讨论委员会九江流量测量队开始巡测九江含沙量；湖口水文站分别于 1950 年、1954 年、1960 年率先在九江开展比降、悬移质输沙率、颗粒分析等测验分析工作。

第一节 降 水 量

一、仪器设备

　　民国时期，使用白铁皮制作的雨量器，口径 20.32cm，器口高离地面 0.7m，筒内还有承雨管，用木直量雨尺测记雨量，一直沿用至 1955 年。1956 年，大中河站开始用定式自记雨量计。1957 年，全市改用口径 20cm 的标准雨量器，学习苏联经验，在雨量器周围附加白铁皮串边的防风圈，器高离地面 2m，筒内有储水瓶，用量杯测记雨量。1958—1966 年，全部改为口径

20cm，铜边刀口，停止使用防风圈，器口高度降至离地面 0.7m，筒内有储水瓶，用量杯测记雨量。其间有少数雨量站使用陶瓷雨量器和简易雨量筒，一部分水文站配备有日记型雨量计。

1968 年，大部分水文站配备 SJ1 型虹吸式自记雨量计。1975 年，全市水文站均配备自记雨量计。1982 年，大部分雨量站配备 SJ1 型虹吸式雨量计。1983 年，在少数无人烟地区的雨量站配备月记型雨量计，其中重庆仪器厂生产的产品精度可达 0.1mm。至 2005 年，所有雨量站均使用人工雨量计和虹吸式自记雨量计两套设备，个别雨量站还使用数字化固态存储雨量器观测。2006 年，九江水情分中心开始建设，逐年开建山洪灾害防治、非工程措施等项目建设，全市所有雨量观测项目全部采用翻斗式自记雨量计，配 RTU 存储设备，实现自动监测和远程传输。

二、观测场地

1949 年以前，雨量器设置在观测场内，从 1950 年起，观测场一般选择在四周空旷、平坦、避开局部地形地物的影响，四周障碍物和雨量器的距离，不少于障碍物顶部和仪器器口高差的 2 倍，观测场四周围以栅栏，高度约为 1.2～1.5m。观测场地面积的大小，以安装仪器互不影响便于观测为原则。设一种观测仪器时，场地面积不小于 4m×4m，两种观测仪器时，不少于 4m×6m。

至 2016 年，所有水文、水位站按观测项目均建有 4m×4m、4m×6m、12m×12m 的标准雨量观测场。其他雨量站多数采用杆式，占地少，易维护和管理。部分雨量站受场地限制，雨量器安装在房屋的平台或屋顶上。

三、观测方法

民国时期，除扬子江水利委员会和江西水利局设立的水文观测站和测候所外，还有一些县政府设立的雨量站。领导单位多，观测方法不一，且多系人工定时观测，资料残缺不全，在这些观测站点中，以水文站观测的质量较好。民国 24 年（1935）9 月 16 日，江西水利局印发《雨量观测方法》，对雨量器等安装和观测方法作出统一规定。

1950 年开始，水文、水位站昼夜测记降水量及其起讫时间，并根据降水强度变化及时分段加测。有的水文（水位）站，在降水开始时，还观测温度、湿度、风向风力或气压等附属项目。1953 年观测时间为北京时间 9 时，并测记雾、露、霜量；1954—1955 年为地方平均太阳时 19 时；1956—1960 年，雨量站多系定时观测（北京时间 8 时），汛期 4 段制，非汛期 2 段制。1960

年，雨量站全年为 2 段制观测，承担报汛任务的雨量站，汛期仍为 4 段制观测。自办站还要求准确测记冰雹粒径，测记初霜终霜日期，把雨量器内的积雪溶化后换算成降水深。

1961 年 1—4 月及 10—12 月，观测时间为北京时间 8 时，5—9 月观测时间改为北京时间 6 时。1962 年 1—3 月及 10—12 月观测时间改为北京时间 8 时，4—9 月观测时间为北京时间 6 时。1966 年，采用虹吸式自记雨量计后，雨量自记化程度不断提高，资料质量有所提高。每日 8 时按时换纸或移笔（量虹吸量），每张纸记录不得超过 5d。自记起讫时间自办站、小河站及其小河配套雨量站为 3 月 1 日至 10 月 31 日，其他站为 3 月 15 日至 10 月 31 日，冰冻期、霜冻期除外。雨量仪器存在器差或自记记录的雨量误差和时间误差超过《降雨量观测规范》规定，应对降雨量记录进行订正。当自记仪器发生故障时，则仍为人工观测。1978 年以后雾量、露量停止观测，仅测记初霜、终霜日期。

1982 年，省水文总站规定每年 11 月 1 日至次年 3 月 1 日停止使用，以防冰冻损坏仪器。在 1980—1991 年，夏季曾一度使用过"北京夏令时"。

2006—2016 年全市采用翻斗式自记雨量计、固态存储器收集降雨量数据，实现雨量数据实时采集。每日 8 时自办站对遥测记录进行检查对照并确认数据的真实性，对伪数据进行订正。固态存储定期取数，确保自记数据不丢失。每次取回的数据及时进行处理进行对照检查，对缺测或有问题的数据采用自记、人工或邻站对照插补，并补充完善数据库。遥测雨量器出现故障时，进行人工观测，汛期按大于或等于 4 段制，非汛期按 2 段制，暴雨期加密观测，见表 2.8.1。1953—2016 年全市各县（区）逐年平均降水量见表 2.8.2。

表 2.8.1　　　　　　　　　　2016 年全市面雨量站统计

序号	站名	行政区	代表面积/km²	权重系数
1	大坝	濂溪区	73.927	0.134395
2	牯岭		132.632	0.241118
3	高垄		343.512	0.624487
4	九江	浔阳区	48.719	1.00000
5	港口	九江县	203.989	0.221133
6	新塘		168.819	0.183006
7	雨淋		133.847	0.145096
8	沙河		270.738	0.293491
9	马回岭		145.081	0.157274

序号	站　名	行政区	代表面积/km²	权重系数
10	畈上	武宁县	98.904	0.028204
11	南岳		126.433	0.036054
12	东林		87.669	0.02500
13	船滩		162.781	0.046419
14	刘家桥		118.356	0.033751
15	石门楼		160.376	0.045733
16	洞口		192.510	0.054896
17	田丘		166.958	0.04761
18	甫田		179.634	0.051224
19	澧溪		143.498	0.04092
20	坪源		97.846	0.027902
21	罗溪	武宁县	147.269	0.041995
22	天平		181.568	0.051776
23	武宁		172.541	0.049202
24	石坪		127.872	0.036464
25	东坑		127.153	0.036259
26	宋溪		141.401	0.040322
27	红旗		137.469	0.039201
28	横路		238.793	0.068094
29	巾口		321.266	0.091612
30	罗坪		147.663	0.042108
31	邢家庄		122.300	0.034875
32	武陵岩		106.534	0.030379
33	高沙	修水县	197.785	0.043868
34	渣津		64.815	0.014376
35	先锋		264.252	0.058610
36	白沙岭		135.427	0.030037
37	半坑		138.674	0.030757
38	古塘		142.757	0.031663
39	杨树坪		174.588	0.038723
40	水源		153.634	0.034076

序号	站　名	行政区	代表面积/km²	权重系数
41	红色水库		64.490	0.014304
42	大桥		120.417	0.026708
43	余塅		40.889	0.009069
44	东港		161.292	0.035773
45	坪地		160.587	0.035618
46	靖林		106.449	0.02361
47	复源		102.756	0.022791
48	东津雨		254.704	0.056492
49	港口		241.066	0.053468
50	溪口		166.390	0.036905
51	新湾	修水县	240.893	0.053429
52	山口		138.979	0.030825
53	上桃坪		117.857	0.02614
54	杨家坪		216.399	0.047997
55	何市		165.822	0.036779
56	毛竹山		180.680	0.040074
57	黄港		159.792	0.035441
58	黄沙桥		136.570	0.030291
59	桃里		180.361	0.040003
60	庙岭		194.866	0.043221
61	三都		85.448	0.018952
62	虬津		192.068	0.098597
63	永修		112.265	0.05763
64	易家河		200.782	0.10307
65	三溪桥		190.750	0.09792
66	枹桐		89.491	0.045939
67	贯边		59.710	0.030651
68	燕山	永修县	141.729	0.072756
69	凤凰山		100.616	0.05165
70	东山		102.739	0.05274
71	叶庄		85.265	0.04377
72	立新		108.852	0.055878
73	光明		167.132	0.085796
74	吴城		396.622	0.203603

续表

序号	站　名	行政区	代表面积/km²	权重系数
75	梓坊	安县	181.529	0.211387
76	钟村		84.437	0.098325
77	李树桥		133.553	0.15552
78	竹林下		155.100	0.180611
79	山脚下陈		159.471	0.185701
80	德安		144.662	0.168456
81	星子	星子县	123.545	0.170744
82	观口		84.660	0.117004
83	白鹿		123.760	0.171042
84	泽泉		152.790	0.211163
85	横塘		238.810	0.330047
86	都昌	都昌县	215.324	0.096695
87	长垅		117.716	0.052862
88	彭冲涧		175.874	0.078979
89	伍家山		144.326	0.064812
90	阳峰		107.998	0.048498
91	和合		283.343	0.12724
92	西源		247.261	0.111037
93	芗溪		154.730	0.069484
94	多宝		226.566	0.101743
95	蔡岭		125.862	0.05652
96	春桥		62.324	0.027988
97	石嘴桥		116.789	0.052446
98	前山		98.085	0.044046
99	新桥		150.646	0.06765
100	城山	湖口县	230.24	0.341744
101	伍家		110.849	0.164533
102	湖口		120.691	0.179141
103	张青		211.940	0.314582

续表

序号	站 名	行政区	代表面积/km²	权重系数
104	杨梓	彭泽县	197.286	0.128815
105	彭泽		118.677	0.077488
106	黄岭		166.993	0.109036
107	马垱		215.416	0.140653
108	浪溪		179.287	0.117063
109	海形		136.836	0.089345
110	东升		192.949	0.125983
111	天红		117.652	0.076819
112	白沙		111.636	0.072891
113	定山		94.814	0.061907
114	码头	瑞昌市	90.181	0.063479
115	铺头		203.933	0.14355
116	夏畈		178.008	0.125301
117	乐园		133.995	0.094319
118	大店		236.170	0.166241
119	横港		232.822	0.163884
120	瑞昌		172.851	0.121671
121	王家铺		63.756	0.044878
122	幸福		108.932	0.076677
123	荷塘	共青城市	64.244	0.367826
124	共青		110.414	0.632174

计算日降水量的日界时间，曾有过多次变动。民国18年（1929）以前，大多数测站以0时为日分界线；民国19年（1930）至1949年，以8时为日分界线；1949—1953年，统一以9时为日分界线；1954—1955年，曾以19时为日分界线；1956—2016年，改为8时为日分界线（其中1961—1962年汛期一度以6时为日分界线，非汛期仍以8时为日分界线）。

四、技术标准

民国18年（1929），江西水利局印发《水文测量队施测方法》，内分水位观测，流量测量、含沙量测验、雨量测量、蒸发量观测和其他各项气象观测等篇章，是省内最早的水文技术文件。

表 2.8.2　　1953—2016 年全市各县（区）逐年平均降水量

单位：mm

年份	九江市	濂溪区	浔阳区	九江县	武宁县	修水县	永修县	德安县	庐山市	都昌县	湖口县	彭泽县	瑞昌市	共青城市
1953	1854.6	1548.0	1548.0	1605.0	1714.8	1693.4	1857.4	1714.8	2001.5	2234.7	1548.0	1548.0	1548.0	1857.4
1954	2187.0	1932.1	1932.1	1328.4	2250.7	2276.4	2566.4	2250.7	2294.9	2092.4	1932.1	1932.1	1932.1	2566.4
1955	1291.2	1605.0	1605.0	1573.2	1372.3	243.6	1955.8	1605.0	1680.8	1759.5	1605.0	1605.0	1605.0	1955.8
1956	1317.3	1264.4	1264.4	1093.8	1164.6	1324.3	1564.1	1328.4	1328.4	1374.3	1264.4	1264.4	1328.4	1564.1
1957	1557.3	1396.9	1396.9	1329.6	1401.6	1522.4	1845.1	1573.2	1573.2	1819.8	1396.9	1396.9	1573.2	1845.1
1958	1320.8	979.6	979.6	979.6	1459.9	1544.6	1358.5	1097.8	1093.8	1470.3	979.6	979.6	1093.8	1358.5
1959	1472.9	1504.9	1504.9	1315.2	1577.8	1558.1	1412.7	1280.8	1329.6	1412.4	1504.9	1504.9	1329.6	1412.7
1960	1244.4	1136.6	1136.6	1274.7	1222.3	1627.4	1231.1	1130.5	979.6	1033.4	1136.6	1136.6	979.6	1231.1
1961	1504.4	1340.6	1340.6	1070.3	1467.3	1752.8	1342.0	1405.0	1315.2	1496.3	1340.6	1340.6	1656.4	1342.0
1962	1389.6	1157.5	1157.5	1070.8	1640.3	1556.0	1271.5	1275.8	1274.7	1254.2	1157.5	1157.5	1274.7	1271.5
1963	1176.0	1057.1	1057.1	1412.3	1350.9	1252.8	1181.0	1061.4	1070.3	1073.0	1057.1	1057.1	1070.3	1181.0
1964	1234.3	1001.7	1001.7	1100.0	1437.1	1377.4	1223.7	1133.9	1070.8	1135.2	1001.7	1076.2	1070.8	1223.7
1965	1413.3	1231.7	1231.7	1555.5	1531.1	1466.1	1432.4	1212.7	1412.3	1409.8	1231.7	1254.8	1412.3	1432.4
1966	1328.8	1135.4	1135.4	957.0	1466.2	1629.0	1247.7	1166.3	1100.0	1159.5	1083.8	1194.8	1100.0	1247.7
1967	1679.8	1457.8	1457.8	1704.4	1809.2	1998.9	1559.6	1431.6	1555.5	1558.1	1457.8	1437.0	1463.9	1559.6
1968	1051.7	999.8	999.8	972.9	1202.2	1028.0	1105.4	971.5	957.0	1078.3	999.8	977.3	926.0	1105.4
1969	1813.6	1737.3	1737.3	1148.9	1939.4	2005.9	1837.5	1645.9	1704.4	1594.9	1737.3	1566.7	1734.0	1837.5
1970	1864.4	1751.5	1751.5	1720.3	1840.3	1884.3	2042.9	1733.1	1972.9	1754.9	1751.5	1779.9	1928.0	2042.9
1971	1232.9	1307.0	1307.0	1935.5	1253.5	1251.5	1246.2	1182.6	1148.9	1209.5	1307.0	1307.0	1108.1	1246.2
1972	1595.6	1780.9	1780.9	1633.7	1550.5	1409.2	1732.0	1633.2	1720.3	1529.5	1780.9	1780.9	1656.2	1732.0
1973	1965.1	1883.2	1883.2	1718.4	2067.9	1945.1	2233.1	1732.9	1935.5	1932.2	1883.2	1883.2	1788.5	2233.1

续表

年份	九江市	濂溪区	浔阳区	九江县	武宁县	修水县	永修县	德安县	庐山市	都昌县	湖口县	彭泽县	瑞昌市	共青城市
1974	1521.0	1835.9	1835.9	1219.8	1426.3	1353.0	1596.9	1488.8	1633.7	1571.1	1835.9	1674.2	1538.9	1596.9
1975	1879.9	1864.9	1864.9	1477.2	2125.3	1700.5	2140.7	1878.2	1718.4	1951.1	1786.6	1676.1	1817.5	2140.7
1976	1430.2	1214.6	1214.6	774.3	1678.3	1621.3	1440.7	1368.0	1219.8	1094.7	1320.0	1312.2	1219.8	1440.7
1977	1651.5	1755.4	1755.4	1051.3	1807.8	1990.6	1440.5	1494.0	1477.2	1002.9	1652.7	1800.3	1477.2	1440.5
1978	993.7	867.7	867.7	1578.4	1071.3	1252.9	966.3	963.4	774.3	699.1	867.7	971.8	833.8	966.3
1979	1180.8	1066.4	1066.4	1402.0	1317.4	1345.8	1088.2	874.0	1051.3	952.1	1060.2	1267.6	1130.9	1088.2
1980	1497.8	1424.8	1424.8	1095.1	1569.1	1415.4	1574.0	1627.2	1578.4	1554.3	1424.8	1413.3	1386.3	1574.0
1981	1461.8	1440.2	1440.2	1583.4	1536.5	1549.4	1431.2	1505.3	1402.0	1122.3	1440.2	1616.3	1408.2	1431.2
1982	1306.3	1252.2	1252.2	1341.4	1529.6	1363.3	1200.3	1206.0	1095.1	1146.3	1252.2	1316.8	1283.6	1200.3
1983	1781.3	1753.3	1753.3	1242.9	1948.0	1923.7	1691.0	1582.7	1654.6	1385.5	1753.3	1919.5	1785.2	1691.0
1984	1485.8	1423.1	1423.1	1230.7	1542.3	1466.7	1521.7	1557.4	1341.4	1484.5	1423.1	1527.2	1481.1	1521.7
1985	1282.0	1262.6	1262.6	1177.2	1374.0	1313.2	1333.7	1229.0	1260.7	1145.0	1262.6	1155.0	1298.6	1333.7
1986	1265.1	1458.7	1458.7	1225.7	1339.2	1373.8	1050.7	1250.3	1202.8	1071.3	1231.7	1280.8	1279.6	1050.7
1987	1303.0	1395.0	1395.0	1656.6	1317.7	1402.6	1285.3	1190.4	1231.5	1085.8	1395.0	1435.0	1230.1	1285.3
1988	1394.1	1081.2	1081.2	1729.6	1594.2	1558.7	1319.3	1463.0	1346.8	1159.2	1260.0	1203.6	1313.0	1319.3
1989	1635.0	1380.5	1380.5	1460.8	1743.5	1785.0	1643.1	1475.4	1531.3	1404.1	1380.5	1629.5	1598.5	1643.1
1990	1489.4	1333.0	1333.0	1121.9	1628.6	1459.8	1338.7	1516.5	1698.6	1186.1	1481.9	1470.2	1720.4	1338.7
1991	1524.7	1228.8	1228.8	1400.4	1653.2	1690.7	1355.6	1454.5	1638.9	1171.6	1449.1	1619.0	1520.3	1355.6
1992	1254.0	1005.5	1005.5	1556.1	1323.5	1456.5	1225.6	1233.7	1151.3	1117.3	1005.5	1201.7	1108.5	1225.6
1993	1715.5	1345.0	1345.0	1640.0	1795.1	2013.2	1659.7	1572.3	1526.8	1659.1	1464.2	1578.3	1553.0	1659.7
1994	1476.0	1192.4	1192.4	1653.7	1698.3	1633.8	1261.1	1508.9	1515.1	1196.8	1192.4	1289.1	1514.4	1261.1
1995	1884.2	1329.1	1329.1	1615.9	2016.4	2276.2	1939.2	1804.2	1825.6	1712.7	1426.4	1432.1	1676.9	1939.2

年份	九江市	濂溪区	浔阳区	九江县	武宁县	修水县	永修县	德安县	庐山市	都昌县	湖口县	彭泽县	瑞昌市	共青城市
1996	1430.0	1113.2	1113.2	2099.7	1471.0	1577.7	1072.8	1305.6	1325.3	1003.1	1553.4	1897.3	1566.2	1072.8
1997	1469.0	1185.6	1185.6	1992.3	1607.6	1590.3	1483.5	1315.9	1272.7	1199.1	1513.8	1343.2	1470.3	1483.5
1998	2106.0	1622.6	1622.6	1215.5	2248.7	2200.2	2063.2	2132.3	2202.8	2123.5	1826.5	1833.7	2094.3	2063.2
1999	1898.1	1748.5	1748.5	1258.1	1806.7	2036.1	1780.8	1734.4	1992.3	1872.6	1748.5	2082.9	1838.3	1780.8
2000	1316.9	1208.9	1208.9	1701.9	1458.4	1349.1	1176.5	1471.5	1506.3	1272.1	1173.0	1225.3	1210.5	1176.5
2001	1222.1	1144.6	1144.6	1430.2	1253.6	1335.6	1063.6	1162.6	1319.9	1026.3	1266.7	1208.5	1286.7	1063.6
2002	1791.0	1647.4	1647.4	1262.8	1824.3	2005.7	1574.6	1752.1	1914.0	1631.1	1608.4	1723.7	1805.5	1574.6
2003	1448.6	1372.5	1372.5	1561.4	1557.7	1517.4	1361.7	1356.8	1537.8	1424.1	1347.5	1343.5	1345.1	1361.7
2004	1314.1	1140.2	1140.2	936.0	1376.6	1391.0	1192.8	1353.2	1331.5	1195.5	1248.9	1383.6	1291.6	1192.8
2005	1536.8	1446.4	1446.4	973.8	1685.1	1673.0	1480.5	1609.7	1578.4	1261.7	1369.4	1198.0	1612.5	1480.5
2006	1151.6	1243.0	1243.0	1486.5	1130.0	1230.0	1146.0	1025.0	1179.0	936.0	1326.0	1201.0	1277.0	1146.0
2007	1076.5	922.0	922.0	1131.0	1085.0	1200.0	1131.0	1067.0	1045.0	822.0	928.0	902.0	1358.0	1131.0
2008	1281.1	1295.0	1295.0	1713.0	1205.0	1356.5	1320.0	1340.0	1396.0	1132.0	1142.0	1248.0	1264.0	1320.0
2009	1216.0	1227.0	1227.0	1008.0	1188.0	1301.0	1196.0	1302.0	1111.0	1128.0	1083.0	1336.0	1140.0	1196.0
2010	1720.3	1746.6	1746.6	1675.7	1907.8	2008.1	1152.9	1626.0	1623.3	1674.0	1531.0	1826.0	1662.0	1152.9
2011	1043.8	1157.3	1157.3	1144.9	1114.4	1173.3	747.3	995.5	930.5	855.0	990.0	1024.0	1059.5	747.3
2012	1844.2	1529.5	1529.5	1534.3	2079.2	2109.1	1819.6	1886.1	1723.0	1828.1	1617.5	1502.6	1751.4	1886.1
2013	1326.1	1767.8	1096.5	1495.4	1345.7	1267.7	1441.9	1242.9	1374.5	1445.9	1354.0	1238.6	1192.0	1569.4
2014	1558.2	1570.9	1428.5	1624.8	1616.1	1680.9	1512.8	1629.6	1451.3	1472.6	1456.0	1459.0	1394.8	1504.1
2015	1813.8	2134.1	1529.5	1676.5	1872.7	1864.1	1875.5	1752.9	1818.9	1882.1	1564.1	1772.0	1614.6	1883.2
2016	1774.1	2068.3	1770.0	824.9	1806.8	1795.7	1748.5	1580.1	1765.3	1814.0	1781.9	1865.9	1606.5	1854.7

民国 24 年（1935）9 月 16 日，江西水利局印发《雨量观测方法》，对雨量器等安装和观测方法作出统一规定。

民国 30 年（1941），执行中央水工试验所水文研究站制订的《雨量气象测读及记载细则》。

1954 年，执行水利部颁发的《气象观测暂行规范（地面部分）》。

1958 年，执行水利部水文局颁发的《降水量观测暂行规范》。

1981 年，执行部水文局颁发的《降水量资料刊印表式及填制说明（试行稿）》，原《水文测验试行规范》和《水文测验手册》第三册的相应部分作废。

1983 年，执行省水文总站编写的《降水量资料刊印表式及填制说明（试行稿）》补充规定。

1991 年 11 月 11 日，执行水利部颁发的《降水量观测规范》（SL 21—90）。

2006 年 10 月 1 日，执行水利部颁发的《降水量观测规范》（SL 21—2006）。

第二节　水　　位

一、仪器设备

1964 年以前，各站采用木质靠桩直立式木质水尺，每节长 1～2m，水尺板自行油漆刻化尺寸。1964 年后，逐步改建钢筋混凝土结构的水尺靠桩，装搪瓷水尺板面。1980 年开始，部分新设站用槽（角）钢夯入河床做水尺桩，在靠桩露出地面部分装上搪瓷水尺板。有的站安装静水设备，以消除较大风浪引起的水面波动，提高观测精度。

1966 年开始学习外省兴建自记水位测井。九江最早设计施工建成的钢筋水泥结构测井，有罗溪、先锋两站（廖传湖设计，招哲华施工）。然后，梓坊（砖结构，尹宗贤设计）、永修等站兴建测井。到 1985 年除吴城赣江、东津未建测井外，其他站都已建成，并在基本水尺断面都修建了浆砌块石码头。2006 年以后，部分山洪灾害和水库水位站受施工条件限制，用 PVC 管代替测井。

自记水位计台属永久性建筑物，多以岛岸结合式为主，小河水文站多系岸式。水位自记仪器为国产机械型，1960 年开始，配有重庆水文仪器厂生产的 SW－40 型和 SW－40－1 型日记水位计和上海气象仪器厂生产的 HCJ 型日记水位计。1980 年以后，在荒僻山区的小河站，配备重庆厂生产的 SWY20

型月记水位计。从 2006 年水情分中心建设开始，气泡式、压力式、雷达式水位计等先进设施设备相继在全市投入使用。

水文、水位站采用的水准基面主要有假定基面、吴淞基面和黄海基面。各站都设有水准点，水尺零点高程，通过水准测量与水准基面相联系。

二、观测活动

水位观测 清代和民国时期，各站水位观测每日 1～3 次。1949—1955 年，枯季（10 月至次年 3 月）每日定时观测水位 3～5 次，汛期（4—9 月）每日定时观测 6～12 次，水位涨落急骤时，增加观测次数，以掌握整个洪水过程。大中河站同时测风向风力及水面起伏度。1956—1964 年，枯季各站定时观测 2 次（7 时、19 时或 8 时、20 时），汛期每日定时观测 4 次（2 时、8 时、14 时、20 时，或 1 时、7 时、13 时、19 时），视水位高低情况增加测次，以掌握整个洪水变化过程。1965 年后，定时观测 1～2 次，以掌握洪水变化过程为准。中小河流站在洪水涨水面，有时每 6min 观测一次。1966 年以后，自记水位计在各站开始普及，一般每日 8 时定时进行校测和检查，水位涨落急剧时，适当增加校测和检查次数，超出规范允许误差时，则进行订正。2006 年以后，水位实现自动监测、存储和传输，每日 8 时或在有情况发生时进行校测。

比降观测 1950 年，湖口站首先开始观测比降水位。此后比降水位只在有比降水位观测任务的站进行。一般每日定时观测 2 次，水位变化平稳时，每日定时观测 1 次，水位急剧变化时，每加测基本水尺水位 2～3 次同时加测比降 1 次。测验流量开始、终了以及洪峰、洪谷出现时，都进行加测。1963 年，省水文气象局根据资料分析作出规定，当比降观测资料不少于 5 年，证明比降资料对流量整编没有辅助作用时，可以停测比降水位；不少于 1 年的资料，证明横比降严重，比降失去代表性而又无适当位置迁移时，也可停测。1964 年开始，按照水文站任务书规定，在测流开始和终了时观测比降，洪水期适当加测，并观测年最高水位时的比降。受变动回水影响时期和河道上、下游圩堤决口、漫堤及受人工调节影响和水力条件的突然改变时，均适当加测，见表 2.8.3。

三、技术标准

民国 18 年（1929），江西水利局印发《水文测量队施测方法》，内分水位观测、流量测量、含沙量测验、雨量测量、蒸发量观测和其他各项气象观测等篇章，是省内最早的水文技术文件。

单位：m

表 2.8.3　1954—2016 年主要水文（位）站年平均水位

年份	九江	湖口	星子	渣津	先锋	高沙	罗溪	虬津	永修	吴城（赣江）	吴城（修水）	梓坊	铺头	彭冲涧	观口
1954	16.15	15.62	16.12						18.26	17.09	17.03				
1955	14.00	13.15	13.57						16.74	14.80	14.66				
1956	13.05	12.19	12.77						16.15	14.25	14.07				
1957	12.89	12.09	12.73		96.65	85.65			16.00	14.13	13.99	22.42			
1958	13.02	12.26	12.95		96.34	85.74			16.16	14.37	14.25	22.35			
1959	12.56	11.76	12.25		96.23	85.61			15.76	13.67	13.51	22.36			
1960	12.38	11.61	12.30		96.27	85.60			15.74	13.90	13.78	22.36			
1961	13.49	12.85	13.50		96.39	85.73	142.17		16.05	14.73	14.59	22.40			
1962	13.65	12.98	13.58		96.35	85.67	—		16.48	14.97	14.85	22.35			
1963	12.25	11.69	12.10		96.05	85.35	142.01		15.40	13.57	13.44	22.22			
1964	14.61	13.91	14.28		96.21	85.58	142.06		16.46	15.35	15.24	22.39			
1965	13.40	12.64	13.06		96.17	85.51	142.05		15.90	14.40	14.29	22.32			
1966	12.55	11.82	12.63		96.31	85.66	142.11		15.85	13.99	13.90	22.36			
1967	13.46	12.72	13.23		96.38	85.78	142.14		16.33	—	—	22.37			
1968	13.73	12.97	13.30		96.08	85.27	142.01		16.37	14.79	14.56	22.14			
1969	13.47	12.78	13.51		96.57	85.85	142.16		16.66	14.90	14.74	22.54			
1970	14.31	13.63	14.25		96.64	85.85	142.18		16.95	15.43	15.39	22.50			
1971	12.57	11.70	12.19		96.34	85.50	142.10		15.78	13.48	13.46	22.30			
1972	12.18	11.40	12.04		96.31	85.52	142.12		15.65	13.40	13.34	22.48			
1973	14.87	14.26	14.89		96.74	86.00	142.27		17.36	15.94	15.91	22.68			
1974	13.38	12.59	13.19		96.50	85.51	142.12		16.46	14.58	14.53	22.41			

续表

站名 年份	九江	湖口	星子	渣津	先锋	高沙	罗溪	虬津	永修	吴城（赣江）	吴城（修水）	梓坊	铺头	彭冲洞	观口
1975	14.72	14.06	14.77		96.66	85.89	142.26		17.01	15.86	15.78	22.67			
1976	13.47	12.70	13.31		96.51	85.77	142.19		16.36	14.53	14.55	22.45			
1977	13.75	13.00	13.51		96.41	85.77	142.16		16.65	14.73	14.73	22.54			
1978	12.00	11.21	11.98		96.21	85.53	142.07		15.53	13.52	13.35	22.31			
1979	12.24	11.49	12.31		96.32	85.62	142.10		15.69	13.96	13.86	22.31			
1980	14.31	13.61	14.17		96.31	85.69	142.16		16.76	15.42	15.39	22.53	36.24		
1981	13.84	13.12	13.65		96.31	85.73	142.10		16.33	14.90	14.83	22.52	36.31		
1982	14.40	13.72	14.21		96.35	85.79	142.11	18.24	16.71	15.41	15.34	22.55	36.34		
1983	15.50	14.88	15.36		96.42	85.96	142.15	18.50	17.31	16.45	16.37	22.70	36.43	45.330	15.890
1984	13.74	12.98	13.53		96.29	85.76	142.06	18.06	16.55	14.91	14.85	22.62	36.41	45.330	15.865
1985	13.54	12.76	13.21		96.28	85.76	142.15	17.79	16.00	14.43	14.36	22.53	36.37	45.315	15.855
1986	12.39	11.59	12.23		96.23	85.68	142.06	17.93	15.98	13.77	13.70	22.49	36.36	45.290	15.830
1987	13.23	12.58	13.23		96.29	85.78	142.04	17.77	16.21	14.60	14.53	22.59	36.36	45.325	15.845
1988	13.26	12.52	13.30		96.29	85.84	142.06	18.34	16.52	14.71	14.64	22.64	36.32	45.315	15.830
1989	14.64	13.90	14.39		96.31	85.89	142.10	18.48	16.90	15.44	15.42	22.69	36.38	45.320	15.825
1990	14.15	13.40	13.74		96.16	85.69	142.03	18.04	16.32	14.75	14.72	22.67	36.39	45.315	15.850
1991	14.11	13.42	13.85		96.34	85.90	142.08	18.50	16.83	15.01	14.97	22.72	36.41	45.330	15.890
1992	13.45	12.74	13.34		96.28	85.69	142.00	18.03	16.42	14.68	14.63	22.50	36.33	45.295	15.850
1993	14.20	13.61	14.10		96.43	85.96	142.07	18.52	16.99	15.32	15.26	22.63	36.42	45.330	15.880
1994	13.58	12.98	13.59		96.42	85.92	142.09	18.42	16.57	14.82	14.76	22.70	36.35	45.320	—
1995	14.17	13.53	14.10		96.46	86.06	142.13	18.79	16.99	15.30	15.26	22.76	36.39	45.330	—

续表

年份\站名	九江	湖口	星子	渣津	先锋	高沙	罗溪	虬津	永修	吴城（赣江）	吴城（修水）	梓坊	铺头	彭冲涧	观口
1996	13.91	12.97	13.47		96.28	85.82	142.02	18.24	16.59	14.89	14.85	22.59	36.40	45.310	—
1997	13.23	12.57	13.07		96.37	85.90	142.06	18.13	16.38	14.60	14.59	22.55	36.40	45.300	—
1998	15.77	15.17	15.61		96.62	86.26	142.19	19.57	18.08	16.76	16.72	23.05	36.46	45.350	—
1999	14.17	13.46	14.15		96.41	86.05	142.19	18.73	17.21	15.45	15.43	22.68	36.29	45.315	—
2000	14.85	12.98	13.46		96.18	85.80	142.13	17.92	16.41	14.76	14.75	22.47	36.12	45.310	—
2001	13.06	12.35	13.00		96.02	85.65	142.06	17.44	15.67	14.25	14.23	22.47	36.15	45.295	—
2002	14.23	13.39	14.03		96.27	85.96	142.10	18.30	16.81	15.29	15.32	22.71	36.12	45.335	—
2003	13.82	13.09	13.53		96.22	85.91	142.08	18.46	16.74	14.86	14.91	22.60	36.16	45.315	—
2004	12.67	11.88	12.16		95.95	91.09	141.96	17.24	15.71	13.66	13.64	22.47	36.14	45.285	15.665
2005	13.59	12.94	13.27	122.58	96.19	93.12	142.04	17.41	16.28	14.45	14.50	22.60	36.14	45.310	15.730
2006	11.84	11.18	11.57	122.51	96.14	93.63	142.02	17.40	15.81	13.44	13.25	22.50	36.10	45.310	15.790
2007	12.22	11.54	11.83	122.44	95.88	93.68	141.97	16.93	15.65	13.27	13.22	22.46	36.09	45.290	15.680
2008	12.78	12.13	12.40	122.49	95.81	93.87	141.95	16.91	15.65	13.67	13.59	22.51	36.12	45.300	15.760
2009	12.28	11.59	11.81	122.15	95.44	93.77	141.98	17.15	15.58	13.00	12.96	22.57	36.10	45.280	15.800
2010	13.98	13.40	13.84	122.17	95.68	93.80	141.89	17.80	16.68	14.97	14.88	22.78	36.27	45.330	15.830
2011	11.42	10.64	10.86	121.83	95.45	93.93	141.60	16.83	15.02	12.18	12.13	22.48	36.27	45.275	15.770
2012	13.91	13.41	13.74	121.81	95.85	93.85	141.63	17.84	16.25	14.81	14.80	22.76	36.32	45.310	15.825
2013	12.37	11.72	12.12	121.31	95.37	93.42	141.50	17.19	15.53	13.16	13.12	22.61	36.29	45.305	15.790
2014	13.15	12.69	12.80	120.86	95.41	93.35	141.53	17.07	16.01	13.73	13.71	22.68	36.29	45.305	15.785
2015	13.31	12.82	12.94	120.83	95.33	93.97	141.55	17.44	16.31	13.94	13.94	22.74	36.36	45.330	15.830
2016	14.13	13.63	13.84	120.75	95.34	93.77	141.42	17.61	16.94	14.92	14.89	22.65	36.49	45.325	15.810

民国 30 年（1941），中央水工试验所制订《水文水位测候站规范》《水文读记及记载细则》，江西水利局转发给各站执行。

1961 年 1 月 1 日，执行水电部颁发的《水位及水温观测》规范，1976 年 1 月 1 日停止使用。

1987 年 9 月 4 日，水电部颁发《明渠水流测量、水位测量仪器》（SD 221—87），从 1988 年 2 月 1 日起执行。

1991 年 6 月 1 日，执行建设部颁发的《水位观测标准》（GBJ 138—90）。

2010 年 12 月 1 日，执行住房和城乡建设部、国家质量监督检验检疫总局颁发的《水位观测标准》（GB/T 50138—2010）。

第三节 地 下 水

2009 年 7 月 14 日，市超采中心区第一口地下水监测井（九江市国棉三厂）启用。2016 年开工建成 17 口地下水监测井，九江市地下水监测站增至 19 处。

地下水监测使用的监测仪器主要有：WFH－2 浮子式水位传感器、MPM4700 压力式水位传感器、2.5L 深水水质采样器、JWB/P 水温传感器、YCZ－2A－101 地下水遥测终端机、H7710 通信模块。系统采用 GPRS/GPS 通信网络，实现数据远程传输，可在九江地下水信息中心对实时数据进行分类、入库和实时查询。

地下水监测工作执行水利部发布的《地下水监测规范》（SL/T 183—2005）。2014 年以后，执行水利部发布的《地下水监测规范》（GB/T 51040—2014）。

九江市国棉三厂站地下水特征水位表中，2009 年数据系根据 7—12 月观测资料整编。2013 年、2016 年观测资料欠佳，未进行整编，见表 2.8.4。

表 2.8.4　　　　2009—2015 年九江市国棉三厂站地下水特征水位　　　单位：m

年 份	最高水位	最低水位	年平均水位	年水位变幅
2009	2.87	−0.11	0.71	2.98
2010	4.08	−0.31	1.07	4.39
2011	4.63	−1.51	0.61	6.14
2012	3.67	−1.47	0.53	5.14
2014	9.33	1.68	2.74	7.65
2015	9.24	7.14	8.46	2.10

第四节 蒸 发 量

一、仪器设备

1954 年永修站、1959 年高沙站开始观测蒸发量，使用全省统一的口径 80cm 的蒸发皿。1964 年柘林站观测蒸发量，使用 E-601 型蒸发皿。1979 年杨树坪站、南山站，1980 年铺头站、清江站，1982 年虬津站、彭冲涧站、大坑站观测蒸发量，采用改进后的 E-601 型蒸发皿，作为统一定型仪器。2015 年以后，新建有观测蒸发项目的站统一使用 FFZ-01 型自动蒸发皿。蒸发皿一般设置在观测场内雨量器旁，场地面积不小于 4m×6m。

二、观测活动

蒸发量观测，每日定时 1 次。1956 年 1 月，用北京标准时，以 8 时为日分界。使用口径 80cm 蒸发皿时，常有大雨时蒸发量偏大现象。使用 E-601 型蒸发皿时，暴雨时，蒸发量有时偏大，有时得负值，则改正为 0。结冰期间，停止观测，待冰融化后，观测结冰期的总蒸发量。

为探求不同型号蒸发皿观测值的换算关系，1982 年 4 月起，杨树坪、铺头两站开展 20cm 蒸发皿与 E-601 型蒸发皿的对比观测；1983 年 1 月，又增加与口径 80cm 蒸发皿与 E-601 型蒸发皿的对比观测；1984 年，对比站作了适当调整，增加了棠荫和康山两站，但对比观测资料均未进行分析。

E-601 型蒸发皿每月换水一次，每日 8 时准点测记，每次观读 2 次，2 次读数误差不大于 0.2mm。日降水量大于 50mm 时在降雨开始前和降雨停止时加测器内水面高度并同时测记降雨量。

三、技术标准

民国 18 年（1929），江西水利局印发《水文测量队施测方法》，内有蒸发量观测和其他各项气象观测等篇章，是省内最早的水文技术文件。

1954 年，蒸发量观测时制的日分界改为 19 时，和气象部门一致。1956 年 1 月，执行水电部《水文测站暂行规范》，改为以 8 时为日分界。

1962 年，水电部颁发《水面蒸发观测》。

1989 年 1 月 1 日，执行水利部颁发的《水面蒸发观测规范》（SD 265—88）。

2013年12月16日，执行水利部发布的《水面蒸发观测规范》(SL 630—2013)。在1988年规范的基础上，扩大规范适用范围，增加蒸发自动观测相关技术内容，修改部分条款，删除气象辅助项目观测的有关技术要求，附录增加水面蒸发量观测误差的内容，见表2.8.5。

表 2.8.5　　　　　　　1980—2016 年部分站平均水面蒸发量　　　　单位：mm

年份	渣津	虹津	铺头	彭冲涧	年份	渣津	虹津	铺头	彭冲涧
1980			687.3		1999		756.3	535.6	607.1
1981			779.5		2000		787.3	693.4	632.2
1982		782.1	864.8	746.3	2001		806.4	579.9	683.5
1983		883.4	966.6	780.6	2002		729.4	543.4	613.8
1984		841.8	902.9	729.2	2003		825.2	761.9	724.5
1985		875.6	902.9	778.4	2004		835.8	692.1	635.4
1986		961.3	997.4	846.8	2005	761.0	760.8	575.0	732.3
1987		886.5	874.8	724.2	2006	803.7	740.3	759.5	723.9
1988		912.1	908.5	812.3	2007	800.9	778.4	695.2	747.7
1989		748.7	822.9	707.4	2008	871.1	734.8	734.2	739.6
1990		803.2	827.0	816.3	2009	785.1	774.5	780.4	791.6
1991		774.6	883.2	666.5	2010	756.3	667.2	648.2	694.1
1992		884.1	917.9	739.2	2011	771.9	786.7	579.7	753.9
1993		781.8	694.5	613.5	2012	832.7	757.9	703.2	730.1
1994		848.0	737.8	667.4	2013	834.2	845.6	796.1	804.2
1995		908.7	919.1	655.6	2014	743.2	701.6	684.8	671.8
1996		759.3	957.7	593.3	2015	735.6	672.3	604.7	634.8
1997		774.6	773.7	598.8	2016	765.9	—	749.4	652.5
1998		822.0	715.4	605.8					

第五节　水　　温

1955年，庐山（明耻桥）站开始加测水温，使用普通温度计，是市内最早观测水温的站。1959 年，修水先锋站开始加测水温，1960 年星子站，1962 年柘林站、棠荫站、康山站，1961 年都昌站，1963 年高沙站，1979 年清江站，1982 年虬津站陆续开始观测水温，使用框式水温表，使用过程中从未比测检定过。

观测水温，一般在基本水尺断面靠近岸边水流畅通处，观测点附近没有泉水、工业废水和城镇污水流入。1975 年前，每日定时观测 2 次，1975 年起，改为每日定时观测 1 次，部分站在观测水温的同时，观测岸上气温。从 1985 年起，观测水温的部分站 2 月、5 月、8 月、11 月进行一次连续 3d 每 1h 观测 1 次水温的过程观测，见表 2.8.6。

从 1961 年 1 月 1 日开始，执行水电部颁发的《水位及水温观测标准》。

表 2.8.6　　　　　**1960—2016 年主要水温站特征值**　　　　　单位：℃

站名	多年平均水温	最高水温	最低水温	统计时间
高沙	18.2	34.8	0.0	1963—2016 年
虬津	16.9	31.2	3.0	1982—2016 年
星子	18.2	37.5	0.0	1960—2016 年
都昌	18.2	36.6	0.0	1961—2016 年
棠荫	17.4	38.2	0.0	1962—2016 年
康山	18.5	38.2	0.0	1962—2016 年

第六节　流　量　测　验

一、仪器设备

测船、绞车　1955 年以前不少测量是租用小木船测量，绞车都没有。流速仪用麻绳（或棕绳）系在船边测量。1956 年后大部分站打了木测船，船上安装了天平式的绞车，流速仪可离船 0.5m 左右测量，布设垂线是一锚多点法，用辐射杆固定垂线。

吊船过河索　1957 年，牛头坳、梓坊和龙潭峡等站，就地取材，架设简易的吊船过河索，索子最早是用棕绳、篾缆。测流时，用绞关绞紧过河索，测流完毕，将索沉入河底，以防来往船只碰撞发生意外事故。使用吊船过河索测流，较原来同等情况下可节省 1/3 的时间。随着国民经济的好转，逐步架设较正规的钢丝绳吊船索。最大跨度是由周烈明设计施工的柘林站的 400

多米，它以钢丝绳作循环索，牵动滑轮在主索上来回移动，或自动滑行。至1982年，所有有船测任务的站均架设有钢结构支架的吊船过河索。随着水文缆道的投产，至2009年，船测已成为历史，吊船过河索也就失去了存在的价值。

水文缆道　1964年，杨树坪站首先架设了简易手摇式、半机械化的水文缆道，成为九江第一个水文缆道站。1971年，当时的九江地区农业局下拨了几万元资金，参照四川式缆道设计图纸，委托修水县农机厂加工绞车等部件，同时安排了一批人到外省参观学习，1972年，在罗溪、高沙、先锋、梓坊等站架设了水文缆道。但由于此绞车笨重，使用不方便，除梓坊站做了一些修改，流速较平缓，河面不宽常可使用外，其他站几乎不能使用。之后，梓坊、高沙、先锋站缆道经曹修建和周广成改装，绞车换成浙江式，装了平衡锤，用可控硅进行调速等。改装后的梓坊站缆道运行一直较好，1983—1985年还与测船进行了对比测量，效果良好。铺头站水文缆道1980年初建成。1983年罗溪站水文缆道进行了重新安装。1985年高沙站水文缆道也进行了改造。

2001年4月，九江市水文分局成功研制HCS-2000A型水文缆道测流自动控制仪，并在高沙水文站试运行；9月18—21日，HCS-2000A型水文缆道测流自动控制仪参加了在北京举行的"2001年国际水利水电技术设备展览会"。

2009年，全市中小河流水文监测站点开始建设，所有水文站点均架设有电动水文缆道，同时对梓坊、罗溪、先锋站水文缆道进行了升级改造，2016年渣津水文站建成了测流取沙双缆道。至2016年年底，全市共有24个水文站架设有水文缆道。

测桥、测槽　20世纪70年代后期，王坑、大坑等站河面较窄，在断面上架设几根杉木或木质跳板作为简易测桥。1982年后，大坑、彭冲涧、爆竹铺等站由南昌市模型厂承造了钢桁架测桥，包括行车和活动雨篷两部分。南山、王坑站从建站起一直使用的是钢筋混凝土测桥。这些小河水文站同时建有测流槽、沉沙池等设施。至2016年，全市只有彭冲涧站仍保留有钢桁架测桥测流。

水面浮标　在船测及水文缆道测流之前，水面浮标法是九江各站监测大洪水的主要手段，一般用木饼制造，白天上面绑上红旗，夜间用棉花蘸煤油点火，小测船投放。遇到特大洪水时只好采用天然浮标或用比降法推估流量。浮标系数除高沙站测了几次中水比测外，其他站都是选用《规范》中的系数。

有的站水深、流速小，曾采用过用乒乓球灌蜡做深水浮标测速。至 2016 年，水面浮标法只是作为各站备用测流手段之一。

流速仪　1956 年水文站测流一般使用 Ls68 旋杯式流速仪。1958 年，增加旋桨式流速仪和旋杯式流速仪同时使用，主要型号有 Ls25－1、Ls25－2 型。20 世纪 70 年代，增加 Ls68－2 型低流速仪和 Ls20 型浅水使用的流速仪。鄱阳湖湖区测站有几架天津产的海洋流速流向仪和两架英国产的 Watts 旋杯式流速仪。小河站低水时用测流槽，用铁箱直接量得，或用 Ls10 型系列流速仪。2002 年引进电波流速仪和超声波测流仪。2009 年九江水文勘测队及高沙站开始引进声学多普勒流速剖面仪（简称 ADCP），它是测量流速剖面最有效的仪器，克服了传统流速仪难以获得整个水层连续、高频的流速数据的缺陷，可以同时测定多个单元层的流速。中小河流水文监测系统项目中改造的罗溪站及新建的横路站装有雷达波在线测流系统。

铅鱼　铅鱼重量有 8kg、15kg、30kg、50kg、75kg、100kg、150kg、200kg 和 250kg 的 9 种规格。有时两个铅鱼串联起来使用。1950 年前期，徒手提放仪器测深测速时，一般使用 8kg 的铅鱼，使用木质绞车时，常使用 15kg、30kg 的铅鱼。水文绞车取代木质绞车后，则使用 30kg、50kg、75kg 的铅鱼。水文缆道投产后，由开始的 15kg、30kg、50kg，进而增至 75kg、100kg。

救生设备、雨具　1955 年，向上饶梅港一等水文站学习，用竹筒制成简易救生衣。雨具有斗笠和蓑衣。"披蓑衣，戴斗笠，身穿竹筒救生衣"，反映了水文站的工作实况。随着国家经济条件改善，雨伞取代斗笠，蓑衣逐步改用油布雨衣、橡胶雨衣。20 世纪 60 年代开始，陆续添置木棉救生衣、泡沫救生衣和充气式橡胶救生衣。从 1980 年开始，水文站的外业人员均按要求配备救生设备。

二、测验活动

垂线数及位置确定　从民国时期直到 1950 年，整体测速垂线布设都少。1950—1952 年测速（深）垂线较以前有所增加，1953 年增加较多。之后多有反复。1997 年，开始全面贯彻执行国家标准《河流流量测验规范》，各站编制新的流速仪法测流方案，并组织实施，严格按规范要求根据各站河宽布设相应垂线。

1964 年以前，各站都是在断面一岸设立基线，用经纬仪式的小平板，施测夹角计算起点距。1964 年后，高沙站最早采用尼龙绳和木制绞车制造的活动式（可升降）的断面索固定垂线，高中低水都能用，比较准确。之后各站仿效用。1976年以后逐步用固定高度的标志索（不能升降），有的配备了彩灯，但水位低误差较大。1965年之后，断面量距索的构造有了改进，观读标志可上下升降，使用方便，读数准确。使用测桥的测站，在测桥上设置起点距标志，测流时，可直接观读。个别涉水测量的站，用皮尺或测绳直接丈量。大河站有的采用辐射线法定位，有的用仪器测定。水文缆道建立后，各站采用缆道计数器计算起点距离。1995年，九江市水文分局创新在垂线标志垂上外包反光膜，使夜间测量更加方便。

垂线平均流速及测速历时 1997年以前，不仅垂线布设少，测速垂线上的测点也少，各站基本上在垂线上施测0.6m水深处的流速，作为垂线平均流速，多点法使用较少；流速仪测速历时一般也较短，多为30～50s。2010年，对多点法测次进行核定，当测洪条件具备时，各站全年不少于2次全断面3点法以上测次；当水位涨落率大，测流期间的水位变幅超过平均水深的20%时，可改为施测2次以上部分垂线3点法垂线平均流速。贯彻执行国家标准以后，测速历时除抢测洪水可缩短至50s、水位暴涨暴落或受漂浮物影响可缩短至20s外，一般都在100s以上。

测深 各站测量水深，通常用悬索悬吊铅鱼，部分站使用测深锤或测深杆。徒手提放铅鱼测量水深时，悬索偏角较大。用木质绞车、水文绞车，使用3～5mm软质钢丝索悬吊的铅鱼重量大，偏角相应减小。缆道测流也经历了随铅鱼加重、偏角相应减小的过程。1983年开始，在测深测速的同时，测记偏角并进行水深改正。梓坊站曾用过用无线信号仪测深。1995年，船测站逐渐使用测深仪。对河床不稳定的站在测深能力范围内必须实测，每条垂线要2次测深且误差符合规范规定，借用断面在洪水退后及时施测水道断面；河床稳定的站，枯期每隔2个月，汛期每1个月全面测深1次，较大洪水适当增加测次；人工河床允许借用。

流向及悬索偏角改正 流向偏角一般用系线浮标法测量，只有柘林站用过南京产的流向仪。1983年，全省水文工作会议强调流向偏角问题后，得到重视，各站都进行了偏角的测量，凡流向偏角超过10°的，均予以改正。虬津站低水时流向偏角最大，有时达70°～80°；先锋、铺头两站的不同水位级流向偏角均较大。从2010年开始，铅鱼测深悬索悬吊流速仪测速，要求每次测流测记每条垂线和测点的偏角。当偏角船测大于10°或缆道大于5°，应按规定作干湿绳长度和缆道位移改正，确定测速点位置。

测次 浮标测次，以1954—1955年居多。随着测验设备的日益完善，浮标测次日渐减少，从 2010 年起，浮标法测流仅适用于流速测量困难或超出流速仪测速范围的高流速、低流速、小水深等情况下的流量测验。并规定：浮标系数应通过试验分析确定，在未取得试验数据之前，可借用经验系数，大中河站可取 0.85～0.90，小河站可取 0.75～0.85，并保持历年选用一致；浮标的制作材料、形式、入水深度等规格符合规范规定，本站必须统一；浮标施测流量应测记风速、风向。采用天然浮标施测高洪流量，借用流速仪水面流速系数时应通过河槽改正系数转换；用断面平均流速通过曼宁公式推算糙率后，对糙率的分布规律应做综合分析。比降面积法糙率的选用应通过合理性分析验证后确定。

流量的测次，20 世纪 50 年代初最少，如永修站，每月仅测一次流量。1953 年开始，大多数站的测次，都能根据测站特性和控制条件而定。1965 年，各站都能够根据水位变化过程，结合测站特性布设测次，并基本上做到现场分析测验成果，年测次普遍达到 100～150 次，为历史上合理布设测次的最佳时期。"文化大革命"期间，规范和任务书受到冲击和抵制，测次普遍下降，满足不了水位-流量关系曲线定线的需要，至 1979 年才有所好转。2010 年，全市规范流量测次，测次在水位过程线上的分布：较大洪水峰、谷附近最少 1 次，涨退水面各不少于 2 次。一般洪水一类站峰、涨、落水面各不少于 1 次；二、三类站峰、涨或落水面各不少于 1 次。出现绳套曲线时，峰附近实测，涨、落水面各不少于 2 次。受回水顶托影响期间应适当加密测次。平水期允许测流间隔最长天数 5～15d。流量测次在水位-流量关系曲线上的分布：每条曲线上下相邻点允许最大水位差高水为 0.6m，中水 0.1～0.4m，低水 0.1～0.2m。每一过渡线（跳线）有测次。

三、技术标准

民国 18 年（1929），江西水利局印发《水文测量队施测方法》，是江西省最早的水文技术文件，内有流量测量篇章。

1950 年，省水利局编写《水文测验手册》，永修等测站开始执行。

1953 年 10 月，部水文局综合全国各地水文测验工作经验和意见，并吸收苏联经验，编写《流速仪测量》《浮标测量》《含沙量测验》和《断面布设和测量》等水文测验技术参考文件，省水利局分发各水文站参考。

1961 年 1 月 1 日，执行水电部颁发的《流量测验》，1976 年 1 月 1 日停止使用。

1962 年 12 月 12 日，省水文气象局颁发《江西省水文测站和水文测验人员测报工作质量评分办法》，从 1963 年 1 月起执行。

1965 年 6 月 19 日，省水文气象局同意试行鄱阳湖水文气象实验站制订的《鄱阳湖水文观测暂行规定》，包括湖流、单位含沙量、水温、水色、透明度、波浪和拍岸浪等项目的观测规定。年内，省水文气象局汇编《水文测验常用手册》，印发全省水文测站使用。

1975 年 4 月，水电部颁发《水文测验试行规范》，九江各水文测站从 1976 年 1 月 1 日起执行。1976 年 11 月 24 日，省水电局向各地（市）水电局、各地市湖站、各水文（水位）站颁发《〈水文测验试行规范〉补充规定（暂行稿）》，和《水文测验试行规范》同时使用，原颁发的各项水文测验和资料整编方面的技术规定同时作废。

1984 年 1 月，开始执行省水文总站 1983 年 10 月编写的《〈水文测验试行规范〉补充规定（整编部分试行稿）》，1976 年 11 月 24 日省水电局颁发的《〈水文测验试行规范〉补充规定（暂行稿）》第十部分停止使用；3 月 19 日，省水文总站首次颁发小河水文站 45 站的测站任务书；6 月 7 日，水电部颁发《水文缆道测验规范》（SD 121—84），全省从 1985 年 1 月起执行。

1985 年 1 月 1 日，执行省水文总站颁发的《江西省水文测站质量检验标准》，标准由总则、标一（水文测验）、标二（水文情报预报）、标三（水文资料整编及原始资料站际互审）4 部分组成。

1986 年 6 月 28 日，水电部颁发《动船法测流规范》（SD 185—66）和《比降面积法测流规范》（SD 174—86），省水文总站转发各地市湖水文站执行。

1992 年 12 月 1 日，九江各水文测站执行建设部颁发《河流悬移质泥沙测验规范》（GB 50159—92）。

1994 年 2 月 1 日，九江各水文测站执行建设部颁发的《河流流量测验规范》（GB 50179—93）；5 月 1 日，执行水利部颁发的《水文自动测报系统规范》（SL 61—94）。

1998 年 1 月 1 日，九江各水文测站执行省水文局制定的《水文测验质量检验标准》。

2006 年 7 月 1 日，九江各水文测站执行水利部颁发的《声学多普勒流量测验规范》（SL 337—2006）和《水文测船测验规范》（SL 338—2006）。

2009 年 6 月 2 日，九江各水文测站执行水利部颁发的《水文缆道测验规范》（SL 443—2009）。

2010 年 10 月，九江各水文测站执行江西省水文局制定的《江西省水文局水文测验质量核定标准》，见表 2.8.7。

表 2.8.7　　　　　1947—2016 年水文测站年平均流量　　　单位：m³/s

年份	渣津	先锋	高沙	罗溪	虬津	永修	梓坊	铺头	彭冲涧	观口
1947						249				
1957		37.4	117				11.70			
1958		49.7	149				11.00			
1959		39.0	126				11.90			
1960		41.2	119				9.22			
1961		52.4	142				10.70			
1962		54.6	142				9.58			
1963		25.1	76.6	4.44			4.43			
1964		35.8	121	5.57			11.10			
1965		32.5	105	4.61			6.53			
1966		52.6	164	7.55			10.4			
1967		70.6	221	10.30			14.4			
1968		24.1	70.8	3.43			4.20			
1969		74.2	218	10.6			20.2			
1970		68.7	203	10.3			20.4			
1971		44.0	122	5.66			10.1			
1972		37.7	115	5.91			12.5			
1973		87.2	254	13.0			21.1			
1974		39.5	121	5.63			12.5			
1975		73.3	204	11.8			22.6			
1976		56.8	167	8.62			11.4			
1977		53.3	173	9.64			14.8			
1978		34.6	105	4.69			7.05			
1979		46.4	120	4.66			6.52			
1980		42.9	131	6.69			12.6	4.98		
1981		47.1	139	6.14			11.6	4.43		
1982		49.6	142	7.31			9.65	5.05		
1983		66.9	213	12.4	338		17.2	7.48	0.110	

续表

年份	渣津	先锋	高沙	罗溪	虬津	永修	梓坊	铺头	彭冲涧	观口
1984		46.4	133	6.84	260		14.2	5.25	0.089	
1985		45.8	128	7.38	215		9.66	3.38	0.059	
1986		44.7	117	6.18	236		9.36	4.36	0.037	
1987		48.1	139	6.52	199		9.14	3.53	0.053	
1988		55.2	177	8.26	317		14.3	5.09	0.076	
1989		59.9	173	9.98	352		14.9	5.85	0.077	
1990		40.6	120	7.06	230		14.7	6.25	0.077	
1991		58.1	185	8.77	345		17.8	7.28	0.079	
1992		49.0	140	6.59	233		12.1	3.71	0.054	
1993		66.6	206	10.6	348		15.3	4.61	0.084	
1994		59.7	181	9.60	357		17.1	3.64	0.080	
1995		73.7	239	12.7	485		23.3	5.44	0.110	
1996		43.2	134	7.61	248		14.5	5.25	0.080	
1997		55.9	157	8.60	265		10.5	4.26	0.041	
1998		107.0	298	15.1	633		30.1	8.68	0.150	
1999		68.6	222	10.7	395		21.4	6.66	0.097	
2000		44.8	130	7.76	257		11.4	1.86	0.040	
2001		32.5	101	6.22	176		10.8	2.45	0.036	
2002		65.9	198	10.1	332		20.9	4.00	0.089	
2003		61.2	183	9.34	454		16.9	5.46	0.086	
2004		30.2	—	4.91	175		12.5	6.65	0.038	
2005	17.6	57.2	—	8.42	210	260	16.8	6.47	0.051	
2006	12.2	48.9	—	7.75	261	224	10.5	3.40	0.058	
2007	8.24	27.1	—	6.38	141	143	7.55	3.10	0.025	
2008	12.5	30.8	—	5.90	169	174	9.22	3.61	0.059	
2009	10.3	34.2	—	6.30	244	190	11.5	3.50	0.037	
2010	20.6	56.9	—	9.50	311	280	20.2	6.93	0.109	
2011	11.5	30.6	—	5.37	161	151	7.84	3.46	0.035	

续表

年份	渣津	先锋	高沙	罗溪	虬津	永修	梓坊	铺头	彭冲涧	观口
2012	22.0	70.4	—	10.8	345	328	18.8	5.23	0.058	1.370
2013	14.5	44.5	—	6.31	239	222	13.3	5.46	0.065	1.040
2014	15.3	57.3	—	6.29	224	208	16.1	4.21	0.058	0.908
2015	16.1	57.6	—	10.3	295	366	20.1	7.15	0.078	1.320
2016	18.0	61.2	180	9.93	361	351	17.6	6.45	0.107	1.490

第七节　泥　　沙

一、仪器设备

1954 年前，采用没有排气管的瓶式采样器，有的用酒瓶，有的用白铁筒。1954 年，三碦滩站配备南京水工仪器厂生产的 1L 或 2L 的横式采样器；1956 年，配备南京水工仪器厂生产的横式采样器。1959 年永修白槎站开展过一段时间推移质测验，仪器是"撮箕型"。杨树坪、高沙站早期用 XCJ 型 2L 横式采样器，水文缆道使用后，用自制瓶式采样器。杨树坪站开始未通电，烘干时用白铁皮制作的蒸气烘箱，用木炭加温，温度可达 100℃，有电以后，采用电气烘箱。粒径用分用粒径计测量。称重用 1/10000～1/1000g 天平。1955 年前，水样容器一般使用玻璃瓶或白铁筒，1955 年起，配备有 1300mL 的玻璃瓶；1965 年开始，配备有容积刻度的玻璃瓶；1990 年以后，一般采用有容积刻度的塑料瓶；2016 年，渣津站采用双缆道积深法测取输沙，用瓶式采样器。

二、悬移质泥沙

测次　民国时期含沙量测次很少，垂线测点一般用 2 线 1 点法，个别时期 3 线 1 点法。1954 年，湖口站开始测验悬移质输沙率和单位含沙量，测次有所增加。杨树坪站在较长一段时间内，采取水边水样，作为断面平均含沙量，年测次一般在 50 次左右。输沙率测次 1956—1958 年一般在 40 次以上。1960 年开始，平均年测次为 30～40 次。1967 年，降至水文站任务书规定指标 30 次以下，从 1979 年以后测次开始增多，能够满足单沙和断沙关系的定线需要。2008—2016 年，渣津站年测取单沙一般为 200～300 次，悬移质输沙为 20～30 次。

垂线　1958 年以前，开展泥沙测验的站输沙率测验的垂线数一般为 4～8

条，相当于流速仪精测法的测速垂线的一半。1959—1985年，取样垂线数多有反复，1985年之后取样垂线数才趋于稳定。渣津站从2008年开始，测沙垂线固定在8条。

取样方法　1956年，高沙、杨树坪等测沙站取单沙都是固定位置，采作横式采样器，用2∶1∶1定比混合法取样，平水时5～10d取一次，较大水时掌握其过程。2008年，渣津站单样含沙量采用固定一线积深法，断面平均含沙量2015年前采用瓶式、8根垂线积深全断面混合法计算，之后采用瓶式、7根垂线积深计算。

水样处理　民国时期，水样沉淀过滤后，沙包置阳光下晒干，用戥子称重。中华人民共和国成立初期，仍沿用陈旧设备，使用草纸过滤水样，沙包用酒精灯或炭火烘干。1953年，三碛滩站改用定性滤纸，1956年又添置1/1000g天平，以取代1/100g戥子，又添置防潮盒，配备玻璃冷却器。杨树坪站早期用白铁皮制作的蒸气烘箱，该站2002年通电后，配备电气烘箱和1/10000g天平。渣津站2008年开始测沙后，使用电子天平称重。

三、泥沙颗粒分析

1960年1月，湖口站首先进行悬移质输沙率颗粒分析。1967年修水高沙站开始悬移质输沙率颗粒分析，2002年抱子石水库修建后，整个泥沙测验工作停止。悬移质输沙率颗粒分析都在测站进行，一律使用粒径计法，推移质颗粒分析使用筛分析法，粒径小时则用粒径计法。测验方法主要有横式8/8一点和横式主流一线定比混合法。测次主要分布在含沙量较大的洪水时期和较大的洪峰、沙峰转折处，平水期分析少数测次，以控制泥沙颗粒级配变化过程为原则。推移质颗粒分析一般和悬移质颗粒分析配合进行，测次主要分布在洪水多沙时期。

四、技术标准

民国18年（1929），江西水利局印发《水文测量队施测方法》，内有含沙量测验篇章，是省内最早的水文技术文件。

1965年8月，水电部水文局颁发《水化学、泥沙颗粒分析试验室安全生产规则（草案）》。同年，水电部颁发《泥沙颗粒分析》，1976年1月1日停止使用。

1976年，九江水文执行水电部颁发的《水文测验手册》第二册"泥沙颗粒分析与水化学分析"，与第三次《水文测验试行规范》配套使用。

1977 年，九江水文执行水电部颁发的《水库水文泥沙观测试行办法》。

1992 年 12 月 1 日，九江水文执行建设部颁发的《河流悬移质泥沙测验规范》（GB 50159—92）。

1994 年 1 月 1 日，九江水文执行水利部颁发的《河流泥沙颗粒分析规程》（SL 42—92）和《河流推移质泥沙及床沙测验规程》（SL 43—92）。

2006 年 7 月 1 日，九江水文执行水利部颁发的《悬移质泥沙采样器》（SL 07—2006）和《水库水文泥沙观测规范》（SL 339—2006）。

2010 年 4 月 29 日，九江水文贯彻施行水利部颁发的《河流泥沙颗粒分析规程》（SL 42—2010）。

第八节 土 壤 墒 情

2016 年，九江水文有墒情监测站 57 个，其中固定站 12 个、移动站 45 个。通过《江西省墒情监测及信息管理系统》，实现九江市墒情信息自动采集、传输、集中管理和信息共享。建立抗旱工作的会商平台，实现九江市抗旱数据的综合统计查询和自动上报以及抗旱工作会商管理。土壤墒情监测站监测方式方法是采用遥测自动采集，采用 GPRS/GPS 通信网络，实现数据远程传输，可在省水文局墒情数据库对实时数据进行分类、入库和实时查询。

墒情监测站（固定站）一期使用的监测仪器为土壤水分传感器（TDR），应用频域反射原理，测量不同埋深土壤的介电常数，用以计算各种土壤的真实水分含量。二期工程无论是固定站还是移动站，均使用北京圣世信通的介电法土壤水分测定仪，仪器型号为 SSXT - SQ - 02。

2007 年 3 月 1 日，水利部发布《土壤墒情监测规范》（SL 364—2006），主要技术内容包括站网布设及监测制度、监测站查勘、土壤含水量的测定方法、资料报送与整编和信息系统建设，自 6 月 1 日实施。

第九节 应 急 监 测

一、突发水污染事件

1998 年 6 月中旬至 9 月上旬，全省遭受了历史罕见的特大洪水，鄱阳湖和长江九江段水位高、持续时间长、范围广。由于受到暴雨冲刷和洪水淹没，大量的污染物随洪水进入水体。省水环境监测中心组织九江市及鄱阳湖水环境监测中心对鄱阳湖湖区及九江市决口（七里湖）等淹没区开展突发水污染监测。监测结果表明：九江市开发区淹没区受到污染，水质较差。

2009 年 8 月 10 日晚 11 时 20 分，长江宜昌市石牌水域发生危化品集装箱落水污染事故，九江市水资源监测中心启动突发性水污染事件预案；在环保部门难以应对的情况下，地方政府要求采取措施进行监测，中心加强与长江上游的黄石水文局和宜昌水文局沟通与联系，发挥水文水质水量的优势，计算出污染水体到九江大约 6d 时间，同时对城区长江水体进行跟踪监测，及时作出滚动预报，并将监测预报信息以电话、简报等形式呈报地方政府，为政府科学决策，最大限度地降低群众的恐慌发挥了重要作用。

2010 年 6 月 22 日，峡江县江西驰邦药业有限公司发生 1823 个原料桶被洪水冲入赣江，刚好是唱凯堤决堤的第二天，发生突发性污染事件；在洪水和污染同时威胁到人民群众人身安全的特殊时期，中心立即启动应急监测预案，认真做好监测工作，及时编写《九江市水环境监测简报》，为政府和有关单位决策提供基础信息。

2011 年 1 月 15 日，九江市城区十里河发生"蓝绿色水"水污染事件，受市政府的委托，中心成立应急监测队伍，对污染水域进行监测，结果显示水体铜含量超标，是一排污口排污所致。将监测简报呈报市政府，并进行跟踪监测，为地方政府采取及时有效的措施提供了重要依据。

2013 年 2 月 24 日 21 时左右，中石化九江至樟树成品油输油管道因人为盗油发生管道漏油，导致潦河永修段突发水污染事件。2 月 25 日，永修县自来水厂紧急停止供水，县城 6 万多人用水受到影响。接到事故报告后，中心技术骨干立马赶赴事故现场开展调查，在漏油点人工渠入潦河支流口、支流入潦河口、永修县自来水厂潦河取水口、修河涂家埠等沿途布设断面进行水质动态监测，及时做出滚动预报，为政府科学决策，保障供水安全发挥了重要作用，得到了当地政府的肯定。

二、河道决口

2010 年 7 月 17 日，长江九江段彭泽县棉船洲圩堤出现崩岸险情。省水文局派出由南昌市水文局和九江市水文局技术骨干组成的水文应急抢测队连夜赶赴现场，并于次日 5 时对崩岸区水文要素进行实测，水情人员及时分析，为精准、有效地抛石固岸提供了水文依据。

第九章

水 环 境 监 测

九江市水文局及鄱阳湖水文局作为九江市水行政主管部门的水资源监测技术机构，其职能是负责九江市辖区范围内的水质监测站网规划、建设和管理工作，负责九江市及鄱阳湖水环境监测中心分析室的日常工作，负责全市江河湖库日常水质监测及水功能区、界河、水源地、入河排污口、鄱阳湖动态水质监测和地下水水质监测，按照水行政主管部门的要求，负责取水许可的水质监测评价，提出水域纳污能力和限制排污总量的意见。

九江市天然水化学分析工作始于 1958 年。1994 年 3 月，成立九江市和鄱阳湖水环境监测中心，在修水干流、支流及鄱阳湖、长江九江段同步布设水质监测站点，初步形成有一定规模的水质监测网络。2004 年，九江市和鄱阳湖水环境监测中心取得"国家计量认证合格证书"。2012 年 8 月，九江市和鄱阳湖水环境监测中心更名为九江市水资源监测中心和鄱阳湖水资源监测中心。

通过长期对水量、水质的监测，掌握九江市辖区内江河湖库的水资源质量状况，为有关部门合理开发、高效利用、综合治理、优化配置、全面节约、有效保护和科学管理水资源提供科学依据。

第一节 监 测 方 式 与 类 别

一、取样次数及方式

九江市水资源监测工作起始于 20 世纪 50 年代，1958 年 1 月，武宁县三磕滩站开展水化学分析，是九江市的第一个监测站。1958 年 6 月，湖口站开展水化学分析工作，是年，修水县龙潭峡站也开始开展水化学分析工作。至 1969 年，全市有高沙、柘林两站刊布水化学资料。

取样次数：水质基本站，每月在水文站基本水尺断面或流速仪断面中泓水面下 0.2～0.5m 处取样一次；水质辅助站，每 2 个月取对照断面和控制断面的水样一次；本底值站，每年 1 月和 11 月各取样一次。

采样方式，1958 年使用换气式采样器，后改用 2L 的横式采样器，或直接灌注式取样,并现场测定水的物理性质,然后入水质分析室,按水质分析有关规定进行分析。监测项目在1958—1975年间,主要开展八大离子等水化学类型分析,1975年年底开始,开展挥发性酚、氰化物等污染物分析,至2009年具有开展地表水、地下水、生活饮用水、污水、大气降水、土壤与底泥质共6大类68项参数的监测能力,至2016年,基本维持原有监测项目不变。

二、河流湖泊水质监测

1975年7月15日,派员参加了省水文站革委会举办的水质污染监测学习班,当年在高沙站增加酚、氰、砷、汞、六价铬的监测及分析工作。

从1977年4月开始,对长江九江段的赛城湖上游、九江铁桥、预制厂(南支、北支)和鄱阳湖与长江汇合口下游等监测断面及赛城湖口、龙开河口、自来水厂和老灌塘等排污口进行采样分析。1979年4月,布设鄱阳湖区棠荫、都昌、蚌湖、吴城、星子、蛤蟆石、湖口等监测断面进行采样分析。1992年,长江九江段水质监测站的监测任务划给长江流域水环境监测中心,2002年1月改由九江市水环境监测中心承担。

三、水功能区监测

从2011年开始,对全市江河湖泊的56个国家和省级水功能区进行水质监测,其中一级水功能区29个(保护区8个、保留区19个、缓冲区2个)、二级水功能区27个(饮用水水源区12个、工业用水区10个、渔业用水区1个、景观娱乐用水区2个、过渡区2个)。评价河长883.6km,湖库面积2316.09km^2。监测信息通过《九江市水资源质量月报》对外发布,为地方政府提供水质基础信息,为水资源保护及水功能区限制纳污红线提供技术支撑。

四、饮用水源地监测

2001年5月设立九江市河西水厂、河东水厂2个饮用水源地,2002年1月开始对河西水厂、河东(第三)水厂进行每旬监测,实时监控水质信息,编制《九江市国家重点饮用水源地水质旬报》,并在九江水文网进行公布。同时开展县级饮用水源地水质监测工作。至2016年,共对九江市河西、河东水厂、修水县、武宁县、永修县、德安县、九江县、庐山市、瑞昌市、都昌县、湖口县、彭泽县、共青城市13个饮用水源地的水质进行监测。

五、界河断面监测

1998年7月,开始开展省界水体水质监测,设有湖口县江心洲省界站,

2001 年又增设彭泽县马当省界站。2007 年 12 月开展界河水质、水量动态监测工作，长江九江段纳入监测范围。监测频次原则上每月 1 次，实施流量、流速同步监测。选取水温、pH 值、溶解氧、高锰酸盐指数、生化需氧量、氨氮、总磷、总氮（湖库）、铜、锌、氟化物、总砷、总汞、氰化物、挥发性酚、氟、铅、六价铬、石油类及粪大肠菌群等 20 项水质参数进行监测与评价。

2016 年，九江市共有长江鄂赣缓冲区、长江赣皖缓冲区、汨罗江修水县源头水保护区、修水修水县—武宁保留区、修水柘林水库景观娱乐用水区（武宁县）、修水柘林水库景观娱乐用水区（永修县）、博阳河德安—共青城保留区、长江瑞昌—九江保留区（瑞昌市）、长江瑞昌—九江保留区（九江县）、长江瑞昌—九江保留区（九江市）、沙河庐山自然保护区、长江湖口—彭泽保留区 12 个省市县界河断面开展监测工作。

六、鄱阳湖动态监测

2007 年 9 月，全面启动鄱阳湖水量水质动态监测工作，九江水文部门组织技术力量参与对鄱阳湖区域的实地勘查和调研。在各江河入湖处设立 8 个水量水质监测站，湖区设立 21 个水量水质监测站，主要排污口设立 14 个进水退水水质监测站，湖口长江断面设立 3 个监测站，省市界河设立 50 处水质水量监测站点，统称江西水文"百大哨口工程"。监测项目由单一水质增加到水位、流量、流速、水量和水质等项目，并实施水量、水质同步监测。

七、水生态监测

2009 年鄱阳湖被水利部水文局列入全国重点湖泊水库藻类监测试点区域，根据水利部水文局《关于开展 2009 年藻类试点监测工作的通知》的文件精神，2009 年 7 月，鄱阳湖水文局率先在蚌湖、棠荫、星子、湖口等 4 个站点开展鄱阳湖藻类试点监测工作，填补了江西省藻类监测项目空白。2010 年 5 月，增设康山站点开展藻类监测。

2010 年 6 月，全省开展一次流域性大范围的湖流、水质、水量同步监测。九江市水文局抽调技术人员 10 余名，对修水河、博阳河入湖控制站实施流量、水质同步监测。

八、大中型湖库监测

2009 年 7 月，对全市 40 个 1km² 以上的天然湖泊进行野外调查及水质监测，天然湖泊包括鄱阳湖、赛城湖、八里湖、赤湖等；大型水库包括柘林水库、东津水库等；中型水库包括幸福水库、抱子石水库等。主要目的是收集基础信息，建立数据库，同时编制《九江市湖泊普查成果报告》，为湖库水资源开发、利用和保护提供依据。从 2012 年 9 月起，对全市 25 座大中型水库的水质状况进行季度监测与评价，见表 2.9.1。

表 2.9.1　　　　　　　　2012—2016 年大中型水库监测名录

县名	湖库名称	县名	湖库名称	县名	湖库名称
修水县	抱子石水库	武宁县	源口水库	瑞昌市	横港水库
	红旗水库		盘溪水库		石门水库
	石咀水库	永修县	云山水库		幸福水库
	郭家滩水库		柘林水库		高泉水库
都昌县	东津水库	德安县	林泉水库	彭泽县	浪溪水库
	长垅水库		湖塘水库		白沙水库
	张岭水库	九江县	马头水库		余家堰水库
	大港水库	湖口县	马迹岭水库		
庐山市	观音塘水库		殷山水库		

九、城市河湖监测

从 2009 年开始，按季度对八里湖、赛城湖、南门湖、甘棠湖、白水湖、十里河、濂溪河等城区河湖水体进行水质监测，编制《九江市城市河湖水资源质量监测通报》。

第二节　水　环　境　评　价

一、1981 年水环境状况

据省水文总站、环保、卫生、防疫等部门 1980 年水质监测资料和省环保部门 1981 年工业污染调查资料的不完全统计，长江九江段日废水排放量 38.4 万 t，日平均排放量在 1 万 t 以上的全省有 36 个县（市），九江市以 33.7 万 t 位列其中。以城市污染综合评价指数排序，九江市龙开河段较为严重，长江九江段整体水质良好。

修水主要污染物质为化学耗氧量，5 个监测断面有 3 个断面超标，渣津、修水和永修县城下游分别超标 0.07 倍、0.10 倍、0.21 倍。其他各河段水质符合国家地表水三级标准。修水河口符合国家地表水二级标准。

鄱阳湖水域符合国家地表水一级标准的有龙口、康山、星子、蚌湖口、棠荫和蛤蟆石，符合二级标准的有都昌和波阳县河段下游 2 处。监测结果表明，整个湖内水质良好，氨氮和酚呈平稳变化趋势，未出现明显污染，但个别断面砷和氨氮指数略有上升。

二、1997 年水环境状况

1997 年，长江九江段丰水期水质良好，全部属于Ⅱ类水；枯水期水质严重污染，全部属于Ⅴ类水，主要污染物为氨氮和高锰酸盐指数。修水水系丰水期优于Ⅲ类水，部分河段溶解氧超标，枯水期全部优于Ⅲ类水。鄱阳湖全年水质良好，优于Ⅲ类水。

三、2000 年水环境状况

2000 年，修水流域代表河长 766km，代表库容 50.17 亿 m³，全年、非汛期河流水质情况，优于Ⅲ类水河长 647km，占代表河长的 84.5％，劣于Ⅲ类水河长 119km，占代表河长的 15.5％，污染河段为潦河奉新段，主要污染物为氨氮；汛期河流水质情况，全部优于Ⅲ类水。水库全年、汛期、非汛期均优于Ⅲ类水。

鄱阳湖环湖区河长 131.5km，湖泊面积 2184km²，全年、汛期、非汛期河流水质均优于Ⅲ类水。全年湖泊水质情况，优于Ⅲ类水面积 2048km²，占评价面积的 93.8％，Ⅲ类水面积 136km²，占评价面积的 6.2％；汛期湖泊水质情况，优于Ⅲ类水面积 2049km²，占评价面积的 93.8％，Ⅲ类水面积 135km²，占评价面积的 6.2％；非汛期湖泊水质情况，优于Ⅲ类水面积 1064km²，占评价面积的 73.4％，Ⅲ类水面积 577km²，占评价面积的 26.4％；劣于Ⅲ类水面积 3km²，占评价面积的 0.2％。

城陵矶至湖口右岸代表河长 144.5km，全年、非汛期水质情况，优于Ⅲ类水河长 121.5km，占代表河长的 84.1％，Ⅲ类水河长 23km，占代表河长的 15.9％；汛期水质情况，全部优于Ⅲ类水。

青弋江和水阳江及沿江诸河代表河长 76.5km，全年、汛期、非汛期水质均优于Ⅲ类水。

四、2006 年水环境状况

长江中游干流区（武穴—湖口—九江段）评价河段 3 个，分别为赛城湖闸、长江大桥和乌石矶。九江段全年、丰水期、枯水期水质良好，均为Ⅱ类水，单项评价无一指标超标。

长江下游干流区（湖口—马垱）丰水期水质良好，为Ⅱ类水，全年和枯水期水质为Ⅱ～Ⅲ类水，单项评价无一指标超标，水质良好。

修水干流评价河段6个，分别为修水造纸厂、修水酒厂、高沙、虬津、涂家埠和王家河。枯水期虬津水质优良，达Ⅰ类水，其他河段在各时期水质良好，均为Ⅱ类水，单项评价无一指标超标。

博阳河评价河段3个，分别为梓坊、德安北门桥和德安铁路桥。博阳河全年、丰水期、枯水期水质良好，均为Ⅱ类水，单项评价无一指标超标。

长河乌石港评价河段2个，分别为铺头和瑞昌造纸厂。铺头丰水期为Ⅰ类水，全年和枯水期为Ⅱ类水；瑞昌造纸厂全年和丰水期水质达标，为Ⅲ类水，枯水期为Ⅱ类水，单项评价无一指标超标。

九江市辖区内鄱阳湖评价面积813.0km²，1—12月富营养化评价值为57，属中营养，鄱阳湖水质良好。

五、2007年水环境状况

长江中游干流区评价河段3个，分别为赛城湖闸、九江大桥和乌石矶。九江段全年、丰水期、枯水期水质良好，均为Ⅱ类水。

修水干流评价河段6个，分别为修水造纸厂、修水酒厂、高沙、虬津、涂家埠和王家河。全年、丰水期、枯水期水质良好，均为Ⅱ类水。

博阳河评价河段3个，分别为梓坊、德安北门桥和德安铁路桥，全年、丰水期、枯水期水质良好，均为Ⅱ类水。

长河乌石港评价河段2个，分别为铺头和瑞昌桂林桥，全年、丰水期、枯水期水质良好，均为Ⅱ类水。

长江下游干流区评价河段2个，分别为湖口、马垱，全年、丰水期、枯水期水质良好，均为Ⅱ类水。

六、2008年水环境状况

长江九江段评价河段6个，分别为瑞昌码头、赛城湖闸、九江长江大桥、乌石矶、湖口和马垱。湖口全年、丰水期、枯水期水质均为Ⅲ类水；其他各河段全年、丰水期、枯水期水质均优于Ⅲ类水。

修水干流评价河段6个，分别为修水造纸厂、修水酒厂、高沙、虬津、涂家埠和王家河。全年、丰水期、枯水期水质均优于Ⅲ类水。

博阳河评价河段 3 个，分别为梓坊、德安北门桥和德安铁路桥。全年、丰水期、枯水期水质为Ⅱ～Ⅲ类水。

长河乌石港评价河段 2 个，分别为铺头和瑞昌桂林桥。全年、丰水期、枯水期水质均优于Ⅲ类水。

七、2009 年水环境状况

长江九江段评价河段 6 个，分别为瑞昌码头、赛城湖闸、九江大桥、乌石矶、湖口和马垱。湖口全年、丰水期、枯水期水质均为Ⅲ类水；其他各河段全年、丰水期、枯水期水质均优于Ⅲ类水。

修水干流评价河段 6 个，分别为修水造纸厂、修水酒厂、高沙、虬津、涂家埠和王家河。其全年、丰水期、枯水期水质均优于Ⅲ类水。

博阳河评价河段 3 个，分别为梓坊、德安北门桥和德安铁路桥。全年、丰水期、枯水期水质优于Ⅲ类水。

长河评价河段 2 个，分别为铺头和瑞昌桂林桥。全年、丰水期、枯水期水质优于Ⅲ类水。

十里河评价河长为 14.0km，其中濂溪河河长 5.2km。十里河改造前水质为劣Ⅴ类水，超标项目为氨氮，主要是生活污水直接排放所致。到年底仍在改造中。

八、2010 年水环境状况

长江九江段评价河长为 139.0km，评价河段 6 个，分别为瑞昌码头、赛城湖闸、九江大桥、乌石矶、湖口和马垱。其中瑞昌码头、赛城湖闸、九江大桥和马垱全年、丰水期、枯水期水质良好，均为Ⅱ类水；乌石矶全年、枯水期水质合格，均为Ⅲ类水，丰水期水质良好，为Ⅱ类水；湖口全年、丰水期水质良好，为Ⅱ类水，枯水期水质合格，为Ⅲ类水。

修水干流评价河长 323.0km，评价河段 6 个，分别为修水造纸厂、修水酒厂、高沙、虬津、涂家埠和王家河。其中修水造纸厂全年、枯水期水质良好，为Ⅱ类水，丰水期水质合格，为Ⅲ类水；修水酒厂全年、丰水期水质良好，为Ⅱ类水，枯水期水质合格，为Ⅲ类水；高沙、虬津和王家河全年、丰水期、枯水期水质良好，为Ⅱ类水；涂家埠全年、枯水期水质良好，为Ⅱ类水，丰水期水质优，达Ⅰ类水。

博阳河评价河长 95.2km，评价河段 3 个，分别为梓坊、德安北门桥和德安铁路桥。全年、丰水期、枯水期水质良好，为Ⅱ类水。

长河评价河长 60.5km，评价河段 2 个，分别为铺头和瑞昌桂林桥。全年、丰水期、枯水期水质良好，为Ⅱ类水。

十里河评价河长 14.0km，其中濂溪河河长 5.2km。评价河段 3 个，分别为十里河源头、濂溪河和十里河（两河汇合处）。其中，十里河源头全年、丰水期、枯水期水质良好，为Ⅱ类水；濂溪河全年、丰水期、枯水期水质合格，为Ⅲ类水；十里河（两河汇合处）全年、枯水期水质合格，为Ⅲ类水，丰水期水质良好，为Ⅱ类水。

九、2011 年水环境状况

长江九江段评价河长 139.0km，评价河段 6 个，分别是瑞昌码头、赛城湖闸、九江大桥、乌石矶、湖口和马垱。其中瑞昌码头、乌石矶和马垱全年、丰水期、枯水期水质合格，为Ⅲ类水；九江大桥全年、丰水期、枯水期水质良好，均为Ⅱ类水；赛城湖闸全年、枯水期水质良好，均为Ⅱ类水，丰水期水质合格，为Ⅲ类水；湖口全年、丰水期水质良好，为Ⅱ类水，枯水期水质合格，为Ⅲ类水。

修水干流评价河长 323.0km，评价河段 6 个，分别为宁红大桥、修水大桥、高沙、虬津、涂家埠和王家河。其中宁红大桥、修水大桥、虬津和王家河全年、丰水期、枯水期水质良好，为Ⅱ类水；涂家埠和高沙全年、丰水期水质良好，为Ⅱ类水，枯水期水质合格，为Ⅲ类水。

博阳河评价河长 95.2km，评价河段 3 个，分别为梓坊、德安北门桥和德安铁路桥。梓坊全年、丰水期、枯水期水质合格、为Ⅲ类水；德安北门桥全年、丰水期、枯水期水质合格，为Ⅲ类水；德安铁路桥全年、丰水期、枯水期水质合格，为Ⅲ类水。

长河评价河长 60.5km，评价河段 2 个，分别为铺头和瑞昌桂林桥。评价河段全年、丰水期、枯水期水质合格，为Ⅲ类水。

十里河评价河长为 14.0km，其中濂溪河河长 5.2km。评价河段 3 个，分别为十里河源头、濂溪河和十里河汇合处。十里河源头全年期、丰水期、枯水期水质优，为Ⅰ类水，濂溪河全年、丰水期、枯水期水质合格，为Ⅲ类水；两河汇合处全年、丰水期、枯水期水质合格，为Ⅲ类水。

十、2012 年水环境状况

长江九江段评价河长 139.0km，评价河段 14 个，分别是瑞昌码头、梁公堤、城子镇、赛城湖闸、抗洪广场、河西水厂、河东水厂、九江大桥、乌石矶、湖口、芙蓉大闸、彭泽渡口、马垱渡口和彭泽马垱。其中瑞昌码头、梁公堤、城子镇、赛城湖闸、河西水厂、河东水厂、九江大桥、乌石矶、湖口、芙蓉大闸、彭泽渡口和彭泽马垱全年、丰水期、枯水期水质良好，均为Ⅱ类水；抗洪广场全年、枯水期水质良好，均为Ⅱ类水，丰水期水质合格，为Ⅲ类水；马垱渡口全年、丰水期水质良好，为Ⅱ类水，枯水期水质合格，为Ⅲ类水。

修水干流九江行政区评价河长 323.0km，评价河段 16 个，分别为东津水库、宁红大桥、修水大桥、高沙、武宁大桥上、武宁大桥下、武宁水厂、杨洲桥上、西海南码头、陈家渡、虬津、东岸、涂家埠、三角乡、王家河和修河口。其中宁红大桥、修水大桥、高沙、武宁大桥上、武宁大桥下、武宁水厂、东岸、涂家埠、三角乡、王家河和修河口全年、丰水期、枯水期水质良好，为Ⅱ类水；东津水库、西海南码头、陈家渡、杨洲桥和虬津全年、丰水期、枯水期水质优，为Ⅱ类水。

博阳河评价河长为 95.2km，评价河段 3 个，分别为梓坊、德安北门桥和德安铁路桥，全年、丰水期、枯水期各站点水质均为Ⅲ类水。

长河评价河长为 60.5km，评价河段 2 个，分别为铺头和瑞昌桂林桥，全年、丰水期、枯水期水质为Ⅲ类水。

十里河评价河长为 14.0km，其中濂溪河河长为 5.2km。评价河段 3 个，分别为十里河源头、濂溪河和十里河（两河汇合处）。十里河源头全年、丰水期、枯水期水质优，为Ⅰ类水；濂溪河全年、丰水期、枯水期水质不合格，为Ⅳ类水，主要超标项目为氨氮、总磷；十里河（两河汇合处）全年水质恶劣，为Ⅴ类水，丰水期水质不合格，为Ⅳ类水，枯水期水质恶劣，为劣Ⅴ类水，主要超标项目为氨氮。

十一、2013 年水环境状况

长江九江段评价河长为 139.0km，评价河段 11 个。长江九江段全年水质为Ⅱ类水的河长 117.2km，占评价河长的 84.3%，Ⅲ类水河长 21.8km，占评价河长的 15.7%；汛期水质为Ⅱ类水的河长 139km，占评价河长的 100%；非汛期水质为Ⅱ类水的河长 92.7km，占评价河长的 66.7%，Ⅲ类水河长 46.3km，占评价河长的 33.3%。

修水干流九江行政区内评价河长为 323.0km，评价河段 14 个。修水干流全年水质为Ⅰ类水的河长 166.0km，占总评价河长的 51.4%，Ⅱ类水河长 157.0km，占总评价河长的 48.6%；汛期水质为Ⅰ类水的河长 168.5km，占总评价河长的 52.2％，Ⅱ类水河长 154.5km，占总评价河长的 47.8％；非汛期水质为Ⅰ类水的河长 89.5km，占总评价河长的 27.7％，Ⅱ类水河长 233.5km，占总评价河长的 72.3％。

博阳河评价河长为 91km，评价河段 4 个。全年水质为Ⅱ类水的河长 78km，占评价河长的 85.7％，Ⅲ类水的河长 13km，占评价河长的 14.3％；汛期水质为Ⅱ类水的河长 86.8km，占评价河长的 95.4％，Ⅲ类水河长 4.2km，占评价河长的 4.6％；非汛期水质为Ⅱ类水的河长 78km，占评价河长的 85.7％，Ⅳ类水河长 13km，占评价河长的 14.3％，主要超标项目为氨氮。

长河评价河长为 60.5km，评价河段为 2 个。全年、汛期水质为Ⅰ类水的河长 53.5km，占评价河长的 88.4％，Ⅱ类水河长 7km，占评价河长的 11.6％；非汛期水质为Ⅱ类水的河长 60.5km，占评价河长的 100％。

十里河评价河长为 14.0km，其中濂溪河河长为 5.2km。评价河段 3 个，分别为十里河源头、濂溪河和十里河（两河交汇处）。其中十里河源头全年、汛期、非汛期水质优良，均为Ⅰ类水；濂溪河全年、非汛期水质恶劣，为Ⅴ类水，汛期不合格，为Ⅳ类水，超标项目总磷、氨氮；十里河（两河汇合处）全年、汛期水质恶劣，为劣Ⅴ类水，非汛期水质恶劣，为Ⅴ类水，超标项目总磷、氨氮。

十二、2014 年水环境状况

根据全市 5 条主要河流 75 个监测点的水质资料，采用《地表水环境质量标准》（GB 3838—2002），对全市已监测的 630.7km 的河流水质状况进行了评价。评价结果表明，全年Ⅰ～Ⅲ类水占 94.9％，其中：Ⅰ类水占 37.8％，Ⅱ类水占 51.6％，Ⅲ类水占 5.5％，Ⅳ类水占 2.1％，Ⅴ类水占 3.0％。

污染河段主要分布于长江干流湖口段，修水吴城段，十里水中、下游河段，主要污染物为总磷、氨氮。总体来看，全市河流水质状况全年、汛期、非汛期Ⅰ～Ⅲ类水河长比例均为 94.9％。

长江干流九江段评价河长为 139.0km，全年、汛期、非汛期水质均优于Ⅲ类水占 93.2％，劣于Ⅲ类水占 6.8％，污染河段为长江湖口段，主要污染物为总磷。

修水评价河长为 323.0km，全年、汛期、非汛期水质均优于Ⅲ类水占 95.8％，劣于Ⅲ类水占 4.2％，污染河段为修水吴城段，主要污染物为总磷。

博阳河评价河长为 95.2km，全年、汛期、非汛期水质均符合Ⅲ类水。

长河评价河长为 60.5km，全年、汛期、非汛期水质均符合Ⅲ类水。

十里河评价河长为 14.0km，全年、汛期、非汛期水质优于Ⅲ类水占 23.1％，劣于Ⅲ类水占 76.9％，污染河段为十里水中、下游河段，主要污染物为总磷、氨氮。

十三、2015 年水环境状况

根据全市 5 条主要河流 75 个监测点的水质资料，采用《地表水环境质量标准》（GB 3838—2002），对全市已监测的 630.7km 的河流水质状况进行评价。评价结果表明，全年Ⅰ～Ⅲ类水占 100％，其中：Ⅰ类水占 33.5％，Ⅱ类水占 58.5％，Ⅲ类水占 8.0％。总体来看，全市河流水质状况全年、汛期、非汛期Ⅰ～Ⅲ类水河长比例均为 100％。

长江干流九江段评价河长为 139.0km，全年、汛期、非汛期水质均优于或符合Ⅲ类水。

修水评价河长为 323.0km，全年、汛期、非汛期水质均优于或符合Ⅲ类水。

博阳河评价河长为 95.2km，全年、汛期、非汛期水质均优于Ⅲ类水。

长河评价河长为 60.5km，全年、汛期、非汛期水质均优于Ⅲ类水。

十里水评价河长为 14.0km，全年、汛期、非汛期水质均优于或符合Ⅲ类水。

十四、2016 年水环境状况

根据全市 5 条主要河流 77 个监测点的水质资料，采用《地表水环境质量标准》（GB 3838—2002），对全市已监测的 646.7km 的河流水质状况进行了评价。评价结果表明，全年Ⅰ～Ⅲ类水占 100％，其中：Ⅰ类水占 24.4％，Ⅱ类水占 69.6％，Ⅲ类水占 6.0％。总体来看，全市河流水质状况全年、汛期、非汛期Ⅰ～Ⅲ类水河长比例均为 100％。

长江干流九江境内评价河长为 139.0km，全年、汛期、非汛期水质均优于或符合Ⅲ类水。

修水评价河长为 323.0km，全年、汛期、非汛期水质均优于或符合Ⅲ类水。

博阳河评价河长为 95.2km，全年、汛期、非汛期水质均优于Ⅲ类水。

长河评价河长为 60.5km，全年、汛期、非汛期水质均优于Ⅲ类水。

十里水评价河长为 14.0km，全年、汛期、非汛期水质均优于或符合Ⅲ类水。

第三节　监测能力与技术标准

一、实验室建设

1958年1月，武宁县三碛滩站开展水化学分析，是九江市的第一个监测站，主要是八大离子及一些与水利工程设计相关的项目。1960年，鄱阳湖水文气象实验站和九江专区水文气象总站合作，在九江成立水化学分析室，承担鄱阳湖湖区和九江专区各站的水化学分析任务，是省内地区级的第一个水化学分析室，1962年撤销。到1979年4月在长江九江段、鄱阳湖区、修水、博阳河及长河等全面开展水质监测，监测项目增加挥发酚、氰化物、总汞等近40个。1962—2000年，九江市所属各站的水质分析任务由省水文总站水质监测科负担。

2001年，九江市水文分局自筹资金建立水质分析室，结束了水样送省水文局分析的历史。

2009年，完成实验室改造，中心实验室总面积共380m²，其中恒温面积300m²。实验室12间，拥有气相色谱仪、原子吸收分光光度仪、原子荧光分光光度仪等40余台设备。

二、仪器设备

早期水质分析室配有721型分光光度计、万分之一分析天平、电导率测定仪、pH值酸度计、BOD生化培养箱和电冰箱等，基本满足水质分析工作需要。

2008年，购进多参数水质监测仪等仪器设备，基本实现了现场水质采样、储存、分析、数据传输一体化。监测能力有所提高，现场快速反应能力得到加强。

2011年，拥有气相色谱仪、离子色谱仪、原子吸收分光光度仪、原子荧光分光光度仪、便携式多参数水质监测仪、快速毒素测定仪、BOD测定仪、COD测定仪、紫外可见分光光度计、红外测油仪、电子天平及常规分析仪器设备。

2016年，新增连续流动注射仪、等离子体发射光谱仪等大型仪器。

三、监测项目

2001—2004年，水质监测项目有：水温、气味、透明度、悬浮物、pH

值、电导率、游离二氧化碳、侵蚀性二氧化碳、溶解氧、化学耗氧量、生化需氧量、氨氮、亚硝酸盐氮、硝酸盐氮、总铁、总磷、总碱度、碳酸盐、重碳酸盐、氯离子、硫酸盐、总硬度、钙离子、镁离子、钾离子、钠离子、矿化度、离子总量、氟化物、挥发酚、氰化物、砷化物、六价铬、总汞、铜、锌、铅和细菌总数等 42 项。

2004 年，中心取得《国家计量认证合格证书》，监测项目涵盖地表水、地下水、饮用水、大气降水、污水及再生水等 5 个大类，监测项目如下：

地表水 59 项：水温、pH 值、电导率、悬浮物、矿化度、游离二氧化碳、侵蚀性二氧化碳、氯化物、硫酸盐、总碱度、碳酸盐、重碳酸盐、溶解氧、高锰酸盐指数、化学需氧量、生化需氧量、氨氮、亚硝酸盐氮、硝酸盐氮、余氯、总氮、总磷、氟六价铬、硫化物、氰化物、挥发性酚、石油类、动植物油、阴离子表面活性剂、砷化物、总铬、六价铬、汞、总硬度、钙离子、镁离子、钾、钠离子、铜、锌、铅、镉、铁、锰、硒、锑、总大肠菌群、粪大肠菌群、叶绿素、透明度、浊度、色度、酸度、对硫磷、甲基对硫磷、马拉硫磷、乐果、敌敌畏和敌百虫。

地下水 29 项：pH 值、亚硝酸盐氮、硝酸盐氮、氟化物、氰化物、挥发性酚、阴离子表面活性剂、总硬度、溶解性总固体、色度、浑浊度、肉眼可见度、臭和味、氯化物、硫酸盐、氨氮、六价铬、汞、铜、锌、镉、铅、砷、铁、锰、硒、高锰酸盐指数、细菌总数和总大肠菌群。

饮用水 47 项：色度、浑浊度、臭和味、肉眼可见物、pH 值、电导率、总硬度、溶解性总固体、挥发性酚、阴离子表面活性剂、氯化物、硫酸盐、硝酸盐氮、亚硝酸盐氮、氨氮、氟化物、氰化物、硫化物、砷、六价铬、汞、铜、锌、银、镉、铅、砷、铁、锰、硒、铝、锑、高锰酸盐指数、游离余氯、细菌总数、总大肠菌群、游离二氧化碳、侵蚀性二氧化碳、钾、钠、钙、镁、对硫磷、甲基对硫磷、马拉硫磷、乐果、敌敌畏。

大气降水 12 项：pH 值、电导率、氟化物、氯化物、硫酸盐、氨氮、硝酸盐氮、亚硝酸盐氮、钾、钠、钙、镁。

污水及再生水 28 项：pH 值、悬浮物、化学需氧量、（五日）生化需氧量、氨氮、氟化物、硫化物、总氰化物、挥发酚、石油类（油）、阴离子表面活性剂、砷、六价铬、汞、硒、粪大肠菌群、色度、浊度、溶解氧、余氯、镉、锌、铜、铅、锰、总磷、溶解性总固体、总硬度。

四、技术标准

1994 年 5 月，执行水利部颁发的《地表水资源质量标准》（SL 63—

1994）；10月，执行国家技术监督局颁发的《地下水质量标准》 （GB/T 14848—93）。

1995年5月，执行水利部颁发的《水质分析方法》（SL 78—1994）。

1996年，执行国家环境保护局颁发的《污水综合排放标准》（GB 8978—1996）。

1997年5月，执行水利部颁发的《水质采样技术规程》（SL 187—1996）。

1998年9月，执行水利部颁发的《水环境监测规范》（SL 219—1998）。

2000年，执行国家环境保护局颁发的《检测和校准实验室能力的通用要求》（GB/T 15481—2000）。

2002年6月，执行国家环境保护总局、国家质量监督检验检疫总局颁发的《地表水环境质量标准》（GB 3838—2002）。12月，执行国家环境保护总局颁发的《地表水和污水监测技术规范》（HJ/T 91—2002）。

2005年6月，执行水利部颁发的《水质数据库表结构与标识符规定》（SL 325—2005）。是年，执行国家环境保护总局颁发的《农田灌溉水质标准》（GB 5084—2005）。

2006年10月，执行水利部颁发的《水域纳污能力计算规程》（SL 348—2006）。是年，执行国家环境保护总局颁发的《生活饮用水标准检验方法》（GB/T 5750.6—2006）、《生活饮用水卫生标准》（GB 5749—2006）。

2007年8月，执行水利部颁发的《地表水资源质量评价技术规程》（SL 395—2007）。11月，执行水利部颁发的《水环境监测实验室安全生产导则》（SL/Z 390—2007）。

2008年6月，执行水利部颁发的《水环境检测仪器及设备校验方法》（SL 144.1—2008）。

2009年9月，执行国家环境保护部颁发的《水质采样样品的保存和管理技术规定》（HJ 493—2009）、执行国家环境保护部颁发的《水质采样技术指导》（HJ 494—2009）、执行国家环境保护部颁发的《水质采样方案设计技术规定》（HJ 495—2009）。

2010年6月，执行水利部颁发的《水利行业实验室资质认定评审员管理细则》。

2011年6月30日，执行水利部颁发的《入河排污口管理技术导则》（SL 532—2011）。

2014年3月5日，执行水利部颁发的《建设项目水资源论证导则》（试行）（SL 322—2013）。

2014 年 7 月 22 日，执行水利部颁发的《入河排污量统计技术规程》（SL 662—2014）。

2015 年 2 月 5 日，执行水利部颁发的《水环境监测实验室分类定级标准》（SL 684—2014）。

2016 年 4 月 5 日，执行水利部颁发的《内陆水域浮游植物监测技术规程》（SL 733—2016）。

第十章

水 文 调 查

民国 25 年（1936），九江市水文部门配合江西水利局在全市开展过河流水文调查。

中华人民共和国成立后，随着国民经济建设和水文事业发展的需要，九江水文系统配合有关部门开展过内容广泛的水文调查。这些调查，补充了水文测站定位观测的不足，为国民经济建设特别是水利建设提供了基本的水文资料。

至 2016 年，全市水文系统主要进行了河流、暴雨、洪水、山洪灾害、洲滩、鄱阳湖泥沙淤积和水质调查等工作。

第一节 河 流 调 查

民国 25 年（1936），江西水利局遵照省政府指令进行河流调查，凡能通船筏的河流，分段调查高、中、低水位时的水面宽和最大水深；航线起讫地点和联运情况；沿河暗礁、急滩、村镇、码头、渡口和桥梁；闸坝设置地点和宽度、高度等情况，按统一规定的调查表格登记上报。

民国 33 年（1944），全国水力发电勘测总队对修水进行查勘。1947—1948 年，全国水力发电工程总处汇同赣江水利规划委员会对修水进行查勘。1955 年，水利电力工业部武汉水力发电设计院与江西省水利厅协作进行修水流域水利水力资源全面查勘。

1956 年，江西省水利电力厅水文气象局九江分局对修水、潦河进行河道查勘、坝址及灌溉渠道选择、地质测量、经济调查、水土流失地区调查，协助当地机关选择小型水电站坝址及其他水利工程等工作，于 12 月份完成《九江地区修水普查报告》。

1957 年 1 月，水利电力部武汉水力发电设计院为进行修水流域河流规划开展全面的勘测研究，对流域地理特性、水文气象条件等进行了查勘，并于 1958 年 5 月完成了《修河河流规划报告》。

1958 年 9 月，九江水文分站按上级统一要求，对辖区内水系开展水文调查。整个调查工作分内业准备、外业调查和资料整理编写报告三个阶段。外业调查工作于 11 月结束，内容包括：测量河宽、水深和流速；采取河床质沙样进行内业处理；调查洪水、枯水和地下水；查勘河槽生成物、河床演变、滩地形势和植被；查勘河谷和其邻近地区的地形、植被、土壤和地质；查勘特殊的水文地理点（温泉、石灰岩、喀斯特、瀑布等）；描绘万分之一河道地形图；收集沿途乡、镇、区、县有关水利和农业生产等方面的材料。12 月中旬，完成内业资料整理和调查报告的编写。完成的主要调查报告有《江西省鄱阳湖水系修水水文调查报告》《江西省修水水系渣津水水文调查报告》《江西省修水水系武宁水水文调查报告》《江西省鄱阳湖水系博阳河水文调查报告》《江西省长江水系长河水文调查报告》。

报告大致分为 5 个内容：第一章概述；第二章自然地理，叙述流域的地理形势和特征以及干支流的河道形势和特征；第三章水文特征，叙述径流、洪水、枯水和地下水，假定水位和相应流量、泥沙，流域水文景观的专题记述（如水土保持、河道演变），历年人类经济活动对水文特性的影响和分析等；第四章流域开发建议，综述有关部门已经作出的或准备作出的流域开发规划、调查时所发现的一些新的水力坝址，调查者对流域开发提出的建设性意见等；第五章其他，包括调查工作的有关交待事项，水文站网布设或调整意见等。最后，附有各项调查和计算图表，以资查考。

这次水文调查，全面系统地收集各河水文资料，沿河实测流量，调查洪水和枯水，并推算出一定保证率的枯水流量和一定频率的洪水流量计算公式。这些成果，对水利工程规划设计、对流域规划、对基本水文站网规划和调整、对国防事业、对航运和渔业都具有一定的实用价值。

1970 年，九江地区农业服务站水文气象组对修水上游的安坪水、武宁水、东津水、渣津水、东港水、北岸水、杭口水等河流进行水文调查，调查的主要内容有洪水、枯水、流量、山塘、水库、桥梁、渡口、植被情况等。

第二节　暴　雨　调　查

一、庐山特大暴雨调查

1953 年 8 月，受第 10 号强台风影响，赣东北部分地区、鄱阳湖区和庐山等地特大暴雨，一次降水总量：都昌站 567.3mm，吴城站 468.9mm，星子站 389.4mm。中国科学院庐山工作站送省水利局的 8 月月报表［8 月降水量报表已散失，无从核对。从江西省可能最大暴雨等值线图编图组的调查中，可知月降水量为 1104.9mm（《江西水利科技》1989 年第 2 期）]。由于暴雨量大，当时，省水利局水文科韩承谟工程师曾实地调查，了解到观测员将降水量记载在小夹子夹着的一叠潮湿的白纸上，但没有详细的降水起讫时间。

这场特大暴雨，为江西省历史上所罕见。为了确定庐山最大 24h 降水量，1977 年 11 月，江西省可能最大暴雨等值线图编图组派出人员前往访问在湖北省磨山植物园工作、原庐山工作站负责降水量观测的王秋圃。据他介绍："庐山植物园，1953 年，名称是中国科学院庐山工作站，当时，我是工作站苗圃负责人，有关天气、气温、雨量观测，是我主动提出安排的，雨量筒是按气象小丛书规定的尺寸制作，观测程序和要求，均按照气象观测手册规定进行，降水量仅在每天白天观测"。他回忆："那次大雨，约连续两天，早晨、上午、中午和下午都观测，晚上未加测，晚间雨量在第二天早晨观测时合并记录。观测雨量时，雨量筒的承雨盖没有用另外的器具接测（有点损失），记录是可靠的，我当时的主导思想是这样大的暴雨是少见的，一定要把它记录下来，在降雨过程中，我始终坚持观测。"王秋圃还说："在这场大暴雨中，山上的塌方很严重，在含鄱口去牯岭的路上，有一处叫猪圈岭的地方，一片塌方占地十多亩。庐山大厦前的一座很坚固的石桥，也被洪水冲毁。"

调查人员到庐山植物园了解情况，该园早已停止观测雨量，1953 年的降水观测记录和月报表均未找到。在访问 1953 年和王秋圃一道工作仍在植物园的老工人罗亨炳，会计薛金水、钟则来以及庐山花径公园的熊豫旭和九江地区林科所的工人邹桓，他们一致反映王秋圃工作认真负责。罗亨炳、邹桓均反映："8 月 17 日中午开始下雨，晚上下大雨，夜里和第二天白天接着下大雨，到 18 日傍晚，雨才小了。"这个过程和邻近站的降水过程是吻合的。

从调查中得知，庐山电站设计阶段，曾派人到工作站抄录过这次资料。调查人员接着走访庐山电站，发现在江西省柘林水力发电工程局 1959 年 5 月 13 日编印的《庐山水电运行规程第一集》中有庐山 "1953 年 8 月 17 日一次降水曾达 703 毫米，持续时间为 20 小时"的记录。同时，水利部长沙勘测设计院编制的《庐山石门涧溪水电站查勘报告》，内有庐山 "1953 年 8 月，曾在两天内降水达 1073 毫米之多，根据 1953 年至 1954 年植物园记载"。在《江西庐山工程设计基本资料》中记载有 "根据久居庐山植物园的老人称：1953 年 8 月 17 日洪水最大，植物园的记载，该日暴雨量 703 毫米"，"1953 年植物园降水量统计表，8 月份雨量 1104.9 毫米"，"8 月 17 日 11 时起至 18 日 8 时止，共 21 小时，雨量 705 毫米，平均每小时下雨 33.6 毫米，为历年来最大雨量"。基本资料中，还记载了住在石桥附近的习文老人的话："民国 4 年（1915），大大小小下雨 40 多天，很多山被水冲崩了，大水淹平了往火连院去的长石桥。1953 年也是大雨，也崩了很多山，往火连院去的长石桥被水冲垮了。1953 年大水，要比民国 4 年高约 0.7 米"。

虽然庐山工作站的降水量原始观测记录已经散失，但从以上有关人员的反映和抄存在以上设计文件中的记载，可以认为：8 月 17 日 11 时至 18 日 8 时，21h 降水 705.0mm，17 日、18 日降水量 1073.0mm，8 月月降水量 1104.9mm 是真实可靠的。

编图组根据以上访问结果，从庐山气象站设站后的历年降水量资料中，选取次雨量大于 150mm 的台风暴雨 4 次，并摘录相邻的星子站、都昌站和吴城站的同期降水量资料，采用相邻站最大 24h 降水量占次降水量百分比法和结合相邻站降水量累积曲线法，推算庐山最大 24h 降水量，两种方法的成果较为接近。最后，认定庐山工作站 1953 年 8 月最大 24h 降水量为 900mm。

二、1973 年暴雨调查

1973 年 6 月 24 日，修水流域武宁水出现强降雨过程，暴雨调查收集流域内排埠、大槽口、山口等雨量站点资料，计算分析部分观测资料系列较长站点的暴雨频率。经计算分析，流域过程平均降水量为 284.9mm，次暴雨频率为 2.5%，相当于 40 年一遇；点降雨以大槽口 372.8mm 为最大，其中最大 1d 平均降水量 160mm，相当于 60 年一遇暴雨。

三、1998 年暴雨调查

1998 年底至 1999 年初，九江市、鄱阳湖水文局组织技术人员修水、鄱阳湖区及五河尾闾、长江九江段 1998 年发生的暴雨进行调查分析。

本次暴雨调查工作的基本内容是：收集气象资料对降雨成因进行物理分析；收集暴雨区内各雨量站的长短历时降雨量、降雨起止时间资料；收集暴雨中心地区非水文系统雨量站资料；根据所收集的资料分析降雨变化过程及暴雨中心、走向；分析雨量站点在地区分布上的代表性；对各雨量站的观测资料进行调查核实和合理性检查；分析、比较人工、自记、遥测雨量器观测值的误差。

本次暴雨调查主要收集九江、高沙、罗溪、湖口、彭泽、星子、康山、都昌、棠荫等站雨量资料，对连续出现的降雨过程基本情况进行了统计，计算了各站的暴雨重现期。如星子站 1998 年最大 1d、3d、7d 降水量分别为 170mm、310mm、470mm，其对应的频率分别为 9.5%、5.5%、1.5%；修水流域 1998 年最大 1d、3d、7d 的降水频率分别为 10.0％、3.5％、4.5％。经检查核实所收集的资料均正确可靠、有代表性，可以作为分析计算的依据。

四、2005 年暴雨调查

9 月 1—4 日，受第 13 号台风"泰利"的影响，庐山地区遭遇特大暴雨袭击，过程总降水量 940.3mm，修河支流潦河下游发生超历史洪水。

台风过后，经过水文部门调查核实，庐山站最大 24h 降水量 529.7mm、48h 降水量 900.1mm、72h 降水量 940.3mm，均列有记录以来历史首位，属 100 年不遇。庐山山区及周边出现较大规模的滑坡、崩塌、泥石流、山洪等灾害 100 处，其中崩塌 13 处、崩塌隐患 1 处、滑坡 46 处、滑坡隐患 11 处、泥石流 5 处、山洪灾害 24 处，南山、北山公路全线中断。造成 56 间房屋倒塌，35 栋房屋被泥沙冲埋。灾后统计，暴雨造成庐山直接经济损达 2 亿元。

五、2008 年暴雨调查

2008 年 7 月 30 日，第 8 号台风"凤凰"在即将消失时，在怀玉山西南部余脉的彭泽、都昌、鄱阳县交界处产生较强的降雨过程。截至 31 日 14 时最大点累计降雨达 227mm。

九江市水文局 31 日 11 时派出技术人员前往调查。经调查核实，此次降雨中心位于彭泽县杨梓镇至东升镇一线。杨梓镇的杨梓站自 30 日 15 时至 31 日 14 时累计降雨达 227mm。其中以 31 日 3—6 时降雨强度最大，3h 累计降雨达 100mm；东升镇东升站自 30 日 14 时 30 分至 31 日 14 时累计降雨 208.2mm，其中 31 日 3 时 20 分至 7 时 30 分降雨 141.4mm；都昌县武垦彭冲涧站自 30 日 17 时至 31 日 14 时过程累计降雨 146mm。

经分析，此次暴雨过程杨梓、东升站雨量相当于 20 年一遇暴雨，短历时暴雨如最大 3h、6h 降雨相当于 50 年一遇暴雨。

六、2010 年暴雨调查

2010 年 6 月中下旬，北方冷空气南下，与西南暖湿气流在长江中、下游一带地区交汇，形成强对流天气。流域内有洞子、乌石、排埠、庙下、丰田、钓鱼台、铜鼓、大槽口、大段、古塘、山口等 11 个雨量站，以铜鼓 383.5mm 为最大。武宁水山口镇以上游流域自 6 月 17 日 8 时至 20 日 8 时降水量为 219.1mm，频率为 10 年一遇暴雨，最大 1d 降水量为 154.8mm，频率相当于 50 年一遇暴雨。受强降雨影响，山口老街全部进水，一片汪洋。

七、2014 年暴雨调查

受第 10 号台风"麦德姆"影响，德安县中部出现短历时特大暴雨，中心呈东北—西南向带状分布，以德安县丰林镇最大。降雨起于 7 月 24 日 3 时，止于 24 日 18 时，过程降雨超 400mm 有 4 站：丰林镇丰林站 534.5mm，高塘乡罗桥站 481mm，聂桥镇梓坊站 480.5mm，高塘乡高塘站 425mm。按照《江西省暴雨洪水查算手册》（2010 年版）查算，按丰林站所在产汇流分区最大 1h 暴雨均值 50.3mm；最大 3h 暴雨均值 70.7mm；最大 6h 暴雨均值 80.3mm；最大 12h 暴雨均值 92.9mm；最大 24h 暴雨均值 133.9mm。

按 $C_s=3.5C_v$，查《江西省暴雨洪水查算手册》，最大 1h 暴雨 $C_v=0.45$，丰林站最大 1h 暴雨频率为 $p=1\%$（约 100 年一遇）；最大 3h 暴雨 $C_v=0.65$，丰林站最大 3h 暴雨频率为 $p=0.4\%$（约 250 年一遇）；最大 6h 暴雨 $C_v=0.68$，丰林站最大 6h 暴雨频率为 $p=0.32\%$（约 300 年一遇）；最大 12h 暴雨 $C_v=0.75$，丰林站最大 12h 暴雨频率为 $p=0.2\%$（约 500 年一遇）；最大 24h 暴雨 $C_v=0.65$，丰林站最大 24h 暴雨频率为 $p=0.45\%$（约 220 年一遇）。

以上暴雨分析通过两方得到印证：丰林站气象部门记录的过程总降雨为 541mm，较山洪预警系统站 534.5mm 观测值多 6.5mm，相差 1.2%。两站之间有几百米的距离；德安县梓坊水文站"7·24"暴雨过程，人工实测数据为 476mm，较遥测系统自动记录数据 480.5mm 少 4.5mm，相差 0.9%。对于这样强度的暴雨，记录数据如此接近，证明其可靠程度很高。

第三节 洪 水 调 查

一、历史洪水调查

武汉水力发电综合设计队 1917 年对修水作了全面调查；长沙勘测设计院 1957 年、1961 年和 1963 年对修水、东津水、武宁水作了全面调查；各水文站为编制水文手册 1958 年和 1972 年在水文站河段进行了历史洪水调查；华东水电设计院为东津电站设计对东津水的历史洪水作了调查；公路、铁路部门为建桥修路也进行过历史洪水调查。全市几次较大的调查均较正规，大多数资料都具有历史价值。

调查成果刊印于《中华人民共和国江西省洪水调查资料》第一辑长江流域第 18 分册中。其中作为正式成果刊印的修水水系有 24 个河段，湖区水系有 3 个河段，直接入江河流有 4 个河段，见表 2.10.1。

表 2.10.1

历史洪水调查成果

序号	河名	河段名	地点	洪水调查成果（按大小排序）										基面
				洪峰流量/(m³/s)	日期	洪峰流量/(m³/s)	日期	洪峰流量/(m³/s)	日期	洪峰流量/(m³/s)	日期	洪峰流量/(m³/s)	日期	
1	渣津河	郭家埠	修水县渣津公社朴田郭家埠（现渣津镇）	2300	1901年6月	1650	1935年	1550	1954年					黄海
2	修水	高坪	修水县高坪渡（现杭口镇）	4470	1901年6月26日	4340	1954年	4240	1935年	4050	1931年			黄海
3	修水	杨梅渡	修水县杨梅乡（现三都镇）	7720	1954年6月26日	7080	1901年6月	6810	1901年					吴淞
4	修水	武宁	武宁县城	11600	1901年6月24日	10300	1954年6月24日	9580	1955年	9300	1935年			吴淞
5	修水	三硔滩	武宁县三硔滩（现杨洲乡，已成库区）	12700	1901年6月24日	12100	1954年6月16日	10800	1955年6月22日	9400	1935年			吴淞
6	渣津河	杨树坪	修水县莲花公社板坑村（现渣津镇）	2300	1901年6月24日	1880	1955年6月22日	1730	1954年6月17日	1660	1954年			假定
7	修水	山口埠	修水县东津水库现址	3620	1868年	3180	1967年	2720	1973年	2370	1934年4月26日	2050	1969年	黄海
8	修水	黄东街	修水县黄东街（现黄坳镇）	4080	1868年	3370	1913年5月10日	2969	1935年6月	2420	1954年			黄海
9	溪口水	蒲口	修水县蒲口村（现马坳镇）	3340	1897年	788	1954年							黄海
10	高沙源水	高沙源	修水县大坪公社陈家村（现竹坪镇）	310	1935年	230	1954年							假定

续表

序号	河名	河段名	地点		洪水调查成果（按大小排序）				基面
11	武宁水	先锋	修水县宁洲公社任家埠村（现义宁镇）	洪峰流量/(m³/s)	4760	3610	2900		吴淞
				日期	1932年6月	1954年5月	1909年5月		
12	武宁水	任家埠	修水县宁洲公社任家埠村（现义宁镇）	洪峰流量/(m³/s)	4240	4160	3620	3610	黄海
				日期	1901年	1931年	1935年	1954年	
13	安溪水	黄沙桥	修水县黄沙桥街（现黄沙镇）	洪峰流量/(m³/s)	1570	1460			黄海
				日期	1885年	1945年			
14	安溪水	湘竹	修水县夏坑村深湾村（现义宁镇）	洪峰流量/(m³/s)	1420	1230	1200		假定
				日期	1907年6月	1935年5月	1954年4月		
15	林桥水	林桥	修水县走马乡（现义宁镇）	洪峰流量/(m³/s)	403	247	207	173	假定
				日期	1906年6月	1911年6月	1949年6月	1956年6月	
16	船滩水	莲塘	武宁县船形大队船滩村（现船滩镇）	洪峰流量/(m³/s)	2450	2070	1470		黄海
				日期	1955年6月	1935年	1949年6月		
17	洋湖港水	黄坳	修水县船形大队黄坳队（现黄坳乡）	洪峰流量/(m³/s)	1320	891	469		黄海
				日期	1930年	1955年	1901年		
18	罗溪水	罗溪	武宁县罗溪公社罗溪镇（现罗溪镇）	洪峰流量/(m³/s)	2130	960			吴淞
				日期	1934年	1954年			
19	下铺水	湾庄	武宁县罗溪公社罗溪庄村（现罗溪坪港村）	洪峰流量/(m³/s)	81	64			吴淞
				日期	1934年6月6日	1954年			
20	横路水	牛头圳	武宁县巾口公社邓坪村（现巾口乡）	洪峰流量/(m³/s)	3230	2150	1870	1780	吴淞
				日期	1955年6月22日	1901年	1954年6月	1923年6月18日	

续表

序号	河名	河段名	地点	洪水调查成果（按大小排序）										基面
				洪峰流量/(m³/s)	日期	洪峰流量/(m³/s)	日期	洪峰流量/(m³/s)	日期	洪峰流量/(m³/s)	日期	洪峰流量/(m³/s)	日期	
21	上洲河	蒲塘	武宁县龙汇乡蒲塘（现已成库区）	612	1954年	470	1901年	419	1929年	331	1953年			假定
22	瓜源水	洞背	武宁县邢庄洞背（现杨洲乡）	860	1953年	748	1901年	536	1929年	419				假定
23	牛车河	二进关	永修县柘林公社大路边（现柘林镇）	107	1931年6月28日	65.2	1901年	37.1	1954年6月13日		1955年6月22日			假定
24	龙安河	云山水库	永修县云山水（滩溪镇）	770	1918年	624	1954年	624	1955年					黄海
25	博阳河	梓坊	德安县聂桥公社梓坊村（现聂桥镇）	1400	1955年	1300	1897年	1000	1939年					假定
26	博阳河	德安（二）	德安县立新镇（现蒲亭镇）	3180	1955年	2850	1930年	2770	1949年					
27	刘家河	张家桥	德安县聂桥公社张家桥（现聂家亭镇）	126	1933年5月	96.9	1957年8月	53	1949年5月	47.9	1949年5月			假定
28	南阳河	南阳桥	瑞昌县夏畈公社（现瑞昌市夏畈镇）	—	1888年	497	1938年7月	293	1949年	67.2	1964年7月			假定
29	长河	瑞昌桥	瑞昌县大塘乡（现瑞昌市桂林镇）	—	1888年	2230	1938年7月	2110	1949年	1770	1954年6月17日	1690	1955年	吴淞
30	蚂蚁河	蚂蚁桥	九江县新塘乡	350	1888年	245	1901年	168	1954年	143	1938年			吴淞
31	沙河	沙河街	九江县新城镇沙河街（现沙河街镇）	1060	1911年	440	1931年	201	1964年					黄海

二、1973 年洪水调查

1973 年 6 月 24—25 日，修水上游地区发生特大洪水。7 月 13 日至 8 月 5 日，根据修水县水电局指示，高沙、先锋、杨树坪水文站分成 3 个调查组，对修水干流上游段及大桥水、东港水、东津水、武宁水、安溪水、洋湖港水 6 条支流开展及时的洪水调查工作。工作方针是实地踏勘与访问群众相结合、本次洪水与历史洪水相结合、重点调查与全面了解相结合，对暴雨、洪水、泥石流和灾情等情况进行全面调查。

本次调查面积约为 3500km²，实测断面 12 处。根据高沙站 1953—1975 年资料进行频率分析，高沙站最大流量 11000m³/s（后修正为 9200m³/s），属 100 年一遇（洪峰水位 99.00m）。根据先锋站 1957—1975 年资料进行频率分析，先锋站最大流量 5410m³/s，属 130 年一遇（洪峰水位 105.08m）。

三、1998 年洪水调查

1998 年年底至 1999 年年初，九江市水文分局、鄱阳湖水文分局派出技术人员对修水、鄱阳湖区、长江九江段 1998 年发生的洪水、圩堤溃口、淹没区范围、蓄排水等情况进行广泛细致的调查分析，调查工作的重点是在发生超历史洪水位的河段和流域。

调查的工作内容包括：调查核实实测洪水资料，资料的合理性检查，查勘洪痕，访问群众，测量调查河段纵、横断面，调查洪水发生时间、洪水的地区组成，调查分析选定推流参数，计算洪峰流量。调查工作的重点在发生超历史洪水位的河段、鄱阳湖区。由于调查工作布置及时，各处洪痕仍清晰可见。经调查核实，调查的洪痕高程数据可靠，分析计算方法合理，调查成果可作为今后防洪规划和工程建设的重要依据，见表 2.10.2、表 2.10.3。

四、2005 年洪水调查

2005 年 9 月 1—4 日，受第 13 号台风"泰利"的影响，修水流域下游及潦河中、下游出现大洪水。永修水文站 4 日 6 时 24 分出现 22.10m 的洪峰水位，水位涨幅达 3.96m，超警戒水位 2.10m。潦河万家埠水文站 4 日 4 时 50 分出现 29.68m 的超历史纪录洪水，该站下游 10km 青湖圩堤永修县马口镇新丰村卢家老居段出现 85m 宽的决口，实测决口处最大水深 11.6m，分流水量 0.13 亿 m³/s。

表 2.10.2

1998 年河段圩堤溃口调查成果

河名	圩堤名	溃口段	溃口时间（月‑日 时:分）	淹没面积 /km²	淹没区蓄量 /亿 m³	溃口宽度 /m	溃口最大流量 /(s/m³)	溃口流量计算方法
修水	立新圩	三角	7‑31 9:45	40.00		208.0	2072	
		三角	7‑31 10:00			97.0	1944	
	三角圩	万家岔	7‑31 10:05	69.40	380.746	200.0	3733	宽顶堰流量计算公式
		新基湖	7‑31 22:00			109.0	1147	
		三大队	8‑2 08:00			123.0	1071	
长江	江洲堤	洲头	8‑4 21:05	56.70	402.570	300.0	4826	
	城防堤	4~5 号闸	8‑7 8:15	10.70	29.000	62.0	400	现场估算
蚂蚁河	新塘圩	新塘村	7‑30 23:30	7.20	28.8	95.4	1940	
	周溪圩	上坝	7‑27 4:00	17.00	82.000	239.9		
		下坝	7‑27 5:00			130.6		
鄱阳湖	枭阳圩		7‑26	7.33	35.000	90.2		
	浆潭联圩	中段	7‑26	11.10	65.000			
	沙湖联圩	黄土港	7‑28	7.00	47.000	152.0	1090	溃口流量公式

表 2.10.3 1998 年河段洪水调查成果

河名	河段名	洪水发生时间	洪痕高程	计算洪峰流量 /(m³/s)	计算方法
修水	清江	1998 - 06 - 27	79.22m/吴淞基面	6430	比降法
修水	山下渡	1998 - 07 - 31	23.50m/吴淞基面	5230	比降法
杨柳津	老基熊	1998 - 08 - 02	21.79m/吴淞基面	1986	比降法
博阳河	戴村	1998 - 06 - 27	29.77m/假定基面	1070	比降法

五、2008 年洪水调查

2008 年 7 月 30 日，受第 8 号台风"凤凰"影响，彭泽县部分河流出现较大洪水。现场调查、勘测，杨梓镇杨梓河（又称响水河）河道水面宽 21m，实测平均水深 4m，最大洪水时平均水深 4.5m（已下降 0.5m），最大水深达 6m，低于 1998 年 0.8m（为 1998 年以来的最高水位）。水面流速为 1.5m/s，最大洪峰流量 99.5m³/s（流域面积 70.4km²）；东升河上游石桥处实测平均水深 5m，水面宽 12m，最高洪水位时平均水深 5.7m（已下降 0.7m），最大水深 6.5m，实测水面流速 2.32m/s。最大洪峰流量 129m³/s（流域面积 89.8km²）。

六、2010 年洪水调查

2010 年 6 月中下旬，北方冷空气南下，与西南暖湿气流在长江中、下游一带地区交汇，形成强对流天气，修水一级支流武宁水流域发生强降雨过程。受强降雨影响，流域内山口镇所处河道自 6 月 19 日 14 时开始涨水，至 20 日 2 时左右到达洪峰，调查洪峰水位为 140.10m（假定基面），山口老街全部进水，一片汪洋。下游先锋水文站实测最高水位为 101.93m，最大流量 2320m³/s，先锋站洪水频率为 14.3%，相当于 7 年一遇。

2010 年长江彭泽棉船部分圩堤出现决口，部分区域出现严重内涝。为掌握和了解溃口、内涝的基本情况，洪水过后，九江市水文局派水文技术人员前往实地调查。调查的主要内容为溃决时间、宽度、溃口最大流量，堤内外洪痕，决口断面测量，分析计算决口流量、进入泛洪区水量、淹没水深和面积，内涝最大淹没水深、平均淹没水深、内涝时间、内涝区排涝等情况。

七、2014 年洪水调查

2014 年 7 月 24 日，受第 10 号台风"麦德姆"影响，德安县发生暴雨洪水。8月14—15日九江市水文局组成德安县"7·24"暴雨洪水调查组深入德安县蒲亭镇、宝塔乡、丰林镇、高塘乡、聂桥镇、林泉乡及共青城市，开展洪水调查及洪痕勘测工作。

由于"7·24"暴雨中心主要位于博阳河流域中、下游，因此干流洪水调查工作主要在河流的中、下游。由于中游区设有国家基本水文站梓坊水文站，所以调查河段只选取下游段的德安县城和共青城。对影响较大的中游左岸支流庐山河流域下游区，和右岸小支流金带河（木环垄水）下游河段也设立调查断面，开展河道断面测量和洪痕调查勘测工作。

根据实测记录，7月24日18时，梓坊站最高水位达到29.57m（假定基面），超警戒水位3.57m，涨幅达6.76m，实测最大流量712m³/s。

德安县城于2007年在水厂取水口处设立简易水位自动监测站，此次洪水过程中水情自动观测设备随同水厂泵房一块被洪水淹没，根据县防汛办提供的人工实测记录，德安县北门桥站24日20时10分最高实测水位达23.01m（吴淞高程，下同），超警戒水位3.21m，较1998年最高水位22.94m高出0.07m。与调查组现场调查勘测的洪痕高程基本一致。在北门桥断面下游260m处也施测了大断面，并测得洪痕高程22.78m。此处洪痕在河道右岸护坡上，印记明显，且有附近住户指认，属可靠洪痕。

共青城市共青站24日21时最高水位达20.52m，涨幅2.02m。在调查上断面（共青站上游500m）左岸陡坡上，和共青水位站断面右岸护坡上调查2个洪痕，印记较明显，且经附近住户指认，属于可靠洪痕，上下断面洪痕高程分别为20.60m、20.48m。

庐山河下游河段是此次洪水的重灾区之一，在断面附近养鸭棚墙壁以及下游400m处的围墙上调查发现两处十分明显的洪水痕迹，经当地居民指认，痕迹吻合可靠，测得洪痕高程分别为24.40m、24.30m。

经过分析，德安县城北门桥断面最大流量2680m³/s，共青城断面也为最大流量2680m³/s。庐山河下游断面最大流量1710m³/s，洪水频率达300年一遇。

第四节 洪 痕 调 查

1957年下半年，武汉水利发电设计院综合水文勘测队对修水河段开展了洪痕调查工作，并于11月完成了《长江流域修水水系修水河段洪痕调查报告》。报告共分永修（调查洪痕19个）、艾城（调查洪痕16个）、三矶滩（调查洪痕20个）、武宁（调查洪痕15个）、五里亭（调查洪痕10个）、三都（调查洪痕 19 个）、柘林（调查洪痕 11 个）、虬津（调查洪痕 14）8 个子报告，时间跨度为 1901—1954 年。内容含洪痕调查报告、洪痕调查成果表、洪痕里程表、水准成果表、断成测量成果表、比降计算及回水试算等。

同年，江西省水利电力厅水文气象局九江分局对任家铺（现先锋，调查洪痕 13 个）、修水（调查洪痕 13 个）、白马殿（现高沙，调查洪痕 15 个）、黄墈（调查洪痕 8 个）、三碛滩（调查洪痕 6 个）、涂家埠（现永修，调查洪痕 16 个）水文站河段也开展过洪痕调查工作。

第五节　洲　滩　调　查

1960 年 11 月，永修、德安、星子、都昌、湖口 5 县水文部门在九江专署和县水利部门配合下，对县辖范围内的洲滩情况进行调查，并对不同水位级下的洲滩面积进行实地测量。于 12 月中旬提交各县的洲滩调查报告。调查报告的主要内容：一是洲滩的基本概况，对洲滩数量、面积、土质、地下水、植被情况等进行概述；二是对洲滩垦殖的水文气象条件进行了分析；三是对洲滩垦殖利用提出规划意见。

第六节　河　床　演　变　调　查

1962 年 2 月，江西省水文气象局九江分局组织人员对修水下游（柘林—吴城）河段进行了河床演变调查。共调查并实测了熊家村、白槎、刘家村、虬津、红坂石、余家、王家村、中马湾、下马湾、邓家、江家村、涂家埠、九合吴家、徐家、竹林港、杨柳津、艾城等 20 余个河道断面。调查资料现存九江市水文局，是否有调查报告不详。

第七节　鄱阳湖泥沙淤积调查

1980 年 5 月，省科学技术委员会将《鄱阳湖泥沙淤积情况调查》列为省重点科研项目之一。1983 年，转为《鄱阳湖区综合考察和治理研究》第二攻关项目的第五个子课题，由省水文总站承担课题研究任务。课题研究的内容有：一、通过对泥沙淤积的调查、测量和访问，研究泥沙在五河尾闾、入湖三角洲和湖盆中的淤积部位、形态、淤积速度和河相的关系；二、从五河控制站入湖泥沙、湖口入江泥沙、长江倒灌入湖泥沙的关系，测算出湖区泥沙淤积量，并探求其变化规律；三、推移质输沙率测验技术的研究，定量地测量推移质泥沙淤积量。

调查工作从 1983 年开始，五河尾闾和湖区泥沙淤积调查测量工作，由鄱阳湖水文气象实验站承担。五河悬移质泥沙的测算，由九江市水文站等有关地市水文站所辖五河控制站负责；湖口站悬移质泥沙的测算，由长江委湖口水文站负责；分析工作，由省水文总站承担。推移质泥沙测验方法的实验研究，在南昌市外洲水文站进行；省水文总站负责指导和资料汇总分析工作，见表 2.10.4。

表 2.10.4　　　　1983—1985 年鄱阳湖泥沙淤积调查情况

调查区域	范　　　围	施测大断面个数	河床质取样个数
鄱阳湖湖盆	吴淞高程 16m 以下，面积 2110km²	53	138
赣　江	外洲以下至四支入湖口，长度 188km	89	267
抚　河	焦石坝以下至塔城，长度 54km	16	48
信　江	梅港以下至入湖口，长度 110km	24	72
饶　河	乐安河虎山以下，昌江渡峰坑以下至入湖口，共长 191km	12/16	84
修　水	柘林以下至入湖口，长度 78km	23	69
潦　河	万家埠以下至修水干流交汇口，长度 30km	13	39
共　计	面积 2110km²，长度 651km	246	717

1985 年年底，结束调查工作，全省参加调查人员达 50 人。

通过 3 年的调查和资料分析，课题组编写出《鄱阳湖泥沙淤积情况调查》，由省人民政府鄱阳湖综合科学考察领导小组办公室印成《鄱阳湖区综合考察和治理研究报告集》卷 II 第 1 号。

课题组通过对五河控制站和湖口站的多年实测悬移质泥沙（简称"悬沙"）资料分析（资料截至 1984 年），得出多年平均值：五河控制站和区间入湖悬沙量为 2104.2 万 t，湖口站 1—6 月和 10—12 月出湖悬沙量为 1156.7 万 t，7—9 月，长江倒灌入湖悬沙量为 104.5 万 t，则淤积在湖盆内的悬沙量为 1052 万 t。如按湿沙每立方米 1.5t 计算，则湿沙体积为 701 万 m³。这些淤积下来的悬沙，基本上是沉积在五河尾闾控制水文站以下的河床、入湖三角洲和湖盆之中。

通过对推移质泥沙（简称"推沙"）在天然河道中的坑测实验，率定长江委试制的长江 78-1 型推移质采样器，得出赣江下游推沙和悬沙的比值为 15%。由此比值，推算出多年平均值：五河控制站和区间入湖推沙量为 315.6

万 t，湖口站出湖推沙量为 173.5 万 t，长江倒灌入湖推沙量为 15.7 万 t，则淤积量为 157.8 万 t。这些淤积下来的推沙，主要淤积在五河尾闾河道的边滩、中洲和入湖扩散段。

悬沙和推沙平均年淤积总量为 1209.8 万 t，折合湿沙体积为 806.5 万 m^3。根据 1956—1984 年赣江、抚河、潦河下游控制水文站的资料分析，近 10 年来的含沙量和输沙率较 10 年前有增大的趋势。

通过对五河尾闾河道和湖盆区的泥沙淤积调查测量和河床质取样分析，发现各河尾闾河道虽有冲有淤，但赣江、抚河、信江、潦河都是淤大于冲。修水干流在柘林水库建成后，柘林以上的泥沙淤积在水库之中，水库下游河道中的沙洲在向下推移。饶河含沙量最小，基本上没有淤积。各河河床质泥沙粒径均有沿河床向下游逐渐细化的趋势。

通过实地调查，各地丁坝对河势的改变影响很大。过去修建的丁坝，因缺乏全面规划，致使河道弯曲系数增大，河道淤积有进一步恶化的趋势。

湖盆内的淤积以青岚湖最甚，赣江、抚河、信江和修水入湖三角洲淤积也较严重，有逐渐扩大并加速向湖心伸展的迹象。围垦对减小湖面积和容积的影响，远较淤积大。

1986 年 5 月 7 日，省水利厅主持《鄱阳湖泥沙淤积情况调查》课题鉴定会，出席的有水利水电部水利水电规划设计院、水利水电部水利水电科研院泥沙研究所、中国科学院南京地理研究所、长办水文局、省政府鄱阳湖综合科学考察领导小组办公室、省水利规划设计院、省水利科研所、省水利专科学校、省水利水电学校和省水文总站等单位。鉴定会认为课题组对鄱阳湖区泥沙淤积进行了大量的观测、调查和收集工作，取得了丰富和宝贵的资料，并进行综合整理和对比分析，完成了《计划任务书》下达的调查任务，是江西省首次对鄱阳湖泥沙淤积情况进行的系统调查，取得了较好的成果；课题采用的调查方法，实测资料分析计算方法是可行的，所得调查成果反映了鄱阳湖区泥沙冲淤的实际情况；在资料收集的深度和广度及推移质测量手段方面达到国内先进水平，为鄱阳湖综合开发治理提供了科学依据。调查成果获 1986 年省科技进步奖三等奖。

第八节　水资源调查评价

1979 年，参与省水文总站具体实施的江西省第一次水资源调查评价工作，分析的径流资料系列为 1956—1979 年；完成各水文站、雨量站 1981—1990 年水文特征值统计；对全市各水文站建站以来至 1985 年历年面雨量进行分析计算，上报省水文局统一刊印出版；1991 年完成全市 100km² 以上河流特征值量算，至 1998 年，完成 10～100km² 以上河流特征值量算。

2002—2004 年，在省水文局部署开展第二次水资源调查评价工作中，完成九江市行政区内 8 个四级流域分区和 11 个行政分区水资源调查评价，分析的径流资料系列为 1956—2000 年。水资源调查评价已发展为考虑水量、水质和水资源开发利用保护及管理的综合评价方法和体系。

经分析评价，全市多年平均水资源总量为 1544254 万 m³，多年平均地下水资源量为 301670 万 m³，湖区多年平均产水量为 1502000 万 m³，多年平均出境水量 312800 万 m³。

第九节 水 质 调 查

一、鄱阳湖大水体污染调查

1983 年 4 月、8 月和 12 月，省水文总站和省环境保护科学研究所合作，进行鄱阳湖大水体污染调查工作，包括水质、底质、水生生物等项，共获得水质分析数据 1 万余个。

二、鄱阳湖候鸟保护区水质调查

1989 年 3 月、11 月，受长江水资源保护局委托，省水文总站、鄱阳湖水文气象实验站联合对鄱阳湖候鸟保护区水质、底质进行调查。鄱阳湖候鸟保护区位于赣江西支和修水流入鄱阳湖的出口交汇处，包括以永修吴城为中心的大湖池、中湖池、大汊湖、沙湖、朱市湖、常湖池、梅西湖、象湖、蚌湖等 9 个季节性湖泊水域及湖滩草地组成，总面积 224km²，地跨永修、星子、新建 3 县。在湖泊共布设了 54 个水质采样点和 32 个底质采样点。

三、长江九江段近岸水域水质污染调查

1991 年 5 月平水期、12 月枯水期，省水文局、鄱阳湖水文气象实验站联合开展水利部水文司下达的《长江干流主要城市江段近岸水域水环境质量状况的研究》课题的子课题《长江九江段近岸水域水质污染调查》，对长江九江段近岸水域水、悬浮物、底质和水生生物等环境样品中的无机、有机和有毒有害污染物进行全面系统的调查监测，以掌握长江九江段近岸水域污染现状、水体中的主要污染物质种类、含量水平与分布，并结合常规监测成果，对长

江九江段岸边水域水质进行全面、客观的评价，为防治长江水污染，进行长江水环境与水资源保护、监督与管理，以及改进长江流域水环境监测技术提供科学依据。

四、1998 年长江九江淹没区及鄱阳湖区水质调查

1998 年 6 月中旬至 9 月上旬，全省遭受历史罕见的特大洪水，洪峰水位普遍超过历史最高水位。特别是鄱阳湖和长江九江段，水位高，持续时间长，范围广。由于受到暴雨冲刷和洪水淹没，大量的污染物随洪水进入水体。为进一步做好防汛抗灾工作，省水环境监测中心组织九江及鄱阳湖水环境监测中心对鄱阳湖湖区及九江市决口等淹没区进行全面的水环境调查与监测。长江九江段重点监测九江第四～第五闸决口的九江市农贸市场和七里湖等"死水滞洪区"。监测结果表明：滞洪区的水质很差，属超 V 类水，严重受到有机物污染。滞洪区内生活垃圾、粪便等发酵导致水体发臭。鄱阳湖区重点监测滨湖的星子、湖口、都昌和波阳等县淹没区。监测结果表明：星子、湖口、都昌等淹没区的水质基本维持在 III 类水，但淹没区内细菌总数和总大肠菌群数量偏大。淹没区生活垃圾、粪便、死亡畜禽等腐烂导致细菌大量繁殖是细菌严重超标的主要原因。

五、长江干流九江江段近岸水域水质污染现状调查

按照长江流域水环境监测中心《长江干流主要城市江段近岸水域水环境质量状况研究》课题"实施方案和技术大纲"的要求，省水环境监测中心和九江市水环境监测中心于 2002 年 4 月平水期、2003 年 2 月的枯水期对长江干流九江江段近岸水域水质污染现状进行监测。在 2003 年枯水期近岸水域监测的同时，对本江段 19 个主要入江排污口的水质、水量进行同步调查。

第十节　入河排污口调查

2009 年，根据江西省水文局工作安排，对九江市重点入河排污口进行核查，核查登记重点入河排污口 28 个。核查登记的排污口包括：向江河、湖泊（包括水库、闸坝、渠道等）蓄水、输水水域排放废污水而设置的人工或自然的汇流入口，包括冲沟、明渠、暗渠、涵洞、暗沟和管道等。核查登记的内容包括排污口的名称、排污口设置单位名称、排污口地理位置、排污口所属行政区、排污口所属水功能区、排入水体、排污量、污染物种类及排放方

式等。

2012年，受九江市水利局委托，九江市水文局开展全市入河排污口核查工作，进行入河排污口核实、地理定位、拍照和汇总等工作，对九江市辖区内排污口的名称、排污口设置单位名称、排污口地理位置、排污口所属行政区、排污口所属水功能区、排入水体、排污量、污染物种类及排放方式等进行。2012年3月完成《九江市重点入河排污口名录》报告。

根据调查，长江干流九江市共有25个入河排污口，其中入河废污水量最大的排污口为电厂循环水排污口。其中按污水性质划分，生活排污口14个，占比56%；工业排污口6个，占比24%；混合排污口5个，占比20%。按排放方式划分，连续排污口18个，占比72%；间歇排污口7个，占比28%。按入河方式划分，明渠排污口2个，占比8%；暗管排污口3个，占比12%；泵站排污口7个，占比28%；涵闸排污口13个，占比52%。电厂循环水排污口排放的为温排水，许可废水年排放量64800万t，实际废水年排放量55300万t；九江市江段合计许可废水年排放量10749.3万t，实际废水年排放量8054.4万t。九江市江段废水排放超标率为24%。九江市江段合计主要污染物年排放量分别为COD 8475.5t、氨氮521.2t、总磷84.6t。

2015年根据江西省水文局工作安排，对九江市重点入河排污口进行核查。本次核查九江市辖区内入河排污口31个，与2009年重点入河排污口名录信息比较，原有26个、新增5个、关闭2个。

第十一节 山洪灾害调查评价

根据水利部财政部的安排部署，依据《全国山洪灾害防治项目实施方案（2013—2015年）》精神，省水利厅下发了《江西省水利厅关于下达我省2015年度山洪灾害防治项目调查评价工作任务的通知》（赣水防办字〔2015〕26号）。

2015—2016年，九江市水文局承担武宁县、瑞昌市、九江县、德安县及共青城市的调查评价任务；鄱阳湖水文局承担庐山市、都昌县的调查评价任务；景德镇水文局承担彭泽县、湖口县调查评价任务；省水利科学研究院承担修水县、永修县、庐山管理局、濂溪区的调查评价任务。

通过开展山洪灾害调查评价，全面、准确地调查山洪灾害防治区内的人口分布情况，摸清山洪灾害的区域分布，掌握山洪灾害防治区内的水文气象、地形地貌、社会经济、历史山洪灾害、涉水工程、山洪沟基本情况及山洪灾害防治现状等基础信息，深入分析小流域暴雨洪水特征，评价山洪灾害重点防治区内沿河村落、集镇、城镇等防灾对象的现状防洪能力，划分标绘不同等级危险区，尝试使用设计暴雨洪水和水文模型等分析方法确定预警指标和阈值，编写调查评价报告，为山洪灾害预警、预案编制、人员转移、临时安置、防灾意识普及、群测群防等工作进一步提供科学、全面、详细的信息支撑。

任务完成后，按县（市、区）分别编写山洪灾害调查评价报告。

第三篇 水文情报预报

水文情报预报是掌握雨情、水情，分析和预测未来水文情势变化的一门科学，对合理利用水资源，保护人民生命财产安全和减免灾害损失等方面，起着非常重大的作用。

1949年，永修、吴城等报汛站持电信部门的报汛凭证到当地邮电局（所）拍发报汛电报，标志着九江水情工作的正式开始。1953年，武宁县三碶滩站开始架设报汛站通向邮电局（所）电话专线。从1955年之后，电话专线逐年增设，至1990年，承担报汛任务的控制站、区域代表站和重点防汛地区的水位站及报汛雨量站，均架设有报汛电话专用线路。

情报传递流程为：测站→人民公社（乡镇）邮电局→县邮电局→市邮电局→水文部门。在此期间，市水文站先后配置了电传机、对讲机及无线电台等，但始终未能有效解决报汛问题。1996年，九江水文分局购进一台天津产津科电报终端机发报，各报汛管理站将收集的水雨情信息通过有线电话报至分局水情科，由值班人员统一录入电文传输至电信部门转发，保证了情报的时效性，质量也有所提高。2000年，计算机技术开始广泛用于水文部门。水雨情信息由值班人员在计算机上统一录入，电信部门仍是一个重要的中转环节。随着计算机网络技术移动通讯技术的高速发展，九江水情分中心项目工程于2004年开始筹建，2005年开始实施方案的编制和报批工作，2006年5月28日正式开工建设，2007年1月1日系统主要设备开始投入试运行。从此遥测技术广泛应用于水文部门，至2016年，所有站点雨情、水情信息的采集、传输、处理全部实现自动化。

九江水文预报始于1954年，采用涨率法、洪峰水位总涨差法、水位时段涨差法、洪峰水位四线法和最大合成流量法编制洪峰水位（流量）预报方案，试报高沙、永修两站洪水预报；1956年，用降雨预报径流的工作获得发展；1957年，引进历史演变规律法试作永修站次年最高水位预报；1958年，增加前期旬、月平均流量和汛期最高水位相关、当月降水和下月最高水位相关、根据气象预报的雨量估报洪水，并结合群众谚语分析洪水趋势，预报汛期最高水位，并用退水曲线预报枯季径流；1961年，运用区域分区预报方案，推算次洪水的径流总量，为柘林水电工程大坝施工阶段和防汛时期合理调度提供预报服务；1962年，永修站开展汛期降水、洪水趋势和最高水位预报；1971年，编制柘林水库洪水预报方案，采用降雨-径流关系和单位线法推算水库入流过程，蓄率中线法推算出流过程和水库水位过程；1973年，运用数理统计、概率分析、周期叠加、二级分辨、逐步回归、多元回归、平稳时间序列和自然正交等方法进行中长期降水和洪水预报；1977年，试用蓄满产流和单位线预报方法，在处理蒸发量的深层地下水及壤中流方面作有益探索；2007年，开展洪水预报方案汇编工作，永修、九江、湖口、吴城、梓坊等站相关预报方案收入汇编；2009年开展山洪灾害预警系统建设，探索用推理公式法进行小流域洪水作业预报。

水文情报预报工作多年来为九江的防汛抗旱工作提供了强有力的技术支撑，在1954年、1973年、1998年、1999年、2016年等大洪水中突显出工作的重要性。

第十一章

水 文 情 报

　　九江的水文观测始于清光绪十一年（1885）三月九江海关开始观测降水量。至1949年间，水文要素作为某种需要，有时也作为情报开始传递使用。水文要素真正作为情报开始被广泛应用始于1949年。水情信息通过邮电局电报多层传送至各有关单位。1953—1998年，主要通过电话专线、电台以及电传等进行水情信息的传递和处理。2006年，九江水情分中心建成并投入使用，之后，各类非工程水文站点开始大批建设，截至2016年年底，全市共有报汛站604站，其中水文（位）站243站，雨量站361站。同时初步建立一套比较健全的水文情报工作体制，基本能够满足全市雨水情监测和预报的需要。随着计算机技术和现代通信技术的发展，水情信息采集和传输实现自动化，提高了水情信息传递的速度和准确率，确保了中央报汛站水雨情信息20min内传输到地市水情分中心，30min内传输到省和国家防汛部门。

第一节　水情报汛站网

　　1949年6月，省水利局设永修、吴城报汛站。1950年，长江委所属九江站开始向南昌报汛。1951年，为开展水文预报作准备，满足作业预报的需要，在现有报汛站的基础上，增加了湖口为报汛站。

　　1953年，武宁县三碛滩站架设报汛专线开始报汛。

　　1957年，修水上游干流控制站高沙水文站（原白马殿站）开始向汉口、南昌、九江、武宁黄墩、三碛滩、永修等地报送雨情、水情，并报起涨水位、洪峰水位和相应流量。

　　1960年，修水一级支流武宁水控制站先锋水文站开始向南昌、九江、永修、柘林、高沙等地报送雨情、水情。修水一级支流渣津水杨树坪水文站也于本年开始向南昌、九江、永修、柘林、高沙、黄墩、三碛滩等地报送雨情、水情。

　　1961年，修水一级支流罗溪水罗溪水文站向南昌、九江、永修、柘林等地报送雨情、水情。

1973年，博阳河德安梓坊水文站开始向南昌、九江、星子三地发报雨情。

1979年，长河瑞昌铺头水文站开始向南昌、九江等地报送雨情、水情。

以上各站当日降水量超过100mm时，按要求，同时向北京报送雨情、水情。

至2005年，全市共有报汛站33站。按站类划分：水文站7站、水位站4站、雨量站19站、水库站3站；按站类级别划分：中央报汛站11站、省级报汛站22站；按报汛内容划分：报送水位11站、报送流量7站、报送雨量33站；按管理单位划分：长江委管辖2站、九江市水文局管辖26站、鄱阳湖水文局管辖2站、水库管辖3站，见表3.11.1。

表 3.11.1　　　　　　　　　2005 年全市报汛站网统计

序号	站名	站类	报汛内容	信息采集方式	站类级别	管理单位
1	九江	水文	水位、雨量、流量	人工	中央报汛站	长江委
2	湖口	水文	水位、雨量、流量	人工	中央报汛站	长江委
3	高沙	水文	水位、雨量、流量	人工	中央报汛站	九江市水文局
4	永修	水位	水位、雨量	人工	中央报汛站	九江市水文局
5	柘林	水库	水位、雨量、流量	人工	中央报汛站	柘林水库
6	东津	水库	水位、雨量、流量	人工	中央报汛站	东津水库
7	澧溪	雨量	雨量	人工	中央报汛站	九江市水文局
8	梓坊	水文	水位、雨量、流量	人工	中央报汛站	九江市水文局
9	湖口	雨量	雨量	人工	中央报汛站	九江市水文局
10	星子	水位	水位、雨量	人工	中央报汛站	鄱阳湖水文局
11	都昌	水位	水位、雨量	人工	中央报汛站	鄱阳湖水文局
12	白沙岭	雨量	雨量	人工	省级报汛站	九江市水文局
13	渣津	水文	雨量	人工	省级报汛站	九江市水文局
14	大桥	雨量	雨量	人工	省级报汛站	九江市水文局
15	港口	雨量	雨量	人工	省级报汛站	九江市水文局
16	溪口	雨量	雨量	人工	省级报汛站	九江市水文局
17	山口	雨量	雨量	人工	省级报汛站	九江市水文局
18	何市	雨量	雨量	人工	省级报汛站	九江市水文局
19	先锋	水文	雨量	人工	省级报汛站	九江市水文局
20	黄沙桥	雨量	雨量	人工	省级报汛站	九江市水文局

序号	站名	站类	报汛内容	信息采集方式	站类级别	管理单位
21	船滩	雨量	雨量	人工	省级报汛站	九江市水文局
22	石门楼	雨量	雨量	人工	省级报汛站	九江市水文局
23	罗溪	水文	雨量	人工	省级报汛站	九江市水文局
24	武宁	雨量	雨量	人工	省级报汛站	九江市水文局
25	红旗	雨量	雨量	人工	省级报汛站	九江市水文局
26	南义	雨量	雨量	人工	省级报汛站	九江市水文局
27	罗坪	雨量	雨量	人工	省级报汛站	九江市水文局
28	邢家庄	雨量	雨量	人工	省级报汛站	九江市水文局
29	吴城	水位	水位、雨量	人工	省级报汛站	九江市水文局
30	九江	雨量	雨量	人工	省级报汛站	九江市水文局
31	彭泽	雨量	雨量	人工	省级报汛站	九江市水文局
32	铺头	雨量	雨量	人工	省级报汛站	九江市水文局
33	抱子石	水库	水位、雨量、流量	人工	省级报汛站	抱子石水库

2006年，九江、鄱阳湖水情分中心开始建设，对原有的33站进行了改造升级，改变了人工报汛方法，所有站点水位、雨量数据实现了自动采集、长期固态存储、数据化自动传输。同时报汛站点增加至58站，其中水文（位）站36站，雨量站22站。

2008年，彭泽县、庐山市开始山洪灾害防治第二期工程建设，新增站点57站，其中水文（位）站9站，雨量站48站。2008年冬发生严重的冰冻灾害，为加强监测工作，又增加雨量站7站。截至2008年年底，全市共有报汛站122站，其中水文（位）站45站，雨量站77站。

2009年，修水县、永修县、德安县、九江县、都昌县、庐山管理局等地开始山洪灾害防治第三期工程建设，新增站点138站，其中水文（位）站6站，雨量站132站。截至2009年年底，全市共有报汛站260站，其中水文（位）站51站，雨量站209站。

2011年，武宁县、瑞昌市开始山洪灾害防治第四期工程建设，新增站点62站，其中水文（位）站14站，雨量站48站。同年开展2011年度山洪灾害防治非工程措施建设，新增站点49站，其中水文（位）站25站，雨量站24站。同年中小河流预警系统建设开始启动，再次新增站点96站，其中水文（位）站31站，雨量站65站。截至2011年年底，全市共有报汛站467站，其中水文（位）站121站，雨量站346站。

2012 年，开展 2012 年度山洪灾害防治非工程措施建设，新增站点 9 站，其中水文（位）站 8 站，雨量站 1 站。截至 2012 年年底，全市共有报汛站 476 站，其中水文（位）站 129 站，雨量站 347 站。

2015 年，开展 2015 年度山洪灾害防治非工程措施建设，重点为中小型水库水位站建设，新增站点 122 站，其中水文（位）站 108 站，雨量站 14 站。截至 2015 年年底，全市共有报汛站 598 站，其中水文（位）站 237 站，雨量站 361 站。

为加强鄱阳湖自然保护区的管理工作，鄱阳湖水文局与鄱阳湖自然保护区管理局合作建有 6 处水位站。截至 2016 年年底，全市共有报汛站 604 站，其中水文（位）站 243 站，雨量站 361 站，站点情况详见第二篇第七章第三节站网建设。

第二节　水　情　拍　报　办　法

一、雨水情信息拍报

民国 23 年（1934）6 月 28 日，江西水利局函扬子江水道整理委员会，告知湖口站站名和站址，请交通部电政司转饬县电信局，予以免费拍发水位电报。民国 25 年（1936），全国经济委员会制定《拍报办法》，列有 16 条规定。民国 33 年（1944），江西水利局颁发《水位雨量拍报电码和规定》及说明，每组电文由 4 位阿拉伯数字组成，第一组为水位，第二组首字用英文字母表示水位涨落差值，后 3 字为雨量。民国 35 年（1946），国民政府行政院水利委员会颁发《报汛办法》，当年执行。民国 36 年（1947），国民政府行政院水利部颁发全国统一的报汛办法，通令全国各报汛站自民国 37 年（1948）施行。办法仍由 4 位阿拉伯数字组成一组电文，并规定观测后半小时内送至当地电信局拍发，不得延误。

1950 年，省水利局制订《江西省人民政府水利局报汛办法》，每组电文仍由 4 位阿拉伯数字组成，适用于省内报汛需要。向长江委、华东水利部拍发的水位、流量、雨量电报，另按长江委报汛办法译发。一个报汛站同时执行两套报汛办法，极为不便。6 月 9 日，水利部和邮电部联合颁发《报汛电报拍发规则》，对报汛电报的传递时限、收费标准等作了统一规定。13 日，水利部颁发《报汛办法》共 21 条，对水情拍报的有关问题作了具体规定。

1951 年 4 月 30 日，执行水利部颁发的《报汛办法》19 条，报汛电码有观测时间组、水位组、流量组、雨量组、开始降雨时间组和站名代表电码组，每组电文改用5字一组的密码。

1952年，水利部颁发《修正报汛办法》，省水利局制订《水文预报拍报办法》，规定了洪水预报发布的手续。

1954年2月，水利部修改报汛办法后重新颁发，并对报汛站进行站号编码。省水利局结合省内情况，制订补充规定。1955年、1956年，不断修正报汛办法。

1957年3月，水利部颁发《1957年报汛办法》，其中观测时间改用日期代替星期序，分钟改为小时表示（记至小数点后一位）。省水利厅结合实际情况，将代办站拍发雨量的规定进行简化，试行结果显著地提高了拍报质量。

1958年，水电部颁发《水情电报拍报办法》（初稿）。1960年3月，水电部颁发《水文情报预报拍报办法》，第一次纳入水文预报电码，使报汛办法更趋充实和完善；接着，省内先后颁发《江西水文情报预报拍报办法》《水文情报预报拍报补充规定》《江西省雨情旱情汇报电报拍报暂行办法》等；7月，省水文气象局根据省委农村工作部的指示，向各专（行）、市总站和县水文气象服务站发出《关于组织拍发公社雨情、旱情汇报电报的紧急通知》，要求每逢1日、6日上午9时前，将县（市）所属各公社5日内的降水量和旱情汇总，按规定的电码型式编列，向省水文气象局汇报；9月9日，省水文气象局综合前阶段各地拍报雨情旱情情况，制定《江西省雨情旱情汇报电报拍报暂行办法》，颁发各地执行。

1964年12月，水电部对报汛办法作了修订，把它作为《水文情报预报服务规范》的附录先行颁发执行，附录二是《水文情报预报拍报办法》，附录三是《降水量、水位拍报办法》，1965年4月执行，一直沿用至1984年。

1985年3月，水电部颁发《水文情报预报规范》（SD 138—85），由总则、水情管理、水文情报、水文预报、水情服务5章和附录《水情拍报办法》组成，6月1日开始执行。2000年对《水文情报预报规范》（SL 250—2000）进行修订，6月30日开始实施，由总则、水文情报、洪水预报、其他水文预报、水文情报预报服务5章和附录组成。

2004年，在总结执行《水文情报预报拍报办法》的实践经验和吸取国际先进经验的基础上，按照1989年4月实施的《中华人民共和国标准化法》、2003年3月实施的《水利技术标准编写规定》和2000年6月实施的《水文情报预报规范》，制定《水情信息编码标准》，并于2006年执行。2007年，九江、鄱阳湖水情分中心建成，实现水雨情信息的自动采集、固态存储、网络传输的现代化测汛报汛服务一体化。

二、汛期划分和报汛时制

民国 33 年（1944）开始，4 月 1 日至 8 月 31 日为汛期。1950 年，改为 5 月 1 日至 8 月 31 日为汛期。从 1953 年开始，汛期又调整为 4 月 1 日至 9 月 30 日。之后，汛期时间基本相对稳定。

特殊情况下，省人民政府防汛指挥机构可以宣布提前进入或者延长防汛期。如 1998 年 3 月 9 日，省防总发出紧急通知，鉴于汛情日趋紧张，全省于 3 月 10 日进入汛期，较正常年份的 4 月 1 日入汛提前 20d；7 月 26 日，省防总宣布从 26 日 12 时起，全省进入紧急防汛期；9 月 20 日，省防总宣布自 9 月 20 日 12 时起，全省紧急防汛期结束；9 月，鉴于长江、鄱阳湖洪水水位仍较高，省防总宣布延长汛期至 10 月 10 日结束。之后的 2010 年、2016 年等都视水雨情情况提前进入了汛期。

1953 年，水雨情测报日分界线为北京时区标准时（东经 120°标准时）9 时。1954 年起采用国际标准，改为 8 时（北京时）为日分界。1961—1962 年汛期，按国家防总规定，曾一度以北京 6 时为日分界。从 1963 年汛期开始，又恢复至 8 时（北京时）为日分界。1964 年《水文情报预报拍报办法》中视水雨情状况将报汛段次分为 6 个等级，分别为一级一段次、二级二段次、三级四段次、四级八段次、五级十二段次、六级二十四段次，仍以 8 时（北京时）为日分界，此分级一直沿用至 2006 年。

1986—1991 年，国家曾采用过夏令制时间，但各水文（位）站观测和报汛仍执行北京标准时。

当报汛站日雨量达到 1mm、时段降雨量达到 5mm（部分站为 10mm）需要报送降雨量。当 1h 降雨量达到 30mm、3h 降雨量达 50mm 时要进行暴雨加报。当日总降雨量达 100mm，无论是报汛站还是非报汛站都要向中央防总指挥部汇报。

三、旱情墒情信息测报

2006 年，九江首次执行《江西旱情信息测报办法》。2007 年，全市降雨严重偏少，修水及鄱阳湖水位急剧下降。9 月、10 月两个月鄱阳湖水位下降 7.44m，修水部分站点相继突破历史最低水位。省水文局结合当前全省旱情特征，对《江西旱情信息测报办法》进行修改，制定《2007 江西旱情信息测报办法》，要求从 11 月 3 日起，星子、都昌等水文（位）站加强枯水测报。此后，省水文局每年根据各地旱情适时向各市水文局下达旱情信息拍报任务。

至 2016 年，九江辖区内报送河道旱情的站点有：先锋、罗溪、梓坊、永修、虬津、杨树坪、观口、铺头、沙河、星子。报送蒸发量的站点有：虬津、铺头、渣津、康山、都昌、星子。报送墒情的站点有：彭泽、武宁、都昌、瑞昌、修水、永修、德安。

四、警戒（危险）、预警、预枯水位

民国 24 年（1935），《扬子江防汛办法大纲》规定，九江站危险水位为 12.64m。

1950 年，"危险水位"改称"警戒水位"，市内主要报汛站均制订有"警戒水位"。随着堤防建设和防洪标准的提高，部分站点的警戒水位也有所调整。如九江站，2003 年以前警戒水位一直维持在 19.50m，之后长江堤防加固整修，警戒水位调整为 20.00m。

"警戒水位"既是防汛标准，也是拍报水位的标准。主要报汛站点还制订过"加报水位"，也是拍报水位电报的标准之一，见表 3.11.2。

表 3.11.2　　　　　2016 年主要控制站点警戒水位　　　　单位：m

水系	河名	站名	警戒水位	水系	河名	站名	警戒水位
长江	长江	码头	21.50	修水	渣津河	渣津	125.00
		九江	20.00		武宁水	先锋	98.50
		彭泽	18.20		罗溪水	罗溪	144.00
	长河	铺头	38.50		修水	东津水库	189.00/190.00
	赛城湖	赛城湖	19.00			修水	95.00
	八里湖	八里湖	19.50			高沙	93.75
鄱阳湖	鄱阳湖	都昌	19.00			抱子石水库	92.00
		星子	19.00			柘林水库	63.50/65.00
	湖口水道	湖口	19.50			虬津	20.50
	博阳河	梓坊	26.00			永修	20.00
		德安	19.80			吴城	19.50

按照国家防汛抗旱总指挥部《关于印发〈水情预警发布管理办法（试行）〉的通知》（国汛〔2013〕1 号）的要求，长江防汛抗旱总指挥部办公室制定《长江水情预警发布管理办法（试行）》（长防总办〔2014〕15 号）、九江市水文局制定《九江市水情预警发布实施办法（试行）》、鄱阳湖水文局制定《鄱阳湖水情预警发布实施办法（试行）》，于 2014 年开始试行。

　　九江市水文局 2014 年发布预警信息 2 次（蓝色预警 1 次、橙色预警 1 次）、2015 年发布预警信息 4 次（均为蓝色预警）、2016 年发布预警信息 13 次（蓝色预警 7 次、黄色预警 3 次、橙色预警 2 次、红色预警 1 次），见表 3.11.3。

表 3.11.3　　　　　　　　　2016 年主要控制河段预警指标　　　　　　　单位：m

控制河段	依据站名	警戒水位	预警类型	预警水位条件			
				蓝色预警	黄色预警	橙色预警	红色预警
修水永修河段	永修	20.00	洪水预警	$20.0 \leqslant Z < 21.7$ $20\% < P \leqslant 65\%$	$21.7 \leqslant Z < 22.5$ $10\% < P \leqslant 20\%$	$22.5 \leqslant Z < 23.1$ $5\% < P \leqslant 10\%$	$Z \geqslant 23.1$ $P \leqslant 5\%$
		14.20	枯水预警	$13.6 \leqslant Z < 14.2$ 低于通航水位	$13.0 \leqslant Z < 13.6$ 低于生态水位	$12.7 \leqslant Z < 13.0$	$Z < 12.7$ 低于供水取水口水位
博阳河梓坊段	梓坊	26.00	洪水预警	$26.0 \leqslant Z < 28.2$ $20\% < P \leqslant 78\%$	$28.2 \leqslant Z < 29.4$ $5\% < P \leqslant 20\%$	$29.4 \leqslant Z < 30.0$ $2\% < P \leqslant 5\%$	$Z \geqslant 30.0$ $P \leqslant 2\%$
湖口水道星子水域	星子	19.00	洪水预警	$19.0 \leqslant Z < 20.4$ $20\% < P \leqslant 50\%$	$20.4 \leqslant Z < 21.1$ $10\% < P \leqslant 20\%$	$21.1 \leqslant Z < 21.7$ $5\% < P \leqslant 10\%$	$Z \geqslant 21.7$ $P \leqslant 5\%$
		8.00	枯水预警	$7.5 \leqslant Z \leqslant 8.0$ $50\% \leqslant P < 80\%$	$7.2 \leqslant Z \leqslant 7.5$ $80\% \leqslant P < 90\%$	$7.1 \leqslant Z \leqslant 7.2$ $90\% \leqslant P < 92\%$	$Z \leqslant 7.1$ $P > 92\%$
鄱阳湖都昌县水域	都昌	19.00	洪水预警	$19.0 \leqslant Z < 20.2$ $20\% < P \leqslant 45\%$	$20.2 \leqslant Z < 20.9$ $10\% < P \leqslant 20\%$	$20.9 \leqslant Z < 21.5$ $5\% < P \leqslant 10\%$	$Z \geqslant 21.5$ $P \leqslant 5\%$
长江中游九江河段	九江	20.00	洪水预警	$19.0 \leqslant Z < 20.0$	$20.0 \leqslant Z < 21.5$	$21.5 \leqslant Z < 23.25$	$Z \geqslant 23.25$

第三节　信息传输与处理

一、信息传输

　　传输方式　民国 23 年（1934），报汛站需持交通部的拍报凭证到电信局发报。民国 33 年（1944），报汛电报用无线电报至江西水利局。1950 年 6 月，水利部与邮电部联合颁发的《报汛电报拍发规则》，对报汛电报的传递时限和收费标准作了统一规定。报汛站持电信部门的报汛凭证到当地邮电局（所）拍发报汛电报，南昌电信局收到各地电报后，派人送至省水利局。邮电局（所）的线路，遇大风大雨时缺乏保障，易被大洪水冲毁。另因专用电话线路盗剪现象严重，也严重地影响了水文情报的及时传递。电讯中断，往往正是防洪抢险最紧张的时刻。1954 年，吴城站因邮电线路被毁，中断通信 89d。永修县邮电局在 1954 年洪水紧张时刻，及时将电话机装到水文站的测验断面附近，供测站人员报汛专用。同年，修水流域部分站电话线路被洪水冲毁，邮电部门临时调出无线电台到三硔滩等站供报汛专用。1957 年武宁县，规定汛期每晚在对农村的有线广播的时间内安排半小时（20 时 0—30 分），为水文情报传递时间，以保证情报信息及时畅通。

报类　通过邮电部门的报汛电报优先传递。1950 年，定汛期为 R 类特急电报，非汛期为 C 类，全程最大时限不得超过 90min。

电报收费标准　民国 23 年（1934），报汛站持交通部发的拍报凭证到电信局免费发报。民国 33 年（1944），报汛电报照寻常电报价减半收费。1950 年，持报汛电报临时凭证发报，按照寻常私费电报价目 1/6 计算，省内每字收费 3 分。1983 年，每字调整为 7 分。利用农话报汛的每份电报，加收过线费 0.25 元。1987 年，调整为 0.5 元，并增加市话报汛的建设附加费，每份电报 0.4 元。

电话专线　1953 年，武宁县三硔滩站开始架设报汛站通向邮电局（所）电话专线，1954 年大水，电话专线被冲毁，中断通信 62d，1955 年，对该专线进行改建，但在防汛紧张时刻，还是中断通信。

1955 年后，电话专线逐年增设。高沙站 1957 年架设的防汛电话线路，是租搭三都、四都的电话杆，1966 年上级拨防汛经费 2500 元重新架设专线专杆，线路质量较好，并由江西省防汛指挥部、江西省邮电管理局派出专业工程师，会同修水县邮电局局长、邮电局架线工程队和本站代表，进行逐杆质量验收，三个单位签订协议合同，水文站防汛电话线路移交邮电部门（财产权归邮电局），邮电部门则保证水文站常年电话畅通。几年后，随着公路改道，该专线也相应地改变线路，当地邮电局要水文站提供改线经费的一半，因经费困难，延至 1989 年才完成改线任务。

1985 年，辖区内所有报汛站架设了报汛专线，中央地方所需水文情报的传递，完全依靠于这些报汛专线。至 2006 年，邮电部门的通信系统仍然是传递情报的主要手段。

电传　1980 年前，各地报汛电报汇集九江后，邮电局派人骑自行车送至水文部门（有一段时间水文派有专人前往领取）。1980 年，省水文总站下发一台 555 型电传机，用于接收（或发出）水文情报。1994 年，全市逐步使用程控电话报汛。1996 年，九江水文分局购进一台天津产津科电报终端机发报，各报汛管理站将收集的水雨情信息通过有线电话报至分局水情科，由值班人员统一录入电文传输至电信部门转发，保证了情报的时效性，质量也有所提高。

短波、超短波电台　1976年，省邮电管理局在高沙、修水、武宁、永修、柘林和九江等地设立无线电台，并在省防总设中心无线电台，用以沟通柘林电台的无线通讯。1982—1984年，省水文总站先后购进国产74系列超短波电台XBC-301型、XBC-306型电台下发市水情部门（综合室）和情报站试用。1993年，省水文总站改造修复301型电台，购置日产25W功率电台，置频后，在修水、武宁山区进行单边带安装调试，在修水板山设立中继站，组成修水、武宁至九江小网络。1994年引进日本健伍TM-241型超短波电台和好灵通DR-11C1型超短波电台，在九江和鄱阳湖水文分局使用，增大通信范围，改善通话质量，取得了良好的通信效果，基本满足报汛需要。1996年上半年，以水文分局为核心的通信小网基本建成，其中高山中继站1处，分中心2处。同年，省水文局设立无线电台，接收东津、柘林水库情报，通过计算机广域网传递给省防汛办。

计算机网络　2000年汛前，建成了九江、鄱阳湖水文分局的计算机网络系统，并在修水分队实现通过计算机网络系统拨号上网传输水文信息。在柘林水库也安装计算机拨号上网，大大提高了情报入网速度和洪水预报精度，增长了预见期。2001年汛前，完成了罗溪水文站计算机网络拨号上网工程。2004年3月，初步建成省水情中心与中央、流域机构、省政府和各级防汛抗旱部门、地市水情分中心高速互联的三级广域网系统，网络信道由早期的X.25（9.6kb/s）和DDN（64kb/s）升级为SDH（2～4Mb/s），配置了网络安全和网络管理设备，实现了"数据、语音、视频三网合一"综合传输功能。2010年3月，完成九江、鄱阳湖水文局到省水文局2M SDH直连专线建设工作，实现省水文局到各地市水文局和省水利厅的双备线路模式。10月，开通了省、市防汛会商视频系统。

水情信息采集系统　2007年，九江、鄱阳湖水情分中心建成；2008年、2009年、2011年开展山洪灾害预警系统二期、三期、四期的建设；2011年中小河流预警系统开始启动；2011年、2012年、2015年非工程措施开工建设。另从2009年开始墒情和地下水监测站建设，至2016年，全市所有站点均实现了数据自动采集、长期固态存储、数据化自动传输。

卫星通信　2011年，九江水文局安装卫星小站5处（渣津、修水、永修、虬津、梓坊），中心站1处（九江），卫星小站由室外天线、馈源、电缆、室内单元等组成。卫星小站用作卫星通信网络的远程终端，具有数据、文本、话音双向通信功能，可使水文情报的传递实现无线远距离数据通信。2010—2013年陆续使用北斗卫星的站点有32处，除市区外所有县（区）均有安装。但卫星通信技术一直未能正常使用。如虬津、永修两个卫星小站设备遭雷击未恢复，渣津、修水两站由于站房改造被拆除后未恢复，梓坊站设备接上但未运行，市局中心站也因房屋装修被拆除后未恢复；使用北斗卫星的站点由于通信费用问题也处于不能使用状态。

二、信息处理

20世纪50年代，水情信息通过邮电局电报传至各有关单位，原始数据由市一级水文单位长期保存。至90年代，主要通过电话专线、电台以及电传等进行水情信息的传递和处理，原始数据仍由市一级水文单位长期保存。2000年以后，水情信息通过水文部门无线高频网收发，水情值班人员接完报后，将水情信息按规定格式统一录入计算机，通过网络发往国家防总、长江委防总、省防汛办、省水文局等地。2007年以后，随着九江、鄱阳湖水情分中心投入使用和之后的一系列项目建设，所有水情信息实现在20min内全部入网，并通过计算机技术对信息进行处理入各类实用数据库，实现了水情数据自动采集、传输、存储和查询一体化。

第十二章

水 文 预 报

　　水文预报始终是水文服务的重点，它是指根据前期或现时的水文气象资料，对某一水体、某一地区或某一水文站在未来一定时间内的水文情况作出定性或定量的预测。对防洪、抗旱、水资源合理利用都有重要意义。九江的水文预报工作始于1954年，地市级水文部门及部分测站都陆续开展过水文预报服务。在坚持以实时雨水情服务为主的基础上，长、中、短期水情预报服务相结合，算水账，进行水库调度预报和分洪预报等，编制适合当地防汛应用的水情服务手册，将预报服务送达各级领导机关和有关部门。在全市历次抗洪斗争中，九江水文部门及时、准确地提供了大量的水文预报服务，为抗洪斗争取得最后的胜利发挥了重要作用，成为防汛抗旱不可缺少的"耳目"和"参谋"。

第一节　情报预报规范

　　1952年2月，省水利局制订《水文预报拍报办法》，规定预报站水位达到警戒水位时，即开始发布预报，是水文开展水文预报工作的第一年。

　　1960年6月，开始执行水电部颁发的《水文情报预报拍报办法》。是年，省水文气象局颁发《江西水文情报预报拍报办法》《水文情报预报拍报补充规定》。

　　1963年9月，开始执行省水文气象局颁发的《水情工作质量评定试行办法（草）》。

　　1965年汛期，开始执行水电部颁发的《水文情报预报拍报办法》《降水量、水位拍报办法》。同时1960年颁发的《水文情报预报拍报办法》停止执行。

　　1973年，开始执行省水文总站根据全国《水文情报预报服务暂行规范》及《水文情报、预报拍报办法》制定的《江西省水文情报、预报规定》（试行稿）。

1985 年 3 月 18 日，水电部颁发《水文情报预报规范》（SD 138—85），从6 月 1 日起开始执行。

1997 年 3 月 6 日，开始执行水利部水文司、水利信息中心下发的《水文情报预报拍报办法》补充规定。

2000 年 6 月 30 日，开始执行水利部颁发的《水文情报预报规范》（SL 250—2000）。

2006 年 3 月 1 日，开始执行水利部颁发的《水情信息编码标准》（SL 330—2005）。

2006 年 7 月 31 日，开始执行省水文局制定的《江西旱情信息测报办法》。旱情信息报送工作自 8 月 15 日开始。

2008 年 5 月 26 日，开始执行水利部水文局颁发的《全国洪水作业预报管理办法（试行）》。

2009 年 1 月 1 日，开始执行国家质量监督检验检疫总局、国家标准化管理委员会颁发的《水文情报预报规范》（GB/T 22482—2008）。

第二节 预 报 技 术

九江水文预报始于 1954 年，采用涨率法、洪峰水位总涨差法、水位时段涨差法、洪峰水位四线法和最大合成流量法编制洪峰水位（流量）预报方案，试报高沙、永修两站洪水预报。

1956 年，用降雨预报径流的工作获得发展。1957 年，引进历史演变规律法试作永修站次年最高水位预报。

1958 年，增加前期旬、月平均流量和汛期最高水位相关、当月降水和下月最高水位相关、根据气象预报的雨量估报洪水，并结合群众谚语分析洪水趋势，预报汛期最高水位，并用退水曲线预报枯季径流。

1961 年，运用区域分区预报方案，推算次洪水的径流总量，为柘林水电工程大坝施工阶段和防汛时期合理调度提供预报服务。

1962 年，永修站开展汛期降水、洪水趋势和最高水位预报。

1971 年，编制柘林水库洪水预报方案，采用降雨径流关系和单位线法推算水库入流过程，蓄率中线法推算出流过程和水库水位过程。

1973 年，运用数理统计、概率分析、周期叠加、二级分辨、逐步回归、多元回归、平稳时间序列和自然正交等方法进行中长期降水和洪水预报。

1977 年，试用蓄满产流和单位线预报方法，在处理蒸发量的深层地下水及壤中流方面作有益探索。

2007年，开展洪水预报方案汇编工作，永修、九江、湖口、吴城、梓坊等站相关预报方案收入汇编。

2009年，开展山洪灾害预警系统建设，探索用推理公式法进行小流域洪水作业预报。

2013年，开始试用中国洪水预报系统。

第三节 预 报 方 案

1991年，省水文总站在明确了汇编原则、汇编范围、技术标准、汇编任务及工作进度的基础上，开展了全省洪水预报方案汇编工作。2007年，又在总结经验的基础上，开展了全省洪水预报方案修编工作，星子、吴城、梓坊、永修、九江等站相关预报方案收入汇编。

《博阳河梓坊站洪水预报方案》 采用1960—2002年共42年资料中53次较大洪水资料编制而成。方案用平均降雨量与起涨和洪峰水位的关系计算每场洪水的降雨折算系数，通过场平均降雨量与降雨折算系数建立关系图，用公式 $Z_{洪峰水位} = K_{系数} P_{流域平均降雨量} + Z_{起涨水位}$ 计算预报洪峰水位。根据《水文情报预报规范》（SL 250—2000）的规定进行方案评定，本方案为甲等方案，洪峰水位合格率为86.8%，洪峰传播时间合格率为84.9%，可用于洪水作业预报。

《潦河万家埠站、修水柘林水库～永修站洪峰水位预报方案》 采用1971—2003年中72次洪水资料编制而成。预报方法为采用万家埠、柘林水库合成最大流量与永修站洪峰水位建立相应关系，并以永修站同一时间出现的水位为参数。同时建立万家埠、柘林水库合成最大流量与传播时间的相关曲线用于确定洪峰传播时间。根据《水文情报预报规范》（SL 250—2000）的规定进行方案评定，本方案为乙等方案，洪峰水位合格率为75%，洪峰传播时间合格率为81%，可用于洪水作业预报。

《湖口水道星子站多要素相关分析预报方案》 引用1991—2003年历史洪水资料多要素相关分析编制而成。根据星子站实测水位与星子站、湖口站前期水位、涨率、区间平均降雨量及五河七口入湖流量与湖口站出湖流量之差进行相关分析，建立多要素相关方程用于鄱阳湖洪水作业预报。根据《水文情报预报规范》（SL 250—2000）的规定进行方案评定，本方案为乙等方案，洪峰水位合格率为78.8%，可用于洪水作业预报。

《长江九江站洪水预报方案》 采用1988—2004年长江汉口站与九江站

的洪峰水位资料，对一些误差较大（主要是受鄱阳湖洪水顶托影响）的点进行分析后舍去。九江站的洪水预报采用洪峰水位相关法，主要是将汉口站的洪峰水位及九江站的同一时间水位与九江站的洪峰水位等数据进行曲线拟合处理，根据汉口站洪峰水位出现时间，在九江站同一时间水位级中查图求得九江站未来洪峰水位。作业预报时，由于九江站受长江上游来水与鄱阳湖出流的共同影响较大，预报结果要结合以上因素进行人工干预，主要考虑湖口站出现洪峰的时间等情况。如果湖口站较汉口站出现洪峰时间提前，那么九江站洪峰水位将较汉口站洪峰水位提前到达；反之，则后到达。同时要考虑汉口站与九江站的洪水涨率，在相应的水位过程线上进行趋势拟合处理，以期到达准确预报九江站洪峰水位的目的。根据《水文情报预报规范》（SL 250—2000）的规定进行方案评定，本方案为乙等方案，洪峰水位合格率为70％，可用于洪水作业预报。

《湖口水道星子站水量平衡预报方案》 $W_{入湖水量}+W_{P湖面降雨量}=W_{出湖水量}+W_{E湖面蒸发量}+\Delta W_{湖盆蓄水变量}$ 为湖泊水量平衡的具体表达式，方案的关键是在计算鄱阳湖区间及五河的来水量及预报时段末的入湖、出湖流量。根据《水文情报预报规范》（SL 250—2000）的规定进行方案评定，本方案为甲等方案，洪峰水位合格率为92.7％，确定性系数为0.999，可用于洪水作业预报。

《鄱阳湖吴城站（赣江断面）洪水预报方案》 根据鄱阳湖入湖、出湖流量，推求出鄱阳湖的蓄水变量，用实测入湖水量加蓄水变量，通过吴城站水位（赣江断面）与鄱阳湖蓄量曲线图便可反推吴城站水位（赣江断面）。根据《水文情报预报规范》（SL 250—2000）的规定进行方案评定，本方案为乙等方案，洪峰水位合格率为75％，可用于洪水作业预报。

第四节　预　报　服　务

一、1954 年洪水

1954 年 4—7 月，暴雨连绵不断，修水、渣津、永修、吴城等站仅 6 月降雨量就超过 700mm。修水站 6 月 16 日 8 时至 17 日 2 时水位陡涨 9.38m，超过警戒水位 5.60m。武宁三硔滩站 6 月 17—19 日和 7 月 13 日的洪水流量，均在 5000m³/s 以上，其中 6 月 17 日 12 时至 18 日 8 时的流量达到 10000～10800m³/s。修水高沙站、永修站试报洪水预报，开修水流域水文预报先河。

二、1955 年洪水

1955 年 6 月 21—22 日，修水中、下游和潦河大暴雨，局部特大暴雨。永修站最大一日降水量超 200mm，修水流域出现大洪水，23 日，永修站水位 22.81m，高出 1954 年洪水位。永修站成功预报了洪水过程，为有效地防洪减灾起到了重要技术支撑作用。

三、1959 年和 1960 年洲滩预报

1959 年 11 月，中国科学院江西分院湖泊实验站根据鄱阳湖枯水期有大量洲滩草地可以利用，有开垦洲滩播种油菜获得丰收的事例，也有油菜成熟期遭受洪水淹没以致颗粒无收的实际情况，发布沙湖山洲滩利用的长期预报。

1960 年 12 月，九江专区水文气象总站作出都昌和星子站次年度分级垦殖高度的保证期的预报，供当地农民利用洲滩参考。

四、1962 年洪水

1962 年 5 月，永修水位站作出洪水预报，永修县委及时安排劳动力抢收即将被洪水淹没的小麦 7 万亩，避免了更大的损失。

五、1973 年洪水

1973 年 6 月，修水大洪水，以发电为主，兼有防洪、灌溉等综合效益的大型水利水电工程柘林水库正在紧张续建阶段，当年水库汛末允许水库水位为 56.00m。21—25 日，柘林水库流域内平均降水量 314mm，暴雨中心在上游铜鼓和修水两县。24 日晚，水文部门发出柘林水库水位会超出 60.00m 的预报。25 日 8 时，铜鼓和修水两县电信中断，后通过设在修水的自备电台，报出高沙水文站的雨情和水情（25 日，修水上游高沙站出现 99.00m 洪水位，先锋站出现 105.08m 洪水位，至今保持历史最高纪录。受大洪水影响，修水先锋水文站水尺设备被冲毁；修水杨树坪和高沙站站房被冲倒。高沙站至修水县城唯一道路有 4000m 被洪水所淹，修水县城告急。限于当时通信条件，该站职工趟过齐腰深的河水，采用人工接力方式，将 18 份水文情报传至县防汛抗旱指挥部），水文部门据此作出柘林水库水位 26 日晚可达 60.40m 的预报。25 日 20 时，库水位猛涨至 59.67m，工地防汛工作十分紧张，已从各方面做好炸副坝的准备。26 日 8 时，库水位上涨至 60.26m。在此关键时刻，水文部门进一步分析水情，再次作出：从目前情况分析，库水位不大可能达到

或超过 60.50m 的预报。领导部门据此预报决定不炸副坝。26 日 18 时，水库洪峰水位 60.35m。由于预报准确，防洪措施得力，保住了副坝，避免了下游 10 万余人的紧急撤迁、土地淹没和人民生命财产的损失以及对工农业生产的影响。

六、1977 年洪水

1977 年 6 月 13—16 日，修水中游地区和支流潦河上、中游发生大水。潦河万家埠站出现历史最大流量 5600m³/s 和历史最高水位 29.63m，流域内 4 处圩堤溃决，缺口宽 65.3～348m 不等，水深 3～6m。此次洪水，经永修、万家埠站多次洪水预报后，决定充分利用柘林水库的调洪库容进行调蓄，17 日 2 时，永修站出现洪峰水位 22.07m。洪水过后经分析，若万家埠不决堤，以万家埠站还原计算的最大流量和柘林最大出库流量合成，以星子站同时水位为参数，推求万家埠不决堤而柘林水库调蓄后永修站洪峰水位为 24.03m，即因潦河溃堤影响，削减永修站洪峰水位 1.96m。如未建柘林水库，且万家埠上游圩堤不溃决，则 16 日 16 时柘林和万家埠站最大合成流量为 14000m³/s，以星子站同时水位为参数，推求永修站洪峰水位为 24.80m，即柘林水库调蓄洪水和万家埠溃堤后，共削减永修站洪峰水位 2.73m，其中柘林水库调蓄作用削减永修站洪峰水位 0.77m，避免了永修县和环鄱阳湖各县遭受更大的损失。

七、1983 年洪水

1983 年 4 月开始，出现暴雨和大暴雨 12 次。7 月 5—10 日，暴雨集中在修水流域，降水 400mm 以上的有修水等县，400mm 以上暴雨区覆盖面积为 295km²，300mm 以上为 13825km²，200mm 以上为 34075km²。仅永修县溃决圩堤 23 座，293km 长的圩堤出现泡泉 500 多处，堤身穿漏 18 处，洪水平漫堤 72km；有 20 个公社、178 个大队、1880 个生产队，33118 户、166986 人受灾。尤其是郭东圩溃决，导致南浔铁路冲毁 146m，中断交通 16d，直接经济损失 100 余万元。此次洪水中，水文部门发布预报 45 次，编印水情公报和水情表 900 多期，雨情、水情快报和紧急汇报资料 20 期，及时向领导机关报告雨情和水情。省委、省政府采取有效措施，组织 178 万军民全力以赴投入抗洪抢险救灾斗争。福州军区、省军区、武警及驻省部队迅速派出舟桥部队和海军、陆军、空军 8400 人参加抗洪抢险。各行各业全部动员协同作战，提供充分可靠的交通、物资、食品、医疗等条件。经过一个多月的日夜奋战，终于取得抗御特大洪水斗争的胜利。虽然此次洪水比 1954 年还高，但灾害损失大大减轻，沿江滨湖先后溃决万亩以上圩堤 9 座，小圩堤 98 座，决堤淹田 64 万亩，还不及 1954 年圩堤溃决成灾面积的 1/5，避免了重大损失。

八、1998 年洪水

1998 年 3 月，在全市防汛工作会议上首次提出谨防 54 年型大洪水的重现。4 月 6 日发布第一期《汛情公报》指出"今年的防洪形势严峻，不容忽视，谨防 54 年大洪水在今年重现，对防洪工作必须加紧准备，确保万无一失。"5 月 2 日第二期《汛情公报》上再次提出"54 年长江、鄱阳湖发生了近百年来的最大洪水，造成 90％以上的圩堤决口，损失惨重，至今回想起来仍令人触目惊心，今天我们在这讲'谨防 54 年型洪水重现'问题，不是危言耸听，而是居安思危，未雨绸缪，对增强防洪保安意识，是有一定的现实意义的。"6 月 2 日第三期《汛期公报》上进一步提出"警惕大洪水的到来"。

6 月 17 日，向市防办预报长江九江站水位将会急剧上涨的《重要水情报告》，6 月 19 日在发往市委、市政府、市防办的第五期《汛情公报》上，提前 6d 预报长江九江站水位 6 月 24 日 8 时达 19.30m 左右（实况 6 月 24 日 8 时水位为 19.34m），并向防办指出"江湖水位已进入高水位时期，防汛形势日趋严峻"。6 月下旬赣中北地区因连降暴雨，鄱阳湖区水位迅猛上涨，根据 6 月 25 日 8 时的水情实况，预报长江九江站 26 日 8 时水位达 20.10m（实况 26 日 8 时水位为 20.04m）；6 月 26 日预报长江九江站 27 日 8 时水位达 21.05m（实况 27 日 8 时水位为 21.14m）；并提前 4d 预报：长江九江站 30 日 8 时水位达 22.00m 左右（实况 30 日 8 时水位为 22.09m）。6 月 26 日提前 10 多个小时预报修河高沙站 27 日 5 时出现 95.00m 的洪峰水位（实况 27 日 3 时水位为 94.75m），变幅达 3.62m。6 月 27 日下午预报修河永修站 28 日 5 时出现 22.85m 的洪峰水位（实况 28 日 7 时水位为 22.82m）。在 6 月 28 日根据实时水情分析，作出九江站 30 日 8 时的修正预报，预报水位达 22.10m，与 22.09m 的实况基本吻合，同时提前 6d 报出：长江九江站未来趋势可能略超历史最高水位（1995 年的 22.20m），这一趋势预报在 7 月 4 日 20 时得到验证，当时长江九江站水位实况为 22.22m，为当年入汛以来首次突破历史最高水位 0.02m。由于水文预报的及时、准确，首次超历史最高水位的抗洪斗争取得了初步胜利。当时在九江指挥抗洪工作的江西省委副书记钟起煌同志于 7 月 5 日上午在市委常委、市防指常务副指挥张华东的陪同下，到九江市水文分局亲切慰问水文职工，对水文预报工作作出了充分的肯定，并要求"要发扬成绩，连续作战，要开展科学研究，提高整体水平，要认真会商，及时报告准确的水文信息，为市里的抗洪斗争提供科学决策依据，夺取抗洪斗争的全胜"。

　　根据 7 月上旬的雨情、水情变化趋势，7 月 7 日作出预报：长江九江站 7 月 9 日水位可降至 22.00m 以下，7 月 12 日退至 21.50m 左右的退水预报（实况是 7 月 9 日 8 时水位为 21.98m，7 月 12 日 20 时水位 21.55m）。为市委、市政府、市防办及时调整防汛部署，准备迎接新的洪水的袭击争取了时间。随着 7 月中旬长江上游四川来水及中游区间连降大暴雨和鄱阳湖区的暴雨洪水等因素影响，长江九江站水位在 7 月 17 日回落到 21.08m 后，重新开始迅猛回涨，根据这一新的情况，及时调整了预报方式，采用滚动预报向市防汛指挥部门提供不间断的洪水预报。在 7 月 22 日预报长江九江站 23 日水位达 21.60m 左右（实况是 23 日 8 时水位为 21.61m）。7 月 24 日，当九江站水位涨至 21.82m 时，及时地综合各地的水情、雨情，作出了未来九江站水位将再次超过历史最高水位趋势预报，并于上午 9 时赶往市防办向正在市防办指挥抗洪的市委刘上洋书记汇报。刘书记立即指示将此情况及时向省委、省政府汇报，并请求部队紧急支援，为市委、市政府筹备抗洪物资，指挥抗洪争取了宝贵的时间，并召开紧急会议研究对策，随时发布了指挥长第 3 号令"全民总动员，开展总决战"。从 7 月下旬开始，市防办防汛调度会议由市委书记、市长亲自参加，常务副指挥长主持，水文、气象、水利工程等有关方面的技术人员，每天晚上 8—11 时的紧张汇报和对未来汛情、险情的分析预测，给人一种决战前夕的紧张感觉。7 月 26 日预报长江九江站 29 日水位达 22.95m 左右（实况 29 日 8 时水位为 22.88m），7 月 30 日根据汛情变化情况，预报 7 月 31 日九江站水位达 23.00m 左右（实况 31 日 2 时水位为 23.01m），预报鄱阳湖星子站水位 31 日达 22.50m 左右（实况 31 日 2 时水位为 22.45m），并预计未来几天长江和鄱阳湖区水位，将在这种高水位上波动（实况是 7 月 31 日至 8 月 4 日九江站水位在 22.94～23.03m 之间波动，星子站水位在 22.45～22.52m 之间波动）。8 月 4 日 21 时左右九江县江新洲发生重大决口险情，数万群众、几万亩良田遭灭顶之灾，在人民子弟兵和广大干部群众抢救和安置受灾群众时，及时作出了未来几天长江九江站及鄱阳湖星子站水位将呈缓慢回落态势，为市委、市政府稳定灾民情绪、疏散安置灾民生活提供有力的水情预报服务。

　　进入 8 月之后，长江上游地区连降大暴雨，在重庆—宜昌之间连续发生数次大洪水，长江中、下游地区数次遭受洪水的冲击，长时间超高水位浸泡的堤防已是千疮百孔、不堪一击，8月7日九江城防大堤在4～5号闸口之间发生特大溃堤式管涌，从发现鸡蛋大小的管涌，到溃口发生只有短短的半个小时。在3m多高落差的洪水冲击下，溃口越来越大，洪水向九江市郊狂泄，如不及时堵住，历史名城九江将会被无情的洪水吞没，京九大动脉将在这里中断，重大险情惊动了党中央、国务院、中央军委，朱镕基总理亲临九江指挥抢险，温家宝副总理数次来九江指导抗洪，江泽民主席下达命令，数万人民子弟兵奔向九江抗洪第一线，和广大干部群众一道，连续五天五夜的奋战，终于在8月12日将决口堵住。在这次与洪魔进行的殊死搏斗中，人类再一次创造了奇迹。在抢险堵口的日日夜夜里，水文预报工作一刻也没有停止，在堵口期间，长江第四次洪水正向九江推进，为抗洪部队和市防办及时预报第四次洪峰通过九江时不会造成长江九江站水位的回涨，并于8月11日预报长江九江站水位13日将退至22.60m左右（实况13日8时水位22.65m）；预报鄱阳湖星子站13日将退至22.00m左右（实况13日8时星子水位22.01m）。为决口成功合拢和夺取抗洪斗争的决定性胜利提供了可靠而有力的水情预报服务。第四次洪峰刚过九江，长江上游又出现了更大更凶猛的第五、第六、第七次洪峰。正在九江指挥抗洪工作的省委常委、省纪委书记马世昌同志白天在抗洪一线指挥抢险，晚上和市委书记、市长、市防指常务副指挥，省水利厅副厅长孙晓山，国家专家组专家，加上水文、气象、水利技术人员，一道研究、会商未来上游洪水对九江长江干堤是否会造成新的破坏性影响。一次次凶猛的洪水给长江干堤带来了严峻的考验，也给水文人带来了前所未有的压力和考验。上游的雨情、水情、险情不断传向我们，中央决定死保荆江大堤、洪湖大堤，不到万不得已决不分洪。上游不分洪、洪水还得下来，当时九江长江大堤已被高危水位浸泡了2个多月，随时都有可能再次冲开个口子，就是在这种危急关头，九江水文一次次面对上游洪水的发展趋势，排除其他方面的干扰，及时向各级领导和防办提供及时准确的洪水预报，并一再强调上游的洪水只能造成九江站水位回落速度趋缓，不会形成大幅度的回涨。为各级领导和抗洪部队正确决策和合理部署兵力提供了强有力的依据，当第六次洪峰在上游形成后，江泽民主席向全体抗洪部队发出命令："所有抗洪部队立即全部上堤，严防死守……"在这次洪峰到达九江前夕，省委常委、省军区司令员冯金茂少将受南京军区首长的委托，来到市防办，听取水文、气象、水利等专家对第六次洪峰的分析预报，在听完我们水文专家对第六次洪峰的分析后，司令员满怀信心地说"战胜第六次洪峰没有问题"。

9月初长江上游形成的第八号洪峰正向九江推进，当时长江九江站的水位在 22.00m 左右，这种高危水位还会维持多久，抗洪部队何日可以毫无顾虑地班师回营；江泽民视察九江时作出的"已经取得决定性胜利"的指示能否成为现实，当时在九江指挥抗洪的江西省副省长、省防总总指挥孙用和、省人大副主任周慤平，又一次向水文人提出了新的课题。在 9 月 6 日 20 时召开的市防办协商会上，孙副省长说："现在洪水已开始缓慢回落，驻湖南、湖北的抗洪部队已开始撤离，水文局的同志你们回去作个退水预报，我们将根据退水预报，确定抗洪部队班师回营的具体时间。"这又是一次新的压力和机遇。晚上散会后，局长邓镇华和与会的其他同志连夜查找有关资料、精心分析，并和省局及时会商，第二天 9 时前就作出了一份退水预报，预报 9 月 10 日长江九江站水位退至 21.80m（实况 10 日 8 时 21.80m），预报 9 月 13 日九江站水位退至 21.50m（实况 13 日 8 时水位为 21.45m）。根据这个预报结果，9 月 9 日晚召开的市防办协商会上，在当时九江站水位还在 21.85m 时，省市领导就及时作出了防汛力量的局部调整，并以此预报为依据，制定出部队班师回营的具体时间表。从 9 月 15 日起，第一批部队开始撤离九江，9 月 16 日又根据当时的水情，预报 9 月 19 日长江九江站水位将退至 20.50m 左右（实况 9 月 19 日 14 水位为 20.50m）。为后续部队毫无后顾之忧地撤离，为九江市抓紧时机全面部署灾后生产自救提供了及时准确的退水预报服务。

九、1999 年洪水

1999 年，修水流域 4 月 23—24 日普降暴雨和大暴雨，造成修水高沙站水位猛涨，23 日 20 时作出了高沙站 24 日水位可达 95.60m 的预报（实况为 24 日 23 时水位达 95.34m），为修水县防办提前做好防汛布置争取了宝贵的时间，也为柘林电厂的安全调度提供了及时的信息。5 月下旬修水流域连降大到暴雨，局部大暴雨。柘林水库开闸泄洪，加上潦河来水，5 月 23 日 8 时作出了修水永修站将首次突破 20.00m 的水位预报（实况为 24 日 18 时水位为 20.07m），并于 5 月 25 日 18 时到峰，洪峰水位为 20.17m，预报与实况基本吻合。

从 6 月下旬开始，长江流域中、下游沿岸地区普降大到暴雨，局部大暴雨。6 月 28 日根据长江中、上游来水及沿江一带受强降雨的影响，作出 6 月 30 日长江九江站水位将首次超过 19.50m 的警戒水位预报（实况为 6 月 30 日 22 时水位为 19.50m），6 月 30 日 8 时，根据上游来水情况，以及主雨带仍在长江沿岸维持，且雨强较大的新情况，作出了长江九江站水位将在 7 月 2 日超过 20.00m 的水位预报同时作出 7 月 4 日长江九江站水位将超过 20.50m 的预报（实况为7月2日8时水位为20.10m，7月4日8时水位为20.70m），为当地防汛部门赢得了宝贵的准备工作的时间。由于上游来水汹涌，7月3日8时作出了长江九江站7月6日水位将达21.00m左右的预报（实况为7月6日8时水位为21.02m）；7月4日根据修水永修站水位变化情况及时预报永修站7月7日8时水位将突破21.00m（实况为7月7日8时水位为21.01m）；7月11日8时预报九江站水位在7月15日可达21.50m左右（实况为7月15日8时水位达21.70m）；7月15日8时，根据当时的水雨情趋势，作出了长江九江站7月18日水位将突破22.00m大关的预报（实况为18日8时水位为22.05m）；在7月18日8时作出了18日12时修水永修站洪峰水位达22.65m左右的预报（实况为18日12时水位为22.55m）；7月18日作出了长江九江站在7月22日8时出现22.60m的最高水位的预报（实况为7月21日22时洪峰水位达22.43m）。由于及时准确地预报了长江九江站这次仅次于1998年特大洪水的历史第二大洪水过程，市委和市政府特致函省水利厅为九江市水文分局请功。

7月下旬，长江九江站水位在7月21日出现年最高水位（22.43m）后，开始呈缓慢下降趋势，在此期间，由于长江干堤永安段受较长时间的高危水位浸泡，出现较大险情，南京军区派出1500余名官兵投入抢险。当时市委、市政府、市防指要求对未来水情趋势作出预报，经对雨情、水情进行综合分析后，认为近期长江九江段的水位仍维持缓慢下降，不会复涨，预报结果与实况基本吻合。

8月初，九江站水位退到22.00m以下，市委、市政府、市防指要求像1998年那样，作出一个较准确的退水预报，一方面要实时解除紧急防汛期，将工作的重点及时转移到抓经济建设上来；另一方面要调整防汛部署，制订出解放军部队撤离时间表，各险段的查排险任务交有关单位完成，确保退水不倒堤。当时九江站的水位仍高达21.65m，8月2日作出了一份退至警戒线的中长期退水预报：8月3日前后退至21.50m左右；8月6日前后退至21.00m左右；8月9日前后退至20.50m左右；8月15日前后退至19.50m左右。实况是：九江站8月3日8时水位为21.45m；8月6日8时水位为21.10m；8月9日8时水位为20.60m；8月15日8时水位为19.48m，预报的水位值及出现的日期与实况基本吻合。8月下旬，本已回落至警戒线以下的九江站水位，从23日开始复涨，针对这一新的情况，在8月27日作出了长江九江站8月29日前后水位将再次超过警戒线（19.50m）的预报（实况为8月29日8时水位为19.60m）；8月30日预报九江站水位在9月3日前后达

20.50m 左右（实况为 9 月 3 日 8 时水位为 20.56m）；9 月 3 日预报九江站 9 月 5 日前后水位可达 20.65m 左右（实况为 9 月 5 日 8 时水位为 20.68m）；9 月 12 日九江站当时的水位为 20.28m，根据九江站水位已呈退势这一情况，预报长江九江站水位在 9 月 17 日前后将退至 19.50m 左右（实况为 9 月 17 日 8 时水位为 19.66m，18 日为 19.52m），预报结果与实况基本吻合。

十、2005 年洪水

2005 年 6 月 27 日，修水上游地区发生暴雨洪水，修水渣津水文站出现建站以来最高洪峰。该站采用非常规方式，抢测到建站后第一次宝贵的高水资料。市水文局和修水水文勘测队在这次暴雨洪水过程中，共发布各类水情信息 15 期，电话或当面向市、县领导和防办汇报情况 150 余人次，发布短期洪水预报 9 份，主动收集非报汛雨量站雨量数据 50 站次，拍发各站点雨情、水情电报 500 余份。修水县渣津镇司前小学 200 多名学生在洪水来时得以提前转移，8 名被洪水围困的老师得到及时解救；全丰镇黄沙塅村一组、十三组，塘城村大屋咀被洪水围困的 77 户 190 名群众也得到成功解救；19 名被洪水围困在房顶的群众刚解救撤离不到 100m 时，房屋就被洪水冲垮，避免了重大人员伤亡事故。市、县防汛指挥部门在接到水文洪水预报后，当即对修河干流上的郭家滩和抱子石 2 座电站进行科学调度，避免洪峰通过时县城受淹，同时确保两座水电工程的行洪安全。

9 月初，台风"泰利"来袭，九江各地普降大到暴雨，局部地区降特大暴雨。九江市水文局利用防汛预警系统，全面分析预测，最大限度地减少当地居民的生命和财产损失，产生巨大的社会和经济效益。整个台风过程中，参加市防总四次防汛调度会，发布《雨水情快报》及《重大雨水情情况汇报》4 期，发送手机短信 560 人次。特别是 9 月 4 日中午，向市领导和市防指提出柘林水库防汛调度建议，提出错峰的具体时间和控制下泄的最大流量，达到防汛的社会效益和发电的经济效益双赢的目的。

十一、2007 年洪水

2007 年，开展枯季径流滚动预报，分析各河道各月最小实测流量，根据典型年进行枯水情况综合对比分析，建立最新枯水水位-流量关系，寻找河流退水规律。同时加强旱情信息测报，组织巡测小分队走出断面，动态监测旱情，主动到水量供需矛盾突出的河流、供水水源地、灌区巡测流量、水质，加强土壤墒情及枯水径流的观测和分析预报，将雨量、水量、蒸发、墒情、水质结合起来进行分析，为抗旱提供预报服务。

十二、2010 年洪水

2010 年，长江九江站两次出现超警戒水位，超警戒时间达 32d；彭泽县棉船洲、九江县江心洲等多处堤岸发生险情；修水县、都昌县、彭泽县等部分地区多次发生暴雨山洪。九江市水文局认真搜集长江干流及省内各地雨情、水情信息，精心分析，精心预报，每天向市防办汇报汛情，每 3h 向市党政军主要领导和防汛指挥部报送雨情、水情信息，每天定时向有关部门、抗洪部队报送水情信息，为九江市各级防汛指挥机构提供了科学的决策依据，共计减免损失 20.8 亿元，转移人员 25.4 万人次。

十三、2011 年洪水

2011 年 6 月 10 日 4 时许，修水县西部地区降雨数据异常，水情值班人员立即电话通知市防汛办值班室。4 时 58 分，通过移动短信平台，向九江市党政领导、市防指、市水利局及有关防汛单位、各县（市）主要领导，和省防办、省水文局有关领导通告修水县白岭镇白沙岭站突发特大暴雨信息，并提醒有关部门做好应急准备。5 时 02 分，带班领导紧急将暴雨信息电话报告九江市委常委、副市长、市防汛抗旱指挥部指挥长魏宏彬，同时电话通知修水水文勘测队，修水队立即将监测到的雨情水情信息向县领导和防办作了汇报，县领导紧急启动防汛Ⅰ级应急响应。持续强降雨使得修水沿线各水文站纷纷告急，渣津站、先锋站、虬津站、永修站相继超警戒，特别是修河上游渣津水文站出现建站以来最大洪水过程，水位变幅 4.34m，超警戒水位 1.67m。九江市水文局及时掌握水情雨情信息，加强值班、加强监测、加强分析和预测测报，并针对多次强降雨过程进行雨情水情分析，滚动预报，并及时通过短信平台向各级领导发送雨情水情信息，累计收集、分析、处理各类水情雨情信息 18000 余条，发送水雨情短信 1500 余条。准确及时的水文服务，使修水县 18 个乡（镇）在受淹停电、交通中断的情况下，提前转移危险地区群众 2 万余人，成功解救被洪水围困群众 1200 余人。

十四、2016 年洪水

2016 年，受超强厄尔尼诺现象影响，长江九江段及鄱阳湖流域发生较大洪水。修水发生大洪水。长江九江段水位从 7 月 3 日开始超过警戒水位，至 7 月 9 日出现 21.68m 的洪峰水位，超警戒水位 1.68m，至 7 月 31 日退出警戒水位。2016 年长江九江段水位排有记录以来的历史第七位，水位超警戒时间29d，洪水频率为 7 年一遇；鄱阳湖星子水位从 7 月 2 日开始超过警戒，至 7 月 11 日出现 21.37m 的洪峰水位，超警戒水位 2.37m，至 8 月 5 日退出警戒水位，水位排有记录以来的历史第六位，水位超警戒时间 34d，洪水频率为 10 年一遇；修水永修站水位从 7 月 3 日开始超警戒水位，7 月 5 日 13 时仍出现 23.18m 的洪峰水位，超警戒水位 3.18m，仅次于 1998 年的 23.48m，位列有记录以来的第二位，8 月 1 日退出超警，超警时间长达 30d，洪水频率为 36 年一遇。在此次洪水过程中，九江市水文局共发布预警信息 13 次（其中蓝色预警 7 次、黄色预警 3 次、橙色预警 2 次、红色预警 1 次）；发布洪水预报 43 站次，预报合格率 98%；提供遥测雨水情信息 21 万份，水情汇报材料 28 份，水雨情短信 1 万余条。

第十三章

信息与服务系统建设

    2005 年，由景德镇市水文局（江西赣禹遥测技术服务中心）承建彭泽县浪溪水库、九江县马头水库遥测系统建设，开创九江市信息与服务系统建设的先河。至 2016 年，水文信息历史库、实时雨情水情报汛数据库、遥测雨情水情数据库、山洪灾害预警雨情水情信息采集数据库、水质数据库等基本建成，实现了信息实时接收转发处理。开发了实时雨情水情查询系统、遥测雨情水情查询系统等，基本实现实时雨情水情及洪水预报等信息的网上发布与查询。

第一节　水库水文自动测报系统

    2005 年，彭泽县浪溪水库、九江县马头水库由景德镇市水文局（江西赣禹遥测技术服务中心）承建水库水文自动测报系统建设。建有中心站 2 处、中继站 2 处，遥测站 6 处。信息由中心站接收、处理和使用，未实现防汛部门信息共享功能。

第二节　九江水情分中心

    2000 年，国家防汛抗旱指挥系统作为一项重要的防洪抗旱非工程措施获得国家立项。九江（项目建设时鄱阳湖水文局作为九江水情分中心的子项目同步建设）水情分中心属国家防汛抗旱指挥系统的组成部分。

    水情分中心项目工程于 2004 年开始筹建。2005 年 9 月，江西省防汛抗旱指挥系统建设项目办依据国家项目办下发的有关技术要求及指导书，编制了《国家防汛抗旱指挥系统一期工程江西九江水情分中心项目建设实施方案》，并于 12 月通过了国家项目办在北京组织的专家审查。2005 年 12 月 17 日国家项目办《关于赣州、宜春、九江和南昌水情分中心项目建设实施方案的批复》，对九江水情分中心建设项目进行了批复，水情分中心建设的主要内容为：水文测验设施设备［雨量观测、水位观测、流量（悬沙）测验］、水情报汛通信（组建 GSM 与 PSTN 信道报汛网、设备配置、防雷接地体）、分中心集成（建立九江水情分中心数据汇集及承载平台及网络环境建设与改造；建立完善实时雨情水情数据库、历史大洪水数据库；开发满足预报时效和精度要求的洪水预报系统和水情会商系统）3 项分部工程。

分部工程交叉进行，2006 年 5 月 28 日项目开工，2007 年 1 月 1 日水情分中心投入试运行。

水情分中心新建、改造 58 站，其中水文（位）站 36 站，雨量站 22 站。改变了人工报汛方法，所有站点水位、雨量数据实现自动采集、长期固态存储、数据化自动传输。

第三节　山洪灾害及中小河流监测系统

2008 年，彭泽县、庐山市开始江西省山洪灾害监测预警系统（二期工程）建设，新增站点 57 站，其中水文（位）站 9 站，雨量站 48 站。2008 年冬发生严重的冰冻灾害，为加强监测工作，又增加雨量站 7 站。

2009 年，修水县、永修县、德安县、九江县、都昌县、庐山管理局等地开始江西省山洪灾害监测预警系统（三期工程）建设，新增站点 138 站，其中水文（位）站 6 站，雨量站 132 站。

2011 年，武宁县、瑞昌市开始江西省山洪灾害监测预警系统（四期工程）建设，新增站点 62 站，其中水文（位）站 14 站，雨量站 48 站。同年开展2011 年度山洪灾害防治非工程措施建设，新增站点 49 站，其中水文（位）站 25 站，雨量站 24 站。同年中小河流预警系统建设开始启动，再次新增站点 96站，其中水文（位）站 31 站，雨量站 65 站。

2012 年，开展 2012 年度山洪灾害防治非工程措施建设，新增站点 9 站，其中水文（位）站 8 站，雨量站 1 站。

2015 年，开展 2015 年度山洪灾害防治非工程措施建设，重点为中小型水库水位站建设，新增站点 122 站，其中水文（位）站 108 站，雨量站 14 站。

为加强鄱阳湖自然保护区的管理工作，鄱阳湖水文局与鄱阳湖自然保护区管理局合作建有 6 处水位站。截至 2016 年年底，全市共有报汛站 604 站，其中水文（位）站 243 站，雨量站 361 站。

以上系统与分中心系统建设隶属不同的承建单位，各系统具有相对的独立性，至本书断代年份止，信息资源尚未得到全部有效的整合。

第四节 墒情监测系统

2004年，九江墒情站建设一期工程第一批完成了彭泽、瑞昌、武宁、都昌4个固定站建设。2007年10月，九江墒情站建设一期工程第二批完成了永修、修水、德安（含实验项目）3个固定站建设。2015年，九江墒情站建设二期工程完成了江益、付垅、马回岭、沙岭、泽泉5个固定站建设，同时按每县（市）4~5个站布设，完成了34个移动站点建设。

至2016年，全市有墒情监测站46个，其中固定站12个、移动站34个。12个固定站墒情站实现了信息的自动采集和传输，信息直接共享至《江西省墒情监测及信息管理系统》。市一级水文机构可通过会商平台进行查询、分析、预测，结果以点分布图、等值线、面分布图、统计图等方式生动直观地显示出现，为抗旱决策提供依据。34个移动站点未启动观测。

第五节 洪水预报系统

省水文局采用的在《中国洪水预报系统》中构建平台的方式，使现代洪水预报技术在市级水文部门得到应用。

《中国洪水预报系统》由水利部水文局于1998年开始研发，2000年投入运行，经多次修改、完善、升级后，在全国得到广泛应用。2001年，江西省水文局引进应用该系统，从2010年开始，九江、鄱阳湖两局开始应用该系统。应用方式是植入已编制的洪水预报方案，使用该系统提供的平台进行洪水预报作业。无洪水预报方案的区域，可利用该系统构建临时洪水预报方案，应用于洪水作业预报。

第六节 九江市防汛抗旱决策支持系统

九江市防汛抗旱决策支持系统系江西省防汛抗旱决策支持系统的子系统，由江西省防汛抗旱总指挥部办公室、江西省水文局、中兴长天信息技术（南昌）有限公司2015年联合开发。

该系统建有雨水情、气象信息、山洪灾害、防洪工程、防汛值班、GIS信息、系统管理、告警信息8个功能链接。可对全市15个县（市、区）行政区雨量进行查询和雨量站最大降雨进行排序检索，可对98个重点水文（位）

站、266 个调度水库的实时水情进行检索。并可对超预警雨量站点、水位超警戒（汛限）站点提供声音报警提示。

第七节　水质信息管理系统

2010 年 4 月，九江水质信息管理系统依托江西省水环境监测中心水质信息管理系统开始运行。九江主要是针对系统管理、综合查询、水质评价、数据维护、数据传输、信息发布等系统功能方面上的应用。系统的应用提高了水质监测数据管理工作的准确性和时效性，实现了快速有效地利用水质信息，为进一步发展水质监测的自动化、网络化起到了极大的推动作用。

九江水质信息管理系统根据省中心的授权对系统进行维护和管理。系统可自动对按照相应格式录入的数据进行自动查错，并对错误进行提示；系统综合查询得到的数据可另行导出对其进行另外的分析评价；系统可以实现水质报告的自动生成，系统根据评价和统计结果，自由选择区域方式，按照相应报告模板自动生成地表水水质报告、流域水系水质报告、行政区划水质报告等；系统通过数据传输功能可实现中心向上级单位上报信息；信息发布功能通过在线编辑的方式，把不同类型的信息发布到系统的主页面上，如水质动态、水质报告、工作动态、水质常识、技术规范和公示公告等。

第四篇

水文
资料与分析

全市经过多年集训、开办学习班和实际工作的锻炼等方式，市局测资科拥有3～5人、各测站拥有1～2名专业水平较高的资料整编人员。资料整编刊印工作有统一的技术标准和具体规定，建立和健全业务管理制度，成果合理性检查工作得到加强，保证了资料的质量。水文资料从手工整编到电算整编，以及电算程序的开发应用，减轻了工作强度，提高了工作效率，成果质量高。

1956年，省水利厅刊印出版了江西省有水文记录以来独自铅印出版的第一册水文年鉴。1988年，水文年鉴暂停刊印，2000年逐步恢复水文年鉴刊印，2007年全市按《水文资料整编规范》要求，各项水文资料整编成果全面恢复刊印。

九江市的水文数据库建设同全省同步，工作始于1991年。在做好原始数据录入的同时，建立了数据库管理制度，进一步加强了对数据库管理，并完善数据库查询系统，提高了数据库服务水平。历年来为地方国民经济建设提供了大量的系统的、准确的水文资料。

2003年，九江市水文局开始每年编制年度《九江市水资源公报》，报送九江市各级政府及有关部门。公报内容涉及降水、地表径流、地下水、泥沙和水质等方面的时空分布，主要洪涝或干旱情况，工农业耗水量及水资源供需情况等。

2011年9月，九江市水文局对九江市重要江河湖泊水功能区、界河水体、重要县市供水水源地、主要大中型水库按月发布《九江市水资源质量月报》。

2015年，九江市水文局编制《湖口县水资源公报》，为全省第一个县级水资源公报。

2016年，为编制九江水文巡测方案，对各站的历史资料进行分析，对各测站控制及特性的变化及其对水位-流量关系的影响进行了论证，以揭示测站控制变化对水位-流量关系变化的影响规律。

第十四章

水 文 资 料

　　水文资料是指通过实地调查、观测及计算研究所得与水文有关的各项资料。水文资料整编及刊印是将水文资料按科学方法和统一图表格式进行整编、审查、汇编和刊印，为国民经济建设各部门提供基本系统的水文资料，其主要工作分在站整编、资料审查、资料复审验收、资料汇编几个阶段。

　　九江市用近代科学方法进行水文测验始于清光绪十一年（1885），民国27年（1938），九江水文历史上第一次对涂家埠、星子和湖口站资料进行手工整编，资料范围为民国18（1929）—26年（1937）的水位和降水量资料。

　　从1950年开始，按水电部各个时期颁发的有关资料整编规范和省内补充规定进行系统整编，并相应地出版水文年鉴（1988—2006年，全省暂停水文年鉴刊印，2007年全面恢复刊印）。

　　从1980年开始，水文资料整编逐步实现了电算化。1991年建成九江三级结点数据库。

第一节 资 料 整 编

一、整编规定

　　中华人民共和国成立前，资料整编没有一套规范和规定。中华人民共和国成立后，水利部先后颁发《水文资料整编办法》《水文资料整编成果表式及说明》《水文资料整编成果表式和填制说明（修正本）》《水文资料整编方法》《水文资料整编刊印办法》《水文资料审编刊印须知》《水文资料整编方法（流量部分、沙量部分）》《水文年鉴审编刊印暂行规范》《水文测验手册》第三册资料整编和审查及《水文年鉴编印规范》（SD 244—87）等一系列规范和业务技术指导文件。

　　1950年，省水利局编印《水文测验手册》，并根据上述规范，结合省内情况，先后制订和颁发《水文资料整编汇刊工作手册》《小河站测验整编技术规定（试行稿）》《关于小河水文站资料整编若干规定（修订稿）》《降水量资料刊印表式及填制说明（试行稿）》《〈水文测验试行规范〉补充规定（暂行稿）》和《水文年鉴编印规范》补充规定等补充性的规定。

1964 年 10 月和 1975 年 12 月，长江流域规划办公室在汉口召开长江流域各整编、汇刊机关协作会议，会后分别提出"长江流域各整编、汇刊机关关于贯彻《水文年鉴审编刊印暂行规范》的协议"和"长江流域水文年鉴整编、汇刊机关关于执行《水文测验试行规范》中若干问题的协商意见"。

1981 年，小河水文站资料按部水文局 1979 年 7 月颁发的《湿润区小河站水文测验补充技术规定（试行稿）》执行。省水文总站结合省内情况，1982 年制定了《关于小河水文站资料整编若干规定》作为补充文件，该规定于 1983 年进行了修订。

1984 年 11 月，执行省水文总站颁发的《江西省水文测站质量检验标准》资料整编试行本。

1987 年 8 月，省水文总站根据部水文局制订的《水文资料电算整编试行规定》，结合省内情况，予以适当补充，向全省颁发《江西省水文资料电算整编试行规定》，从整编 1987 年水文资料时开始执行。

1990 年，执行省水文总站制订的《水文资料整编达标评分办法（试行稿）》，办法包括达标评分标准、达标评分办法、其他三部分。

1997 年 1 月，执行省水文局修订的《水文年鉴编印规范》补充规定和《水文资料整编质量达标评分办法》。

2001 年，省水文局按新《资料整编规范》的要求，对原《资料整编规范》补充规定进行修订，对各项资料整编应用软件进行修改。2001 年起，开始执行新的《资料整编规范》及《水文年鉴编印规范》补充规定。

2009 年，执行水利部新颁发实施的《水文年鉴汇编刊印规范》（SL 460—2009），试行《江西省水文资料质量评定办法》。

二、测站编码

1986 年 11 月 14—15 日，九江派出整编人员参加全省水文测站编码工作座谈会，学习水利电力部有关文件和《长江与珠江流域联片测站编码工作会议纪要》以及《全国水文测站编码试行办法》。指定专人负责，并与流域机构和鄱阳湖站协作，于 1986 年 12 月底，完成九江地区的测站编码及核对定位工作。1987 年 1 月，经省水文总站进行资料抽查，核实测站定位和排序，确定测站编码，最后，点绘定位图，编制和复制有关报表，2 月，完成全部编码工作，成果送长办汇总。

经 1987 年 5 月 27 日至 6 月 10 日 "长江和珠江流域测站编码联审会议" 审查，完全符合《全国水文测站编码试行办法》的质量要求。测站编码成果，已在水文数据库和 1990 年资料整编中得到应用。测站编码主要分为两类：一类为水位、水文站测站编码，另一类为降水量、水面蒸发量测站编码。水位、水文站编码按河流采用自上而下、先干后支的原则编制，降水量、水面蒸发量测站编码按河流采用自上而下、逢支插入的方法编制。对于新设站点建码按照上述编码分类和编制原则，在原编码成果中两站之间进行插补。

2006 年从水情分中心建设开始，至 2016 年，经过各类规划建设了大批水文、水位、雨量站，均按编码办法进行了测站编码工作。

三、整编方法

有关规定　考证资料是整编的重要内容和组成部分，为保证资料使用的可靠性、一致性、代表性提供考证依据。考证内容主要有：测站沿革考证，测站测验河段及附近河流情况考证，断面及主要测验设施布设情况考证，测站基面、水准点考证，水库、堰闸工程指标考证，对水文站以上（区间）主要水利工程基本情况考证。以上考证内容在测站设站第一年应编制有关图表并刊印，公历逢五年份应重新编制全部考证图表并刊印，如遇有测站迁移或测验断面、测验河段有较大改变者；测站特性受断面上、下游水利工程和其他人类活动影响有较大变化者；基本水尺断面或中高水测流断面迁移，超出原来刊印的图幅范围者；引据水准点、基面水准点、基面或测验设施有重大变动者；测站性质改变，如水位站改为水文站者；水文站以上（区间）水利工程有较大变动者；水文站以上集水区界限有较大变动者中的任何一种情况，还应适时编制刊印。此外，水文（水位）、水库、堰闸站每年在资料整编时，必须对测站水尺零点高程进行考证，但成果不刊印。

考证　民国时期及其以前的考证资料不全，不少站完全没有考证资料。设站单位自行保存观测资料，有的残缺不全，有的在移交过程中遗失。民国 36 年（1947）前，鄱阳湖区水文测站的设立和水准基面设施等情况，大多无从查考；水位记录经常中断，失去连续性。之后始有部分考证资料，但也残缺不全，或填写不清楚，甚至前后矛盾。整编期间，曾派人实地调查考证。

由于 1988 年水文年鉴暂停刊印，至 2010 年，全省最后一次统一刊印考证资料是 1985 年，2005 年考证资料进行了编制但未刊印，2015 年考证资料进行了编制并将予以刊印。刊印的考证资料有：站说明表、测验河段平面位置图、水文站以上（区间）主要水利工程基本情况表、水文站以上（区间）主要水利工程分布图等。

手工整编 民国 27 年（1938），江西水利局手工整编了涂家埠、星子和湖口等站从民国 18—26 年（1929—1937）的水位和降水量资料，这是九江水文历史上的第一次手工整编。至民国 38 年（1949）4 月，民国时期的资料整编项目为水位、降水量、蒸发量、流量、含沙量和气象，整编方法甚为简单，计算逐日平均值，均采用算术平均法。整编流量资料，则不论测站特性，一律采用对数法，含沙量资料测次少，无法整编。

1953 年 10 月至 1954 年 2 月，部分站测人员参加了由省水利局组织的《水文资料整编方法》培训班。1954 年 10 月至 1955 年 2 月，省水利局集中水文测站人员再次举办集训班，学习政治和业务技术，集训后期，结合进行并完成了 1954 年鄱阳湖区各站的资料整编任务。

1954 年，三砇滩站增加了悬移质输沙率资料整编项目。

1956 年 7—9 月，派员参加了 1950—1953 年气象资料整编和 1954—1955 年资料整编的清尾工作。1966 年，高沙站泥沙颗粒分析资料参与整编。

1956—1958 年，每年冬至次年春，水文站每站一人参加在南昌进行的年度资料整编，继续学习《水文资料整编方法》，通过学习和实际工作的锻炼，培训技术干部，统一整编技术规定，为 1959 年推行资料在站整理制度打下基础。

从 1980 年资料开始，大坑、王坑、爆竹铺、南山、彭冲涧等小河水文站和配套雨量站的资料，按部水文局 1979 年 7 月颁发的《湿润区小河站水文测验补充技术规定（试行稿）》和省水文总站制定的有关补充规定进行整编。为了配合资料分析的需要，采用一表多站格式的降水量摘录表。

1981 年 2 月，经省水利厅批复，九江地区水文站正式设立测资科，从此资料整编工作由测资科同测站共同完成。

从 1990 年资料开始，水文资料整编工作执行新规范和补充规定。

1998 年，九江地区多站发生超历史洪水位洪水，故在 1999 年资料复审中，加大了对大洪水、特大洪水资料整编成果的审查力度，特别是加强对各种关系线的审查工作和上、下游水量、沙量平衡的检查工作。

2005 年，根据《水文资料规范》（SL 247—1999）的规定，公历逢五年份，应重新编制测验河段平面图。

计算机整编 1978 年 9 月，派员参加在南昌开办的电子计算机整编水文资料学习班，并参与测站资料试算工作。

1980 年 10 月，部水文局提出"电算整编是水文资料整编的发展方向"，提出"采用电子计算机整编水文资料的质量标准和要求"。

1981 年 10 月，省水文总站和江西师范学院数学系共同研制《微机水文资料整编系统》（使用 BASIC 语言，Z－80 系列 MDP－30 微机）。1982 年年底，完成课题研究任务。1983 年 1 月通过省教育厅组织的鉴定。1984 年 12 月，在西安召开的全国微机应用成果展览交流会上，认为该系统在微机推广应用中成绩显著，授予三等奖。

1980—1983 年的电算整编资料，先后去汉口、北京、上海和兰州等地进行上机计算和打印。

随着电算整编工作的不断深入，根据整编工作的需要，1984 年，曹和平参与编制实测流量成果表计算打印程序。1984 年 7 月，派员参加省水文总站开办的第一期 PC－1500 电子计算机培训班，从 1985 年资料开始，修水和湖区各站的水位、流量、沙量和降水量资料以及小河水文站的资料，先后采用电算整编。

1985 年 8 月，派员参加省水文总站在南昌开办的第一期微机电算整编研习班。1986 年，测资科引进 APPLE－Ⅱ微机 1 台，录入电算整编数据，交由省水文总站输入 MC－68000 微机内运算，开启"数据分散录入，集中统一运算"的电算整编模式。

1987 年，水文资料电算整编实行省水文总站制定的《江西省水文资料电算整编试行规定》。从 1988 年资料开始，鄱阳湖区资料使用 VAX－11/730 计算机全国通用的水位流量沙量和降水量程序。小河站一表多站降水量摘录表仍使用省水文总站编制的程序。

1991 年，除直接填制的实测类成果表资料外，水位、流量、沙量、降水量等资料均实现电算整编。除小河站降水量资料采用省水文局自编程序整编外，其他资料均采用全国通用水流沙电算程序、全国通用降水量电算程序整编。

1992 年，参与完成 1990 年大小河站资料汇编、1991 年资料电算整编及资料复审、1987 年小河站年鉴刊印，并对修水高沙站 1973 年、1977 年、1983 年实测最大洪水年的资料进行重新审查定线。

1995 年起，全市资料电算工作统一在分局测资科微机上进行，并开发了过程线打印程序。

2001 年，水位、流量、沙量电算资料采用 JXSLS 程序计算，降水量资料采用 JXJSL 程序计算。小河站降水量摘录表仍按一表多站形式整编，拼表采用 PB5 程序，在摘录期内若出现缺测、合并时，要求参照邻近站资料进行插补、分列处理。

2008 年，开始使用"南方片水文资料整编系统 SHDP"进行水文资料的整汇编工作，2009 年，该程序进行升级和完善，程序运行效率和速度极大提高。

2014 年，开始采用电脑定线程序，所有测站提交电脑定线成果，极大地改善了资料整编工作条件。2015 年，开展对山洪、中小河流遥测资料的入库工作，其中降水 342 站年，水位 73 站年。

四、资料审查、复审

从 1959 年起，各站各类资料实行在站整理制度，并将随测算、随点绘、随分析、随整理的"四随"工作方针贯彻始终。并分阶段定出水位-流量关系曲线和单沙断沙关系曲线。汛后及次年初开展两次资料的综合性检查。每年的第一季度，资料管理部门对属站前一年的在站整理成果，进行合理性检查。

为检查流量整编资料的合理性，还开展了上、下游水量平衡分析工作，我市局部河段出现了不合理的现象，如修水的虬津与永修河段常出现水量不平衡现象，五大河流控制站与湖口站水量对比，湖口站水量略偏大等问题。

集中审查和日常性审查相结合的方式已成为资料审查的工作常态。从 2010 年起，水文资料审查开始实行专家审查制，并建立专家上岗制度，实行三年一聘。

每年的第二或第三季度，都会参加全省的水文资料复审及验收工作。组织上采取分组包干、相互审核和集体审查相结合的办法；工序上做到一制表、二校核、三审查，着重抓好考证资料、水位-流量关系曲线和单沙-断沙关系曲线的审定以及面上和上、下游站的综合合理性检查；质量上严格按规范要求确保资料质量。工作过程中，加强政治学习和业务学习，结合业务工作实际，学习规范有关章节。工作结束阶段，严格验收制度，及时总结评比，检发总结材料，肯定成绩，指出测验和整编工作中存在的问题，以利改进，见表 4.14.1。

表 4.14.1　　　　1929—2016 年九江市水文资料复审验收成果　　　单位：站/年

年份	水位	流量	沙量	颗分	水温	降水	蒸发
1929	1						
1930							
1931						2	1

续表

年份	水位	流量	沙量	颗分	水温	降水	蒸发
1932							1
1933							1
1934							1
1935	1					3	
1936						4	
1937						4	
1938						4	
1939							
1940							
1941							
1942						1	1
1943						1	1
1944							
1945							
1946							
1947	2	1				4	2
1948	2	1				4	
1949	1					3	2
1950	1					3	
1951	2					4	
1952	4	1				7	1
1953	6	2				7	1
1954	6	1				7	2
1955	5	1				15	4
1956	6	2	1			22	5
1957	9	6	1			24	8
1958	10	6	3			24	5
1959	10	5	3		1	21	2
1960	10	5	2		1	27	3
1961	12	5	2		1	25	3
1962	12	5	1		1	26	1

年份	水位	流量	沙量	颗分	水温	降水	蒸发
1963	14	6	3		2	39	4
1964	14	6	3		2	47	2
1965	14	6	3		2	61	3
1966	16	7	3		2	74	3
1967	18	9	3		2	73	3
1968	18	8	3		2	72	3
1969	17	9	3		2	65	3
1970	17	9	3	2	2	73	3
1971	17	9	2	1	2	67	3
1972	17	9	2	1	2	69	3
1973	16	10	2	1	2	72	3
1974	18	9	2	1	2	75	3
1975	18	9	2	1	2	81	3
1976	17	9	2	1	2	78	3
1977	17	9	2	1	2	80	2
1978	17	9	2	1	2	81	2
1979	16	9	2	1	3	87	4
1980	18	11	2	1	3	87	6
1981	18	10	2	1	3	112	6
1982	19	10	2	1	3	116	9
1983	21	12	2	1	3	120	12
1984	21	13	2	1	3	122	10
1985	21	13	2	1	3	124	9
1986	21	13	2	1	3	125	11
1987	20	13	2	1	3	123	11
1988	20	13	2	1	3	124	10
1989	19	13	2	1	3	122	11
1990	19	13	2	1	3	125	11
1991	19	13	2	1	3	125	11
1992	18	11	2	1	3	118	11
1993	18	11	2	1	3	117	11

年份	水位	流量	沙量	颗分	水温	降水	蒸发
1994	15	9	2	1	3	88	9
1995	15	9	2	1	3	89	9
1996	15	9	2	1	3	88	9
1997	15	9	2	1	3	88	9
1998	13	9	2	1	2	85	8
1999	13	9	2	1	2	84	4
2000	12	9	2	1	2	84	4
2001	12	9	2	1	2	85	4
2002	12	9	2	1	2	85	4
2003	12	9	2	1	2	85	4
2004	13	8	2		2	81	4
2005	13	9			2	79	4
2006	13	9			2	79	4
2007	13	9			2	79	4
2008	12	8			2	78	4
2009	12	8			2	79	4
2010	12	9	1		2	79	4
2011	12	9	1		2	79	4
2012	12	9	1		2	79	5
2013	12	9	1		2	79	5
2014	12	9	1		2	79	5
2015	12	9	1		2	79	7
2016	12	10	1		2	77	7
合计	947	557	112	35	131	4983	359

五、资料汇编

　　水文资料汇编工作是水文年鉴刊印工作的重要组成部分，水文资料汇编是将单站水文资料整编成果按流域（或行政区）分表项根据统一的格式编制成册，其内容包括说明资料、考证资料、整编成果。

　　说明资料主要有：资料编印说明、各类测站站点一览表（含资料索引）、测站分布图、年降水量等值线图、月年平均流量对照表、月年平均悬移质输沙率对照表以及其他水文要素对照表等。

考证资料主要有：测站说明表及测验河段平面图、陆上水面蒸发场说明表及平面图、水文站（区间）以上主要水利工程基本情况表、水文站（区间）以上主要水利工程基本情况分布图等。

资料整编成果主要有：水位资料、流量资料、泥沙资料、水温资料、降水量资料、蒸发量资料等。

1958 年前，九江水文资料汇入全省水文年鉴单册刊印；1958 年 4 月 4 日，水利电力部颁发《全国水文资料卷册名称和整编刊印分工表》及《全国水文资料刊印封面、书脊和索引图格式样本》，1958—1963 年水文资料的整编刊印按规定，修水、鄱阳湖湖区水系资料划分为长江流域水文年鉴第 6 卷第 20 册，按分工协同全省承担上述两册年鉴的汇编刊印工作。1964 年水文年鉴第 6 卷第 19 册、第 6 卷第 20 册分别调整为第 6 卷第 17 册、第 6 卷第 18 册，并一直延续至今。

水文年鉴自 1988 年暂停刊印，但对资料成果，每年仍按刊印要求进行汇编，其册名为第 6 卷第 17 册、第 6 卷第 18 册及小河站专册。

2008 年，全国水文年鉴恢复刊印，江西省水文局作为汇编单位，九江市水文局始终派员参加了此项汇编工作。承担了《中华人民共和国水文年鉴》第 6 卷第 17 册（鄱阳湖区赣江水系）、第 6 卷第 18 册（鄱阳湖区抚河、信江、饶河、修水、湖区水系）水文年鉴的汇编工作。第 6 卷第 17 册水文年鉴包含湖南水文水资源勘测局提供的本流域范围内资料，第 6 卷第 18 册包含长江委水文局、安徽省水文局提供的本流域范围内资料。资料汇编工作内容分为资料审查、综合说明资料编制、排版数据文件编制和排版四个阶段。水文年鉴汇编工作阶段的资料审查与复审阶段的工作内容虽有重复但各有侧重，汇编阶段资料审查着重审查整编成果在空间分布上的合理性以及规格的统一性。

2010 年，开始聘请第一批江西省水文资料审查、评定专家。曹和平、段青青、江虹先后被聘，并参加全省《中华人民共和国水文年鉴》第 6 卷 17 册、18 册资料审查、汇编的有关工作。

第二节 水 文 年 鉴

一、水文年鉴卷册划分

1929—1949 年的水位、流量、含沙量、降水量和蒸发量各以一个专册刊印，共 3 册。1950—1953 年资料综合为两册，第 1 册为水位、流量和含沙量；

第 2 册为降水量和蒸发量。1954—1956 年，均以一册刊印全年资料。1957 年，又以两册刊印，第 1 册为水位，地下水位，水温、流量，悬移质输沙率和推移质输沙率；第 2 册为降水量和蒸发量。

1958 年 4 月，水利电力部颁发《全国水文资料卷册名称和整编刊印分工表》以及《全国水文资料刊印封面、书脊和索引图格式样本》。整编刊印分工表规定：鄱阳湖区水文年鉴编号为第 6 卷第 19 册、第 20 册。第 19 册刊印水位，地下水位、水温、流量，泥沙，颗粒分析和水化学资料及已刊布资料的更正和补充；第 20 册刊印降水量和蒸发量资料及已刊布资料的更正和补充。整编、汇刊单位为江西省水利电力厅。1958 年水文年鉴，即以第 19 册、第 20 册分两册刊印。

1959—1963 年，为了方便服务起见，将第 19 册、第 20 册各以分册和合订本两种形式刊印。修水水系和湖泊水网区分第 7、第 8 分册刊印。

1964 年，部水文局调整卷册划分，鄱阳湖区水文年鉴编号改为第 6 卷第 17 册、第 6 卷第 18 册，修水和湖区水系各站资料刊印在第 6 卷第 18 册。

汇入长江干流的中小河流各站的资料，在鄱阳湖入长江口以上的，划为长江中游干流区，编号为第 6 卷第 5 册，原由长江委刊印，从 1965 年资料起，改由湖北省水文总站刊印。在入江口以下的，划为长江下游干流区，编号为第 6 卷第 6 册，由安徽省水文总站刊印。

从 1980 年资料起，鄱阳湖区集水面积等于和小于 $200km^2$ 的小河水文站，每年单独刊印《江西省小河站水文资料》专册。

随着水文测站的增加、刊印资料站年数的增多和适应电算整编表格排版的需要，经报请部水文局批准，从 1980 年水文年鉴开始，将第 6 卷第 17 册、第 6 卷第 18 册各分成两个分册，第 1 册刊印水位、地下水位、水温、流量、泥沙、颗粒分析和水化学资料；第 2 册刊印降水量和蒸发量资料。

2001 年 8 月 7 日，水利部水文局在北京召开重点流域重点卷册水文年鉴刊印工作会议，落实水利部《关于公开提供公益性水文资料的通知》精神，满足不同用户对水文资料的需求，提供多种方式的水文资料服务。水利部 6 个流域机构和 22 个省（自治区、直辖市）水文单位的代表出席会议，时任水利部水文局局长刘雅鸣就做好水文年鉴刊印工作，更好地服务于社会做了专题讲话，会议代表针对恢复水文年鉴刊印相关的各个工作环节进行了讨论，水利部水文局对重点流域重点卷册水文年鉴的刊印也进行了工作布置。全国重点流域重点卷册 2001 年度水文年鉴共有 18 册，划分为南、北两片。

各卷册水文年鉴以流域为单元划分，主要刊印流域内基本水文站点经整编的水文资料。江西省水文局作为汇编单位，承担了《中华人民共和国水文年鉴》第 6 卷第 17 册（鄱阳湖区赣江水系）、第 6 卷第 18 册（鄱阳湖区抚河、信江、饶河、修水、湖区水系）水文年鉴的汇编刊印工作。第 6 卷第 17 册水文年鉴包含湖南水文水资源勘测局提供的本流域范围内资料，第 6 卷第 18 册包含长江委水文局、安徽省水文局提供的本流域范围内资料。另外，洞庭湖区（湘江水系）资料送湖南省水文水资源勘测局汇编刊印，列入第 6 卷第 11 册；长江中游干流区资料送湖北省水文水资源局汇编刊印，列入第 6 卷第 5 册；长江下游干流区资料送安徽省水文局汇编刊印，列入第 6 卷第 6 册，见表 4.14.2。

表 4.14.2　　　　　　　　九江各卷册水文年鉴刊印资料范围

流域机构	卷　册	汇编省份	流域范围	流域水系码
长江委	第 6 卷第 5 册	湖北	长江中游干流区	616
	第 6 卷第 6 册	安徽	长江下游干流区	627
	第 6 卷第 18 册	江西	鄱阳湖区（抚河、信江、饶河、修水水系、湖区水系）	624、625、626

2004 年，长江中游干流九江等 5 站雨量站和长江水系长河乌石港流域的铺头水文站及铺头等 6 个配套雨量站属长江中游干流区，划分在第 6 卷第 5 册；北部长江下游干流有彭泽等 4 站属长江下游干流区划分在第 6 卷第 6 册；修水水系及鄱阳湖湖区水系划分在第 6 卷第 18 册。

表 4.14.3　　　　　　　　　水文年鉴刊印成果一览

资料分类	表　名
综合说明资料	编印说明
	水位、水文站一览表
	水位、流量、泥沙、水温资料索引表
	降水量、水面蒸发量站一览表（含资料索引）
	水位、水文站分布图
	降水量、水面蒸发量站分布图
	年降水量等值线图
	各站月年平均流量对照表
	各站月年平均输沙率对照表
	测站说明表及测验河段平面图
	陆上水面蒸发场说明表及平面图

资料分类	表　　名
水位资料	逐日平均水位表
	洪水水位摘录表
流量资料	实测流量成果表
	实测大断面成果表
	逐日平均流量表
	洪水水文要素摘录表
输沙率资料	实测悬移质输沙率成果表
	逐日平均悬移质输沙率表
	逐日平均含沙量表
	洪水含沙量摘录表
泥沙颗粒级配资料	实测悬移质颗粒级配成果表
	实测悬移质单样颗粒级配成果表
	月年平均悬移质颗粒级配表
水温资料	逐日水温表
降水量资料	逐日降水量表
	降水量摘录表
	各时段最大降水量表（1）
	各时段最大降水量表（2）
水面蒸发量资料	逐日水面蒸发量表

2006 年，第 6 卷第 18 册资料恢复刊印，内容主要包括水位、流量、沙量的逐日表及实测成果。2007 年，按《水文资料整编规范》要求，各项水文资料整编成果全面恢复刊印。

二、年鉴排版

1929—1987 年各年水文年鉴采用铅字排版印刷。年鉴的排版格式按《水文资料整编规范》要求，水文部门提供年鉴刊印所需各项水文资料图表。印刷厂铅字排版成果须经水文部门组织专业人员核对、复核、审核后方可印刷。2001 年水文年鉴恢复刊印，采用计算机排版刊印。

三、流域片审查

按《水文年鉴汇编刊印规范》（SL 460—2009）1.0.9 条水文年鉴有流域

机构水文部门汇编刊印,由国家水行政主管部门的水文机构负责终审。江西省承担的《中华人民共和国水文年鉴》第 6 卷第 17 册、第 6 卷第 18 册水文年鉴汇编成果（内含九江市水文局资料）参加长江委水文局组织的审查。

出外省站点资料参加长江流域第 6 卷第 5 册（湖北）水文年鉴的审查与验收工作。参与第 6 卷第 6 册（安徽）《中国河流泥沙公报》《长江泥沙公报》的编制工作。

四、年鉴成果初审

2009 年,按照水利部水文局的要求,水文年鉴汇编单位汇编的水文年鉴质量应达到《水文年鉴汇编刊印规范》（SL 460—2009）要求,流域机构负责辖区内水文年鉴的审查工作,水利部水文局负责全国水文年鉴的终审工作。九江市水文局承担了第 6 卷第 18 册（鄱阳湖区修水、湖区水系）水文年鉴的汇编工作。并参与水文年鉴排版成果的审查工作。

五、资料复查与保管

水文年鉴出版后,个别使用部门对水文年鉴内的某些数据提出过疑问和意见;在编制实用水文手册、水文预报方案和资料供应中,也发现个别站的成果不合理;特别是随着测站资料系列的增长,对测站特性有进一步的认识,原整编成果需作必要的修正。为此,1957 年 7 月,厅水文总站组织人员对长江流域鄱阳湖区 1950—1956 年刊布有逐日平均流量表的水文站进行过一次全面的复查。审查方法有利用区域的径流特征、利用测站多年的测站特性规律、利用上下游站或邻近站资料进行合理性检查、利用水文预报方法进行检查。审查时,应用几种方法互相印证。1959 年 1 月,省水文气象局刊印有《1950—1956 年长江流域鄱阳湖区水文资料流量刊布成果更正资料》,可供参考。

民国时期及其以前的资料,由设站单位自行保管,资料分散,残缺不全。如赣江水利建设计划的资料目录中,列有修水站民国 19—26 年（1930—1937）,湖口站民国 18—19 年（1929—1930）水位资料,但在 1956 年整编历年资料时,均找不到资料。

1949—1957 年,水文观测的原始资料集中在厅水文总站保管,从 1958 年起,除民国时期的原始资料、1950 年后出版的水文年鉴和部分水化学原始资料集中省水文总站保管外,其他原始资料和整编底稿,由九江水文分站保管。1963 年 6 月,水电部检发《关于水利工程水文资料的刊布及水文年鉴保密等级的规定》，将原定水文年鉴机密级改为内部资料。1966年前，市站有一套较为完善的资料保管制度，有兼职人员管理，未发生原始资料遗失和损坏现象。"文化大革命"期间，管理制度被破坏，管理较为混乱。

1974年，水利水电部发出《关于加强水文原始资料保管工作的通知》，指出："水文原始资料是水文观测的第一性资料，是国家的宝贵财富，是广大水文职工长年累月辛勤劳动的果实，必须珍惜爱护，认真保管"。通知指出："（一）水文原始资料，属永久保存的技术档案材料；（二）水文原始资料，应集中在省（自治区、直辖市总站保管。要有必要的水文资料仓库。1975年6月17日，按省水文总站革委会的通知，开始清理历年原始资料，并总结资料清理和保管方面的经验，按水系、按站、按项目、分年序装订、造册，填写登记表，永久保管"。

1986年10月23日，执行水利电力部制订的《水文资料的密级和对国外提供的试行规定》。

1988年，全省水文年鉴停刊，由以往单一的纸介质存储方式（刊印水文年鉴）转变为纸介质与电子文档并存方式。纸介质成果为打印机打印成果，省水文总站、市级水文部门各保存一套，对应的电子文档省水文总站、市级水文部门各保存不少于两套。原始资料、整编底稿及电算加工表底稿等由市级水文部门保存。

第三节　水文数据库

一、数据库建设

江西水文数据库系统于1991年建成。根据水利部部署，省水文部门为二级节点数据库，九江地区水文部门为三级节点数据库。

根据江西水文工作"八五"计划和十年发展规划要点：1991—1995年，初步建成江西水文数据库，二级、三级节点并建。1992年，九江市级水文部门配齐长城386计算机1台，边建库边服务，充分发挥数据库效益。1991年开始测站履历的编写，工作于1993年完成。1992年，配置1台计算机，同时派员参加全省资料人员培训及软件安装配置工作。

1995年5月，参加省水文局召开的"第二次全省水文数据库工作会议"，讨论交流九江三级节点库建设情况及建库中存在的技术问题。

1997年4月，参加省水文局召开的"第三次水文数据库技术工作会议"，加强数据库软件的开发和完善，以及软件投入使用前的各项对比、验证工作，提高数据库软件的安全性及服务功能。

2000年，建立数据库管理制度，加强对数据库的管理，实行数据库专人管理，继续完善数据库查询系统，提高数据库服务水平。

2014年，省水文局水文资料处组织有关专家对"九江基础水文数据库"数据质量进行审查、验收。验收专家通过听汇报、审阅文档材料、抽检部分数据等方式，对资料索引、基础数据、数据错情登记表、文档资料等进行审查。经专家两天的认真审查与讨论，一致认为"九江基础水文数据库"纠错工作材料齐全，数据质量符合《江西省基础水文数据库检查验收办法》要求，同意通过验收。专家组还对九江市水文局基础水文数据库的管理、使用、维护、安全等方面提出了指导性意见，数据库工作得到进一步完善。

二、数据录入

1991—1992年，九江市水文局完成1985—1989年资料入库。1995年以前完成1984年以前重点水文、水位、雨量等资料的入库；1996—2000年，基本建成江西水文数据库，完成所有水文、水位、雨量站水文资料的入库。

1999年，九江市水文局测资科人员对各项入库数据进行审查。2000年，完成1999年各项资料入库工作和长江干流区的数据录入工作。2001年，完成长江干流区资料的录入及入库工作。

2006年，九江市水文局测资科对入库的沙量资料进行合理性检查，用以掌握数据库中历年沙量资料质量现状，在此基础上，省水文局对九江水文局数据库中的历年沙量资料成果进行现场审查、验收。

2010年，完成国家水文数据库江西节点数据源建设工作第一阶段九江市水文局承担的各项任务。共录入30种数据表，28个水文（位）站，133个雨量站，共14497站年数据；完成约1786812条记录的水文基础数据的整合、纠错工作，纠正错误数据1835条处；补录数据136站年。

第十五章

分 析 计 算

1958 年开始，九江水文气象总站及县水文部门编印出版九江地区及各县水文手册，至 1974 年结束。后参与全省的暴雨洪水查算手册的编制，2008 年对查算手册进行补充和创新。对辖区内 9 处水文站点，从断面的稳定性、历年水位-流量关系、流量测次等方面进行测站特性分析，对暴雨等值线、历史洪水调查、中小河流产汇流、测站巡间测、水资源调查、水资源公报及质量月报等进行专题分析与计算，为水利建设、社会经济发展、水资源保护等提供科学依据，发挥了很好的作用。

第一节 水 文 手 册

在出版水文年鉴的基础上，九江水文气象总站及县水文部门从 1958 年开始，多次编印水文手册，手册内容简化，完全采用图表形式，对一般常用的设计标准数据，列成表格，可直接查用。

1958 年 4 月，为使水文工作配合当时水利建设"以蓄为主、小型为主、社办为主"的"三主"方针服务，厅水文总站和华东水利学院协作共同编制省水文手册，9 月，由省水文气象局铅印出版，定名《江西省实用水文手册》，资料统计至 1957 年。永修和九江两站水位、雨量资料列入其中，并以九江站 21 年水位资料、61 年雨量资料系列为最长，列有蒸发量、气温、湿度、风向、风力和雪、霜、雹、年降水量、多年平均年降水量等值线图、设计年降水量的计算、常用设计频率年降水量等值线图、长短历时暴雨统计图表、暴雨点面关系、历史上几次特大暴雨、不同历时最大降水量统计以及月、年降水量和降水日数等统计图表。

《江西省实用水文手册》铅印后，随着水文测站的增加和资料系列的增长，1970 年 8 月，省水文气象站革委会组织人员对《江西省实用水文手册》进行了修订，资料系列统一延长至 1970 年，以九江站 73 年资料为最长。同时为满足中小型水利水电工程和其他中小工程对水文要素分析计算的需要，手册力求计算简化，尽可能采用图表直接查算求得各有关数据。1973 年 1 月，省水文总站分正本和附本两册铅印出版《江西省水文手册》。正本主要内容有自然地理概况、降水及蒸发、径流、洪水及枯水等，附本为各主要站的水文要素历年统计成果和 11 项图表，供有关部门查用。

1959 年春，省水文气象局要求各水文站编制县实用水文手册，供各地进行大规模农田水利建设规划设计时使用。1960 年，先后有都昌县、庐山市（星子县）、修水县、永修县、武宁县、德安县等编制了实用水文手册，其内容主要有：地理位置、社会经济、地形、地质、土壤和植被、河流情况、测站布设、水利概况、资料情况、气象、降水量、径流、洪水、水量计算、根据水文要素进行水利工程规划设计的简易方法等。同时还编有永修县小型水库定型设计计算手册，其内容主要有：基本资料、水账计算的具体内容、土坝设计、涵管设计、算灌溉账的内容、怎样使用水库蓄水量灌溉田数抗旱天数关系查算表等。以上手册于 1959 年 5 月至 1960 年 6 月先后出版。

1974 年，九江水文气象总站编制了《江西省九江地区防汛抗旱水情手册》（附中型水库基本情况），于 1974 年 12 月出版。主要内容是有关九江地区历年水文资料中与防汛抗旱直接有关的项目（水位、蒸发、流量、降水量等），供各级领导及有关单位作为防汛抗旱的参考资料。全区中小型水库基本资料也附在这本手册里，资料统计到 1973 年年底。

九江水文气象总站及县水文部门在编印水文手册的同时，还编印过类似水文手册的水文特征值统计资料。除文字说明外，均分项目，列成统计表，可供有关部门直接查用。

第二节　暴雨洪水查算手册

1974 年，九江水文气象总站编制的《江西省九江地区防汛抗旱水情手册》以及之前各县实用水文手册出版后，为各地水利水电建设事业的发展发挥了作用。1982 年，九江水电、水文部门与省水文总站和省水利规划设计院协作，按照水利电力部颁发的《水利水电枢纽工程等级划分及设计标准（试行）》和《水利水电工程设计洪水计算规范（试行）》的要求，进行《江西省暴雨洪水查算手册》的编制工作。1986 年 12 月，省水文总站印出《江西省暴雨洪水查算手册》，主要内容：推求江西省 3d 以下各种历时设计暴雨的各种有关图表，计算设计洪水的产流参数、汇流参数（瞬时单位线法、推理公式法）地区综合图表，计算公式、数据和由设计暴雨推求设计洪水的各种算例。为满足有关部门分析计算可能最大洪水的需要，也将 1978 年可能最大暴雨编图办公室编制的可能最大 24h 点暴雨等值线图同时列入手册，供参考使用。

2008 年，九江水文部门协助省水文局，在 1986 年编制的《江西省暴雨洪水查算手册》基础上，进行补充和创新，重新编制《江西省暴雨洪水查算手册》。新的《江西省暴雨洪水查算手册》采用计算机技术和现代水文模型分析相结合的方法对暴雨洪水分析参数进行优选。主要内容有 10min、60min、6h、24h 和 3d 共 5 种历时的暴雨均值等值线图、变差系数等值线图和最大点雨量分布图；设计洪水计算的产流参数、汇流参数及地理综合图表、计算公式、数据和由设计暴雨推求设计洪水的各种算例；可能最大 24h 点暴雨等值线图；并建成资料翔实的"江西省暴雨洪水特征分析数据库"。

第三节 测 站 特 性 分 析

一、工作概况

九江市水文局所辖各水文站，大部分为 20 世纪 50—80 年代所建，少部分为 21 世纪所建，其中设站最早的为 1929 年的永修站，设站最晚的为 2005 年的渣津站。历年来，所收集的水文资料成果均进行了整编，确定了各站各年水位-流量关系。这些历史资料为分析提供了可靠的依据和分析样本。2016年，为了编制九江水文巡测方案，对各站的历史资料进行了分析，对各测站控制及特性的变化及其对水位-流量关系的影响进行了论证，揭示了测站控制变化对水位-流量关系变化的影响规律。

本次测站特性分析共分析了 9 处水文站点，流域面积 3000～10000km² 的站点有高沙、虬津、永修 3 站；200～3000km² 的站点有渣津、先锋、罗溪、梓坊 4 站；小于 200km² 的站点有铺头、彭冲涧、观口 3 站。其中高沙水文站因受库区蓄水影响，自 2015 年始采用在线式（哨兵式）ADCP 进行流量测验工作，见表 4.15.1。

表 4.15.1 　　　　　　　　**历年各站水位-面积变化情况**

序号	站名	历年水位-面积关系变化情况			河床组成
		偏差≤±3%的水位级/m	偏差为±3%～±6%的水位级/m	偏差＞±6%的水位级/m	
1	铺头	38.00	36.20～38.00	36.20	粗砂、卵石
2	高沙	＞87.00	85.50～87.00	＜85.50	砾石、细砂

续表

序号	站名	历年水位-面积关系变化情况			河床组成
		偏差≤±3%的水位级/m	偏差为±3%~±6%的水位级/m	偏差>±6%的水位级/m	
3	虬津	>18.50	16.50~18.50	<16.50	卵石、细砂
4	永修	>17.50	15.40~17.50	<15.40	细砂
5	渣津	>126.00	125.50~126.00	<125.00	岩石、砾石、细砂
6	先锋	>103.50	100.00~103.50	<100.00	卵石、粗砂
7	罗溪		>144.60	<144.60	岩石、卵石、沙
8	梓坊	>27.00	24.40~27.00	<24.40	卵石、粗砂、淤泥
9	观口	>17.00	16.20~17.00	<16.20	卵石、粗砂

二、断面稳定性分析

分析方法：采用2005—2014年的实测大断面资料，2012—2014年选用汛前、汛后各1次，其他年份选汛前1次。①点绘历年大断面图及历年水位面积关系曲线，确定综合面积曲线，计算各年关系线与综合线的相对误差，按规范规定，断面稳定性程度分：稳定（相对误差不大于3%）、较稳定（相对误差为3%~6%）、不稳定（相对误差大于6%）；②计算各级水位相邻测次或年份面积相对偏离百分数，点绘断面面积变化图（高、中、低分级水位的相邻测次或年份面积相对偏离百分数与时间关系图），同时利用大断面图判断断面变化性质是局部冲淤还是整体冲淤，是经常性冲淤还是不经常性冲淤。分析结果表明，除彭冲涧站为人工断面外，其余各站由于低水部位冲淤变化比较明显，且断面面积较小，相对误差偏大，断面均为不稳定。中高水位以上较稳定，高水位断面基本稳定，见表4.15.2。

表4.15.2　　　　　　　2005—2014年各站断面稳定性分析成果

序号	站名	稳定	不稳定	较稳定	经常性冲淤	不经常性冲淤	局部冲淤	整体冲淤	备注
1	铺头			√		√	√		
2	高沙			√		√	√		
3	虬津			√		√	√		
4	永修			√		√	√		
5	渣津		√		√		√		逐年下切
6	先锋			√		√	√		逐年下切

序号	站名	稳定	不稳定	较稳定	经常性冲淤	不经常性冲淤	局部冲淤	整体冲淤	备注
7	罗溪		√		√			√	逐年下切
8	梓坊			√		√	√		
9	观口			√		√	√		

三、水位-流量关系曲线综合分析

为了解各站水位-流量关系曲线变化趋势及规律，拟定历年综合水位-流量关系曲线，计算各年关系线与历年综合线在各水位级的相对偏离差，或采用历年实测关系点据通过点群中心拟定历年综合水位-流量关系曲线并计算定线误差，探求用综合线推求流量的可能性，达到精简测次或停、间测的目的。

由于各站受测站特性及河道控制制约，水位-流量变化规律各不相同，分析结果也不相同。从分析结果看，各站均不同程度在偏离允许误差指标，无法达到间测、停测的指标要求。

四、流量测次精简分析

根据各站历史资料按年径流量进行排频，选取频率20％、50％、80％作为对应丰水年、平水年、枯水年，在近10年资料中选择与丰水年、平水年、枯水年径流量相当的3年资料（尽可能选最近年份）进行分析，其中必须有一年实测流量的水位变幅占历年水位变幅的80％以上。

在选取的3个典型年流量资料中每年抽取30～40次流量测次，区域代表站和小河站按10～20d间隔随机抽取，大河站兼顾洪水过程加以控制抽取，每年利用抽取的实测流量成果单独进行定线。在分析过程中，合理确定推流时间，严格处理过渡线，同时对特殊影响期采用分开定线，合并推流方法处理，确保流量的连续。

对所确定的水位-流量关系线进行"三检"（符号、适线、偏离数值检验）。

计算实测关系点据重新定线后的水位-流量关系线的定线误差，计算系统误差和不确定度，根据《水文巡测规范》对定线精度进行评定。

通过分析，各站精简测次后能满足精度要求，其中虬津、永修、罗溪3站顶托期根据洪水过程和水情情势需适当增加测次，见表4.15.3。

表 4.15.3　　　　　　2005—2014 年各站精简测次总量误差统计

序号	站名	精度类别	精简后测次	最大定线系统误差/%	允许系统误差/%	年总量误差/%		汛期总量误差/%		一次洪水总量误差/%	
						最大	允许	最大	允许	最大	允许
1	铺头	三类	30	0.6	±2.0	2.0	±5.0	−1.26	±6.0	−2.05	±8.0
2	高沙	一类	因受库区蓄水影响，采用在线式（哨兵式）ADCP 进行流量测验工作								
3	虹津	一类	60～90	−0.7	±1.0	−1.6	±2.0	1.3	±2.5	0.9	±3.0
4	永修	一类	50～70	−0.9	±1.0	−2.0	±2.0	−1.74	±2.5	−1.69	±3.0
5	渣津	二类	40	−0.9	±1.0	1.23	±3.0	1.16	±3.5	−0.59	±6.0
6	先锋	二类	35	0.9	±1.0	−1.23		−1.74		−1.69	
7	罗溪	二类	30～40		±1.0	2.5		1.7		5	
8	梓坊	二类	40	0.8	±1.0	1.9		1.7		0	
9	观口	三类	20	−1.5	±2.0	−0.5	±5.0	1.3	±6.0	0.7	±8.0

表 4.15.4　　　　　　2005—2014 年各站精简前后测次对照

序号	站　名	精度类别	精简前平均测次数	精简后测次数	备　注
1	铺头	三类	82	30	
2	高沙	一类	采用走航式 ADCP 在不同流量级进行 20～30 次左右流量测验，来对所定关系曲线进行校核工作		
3	虹津	一类	121	60～90	湖水顶托影响增加测次
4	永修	一类	145	50～70	湖水顶托影响增加测次
5	渣津	二类	89	40	
6	先锋	二类	78	35	
7	罗溪	二类	82	30～40	水库尾水顶托适当增加测次
8	梓坊	二类	67	40	
9	观口	三类	52	20	

第四节　专题分析计算

一、暴雨等值线图

可能最大暴雨等值线图　1976 年 7 月，九江水文部门、柘林水电工程局派员参加由省水电局主持的江西省可能最大暴雨等值线图编图组。编图组采用频率计算和水文气象相结合的方法，在调查分析江西大暴雨资料的基础上，进行综合分析计算。

1977年11月，编制完成《江西省可能最大24小时点暴雨等值线图》《24小时暴雨参数等值线图》和与之配套的一系列成果，其中选取资料系列最长的为九江站77年，进行了56场暴雨普查和12场典型暴雨个例分析。1978年11月，《江西省可能最大暴雨及频率暴雨图集》刊印，同月底，省水电局颁发给各地、市（山）、县水电局和局直属单位试行，"要求今后省内各地各类流域面积小于1000km²的水利水电工程，均以图集中的水文数据作为设计依据"。《江西省可能最大24小时点雨量等值线图》获1978年省科学大会奖。

短历时暴雨等值线图　1981年11月，派员到省水文总站参与编制短历时暴雨参数等值线图。1982年，对短历时暴雨均值滑动改正系数进行分析，并利用分析成果对短历时暴雨参数进行改正，对原编等值线图进行修正，完成《江西省1、6小时暴雨参数等值线图》的编图工作。同年10月，经华东片暴雨等值线图验收会以及安徽、湖北和江西三省暴雨成果协调会的检查、平衡和协调，成果合理。1984年年底又完成了《江西省年最大10分钟、年最大3日暴雨参数等值线图》的编图工作，经全国雨洪办统一审查通过。

二、历史洪水调查资料汇编

1917年，武汉水力发电综合设计队对修水作全面调查；1957年、1961年和1963年长沙勘测设计院对修水、东津水、武宁水作全面调查；各水文站1958年和1972年在水文站河段进行了历史洪水调查；华东水电设计院对东津水的历史洪水作了调查；公路、铁路部门也进行过历史洪水调查，获得了大量的历史资料，在工程建设和防洪抗灾斗争中发挥了重要作用。由于调查单位不同，技术标准不一，成果质量参差不齐，且资料分散在各调查单位保存，使用极不方便，以致成果没有起到应有的作用。

1981年2月，省水利厅根据水电部"要求各地组织有关单位对已有分散的洪水调查资料进行审编，并按统一的方法和技术标准进行汇编，尽快刊印成册"的精神，指定省水文总站为江西省洪水调查整编资料审编汇刊单位，省水利勘测设计院协作，共同完成此项任务。初审按照"谁调查谁整编、谁保管谁整编"的原则进行。初审和汇编过程中，按水利电力部1976年10月颁发的《洪水调查资料审编刊印试行办法》及其补充规定执行。修水和湖区汇编由省水文总站完成。

1983年11月，省水利厅出版《中华人民共和国江西省洪水调查资料》两册，修水水系的 24 个河段，湖区水系的 3 个河段，直接入江河流的 4 个河段的调查资料刊印在第一辑长江流域第 18 分册中。

三、中小河流产汇流分析

1981 年，省水文局开展小河站产汇流分析工作，武宁县王坑站、永修县南山站、修水县大坑站完成分析工作。

1999 年 2 月 1 日，省水文局为优化小河站网，提高站网整体功能，根据九江市水文分局上报的小河站网调整意见，结合全省站网规划情况，初步确定武宁县爆竹铺水文站需要做优化技术论证分析，具体分析任务由九江市水文分局负责。

2000—2002 年，先后有修水县杨树坪站、先锋站、武宁县罗溪站、德安县梓坊站、瑞昌市铺头站提交了单站产汇流分析报告。

四、巡测、间测分析

1989—1996 年，九江水文勘测队根据水文巡测要求，对部分测站开展可行性研究分析工作，初步完成修水县杨树坪站、先锋站，武宁县罗溪站、爆竹铺站，德安县梓坊站，瑞昌市铺头站，都昌县彭冲涧站的巡测、间测方案分析。

1999 年 1 月，省水文局下发通知，要求按照水利部颁发的《水文巡测规范》中规定的方法、要求，加强巡测、间测资料分析计算工作，通过分析，对符合规范规定的水文站，经省水文局批准，可以实行巡测或间测。2004 年修水县杨树坪站停测，下迁渣津镇，2005 年武宁县爆竹铺站停测，都昌县彭冲涧站可实行间测，但一直未实行。

第五篇

水文 科技

为做好各时期水文工作，稳步推进九江水文事业发展，从1956年九江水文机构成立起，历任领导班子都高度重视水文科技工作。为充分发挥科技人员作用，结合水文测报工作需要，鼓励水文科技工作者在设备创新、水文科研、学术研究等方面积极探索，并取得多项科技成果。

从1958年，由张良志执笔的《三硔滩站测速测深垂线分析》在《水文》特刊登载开始，至2016年，在国内各类期刊发表科技学术论文102篇。自主研发了HCS-2000A型水文缆道测流自动控制系统，在江苏、浙江、福建、云南、海南、湖南、安徽、湖北、广西、江西、长江委等11个省（部门）的水文测站得到推广应用。承担了5项省水利厅及长江水资源保护局科研项目，其中1项荣获赣鄱水利科技三等奖。

九江市水文局2007年10月开始编撰《九江市水功能区划》、2008年11月开始编撰《九江市水域纳污能力及限制排污总量意见》、2009年9月起开始编撰《九江市水量分配细化研究报告》，这三个报告成为全省报告编制的范本，为九江市水资源管理考核工作奠定了基础。

第十六章

科 技 活 动

从 1977 年 6 月，九江地区气象水文局分设，水文系统成立九江地区水文站开始，正式以九江地区水文站的名义加入九江地区水利学会。2005 年，九江市水文局有 43 人登记为九江市水利学会会员，其中有 27 人登记为江西省水利学会会员，有 10 人登记为中国水利学会会员。曹正池一度担任九江市水利学会常务理事。1998 年，吕兰军被省水利学会评为优秀中青年科技工作者。2010 年，吕兰军获得省水利学会"江西省水利学会先进工作者"称号。

历年来，通过各种培训，大批水文职工获得了各类的水文技能，为九江水文的科技活动打下了坚实基础。2008 年 9 月，九江市水文局列入参照《中华人民共和国公务员法》管理之后，每年都有高素质人才引进，这些人在老一辈水文科技工作者的引导下，通过各自的工作实践，为九江水文的科技活动注入了新的活力。

第一节 科 技 队 伍

至 1983 年 8 月，九江市水文系统有 4 人取得工程师资格，10 人取得助理工程师资格，1 人取得技术员资格。

1981—1986 年，有 14 人分 3 批攻读了河海大学水文系专科函授生，为九江水文科技人才队伍的不断发展壮大奠定了基础。

1987 年 12 月，宋宝昌、谢孔榕、周广成 3 人被评聘为高级工程师，这是九江水文历史上第一次有了高级职称的科技人员。之后，张良志于 1992 年 9 月、冯丽珠于 1995 年 4 月、陶建平于 1997 年 7 月、邓镇华于 1999 年 1 月、易史林于 1999 年 7 月、曲永和于 2004 年 1 月、陈远龙于 2005 年 1 月分别被评聘为高级工程师。

2010 年年底，全局在职职工 81 人，其中本科学历的有 20 人，占职工总数的 25%；大专学历的有 26 人，占职工总数的 32%。

2012 年之后，随着在职教育和通过江西省公务员考试的招录，在职职工的学历水平逐年提升。截至 2016 年年底，全局在职职工 93 人，其中研究生学历的有 7 人，约占职工总数的 8%；本科学历的有 45 人，占职工总数的 48%；大专学历的有 17 人，占职工总数的 18%。

第二节 教 育 培 训

一、水文骨干及站长培训

1951 年 3 月，省水利局在南昌举办了第一届水文技术干部训练班；同年 7 月，在赣州举办了第二届水文技术干部训练班；1955 年 2 月在南昌举办了第三届水文技术干部训练班。1956 年 2 月，省水利技术干部学校成立，在南昌举办了第四届水文技术干部训练班。1956 年 10 月，省水利厅在安义县万家埠开办第五届水文技术干部训练班；1959 年 9 月，在玉山县开办第六届水文干部训练班。1963 年 9 月至 1964 年 2 月，省水利电力学校开办了第七届水文干部训练班。每届训练班，九江均派有水文干部参加培训，毕业后，分配至水文测站工作。这批人成为了当时九江水文的骨干力量，后有不少人走上了领导岗位。

为提升基层水文测站站长的理论水平和管理能力，提高自身综合素质，更好地适应新时期水文事业发展需要，1991—2008 年，省水文局共举办 5 期水文测站站（队）长岗位培训班，所有水文测站站长均接受了培训。

2003 年 11—12 月，罗溪、梓坊、虬津、高沙水文站站长参加了省水文局举办的 2003 年全省水文系统科级干部测站站长暨"三个代表"培训班，共开设 15 门课程。

2004 年 11 月 30 日至 12 月 6 日，省水文局在赣州举办全省第三期水文测站站长培训班，开设 16 门课程，李国霞、王东志、刘敏、刘克武、占承德、兰俊参加了培训。

2008 年 11 月 18—21 日，为配合全省水文"学习教育年"主题活动，省水文局举办了全省水文系统青年水文站长培训班，测站青年站长及机关部分中层青年干部参加了培训。

2010—2014 年，占承德、易云、桂良友、陈卫华等分期参加了在南京举办的全国水文站长培训班。

二、水文业务培训

为配合水文工作的开展，1953 年 10 月，九江水文局派员参加了由省水利局举办的水文资料整编学习班。之后，全省举办过各类水文业务技术培训班，内容涉及水文基本设施施工、水文电测仪器、水文预报、水文水利计算、水质污染监测、中小河流测站特性分析、小河站网规划分析、电算整编、小河水文站资料整编、产汇流资料分析、计算机学习等各方面，每个培训班九江水文局派有1~3人技术人员参加，见表5.16.1。

表 5.16.1　　1953—2016 年九江水文局技术人员参加的主要业务技术培训班情况

时　　　间	培训班名称及主要学习内容	举办单位
1953 年 10 月至 1954 年 2 月	水文资料整编学习班，主要学习水文资料整编方法	江西省水利局
1954 年 10 月	枯季集训班，主要学习政治和业务技术	江西省水利局
1955 年 10—12 月	水文规范学习班，主要学习水文测站暂行规范	江西省水利局
1959—1961 年	水情和水文测验基本设施学习班，主要学习水文情报预报、水文测验	江西省水文气象局
1964 年 9 月	吊船过河索设计研习班，主要学习《钢筋混凝土的吊船过河索设计参考文件（初稿）》	江西省水文气象局
1973 年 10 月 30 日	水文水利计算研习班，主要学习中小型水利工程水文水利计算和水文手册的应用。在奉新县开办	江西省水文总站革委会
	水文仪器检修研习班，学习钟表修理、水位计、雨量计的检修、水平仪和经纬仪的检修校正。在奉新县开办	江西省水文总站革委会
1975 年 7 月 15 日	水质污染监测学习班	江西省水文总站革委会
1975 年 8 月 2—22 日	长期水文预报学习班，学习长期水文预报数理统计方法	江西省水文总站革委会
1975 年 12 月	电子技术基础学习班	江西省水文总站革委会
1978 年 9 月 4—28 日	电子计算机整编水文资料学习班，学习电算整编技术	江西省水文总站
1979 年 2 月	水文电测仪器学习班，主要学习电工原理基础和电路分析方法、半导体电路基础、脉冲电路基础	江西省水文总站

时　　间	培训班名称及主要学习内容	举办单位
1980 年 12 月 17 日至 1981 年 1 月 19 日	电算整编业务学习班，主要学习 DJS－6 电子计算机整编。在吉安地区水文站开办	江西省水文总站
1981 年 9 月至 1982 年 1 月	水文职工训练班	江西省水文总站 江西省水利技工学校
1982 年 2 月	中小河流测站特性分析学习班	江西省水文总站
1982 年 3 月 10 日	第二期水文职工训练班	江西省水文总站 江西省水利技工学校
1982 年 9 月	基本设施工程施工学习班，主要学习建筑施工技术，钢筋混凝土结构设计规划工程施工规范	江西省水文总站
1982 年	小河站资料汇编及分析方法学习班，完成1980—1981 年小河站资料整编和分析	江西省水文总站
1982 年	水文电测仪器学习班	江西省水文总站
1982—1983 年	文化补习班，初中文化程度职工文化补课	江西省水文总站 江西省水利技工学校
1983 年 10 月 1—11 日	学习月计水位计、雨量计使用及检修技术	江西省水文总站
1983 年 12 月 1 日至 1984 年 1 月 10 日	BC－6800 微型机整编程序研修班，熟悉性能，模拟中等河流水文站资料电算分析工作	江西省水文总站
1984 年 7 月 6—20 日	第一期 PC－1500 电子计算机培训班	江西省水文总站
1984 年 9 月	泥沙淤积调查培训班	江西省水文总站
1984 年 12 月 26 日至 1985 年 2 月 5 日	微型机研习班，主要学习福建和江西省水文总站协作的水位、流量、沙量程序，熟悉MC－68000 微型机操作	江西省水文总站受水电部水文局委托
1985 年 8 月 31 日至 9 月 27 日	第一期微机电算整编研习班，学习FORTRAN 语言程序设计、MC－68000 微机操作、FORTRAN－77 通编水量、流量、沙量程序和数据加工方法等	江西省水文总站
1985 年	第三期水文职工训练班	江西省水文总站 江西省水利技工学校
1985 年 10 月 5—8 日	APPLE－Ⅱ微机使用学习班，解决电算整编数据在各地市湖水文站分散录入问题，在吉安市举办	江西省水文总站

时　　间	培训班名称及主要学习内容	举办单位
1985 年 12 月 4 日	全省水文系统柴油机技术保养研习班，在安义万家埠水文站举办	江西省水文总站
1987 年 11 月至 1988 年 1 月	水文中级工培训	江西省水文总站 江西省水利技工学校
1988 年 11 月 25 日 至 12 月 3 日	《水文年鉴编印规范》研习班，讨论执行新规范过程中可能出现的问题和解决办法；全面修订省水文总站颁发的《水文测验试行规范》补充规定（整编部分试行稿）	江西省水文总站
1988 年 10 月 25 日至 1989 年 1 月 28 日	第二期水文中级工培训	江西省水文总站 江西省水利技工学校
1993 年 2 月 22—24 日	财产清查登记工作培训班	江西省水文局
1993 年 11 月 2—6 日	ORACLE 数据库学习班	江西省水文局
1995 年 7 月 12—18 日	财会电算管理培训班	江西省水文局
1997 年 10 月 6—10 日	水情计算机学习班，主要学习计算机原理等方面的知识	江西省水文局
1998 年 3 月 8—15 日	首期防汛水情计算机网络学习班	江西省防总 江西省水文局
1996 年 1 月 2—26 日	专业技术人员继续教育培训班	江西省水利厅
1998 年 3 月 25—27 日	第二期专业技术人员继续教育培训班	江西省水利厅
2000 年 1 月 10—20 日	江西省实时水文计算机广域网应用开发培训班	江西省水文局
2000 年 2 月 21—24 日	全省水资源公报系统软件培训班	江西省水文局
2000 年 5 月 11—13 日	GPS（全球定位仪）使用培训班，在吉安举办	吉安地区水文分局 受省水文局委托
2002 年 10 月 22—23 日	国家防汛指挥系统项目建设会计培训班	江西省水文局
2002 年 12 月 25—27 日	全省水资源简报、水资源公报技术培训班	江西省水文局
2003 年 10 月 28 日	会计人员计算机知识培训班	江西省水文局
2004 年 11 月 2 日	国库集中支付培训班	江西省水文局
2006 年 1 月 5—10 日	全省水文信息化建设暨计算机技术应用培训	江西省水文局
2006 年 2 月 14—16 日	《水情信息编码标准》及应用软件培训班，主要学习水情信息编码技术和应用软件	江西省水文局

时　　间	培训班名称及主要学习内容	举办单位
2008 年 1 月 10—15 日	全省水文科级干部科技管理、科技服务培训班，主要学习交流科技管理新经验，探讨水文科技发展新思路	江西省水文局
2008 年 3 月 25 日至 4 月 12 日	参照公务员法管理培训班	江西省水文局
2008 年 9 月 1—5 日	全省第一期水环境监测技术培训班，学习哈希 COD 测定仪和多参数测定仪等仪器工作原理、操作以及盲样考核	江西省水文局
2010 年 1 月 11—15 日	全省水文系统地下水监测管理人员培训班	江西省水文局
2010 年 4 月 14—15 日	中国洪水预报系统应用研讨班，学习信息的采集、传输处理、洪水预报数学模型的计算分析、预报信息的发布	江西省水文局
2010 年 8 月 30—31 日	水情信息交换系统应用研讨班，主要学习研讨水情信息交换系统的安装使用	江西省水文局
2010 年 11 月 23—26 日	水文职工技能培训班	江西省水文局水利工程技师学院
2010 年 10 月 26—27 日	全省水文系统首次内部审计人员培训班	江西省水文局
2010 年 11 月 15—18 日	全省河流泥沙颗粒分析规程培训班，主要学习《河流泥沙颗粒分析规程》（SL 42—92）	江西省水文局
2011 年	采样技术培训班	省水环境监测中心
2012 年 3 月 5—9 日	水体细菌学培训班	省水环境监测中心
2012 年 4 月 5—7 日	水利计量认证需规范和统一的有关问题培训班	省水环境监测中心
2014 年	水资源监测技术培训班	江西省水文局
2015 年	第一期水资源监测技术暨农村饮水安全工程无机盐检测培训班	省水资源监测中心
2015 年	第二期水资源监测技术暨农村饮水安全工程无机盐检测培训班	省水资源监测中心
2016 年	全省第一期水资源监测技术培训	省水资源监测中心
2016 年	全省第二期水资源监测技术培训（瑞士万通离子色谱培训）	省水资源监测中心

为了更好地适应全局性工作，加强对在职职工的培养，历年来，九江市水文局利用自身的技术优势，开办了大量的面对基层的学习班，特别是 2000 年以后，水文业务量不断增加，新的知识点不断出现，水情、水质、水资源、自动化、测资等业务科室每年都会举办学习班。

三、学历及技能教育

1981 年，曲永和、陈远龙、朱庆平被华东水利学院（河海大学）开办的陆地水文专业函授录取。1982 年，陈晓生、曹素琴、曹正池被华东水利学院（河海大学）开办的陆地水文专业函授录取。1986 年，李晓辉、林杨、柯东、盛菊荣、游爱华、余兰玲、欧阳松林开始攻读河海大学水文系专科函授生。这三批学员每届学习 3 年，经考试全部取得毕业证书。

1983—1985 年、1990 年 9 月至 1993 年 7 月、1999 年 9 月至 2002 年 7 月，部分职工参加了省水电职工中专水工班、陆地水文专业班、水文水资源专业班的学习。

1994 年，开始对 1994 年以前通过顶替、补员和接收的退伍军人进行工人技术等级考试。

2000 年、2003 年、2005 年先后有夏云、陈定贵、樊建华通过培训取得技师职称。

2002 年，程璇成为九江市水文局第一个河海大学在职研究生，2005 年顺利毕业。2008 年 9 月至 2013 年 12 月，代银萍、江虹、段青青、龚芸等 4 人完成河海大学在职研究生学业。

2007—2014 年，邓镇华、卢兵、曹正池、吕兰军、冯丽珠、黄良保、张纯、李辉程、柯东、江小青、代银萍、张洁、杨新明、刘敏、兰俊、樊建华 16 人通过培训，取得水资源论证上岗证书。

2008—2016 年，江西省九江市水文局列入参照《中华人民共和国公务员法》管理后，每年新入职人员均参加了省直机关新录用公务员的初任培训。

2009 年，樊建华参加水利部举办的水文水资源调查评价上岗培训，取得上岗培训合格证书。

2011 年 5 月，卢兵、吕兰军、柯东、曲永和、郎锋祥参加在南昌举办的"第三期开发建设项目水土保持方案编制人员岗前培训班"，经考试，全部获得岗位培训合格证书。

2011 年 8 月，卢兵、吕兰军、刘敏参加在四川成都举办的"第一期水利行业计量认证评审准则宣贯培训班"，培训的主要内容有管理体系运行与改进、计量认证基本知识与管理、内部审核与管理评审等，通过考试，取得了内审员资格证书。11月，水环境监测中心安排一名技术人员参加了在海南海口举办的"水质监测技术规范规程宣贯培训班"，此次培训的内容有水环境监测技术的新进展、突发水污染事故应急监测、水环境中有机污染物监测等，通过考试，取得了此次培训的合格证。

2013年，刘敏参加珠江流域水环境监测中心组织的"珠江流域重金属检测技术培训班"，考核结果合格。

2014年5月20—23日，祝银洁参加江西省档案局举办的"全省档案人员专业知识培训班"。是年，刘敏、蔡倩参加了水利部水文局主办的《水环境监测规范》（SL 219—2013）宣贯培训班；郎锋祥、龚芸参加了中国水利水电科学研究院组织的"水利行业实验室资质认定评审准则宣贯培训班"；黄晓洁、杨蓓参加了"珠江流域片流动分析检测技术及水质监测质量控制技术培训班"。

2015年，刘敏、王重华参加CNAS相关知识培训。黄晓洁参加了珠江流域水环境监测中心举办的"珠江流域离子色谱检测技术及实验室管理系统培训"。蔡倩参加了水利部国际合作与科技司主办的"水利行业实验室资质认定评审准则宣贯培训"。

2016年，张纯参加水利部国际合作与科技司主办的"水利行业检验检测机构资质认定评审准则宣贯培训"；张纯、刘敏、蔡倩、陈文达参加了由江西省水资源管理系统一期工程建设项目部举办的"水质自动监测站建设与运维管理培训"。王重华参加了国家认监委举办的实验室设备管理员培训；殷晓杰参加了北京华夏科创用户培训；黄晓洁、蔡倩参加了国家认监委研究所举办的CCAI检验检测机构质量监控方法培训。11月，占承德参加了近岸地下地形数字成因培训。12月2—7日，江虹参加GIS软件培训。

另有多名在职职工通过了河海大学、辽宁刊授党校、扬州大学、南京理工大学、南昌工程学院、江西农业大学、东华理工大学、南昌大学的学习，获得了大专、本科、硕士证书。另有部分职工通过培训获得内河船舶船员、水土保持监测上岗证书。

第三节 水 文 沙 龙

1999年，九江市水文分局成立以青年科技工作者为主要对象的科技小组，开展多项科技文化活动，为九江水文创建了一个良好的学习与交流平台。

　　九江市水文分局在《HCS－2000A 型水文缆道测流自动控制仪》的开发研制过程中，配合研制的需要和用户对产品的特殊要求，开发出了系列的应用软件产品，广泛适用于不同类型的河流和测站。

　　2013 年 12 月，九江市水文局举办以"科技水文"为主题的大型沙龙活动，把"科技水文"与党的群众路线教育活动相结合，努力突出单位特色。局机关全体干部职工和测站职工代表参加活动。吕兰军、曹正池、张纯、曲永和就"科技水文"这一主题，分别用他们丰富的人生经历，切身的工作体会，借助鲜活的实例，生动、形象地普及了水情服务、水资源管理、水环境监测等方面的水文科技知识。与会者对当前水文发展存在的不足以及未来发展方向展开了充分讨论。沙龙内容丰富，角度新颖，为科技兴水文、科技强水文注入了活力。

　　从 2016 年开始，科技小组坚持每季度召开一次形式不限的主题活动，并为九江水文科技储备了十多项科研课题。

第十七章

科 技 成 就

1958 年，由张良志执笔的《三碛滩站测速测深垂线分析》在《水文》特刊登载，标志着九江水文科技活动成果取得了零的突破。1959 年 3 月，江西水文开始筹建柘林水库实验站，为柘林水库的管理运用和航运服务。2001 年 4 月，九江市水文分局自主研发 HCS - 2000A 型水文缆道测流自动控制系统获得成功，并在全国十余个省市得到推广应用。九江市水文局完成 5 个江西省水利厅及长江水资源保护局科研项目、88 份建设项目水资源论证报告的编写、多个九江市专题科研报告的编制、参与多部水文专著的编写。在各类核心期刊上发表科技论文 78 篇。

第一节 水 文 研 究

一、基础理论研究

先后设立南山（1978—1994 年）、王坑（1978—1991 年）、爆竹铺（1982—2005 年）等小河水文站点，观测、收集区域水文资料，为编写《湿润地区小河站网规划分析方法》提供基础资料。

2003 年，九江市水文局承担的长江水资源保护局《长江九江段近岸水域水环境水资源质量调查》《长江九江段入江排污口调查》两个课题的研究工作通过验收，通过对长江九江段入江排污口水质水量同步调查与研究，了解和掌握九江市入江排污口废污水排放量、排放规律、污染物种类以及主要入江排污口废污水对近岸水域水环境质量状况的影响等提供科学依据。同时也为长江水资源保护、监督与管理以及防治长江水污染提供了科学依据。

2012 年 5 月，九江市水文局承担的省水利厅《九江市八里湖水生态动态监测与研究》课题通过验收。课题对八里湖水环境现状及主要污染源、八里湖富营养化状态和八里湖生物（藻类）种类与分布、八里湖底泥性质等进行了分析；对八里湖水环境变化趋势和八里湖水环境进行了预测；对八里湖污染物排放量和八里湖纳污能力进行了分析计算。2013 年，此课题荣获赣鄱水利科技三等奖。

2013 年 5 月，九江市水文局承担的省水利厅《九江高沙水文站下游电站泄流关系率定》课题通过验收。修水高沙水文站受其下游抱子石水电站影响，基本测验断面受回水淹没，流量测验资料无法满足资料整编精度要求。因此，在修河干流上游控制河段抱子石水电站区间开展流量方式的测量研究，通过现场实测实验，分析验证本区域水电站发电泄流效率因数 η，进而通过实测效力因数和电站出力、实测水头等要素推算河段实际径流过程。

2013—2016 年，对修水流域虬津站和永修站上、下游水量不平衡的问题进行研究；对瑞昌铺头水文站径流模数率定进行研究；对长江九江段、鄱阳湖及修水流域实时洪水预报技术的研究取得突破、对境内主要河流、重点湖泊、大型水库以及重要饮用水源地水资源与水质评价进行研究；对重要江河湖库水文情势进行研究；对城市重点景观湖泊水质进行研究；参加省水利厅《鄱阳湖湖流与水质的监测》课题的研究工作。

二、应用技术研究

1991 年，九江市水文站邓镇华同省水文局及上饶地区水文站科技人员一同完成了水利部《PAM－8801 型水文缆道微机自动测流取沙控制系统》的开发研制工作，成功应用于部分水文测站。该项目获得 1991 年度水利部科学技术进步奖四等奖。

1999 年，九江市水文分局承担省水利厅《HCS－2000A 型水文缆道测流自动控制仪》的开发研制，5 月，由邓镇华主持，邱启勇、黄开忠、余兰玲、江小青、黄信林等同志参与，无锡中良电子厂协助开发生产，2000 年 3 月完成项目研制并通过验收，6 月正式推广使用。该系统采用微电脑作为控制器对河道水文缆道测量过程实行全自动化控制，并对相关水文缆道测深、测速信号进行自动计数、运算，显示或打印有关数据成果，各类参数通过面板键盘预置，其间可随时实施人工干预、中断、修改参数，恢复或由自动测量改为手动测量，其性能稳定可靠，适应性强。该成果在江西、湖南、湖北、广西、浙江、江苏、福建、云南、海南和安徽等 10 个省近百个水文站推广使用。特别是在云南省国际河流建设项目中，14 个水文站采用此项技术设备，为国际河流合作项目提供优质的科技服务。1999 年，采用网格定位法施测长江九江段近岸水下地形，采用计算机自动设计护岸抛石线，为抛石固岸提供可靠的科学依据，其技术在邻省推广。

2004 年，九江市水文分局成立青年科技小组，由邱启勇、黄开忠、金戎主持设计开发的九江水文网站于 10 月 28 日正式上网。

2005 年，水情科结合九江实际情况，对三峡水库正式蓄水后长江九江段实时洪水预报方案进行修改调整，对修水抱子石电站、龙潭峡水电站建成后修水沿线各水文站洪水预报方案进行修订和完善，为城区及修水沿线防洪、抗旱及调度工作提供技术支撑平台。2007 年，九江市水文局推广应用水文数据库管理系统、水文信息公众服务系统、防汛会商系统等水文业务系统。由邓镇华、陈晓生设计安装的安徽省阜阳水文局淮河控制站王家坝水文站缆道创新采用钢管支架内走线缆道新技术，解决了宽浅河床大跨度单跨缆道受漂浮物干扰影响循环索的技术难题。该技术先后在江西、海南、湖北、安徽等省推广。

2008 年，九江市水环境监测中心实验室完成改造通过国家计量认证复查。引进原子吸收仪、气相色谱等多台高科技分析仪器，具备检测包括地表水、饮用水、地下水、污水、大气降水、底泥质与土壤 6 项共 49 个参数的能力，2009 年，检测参数增至 68 个。水资源评价已发展为考虑水量、水质和水资源开发利用保护及管理综合评价方法和体系。

第二节 学 术 成 果

一、《'98 江西大洪水水文分析与研究》

2001 年 12 月，省水文局编著《'98 江西大洪水水文分析与研究》由江西省科学技术出版社出版，全书共 9 章 39 节 18 万字。1998 年，江西经历了 20 世纪以来最严峻的洪水考验。3 月上旬，赣江全流域发生罕见旱汛，水位列历史同期第一位，赣州站出现有记录以来第三高洪水位，抚河、信江、修水入湖控制站水位均属历史同期最高水位。入汛后，4—5 月全省降雨量偏少，江、河、湖水位回落；6 月中旬开始，发生两次大范围集中强降雨过程，造成局部山洪暴发，山体滑坡，五大河流、鄱阳湖和长江九江段水位均超过历史最高水位，且长江、鄱阳湖水位长期居高不下。这场暴雨洪水持续时间之长、范围之广、水位之高、洪量之大、洪峰过程之多，均为历史罕见。为全面系统地总结 1998 年大洪水成因、特点，防洪工程和非工程措施对洪水的作用和影响，研究河道及泥沙水质变化情况，探讨高水位形成的原因，1999 年，省水文局组织编纂《'98 江西大洪水水文分析与研究》。全面回顾和总结 1998 年大洪水的全过程，并组织水文技术人员在暴雨多发区、无资料的洪灾地区、超历史洪水的河段进行大量实地调查，系统、全面、多角度地研究分析灾害发生的成因、特点，对防洪工程，对洪水的作用，泥沙水质变化，对河道、水文、防洪的影响进行新的探索，探讨高水位形成的因素及规律，具有较强的针对性和理论性，为水环境的研究、水利规划与建设，以及水文情报预报分析提供有价值的资料，不仅对防汛部门做好防汛工作起到重要作用，而且有助于社会各界对洪水和洪灾的了解与研究。

2002年5月，该书获第十五届华东地区科技出版社优秀科技图书一等奖。曹正池、樊建华、曲永和、熊道光、徐圣良等人参与调查与编写。

二、《江西水系》

2007年1月，省水文局编纂《江西水系》。九江市水文局参与了此书的修水水系、长江干流、鄱阳湖环湖区河流、湖泊四个部分80余条目的编写和河流参数量算工作。主要内容：河流流域面积、主河道长度、主河道纵比降、流域平均高程、流域平均坡度、流域长度和流域形状系数等7个参数以及流域多年平均降水量、流域多年平均产水量共9个水文特征值。同时对100km²以上河流的自然地理、地形地貌、生态环境等进行较详细的文字描述。湖泊主要为常年积水面积2km²以上的天然湖泊。

主要参加编写人员有李辉程、陈颖、袁达成、曹正池。

三、《中国城市防洪》（第二卷）

《中国城市防洪》（第二卷）是由国家防汛抗旱总指挥部和中国水利学会减灾专业委员会共同编著的我国城市防洪领域第一部集资料性、科学性和可读性为一体的科技专著。简要介绍了中国城市的发展情况、社会经济地位、洪涝灾害、防洪建设历程以及城市化进程与防洪对策。它以全国642个有防洪任务的城市的城区防洪为对象，全面介绍每个城市的建置沿革、社会经济状况、洪涝灾害成因及特点、历史洪涝灾害、现有防洪减灾体系及重点防洪工程，并在此基础上总结城市防洪建设方面的经验和教训，提出新时期防洪减灾对策。

该卷于2008年9月由中国水利水电出版社出版。九江市水文局曹正池为该卷江西省编委会委员，并承担了江西省九江市篇的撰稿任务。

四、《中国河湖大典·长江卷》

《中国河湖大典·长江卷》是一部全面反映长江流域河湖自然概况、真实记录长江开发利用与治理保护历史的重要基础性文献。它向广大读者展现了长江流域江河湖泊的壮丽画卷和人文韵脉,为社会各界提供了系统、准确、丰富、新颖的河湖信息;既是对长江流域河湖开发利用与治理保护实践的回顾,也是对未来治水事业发展的展望;既是为存史,更是为当前经济社会的可持续发展服务。《中国河湖大典·长江卷》所列条目总计为1820条,其中河流1045条,湖泊210条,水库565条。规模以上河流483条,规模以上湖泊125个,规模以上水库187座。该卷于2010年1月由中国水利水电出版社出版。

九江市水文局曹正池、樊建华、袁达成、李辉程、陈晓生、陈颖、张纯等人参与编撰工作,承担第十三篇干流·汉江口—鄱阳湖水系入口的5个条目、第十四篇鄱阳湖水系的17个条目、第十五篇干流·鄱阳湖水系入口—太湖水系入口的4个条目共26个河湖库条目的编写。

五、《江西河湖大典》

《江西河湖大典》是在《中国河湖大典·长江卷》基础上编纂而成,集河流、湖泊、水库基本信息之大成,是一部兼有自然科学、社会科学诸多内容的大典。2008年2月,由省水文局为主编单位开始撰稿工作,2009年5月完成撰稿、审稿,2010年7月出版发行。

《江西河湖大典》共80万字、411篇。主要记述了河流、湖泊、水库的自然状况(源流、水系、气象、水文、水资源、水旱灾害、沿途地貌和典型地段地质、景观、植被、水土保持)、开发治理史和减灾史(水旱灾害及相应的减灾活动、水资源开发利用情况、减灾兴利工程建设及管理情况)、社会环境(如沿岸的人类活动简史及其与河流、湖泊、水库的关系、重大历史事件,以及沿岸城邑、人口、经济、文化、环境状况及历史演进、地方特色和留有鲜明印迹的文化遗存、名人胜迹)等。条目层次分明,内容全面,资料翔实,数据准确,可读性强。2011年3月,获赣鄱水利科学技术奖二等奖。

九江市水文局参加了修水(东津水库、渣津水、东港水、杨津水、北岸水、杭口水、武宁水、奉乡水、安溪水、抱子石水库、船滩水、洋湖港水、罗溪水、盘溪水库、源口水库、大桥河、柘林水库、龙安河、云山水库)、鄱阳湖(蚌湖、博阳河、湖塘水库、庐山河、马头水库、南湖、沙湖、土塘水、徐埠港、南北港、新妙湖)、直入长江河流(乐园河、赤湖、长河、横港河、赛城湖、八里湖、甘棠湖、白水湖、琵琶湖、太平河、余家堰水库、芳湖、东升水、浪溪水、浪溪水库、太泊湖)、洞庭湖水系(渫水)的47个条目的编写工作。主要参编人员有曹正池、张纯、李辉程、陈晓生、陈颖、樊建华、柯东等。

六、《九江市八里湖水生态动态监测与研究》

2009年10月，九江市水文局向江西省水利厅申报《九江市八里湖水生态动态监测与研究》课题，2011年1月项目获得批复同意，并签订《江西省水利厅科技项目（课题）合同书》（编号 KT201018）。

研究的主要内容包括：分析八里湖水环境现状及主要污染源；研究八里湖富营养化状态和八里湖生物（藻类）种类与分布，对八里湖底泥进行分析；研究八里湖水环境变化趋势和八里湖水环境预测；研究八里湖污染物排放量和八里湖纳污能力分析。

在以上研究的基础上，报告提出对八里湖水生态系统保护措施、提高八里湖生态修复技术、发挥八里湖生态自净能力的方案和建议。

2012年，报告通过江西省水利厅合同验收。2013年，报告荣获江西省赣鄱水利科学技术奖三等奖。

报告主要编写人员有刘敏、代银萍、王重华、龚芸、郎锋祥、蔡倩等。

七、《九江高沙水文站下游电站（抱子石）泄流成果率定分析报告》

修水高沙水文站下游建起抱子石水电站后，基本测验断面受回水淹没，流量测验资料无法满足资料整编精度要求。因此，在修河干流上游控制河段抱子石水电站区间开展流量方式的测量研究，通过现场实测实验，分析验证本区域水电站发电泄流效率因数 η，进而通过实测效力因数和电站出力、实测水头等要素推算河段实际径流过程。

报告提出了分析率定内容、确定了分析技术路线，2011年起，经过准备、施测、分析等过程，2013年5月正式提交成果。通过水电站发电出力、相应水头资料和实测实际发电流量，率定出抱子石水电站实际发电效力系数 η 为0.91，用此率定成果推算出实际发电泄流量，并按照面积倍比推算出高沙水文站在下游抱子石电站正常发电期间（非大坝泄流）的径流过程，配合在洪水期大坝泄洪时在高沙水文站测验断面实测流量（泄洪时断面流速较大，可以采用流速仪正常施测），相应推算高沙站完整的径流过程。

报告主要编写人员有段青青、林杨、吕兰军、乐贤明、陈卫华、江小青、曹和平、江虹、兰俊、潘乐富、王武浔等。

八、《长江九江段水功能区纳污能力研究及对策》

2015年12月，为了对长江九江段各个水功能区的水资源现状及达标情况进行客观评价，调查统计现状入河废污水量的情况，并通过二维水质模型确定各个水功能区的纳污能力，从而提出限制排污量和削减量，九江市水文局承担《长江九江段水功能区纳污能力研究及对策》的课题研究。2016 年 12 月，通过省水利厅组织的合同验收。

课题的主要任务是：长江九江段各个水功能区的水质现状评价及达标情况分析，长江九江段的水质趋势分析及水质水量关系分析，长江九江段各个水功能区的排污口设置、废污水量及主要污染物情况分析，计算模型的选取及参数确定的准确性及合理性分析等。

报告主要编写人员有刘敏、王重华、龚芸、郎锋祥、黄晓洁、蔡倩、杨蓓、刘小佳、殷晓杰、陈文达、李巍、陈波、陈文侠、江嵩鹤等。

九、《江西五大河流科学考察》

《江西五大河流科学考察》的编写工作于 2003 年 3 月启动，由省人事厅牵头，省水文局、赣州市水文局、抚州市水文局、上饶水文局、九江市水文局、省测绘局、省林业调查规划研究院、省地质矿产勘查开发局、省遥感中心等单位参加，2006 年 12 月通过省科技厅组织专家评审，2009 年 9 月由江西科学技术出版社出版发行。

《江西五大河流科学考察》考察论证了江西五大河流的源河、源头、发源地和河口，实地考察赣江、抚河、信江、饶河、修水的水文特征、生态环境、森林资源和地质情况。全书共分导言、第一章水文勘测分析报告、第二章江西五大河流之口、第三章测绘成果报告、第四章源头区域森林资源和生态环境考察与评价、第五章源头地区地质概况和附录。

考察的主要内容有：分析研究每一条河流的流域概况、流域水质、水文特征及水资源情况；通过分析比较河流的径流量、实测流量、河长、流域面积等，确定其源河；采集、检测、评价源头地区的水质情况；考察源头地区的森林资源、生态资源的现状，提出保护、改善和利用意见；考察源头地区的地质背景、地形地貌、地质矿产情况，提出保护、改善和利用意见；确定源头、发源地和河口，测算出其经纬度和海拔高程，计算出最新、最准确的河流长度和流域面积。

邓镇华、曹正池、黄良保、乐贤明、匡华东、胡经成等人参与科考活动及报告编写。

十、科技论文

1958 年，由张良志执笔的《三碛滩站测速测深垂线分析》在《水文》特刊登载，是九江水文在刊物上发表的第一篇科技论文。至 2016 年，共发表论文 78 篇，其中张良志、吕兰军、曹正池、余丽萍、樊建华、金戎、柯东、江虹、刘克武、郭铮、代银萍、龚芸、郎锋祥、蔡倩、黄晓洁、刘佳佳等人的 30 多篇科学技术论文发表于全国中文核心期刊、全国科技核心期刊、国家级期刊。

周广成的《鄱阳湖湖流流态特性分析》《鄱阳湖悬移质泥沙规律初步分析》，曹和平的《关于 vax-11/730 等机在水文上的开发利用》，曹正池的《九江市城市周边湿地水资源调查》，王荣的《浅谈九江山洪灾害的成因与对策》，郭铮的《浅谈城市水文洪涝预测预警》，代银萍的《适应最严格水资源管理制度的水质监测体系探讨》，吕兰军的《水文在社会水循环中的作用与思考》，樊建华、金戎的《简易测报系统在庐山地区水文测报中的应用》，樊建华的《修水流域水文化初探》10 篇科学技术论文入选各类论文专集。

吕兰军的《水文在水资源三条红线管理中的地位与作用探讨》《水文在农村饮用水安全保障中的作用与思考》《浅析水文水质检测在饮水安全保障中的第三方公正作用》《城市江段水源地安全保障分析与思考——以长江九江段为例》《水文在海绵城市建设中的作用与思考》5 篇科学技术论文分别获得中国水利学会 2011 年、2012 年、2014 年、2015 年、2017 年学术年会优秀论文。

吕兰军的《水文发展与改革的几点思考》《鄱阳湖富营养化调查与评价》《赣江南支入湖口水污染状况分析》，曹正池的《试述江湖干旱告警水位制定办法》，樊建华、金戎的《简易测报系统在庐山地区水文测报中的应用》，代银萍的《九江市城区河湖水质现状及污染防治对策》，曹和平的《虬津站落差指数法的分析》，曲永和的《初探小河站显著性水平 α 值的选用》8 篇科学技术论文分别获得江西省水利学会、九江市科学技术协会颁发的二、三等奖，见表 5.17.1。

表 5.17.1　　　　　1958—2017 年九江水文科技论文发表情况一览

序号	论文题目	作者	刊物名称	出版时间
1	三硔滩站测速测深垂线分析	张良志	《水文》特刊	1958 年
2	关于树木年轮延长降水资料系列的可能性	周广成	《江西水利》水文专刊	1958 年
3	水库放水账的计算图解法	张良志	《江西水利电力》	1960 年
4	鄱阳湖湖流流态特性分析	周广成	《鄱阳湖水文气象专题文集》第一集	1965 年

序号	论文题目	作者	刊物名称	出版时间
5	鄱阳湖悬疑质泥沙规律初步分析	周广成	《鄱阳湖水文气象专题文集》第一集	1965 年
6	鄱阳湖富营养化调查与评价	吕兰军	《湖泊科学》〈双月刊〉	1996 年
7	关于 vax-11/730 等机在水文上的开发利用	曹和平	《惠普国际高新技术研讨会论文集》	2003 年
8	初探小河站显著性水平 α 值的选用	曲永和	《九江学院学报（社会科学版）》	2003
9	试论修水河源的确定	曲永和	《江西水利科技》	2004 年
10	长江九江段近岸水域水环境质量调查与研究	吕兰军、余丽萍	《水资源保护》	2005 年
11	浅议九江市农村小型水利工程的现状与对策	曲永和、邱启勇、曹正池	《江西水利科技》	2005 年
12	介绍一种水文缆道垂度的测量计算方法	曹正池	《水利水文自动化》	2007 年
13	依据《水文条例》出台《实施办法》的几点思考	吕兰军	《水利发展研究》	2007 年
14	修河干流水环境现状及污染防治对策	代银萍、吕兰军、刘敏	《江西水利科技》	2007 年
15	关于设置县水文局的思考	吕兰军	《水利发展研究》	2008 年
16	简易测报系统在庐山地区水文测报中的应用	樊建华、金戎	《中国水利》	2008 年
17	《水量分配暂行办法》给水文带来的机遇与挑战	吕兰军	《水利发展研究》	2008 年
18	九江市水文监测系统现状与对策	柯东	《中国水利》〈半月刊〉	2008 年
19	九江市城市周边湿地水资源调查	曹正池	《江西科技》	2008 年
20	水文发展与改革的几点思考	吕兰军	《中国水利》	2008 年
21	浅析水文在民生水利中的基础地位与作用	吕兰军	《水利发展研究》	2008 年
22	试述江河干旱告警水位制定办法	曹正池	水生态监测与分析学术论坛	2008 年

序号	论文题目	作者	刊物名称	出版时间
23	浅谈水文监测资料的管理应用对策	段青青	《江西水利科技》	2008 年
24	水文机构参照《公务员法》管理后面临的机遇、问题与建议	吕兰军	《水利发展研究》	2009 年
25	浅议水文监测资料的汇交、共享与公开	樊建华	《中国水利》	2009 年
26	提高水文在防灾减灾中服务能力的思考	吕兰军	《中国防汛抗旱》	2010 年
27	九江市城区河湖水质现状及污染防治对策	代银萍	《江西水利科技》	2010 年
28	提高水文在防灾减灾中服务能力的思考	吕兰军	《中国防汛抗旱》〈双月刊〉	2010 年
29	设置水文执法机构的几点思考	吕兰军	《水利发展研究》	2010 年
30	浅谈九江山洪灾害的成因与对策	王荣	民生水利与安全生产文集	2010 年
31	浅谈城市水文洪涝预测预警	郭铮	民生水利与安全生产文集	2010 年
32	落实中央一号文件提升水文服务能力的思考	吕兰军	《水利发展研究》	2011 年
33	2010 年长江九江段洪水分析	樊建华、曹正池	《江西水利科技》	2011 年
34	水资源管理中的水质监测与服务探讨	代银萍	《江西水利科技》	2011 年
35	长江九江段、鄱阳湖水情分析及旱涝急转水文应对措施	吕兰军	《水利发展研究》	2011 年
36	农村饮用水安全保障中的水文服务与思考	吕兰军	《水利发展研究》	2012 年
37	水文文化建设的几点思考	吕兰军	《水利发展研究》	2012 年
38	加强水平衡测试的几点思考	吕兰军	《水利发展研究》	2012 年
39	界河水文监测浅析	吕兰军	《水利发展研究》	2012 年
40	适应最严格水资源管理制度的水质监测体系探讨	代银萍	华东七省论文集	2012 年
41	建设项目水资源论证制度实施过程中存在的主要问题与思考	吕兰军	《水利发展研究》	2013 年

序号	论文题目	作者	刊物名称	出版时间
42	城市洪涝灾害水文应对措施浅析	吕兰军	《水利发展研究》	2013 年
43	水文在社会水循环中的作用与思考	吕兰军	《中国水利学会 2013 学术年会论文集》	2013 年
44	水文服务水资源管理的探讨	吕兰军	《水与中国》	2014 年
45	长江九江段、鄱阳湖枯水期取水安全保障与思考	吕兰军	《水利发展研究》	2014 年
46	水文部门开展水生态监测的实践与探讨	郎锋祥、龚芸	《水利发展研究》	2014 年
47	长江九江段、鄱阳湖枯水期水位偏低原因分析与思考	吕兰军	《江西水利科技》	2014 年
48	设置县级水环境监测机构，落实农村饮水安全	吕兰军	《水与中国》	2015 年
49	南昌市赣江饮用水水源地保护方案研究与探讨	刘佳佳	《水利发展研究》	2015 年
50	浅析水文水质检测在饮水安全中的第三方公正作用	吕兰军	《中国水利》	2015 年
51	江西九江：新型城镇化发展与水同行	吕兰军	《水与中国》	2015 年
52	南昌市水生态文明城市建设初探	刘佳佳	《水资源研究》	2015 年
53	丰水地区节水对策研究——以江西省为例	吕兰军	《水利发展研究》	2015 年
54	南昌市水生态文明城市建设思路与保障措施	刘佳佳	《中国水土保持》	2015 年
55	水文基建财务管理存在的问题及对策	解深月	《水能经济》	2015 年
56	城市江段水源地安全保障分析与思考	吕兰军	《中国水利》	2015 年
57	修水流域水文化初探	樊建华	《水文化理论与实践文集》	2015 年
58	水文文化建设存在的主要问题与对策研究——以江西省为例	吕兰军	《东西南北水文化》	2015 年
59	水资源的开发与生态保护关系探究	李淑卿	《华东科技》	2015 年

续表

序号	论文题目	作者	刊物名称	出版时间
60	水资源合理开发与用水总量控制	龚芸	《工程技术》	2015 年
61	基于水库防洪预报调度方式的风险分析	曾文	《工程技术》	2015 年
62	浅谈水文测验存在的问题及解决措施	桂良友、王翠银、詹祯圭	《水能经济》	2016 年
63	海绵城市建设与水文服务探讨	吕兰军	《江西水利科技》	2016 年
64	瑞昌铺头水文站巡测方案分析	李敏	《江西水利科技》	2016 年
65	如何做好基层水文安全生产工作	吕兰军	《水与中国》	2016 年
66	试论如何加强水文事业单位财务管理水平的提高	解深月	《水能经济》	2016 年
67	创新县域水文管理模式探析	吕兰军	《中国水利》	2016 年
68	九江市城区内涝的水文应对策略	吕兰军	《水与中国》	2016 年
69	九江水文对长江 1998 年洪水的预报回顾	吕兰军	《水与中国》	2016 年
70	《专业技术类公务员管理规定》给水文部门带来的机遇与思考	吕兰军	《水利发展研究》	2016 年
71	2014.7.4 暴雨、洪水调查	曹嘉	《城市建设理论研究》	2016 年
72	江西省工业用水现状及其变化趋势分析	代银萍	《江西水利科技》	2016 年
73	高沙站下游抱子石水电站泄流效率因数 η 的率定与分析	段青青	《江西水利科技》	2016 年
74	九江市水资源量及其变化趋势分析	代银萍	《江西水利科技》	2017 年
75	2016 年修水流域暴雨洪水分析及防洪实践	樊建华	《人民长江》	2017 年
76	水文水资源环境管理与防洪减灾措施	王翠银、詹祯圭、桂良友	《中外企业家》	2017 年
77	水文水资源管理存在的问题及对策	罗庭	《水能经济》	2017 年
78	水文与水资源的相关问题	詹祯圭、桂良友、王翠银	《中外企业家》	2017 年

第三节 技 术 服 务

一、水资源公报

2003—2016 年，九江市水文局每年编制年度《九江市水资源公报》，报送九江市各级政府及有关部门。公报内容包括全市降水、地表径流、地下水、水质等方面的时空分布，主要洪涝或干旱情况，行业供用水、耗水、排水及水资源供需情况等，见表 5.17.2。

2015 年，九江市水文局编制了全省第一个县级水资源公报《2014 年湖口县水资源公报》。

表 5.17.2　　　　　　　2003—2016 年全市水资源主要特征值

年份	降水深/mm	降水量/亿 m³	水资源量/亿 m³					水资源利用			用水指标	
			径流深/mm	地表水资源量	地下水资源量	水资源总量	大中型水库蓄水量	供用水量/亿 m³	耗水量/亿 m³	废污水排放量/亿 t	人均用水量/t	万元GDP用水量/t
2003	1492.8	280.98	898.2	169.07	46.99	173.97	24.95	25.99	12.77			
2004	1321.2	248.69	597.3	112.43	28.74	117.41	27.00	22.35	10.82			
2005	1555.3	292.75	788.3	148.38	35.96	153.65	51.46	24.64	10.88			
2006	1289.9	242.80	672.9	126.65	30.27	132.31	45.28	26.95	11.63	3.02	570	532
2007	1088.5	204.90	479.9	90.33	26.08	95.85	48.25	25.42	10.28	2.97	538	429
2008	1287.2	242.29	603.6	113.66	32.91	118.82	53.36	23.90	9.92	3.03	503	453
2009	1201.8	226.21	637.0	119.90	28.84	125.31	42.14	24.01	9.27	3.29	501	289
2010	1830.7	344.60	1128.8	212.47	36.90	217.04	54.48	26.88	9.83	3.55	588	260
2011	1070.7	201.54	509.9	95.97	27.71	101.39	51.93	29.76	10.76	3.95	625	237
2012	1845.5	347.38	1019.6	191.91	39.47	196.71	56.28	27.48	10.56	4.28	576	194
2013	1334.7	251.23	684.2	128.78	33.12	133.93	44.80	26.24	10.91	4.25	548	164
2014	1574.8	296.43	785.0	147.76	36.60	152.51	55.39	25.88	10.80	4.58	538	145
2015	1853.6	348.90	978.7	184.22	39.40	188.69	54.42	23.52	9.51	4.59	487	124
2016	1792.2	337.34	1087.8	204.76	39.02	209.28	51.44	22.83	9.67	5.06	471	109

二、《九江市水功能区划》

《九江市水功能区划》报告于 2007 年 10 月起开始编撰，2008 年 4 月 28 日，通过由省水利厅组织的专家组审查。5—9 月征求各地意见。2008 年 10 月 7 日，由市政府、市发展改革委、市水利局、市经贸委、市规划局、市环保局、市民营局、市政府农业处以及报告编制单位九江市水文局的领导和专家对报告再次进行了审议，并获得通过，见表5.17.3。

区划范围为九江市辖区内的［江西省水利厅、江西省环境保护局编制的《江西省地表水（环境）功能区划》中已区划的河流、湖泊除外］流域面积大于50km²的74条河流和常年湖面面积大于2km²的13个湖泊。另流经城市区的主要河流和其他开发利用程度较高的水域也在区划范围之内。为了保护供水水源地，保证城镇生活用水需求，对九江市各县（市、区）城区的自来水厂主要供水水源地同时划定供水水源保护区。

本次区划共划分一级水功能区划109个，其中保护区2个（占区划总个数的1.83％，长度为5.8km）、保留区73个（占区划总个数的66.97％，长度为1632.84km）、开发利用区33个（其中河流开发区为20个，占区划总个数的30.28％，长度为446.90km，湖泊开发区为13个，面积为254.01km²）、缓冲区1个（占区划总个数的0.92％，长度为12.60km）。

二级水功能区33个，其中饮用水源区1个、工业用水区13个、渔业用水区11个、景观娱乐用水区8个，在二级水功能区划中未作农业用水区、过渡区和排污控制区划分。

报告主要编写人员有樊建华、金戎、李辉程、代银萍、吕兰军等。

省水利厅、省环保局于2007年7月联合编制了《江西省地表水（环境）功能区划》，对九江辖区内的长江九江段、长河、沙河、博阳河、鄱阳湖等河流（湖）进行了功能区划，区划内容一并列表附后，见表5.17.4。

三、《九江市水域纳污能力及限制排污总量意见》

2008年11月开始编撰《九江市水域纳污能力及限制排污总量意见》。对九江市214个水功能区（含省区划）逐一进行水质采样和水量测量。2009年6月报告初稿完成，2009年7月30日，省水利厅在永修县召开报告评审会，认为该报告以国家的法律法规、九江市经济社会发展规划和《九江市水功能区划》为依据，广泛调查并收集了九江市自然状况、社会经济状况、用水现状、地表水域水质状况、城市取水口及入河排污口分布状况及相关水文、水资源资料，基础资料较翔实。报告的编制方法、程序符合《水域纳污能力计算规程》（SL 348—2006）编制的要求，技术思路明确；以COD、氨氮作为排污总量控制指标合适，计算范围较全面。报告对九江市辖区内的纳污能力核定成果基本合理，提出的限制排污总量意见基本可行，为加强水资源保护、管理和水污染防治提供了科学依据。本报告获得一致通过。

表 5.17.3

2008 年九江市水功能区划登记

序号	河流	功能区名称	区划级别	起点	讫点	长度/km	面积/km²	水质目标	区划依据	水功能区编码
一、修水水系										
1	枫林洲水	枫林洲水修水县保留区	一级	修水县复源乡板坑起源	修水县复源乡罗坪村入修水河口	24.4	70.7	II	开发利用程度不高	F09011110102000
2	周家山水	周家山水修水县保留区	一级	修水县东港乡李杨斗起源	修水县程坊乡莲塘村入修水河口	22.3	57.8	II	开发利用程度不高	F09011120202000
3	黄沙港水	黄沙港水修水县保留区	一级	修水县全丰镇何家垄起源	修水县全丰镇肖家湾入渣津水	11.5	56.6	II~III	开发利用程度不高	F09011130302000
4	东港水	东港水修水县保留区	一级	修水县东港乡南部大龙山北麓	修水县渣津镇东港水入渣津水河口	47.4	274	II~III	开发利用程度不高	F09011140402000
5	上杉水	上杉水修水县保留区	一级	湖南平江县与修水交界的九岭山脉末端	修水县渣津镇西入渣津水河口	32.4	127	II~III	开发利用程度不高	F09011150502000
6	杨津水	杨津水修水县保留区	一级	湖北崇阳与修水交界的幕阜山脉之大湖山南麓	修水县渣津镇司前村入渣津水河口	40.8	209	II~III	开发利用程度不高	F09011160602000
7	北岸水	北岸水修水港口保留区	一级	湖北通山与修水交界的幕阜山脉之三界尖南麓	修水县港口镇	16.4		II~III	开发利用程度不高	F09011170702000
8	北岸水	北岸水修水县港口—西港开发利用区	一级	修水县港口镇	修水县西港镇焦驳滩入修水口	45.0			重要城镇河段	F09011170803000
9	北岸水	北岸水修水县港口—西港工业用水区	二级	修水县港口镇	修水县西港镇焦驳滩入修水口	45.0		IV	工业、景观娱乐用水区	F09011170803012

续表

序号	河流	功能区名称	区划级别	起点	讫点	长度/km	面积/km²	水质目标	区划依据	水功能区编码
10	港口水	港口水修水县保留区	一级	修水县布甲乡狮子岩起源	修水县港口镇入北岸水口	18.4	61.7	IV	开发利用程度不高	F09011809002000
11	布甲水	布甲水修水县保留区	一级	修水县布甲乡太阳山起源	修水县布甲镇王莽口村入北岸水口	20.1	86.7	IV	开发利用程度不高	F09011910002000
12	淇源水	淇源水修水县保留区	一级	修水县溪口镇上庄孙家起源	修水县溪口镇红岩上村入北岸水口	24.4	68.2	II～III	开发利用程度不高	F09012011002000
13	杭口水	杭口水修水县新湾—上杭保留区	一级	修水与武宁交界的幕阜山脉之太阳山西南麓	修水县上杭乡	35.1		II	开发利用程度不高	F09012112002000
14	杭口水	杭口水修水县杭口开发利用区	一级	修水县上杭乡	修水县杭口镇杭口村入修水	15.5			重要城镇河段	F09012113003000
15	杭口水	杭口水修水县杭口景观娱乐用水区	二级	修水县上杭乡	修水县杭口镇杭口村入修水	15.5		III	工业、景观娱乐用水区	F09012113003025
16	桃坪水	桃坪水修水县保留区	一级	修水县山口镇操兵场起源	修水县山口镇来苏村入武宁水口	17.6	51.6	II	开发利用程度不高	F09012214002000
17	奉乡水	奉乡水修水县保留区	一级	奉新、宜丰、修水三县交界的九岭山脉之天狗岭北麓	修水县征村乡老街牌坊入武宁水口	65.3	450	III	开发利用程度不高	F09012315002000
18	杨家坪水	杨家坪水修水县保留区	一级	奉新与修水两县交界的九岭山脉之东港入奉乡南麓	修水县何市镇双港口村入奉乡水口	29.0	137	II～III	开发利用程度不高	F09012416002000
19	垅港水	垅港水修水县保留区	一级	修水县黄港镇九岭山起源	修水县黄港镇郑家段入安溪水口	19.0	65.5	II	开发利用程度不高	F09012517002000

续表

序号	河流	功能区名称	区划级别	起点	讫点	长度/km	面积/km²	水质目标	区划依据	水功能区编码
20	茅田水	茅田水修水县保留区	一级	修水县黄沙镇眉毛山起源	修水县黄沙镇汇入安溪水	11.9	55.3	Ⅲ	开发利用程度不高	F0901261802000
21	船滩水	船滩水武宁县船滩保留区	一级	湖北通山与武宁交界的幕阜山、九宫山、太阳山南麓	武宁县船滩镇辽埠村	31.7		Ⅲ	开发利用程度不高	F0901271902000
22	船滩水	船滩水辽埠—莲塘开发利用区	一级	武宁县船滩镇辽埠村	武宁县船滩镇莲塘村	2.5			重要城镇河段	F0901272003000
23	船滩水	船滩水辽埠—莲塘工业用水区	二级	武宁县船滩镇辽埠村	武宁县船滩镇莲塘村	2.5		Ⅳ	工业用水区	F0901272003032
24	船滩水	船滩水武宁—修水保留区	一级	武宁县船滩镇莲塘村	修水三都镇龙水口入修水口	5.1		Ⅲ	开发利用程度不高	F0901272102000
25	辽田水	辽田水武宁县保留区	一级	湖北通山与武宁交界幕阜山支脉的九宫寺之泥湖寺	武宁县船滩镇付山村入船滩水口	26.9	102	Ⅲ	开发利用程度不高	F0901282202000
26	东林水	东林水武宁县保留区	一级	修水与武宁交界的幕阜山支脉的四方脑东麓山横珴	武宁县船滩镇莲塘村入船滩水口	31.6	125	Ⅲ	开发利用程度不高	F0901292302000
27	洋湖港	洋湖港修水县保留区	一级	靖安、武宁、修水三县交界的五梅山西麓	修水县三都镇川石村	52.5	260	Ⅱ～Ⅲ	开发利用程度不高	F0901302402000
28	洋湖港	洋湖港修水县杨梅山开发利用区	一级	修水县三都镇川石村	修水县三都镇川石村入修水口	3.0	13		重要城镇河段	F0901302503000

续表

序号	河流	功能区名称	区划级别	起　点	讫　点	长度/km	面积/km²	水质目标	区划依据	水功能区编码
29	洋湖港	洋湖港水修水县杨梅山工业用水区	二级	修水县三都镇楠川石村	修水县三都镇港口村入修水口	3.0	13	Ⅳ	工业用水区	F0901302503042
30	清江水	清江水武宁县开发利用区	一级	武宁县石门楼镇菱湖寺起源	武宁县清江乡清江村入修水口	31.1	119		重要城镇河段	F0901312603000
31	清江水	清江水武宁县工业用水区	二级	武宁县石门楼镇菱湖寺起源	武宁县清江乡清江村入修水口	31.1	119	Ⅱ～Ⅲ	工业用水区	F0901312603052
32	大源水	大源水武宁县开发利用区	一级	湖北通山与武宁交界的幕阜山脉之太平山南麓	武宁县澧溪乡澧溪村大窝里入修水口	31.2	178		重要城镇河段	F0901322703000
33	大源水	大源水武宁县工业用水区	二级	湖北通山与武宁交界的幕阜山脉之太平山南麓	武宁县澧溪乡澧溪村大窝里入修水口	31.2	178	Ⅱ～Ⅲ	工业用水区	F0901322703062
34	曹坑水	曹坑水武宁县保留区	一级	武宁县澧溪镇燕子岩起源	武宁县澧溪镇下田畔村入大源水口	17.2	68.1	Ⅱ	开发利用程度不高	F0901332802000
35	西口水	西口水武宁县保留区	一级	武宁县石渡乡周公尖起源	武宁县石渡乡唐家村入修水口	19.9	72.9	Ⅱ～Ⅲ	开发利用程度不高	F0901342902000
36	罗溪水	罗溪水武宁县开发利用区	一级	靖安、修水、武宁交界的九岭山脉主峰九岭尖北麓	武宁县石渡乡兰田村入修水口	60.2	327.0		重要城镇河段	F0901353003000
37	罗溪水	罗溪水武宁县工业用水区	二级	靖安、修水、武宁交界的九岭山脉主峰九岭尖北麓	武宁县石渡乡兰田村入修水口	60.2	327.0	Ⅱ～Ⅲ	工业、渔业、景观用水区	F0901353003072

续表

序号	河流	功能区名称	区划级别	起点	讫点	长度/km	面积/km²	水质目标	区划依据	水功能区编码
38	烟港水	烟港水武宁县开发利用区	一级	湖北通山与武宁交界九岭山脉之太平山牵牛笠东麓	武宁县甫田乡干楼村马咀入修水口	29.8	165		重要城镇河段	F0901363103000
39	烟港水	烟港水武宁县工业用水区	二级	湖北通山与武宁交界九岭山脉之太平山牵牛笠东麓	武宁县甫田乡干楼村马咀入修水口	29.8	165	Ⅲ	工业用水区	F0901363103082
40	西渡港	西渡港武宁县开发利用区	一级	武宁县朱溪乡五星村大坳尖东麓	武宁县朱溪乡伊山口入修水口	34.5	169		重要城镇河段	F0901373203000
41	西渡港	西渡港武宁县景观娱乐用水区	二级	武宁县朱溪乡五星村大坳尖东麓	武宁县朱溪乡伊山口入修水口	34.5	169	Ⅱ~Ⅲ	景观娱乐用水区	F0901373203095
42	沙田水	沙田水武宁县保留区	一级	靖安与武宁两县交界的九岭山脉南山北麓	武宁县黄塅乡洋浦里注入修水	36.2	158	Ⅲ	开发利用程度不高	F0901383302000
43	源口水	源口水武宁县西良保留区	一级	靖安与武宁交界之严阳山九岭山麓的鸡窝里	武宁县新宁镇油榨塅村	20.4		Ⅰ~Ⅱ	开发利用程度不高	F0901393402000
44	源口水	源口水武宁县源口水库开发利用区	一级	武宁县新宁镇油榨塅村	源口水库大坝	4.5			重要城镇河段	F0901393503000
45	源口水	源口水武宁县源口水库饮用水源区	二级	武宁县新宁镇油榨塅村	源口水库大坝	4.5		Ⅰ~Ⅱ	饮用水源区	F0901393503101
46	源口水	源口水武宁县新宁镇保留区	一级	源口水库大坝	武宁县新宁镇彭树村肖家入修水口	6.0		Ⅲ	开发利用程度不高	F0901393602000

续表

序号	河流	功能区名称	区划级别	起点	讫点	长度/km	面积/km²	水质目标	区划依据	水功能区编码
47	巾口水	巾口水武宁县开发利用区	一级	武宁县泉口乡路口村庙里起源	武宁县巾口乡路口村入修水口	52.4	592		重要城镇河段	F0901403703000
48	巾口水	巾口水武宁县工业用水区	二级	武宁县泉口乡路口村庙里起源	武宁县巾口乡巾村入修水口	52.4	592	Ⅲ	工业用水区	F0901403703112
49	大桥水	大桥水武宁县开发利用区	一级	瑞昌市与武宁县交界幕阜山脉之北屏山北麓源头峡	武宁管莲乡宝源村紫麓岭入巾口水口	40.9	285		重要城镇河段	F0901413803000
50	大桥水	大桥水武宁县工业用水区	二级	瑞昌市与武宁县交界幕阜山屏山北麓源头峡	武宁管莲乡宝源村紫麓岭入巾口水口	40.9	285	Ⅲ	工业用水区	F0901413803122
51	甘口水	甘口水瑞昌市保留区	一级	瑞昌市南义乡桃墩起源	瑞昌市南义乡下洪村入大桥水口	13.4	50.2	Ⅲ	开发利用程度不高	F0901423902000
52	罗坪水	罗坪水武宁县长水保留区	一级	靖安与武宁两县交界的九岭山脉之茶子坪北麓	武宁县罗坪镇长水村	15.2		Ⅱ	开发利用程度不高	F0901434002000
53	罗坪水	罗坪水武宁县罗坪开发利用区	一级	武宁县罗坪镇长水村	武宁县罗坪镇潢村入修水口	17.2			重要城镇河段	F0901434103000
54	罗坪水	罗坪水武宁县罗坪景观娱乐用水区	二级	武宁县罗坪镇长水村	武宁县罗坪镇潢村入修水口	17.2		Ⅲ	景观娱乐用水区	F0901434103135
55	瓜源水	瓜源水武宁县杨洲保留区（东南源）	一级	靖安与武宁交界的九岭山脉横岩山东北麓	武宁县杨洲乡	22.0		Ⅱ	开发利用程度不高	F0901444202000

续表

序号	河流	功能区名称	区划级别	起点	讫点	长度/km	面积/km²	水质目标	区划依据	水功能区编码
56	瓜源水	瓜源水（西南源）武宁县杨洲开发利用区	一级	靖安与武宁交界的九岭山脉横岩山西北麓	武宁县杨洲乡	24.0			重要城镇河段	F0901444303000
57	瓜源水	瓜源水（西南源）武宁县杨洲景观娱乐用水区	二级	靖安与武宁交界的九岭山脉横岩山西北麓	武宁县杨洲乡	24.0		Ⅲ	景观娱乐用水区	F0901444303145
58	瓜源水	瓜源水武宁县杨洲保留区	一级	武宁县杨洲乡	武宁县杨洲乡三洪滩入修水口	5.7		Ⅲ	开发利用程度不高	F0901444402000
59	柘林水	柘林水永修县保留区	一级	永修县三溪桥镇街子岭起源	永修县白槎镇岗子上村入修水口	18.24	62.9	Ⅲ	开发利用程度不高	F0901454502000
60	柳杨水	柳杨水永修县保留区	一级	永修县梅棠乡上布水寺起源	永修县白槎镇双洲赵家入修水口	22.8	68.0	Ⅲ	开发利用程度不高	F0901464602000
61	西都阳坂	西都阳坂水永修县保留区	一级	永修县梅棠乡陈家山起源	永修县虬津镇大桥上游300m处入修水口	19.7	63.4	Ⅲ	开发利用程度不高	F0901474702000
62	蔡溪河	蔡溪河永修县保留区	一级	永修县云居山海会塔南500m起源	永修县艾城镇麻垄窑入修河口	36.4	104	Ⅲ	开发利用程度不高	F0901484802000
63	龙安河	龙安河永修县保留区	一级	武宁、永修县交界的九岭山余脉之云山大湖坪	永修县立新乡荷包洲入潦河口	53.7	305	Ⅲ	开发利用程度不高	F0901494902000
64	峤岭水	峤岭水永修县保留区（九江市永修县境内）	一级	峤岭水安义、永修县交界处	永修县滩溪镇长渡口入龙安河口	2.0	4.0	Ⅲ	开发利用程度不高	F0901505002000

续表

序号	河流	功能区名称	区划级别	起 点	讫 点	长度/km	面积/km²	水质目标	区划依据	水功能区编码
65	簝高水	簝高水永修县保留区（九江市永修县境内）	一级	簝高水新建、永修市县交界处	永修县丰垦殖场朱分溢家入滌河口	10.0	45	Ⅲ	开发利用程度不高	F0901515102000
66	军山水	军山水永修县开发利用区	一级	永修县云山企业集团沙子岭北500m	永修县九合乡流家湖村入修水（杨柳津河）	16.1	52.7	Ⅲ	重要城镇河段	F0901525203000
67	军山水	军山水永修县工业用水区	二级	永修县云山企业集团沙子岭北500m	永修县九合乡流家湖村入修水（杨柳津河）	16.1	52.7	Ⅲ	工业用水区	F09015252003152
二、长江及九江市直通长江河流										
68	乐园河	乐园河瑞昌市乐园保留区	一级	瑞昌市乐园乡茶辽村石桥塘起源	瑞昌市乐园乡张坊村	28.3		Ⅲ	开发利用程度不高	F1004110102000
69	乐园河	乐园河瑞昌市赣鄂缓冲区	一级	瑞昌市乐园乡张坊村	瑞昌市洪一乡下波畈村省界	12.6		Ⅲ	省界河流	F1004110204000
70	双港河	双港河瑞昌市保留区	一级	瑞昌市花园乡玉狮岩起源	瑞昌市洪一乡下波畈村入乐园河口	22.8	82.2	Ⅱ～Ⅲ	开发利用程度不高	F1004120302000
71	南阳河	南阳河瑞昌市横立山—南阳保留区	一级	瑞昌市横立山乡全胜村铜古岭起源	瑞昌市南阳乡大屋陈下游500m	10.1		Ⅲ	开发利用程度不高	F1004130402000
72	南阳河	南阳河瑞昌市南阳—夏畈开发利用区	一级	瑞昌市南阳乡大屋陈下游500m	瑞昌市码头镇鼓楼畈村	10.9		Ⅲ	重要城镇河段	F1004130503000
73	南阳河	南阳河瑞昌市南阳—夏畈工业用水区	二级	瑞昌市南阳乡大屋陈下游500m	瑞昌市码头镇鼓楼畈村	10.9		Ⅳ	工业用水区	F1004130503012
74	南阳河	南阳河瑞昌市码头—武蛟保留区	一级	瑞昌市码头镇鼓楼畈村	瑞昌市武蛟乡南阳河入赤湖口	11.5		Ⅲ	开发利用程度不高	F1004130602000

序号	河流	功能区名称	区划级别	起　点	讫　点	长度/km	面积/km²	水质目标	区划依据	水功能区编码
75	横港河	横港河瑞昌市保留区	一级	瑞昌市南义镇程家村青山里南侧金家坑起源	桂林街道办满林头人长河口	38.2	283	Ⅲ	开发利用程度不高	F100414070 2000
76	九都源水	九都源水瑞昌市保留区	一级	瑞昌市范镇金盘寺起源	瑞昌市范镇胡七二村入横港河口	20.0	74.4	Ⅲ	开发利用程度不高	F100415080 2000
77	十里水	十里水源头保护区	一级	庐山小天池十里水起源	庐山区莲花洞乡	3.0		Ⅱ	源头河段	F100416090 1000
78	十里水	十里水九江保留区	一级	庐山区莲花洞乡	九江市入八里湖口	10.0		Ⅲ	开发利用程度不高	F100416100 2000
79	太平河	太平河彭泽县保留区	一级	怀玉山脉彭泽县天红镇红山颈武山北麓境内起源	彭泽县太平关乡古楼村太平河大桥注入芳湖	34.2	264	Ⅱ～Ⅲ	开发利用程度不高	F110211010 2000
80	葡萄港	葡萄港彭泽县保留区	一级	彭泽县天红镇红山颈起源	彭泽县芙蓉墩镇兰家村入太平河口	13.2	53.6	Ⅱ～Ⅲ	开发利用程度不高	F110212020 2000
81	黄岭水	黄岭水彭泽县保留区	一级	彭泽县杨梓镇东观升官岭起源	彭泽县黄花镇上咀入太平湖口	19.5	95.7	Ⅲ	开发利用程度不高	F110213030 2000
82	东升河	东升河彭泽县保留区	一级	彭泽县上十岭垦殖场起源	彭泽县黄花镇王家湾入谭桥河口	39.2	277	Ⅲ	开发利用程度不高	F110214040 2000
83	黄花水	黄花水彭泽县保留区	一级	彭泽县黄花镇吉林庵起源	彭泽县黄花镇四房朱东升水口	18.7	62.5	Ⅲ	开发利用程度不高	F110215050 2000
84	浪溪水	浪溪水彭泽县浩山保留区	一级	彭泽县浩山乡海形村堰上施家	彭泽县浪溪镇小鱼塘村	29.2		Ⅲ	开发利用程度不高	F110216060 2000

续表

序号	河流	功能区名称	区划级别	起点	讫点	长度/km	面积/km²	水质目标	区划依据	水功能区编码
85	浪溪水	浪溪水彭泽县浪溪开发利用区	一级	彭泽县浪溪镇小鱼塘村	彭泽县浪溪水库浪溪大坝	5.0			重要城镇河段	F1102160703000
86	浪溪水	浪溪水彭泽县浪溪工业用水区	二级	彭泽县浪溪镇小鱼塘村	彭泽县浪溪水库浪溪大坝	5.0		Ⅲ	工业渔业景观用水区	F11021607030012
87	浪溪水	浪溪水彭泽县浪溪保留区	一级	彭泽县浪溪镇浪溪水库大坝	彭泽县马垱镇和团村大垄亭子坎下入太泊湖口	11.3		Ⅲ	开发利用程度不高	F1102160802000
三、鄱阳湖及环湖河流										
88	南阳亭水	南阳亭水彭泽县保留区（彭泽县境内）	一级	彭泽县杨梓镇留雨墩起源	南阳亭水彭泽、都昌县界	6.6	13	Ⅱ	开发利用程度不高	F0908110102000
89	胡家水	胡家水彭泽县保留区（彭泽县境内）	一级	彭泽县杨梓镇留雨墩起源	胡家水彭泽、都昌县界	5.4	9	Ⅱ	开发利用程度不高	F0908120202000
90	响水河	响水河彭泽县保留区（彭泽县境内）	一级	彭泽县东升镇南部杨家岭蜜蜂尖南麓	响水河彭泽、都昌县界	23.7	109	Ⅲ	开发利用程度不高	F0908130302000
91	乐观水	乐观水彭泽县保留区	一级	彭泽县杨梓镇陈家坞	乐观水彭泽、都昌县界	18.0	61	Ⅲ	开发利用程度不高	F0908140402000
92	大港水	大港水都昌县保留区	一级	彭泽、都昌县交界的武山山脉南麓之老屋尖岭	大港水都昌、鄱阳县界	19.5	98	Ⅱ～Ⅲ	开发利用程度不高	F0908150502000
93	土塘水	土塘水都昌县保留区	一级	都昌县武山山脉之黄土凸南麓	都昌县杭桥茅羊山林场入鄱阳湖之西湖口	33.4	257	Ⅲ	开发利用程度不高	F0908160602000

续表

序号	河流	功能区名称	区划级别	起点	讫点	长度/km	面积/km²	水质目标	区划依据	水功能区编码
94	徐埠港	徐埠港都昌县张岭保留区	一级	彭泽与都昌两县交界的武山山脉西南麓上天堑	都昌县蔡岭镇张岭水库回水端	14.8		Ⅲ	开发利用程度不高	F0908170702000
95	徐埠港	徐埠港都昌县蔡岭开发利用区	一级	都昌县蔡岭镇张岭水库回水端	都昌县蔡岭镇黄庄村	6.5		Ⅲ	重要城镇河段	F0908170803000
96	徐埠港	徐埠港都昌县蔡岭工业用水区	二级	都昌县蔡岭镇张岭水库回水端	都昌县蔡岭镇黄庄村	6.5		Ⅲ~Ⅳ	工业用水区	F0908170803012
97	徐埠港	徐埠港都昌县汪墩保留区	一级	都昌县蔡岭镇黄庄村	都昌县新妙石明桥人新妙湖口	16.4		Ⅲ	开发利用程度不高	F0908170902000
98	流芳水	流芳水湖口县保留区	一级	湖口县流芳乡长岭起源	湖口县流芳乡陈家咀入大桥湖口	17.2	88.7	Ⅲ	开发利用程度不高	F0908181002000
99	文桥港	文桥港湖口县保留区	一级	湖口县文桥乡新桥村起源	湖口县文桥乡刘显村附近入南港口湖	20.7	87.5	Ⅲ	开发利用程度不高	F0908191102000
100	殷山水	殷山水湖口县保留区	一级	湖口县傅龙乡上九房村起源	湖口县文桥乡曹据村入北港湖口	19.9	57.8	Ⅲ	开发利用程度不高	F0908201202000
101	张青水	张青水湖口县保留区	一级	湖口县张青乡排水岭起源	湖口县马影乡水产场入北港湖口	15.1	62.3	Ⅱ~Ⅲ	开发利用程度不高	F0908211302000
102	车桥水	车桥水德安县保留区	一级	德安县车桥镇上易村易台堆与昆山交界处	德安县磨溪乡河青贩村入博阳河口	28.3	109	Ⅲ	开发利用程度不高	F0908221402000
103	田家河	田家河德安县保留区	一级	德安县吴山乡金盘寺	德安县聂桥镇大屋周高村入博阳河口	26.3	141	Ⅲ	开发利用程度不高	F0908231502000
104	盘子山水	盘子山水德安县保留区	一级	德安县吴山乡杨柳村李家山	德安县吴山乡田家河村入田家河口	19.2	66.1	Ⅲ	开发利用程度不高	F0908241602000

续表

序号	河流	功能区名称	区划级别	起点	讫点	长度/km	面积/km²	水质目标	区划依据	水功能区编码
105	洞霄水	洞霄水源头保护区	一级	庐山汉阳峰南坡的霄黄洼	星子县温泉镇桃花园康王城	2.8		Ⅱ	源头河段	F0908251701000
106	洞霄水	洞霄水星子县开发利用区	一级	星子县温泉镇桃花园康王城	九江县马头水库大坝	11.6			重要城镇河段	F0908251803000
107	洞霄水	洞霄水星子县景观娱乐用水区	二级	星子县温泉镇桃花园康王城	九江县马头水库大坝	11.6		Ⅱ~Ⅲ	景观娱乐用水区	F0908251803025
108	洞霄水	洞霄水九江县德安县保留区	一级	九江县马头水库大坝	德安县丰林镇依塘村三港口刘村入博阳河口	18.0		Ⅲ	开发利用程度不高	F0908251902000
109	马回岭水	马回岭水九江县保留区	一级	九江市庐山区庐山林场	九江县马回岭镇周家坂村入洞霄水口	22.6	90	Ⅲ	开发利用程度不高	F0908262002000
110	岷山水	岷山水德安县保留区	一级	瑞昌与德安、九江三县(市)交界的岷山西端之金盘寺	德安县丰林镇依塘村三港口刘村入博阳河口	32.5	150	Ⅲ	开发利用程度不高	F0908272102000
111	木环垄水	木环垄水德安县保留区	一级	德安县宝塔乡大屋戈家	德安县蒲亭镇北入博阳河口	17.4	59	Ⅲ	开发利用程度不高	F0908282202000
112	隘口水	隘口水星子县保留区	一级	星子县温泉镇西风洞	星子县苏家垱乡郑家埠入寺下湖口	24.1	63.3	Ⅲ	开发利用程度不高	F0908292302000
113	花桥水	花桥水星子县华林保留区	一级	星子县蓼南镇杨家岭起源	星子县蓼南镇板桥刘村	11.9		Ⅱ~Ⅲ	开发利用程度不高	F0908302402000
114	花桥水	花桥水星子县蓼花池开发利用区	一级	星子县蓼南镇板桥刘村	星子县蓼南镇颜家村	5.0			重要城镇河段	F0908302503000
115	花桥水	花桥水星子县蓼花池渔业用水区	二级	星子县蓼南镇板桥刘村	星子县蓼南镇颜家村	5.0		Ⅲ	渔业用水区	F0908302503034

续表

序号	河流	功能区名称	区划级别	起点	讫点	长度/km	面积/km²	水质目标	区划依据	水功能区编码
116	花桥水	花桥水星子县蓼南保留区	一级	星子县蓼南镇颜家村	星子县蓼南镇新池口入鄱阳湖口	5.0		Ⅲ	开发利用程度不高	F098302602000
四、湖泊										
117	赤湖	赤湖开发利用区	一级	赤湖全湖区			68.95		重要城镇河段	F100417103000
118	赤湖	赤湖渔业用水区	二级	赤湖全湖区			68.95	Ⅲ	渔业用水区	F100417110 3024
119	赛城湖	赛城湖开发利用区	一级	赛城湖全湖区			53.6		重要城镇河段	F100418203000
120	赛城湖	赛城湖渔业用水区	二级	赛城湖全湖区			53.6	Ⅲ	渔业用水区	F100418203034
121	八里湖	八里湖开发利用区	一级	八里湖全湖区			22.3		重要城镇河段	F100419303000
122	八里湖	八里湖景观娱乐用水区	二级	八里湖全湖区			22.3	Ⅳ	景观娱乐用水区	F100419303045
123	白水湖	白水湖开发利用区	一级	白水湖全湖区			1.86		重要城镇河段	F100420140 3000
124	白水湖	白水湖景观娱乐用水区	二级	白水湖全湖区			1.86	Ⅳ	景观娱乐用水区	F100420140 3055
125	甘棠湖	甘棠湖开发利用区	一级	甘棠湖全湖区			2.4		重要城镇河段	F100421150 3000
126	甘棠湖	甘棠湖景观娱乐用水区	二级	甘棠湖全湖区			2.4	Ⅴ	景观娱乐用水区	F100421150 3065
127	皂湖	皂湖开发利用区	一级	皂湖全湖区			8.9		重要城镇河段	F110217090 3000

续表

序号	河流	功能区名称	区划级别	起点	讫点	长度/km	面积/km²	水质目标	区划依据	水功能区编码
128	皂湖	皂湖渔业用水区	二级	皂湖全湖区			8.9	Ⅲ	渔业用水区	F110217090903024
129	黄茅潭	黄茅潭开发利用区	一级	黄茅潭全湖区			6.3		重要城镇河段	F11021810003000
130	黄茅潭	黄茅潭渔业用水区	二级	黄茅潭全湖区			6.3	Ⅲ	渔业用水区	F11021810003034
131	芳湖	芳湖开发利用区	一级	芳湖全湖区			32.0		重要城镇河段	F110219110003000
132	芳湖	芳湖渔业用水区	二级	芳湖全湖区			32.0	Ⅲ	渔业用水区	F110219110003044
133	大泊湖	大泊湖开发利用区	一级	大泊湖全湖区			25.7		重要城镇河段	F110220120003000
134	大泊湖	大泊湖渔业用水区	二级	大泊湖全湖区			25.7	Ⅲ	渔业用水区	F110220120003054
135	矶山湖	矶山湖开发利用区	一级	矶山湖全湖区			12.0		重要城镇河段	F090831270003000
136	矶山湖	矶山湖渔业用水区	二级	矶山湖全湖区			12.0	Ⅲ	渔业用水区	F090831270003034
137	南溪湖	南溪湖开发利用区	一级	南溪湖全湖区			11.0		重要城镇河段	F090832280003000
138	南溪湖	南溪湖渔业用水区	二级	南溪湖全湖区			11.0	Ⅲ	渔业用水区	F090832280003044
139	大泻湖	大泻湖开发利用区	一级	大泻湖全湖区			3.0		重要城镇河段	F090833290003000
140	大泻湖	大泻湖渔业用水区	二级	大泻湖全湖区			3.0	Ⅲ	渔业用水区	F090833290003054
141	寺下湖	寺下湖开发利用区	一级	寺下湖全湖区			6.0		重要城镇河段	F090834300003000
142	寺下湖	寺下湖渔业用水区	二级	寺下湖全湖区			6.0	Ⅲ	渔业用水区	F090834300003064

表 5.17.4　2007 年江西省地表水（环境）功能区划登记（九江辖区）

序号	河流湖库	设区市	控制城镇	水功能区名称	水环境功能区名称	水质目标	起始位置	终止位置	长度/km	面积/km²	功能排序	区划依据	水功能区编码	水环境功能区编码
419	修水	宜春市	铜鼓县	修水源头水保护区	自然保护区	Ⅱ	铜鼓县高桥乡东津水（修水）起源	铜鼓县港口乡铜鼓修水交接处	58			源头河段	F090100101000	360900FJ010401
420	修水	九江市	修水县	修水县保留区	景观娱乐用水区	Ⅲ	铜鼓县港口乡铜鼓修水交接处	修水县城大桥上游 1km	94			开发利用程度不高	F090100202000	360400FJ010401
421	修水	九江市	修水县	修水县开发利用区		Ⅳ	修水县城大桥上游 1km	修水县梅山下	9			重要城镇河段	F090100303000	
422	修水	九江市	修水县	修水县工业用水区	工业用水区	Ⅲ	修水县城大桥上游 1km	修水县梅山下	9		工业 景观	工业、景观用水区	F090100303012	360400FJ010402
423	修水	九江市	武宁县	修水县—武宁县保留区	景观娱乐用水区	Ⅲ	武宁县黄塅柘林水库沙田河汇入口上游 1.5km	武宁县黄塅柘林水库沙田河汇入口 1.5km	83	40.27		开发利用程度不高	F090100402000	360400FJ010403
424	修水	九江市	武宁县	修水柘林水库开发利用区		Ⅲ	武宁县黄塅柘林水库沙田河汇入口 1.5km	永修县柘林水库坝址	55	262.2		重要城镇旅游景点	F090100503000	
425	修水	九江市	武宁县	修水柘林水库武宁工业用水区	工业用水区	Ⅲ	武宁县柘林水库车渡	武宁县柘林水库车渡	6.5	8.35	工业 景观	工业、景观用水区	F090100503012	360400FJ010404
426	修水	九江市	武宁县	修水柘林水库武宁过渡区	景观娱乐用水区	Ⅲ	武宁县柘林水库车渡	武宁县武宁水厂取水口上游 1km	2	3.29		水质目标差异	F090100503026	360400FJ010405

续表

序号	河流湖库	设区市	控制城镇	水功能区名称	水环境功能区名称	水质目标	起始位置	终止位置	长度/km	面积/km²	功能排序	区划依据	水功能区编码	水环境功能区编码
427	修水	九江市	武宁县	修水柘林水库武宁饮用水水源区	饮用水水源保护区	Ⅱ~Ⅲ	武宁县武宁水厂取水口上游1km	武宁县埒头水坪取水口下游2km	2.5	6.47	饮用、景观	饮用、景观用水区	F0901000503031	360400FJ010406
428	修水	九江市	武宁县	修水柘林水库景观娱乐用水区	渔业用水区	Ⅲ	武宁县埒头水坪取水口下游2km	永修县柘林水库坝址	44	244.0	景观娱乐	景观、渔业用水区	F0901000503045	360400FJ010407
429	修水	九江市	永修县	修水武宁永修保留区	景观娱乐用水区	Ⅲ	永修县柘林水库坝址	永修县柘林水库坝址	20			开发利用程度不高	F0901000602000	360400FJ010408
430	修水	九江市	永修县	修水永修开发利用区			永修县元里	永修县元嘴坝	30.5			重要城镇河段	F0901000703000	
431	修水	九江市	永修县	修水永修工业用水区	工业用水区	Ⅳ	永修县元里	永修县艾城	19		工业、景观	工业、景观用水区	F0901000703012	360400FJ010409
432	修水	九江市	永修县	修水永修过渡区	景观娱乐用水区	Ⅲ	永修县艾城	永修县下基胡家	4.5			水质目标差异	F0901000703026	360400FJ010410
433	修水	九江市	永修县	修水永修饮用水水源区	饮用水水源保护区	Ⅱ~Ⅲ	永修县下基胡家	永修县公路桥	3.5		饮用、景观	饮用、景观用水区	F0901000703031	360400FJ010411
434	修水	九江市	永修县	修水永修景观娱乐用水区	景观娱乐用水区	Ⅲ	永修县公路桥	永修县三角乡元嘴坝	3.5		饮用、景观	景观娱乐用水区	F0901000703045	360400FJ010412

续表

序号	河流湖库	设区市	控制城镇	水功能区名称	水环境功能区名称	水质目标	起始位置	终止位置	长度/km	面积/km²	功能排序	区划依据	水功能区编码	水环境功能区编码
435	修水	九江市	永修县	修水永修县保留区	景观娱乐用水区	III	永修县三角乡元修坝	永修县下曲岸永修星子交界处	18			开发利用程度不高	F0901000802000	360400FJ010413
436	修水	九江市	永修县	修水吴城自然保护区	自然保护区	II	永修县下曲岸永修星子交界处	星子县吴城修水赣江汇合入湖口	13.5			自然保护区河段	F0901010901000	360400FJ010414
437	修水渣津水	九江市	修水县	修水渣津水源头保留区	自然保护区	II	修水县白岭镇黄龙山起源	修水县渣津镇石桥下	51			源头河段	F0901010101000	360400FJ0104AA01
438	修水渣津水	九江市	修水县	修水渣津水修水县保留区	景观娱乐用水区	III	修水县渣津镇石桥下	修水县马坳镇渣津东津水（修水）汇合口	14			开发利用程度不高	F0901020202000	360400FJ0104AA02
439	修水武宁水	宜春市	铜鼓县	修水武宁水铜鼓上保留区	自然保护区	II	铜鼓县排埠镇大固山武宁水（山口水）起源	铜鼓县水厂取水口上游4km	22			开发利用程度不高	F0901020102000	360900FJ140501
440	修水武宁水	宜春市	铜鼓县	修水武宁水铜鼓饮用水源开发利用区		II～III	铜鼓县水厂取水口上游4km	铜鼓县岩前	8.2			重要城镇河段	F0901020203000	
441	修水武宁水	宜春市	铜鼓县	修水武宁水铜鼓饮用水水源区	饮用水水源保护区		铜鼓县水厂取水口上游4km	取水口下游0.2km	4.2		饮用 景观	饮用、景观用水区	F0901020203011	360900FJ140502
442	修水武宁水	宜春市	铜鼓县	修水武宁水铜鼓工业用水区	工业用水区	IV	取水口下游0.2km	铜鼓县岩前	4		工业 景观	饮用、景观用水区	F0901020203022	360900FJ140503

续表

序号	设区市	控制城镇	水功能区名称	水环境功能区名称	水质目标	起始位置	终止位置	长度/km	面积/km²	功能排序	区划依据	水功能区编码	水环境功能区编码
443	宜春市	铜鼓县	修水武宁水铜鼓下保留区	景观娱乐用水区	Ⅲ	铜鼓县岩前	修水县山口镇何家铜鼓修水交界处	49.5			开发利用程度不高	F09010203002000	360900FJ140504
444	九江市	修水县	修水武宁水修水县保留区	景观娱乐用水区	Ⅲ	修水县山口镇何家铜鼓修水交界处	修水县竹坪乡武宁水入修水处	48.5			开发利用程度不高	F09010204002000	360400FJ140501
445	九江市	修水县	修水安平水修水县保留区	景观娱乐用水区	Ⅲ	修水县黄港镇毛竹山起源	修水县荒岗水水厂取水口上游4km	49			开发利用程度不高	F09010301002000	360400FJ0104AB01
446	九江市	修水县	修水安平水开发利用区			修水县荒岗水水厂取水口上游4km	入修水处	9			重要城镇河段	F09010303003000	
447	九江市	修水县	修水安平水饮用水源保护区	饮用水源保护区	Ⅱ～Ⅲ	修水县荒岗水水厂取水口上游4km	入修水处	9		饮用 景观	饮用、景观用水区	F09010303003011	360400FJ0104AB02
⋮													
458	九江市	永修县	潦河永修保留区	景观娱乐用水区	Ⅲ	安义县长埠安义永修交界处	永修县水厂取水口（山下渡）上游4km	18			开发利用程度不高	F09010408002000	360400FJ150501
459	九江市	永修县	潦河永修开发利用区			永修县水厂取水口（山下渡）上游4km	永修县山下渡潦河入修河处	4.2			重要城镇河段	F09010409003000	

续表

序号	河流湖库	设区市	控制城镇	水功能区名称	水环境功能区名称	水质目标	起始位置	终止位置	长度/km	面积/km²	功能排序	区划依据	水功能区编码	水环境功能区编码
460	修水 潦河	九江市	永修县	潦河永修饮用水源区	饮用水源保护区	Ⅱ~Ⅲ	永修县水厂（山下渡）取水口上游4km	永修县山下渡潦河入修河处	4.2		饮用 景观	饮用、景观用水区	F09010409030011	360400FJ150502
...														
472	博阳河	九江市	瑞昌市 德安县	博阳河德安保留区	景观娱乐用水区	Ⅲ	瑞昌市杨段起源	德安县丰林镇张家公路桥德安水厂取水口上游4km	68.5			开发利用程度不高	F09080301020000	360400FJ100501
473	博阳河	九江市	德安县	博阳河德安县开发利用区			德安县丰林镇张家公路桥德安水厂取水口上游4km	德安县罗家	9.5			重要镇河段	F09080302030000	
474	博阳河	九江市	德安县	博阳河德安饮用水源区	饮用水水源保护区	Ⅱ~Ⅲ	德安县丰林镇张家公路桥德安水厂取水口上游4km	取水口下游0.2km	4.2		饮用 景观	饮用、景观用水区	F09080302030011	360900FJ100502
475	博阳河	九江市	德安县	博阳河德安工业用水区	工业用水区	Ⅳ	取水口下游0.2km	德安县罗家	5.3		工业 景观	饮用、景观用水区	F09080302030022	360900FJ100503
476	博阳河	九江市	德安县	博阳河德安—共青城保留区	景观娱乐用水区	Ⅲ	德安县罗家	共青城水口上游4km	13			开发利用程度不高	F09080303020000	360900FJ100504
477	博阳河	九江市	德安县	博阳河共青城开发利用区			共青城取水口上游4km	取水口下游0.2km	4.2			重要城镇河段	F09080304030000	

续表

序号	河流湖库	设区市	控制城镇	水功能区名称	水环境功能区名称	水质目标	起始位置	终止位置	长度/km	面积/km²	功能排序	区划依据	水功能区编码	水环境功能区编码
478	博阳河	九江市	德安县	博阳河共青城饮用水水源区	饮用水水源保护区	II～III	共青城取水口上游4km	取水口下游0.2km	4.2		饮用 景观	饮用、景观用水区	F0908030403011	360900FJ100505
479	博阳河	九江市	德安县	博阳河星子保留区	景观娱乐用水区	III	取水口下游0.2km	星子县青山头入鄱阳湖处	6			开发利用程度不高	F0908030502000	360400FJ100506
⋯														
482	长江	九江市	瑞昌市	长江赣鄂缓冲区	渔业用水区	III	瑞昌市湖北省入境	瑞昌市码头镇北湾	5.5			省界附近河流	F100400104000	360400FB010101
483	长江	九江市	瑞昌市辖区	长江瑞昌—九江保留区	渔业用水区	III	瑞昌市码头镇北湾	九江市四方港务河西水厂上游3km	41.5			开发利用程度不高	F100400202000	360400FB010102
484	长江	九江市辖区	九江市辖区	长江九江开发利用区			九江市四方港务河西水厂上游3km	九江市乌石矶粮库	14			城市河段	F100400303000	
485	长江	九江市辖区	九江市辖区	长江九江饮用水水源区	饮用水水源保护区	II～III	九江市四方港务河西水厂上游3km	九江市河东水厂泵站河东水厂取水口下游0.2km	5.5			饮用、景观用水区	F100400303011	360400FB010103
486	长江	九江市辖区	九江市辖区	长江九江工业用水区	工业用水区	IV	九江市河东水厂泵站河东水厂取水口下游0.2km	九江市乌石矶粮库	8.5		工业 景观	饮用、景观用水区	F100400303022	360400FB010104
487	长江	九江市辖区	九江市辖区	长江九江保留区	渔业用水区	III	九江市乌石矶粮库	湖口县长江合口天灯堤上	19			开发利用程度不高	F100400402000	360400FB010105

续表

序号	河流湖库	设区市	控制城镇	水功能区名称	水环境功能区名称	水质目标	起始位置	终止位置	长度/km	面积/km²	功能排序	区划依据	水功能区编码	水环境功能区编码
488	长江 长河	九江市	瑞昌市	长河瑞昌保留区	景观娱乐用水区	III	瑞昌市长源乡大禾塘起源	瑞昌市闵家明	53.5			开发利用程度不高	F1004010102000	360400FB0101AA01
489	长江 长河	九江市	瑞昌市	长河瑞昌开发利用区		IV	瑞昌市闵家明	九江县熊家湾瑞昌九江县交界处	7			重要城镇河段	F1004010203000	
490	长江 长河	九江市	瑞昌市	长河瑞昌工业用水区	工业用水区	III	瑞昌市闵家明	九江县熊家湾瑞昌九江县交界处	7		工业 景观	饮用、景观用水区	F1004010203012	360400FB0101AA02
491	长江 长河	九江市	九江县	长河九江县保留区	景观娱乐用水区	III	九江县熊家湾瑞昌九江县交界处	九江县赛湖农场入赛湖	10			开发利用程度不高	F1004010302000	360400FB0101AA03
492	长江 沙河	九江市	庐山区	沙河庐山自然保护区	自然保护区	II	九江市庐山区怙岭镇起源	九江市庐山区赛阳镇	8.5			自然保护区风景名胜区	F1004020101000	360400FB0101AB01
493	长江 沙河	九江市	庐山区 九江县	沙河庐山—九江县保留区	景观娱乐用水区	III	九江市庐山区赛阳镇	九江县水厂取水口上游4km（骆驼山）	4.5			开发利用程度不高	F1004020202000	360400FB0101AB02
494	长江 沙河	九江市	九江县	沙河九江县开发利用区			九江县水厂取水口上游4km（骆驼山）	取水口下游0.2km（骆驼山下游0.5km）	8.2			重要城镇河段	F1004020303000	
495	长江 沙河	九江市	九江县	沙河九江县饮用水水源区	饮用水水源保护区	II~III	九江县水厂取水口上游4km（骆驼山）	取水口下游0.2km（骆驼山下游0.5km）	4.2		饮用 景观	饮用、景观用水区	F1004020303011	360400FB0101AB03

续表

序号	河流湖库	设区市	控制城镇	水功能区名称	水环境功能区名称	水质目标	起始位置	终止位置	长度/km	面积/km²	功能排序	区划依据	水功能区编码	水环境功能区编码
496	长江沙河	九江市	九江县	沙河九江县工业用水区	工业用水区	Ⅳ	取水口下游0.2km（骆驼山下游0.5km）	九江县沙河入八里湖处	4		工业景观	饮用、景观用水区	F10040202303022	360400FB0101AB04
497	长江	九江市	湖口县	长江湖口开发利用区			湖口县长江汇合口天灯堤上	湖口县梅家咀黄茅潭	9.5			重要城镇河段	F11020000103000	
498	长江	九江市	湖口县	长江湖口工业用水区	工业用水区	Ⅳ	湖口县长江汇合口天灯堤上	湖口县梅家咀黄茅潭	9.5		工业景观	饮用、景观用水区	F11020000103012	360400FB010106
499	长江	九江市	湖口县彭泽县	长江湖口—彭泽保留区	渔业用水区	Ⅲ	湖口县梅家咀黄茅潭	彭泽县芙蓉墩镇彭泽水厂上游4km	17.5			开发利用程度不高	F11020000202000	360400FB010107
500	长江	九江市	彭泽县	长江彭泽开发利用区			彭泽县芙蓉墩镇彭泽水厂上游4km	彭泽县芙蓉墩镇彭泽水厂上游4km	8.5			重要城镇河段	F11020000303000	
501	长江	九江市	彭泽县	长江彭泽饮用水水源区	饮用水水源保护区	Ⅱ～Ⅲ	彭泽县芙蓉墩镇彭泽水厂上游4km	取水口下游0.2km	4.2		饮用景观	饮用、景观用水区	F11020000303011	360100FB010108
502	长江	九江市	彭泽县	长江彭泽工业用水区	工业用水区	Ⅳ	取水口下游0.2km	彭泽朱家垅	4.3		工业景观	饮用、景观用水区	F11020000303022	360400FB010109

续表

序号	河流湖库	设区市	控制城镇	水功能区名称	水环境功能区名称	水质目标	起始位置	终止位置	长度/km	面积/km²	功能排序	区划依据	水功能区编码	水环境功能区编码
503	长江	九江市	彭泽县	长江彭泽保留区	渔业用水区	Ⅲ	彭泽朱家坞	彭泽县江西安徽省交界处上游8.5km	15			开发利用程度不高	F110200040200	360400FB010110
504	长江	九江市	彭泽县	长江赣院缓冲区	景观娱乐用水区	Ⅲ	彭泽县江西安徽省交界处上游8.5km	彭泽县江西安徽省交界处	8.5			省界附近河流	F110401050400	360400FB010111
┄														
531	汨罗江	九江市	修水县	汨罗江修水县源头保护区	自然保护区	Ⅱ	修水县黄龙乡黄龙寺起源	修水县出境江西湖南交界处	23			省界、源头河段	F070800010100	360400FC1305AA01
┄														
555	鄱阳湖	九江市 南昌市	永修县 星子县 新建县	鄱阳湖永修吴城国家级自然保护区	自然保护区	Ⅱ	鄱阳湖永修国家级自然保护区			168.6		自然保护区	F090800010100	360000L36701
556	鄱阳湖	南昌市	新建县	鄱阳湖南昌南矶山湿地自然保护区	自然保护区	Ⅱ	鄱阳湖南昌南矶山湿地自然保护区			226.5		自然保护区	F090800020100	360000L36702
557	鄱阳湖	上饶市	鄱阳县	鄱阳湖鄱阳白沙洲湿地自然保护区	自然保护区	Ⅲ	鄱阳湖鄱阳白沙洲湿地自然保护区			121.0		自然保护区	F090800030100	360000L36703

续表

序号	河流湖库	设区市	控制城镇	水功能区名称	水环境功能区名称	水质目标	起始位置	终止位置	长度/km	面积/km²	功能排序	区划依据	水功能区编码	水环境功能区编码
558	鄱阳湖	上饶市	余干县	鄱阳湖余干康山候鸟自然保护区	自然保护区	Ⅲ		康山候鸟自然保护区		113.4		自然保护区	F0908000401000	360000L36704
559	鄱阳湖	九江市	永修县星子县	鄱阳湖永修南湖湿地自然保护区	自然保护区	Ⅲ		南湖湿地自然保护区		37.7		自然保护区	F0908000501000	336000L36705
560	鄱阳湖	九江市	都昌县	鄱阳湖都昌候鸟自然保护区	自然保护区	Ⅲ		都昌候鸟自然保护区		77.97		自然保护区	F0908000601000	360000L36706
561	鄱阳湖	九江、南昌、上饶	鄱阳湖区各县	鄱阳湖环湖开发利用区			蚌山湖、南/北港湖、新妙湖、内/外珠湖、雪湖、大沙坊湖等			445.6		大型湖泊	F0908000703000	
562	鄱阳湖	九江、南昌、上饶	鄱阳湖区各县	鄱阳湖环湖渔业用水区	渔业用水区	Ⅲ	蚌山湖、南/北港湖、新妙湖、内/外珠湖、雪湖、大沙坊湖等			445.6		大型湖泊	F0908000703014	360000L36707
563	鄱阳湖	九江市	都昌县	鄱阳湖都昌开发利用区	饮用水水源保护区		都昌县水厂取水口1km半径水域			0.89		饮用水源地	F0908000803000	
564	鄱阳湖	九江市	都昌县	鄱阳湖都昌饮用水水源区	饮用水水源保护区	Ⅱ～Ⅲ	都昌县水厂取水口1km半径水域			0.89		饮用、景观用水区	F0908000803011	360000L36708

续表

序号	河流湖库	设区市	控制城镇	水功能区名称	水环境功能区名称	水质目标	起始位置	终止位置	长度/km	面积/km²	功能排序	区划依据	水功能区编码	水环境功能区编码
565	鄱阳湖	九江市	星子县	鄱阳湖星子开发利用区				星子县水厂取水口1km半径水域			2.59	饮用水源地	F0908000903000	
566	鄱阳湖	九江市	星子县	鄱阳湖星子饮用水水源区	饮用水水源保护区	Ⅱ～Ⅲ		星子县水厂取水口1km半径水域			2.59	饮用、景观用水区	F0908000903011	360000L36709
567	鄱阳湖	九江市	湖口县	鄱阳湖湖口开发利用区				湖口县水厂取水口上游2km,下游0.5km,宽0.5km水域			1.55	饮用水源地	F0908001003000	
568	鄱阳湖	九江市	湖口县	鄱阳湖湖口饮用水水源区	饮用水水源保护区	Ⅱ～Ⅲ		湖口县水厂取水口上游2km,下游0.5km,宽0.5km水域			1.55	饮用、景观用水区	F0908001003011	360000L36710
569	鄱阳湖	九江市	九江市市辖区	鄱阳湖九江开发利用区				九江化纤厂铁路至蛤蟆石沿岸长5km,宽1km水域			7.36	饮用、景观用水区	F0908001103000	
570	鄱阳湖	九江市	九江市市辖区	鄱阳湖九江工业用水区	工业用水区	Ⅳ		九江化纤厂铁路至蛤蟆石沿岸长5km,宽1km水域			7.36	饮用、景观用水区	F0908001103012	3360000L36711
571	鄱阳湖	九江、南昌、上饶	鄱阳湖区各县	鄱阳湖保留区	景观娱乐用水区	Ⅲ		鄱阳湖其他水域		1271.25		大型湖泊	F0908001202000	360000L36712

九江市水功能区纳污能力及限制排污总量：COD 纳污能力总量为76490.0t/a，氨氮纳污能力总量为8697.0t/a，总磷纳污能力总量为627.3t/a，总氮纳污能力总量为1879.0t/a。其中水功能一级区 COD 纳污能力总量为15987.0t/a，氨氮纳污能力总量为1463.0t/a；水功能二级区 COD 纳污能力总量为60503.0t/a，氨氮纳污能力总量为7234.0t/a，总磷纳污能力总量为627.3t/a，总氮纳污能力总量为1879.0t/a（其中总磷、总氮纳污能力只针对湖泊进行计算）。入河削减量：COD 15723.2t/a，氨氮污染物1131.1t/a，总磷污染物48.75t/a，总氮污染物669.5t/a。其中水功能一级区无削减，水功能二级区需削减，主要是长江九江饮用水源区及甘棠湖景观娱乐用水区。

报告主要编写人员有樊建华、李辉程、刘敏、代银萍、金戎、吕兰军等。

四、《九江市水量分配细化研究报告》

2009 年 9 月起开始编撰《九江市水量分配细化研究报告》，2010 年 10 月30 日，顺利通过省市有关部门领导和专家的审查。本次水量分配方案细化的工作内容在于明确各县级区域和大用水户的取用水量的资格水权。在各区域资格水权确定后，为保证各方用水权利和流域河流健康，需要结合水功能分区、纳污总量控制指标，进一步明确各河段控制断面和节点的水量、水质控制指标，编制年度水量调度方案。报告在水资源开发利用现状调查及需水总量预测的基础上，对水量分配方案细化总量进行控制，见表5.17.5。

表 5.17.5　　　2030 参照年九江市 50％频率各用水区域水量分配
细化技术推荐方案

用水区域	四级区名称	分水总量/万 t						分水比例/％
		生活需水量	农业需水量	林牧渔需水量	工业需水量	三产需水量	总用水量	
市辖区	湖西北区	753	1983	224	3267	2105	8332	2.2
	赤湖	3435	3666	264	23915	2547	33827	8.8
	小计	4188	5649	488	27182	4653	42159	11.0
九江县	湖西北区	421	1566	134	637	139	2896	0.8
	赤湖	2996	6802	199	5885	471	16354	4.2
	小计	3417	8368	333	6522	610	19250	5.0

续表

用水区域	四级区名称	分水总量/万 t						分水比例/%
		生活需水量	农业需水量	林牧渔需水量	工业需水量	三产需水量	总用水量	
武宁县	赤湖	244	440	64	447	53	1247	0.3
	修河干流	3605	13063	804	7072	514	25058	6.5
	小计	3849	13503	868	7519	567	26305	6.8
修水县	汨水	609	1908	92	6	5	2620	0.7
	修河干流	7653	21067	2240	8985	1014	40959	10.7
	小计	8262	22975	2332	8991	1019	43579	11.4
永修县	湖西北区	174	1097	154	585	301	2312	0.6
	修河干流	2925	11225	3648	5750	400	23948	6.2
	潦河	799	4707	1453	1851	186	8996	2.4
	小计	3898	17029	5255	8186	887	35256	9.2
德安县	湖西北区	1659	4778	256	7911	543	15147	4.0
	修河干流	66	641	34	101	9	851	0.2
	小计	1725	5419	290	8012	552	15999	4.2
共青城	湖西北区	441	1855	321	4753	384	7754	2.0
	修河干流	452	1566	72	574	20	2683	0.7
	小计	893	3421	393	5327	404	10437	2.7
星子县	湖西北区	1928	6119	1246	5917	2789	18000	4.7
都昌县	湖东北区	5901	18809	723	4734	646	30812	8.0
	西河中下游	627	3139	114	421	27	4327	1.1
	小计	6528	21948	837	5155	673	35139	9.1
湖口县	湖东北区	2443	9523	392	3257	277	15894	4.1
	彭泽区	561	2327	984	3588	476	7937	2.1
	小计	3004	11850	1376	6845	753	23831	6.2
彭泽县	西河中下游	330	1520	112	133	66	2161	0.6
	彭泽区	2529	9196	3721	4955	520	20920	5.4
	小计	2859	10716	3833	5088	586	23081	6.0
瑞昌市	赤湖	3823	9643	850	9142	734	24191	6.3
	修河干流	269	978	54	561	77	1939	0.5
	小计	4092	10621	904	9703	811	26130	6.8

用水区域	四级区名称	分水总量/万 t						分水比例/%
		生活需水量	农业需水量	林牧渔需水量	工业需水量	三产需水量	总用水量	
赛得利厂	湖西北区				2827		2827	0.7
九江电厂	赤湖				48522		48522	12.6
九江水务公司	赤湖	5464			1290	835	7589	2.0
九江石化	赤湖	261	103		2666		3030	0.8
九江钢厂	彭泽区				1700		1700	0.4
有机硅厂	修河干流				1450		1450	0.4
总计		50368	137721	18155	162902	15138	384283	100

报告主要编写人员有李辉程、张洁、陈颖、樊建华、代银萍、刘敏、金戎等。

五、《九江市湖泊普查成果报告》

湖泊是重要湿地之一，具有供水、防洪、灌溉、航运、发电、养殖、景观、涵养水源等多种功能。九江市水系发达，水网密集，湖泊众多，拥有 1km² 以上湖库共 40 个，其中大型水库 2 个，中型湖库 38 个。为了更好地了解湖泊的基本信息、库区的主要污染物排放口、湖泊的水质现状等，2009 年，九江市水文局对以上 40 个湖泊（包括天然湖泊、人造景观湖泊、水库等）开展了普查工作。报告对调查情况给出了主要结论，提出了治理措施和建议，附有重点湖泊名录。

报告主要编写人员有刘敏、代银萍、龚芸、郎锋祥、王重华。

六、水资源质量月报

2011 年 9 月开始，九江市水文局对九江市重要江河湖泊水功能区、界河水体、重要县市供水水源地、主要大中型水库按月发布《九江市水资源质量月报》。月报中对 29 个一级水功能区、27 个二级水功能区、12 个重要县市供水水源地、12 个界河水体、25 个大中型水库的 24 项指标作出水资源质量分析评价。2016 年，一级水功能区分析评价调整为 24 个，二级水功能区调整为 22 个，见表 5.17.6。

表 5.17.6　　　　　2016 年九江市水资源质量月报分析评价成果

月份	水功能区 46 个				供水水源地 12 个			主要界河 12 个			重点水库 25 座	
	一级区 24 个		二级区 22 个		良好	合格	不合格	Ⅰ类	Ⅱ类	Ⅲ类	优于 Ⅲ类	劣于 Ⅲ类
	达标	不达标	达标	不达标								
1	24		21	1	12				11	1		
2	23	1	22		10	2		1	11			
3	24		22		9	3			11	1	22	3
4	24		20	2	10	1	1		7	5		
5	24		22		12				9	3		
6	24		22		12			2	10		15	10
7	24		22		8	4			11	1		
8	24		20		9	2	1		12			
9	24		21	1	11	1			10	2	22	3
10	24		22		12			3	7	2		
11	24		22		7	5		2	10			
12	24		22		8	4		2	8	2	25	

七、《九江市城区饮用水水源地保护规划报告》

报告编制的目的是通过调查掌握九江市城区集中式地表水饮用水水源地基本情况和安全状况，对饮用水水源地环境质量进行分析评价，加强监督监测及管理能力建设，解决目前危害九江市饮用水安全的问题，推动九江市饮用水水源地各项保护工程建设和管理工作积极稳妥进行，而改善九江市水源地饮水安全的现状、合理确定饮用水水源地安全建设方案、科学制定饮用水水源地保护与管理对策和措施，统筹协调好生活、生产和生态用水关系，为今后一个时期九江市饮用水水源地建设、保护和管理提供依据，保障九江市饮水安全，维护人民群众的生命健康。

2012 年 8 月，完成了报告的编制工作，并通过技术审查。主要内容有：指导思想和编制原则、饮用水源地概况、饮用水水源地环境质量状况评价、饮用水源保护区划分与核定、饮用水源保护区污染源调查分析、饮用水水源地环境保护工程规划、饮用水水源地调配和水源建设工程、饮用水水源地监控与预警体系建设、项目可达性分析、规划投资及效益评估及规划实施保障等。

报告主要编写人员有李辉程、刘敏、代银萍、王重华、龚芸、郎锋祥、蔡倩、黄晓洁。

八、《鄱阳湖九江区域水质不达标治理实施方案》

根据《江西省河长制办公室关于全省水质不达标河湖落实"河长"责任工作要求的函》（赣河办字〔2015〕4号）文件精神，限期治理鄱阳湖水质超标问题，要求水质不达标区域所在县级"河长"要认真组织有关部门迅速查清水质超标原因，有针对性地制定治理方案，提出治理措施，明确治理期限。为深入推进鄱阳湖区九江区域污染整治工作，根据市委、市政府的工作安排和部署，九江市及四县一区"河长制"办公室的要求，九江市水文局承担《鄱阳湖九江区域水质不达标治理实施方案》的编制工作。2016年5月13日，报告通过由市河长办、市发展改革委、市交通局、市环保局、市农业局、市水利局、市国土局、九江地方海事局及永修、星子、都昌、湖口、庐山等县（区）水利（水务）局的代表和特邀专家的评审。

报告对鄱阳湖九江区域基本情况作了介绍；并对区域水环境状况、区域污染源概况及水功能区纳污能力进行了分析研究；明确水质不达标区域综合治理主要任务；提出水质不达标区域综合治理项目和工程。并对投资估算及环境效益、经济效益、社会效益进行分析，提出了具体的保障措施和建议。

报告主要编写人员有刘敏、郎锋祥、王重华、黄晓洁、蔡倩、杨蓓、陈文达等。

九、《修河志》

2007年3月30日，九江市人大城建环保暨环保修河行工作座谈会通过《关于编纂〈修河志〉的决定》。志书定位为总结过去、展示现在、服务未来的河流生态丛书。志书于2011年5月正式出版，全书共分为自然环境、自然资源、人文社会、开发建设、生态环境、生态环境保护与可持续发展6篇，计39章。

九江市水文局是编写单位之一，曹正池为编委，陶建平被聘为该志书的执行编辑，李辉程、樊建华参与志书的编写工作。

十、建设项目水资源论证

2005年1月，由曹正池执笔的《修水县淹家滩电站水资源论证报告》完成，顺利通过省水利厅组织的评审，这是九江市水文部门完成的第一个水资源论证报告。2008年，在全省第一批取得建设项目水资源论证乙级资质，有

16 人通过培训，取得水资源论证上岗证书，编制各类水资源论证报告书 88 份，涉及行业有水利、采掘、纺织、建材、化工、规划等，为水行政主管部门实施取水许可提供了重要依据和保障，见表 5.17.7。

表 5.17.7 　　　　《建设项目水资源论证报告书》及其他类报告

序号	项　目　名　称	报告编制时间	报告审批单位
1	修水县淹家滩电站	2005 年 1 月	江西省水利厅
2	永修县柘林金鸡坡电站	2005 年 7 月	九江市水利局
3	修水县龙潭峡电站	2005 年 7 月	九江市水利局
4	修水县梅口电站	2005 年 7 月	九江市水利局
5	武宁县大寺里电站	2005 年 9 月	九江市水利局
6	武宁县天福电站	2005 年 9 月	九江市水利局
7	武宁县七房电站	2005 年 9 月	九江市水利局
8	修水县香炉山钨矿钨矿 2200t/d 采选项目	2005 年 9 月	江西省水利厅
9	修水县大坪电站	2005 年 10 月	九江市水利局
10	修水县彭桥电站	2005 年 10 月	九江市水利局
11	修水县双港口电站	2005 年 10 月	九江市水利局
12	修水县黄泥井电站	2005 年 10 月	九江市水利局
13	修水县三都电站	2006 年 1 月	九江市水利局
14	修水县燕子岩电站	2006 年 2 月	九江市水利局
15	修水县九龙一级电站	2006 年 2 月	九江市水利局
16	修水县杭口电站	2006 年 2 月	九江市水利局
17	修水县九龙（港口）电站	2006 年 3 月	九江市水利局
18	武宁县石门平坳里电站	2006 年 7 月	九江市水利局
19	修水县苏区堰电站	2006 年 8 月	九江市水利局
20	修水县溪口北坑电站	2006 年 8 月	九江市水利局
21	修水县东津二级电站	2006 年 9 月	九江市水利局
22	永修县龙凤湾焦冲电站	2006 年 11 月	九江市水利局
23	江西智源实业公司右岸电站	2006 年 12 月	九江市水利局
24	修水县湖洲电站	2007 年 4 月	九江市水利局
25	修水县古市长福电站	2007 年 4 月	九江市水利局
26	都昌县境内生物质电厂	2007 年 5 月	江西省水利厅
27	修水县噪里电站	2007 年 6 月	九江市水利局

序号	项 目 名 称	报告编制时间	报告审批单位
28	修水县太阳山电站	2007 年 6 月	九江市水利局
29	修水县塘港电站	2007 年 6 月	九江市水利局
30	武宁县盘溪二级电站	2007 年 9 月	九江市水利局
31	修水县布甲乡电站	2007 年 11 月	九江市水利局
32	修水县塝培水电站	2007 年 12 月	九江市水利局
33	江西省湖口县长江河道采砂规划	2007 年 12 月	九江市水利局
34	江西省九江县长江河道采砂规划	2007 年 12 月	九江市水利局
35	江西省彭泽县长江河道采砂规划	2007 年 12 月	九江市水利局
36	永修县沙坝洲电站	2008 年 1 月	九江市水利局
37	都昌县阳储山钨钼矿	2008 年 2 月	江西省水利厅
38	湖口县自来水厂扩建工程	2009 年 6 月	九江市水利局
39	彭泽县核电生活用水项目	2009 年 8 月	九江市水利局
40	彭泽县兴达化工厂蒽醌系列染料中间体项目	2010 年 4 月	江西省水利厅
41	九江县常宇化工精细化学品及重苯加工建设	2010 年 5 月	江西省水利厅
42	九江县旭阳雷迪取水项目	2010 年 10 月	九江市水利局
43	江西亚东水泥瑞昌制造厂生产线扩建工程	2011 年 4 月	九江市水利局
44	武宁县修水河道采砂规划报告	2011 年 6 月	九江市水利局
45	江西理文造纸有限公司高档纸板项目	2011 年 6 月	江西省水利厅
46	江西铜业铅锌冶炼工程 40×10^4 t（一期、二期）	2011 年 8 月	江西省水利厅
47	修水县大洋洲防洪影响评价	2011 年 8 月	九江市水利局
48	九江恒生化纤黏胶短纤维及溶解浆项目	2011 年 10 月	江西省水利厅
49	武宁县东坑一、二级水电站	2012 年 1 月	九江市水利局
50	武宁县烟溪二级水电站	2012 年 2 月	九江市水利局
51	修水县义宁镇龙泉水电站	2012 年 3 月	九江市水利局
52	九江县九合水厂	2012 年 3 月	九江市水利局
53	武宁县黄连坑水库	2012 年 5 月	九江市水利局
54	永修县黄龙电站	2012 年 6 月	九江市水利局
55	永修县南阳坳电站	2012 年 6 月	九江市水利局
56	永修县泉林电站	2012 年 6 月	九江市水利局
57	永修县潭子峡电站	2012 年 6 月	九江市水利局
58	永修县立新水厂	2012 年 9 月	九江市水利局

续表

序号	项 目 名 称	报告编制时间	报告审批单位
59	大唐化学有限公司	2012 年 10 月	江西省水利厅
60	江西九江赛得利化纤厂	2012 年 11 月	江西省水利厅
61	江西长江化工厂	2012 年 11 月	江西省水利厅
62	修水县山口电站	2012 年 11 月	九江市水利局
63	修水县茶子岗电站	2012 年 11 月	九江市水利局
64	修水县湘竹电站	2012 年 11 月	九江市水利局
65	柘林灌区供水工程（换发证）	2012 年 12 月	江西省水利厅
66	修水县大湖水电站	2013 年 3 月	九江市水利局
67	武宁县西宁源口电站	2013 年 5 月	九江市水利局
68	修水县车联堰电站	2013 年 9 月	九江市水利局
69	庐山国际高尔夫球会 27 洞球场建设	2013 年 10 月	九江市水利局
70	修水县南崖电站	2013 年 10 月	九江市水利局
71	修水县杨坑电站	2013 年 10 月	九江市水利局
72	庐山区海会白沙河水电站	2013 年 10 月	九江市水利局
73	修水县茅坪水电站	2013 年 10 月	九江市水利局
74	修水县宏源水电站	2013 年 10 月	九江市水利局
75	修水香炉山钨矿 2500t/d 采选（改造）项目	2013 年 12 月	九江市水利局
76	修水县洞下电站增效扩容	2014 年 1 月	九江市水利局
77	修水县梁滩电站增效扩容	2014 年 1 月	九江市水利局
78	修水县石咀三级电站增效扩容	2014 年 1 月	九江市水利局
79	修水县卫红电站增效扩容	2014 年 1 月	九江市水利局
80	修水县乌石滩电站增效扩容	2014 年 1 月	九江市水利局
81	修水县黄坳乡农饮工程	2014 年 1 月	九江市水利局
82	修水县黄港镇农饮工程	2014 年 1 月	九江市水利局
83	修水县光明水电站	2014 年 4 月	九江市水利局
84	武宁县关门咀水电站	2014 年 4 月	九江市水利局
85	修水县南茶水库	2014 年 9 月	九江市水利局
86	昌九新区规划建设总体方案	2015 年 2 月	江西省水利厅
87	修水县太阳升农饮工程	2015 年 7 月	九江市水利局
88	江西赣江新区总体方案	2014—2016 年	水利部

十一、测绘成果

1993 年 5 月，完成九江市龙开河地形测量。

1994—1996 年，完成武宁县和永修县地籍测量。

1997 年 4—6 月，与河海大学合作完成广东枫树坝水电厂库区地形测量。

1998 年 11 月至 2001 年 5 月，在长江九江段抛石固岸整治工作中，编制电脑自动绘制抛石设计线、方量计算软件，并参加该地段 65km 的水下地形测量。

1999 年 11 月至 2000 年 5 月，先后与长江委丹江口水文局、黄委水文局测绘总队合作，利用 GPS 技术，对 500 多平方千米的鄱阳湖分蓄洪区进行平面、高程控制测量。

2004 年，完成永修县工业园区地形测量。

2010 年，参与鄱阳湖基础地理测量。

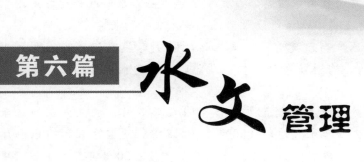

第六篇　水文管理

清光绪十一年（1885）三月，九江海关建立测候所观测降水量。清光绪三十年（1904）一月一日，九江海关在九江西门外长江设立水尺（通称海关水尺）开始观测水位。站点的设立均为当时航运所需，九江海关承担所有的水文管理工作。

民国11年（1922），扬子江水道讨论委员会下辖九江水位站是流域机构在省内最早设立的水文观测机构，扬子江水道讨论委员会承担所有水文管理工作。

至1952年1月，九江直未设水文管理机构，各水文测站工作由江西水利局领导。1952年2月，省水利局将永修二等水文站定为中心站，分片管理九江水文测站业务和经费核拨工作。1953年4月，全省按水系划分中心站管理范围，永修站调整为一等水文站，分片管理所属测站，并配备有财务会计人员，指定技术干部为中心站负责人。

1954年，永修一等水文站调整为水位站，设武宁三硔滩一等水文站作为修水水系的中心站。1954年12月，地方党委调派行政干部任一等水文站站长。

1956年7月，省水利厅水文科改建为厅水文总站，11月，设立江西省水利厅水文总站九江水文分站，成为地区级水文管理机构。从此，九江的水文管理工作历经反复，逐步走上有序发展之路。

1958年8月，九江水文分站从永修迁至九江市；1971年3月，成立九江地区水文站；1983年8月，改名为九江市水文站；1993年3月12日，更名为江西省水利厅九江市水文分局；2003年2月，成立中共九江市水文分局党组；2005年8月1日，更名为江西省九江市水文局；2008年9月10日，列入参照公务员法管理单位；2009年8月20日，成立中共九江市水文局机关总支部委员会；2013年10月24日，九江市水文局实行省水利厅和九江市人民政府双重管理体制。

第十八章

管 理 机 构

清光绪十一年（1885）三月至1956年11月，九江水文管理机构较为混乱，先后接受过九江海关、扬子江水道讨论（整理）委员会、华北水利委员会、江西水利局二科、江西水利局水文总站、中央水利实验处江西省水文总站、江西省人民政府水利局水文科、江西省水利厅水文科、江西省水利厅水文总站的管理。

1956年11月，按行政区划设江西省水利厅水文总站九江水文分站，成为地区级的水文管理机构。

1958年9月至1980年11月，九江水文管理机构上上下下、分分合合，始终处于动荡之中。

1980年11月，恢复九江地区水文站，为省水利厅的派出机构；1983年8月，改为九江市水文站；1993年3月，改为九江市水文分局；2005年8月，改为九江市水文局。尽管名称多有改变，但从1980年11月起，九江水文管理机构日趋稳定，管理职能日益增多。

第一节 机 构 沿 革

1956年11月，按行政区划设江西省水利厅水文总站九江水文分站，成为地区级水文管理机构，内设办事组、业务检查组和资料审核组。九江水文分站设在永修水文站上。

1958年8月，九江水文分站从永修迁至九江市。9月，九江水文分站和九江市气象台合并。

1959年4月，九江水文气象台下放由专、县领导，成立九江专区水文气象总站，内设行政组、水文组、气象组和水文气象服务台，县成立水文气象服务站。总站站长由九江专区行署委派，各县水文站长由各县委派，未设水文气象管理机构的县，由县内或邻县的水文站管理该县的水位站和雨量站。

1962年7月，完成全省水文气象体制上收工作，由省水文气象局直接管理，九江专区水文气象总站改名为九江水文气象总站。

1963年9月23日，九江水文气象总站改为江西省水利电力厅水文气象局九江分局，行政上受省水电厅直接领导，业务上由省水文气象局管理。11月6日，省水电厅批准分局设秘书科、水文科、气象科和水文气象服务台。1965年9月，分局增设政治工作办公室。

1964年10月1日，全省水文工作收归水利电力部领导，成立水利电力部江西省水文总站。九江分局仍和原水文气象局一起办公，一套班子、两块牌子。

1966年"文化大革命"开始，1968年，分局"革命造反派"取得分局领导权，成立了专区水文气象站革命领导小组，后又成立了革命委员会。九江分局一度改名为水文气象服务站。

1970年6月，九江专区水文气象站及县水文气象台站由专区和县革命委员会领导。

1971年1月，根据省革命委员会、省军区通知，九江地区水文气象机构分设。3月，成立九江地区水文站。内设秘书组、测管组、资料组和水情组。

1973年8月，九江专员公署决定地区水文、气象部门合并，成立九江地区气象水文局。

1977年6月，九江专员公署通知九江地区气象水文局分设，水文系统成立九江地区水文站，由九江地区水电局领导。

1980年1月1日，根据省水利局《关于改变我省水文管理体制的请示报告》，完成九江市水文管理体制上收工作，由省水利局直接领导，省水文总站具体管理。11月13日，省政府办公厅批复水利厅，同意恢复九江地区水文站作为水利厅的派出机构，行政上由水利厅直接领导。

1981年2月，省水利厅批复省水文总站，九江地区水文站设人秘科、测资科、水情科。

1983年8月，九江市行政区划调整，九江地区水文站改名为九江市水文站。

1989年1月20日，省编委以《关于全省水文系统机构设置及人员编制的通知》批复水利厅：同意江西省水利厅九江市水文站为相当于副处级事业单位，定事业编制116名，其中机关34名；内设办公室、水情科、测资科、水资源科4个副科级机构，下设修水高沙、永修虬津2个正科级水文站，武宁罗溪、德安梓坊2个副科级水文站。

1993年3月12日，省编委办同意将江西省水利厅九江市水文站更名为江西省水利厅九江市水文分局，机构更名后，其隶属关系、性质、级别和人员编制均不变。10月6日，省水利厅同意分局设置总工程师岗位各1个，成立九江水文勘测队（正科级），不增加科级干部职数。

1994年3月19日，省编委办同意增挂"九江市水环境监测中心"牌子，为一套机构、两块牌子，不增加人员编制，不提高机构规格。

2003年11月5日，省编委办同意不增加编制总额的前提下，对全省水文系统的人员编制进行调整。江西省水利厅九江市水文分局调整后108人。调整后的内设机构为12个，即：办公室、水情科、水资源科、测资科、水质科、自动化科，九江水文勘测队，修水水文勘测队（其前身为1993年成立的内设水文机构修水水文勘测分队），武宁罗溪、德安梓坊、永修虬津、修水高沙水文站。

2005年8月1日，省编委办同意将江西省水利厅九江市水文分局更名为江西省九江市水文局。

2006年6月，江西省九江市水文局调整后内设机构12个，即办公室、水情科、水资源科、测资科、水质科、自动化科，九江水文勘测队，修水水文勘测队，武宁罗溪、德安梓坊、永修虬津、修水高沙水文站。7月，江西省九江市水文局调整后的科级领导职数20名，其中正科7名，副科13名。

2008年3月17日，省编委办同意九江市水文局增设"地下水监测科"和"组织人事科"2个副科级内设机构。9月，经省委、省政府批准，江西省九江市水文局列入参照《中华人民共和国公务员法》管理，见表6.18.1。

表6.18.1　　　　　　　　九江市水文局历任领导班子一览

机构名称	姓名	性别	职务	职称	任职时间
江西省水利电力厅水文总站九江分站	杨增德	男	站长	工程师	1956年11月至1957年
九江专区水文气象总站	郭华安	男	站长	助理工程师	1957年至1959年7月
九江水文气象总站	尹宗贤	男	负责人		1959年7月至1963年9月
江西省水利电力厅水文气象局九江分局	张栒	男	局长		1963年9月至1968年
江西省水利电力厅水文气象局九江分局	尹宗贤	男	副局长		1963年9月至1968年
江西省水利电力厅水文气象局九江分局	潘志英	男	副局长		1965年2月至？
九江专区水文气象站革命委员会	张殿文	男	站长		1968年至1971年1月
九江地区水文站	张殿文	男	站长		1971年1月至1973年8月
九江地区气象水文局	金镇海	男	局长		1973年8月至1977年6月
九江地区气象水文局	王宪文	男	副局长		1973年8月至1977年6月

机构名称	姓名	性别	职务	职称	任职时间
九江地区水文站	王宪文	男	站长		1977 年 6 月至 1982 年 8 月
	潘金根	男	副站长		1980—1981 年
	周广成	男	负责人	工程师	1982 年 8 月至 1984 年 9 月
	张良志	男	站长	工程师	1984 年 9 月至 1989 年 1 月
	周广成	男	副站长	工程师	1984 年 9 月至 1987 年 12 月
	金世显	男	副站长	技术员	1984 年 9 月至 1989 年 1 月
江西省水利厅九江市水文站	张良志	男	站长副站长（副处级）	工程师高级工程师	1989 年 5 月至 1991 年 9 月1992 年 9 月至 1993 年 3 月
	周广成	男	副站长	工程师	1984 年 9 月至 1987 年 12 月
	金世显	男	副站长	技术员	1989 年 1 月至 1993 年 3 月
	沈顺根	男	站长		1991 年 10 月至 1993 年 3 月
	邓镇华	男	副站长	工程师	1991 年 9 月至 1993 年 3 月
江西省水利厅九江市水文分局	沈顺根	男	局长		1993 年 3 月至 1996 年 12 月
	张良志	男	副局长（副处级）助理调研员	高级工程师	1993 年 4 月至 1998 年 12 月1998 年 12 月至 1999 年 4 月
	金世显	男	副局长副处级调研员	技术员	1993 年 5 月至 1994 年 12 月1994 年 6 月至 1994 年 12 月
	邓镇华	男	副局长局长	工程师高级工程师	1993 年 5 月至 1996 年 12 月1996 年 12 月至 2005 年 8 月
	曹正池	男	副局长	工程师	1996 年 12 月至 2005 年 8 月
	吕兰军	男	副局长	工程师	1998 年 10 月至 2005 年 8 月
	龚向民	男	副局长	工程师	2001 年 7 月至 2004 年 1 月
江西省九江市水文局	邓镇华	男	局长副调研员	高级工程师	2005 年 8 月至 2008 年 9 月2008 年 9 月至 2009 年 7 月
	曹正池	男	副局长副调研员	工程师	2005 年 8 月至 2012 年 7 月2012 年 7 月至 2016 年 12 月
	吕兰军	男	副局长局长	工程师	2005 年 8 月至 2010 年 12 月2016 年 7 月至 2016 年 12 月
	卢兵	男	局长	高级工程师	2008 年 9 月至 2016 年 1 月
	黄良保	男	副局长	技术员	2008 年 12 月至 2016 年 12 月
	张纯	男	副局长	工程师	2008 年 12 月至 2011 年 2 月2013 年 4 月至 2016 年 12 月
	吴传红	男	副局长	工程师	2011 年 3 月至 2013 年 3 月
	黄开忠	男	副局长	助理工程师	2012 年 9 月至 2016 年 12 月

第二节 业 务 管 理

1956 年 11 月，按行政区划设江西省水利厅水文总站九江水文分站，成为地区级水文管理机构，内设办事组、业务检查组和资料审核组，开始出现较为系统的水文业务管理。

水情科 1971 年 3 月，成立九江地区水文站，内设水情组，主管水文情报预报工作。1981 年 2 月设立水情科，管理全市水文情报、预报工作。

办公室 1981 年 2 月，设立人秘科。1989 年 1 月 20 日，省编委批复，人秘科改为办公室。管理全局日常工作。

测资科，修水、永修、瑞昌、彭泽水文测报中心 1981 年 2 月设立测资科，管理全市水文测验和资料工作。2016 年，为了探索新的水文监测管理模式，根据水利部水文局水文监测改革指导意见，开始成立修水、永修、瑞昌、彭泽四个水文测报中心。

水资源科 1989 年 1 月 20 日，设立水资源科，管理全市水资源工作。

水质科 1994 年 3 月 19 日，省编委办同意增挂"九江市水环境监测中心"的牌子。2003 年 11 月 5 日，省编委办同意成立水质科。2012 年 8 月 17 日，省水利厅批准"九江市水环境监测中心"更名为"江西省九江市水资源监测中心"，历任局长兼任中心主任一职。管理全市水质工作。

自动化科 2003 年 11 月 5 日，省编委办同意不增加编制总额的前提下，内设自动化科，管理全市水文信息自动化工作。

地下水监测科 2008 年 3 月 17 日，省编委办同意增设地下水监测科。管理全市地下水、土壤墒情监测工作。

组织人事科 2008 年 8 月 1 日，成立组织人事科。管理全局党（群）的建设及组织人事工作。

第三节 双 重 管 理

1957 年 6 月 11 日，为加强水文管理，省人委发出《关于加强各级水文测站领导和水文人员管理的通知》。根据通知精神，全市水文测站接受九江行署和省水利厅双重领导。主要内容有：各站行政领导、干部管理、财政管理统由九江行署领导，各站业务工作、技术指导仍由水利厅负责；各站组织机构、人员编制由九江水利事业编制统一下达，各级水文测站的设立和撤销或迁移站址以及编制名额的增减，由九江行署会同水利厅统一研究处理上报；水利厅在平衡水文干部力量时，应先征求九江行署同意。

2013年10月24日，九江市人民政府印发《九江市人民政府关于对九江市水文局实行省水利厅和九江市人民政府双重管理的复函》，为进一步加强九江市的水文工作，更好地服务于九江市防汛减灾和经济社会发展，同意九江市水文局实行省水利厅和九江市人民政府双重管理体制；实行双重管理体制后，九江市水文局机构编制、领导职数、经费投入仍由省水利厅统一下达和管理。九江市水文设施及相关项目的建设、管理、维护仍由省级财政负担；鉴于水文部门承担了为地方经济服务的职能，九江市在财力允许的情况下，对由其承担的为地方经济建设服务的项目给予适当经费补助。

第十九章

党 群 组 织

1956 年 11 月，江西省水利厅水文总站九江水文分站因人员少，没有成立党组织，党员参加当地水利局组织的活动。1979 年 9 月，成立中共九江地区水文站支部委员会。1993 年 3 月，更名为中共九江市水文分局支部委员会。2003 年 2 月，成立中共九江市水文分局党组，同年 8 月，成立中共九江市水文分局机关党支部，隶属于九江市市直机关工委领导。2005 年 8 月，更名为中共九江市水文局支部委员会。2009 年 11 月，成立中共九江市水文局机关总支部委员会，下设机关党支部和离退休党支部。各水文巡测中心按照属地管理原则，由各地基层党委领导，九江市水文局机关党总支进行指导。

1983 年，成立九江市水文站工会委员会。2013 年 5 月，成立共青团九江市水文局支部委员会。市水文局工会、团支部隶属九江市直机关工会、团委领导。

历年来，市水文局党组大力加强党的建设，注重抓好思想、组织、作风、反腐倡廉和制度建设；组织参加、开展党的活动，发挥党支部战斗堡垒和党员先锋模范作用，增强凝聚力和战斗力。市水文局党组织、工会多次受到九江市直机关工委和工会表彰。

2016 年，江西省九江市水文局党组下辖机关党总支 1 个、机关党支部 1 个、离退休党支部 1 个；党员 43 人，其中在职党员 28 人、离退休党员 15 人，少数民族党员 1 人。

第一节 党 的 组 织 机 构

1979 年 9 月，中共九江地区水文站支部委员会成立，主要负责人由省水利厅党组（党委）或驻地市委组织部任免。2003 年 2 月中共九江市水文分局党组成立后，党组书记由省水利厅党组（党委）或驻地市委组织部任免。市水文局党支部、党总支换届选举由驻地市直机关工委负责指导，并批复党支部、党总支组成人员。

1992 年 2 月 27 日，沈顺根任中共江西省水利厅九江市水文站支部委员会书记。

2003 年 2 月 19 日，中共九江市委同意邓镇华任九江市水文分局党组书记。2 月 27 日，中共九江市委批复同意成立中共九江市水文分局党组。

2009 年 1 月 22 日，卢兵任中共江西省九江市水文局党组书记，免去邓镇华中共江西省九江市水文局党组书记职务，免去卢兵中共江西省鄱阳湖水文局党组书记职务。

2009 年 8 月 20 日，中共九江市直属机关工委批复，同意成立中共九江市水文局机关总支部委员会，下设机关党支部和离退休党支部。

2009 年 12 月 7 日，中共九江市直属机关工作委员会批复，同意选举产生的中共九江市水文局机关总支部第一届委员会。

2016 年 1 月 26 日，免去卢兵的江西省九江市水文局局长、党组书记，江西省九江市水资源监测中心主任职务。

2016 年 6 月 20 日，吕兰军任江西省九江市水文局局长（试用期一年）、江西省九江市水资源监测中心主任。

2016 年 8 月 15 日，吕兰军任九江市水文局党组书记。

第二节　党的建设与活动

一、组织建设

党总支换届　2009 年 12 月 7 日，中共九江市直属机关工作委员会批复，同意选举产生的张纯、沈顺根、李辉程、黄开忠为九江市水文局机关总支部第一届委员会委员，张纯任书记。

2013 年 4 月 22 日，九江市水文局召开党员大会，选举产生新一届中共九江市水文局机关总支部委员会；2013 年 5 月 17 日，市直机关工委批复，同意黄开忠、沈顺根、欧阳庆、段青青、金戎组成新一届市水文局机关总支部委员会，黄开忠任书记（市直组字〔2013〕56 号）。

2016 年 12 月 19 日，九江市水文局召开党员大会，选举产生新一届中共九江市水文局机关总支部委员会。经市直机关工委批复，同意黄开忠、沈顺根、欧阳庆、段青青、金戎组成市水文局新一届党总支委员会委员，黄开忠任书记。

支部换届　2003 年 8 月，中共九江市直属机关工作委员会同意成立中共江西省九江市水文分局机关支部委员会，吕兰军任市水文分局机关支部委员会书记，冯丽珠任宣传委员，陈晓生任文体委员，张纯任组织委员，李辉程任纪检委员。

2009 年 12 月，九江市水文局机关党支部进行换届选举，产生新一届支部委员会，黄开忠任机关党支部书记，沈顺根任离退休党支部书记，段青青、柯东任机关支部委员。

2013 年 4 月，九江市水文局机关党支部进行换届选举，产生新一届支部委员会，欧阳庆任机关党支部书记，沈顺根任离退休党支部书记，兰俊、代银萍任机关支部委员。

2016 年 8 月，九江市水文局机关党支部召开换届选举大会，产生新一届支部委员会，欧阳庆任机关党支部书记，沈顺根任离退休党支部书记，兰俊、代银萍、刘敏、江虹任机关支部委员。

发展党员 历年来，九江市水文局机关党支部认真做好经常性的发展党员工作，对要求入党的积极分子进行教育、培养和培训，重视在基层一线和青年职工中发展党员，壮大党员队伍，为党增添新鲜血液。2009—2016 年，九江市水文局机关党支部共发展新党员 8 人，基层单位发展新党员 6 人。

二、思想建设

制度建设 结合九江水文党建工作实际，九江市水文局党组先后建立和制定《九江市水文局党组理论中心组学习制度》《九江市水文局关于加强机关党建工作的若干规定》《九江市水文局党风廉政建设制度》《九江市水文局关于"三重一大"制度的实施办法》《九江市水文局机关党建工作例会制度》《九江市水文局机关党建和扶贫帮困工作联系点制度》和《九江市水文局党员学习教育制度》等。

党组理论中心组学习 2003 年 2 月 27 日，九江市水文局党组向省水文局党委、市直机关工委上报市水文局党组中心组组成人员，决定成立中共九江市水文局党组中心组，中心组成员由市水文局党组成员、各党支部书记、各科室和各站（队）负责人组成。中心组采取平时分散自学与集中组织学习相结合的方式进行学习，每年集中组织政治理论学习不少于 2 次，每次学习时间不少于 4d，每次集中学习前制订学习计划，明确学习内容，提出讨论思考题。

党组每年举办 2～4 次中心组理论学习班，主要传达学习贯彻中央文件和上级领导讲话精神，听取领导和专家学者辅导报告，结合水文工作实际，讨论如何加强机关党的建设，探索九江水文发展之路。局党组成员、各党支部书记、各科室和各站（队）负责人参加。

"三讲"教育 1996年6月18日，九江市水文分局党组在机关全体党员和干部职工中广泛开展以讲学习、讲政治、讲正气为主要内容的"三讲"教育活动。2000年2月14日，成立九江市水文分局"三讲"教育领导小组；2月16日，召开"领导班子、领导干部'三讲'教育活动动员大会"，活动分四个阶段进行，4月结束。

先进性教育 2005年1月31日，九江市水文分局党组印发《全市水文系统认真做好保持共产党员先进性教育活动准备工作实施方案》；2月6日，党组成立保持共产党员先进性教育活动领导小组；2月7日，党组召开专题会议，研究部署开展保持共产党员先进性教育活动；2月23日，党组邀请九江市委党校副校长钟万祥上党课，围绕为何开展和怎样开展保持共产党员先进性教育活动做深入探讨。2月24日，党组书记、局长邓镇华就开展保持共产党员先进性教育活动的重要性、国际国内形势，并结合水文工作实际讲课。7月4日，党组向省水文局党委呈报《九江市水文分局保持共产党员先进性教育活动工作总结》。

主题实践活动 2007年4月，九江市水文局党组印发《关于在全市水文系统开展党员主题实践活动的实施方案》。党员主题实践活动，是实践党员先进性的有效载体，是改进机关单位作风的有效形式；要求选准主题，突出实践，注重教育，加强管理，抓好骨干；增强党员党性、提高党员素质、发挥党员先锋模范作用。九江市水文局党组2007年工作总结对此活动有专门小结。

党的群众路线教育实践活动 2013年8月10日，九江市水文局党组印发《九江市水文局党的群众路线教育实践活动实施方案》。8月15日，召开党的群众路线教育实践活动动员会和工作会，举办党组理论学习中心组第三期学习班，采取个人自学、观看红色教育片、集中讨论等形式，对教育实践活动进行专题学习。8月中下旬，分6个调研组分赴基层水文站和各县水利局征求群众路线教育实践活动意见。9月9日，召开党的群众路线教育实践活动工作推进会。9月12—15日，组织青年干部参加省水文局举办的"感悟水文专题青年培训班"。2014年2月19日，召开党的群众路线教育实践活动总结大会，并向省局党委和市直机关工委提交书面总结材料。

"三严三实"专题教育 2015年6月18日，九江市水文局党组书记、局长卢兵参加省水文局召开的"三严三实"专题教育动员部署会暨专题党课。7月30日，举办"三严三实"专题教育党课，局党组书记、局长卢兵以《践行

"三严三实"要求做一名合格的共产党员》为题，带头为机关全体干部上了一堂深刻而又生动的专题教育党课。8月31日至9月2日，党组书记、局长卢兵参加省水文局党委理论学习中心组2015年第三期暨"三严三实"专题教育学习班。

"两学一做"专题教育　2016年5月17日，九江市水文局召开"两学一做"学习教育动员部署会，印发《关于在全体党员中开展"学党章党规、学系列讲话，做合格党员"学习教育实施方案》。6月，组织机关全体党员参加"两学一做"学习教育知识竞赛活动。6月6日，举办"两学一做"党员学习讲座，组织机关全体党员观看《咬定青山不放松》专题教育片。7月11日，举办"两学一做"学习教育专题党课。12月19日，党组举办中心组暨"两学一做"学习教育第四专题学习会，吕兰军、黄良保分别为党员干部作题为《做一个乐于奉献、勇于担当、高尚情操的水文干部》和《共产党员要增强践行大水文发展理念的自觉性》的专题党课，局党组成员、机关中层干部及全体党员参加学习。期间，九江市水文局向省水文局党委和市直机关工委上报"两学一做"学习教育阶段性总结和四个专题问题自查表。

三、廉政建设

2013年起，九江市水文局先后制定完善《九江市水文局党风廉政建设制度》《九江市水文局关于"三重一大"制度的实施办法》《九江市水文局干部任前谈话制度》等。

每年初，九江市水文局党组下发专题文件，召开全市水文系统党风廉政建设工作会议，研究部署党风廉政建设和反腐败工作任务分工，落实市水文局领导班子责任分工，与各（站）队、科室主要负责人签订年度党风廉政建设责任书。主要领导履行第一责任人的职责，对班子内部和管辖范围内的反腐倡廉建设负总责；领导班子成员和责任部门落实"一岗双责"，抓好职责范围内的反腐倡廉工作。

根据领导变动，九江市水文局党组及时调整落实党风廉政建设责任制工作领导小组。制定年度党风廉政教育学习计划，开展廉政文化建设和反腐倡廉教育，开展党性教育、革命传统教育和警示教育，在九江水文信息网设置党建纪检专栏；积极选送纪检监察干部参加上级纪检监察业务培训，每年组织参加全省水利系统纪检监察和财务审计培训班。要求水文党员领导干部树立以"清廉为荣、贪腐为耻"的道德观念，自觉增强党性观念，严格遵守党的政治纪律、组织纪律、工作纪律，做到自重、自省、自励、自警，筑牢拒腐防变的思想道德防线。

九江市水文局党组严格执行"三重一大"议事规则，即坚持在重大决策、重要干部任免、重大项目安排和大额度资金使用上，及时召开局党组会议集体研究决定。加强财务管理和审计，对部门预算执行情况进行审计，对特大防汛抗旱补助费和中央水利建设基金进行专项检查；水文预测预报、水文测站基本建设和专项建设，严格遵守水利工程建设规定，做好项目竣工决算审计；先后开展违反规定接受和赠送现金、有价证券、支付凭证（简称"红包"）、商业贿赂专项、"吃空饷"治理，"小金库"清理，违反廉洁自律规定四个问题和重大项目落实中问题专项治理；聘用单位退休人员及挂证兼职取酬行为清理；严格招投标制度和基建财务管理，保证工程优质，确保资金和干部安全。

四、党员培训

2002年7月，张纯参加省水利厅举办的处级后备干部培训班。

2006年2月，1名党员领导干部参加"全市党政领导干部落实科学发展观理论学习研讨班"。11月，机关党支部书记吕兰军参加市直机关工委"首届机关党支部书记培训班"。

2007年，市水文局党组书记、局长邓镇华参加"全国水文局领导干部第四期理论培训班"。

2012年5月，段青青参加市直机关工委"2012年市直单位科级干部理论学习培训班"。

2013年4月，郭铮参加"市直机关工委党校第六十七期入党积极分子培训班"。

2014年6月，陈义进参加"市直机关工委党校第六十九期入党积极分子培训班"。8月，机关党支部书记欧阳庆参加"市直党务干部业务知识培训班"。9月，党务干部刘敏参加"市直机关科级党政人才理论培训班"。11月，党组成员、副局长、机关党总支书记黄开忠和机关党支部书记欧阳庆2人参加"浙江大学·九江市机关党务干部能力素质提升研修班"。12月，机关党支部书记欧阳庆参加市直工委组织部"2014年党内统计年报布置暨培训会"。

2015年6月，2名党务干部参加市直机关工委"学习习近平总书记关于党风廉政建设系列讲话专题辅导报告会"；机关党支部书记欧阳庆参加市直机关工委举办的"市直机关基层党组织书记集中轮训示范班"，1名入党积极分子参加"市直机关入党积极分子培训班"；9月，欧阳庆参加市直机关工委

"市直机关党建信息员培训班",1名党务干部参加"市直机关工委科级党政人才理论培训班";10月,曹嘉参加"市直机关工委党校第七十二期入党积极分子培训班";11月,党组成员、副局长、机关党总支书记黄开忠参加"复旦大学·九江市机关党务干部能力素质提升研修班"。

2016年4月,3名党员领导干部参加"市直机关党员干部学习'五大发展理念'专题培训班",郭萍同志参加"市直机关工委党校第七十三期入党积极分子培训班";5月,党组成员、副局长、机关党总支书记黄开忠参加省水利厅"2016年第一期处级后备干部培训班";机关党支部书记欧阳庆参加"北京大学·九江市直机关党务干部能力提升研修班"。

五、党员活动

从1979年起,每年"七一"建党纪念日,九江市水文局都要召开党员座谈会,庆祝党的生日,举行新党员入党宣誓。结合实际,不定期举办党的知识学习班,开展特困党员救助和扶贫帮困活动。

1996年6月,九江市水文分局党支部在全体党员、干部职工中开展"为经济建设服务、为基层服务、为群众服务"的"三服务"活动。

1996年、2000年,在党员和干部职工中开展"三讲"教育活动。

2004年2月,九江市水文局党组举办党组中心组理论学习班。

2004—2005年,在全市水文系统党员和干部职工中开展保持共产党员先进性教育活动。

2007年4月,九江市水文局在全局范围内开展党员主题实践活动。

2008年4月,召开学习实践科学发展观活动动员大会和座谈会,深入基层进行宣讲。5月,机关全体干部职工为四川汶川地震灾区捐款5030元。

2009年6月,举办双休日学习知识讲座。7月,组织机关党员干部为特困党员捐款1000元。

2012年4月,组织机关全体干部职工参加"春蕾计划10元捐"活动。7月,开展党员捐款及帮扶助困活动。

2013年至2014年2月,在全局范围内开展党的群众路线教育实践活动。2013年4月,在局机关范围内开展希望工程1%捐助活动。9月,开展党政干部违反规定接受和赠送"红包"专项治理活动。11月,开展"三个一"(帮扶一个贫困户、掌握一门实用技术、找到一条致富路)扶贫主题活动。12月,党员领导干部观看党内参考片《较量——正在进行》,开展"科技水文沙龙"和"唱响水文"活动。

2014年9月，开展深入推进"做大九江当先锋、为民服务作表率"主题实践活动、"帮百企进千村联万户"活动。

2015年6月，九江市水文局党组开展"三严三实"（严以修身、严以用权、严以律己，谋事要实、创业要实、做人要实）教育活动。7月，组建机关党员志愿服务队，开展志愿服务活动。10月，6名党员志愿服务队成员参加市直机关工委"市直机关党员志愿服务活动启动仪式暨现场自愿无偿献血活动"。11月，1名党员领导干部参加市委组织部、市直机关工委联合举办的"市直机关党员领导干部'忠诚、干净、担当'专题报告会"，机关党总支委员段青青参加"全省水文系统党员红色朝圣活动"。

2016年4月开始，开展服务"新工业十年行动"党建成果和党员创绩先锋创评活动。5月开始，开展"两学一做"学习教育系列活动。7月，开展纪念建党95周年系列活动，3名党员代表观看市直机关工委举办的"光辉历程——市直机关纪念建党95周年暨红军长征胜利80周年大型诗文朗诵（比赛）演出"。9月23—26日，党组书记、局长吕兰军当选中共九江市第十一次代表大会代表。10月，开展党员志愿服务月活动，1名党务干部参加市直机关"两学一做"学习教育暨贯彻市十一次党代会精神专题讲座"。12月，组织党员干部参加"党的理想信念在我心中——九江市党政机关党章党规知识竞赛"，1名党务干部参加市直机关工委"宣传贯彻省第十四次党代会精神报告会暨2016年度市直机关党建学会年会"。

第三节 工会建设与活动

一、工会建设

1956年11月，成立中国农业水利工会江西省水利厅水文总站九江水文分站委员会，统一管理九江地区水文系统的工会工作。

1956—1979年，九江水文体制变动频繁，工会会员组织关系随单位的隶属关系而变动。1980年1月1日，完成九江市水文管理体制上收工作，成立了九江地区水文站工会组织，由李伟担任工会组织负责人。之后，九江水文部门工会组织开始日趋完善。

1983年，成立九江市水文站工会委员会，袁达成当选工会主席，委员有曹正池、王金香、王培金。

1989年，曹正池当选工会主席，委员有杨富云、王金香、王培金。

1997年1月，差额进行工会委员改选，王金香当选工会主席，副主席兼女工委员杨富云、财务委员冯丽珠、组织委员樊建华、宣传文体委员曲永和。5月14日，工会修水片区分会在修水县成立，李晓辉当选分会主席，王武浔、陈卫华、匡华东、王红霞当选分会委员。

1998年4月1日，召开全体职工大会，增补两名工会委员，具体分工如下：主席王金香，副主席杨富云、曲永和，组织委员樊建华，财经委员冯丽珠，文体委员徐圣良，宣传委员陈晓生。

2003年1月22日，工会举行换届选举。曲永和当选工会主席、副主席兼财经委员冯丽珠、组织委员樊建华、宣传委员程璇、文体委员黄开忠、女工委员李国霞。

2010年4月30日，经局党委会提名，职工大会公选，工会举行换届选举。工会主席曲永和、副主席杨新明、李国霞（兼财经委员）、组织委员樊建华、女工委员段青青、宣传委员龚芸、文体委员黄开忠。

2016年，所有在职职工（含外聘司机等其他人员）全部加入九江市水文局工会组织。

二、工会活动

1983—2006年，对困难、生病、直系亲属死亡等职工给予一定补助，对职工子女考上大学给予一定奖励。

1996年重阳节，组织退休职工赴上饶婺源江湾参观学习。

2004年5月17日，全国总工会农林水分会、部水文局工会到九江调研。11月8日，市直工委工会第四片区工作会议在九江市水文局召开，人防办、粮食局、公安局、民政局、人民法院、广电局、气象局、财政局、干休所、水文局等12个局的工会代表参加会议。

2007年3月，召开九江市水文局首届职工代表大会，局机关全体人员、各测站派出2名职工代表参加会议。大会听取工会工作报告，就水文工作特性、开展基层测站工会活动形成意见。

2008年，曲永和作为九江市工会代表和全省唯一的水利行业代表参加江西省工会第十二次代表大会。

2013年"三八"妇女节，组织女职工认真学习《女职工劳动保护特别规定》，选送三名代表参加了九江市总工会举办的庆"三八"《女职工劳动保护特别规定》知识竞赛活动，获得三等奖。12月6日，组织开展全局职工迎新年联欢活动，活动内容由文艺节目与互动游戏两部分穿插进行，节目丰富。

2015年"五四"青年节，在青年职工中开展"中国梦·水文梦"演讲比赛。"九九"重阳节，组织退休职工参观八里湖新区、城市展示馆、体育中心、海韵沙滩等活动。

至2016年，市水文局工会每年参加市直机关工会的培训班和各项慈善捐赠及各类文体活动。

三、职工保险

自2009年起，在九江市总工会的指导下，为每位在职职工购买团体人身意外伤害保障、女职工幸福保障，于2012年加购特种重病团体互助医疗。有2名女职工享受到"女职工幸福保障"慰问金，2名职工享受到"团体人身意外伤害保障"慰问金，2名职工享受到"特种重症团体互助医疗"慰问金，见表6.19.1。

表6.19.1　　　　　　九江市水文局历年职工参保情况

日　期	团体人身意外伤害保障/人数	特种重症团体互助医疗/人数	女职工幸福保障/人数
2009 - 09 - 21	86	0	22
2010 - 09 - 21	81	0	20
2011 - 09 - 21	84	0	22
2012 - 09 - 03	85	85	23
2013 - 09 - 03	89	89	25
2014 - 09 - 09	93	93	23
2015 - 09 - 09	93	93	23
2016 - 09 - 09	96	95	27

第四节　共青团建设与活动

一、共青团建设

1956年之前，九江水文部门没有正式成立过共青团组织。1956—1979年，九江水文体制变动频繁，团的组织关系随单位的隶属关系而变动。1980年1月1日，完成九江市水文管理体制上收工作，至1983年7月，一直未成立隶属于九江水文部门的共青团组织。

1983年8月，九江市水文站团支部第一次成立（内设组织），曹素琴任书记，其组织形式较为松散，也未正常开展活动。后因曹素琴调离水文站，加上长时间团员人数偏少，团支部名存实亡。

2013 年，新招录的年轻人逐年增多，共青团的建设工作提上了议事日程。5 月 20 日，共青团九江市直属机关工作委员会发文《关于同意成立九江市水文局团支部的批复》，正式批复同意成立九江市水文局团支部。6 月 13 日，召开共青团九江市水文局支部第一次团员大会，选举产生第一届团支部委员会，由郎锋祥任书记。

二、共青团活动

2013 年 12 月 6 日，举办以"科技水文"为主题的大型沙龙活动。

2014 年 5 月，举办以"中国梦·水文梦"为主题的演讲比赛，进一步弘扬"五四精神"和"新水文精神"，增强广大水文青年的使命感、责任感和归属感；12 月，联合局工会、妇女委员会开展科技沙龙和唱响水文活动，既丰富了水文职工的精神生活，又充分展现了水文人奋发向上、勇于开拓、锐意进取的精神风貌。水质科被共青团九江市委授予 2014 年度市"青年文明号"荣誉称号。

2015 年 4 月 29—30 日，开展"红色青春、艰苦奋斗"五四专题活动，团员们前往修水红色教育基地参观学习，到市水文局帮扶的贫困村开展慰问活动；5 月，团支部在局机关范围内开展希望工程"1‰捐助"与"微爱一元捐"活动。梓坊水文站被共青团九江市委授予 2015 年度市"青年文明号"荣誉称号。

2016 年 3 月 4 日，水质科被共青团江西省委授予全省"青年雷锋岗"荣誉称号。

2013—2016 年，市水文局团委每年积极参加市团委举办的培训班和各项慈善捐赠及各类文体活动。

第二十章

人事劳资财务管理

1956 年 11 月至 1981 年 2 月，九江水文人事管理工作随同单位管理体制的变化而变化。1981 年 2 月，水文与气象分离，九江地区水文站设立人秘科。1989 年 1 月 20 日改为办公室，开始管理九江水文人事劳资事宜。2008 年 8 月 1 日，成立组织人事科，人事劳资管理从办公室分离出来移交组织人事科。

1980 年以前，九江水文部门正科级领导干部均由上级主管部门任命。之后，局主要领导由省水利厅党组任免，副职及正科级干部由省水文党总支（党委）任免。干部的选拔按照《党政领导干部选拔任用条例》中的原则、条件和程序办理，坚持德才兼备、群众公认、注重实绩的原则，注意选拔任用优秀年轻干部，按照民主推荐、组织考察、党组织讨论、任职前公示、任职等程序操作。纪检部门作出任前廉政鉴定。

2008 年 10 月，完成九江市水文局参公登记，全局共有在职职工 87 人，其中 55 人参照公务员管理，保留工勤人员 32 人。2008 年 10 月至 2016 年 12 月，通过江西省公务员考试招录的公务员有 35 人。

第一节 人力资源管理

一、水文队伍

清光绪十一年（1885）三月，九江海关建立测候所观测降水量。清光绪三十年（1904）一月一日，九江海关开始观测水位。水文人员隶属于海关。

民国 11—20 年（1922—1931），先后设立湖口、庐山、吴城、永修、彭泽、修水、星子和小孤山站，水文人员隶属于扬子江水道整理委员会。

民国 33 年（1944）至 1949 年，水文人员由省一级管理部门委派。

20 世纪 50 年代，大多是通过水文技术干部培训班的方式补充队伍；有部分行政干部开始担任一等水文站和部分水文站站长，60 年代相继从大、中专院校引进新生力量，直到 20 世纪 70 年代，水文队伍仍比较薄弱。1968 年冬至 1969 年春，大批水文干部下放农村劳动，九江分局水文技术干部仅剩 3 人。

20 世纪 70 年代末至 80 年代初，通过招录中专和技校毕业生、部队转业军人等方式，引进大批年轻水文人才。新进职工都是中专、中技或者高中及以下学历，工人比例占多数。

20 世纪 80 年代中期至 90 年代初，通过招录中专和技校毕业生、部队转业军人和自然减员补员招工等方式引进人才，招人进度总体比较缓慢。20 世纪 90 年代初至 90 年代末，九江市水文队伍人数呈下降趋势，招人少、退休人员多是主要原因。

1991—2016 年，全市水文系统从普通全日制大学（学院）、高等专科学校、中等专业学校、技工学校分配、录用毕业生 62 人（其中：2008—2016 年，全市水文系统按照公务员考试录用规定，录用毕业生 35 人，其中硕士研究生 3 人、本科学历 26 人、大学专科学历 3 人、中专学历 3 人）。

2016 年，九江市水文局有职工 93 人，其中公务员 72 人，占总数的 77.4%；工勤人员 21 人，占总数的 22.6%。离退休人员 49 人，其中退休干部 32 人、退休工人 17 人。外聘水质监测人员 1 人，驾驶员 3 人。

二、人员结构

1979 年，全局在职职工 60 人。其中干部 39 人、工人 21 人。本科学历 1 人，大专学历 3 人，中专学历 14 人，高中学历 14 人，初中及以下学历 28 人。退休干部 1 人。

1988 年，全局在职职工 106 人。其中干部 53 人、工人 53 人。本科学历 1 人，大专学历 6 人，中专学历 28 人，高中学历 39 人，初中及以下学历 32 人。具有专业技术职务的 40 人（其中高级 3 人、中级 8 人、初级 29 人）。离退休人员 10 人（其中离休干部 2 人、退休干部 6 人、退休工人 2 人）。

2007 年，全局在职职工 92 人。其中干部 56 人、工人 36 人。行政领导职务 17 人（其中副处级 1 人、正科级 3 人、副科级 13 人）。本科学历 10 人，大专学历 36 人，中专学历 23 人，高中学历 12 人，初中及以下学历 11 人。具有专业技术职务的 56 人（其中高级 5 人、中级 20 人、初级 31 人），工人技术等级 36 人（其中技师 1 人、高级工 31 人、中级工 3 人、初级工 1 人）。离退休人员 37 人（其中离休干部 1 人、退休干部 24 人、退休工人 12 人）。

2008 年，全局在职职工 86 人。其中干部 54 人、工人 32 人。行政领导职务 6 人（其中副处级 1 人、正科级 4 人、副科级 1 人）。非领导职务 48 人（其中副调研员 1 人、主任科员 20 人、副主任科员 14 人、科员 11 人、办事员 1 人、试用期人员 1 人）。本科学历 11 人，大专学历 34 人，中专学历 18 人，高中学历 12 人，初中及以下学历 11 人。具有专业技术职务的 57 人（其中高级 4 人、中级 21 人、初级 32 人）。工人技术等级的 32 人（其中技师 1 人、高级工 29 人、中级工 1 人、初级工 1 人）。离退休人员 40 人（其中离休干部 1 人、退休干部 28 人、退休工人 11 人）。

2010 年，全局在职职工 81 人。其中干部 52 人、工人 29 人。行政领导职务的 11 人（其中副处级 1 人、正科级 4 人、副科级 6 人），非领导职务的 41 人（其中主任科员 16 人、副主任科员 11 人、科员 11 人、试用期人员 3 人）。本科学历 20 人，大专学历 26 人，中专学历 15 人，高中学历 11 人，初中及以下学历 9 人。具有专业技术职务的 52 人（其中高级 3 人、中级 18 人、初级 31 人）。工人技术等级的 29 人（其中技师 1 人、高级工 27 人、初级工 1 人）。离退休人员 46 人（其中离休干部 1 人、退休干部 31 人、退休工人 14 人）。

2016 年，全局在职职工 93 人。其中干部 72 人、工人 21 人。行政领导职务 7 人（其中正科级 6 人、副科级 1 人）。非领导职务 65 人（其中副调研员 1 人、主任科员 27 人、副主任科员 9 人、科员 18 人、办事员 2 人、试用期人员 8 人）。研究生学历 7 人，本科学历 45 人，大专学历 17 人，中专及以下学历 24 人。具有专业技术职务的 40 人（其中高级 2 人、中级 11 人、初级 27 人）。工人技术等级 21 人（其中技师 1 人、高级工 19 人、中级工 1 人）。离退休人员 49 人（其中退休干部 32 人、退休工人 17 人），见表 6.20.1、表 6.20.2、表 6.20.3。

表 6.20.1　　　　　　　　2007—2016 年九江市水文局人员情况

年份	总人数	干部	占总人数百分比/%	工人	占总人数百分比/%
2007	92	56	60.9	36	39.1
2008	86	54	62.8	32	37.2
2009	85	54	63.5	31	36.5
2010	81	52	64.2	29	35.8
2011	81	52	64.2	29	35.8
2012	88	60	68.2	28	31.8
2013	94	68	72.3	26	27.7
2014	90	66	73.3	24	26.7
2015	93	69	74.2	24	25.8
2016	93	72	77.4	21	22.6

说明：2008 年起参照公务员法管理，2008—2016 年干部人数为公务员人数。

表 6.20.2　　　　2007—2016 年九江市水文局人员学历情况

年份	年末人数	硕士研究生	大学本科	大学专科（含大学普通班）	中专	高中（含技校）	初中及以下
2007	93	0	10	35	24	12	12
2008	86	0	11	34	18	12	11
2009	85	0	18	27	18	12	10
2010	81	0	20	26	15	11	9
2011	81	0	20	26	15	11	9
2012	88	4	34	17	14	19	
2013	93	5	37	19	15	17	
2014	89	5	36	18	14	16	
2015	92	5	41	17	13	16	
2016	93	7	45	17	11	13	

表 6.20.3　　　2007—2016 年九江市水文局工人技术等级情况

年份	工人年末人数	技师	高级工	中级工	初级工
2007	33	1	27	4	1
2008	32	1	29	1	1
2009	31	1	28	1	1
2010	29	1	27	0	1
2011	29	1	27	0	1
2012	28	1	26	0	1
2013	26	1	24	0	1
2014	24	1	22	0	1
2015	24	1	22	1	0
2016	21	1	19	1	0

三、职称评聘

1983 年 8 月，九江市水文系统有 4 人取得工程师资格，10 人取得助理工程师资格，1 人取得技术员资格。

1987 年，评聘高级工程师 2 人，工程师 3 人，助理工程师 9 人，助理会计师 1 人，技术员 1 人。

1988 年，评聘工程师 7 人，助理工程师 9 人，技术员 3 人，经济员 1 人。

1989 年，评聘工程师 1 人，会计师 1 人，助理工程师 2 人，技术员 1 人。

1990 年，评聘工程师 1 人。

1992 年，评聘高级工程师 1 人，工程师 2 人，技术员 2 人。

1993 年，评聘高级工程师 1 人，工程师 2 人，助理工程师 2 人，技术员 1 人。

1994 年，评聘助理会计师 1 人。

1995 年，评聘高级工程师 1 人，工程师 8 人，助理工程师 1 人，技术员 1 人。

1996 年，评聘工程师 5 人，技术员 1 人。

1997 年 10 月，评聘高级工程师 1 人，助理工程师 2 人。

1998 年，评聘工程师 2 人，助理工程师 3 人。

1999 年，评聘高级工程师 2 人，工程师 5 人。

从 2000 年起，职称聘任由身份管理转移到岗位管理，由指标控制转移到结构比例控制，由职称评定转移到职务聘任上来，打破专业技术职务终身制。当年，评聘工程师 3 人，助理工程师 2 人，技术员 1 人。

2001 年，评聘技术员 2 人。

2002 年，评聘技术员 6 人。

2003 年，评聘技术员 4 人。

2004 年，评聘高级工程师 1 人，助理工程师 3 人。

2005 年，评聘高级工程师 1 人，工程师 1 人，会计师 1 人，助理工程师 4 人，技术员 6 人。

2006 年，评聘助理工程师 7 人，图书资料助理馆员 1 人，技术员 4 人。

2007 年，评聘工程师 1 人，助理工程师 1 人，技术员 2 人。至 2007 年底，九江市水文系统共有 10 人取得高级专业技术职称（高级工程师）；37 人取得中级专业技术职称（含国家统考专业），其中：工程师 35 人、会计师 2 人；32 人取得助理级技术职称（含国家统考专业），其中：助理工程师 31 人、助理馆员 1 人；18 人取得员级技术职称，其中：技术员 17 人、经济员 1 人。

2008 年 9 月，经中共江西省委、省政府批准，江西省水文局列入参照《中华人民共和国公务员法》管理，水文系统停止对专业技术职称的评审及聘任工作。

第二节 干部选拔培养与考核

一、干部选拔培养

1970 年 6 月至 1980 年 1 月，水文管理体制下放期间，九江地区水文站站长、副站长由九江行署和行署水电局党组织任免。

1984年，九江市水文站站长、副站长由省水利厅党组和省水文总站党总支分别任命。

1985年，九江市水文站各科（室）科长（主任）和各水文站站长由省水文总站党总支任命。

1989年5月29日，省水文总站党总支印发《关于加强干部管理明确管理权限的通知》，根据通知规定，九江市水文站副站长、办公室主任、正科级科室或测站的正职由省水文总站党总支任免。机关内设的正、副职报省水文总站党总支备案同意后由九江市水文站党组织任免，水文测站副科级任免后一个月内报省水文总站劳动人事科备案。

从1996年开始，省水利厅党组建立优秀后备干部培训制度，每年举办2期理论培训学习班。九江市水文分局（2005年8月改为九江市水文局）每年有1人参加省水利厅优秀后备干部理论培训班学习，至2016年，共有20人次参加培训。

2002年开始，九江市水文分局党组织在选拔任用水文干部时，注意严格按照《党政领导干部选拔任用条例》中的原则、条件和程序办理，坚持德才兼备、群众公认、注重实绩的原则，注意选拔任用优秀年轻干部，按照民主推荐、组织考察、党组织讨论、任职前公示、任职等程序操作。纪检部门出具提拔任用人员廉政鉴定。

2003年3月11日，省水文局党委印发《关于加强干部管理工作的通知》，明确九江市水文分局副局长、副总工程师、正副科长、正科级站（队）长由省水文局党委任免；正科级单位的副职及副科级单位的正、副职由九江市水文分局党组织任免。要求做到民主推荐、组织考察、民意测验、任职前公示。

为了培养和锻炼干部，2001年7月至2004年1月，龚向民由南昌市水文分局交流来九江市水文分局任副局长；2011年2月至2013年4月，张纯由九江市水文局交流到鄱阳湖水文局任副局长；2011年3月至2013年3月，吴传红由鄱阳湖水文局交流来九江市水文局任副局长。

1989—2016年，市水文局党组织共任命53名副科级干部。

二、干部考核

2003年始，实行领导班子和领导干部年度考核工作。根据省水文局印发的《省水文局机关和省属各水文局领导班子领导干部上年度考核工作方案》要求，局领导班子和领导干部、科室领导及站（队）长进行述职述廉。

省水文局负责对九江市水文局领导班子和领导干部进行年度工作考核；站（队）长的工作考核由九江市水文局负责。每年年初，省水文局会派出由局领导任组长的 3 人左右的考核小组，对九江市水文局领导班子和领导干部进行年度工作考核。通过对"德、能、勤、绩、廉"方面的表现，经省水文局党委考核等次均为合格。

九江市水文局比照省水文局考核办法对机关各科室领导及基层站（队）长进行年度工作考核。

第三节　工资、社（劳）保与福利

1962 年 10 月，中共中央和国务院批转水利电力部党组《关于当前水文工作存在问题和解决意见的报告》，同意将水文测站职工列为勘测工种，其粮食定量和劳保福利，按勘测工种人员的待遇予以调整，给水文测站职工发放劳保用品和驻站外勤费。此后，每逢国家对地质勘测工种人员野外工作津贴标准进行调整时，九江水文系统职工的野外津贴也同时予以调整。

1980 年 1 月，九江水文系统职工均享受水文勘测职工的劳保福利待遇，按照水文系统基层测站勘测工、水质化验员、汽车驾驶员、轮船驾驶员、轮机工、仓库保管员等工种，享受劳保用品待遇。

1980 年 11 月 19 日，根据国务院批转的《国家劳动总局、地质部关于地质勘测职工野外工作津贴的报告》和水利部以及省劳动局和省地质局关于贯彻执行上述报告的联合通知精神，省水文总站制定《关于水文站勘测职工享受野外工作津贴暂行办法》，规定在偏僻山区、江河湖区从事水文野外勘测工作的职工，发给野外工作津贴，从 1980 年 7 月 24 日国务院批准之日起执行，九江水文系统职工开始享受野外工作津贴。

1983 年 1 月，已有技术职称或具有中专以上学历工作一年以上已转正定级的人员，享受每年报销业务书刊费的待遇。九江水文正式职工按驻地国家工作人员的公费医疗标准享受国家公费医疗待遇。

1984 年 12 月 26 日，省水利厅批复省水文总站，从 1983 年 7 月 1 日起，水文第一线科技人员向上浮动一级工资。

1985 年 1 月 26 日，九江水文站执行向上浮动一级工资的科技人员，工作满 8 年的可以固定一级，调动工作时，可以作为基本工资给予介绍。1992 年 5 月 23 日，省人事厅下发《关于将县以下农林水第一线科技人员浮动一级工资由满 8 年固定改为满 5 年固定的通知》，从满 8 年之日起计算，以后每满 5 年固定一级；未满 8 年但已满 5 年者，可以从本通知下达之日起固定一级工资；浮动的一级工资按规定固定后，如仍在县以下水文测站工作的，可能同时在此基础上继续向上浮动一级工资。从 1994 年 8 月起，其浮动工资固定一级的时间，仍改为每满 8 年固定一级，其中，1993 年 10 月 1 日工资改革时，对在 1993 年 9 月 30 日前已满 8 年，可以在新套改后职务工资基础上高套一档，然后再向上浮动一档职务工资。浮动一档职务工资，至 2008 年 9 月九江水文参照公务员法管理后停止执行。

1993 年 7 月 17 日，省财政厅向各地市财政局下发《关于省驻地方水文职工公费医疗管理有关问题的通知》，要求各地市（县）财政部门对省驻地方水文站享受公费医疗工作人员在公费医疗管理方面，结合当地的实际情况和水文站的特点，给予适当照顾和支持，各地市（县）对省驻地方水文职工的公费医疗应尽可能实行统筹管理。

1993 年 10 月起，按照省人事厅、省水利厅通知规定，九江水文系统基层测站职工开始享受工资性津贴（工资构成津贴部分）提高 8% 的待遇。

2006 年 2 月 21 日，省水文局下发《关于基层水文勘测站（队）工作人员有关待遇的实施办法》，规定：凡常年在基层测站〔含在县城的水文、水位站（队）〕工作的工作人员，其 8% 津贴按本人月工资标准比例金额逐月及时发放；凡常年在基层工作的科技干部，已批准向上浮动一档职务工资的岗位津贴，其浮动一档职务工资的岗位津贴应逐月及时发放。

2008 年 8 月，九江市水文局参公后，按照公务员法及其配套政策法规的规定，全面实施工资福利保险等各项公务员管理制度，不再实行事业单位专业技术职务、工资、奖金等人事管理制度。

2011 年 7 月、2012 年 1 月、2013 年 7 月、2014 年 10 月，先后 4 次调整工作人员津贴补贴标准。2014 年 10 月，工作人员进入社保系统，2014 年 10 月和 2016 年 7 月，先后两次调整基本工资标准，同时相应调整津贴补贴标准。

第四节　参照《中华人民共和国公务员法》管理

2008 年 9 月 10 日，江西省人事厅下发《关于江西省水文局列入参照公务员法管理的通知》。九江水文局列入参照《中华人民共和国公务员法》管理。

2008 年 10 月，完成九江市水文局参公登记，全局共有在职职工 87 人，其中 55 人参照公务员管理，保留工勤人员 32 人。2008 年 10 月至 2016 年 12 月，通过江西省公务员考试招录的公务员人员有 35 人。随着退休等原因，工

勤人员逐年减少。

第五节 水文事业费

一、财务电算化

1998年11月，九江市水文局财务部门参加江西省水文局举办的财务电算管理培训班。1999—2006年手工记账与会计电算化并行，以手工记账为主。2007年1月，九江市水文局正式使用单机版用友财务软件。

2011年1月，九江市水文局财务部门开始使用基于互联网的浪潮财务软件，服务器在江西省水利厅，在财务软件中操作录入记账凭证并打印，打印总账、明细账。使用用友和浪潮财务软件后，操作稳定，准确率高，工作效率提高。

二、人员薪酬

1980—2007年，全省水文系统全部在岗工作人员一直执行人事部制定的事业单位工作人员的工资标准。2008年参照《公务员法》管理后，执行行政职务、技术职务的干部和专业技术职务工资的工人转为公务员，其公务员身份人员的工资按照机关单位公务员的工资标准重新套改，工勤人员重新执行机关单位工人的工资标准，见表6.20.4。

表6.20.4　　　　　1980—2016年九江水文系统工作人员薪酬

年份	年末人数	年工资总额/元	其中			人均年工资/元
			基本工资/元	奖金/元	各种津贴补贴/元	
1980	83	68958.71	47761.01	4120.00	17077.70	830.83
1981	99	78793.75	51024.46	4800.00	22969.29	795.90
1982	103	84907.16	54896.81	5397.00	24613.35	824.34
1983	116	98739.91	66697.73	5420.93	26621.25	851.21
1984	116	113883.91	68877.87	11668.29	33337.75	981.76
1985	119	123974.35	87379.14	4051.60	32543.61	1041.80
1986	112	153041.80	107531.89	15213.12	30296.79	1366.44
1987	115	161315.59	113271.72	9294.58	38749.29	1402.74
1988	107	174781.64	112336.83	19172.50	43272.31	1633.47

年份	年末人数	年工资总额/元	其　　中			人均年工资/元
			基本工资/元	奖金/元	各种津贴补贴/元	
1989	105	166139.58	108008.10	22499.17	35632.31	1582.28
1990	102	192289.67	125533.85		66755.82	1885.19
1991	102	189449.30	123779.60		65669.70	1857.35
1992	101	241868.55	142644.35		99224.20	2395.74
1993	98	237036.45	138464.00		98572.45	2418.74
1994	97	413069.10	376877.60		36191.50	4258.44
1995	92	383563.00	355462.50		28100.50	4169.16
1996	91	464911.50	424685.00		40226.50	5108.92
1997	87	452104.60	418630.00		33474.60	5196.60
1998	88	502975.10	459433.70		43541.40	5715.63
1999	86	555236.00	529990.00		25246.00	6456.23
2000	86	791707.50	522118.20		269589.30	9205.90
2001	92	1026351.84	654004.00		372347.84	11156.00
2002	92	1204024.50	826616.00	64981.50	312427.00	13087.22
2003	92	1302525.50	851077.00	87779.00	363669.50	14157.89
2004	91	1361531.20	883831.00	86408.00	391292.20	14961.88
2005	94	1591033.20	930297.50	97507.50	563228.20	16925.89
2006	96	1707308.40	972002.20	90619.00	644687.20	17784.46
2007	93	2157906.95	1446146.40	144012.10	567748.45	23203.30
2008	86	2363785.90	1240585.90	118764.50	1004435.50	27485.88
2009	85	2769493.00	1233045.50	93148.00	1443299.50	32582.27
2010	81	2681684.00	1207271.50	90991.00	1383421.50	33107.21
2011	85	3294087.50	1116515.50	93471.50	2084100.50	38753.97
2012	88	3401121.00	1216556.50	349938.50	1834626.00	38649.10
2013	94	5210864.72	1195314.50	1028693.72	2986856.50	55434.73
2014	90	6026446.00	1211111.00	1382212.00	3433123.00	66960.51
2015	93	6406720.01	2137019.50	1584999.51	2684701.00	68889.46
2016	93	9775216.48	2734039.60	278153.50	6763023.38	105109.85

表6.20.5

1980—2016年九江市水文系统经费情况

单位：万元

年份	经费合计	一般事业费	技术改造经费、监测设施运维经费	防汛费及岁修经费	水质监测费	水利技术推广费	水土保持费	其他 水毁经费、山洪灾害防治补助费	水资源管理与保护、水资源源费	水文业务费	基建及危房改造费	特大防汛经费	市镇居民肉食价格补贴	水利建设基金、水利前期工作经费	地区市县投入	经营收入
1980	24.28	16.00	6.37	1.91												
1981	24.84	17.08	1.24	6.52												
1982	19.77	19.77														
1983	26.71	17.66	3.88	2.93	0.11			2.13								
1984	27.89	15.26	7.68	4.84	0.11											
1985	39.16	19.48	2.73	7.97	0.17					8.81						
1986	38.05	21.82	12.37	3.66	0.20											
1987	37.92	34.19		3.56	0.17											
1988	50.15	42.04		7.94	0.17											
1989	41.81	35.53		5.47	0.17								0.64			
1990	44.53	37.38		6.09	0.23								0.83			
1991	46.23	38.81		6.35	0.26								0.81			
1992	60.84	43.58		11.18	0.23						5.00		0.85			
1993	65.50	49.61		14.55	0.34								1.00			
1994	78.71	66.76		11.61	0.34						7.00					
1995	98.17	68.31		22.52	0.34											
1996	94.25	80.50		13.40	0.35											
1997	102.64	78.00		9.38	0.56									14.70		
1998	118.60	99.20		16.80	2.60											
1999	202.90	97.10		71.30	0.30				34.20							

续表

年份	经费合计	一般事业费	技术改造经费、监测设施运维经费	防汛费及岁修经费	水质监测费	水利技术推广费	水土保持费	水毁经费、山洪灾害防治补助费	水资源管理与保护、水资源费	水文业务费	其他	基建及危房改造费	特大防汛经费	市镇居民肉食价格补贴费	水利建设基金、水利前期工作经费	地区市县投入	经营收入
2000	153.65	124.20		11.60							1.35					16.50	
2001	193.90	151.00		15.80	1.60				3.50				6.00			16.00	
2002	226.00	193.30		12.00	1.40			3.50	1.50				2.00			12.30	
2003	242.75	207.60		2.20	1.30				3.10				6.30		14.25	8.00	
2004	291.42	223.52		22.70	4.60				15.80				9.00			15.80	
2005	326.67	241.17		18.00	1.60				3.70		4.60	3.00	5.60		16.20	32.80	
2006	355.20	291.20		5.30					4.10		3.50		15.00		13.80	22.30	
2007	495.85	385.64							62.20		3.50		4.50		18.00	22.01	
2008	610.40	397.53		21.80					38.30	48.02		40.33			10.00	54.42	
2009	808.36	575.86		0.30					63.12	28.5		27.00	8.00		10.00	73.70	21.88
2010	841.41	580.69		10.30		25.00			58.50	3.9		180.00	30.00			38.84	94.18
2011	1020.11	660.87		0.30					23.00	10.2	5.00		5.00			43.52	107.42
2012	992.92	679.45		0.30					54.00						25.00	102.28	116.69
2013	1267.67	963.89	14.00	0.30			1		53.20						20.00	119.40	92.88
2014	1575.85	1062.70		0.60				70.00	82.00		11.40		1.00		34.00	211.09	114.46
2015	2495.14	1045.23	277.00	2.30			1.5	671.00	177.10		258.4					183.77	125.84
2016	2598.91	1578.72	308.00	21.00			1		118.50				7.00		9.00	196.00	101.29
合计	15739.16	10260.65	633.27	372.78	17.15	25.00	3.50	746.63	795.82	99.43	287.75	262.33	102.4	4.13	184.95	1168.73	774.64

三、事业经费

1980 年 1 月，水文体制上收，全省水文经费由省财政统一安排。省水利厅拨付给省水文局，省水文局再分解到九江市水文局，九江市水文局实行二级财务管理制度的二级核算，年度经费决算由江西省水文局汇总统一向省水利厅、省财政厅进行决算。九江水文历年水文事业经费由省水文局统一核拨。

1980—2016 年，九江水文事业费合计 15739.16 万元。其中：一般事业费10260.65 万元，技术改造经费、水文监测设施运维经费 633.27 万元，防汛费及岁修经费 372.78 万元，水质监测费 17.15 万元、水利技术推广费 25.00 万元，水土保持经费 3.50 万元，水毁经费、山洪灾害防治补助 746.63 万元，水资源管理与保护、水资源费 795.82 万元，水文业务费 99.43 万元，其他287.75 万元，基建及危房改造费 262.33 万元，特大防汛经费 102.4 万元，市镇居民肉食价格补贴 4.13 万元，水利建设基金、水利前期工作经费 184.95 万元，地区市（县）投入 1168.73 万元，经营收入 774.64 万元，见表 6.20.5。

第二十一章

档 案 管 理

按照上级主管部门要求，九江市水文局设有文书、科技、人事和财务档案室，均独立设置。为加强档案管理，保证档案的质量和完整性，结合九江水文工作实际，制定管理制度，安排办公室、组织人事科和财务部门专人负责相应的档案管理工作。

第一节 文 书 档 案 管 理

1980 年之前，九江水文管理机构变动频繁，文书档案管理工作随管理机构的变化而变化。1980 年 1 月 1 日，根据省水利局《关于改变我省水文管理体制的请示报告》，完成九江市水文管理体制上收工作，由省水利局直接领导，省水文总站具体管理。1981 年 2 月，经省水利厅批复，九江地区水文站设立人秘科，文书档案管理工作归口人秘科。1989 年 1 月 20 日，省编委下发《关于全省水文系统机构设置及人员编制的通知》，九江地区水文站改名为九江市水文站，批准内设办公室，至 2016 年，文书档案管理工作归口于办公室，落实专人负责管理，经归类整理登记造册后，存放档案室。

1985 年、1995 年，按省水文总站要求，对历年文书档案按建档要求进行整理建档。省水文总站办公室派专人前来指导。

历年来，九江市水文部门执行上级下发的规定、通知主要有：1965 年 4 月，省水文气象局颁发的《江西省水文气象管理部门文书处理暂行规定》《江西省水文气象系统文书材料立卷工作暂行办法》；1986 年 2 月 28 日，省水文总站根据省水利厅《关于文电资料密级划分的试行规定》，结合江西水文工作实际制定的《水文部门文电资料密级划分试行规定》；1997 年 11 月 15 日，省水文局印发的《江西省水文局机关公文处理实施细则》；12 月 15 日，省水文局印发的《江西省水文局公文督查办理暂行规定》和《关于进一步规范省水文局发文文号的通知》。

第二节 科技档案管理

科技档案管理工作分两类，文书档案管理人员兼职管理科技档案，主要负责科技资料归档、整理、存档和借阅工作；水文资料档案由测资科专人负责，主要负责站网管理、观测记录、资料整编、水文分析与计算、水文调查、水文年鉴的归档、整理、存档和借阅工作。

历年来，九江市水文部门执行上级下发的规定、办法、通知主要有：1964年4月1日，省水文气象局颁发的《江西省水文气象资料档案工作试行办法》；1965年4月，省水文气象局颁发的《江西省水文气象系统技术档案管理暂行办法》；1975年6月17日，省水文总站革委会根据水利电力部1974年《关于加强水文原始资料保管工作的通知》，要求清理历年原始资料，并总结资料清理和保管方面的经验。通知中规定水文原始资料，属永久保存的技术档案材料，水文原始资料应集中在省（直辖市、自治区）总站保管，要有必要的水文资料仓库；1991年1月12日，水利部水文水利调度中心下发的《关于建立报汛站档案的通知》；2010年5月12日，省水文局下发的《科技项目管理办法》《水文科技成果材料归档管理办法》。

第三节 人事档案管理

九江市水文局人事档案管理工作分为四个阶段，1980年以前归口管理机构人事部门；1980—1989年归口九江市水文站人秘科；1989—2008年归口九江市水文站（分局）办公室；2008—2016年归口九江市水文局组织人事科。

组织人事科负责单位人事档案管理，设有专门的人事档案室。人事档案管理人员由政治思想好、品德端正、责任心强、能保守秘密的中共党员干部担任。

人事档案管理采用三级管理方式：副处级以上（含非领导职务）的人事档案由省水利厅人事部门管理；副局长、组织人事科科长的人事档案由省水文局人事部门管理；其他人员人事档案由市水文局组织人事科管理。人事档案材料要求必须及时进档，或装入档案袋中的散件袋中以备统一整理时装订成册。

人事档案室要求能防火、防盗，配备有空调、干湿温度计，铁皮档案柜及必要的消防设备。人事档案一般不得外借，如需借阅必须经组织人事科科长或分管人事工作的局领导批准同意后，在阅档室查阅，借阅档案时不得拆卸档案中的材料，阅完档案后应及时完整归还档案室保管。

历年来，九江市水文局人事档案管理工作，执行江西省委组织部制定的《干部档案保管保密制度》《干部档案查借阅制度》和《干部档案工作人员职责》。同时执行 1991 年 6 月 4 日，省水文局下发的《关于加强干部档案管理和整理工作的通知》；1991 年 10 月 23 日，省水文局下发的《关于对全省水文干部档案管理工作进行检查评比的通知》；1994 年 5 月 12 日，省水文局下发的《关于做好干部档案达标升级工作的通知》，并派员参加了干部档案达标学习班；2003 年 7 月 7 日，省水文局下发的《关于做好干部档案审核检查工作的通知》。

第四节 财务档案管理

根据财政部《会计档案管理办法》规定，财会人员应对九江市水文局会计凭证、会计账簿、财务会计报告和其他会计资料等建立档案，妥善保管。会计档案的整理按照会计档案管理的方法和程序，将零散的会计资料，装订成册，并按年度分开，然后再按名称分类。由于受办公条件限制，九江市水文局财务档案一直由财务人员自行管理。

九江市水文局会计电算化档案管理制度规定，由计算机打印的报表和总分类账、明细分类账以及现金、银行存款日记账等文档资料，视同原手工登记的账簿、报表等会计资料进行保管。保管期限执行财政部《会计档案管理办法》规定。

九江市水文局会计电算化档案管理分为三个阶段。第一阶段为 1999—2006 年，手工记账与会计电算化并行，会计档案以手工记账资料为主会计电算化档案为辅；第二阶段为 2007—2010 年，使用用友财务软件，加密锁管理，会计电算化数据直接备份在硬盘上，同时打印纸质账存档；第三阶段是从 2011 年开始，用网络备份，所有数据全部储存在省水利厅的服务器上，交由浪潮软件公司管理，同时打印纸质账存档。

对于存档、归档的各类会计档案应定期进行检查，对备份的会计电算化数据不定期进行复制，以保证存储文件和数据的完好。备份盘视作会计档案，存放在防潮、防火、远离磁场的地方。

未经许可，不得复制、转移会计资料，更不得进行删改、更换内容以及泄露会计资料，一经查出，严肃处理。

第二十二章

水 文 文 化

　　江西水文始于九江，九江的水文文化内涵十分丰富，在精神文明创建、水文宣传、水文文化方面开展了大量的、卓有成效的系列活动，捧得众多奖项，提升了职工的精神境界，丰富了职工的精神食粮，营造了良好的工作氛围，促进了九江水文工作的高效发展。

　　2005—2010年，在全市水文系统开展了测报质量、绩效考核、公共服务、学习教育、机关效能和创业服务等主题突出、组织扎实、成果显著的水文主题活动。

　　九江市水文局多年坚持开展形式多样的群众性体育健身活动，如工间操、太极拳、乒乓球、羽毛球、篮球、跳绳、健身器械运动、拔河、登山、长跑等，每年参加九江市直机关工委举办的乒乓球、长跑、太极拳等比赛。

第一节　精 神 文 明 创 建

　　1996年，九江市水文局制定相应措施，加强全局精神文明建设工作，广泛开展群众性精神文明创建活动。

　　1997年7月，成立九江市水文分局精神文明建设指导小组，分局支部委员会书记任组长，下设办公室（人员均为兼职）。分局指导小组以文件形式，围绕加强思想政治建设，牢固树立全市水文职工精神支柱；加强社会主义道德建设，全面提高水文职工道德素质；加强科教文化建设，提高水文职工科学文化素质；加强法制建设，增强水文职工法制观念；创建文明行业，塑造崭新的水文行业形象的主线，明确了精神文明建设的指导思想，提出了奋斗目标，布置了工作任务。

　　1999年，修水高沙、先锋水文站被省水利厅团委授予厅直首批"青年文明号"荣誉称号；修水水文勘测分队、武宁罗溪水文站被江西省水文局党委授予"全省水文系统文明站队"称号；樊建华、陈卫华、谢启兴被江西省水文局党委授予"全省水文系统文明职工"称号。

2004 年，省水利厅文明委授予九江市水文分局"2002—2003 年度全省水利系统精神文明建设先进集体"荣誉称号。省水利厅文明委授予黄良保"2002—2003 年度全省水利系统精神文明建设先进个人"。2005 年，省水利厅文明办、省水文局党委授予修水先锋水文站"全省文明水文站"称号。

2009 年，九江市水文局制定《九江市水文局通讯员职责》，要求通讯员加强时事政治和新闻报道知识学习，提高理论政策和写作水平；深入基层测站，及时了解掌握水文职工思想、工作、生活状况，反映职工呼声和愿望；反映本单位、本部门改革创新、综合经营、经验成果和先进典型，鼓励职工积极向各类新闻机构投稿。举办水文通讯员培训，规定通讯员每年必须完成的稿件数量。之后，九江水文好新闻、好作品不断，多次荣获全省水文宣传先进集体称号、多人荣获全省水文宣传先进个人和热心撰稿人称号。

第二节　水　文　宣　传

1956 年 6 月，省水利厅组织六名女青年水文工作者成立永修女子流量站（第二年改在万家埠），至 1961 年 10 月止。1956 年 10 月 1 日，《江西日报》刊登女子流量站两幅测流照片，文字说明：这个水文站设在修河下游永修县城山下渡，今年 6 月开始观测。水文站的同志们经常在夜晚 0 时观测水位涨落，有时冒着狂风暴雨夜以继日地观测，为开发修河水利搜集了重要的设计资料。

1957 年 4—9 月，武宁县人民委员会规定：每晚在对农村有线广播的时间内，安排半小时（20：00—20：30）为水文情报传递时间，以保证情报信息及时畅通。

1958 年 11 月，《九江日报》登文：高沙水文站廖传湖、奚同龄利用广播扬声器等材料试验无线测流成功。

1994 年 3 月 17 日，《九江日报》刊登樊建华采写的通讯《市水文分局着手汛前检查工作》，报道市水文分局赴修水、武宁、永修三个片区，对全市各测站的汛前准备工作进行检查的情况。

1995 年 3 月 6 日，《九江日报》刊登樊建华采写的通讯《长江流域今年可能发生大水——市水文分局提出防汛要求》，针对可能会出现较大的洪水，要求各站做到思想、组织、设施"三落实"。

1995 年 7 月 5 日，《九江日报》刊登樊建华采写的通讯《市水文分局——严密监视水情做到预报准确》，介绍九江市水文分局"95·6"洪水测报预报事迹。

1996年4月20日，《九江日报》刊登樊建华采写的通讯《市水文分局超前做好防汛准备》，报道九江市水文分局加大力度，增加投入，超前充分做好当年的防汛准备工作情况。

1998年1月12—14日，全市水文工作会议召开，省水文局局长熊小群、市政府和市水利局相关领导到会，九江电视台进行采访，并在15日《九江新闻》节目中进行报道。

1998年2月11日，九江电视台就汛期展望和预报情况对九江市水文分局局长邓镇华进行采访，并在当晚的九江新闻中播出。江西省电视台《江西新闻》、中央电视台《晚间新闻》分别进行转播。

1998年2月28日，《长江报》刊登吕兰军、熊道光文章《九江加强水雨情测预报》，反映枯水季节九江水文测报情况。

1998年6月16日，九江市委副书记、市长刘积福率防汛、财政、水利部门领导到九江市水文分局考察，九江电视台、九江日报记者随同采访报道。

1998年6月18日，九江电视台记者采访邓镇华，就九江市的防汛水情形势回答了记者的提问，节目在当晚的《九江新闻》"今日快讯"中播出。

1998年6月22日，《九江日报》第一版刊登邓镇华、吕兰军撰写的通讯《市水文部门加强雨情水情监测》。

1998年6月23日，邓镇华接受九江有线电视台的专访，专访内容在24日《世纪潮》社会版节目中播出。

1998年6月26日，《九江日报》第一版刊登反映水情科进行水情会商的工作照片，题为《忙碌的"抗洪情报局"》。

1998年5月5日，《九江日报》刊登邓镇华、吕兰军撰写的通讯《防汛前哨兵》，文中介绍了永修、梓坊水文站及分局水情科监测、预报6月份洪水的事迹。

1998年7月28日，新华通讯社南昌电讯《防汛耳目立奇功—记九江市水文分局》一文对九江市水文分局在抗洪工作中的成绩给予充分肯定。

1998年7月31日，《人民日报》主编在市委副秘书长陪同下，涉水来局采访。

1999年9月9日，《中国水利报》发表樊建华的散文《缆道房的灯》，文章以缆道房的灯为载体，讲述水文测站的故事。

2000年2月25日，《九江日报》记者就汛情趋势专访邓镇华局长和曹正池副局长。

2000 年 4 月 28 日，樊建华在长江九江段 4～5 号闸接受中央电视台《军事天地》栏目专访，介绍长江九江段水文情况。

2002 年 6 月 18 日，《九江日报》头条刊发新闻图片，介绍市水文分局严阵以待，积极应对可能发生的暴雨洪水。

2003 年 6 月 5 日，《九江日报》第一版报道："长江九江段水位正常回落，防汛工作不可掉以轻心"，文章报道了九江市水文分局以翔实的资料、严谨的态度，科学分析了目前长江九江段水位持续回落主要是因为洞庭湖、鄱阳湖流域没有大的降水过程以及三峡水库 6 月 1 日蓄水共同影响有关，属正常范围内退水。长江九江段的水位高低关键在于中、上游水情和雨情，不能因三峡大坝蓄水而放松防汛工作。并邀请发行量大、影响面广的《江南都市报》驻九江记者站站长危诚到我局采访，6 月 5 日《江南都市报》焦点新闻专版撰文《九江防汛并非高枕无忧》，文中分析了长江九江段的退水原因，提醒广大市民，九江段水位回落属正常范围，三峡水库目前对九江段水位影响很小，九江防汛形势将依然严峻，切不可掉以轻心。

2003 年第 3 期《江河潮》，发表樊建华的散文《与寂寞为伍》，文章讲述作者在基层水文测站工作、学习和练习写作的体会。

2004 年第 1 期《江河潮》，发表张纯的散文《孟定印象》，文章讲述作者前往孟定安装水文缆道自控仪的所观所感。

2004 年第 1 期《江河潮》，发表黄开忠的纪实文章《打造"水文风暴"》，文章记录了九江市水文分局 HCS－2000A 型缆道测流自动控制系统研发的情况。

2004 年 5 月 26 日上午，水利厅助理巡视员、人事处处长杨华英、主任科员傅敏，在省水文局副局长龙兴的陪同下到九江水文分局考察精神文明建设。检查组从创建全省水利系统精神文明建设先进集体的十个方面进行了全面检查，充分肯定了机关管理有特色，开放式办公环境优美，工作作风扎实，文化建设、文体活动丰富多彩，创建工作有力度。

2004 年 7 月 23 日，《中国水利报》刊文《江西省修水先锋水文站水事案件的发生与处理纪实》，详细介绍九江市供电公司修水施工队违法施工，九江市水文分局依法维权的事件处理过程。

2004 年 10 月 28 日，九江水文信息网站开通。主要内容有水文概况、政策法规、测站风采、水情信息、精神文明、水文科技、水文现代化、领导讲话、咨询留言等，力争突出信息的全面性、实用性和时效性，为社会提供全方位水文服务。

2004 年第 4 期《江河潮》，发表程璇的诗歌两首《江城子·夜游香港》《诺曼底的 1944》。

2006 年第 2 期《江河潮》，发表樊建华、李念撰写的《暴雨洪水中显本色》，文章记述了九江市水文分局奋战"05·6"暴雨洪水纪实。

2007 年 3 月 7 日，九江电视台采访九江水文水环境监测工作，在 3 月 9 日的电视节目进行了播出。

2007 年第 2 期《江河潮》，发表吕兰军的文章《关于设置县水文局的思考》，文章指出，应该看到水文发展还面临着许多亟待解决的问题，水文部门是垂直管理，在市一级、特别是县一级存在与当地政府和社会需求相脱节的问题，水文的作用没有得到很好发挥，同时在某种程度上也制约了水文的发展。文章提出，有必要在县一级设置水文局，实行垂直领导和双重管理模式。

2007 年 5 月 16 日，在九江火车站广场，九江市水文局与市科协联合举行《中华人民共和国水文条例》宣传活动。6 月 1 日，在和中广场，悬挂了宣传横幅，彩虹门上张贴了"热烈庆祝《中华人民共和国水文条例》实施"，路口两侧摆放了固定宣传标语牌 12 块，内容涉及《水文条例》、水文简介、水文职能、水文知识及与水文密切相关的法律法规等。在咨询台前，职工就市民关心的《水文条例》及有关水文知识和水文法律法规知识进行现场讲解。此次活动，九江市媒体进行了重点报道。《浔阳晚报》分别于 5 月 29 日、5 月 30 日及 6 月 2 日发表了题为《水文管理规划与建设有依据》《毁坏水文监测设施要重罚》及《〈水文条例〉昨日实施市民饮用水更有安全保障》的文章。

2007 年 7 月 12 日，九江电视台到九江市水文局采访了解水环境监测开展情况，并在电视节目中播放。

2007 年 7 月 28 日，《浔阳晚报》记者采访副局长曹正池，就九江市水文局水情分中心建设情况进行了报道。

2007 年 8 月 15 日，《九江日报》记者采访水文为抗旱服务情况，8 月 29 日在《九江日报》上刊文《大地干渴我先知》。

吕兰军撰写的论文《依据〈水文条例〉出台〈实施办法〉的几点思考》在《水利发展研究》刊物上发表。此文同时发表在 2007 年第 3 期《江河潮》上。

2009 年 1 月 6 日，《浔阳晚报》第二版发表记者葛先虎的文章《专家把脉河流纳污能力》，对九江市水文局在全市范围内开展的 $50km^2$ 以上河流、$2km^2$ 以上的湖泊水量、水质调查及河流纳污能力分析进行全面报道。

2009 年 4 月上旬，《浔阳晚报》就九江市水文局编制的九江市水功能区划报告发表了记者的专题报道："从市水文局获悉，受市水利局委托，市水文局编制的《九江市水功能区划》目前获市政府原则通过。今后，全市各类招商项目和生产生活用水行为，将需遵循《九江市水功能区划》的相关要求，以呵护 470 万九江人的生命之源"。

2009 年第 2 期《江河潮》，发表吕兰军的文章《参照公务员法管理给水文带来的机遇与挑战》，文中指出，水文参公是党和政府关心和重视水文的一种具体体现，对促进水文的快速发展将起到积极作用。

2009 年 5 月上旬，针对九江市水文局开展的全市河湖水量水质同步调查，《信息日报》九江记者站首席记者曹诚平报道："九江市河流、湖泊目前的水质如何？从去年 12 月 22 日开始，九江市水文专家首次动用最先进的设备对河流、湖泊进行了全面普查，对水质进行了采样检测和水量测量。15 日，记者了解到，普查结果表明，长江江西段水质达到Ⅲ类标准"。

2009 年 8 月 17 日，九江电视台、大江网、九江广播电台等媒体记者就 10 日重庆一滚装船在宜昌市石牌水域发生装有危险化学药品的集装箱落水事件到九江市水环境监测中心联合采访。并在当日大江网上发表了"宜昌集装箱落水事故，未影响本市水源自来水大可放心饮用"一文，文中说："在 8 月 10 日宜昌市石牌水域发生危化品集装箱落水事故后，长江水域安全问题在全国引起广泛关注。事发后，九江市水文局积极采取应对措施，对江水加大监测力度，以确保我市饮水安全。目前，我市长江饮用水源经监测，水质在正常范围"。

2009 年 11 月 2 日，九江电视台旅游频道记者就长江湖北鄂州段西山水域发生浓盐酸货船相撞沉没一事采访九江市水文局，并于当晚在电视上发表公告，告之市民我市饮用水水源地水质安全。

2012 年 6 月 5 日，《中国水利报》"谈经论水"专栏发表吕兰军撰写的《加强界河监测　服务水资源管理》文章。

2012 年 6 月 30 日，《人民长江报》"水利论剑"专栏刊登吕兰军撰写的《水文应积极参与最严格水资源管理》文章。

2012 年 8 月，《中国水利报》"视点"栏目刊登吕兰军撰写的《如何突破基层水资源管理的瓶颈》文章。

2013 年 3 月，吕兰军撰写的论文《建设项目水资源论证存在的问题与思考》入选《2012 年水资源论证技术研讨会论文集》。

2013 年 3 月 28 日，《中国水利报》发表李林根、陈义进撰写的《水文文化绽放美丽水文梦》。

2013 年 7 月，九江市水文局代银萍、郎锋祥在《水利发展研究》期刊分别发表有关水资源论证和水生态保护的论文。

2013 年 8 月 9 日，九江电视台就近期出现的旱情情况采访水情部门。

2013 年 8 月 20 日，《中国水利报》发表吕兰军撰写的《是"英雄还是狗熊"——'98 抗洪水文人的故事》文章。

2014 年 8 月，《中国水利教育与人才》发表吕兰军题为《以科技活动激发水文职工的创新能力和团队精神》的文章。

2014 年 9 月 15 日，吕兰军在华东七省（市）水利学会协作组第二十七次学术研讨会宣读交流论文《长江九江段、鄱阳湖枯水水位偏低原因分析与思考》。

2014 年 9 月 18 日，九江水文信息网改版。

2014 年 10 月 28—30 日，吕兰军在中国水利学会 2014 学术年会水资源和城市供水安全分会场作学术交流。

2014 年 10 月 4 日，九江日报特约记者前往都昌徐埠水文站进行实地采访

2014 年 11 月 1 日，光明日报记者到梓坊水文站采访。

2015 年 4 月 16 日，《中国水利报》刊登樊建华、曹正池采写的通讯《江西九江——洪水超警，水文值守》，介绍了 4 月份九江暴雨洪水概况。

2015 年 5 月 28 日，《修水报》刊发"李晓辉 修河把脉人"的专题报道，讲述修水勘测队副队长李晓辉扎根基层、敬业奉献的故事。

2015 年 7 月 17 日，举办"水文文化宣传员培训班"。各水文测站、机关各科室水文化宣传骨干参加了培训。

2015 年 4 月 9 日，《中国水利报》传承家风专栏刊登永修水文站郭萍撰写的《传承》，文中讲述了祖孙三代水文人感人的故事。

2015 年第 2 期《中国水文化》，刊登李国霞的散文《爱之，惜之》，反映作者从识水、爱水到节水的心路历程。

2015 年第 6 期《东南西北水文化》，刊登吕兰军撰写的《水文文化建设存在的主要问题与对策研究》，文中提出江西水文文化建设应确立以精神、物质、行为、制度水文文化和水文文化事业为主要内容，以水文文化传承和传播为双轮驱动的发展体系，展现江西水文文化的多样性、兼容性和创新性，推进江西水文现代化建设。

2015 年 5 月 23 日，《人民长江报》第 5 版"基层视角"发表吕兰军的文章《保障饮用水源安全的思考》。

2015 年 8 月 8 日，《人民长江报》第 8 版"水与人生"栏目刊登铺头水文

站职工胡文的文章《碧水蓝天棠荫岛》。

2015年第6期《江河潮》，刊登刘佳佳撰写的《平凡而又可爱的水文人》。

2016年第1期《东南西北水文化》，刊登吕兰军撰写的《"樊胖子"的故事》，介绍水文职工樊建华成长过程中的二三事。2016年第2期《大江文艺》进行转载。

2016年1月21日，《中国水利报》发表吕兰军文章《设立水文巡测中心 提高水文服务能力》。

2016年2月27日，《人民长江报》第5版长江视点"大江纵论"栏目刊登吕兰军撰写的学术文章《加强海绵城市建设的水利技术支撑》。

2016年3月31日，《中国水利报》刊登陈义进采写的报道《江西九江水文 小站三月备汛忙》，介绍了永修虬津水文站测汛准备工作。4月16日，《人民长江报》进行了转载。

2016年4月21日，《中国水利报》6版评论栏目刊登吕兰军的评论文章《加强水文站网规划研究服务海绵城市建设》。

2016年5月12日，吕兰军在江西省减灾委员会召开的"江西省综合防灾减灾与可持续发展研讨会"上作《浅析城市洪涝灾害水文应对措施》交流发言。

2016年5月26日，《中国水利》在2016年第9期中刊登了九江市水文局吕兰军的研究论文《创新县域水文管理模式探析》。

2016年6月30日，《中国水利报》刊登陈义进采写的报道《江西九江水文 时刻拉满弓 测报不松懈》，文章集中报道了2016年6月九江洪水各站测报情况。

2016年8月20日，《人民长江报》刊登樊建华撰写的记忆中的长江洪水征文《透过水位线的记忆》，文章从不同的视野，对1998年长江九江段历史洪水进行回忆和反思。

2016年9月8日，《中国水利报》刊登陈义进的报道《"三点一线"织就水情服务网》，介绍曹正池同志在2016年抗洪斗争中所做的贡献。

2016年9月30日，《人民长江报》刊登陈义进、李林根采写的报道《不忘初心的"水哨兵"——记九江市水文局曹正池》，讲述了曹正池从业35年来，始终坚守对水文事业的那份不变的初心。

2016年《大江文艺》第5期，刊登陈义进采写的报道《关键时刻顶得住——九江水文深夜抢修测报仪器设备纪实》，讲述了自动化科深夜抢修测报仪器设备的生动事迹。

2016年《江河潮》第四期，刊登陈义进采写的访谈特写《一梦三十七年》，讲述了瑞昌市铺头水文站站长胡茂义三十七年水文岁月的故事。

第三节 文 化 活 动

一、水文主题活动

测报质量年 2005年，全市水文系统开展旨在全面提高水文行业整体素质和工作质量，进一步开拓水文服务社会的功能的水文测报质量年活动。九江市水文局成立活动领导小组，制订具体方案、实施步骤和《水文测验质量考核评分方法》，从站容站貌，仪器养护率定，测站资料考证，测验情况（水位、降水、蒸发、流量、水温、泥沙、颗粒分析）多个方面对水文测报质量进行公正合理的评价，使考核指标量化、细化，使测报质量考评更加规范化、制度化。年底，先锋、罗溪两站1—9月测验工作参加全省考评，考评内容有测验质量、原始资料、测验报表、在站整编、测站特性分析等。考评表明，资料考证、比测率定、流量等测次布设、相关图表处理、"四随"及在站等工作较以往有显著提高。

绩效考核年 2006年，全市水文系统开展水文绩效考核年活动，旨在巩固测报质量年活动成果，进一步提高水文行业整体素质和水文服务整体功能。提高以防汛抗旱减灾为中心的水文服务水平，拓宽服务领域；在总结水文测报质量年活动成果的基础上，狠抓薄弱环节，加快技术进步；坚持以人为本，大力培养技术人才。围绕"提高水文测报质量，提高水文管理水平，提高水文服务水平"主题，全局狠抓新规范新技术学习和岗位练兵，加强测验成果分析，优化测验方法，巩固水文测报工作质量。年底，渣津水文站荣获"2006年全省水文绩效考核年活动先进站"。

公共服务年 2007年，全市水文系统开展水文公共服务年活动。主要任务为强化内部管理，继续进行水文绩效考核，进一步拓宽服务领域，提高水文预测预报监测能力，增强应对突发性水事件应急能力；树立大水文观，拓宽水文服务领域，在"水情分中心系统""山洪灾害水情监测系统"等的支持下，将采集到的水文信息为公众服务，实现水文信息共享，建立水文信息公共服务平台；以水情信息为重点，在九江水文网站开辟水文信息专栏，让公众及时了解水情、水资源、水环境、生态环境等水文信息；以水文测验为基础、水情工作为核心，提升水文服务能力，以满足更多更高的需求；积极主动开展水资源管理、生态与环境保护等方面的服务；重点抓好山洪灾害防治、应对突发水事件能力建设，调整优化水文监测站网，提升监测能力，为经济社会发展提供支撑。

学习教育年　2008 年，全市水文系统开展学习教育年主题活动，旨在全面提高水文队伍综合素质，推动水文学习型队伍建设，提高整体服务能力和水平，实施方案主要内容有"六学"：学政治、学理论、学文化、学业务、学技能、学传统；"六教"：专家教、老师教、能人教、师傅教、父辈教、领导教；"六项活动"：师徒结队、站长培训、学历教育、话传统说未来座谈、21 世纪水文看我们年轻一代征文演讲、青年文明号永远闪光回头看活动。在活动过程中，冯丽珠与张洁，邓镇华与江小青、曹正池与金戎等结成了一帮一的师徒对子，手把手地言传身教。其中曹正池与金戎被评为全省水文系统学习教育年主题活动优秀师徒，欧阳庆被评为全省水文系统学习教育年主题活动学习标兵。所有水文测站站长均接受了培训。有 4 人参加河海大学在职研究生学习。

机关效能年　2009 年，全市水文系统开展机关效能年活动，旨在进一步规范机关行为，完善运行程序，强化监督检查，切实解决机关效能和发展环境方面存在的突出问题，营造人人讲效能、处处抓效能、事事高效能的浓厚氛围。市水文局成立活动领导小组和工作机构，召开动员大会，制定活动实施方案，确定重点工作，在水文网站和内刊设立活动专栏，编发活动简报。

创业服务年　2010 年，全市水文系统开展创业服务年活动，旨在巩固机关效能年活动成果，进一步转变工作作风，提高水文创业服务水平，优化水文发展环境。一年来，在服务防汛抗旱、水资源保护利用和水生态建设，服务鄱阳湖生态经济区、鄱阳湖水利枢纽工程建设中积极工作，提前完成鄱阳湖国家自然保护区朱市湖、大湖池、常湖池圩堤高程及水利设施外业测量任务。参加了鄱阳湖退水段湖流与水质同步监测工作等。

二、文体活动

1997 年 5 月 1 日，市水文分局举办庆"五一"机关卡拉 OK 比赛，经现场评分，樊建华、曲永和、刘丽华分获前三名。

1997 年 6 月 27 日，举办"庆七一、迎回归"座谈会。

1998 年 4 月 30 日，市水文分局举行庆"五一"活动。活动由局工会组织，进行以科（室、队）为单位的太极拳和个人参与的卡拉 OK 比赛。

1999 年 9 月 24 日，市水文分局组织在职职工及离退休老职工计 40 余人举行迎国庆茶话会。

2000年4月23—28日，市水文分局工会组织机关职工进行套圈、象棋、乒乓球、羽毛球、扑克比赛。此次文体活动是市局领导班子落实"三讲"教育整改方案的一个重要组成部分，机关所有在职职工踊跃报名参加，既丰富了职工的文体活动，又增强了职工的凝聚力。

2001年7月1日，九江市直工委组织万名党员举行"新华杯"纪念建党80周年登山比赛，市水文分局机关党员20余人参加，冯丽珠、邱启勇分获女子老年组、男子青年组第四名、第三名。

2002年4月22—26日，市水文分局派出6名男女选手参加由市直工委组织的庆"五一"乒乓球比赛，获"体育道德风尚奖"。

2002年9月30日，市水文分局工会举行乒乓球、羽毛球、扑克和拔河比赛，欢度"国庆"和喜迎"十六大"，既活跃了气氛、激发了热情，又增强了职工的凝聚力。

2003年4月21—25日，市水文分局组队参加"商行杯"九江市直机关第五届职工乒乓球比赛，荣获"体育道德风尚奖"。

2004年1月13日，市水文分局机关召开迎春团拜会，机关职工欢聚一堂，畅谈过去一年所取得的成绩，满怀信心展望新的一年，并互致节日问候。

2004年5月17日，九江市"移动杯"市直机关第六届职工乒乓球赛拉开帷幕，市水文分局派出8名职工参赛。

2004年7月1日，市水文分局机关支部组织全体党员举行登庐山比赛。

2004年9月14日，九江市副市长、代表团团长卢天锡在市直工委等有关领导的陪同下专程到分局进行太极拳训练的观摩和指导。22日，九江市水文分局太极拳队代表九江市赴南昌参加首届机关运动会，获得团体甲组（女子40岁、男子45岁以上级）第七名和个人项目竞赛第十名的好成绩。这次江西省人民政府自中华人民共和国成立55年来举办的全省首届机关运动会，九江市委、市政府指定九江市水文分局参加太极拳项目的团体甲组和个人项目竞赛。参赛队员全部来自各岗位上的业务骨干，他们在完成各自工作任务的基础上，积极投入到紧张的训练工作中去。

2004年，九江市水文分局太极拳队代表江西省水文局参加厅太极拳比赛，获得第一名。

2005年4月29日，九江市水文局与气象局为庆"五一"举行联谊活动。

2005年12月30日，九江市水文局参加市直工委、市体育局联合组织的"环湖杯"绿色迎新年环湖长跑比赛，有2位职工分别获得老年组和青年组前30名。

2006 年 4 月 25 日，以"发展体育运动，增强人民体质"为宗旨的"电信杯"市直机关第七届乒乓球比赛在九江市供电局举行。九江市水文局由局长邓镇华带队参加比赛，并在比赛中取得了较好成绩。

2006 年 12 月 31 日，举行"贺新年"职工联欢活动，各科室都有代表进行精彩的表演。

2008 年，代表九江市参加全省第二届机关运动会，获全省第二届机关运动会太极拳比赛第六名。

2009 年 9 月 25 日，全局干部职工举办共庆祖国华诞 60 周年联欢活动。

2011 年 6 月 28 日，市委史志办主任罗环到局进行"九江红色历史"讲座。

2011 年 10 月 20—25 日，机关支部组织党员赴延安接受革命传统教育。

2011 年 12 月 28 日，九江市水文局、鄱阳湖水文局在九江联合举办"迎新春"水文晚会。

2013 年 12 月 6 日，举办以"科技水文"为主题的大型沙龙活动。

2015 年 4 月 29—30 日，九江市水文局团支部开展"红色青春、艰苦奋斗"五四专题活动。

2015 年 6 月 28 日，组队参加"朗牌特曲杯"市直机关第四届羽毛球比赛。

2015 年 12 月 31 日，举办"我运动、我健康"迎新年趣味运动会。

2016 年 12 月 26 日，举办庆祝九江水文机构成立 60 周年水文联欢活动。

第四节　水文文化建设成果

1985 年 7 月，成立水文志编辑室，凡建站 5 年以上的水文站（不含水位站）开展修志工作，各站油印单行本。

1997 年，江西省水文局党委授予樊建华"1996、1997 年度全省水文宣传优秀通讯员"称号。

1999 年 12 月 14 日，省水文局党委表彰九江市水文分局为"98、99 洪水宣传服务先进单位"。

1999 年，修水高沙、先锋水文站被省水利厅团委授予厅直首批"青年文明号"荣誉称号。

1999 年，九江市水文分局被市政府确定为第一批上网单位。

1999 年，江西省水文局党委授予修水水文勘测分队、武宁罗溪水文站

"全省水文系统文明站队"称号。

1999年，江西省水文局党委授予樊建华、陈卫华、谢启兴"全省水文系统文明职工"称号。

1999年，江西省水文局党委授予吕兰军、李晓辉"全省水文宣传先进个人"称号。

2000年，樊建华的散文《缆道房的灯》获全省水利系统庆祝中华人民共和国成立50周年"文学征文比赛"二等奖。

2001年12月，省水文局编著的《'98江西大洪水水文分析与研究》由江西科学技术出版社出版。该书全面系统地总结了1998年大洪水成因、特点、防洪工程和非工程措施对洪水的作用和影响，研究河道及泥沙水质变化情况，探讨高水位形成的原因。曹正池、曲永和、熊道光、樊建华、陈圣良参与编写。

2002年，江西省水文局党委授予吕兰军"2000—2001年度全省水文宣传先进个人"称号。

2002年12月10日，省水利厅监察室万桃香主任、殷爱社等一行3人到我局就全省水利系统首届文明单位进行前期实地考察。2003年2月8日，九江市水文分局获省水利厅"全省水利系统首届（2001—2002年度）文明单位"称号。

2003年12月3日，"地税杯"市直机关网页制作大赛颁奖大会在市政府八楼会议厅开幕，九江市水文分局荣获"网页制作组织奖"称号。

2004年7月28日，局长邓镇华、副局长吕兰军前往省水利厅参加全省水利系统精神文明先进集体表彰大会，九江市水文分局获此殊荣，黄良保同志荣获"先进个人"称号。

2004年，江西省水利厅文明委授予九江市水文分局"2002—2003年度全省水利系统精神文明建设先进集体"荣誉称号。

2004年，省水利厅文明委授予黄良保"2002—2003年度全省水利系统精神文明建设先进个人"称号。

2004年，江西省水文局党委授予樊建华"2002、2003年全省水文宣传先进个人"称号。

2005年，省水利厅文明办、省水文局党委授予修水先锋水文站"全省文明水文站"称号。

2006年7月28日，熊丽参加了"农口市直单位推进'3＋1'，我们怎么办"演讲比赛，取得第七名的佳绩。

2006 年 10 月，永修水文站被江西省创建"青年文明号"活动委员会命名为"省级青年文明号"。

2006 年，九江市水文局获省体育局"江西省群众体育先进单位"称号。

2006 年，江西省水文局党委授予张纯"2004、2005 年全省水文宣传先进个人"称号。

2006 年，九江市水文局获省水利厅"全省水利系统 2003—2005 年度文明单位"称号。

2007 年 3 月 30 日，九江市人大常委会城建环保暨"环保修河行"工作座谈会通过"关于编纂《修河志》的决定"。曹正池、李辉程、樊建华参与编纂，曹正池为编委之一，退休高级工程师陶建平聘为执行编辑。

2007 年，中国水利职工政研会授予吕兰军"2006—2007 年度水利系统优秀政研工作者"称号，论文《以党章为准则，加强党内监督，遏制腐败的几点思考》获"水利系统 2006 年纪检监察调研论文"优秀论文奖。

2007 年，在九江市直农口单位《建设新九江，我们怎么干》演讲比赛中，熊丽荣获二等奖。

2008 年，中国农林水利工会全国委员会授予曲永和"全国水利系统职工文化工作先进个人"称号。

2008 年，江西省水文局党委授予樊建华、张纯"2006、2007 年全省水文宣传先进个人"称号。

2008 年，吕兰军的论文《浅析水文在民生水利中的基础地位与作用》获水利部发展研究中心"民生水利有奖征文"三等奖。

2008 年，九江市总工会授予九江市水文局"2007 年度职工互助保险工作先进单位"称号。

2009 年 9 月，省水文局编辑的《远方的水文人》内部出版发行，张良志《无题》、樊建华《这里同样是战场》《板山行》《与寂寞为伍》《雨缘》、柯东《天在作证》、金戎《无声的歌》《漂泊水文》、陈忠宝《喜迎千年跨世纪》《水文站的"舞厅"》、高立钧《水文情》、王参发《水文情操》、石红云《可能》《缆道房与跨河索》《山中小站》、胡景秋《脚步叩问过的河边》、黄开忠《闲聊》《新世纪水文，我们扬帆起航》、邱启勇《程序人生路》、刘克武《水文轨迹》、张纯《孟定印象》、程璇《滴水情》、陈晓生《雨》、占承德《想念父亲》、陈定贵《北京之行有感》、潘乐富《大河的启示》《当河水缓缓流过小站》18 人的 27 部诗歌散文作品入选。

2009 年 9 月，《水文水资源技术与实践》一书由东南大学出版社出版，九江市水文局有六篇论文入选该书。其中代银萍撰写的《提高水文应对突发性水污染事件能力的几点思考》被评为优秀论文。

2009 年，省水文局授予欧阳庆"全省水文系统学习教育年主题活动学习标兵"称号。

2009 年，省水文局授予曹正池、金戎"全省水文系统学习教育年主题活动优秀师徒"称号。

2009 年，九江市水文局获《中国水利》编辑部"贯彻落实水文条例，加速发展水文事业"征文组织奖。

2009 年，吕兰军论文《水文发展与改革的几点思考》获《中国水利》编辑部"贯彻落实水文条例，加速发展水文事业"征文三等奖、《参公给水文职工思想带来的变化及对策与建议》获中国水利职工政研会地域学组第二组2009 年优秀论文二等奖。

2010 年 3 月 25 日，九江市水文局荣获 2009 年度"创先争优"活动先进基层党支部荣誉称号。

2010 年，江西省水文局党委授予欧阳庆"2009—2010 年度全省水文宣传先进个人"称号。

2010 年，中国水利职工政研会授予吕兰军"2008—2009 年度全国水利系统优秀政研工作者"称号。

2010 年，在水利部安监司中国水利文协"民生水利与安全发展"有奖征文中，郭铮的《浅谈城市水文洪涝预测预警》获得三等奖、王荣的《浅谈九江山洪灾害的成因与对策》获得三等奖、金戎的《完善水情分中心建设，服务防汛保民生》获得优秀奖、吕兰军的《改进水文测验方法安全生产保民生》获得优秀奖。

2013 年 3 月，全国水文文学作品集《倾听水文》出版发行，樊建华《这里同样是战场》《雨缘》、胡景秋《脚步叩问过的河边》、黄开忠《闲聊》、金戎《漂泊》、高立钧《江边》作品入选。

2014 年 11 月，郎锋祥撰写的《我为做大九江建言献策——优化九江市城市水生态》一文在"我为做大九江建言献策"征文活动中荣获二等奖。

2015 年 1 月 23 日，水质科荣获 2014 年度市"青年文明号"称号。

2015 年 2 月 3 日，吕兰军获《水政水资源》杂志 2014 年度十佳论文作者。

2015 年 3 月 30 日，吕兰军荣获中国水利政研会 2014 年度优秀研究成果二等奖。

2015 年 10 月，樊建华撰写的《修水流域水文初探》入选《水文化理论与实践文集》（第二集），文章从水文定位、修水流域水文化起源、人文文化、水工程文化、桥梁文化、津渡文化、水文文化等方面进行了探索。

2016 年 3 月 1 日，梓坊水文站被共青团九江市委授予 2015 年度市"青年文明号"荣誉称号。

2016 年 3 月 4 日，九江市水文局水质科被共青团江西省委授予全省"青年雷锋岗"荣誉称号。

2016 年 11 月 26 日，由张纯、樊建华、欧阳庆、陈义进编辑的纪念九江水文成立 60 周年，反映九江水文 60 年发展历程的画册《把脉江河》出版。

2016 年 12 月 23 日，在"党的理想信念在我心中——九江市党政机关党章党规知识竞赛"活动中，九江市水文局荣获三等奖。

2016 年 12 月，《江西水文化》丛书一套 5 册出版发行，其中《水舞风流》一册由吕兰军、樊建华、曾倩倩三人共同创作，书中描写了 30 个小故事，旨在呈现江西"舞水"兴旺的风流人物，从某种层面揭示水与江西经济紧密的联系。此书的部分故事被《江西水文化》杂志选登。

2016 年 12 月，李国霞摄影作品《归》，荣获第十届江西水利桂花节摄影比赛二等奖。

第七篇

人物与荣誉

中华人民共和国成立后，在历年的水文测报工作中，九江水文干部职工刻苦钻研业务技术，努力掌握操作技能，吃苦耐劳，爱岗敬业，忠于职守，为防汛抗旱、防灾减灾、水资源开发利用管理、水利工程和国民经济建设作出了重大贡献，涌现出一大批先进集体和模范人物，获得众多荣誉和奖项。

第二十三章

人　物

郭华安、王宪文、周广成先后担任九江市水文部门的主要领导，是九江水文事业的开拓者和杰出代表，在省内外水利、水文界具有较大影响力，并在水文科研等方面取得了许多重要成果。

在历年的水文测报工作中，先后有2位基层水文测站职工因公殉职；有10位职工受到省、部级表彰；有5位职工获得九江市劳动模范荣誉称号。

第一节　人　物　传

郭华安（1914年4月至2007年12月）　男，江西新建县人，1949年10月参加工作。1937年6月毕业于江西省陆地测量局附设简易科地形班，先后在南昌、赣州等地从事勘测工作。1937年6月任江西陆地测量局少尉科员，1945年6月任军令部测量第九队中尉测量员，1946年12月任国防部测量局测量第九队上尉测量员，1949年10月至1950年任江西省人民政府水利局测量员，1950年10月任省人民政府水利局助理工程师。1950年12月至1951年4月先后在修河水准测量队、乐安河水准测量队、大溪渡水文站和石镇街水文站工作，1955年5月任江西省水利局三硗滩一等水文站站长。1957年至1959年7月任九江专区水文气象总站站长，1959年7月下放九江地区赤湖水产场，1980年5月退休。2007年12月因病去世。

1955—1959年，郭华安任职三硗滩一等水文站站长及九江专区水文气象总站站长期间，组织、查勘、建设了修水杨树坪水文站、先锋水文站、德安梓坊水文站、瑞昌铺头水文站。

王宪文（1922年10月至1993年10月）　男，山东即墨人，1945年9月参加工作。1945年9月任吉林军区吉南分区独立二团一营机枪连战士，1945年10月任吉林军区吉南分区独立二团一营机枪连副班长，1946年4月任吉林军区吉南分区二十四旅七十一团一营机枪连班长，1947年3月任吉林军区吉南分区二十四旅七十一团一营部机枪排班长，1947年7月任吉林军区吉南分区二十四旅七十一团一营部机枪排副排长，1947年12月任吉林军区吉南分区二十四旅七十一团一营三连排长，1948年2月任吉林军区独立六师十八团一营机枪连排长，1948年3月任吉林军区独立六师十八团一营机枪连副连长，1949年5月任吉林军区四三军一五六师四六八团二营机枪连副连长，1950年9月任江西军区九江分区四六八团二营机枪连连长，1951年9月任江西军区九江分区四六八团三营部参谋长，1952年1月任江西军区九江分区独立营参谋长，1952年1月任九江分区武宁县人民武装部军事股长，1952年4月任江西军区九江分区武宁县人民武装部副部长，1952年8月任江西军区九江分区瑞昌县人民武装部副部长，1955年9月被江西军区干部部授予大尉军衔，1958年2月任武宁县民政局局长，1958年4月任武宁县煤矿党委书记兼矿长，1958年12月任武宁水泥厂支书，1959年4月任武宁县铁矿党委书记，1959年10月任武宁县民政局局长，1960年5月任武宁县砖瓦厂支书，1961年3月任柘林发电站工程局民兵团党委书记，1961年9月任武宁县人事局局长，1962年7月任武宁县委组织部副部长，1963年10月任武宁县总工会主任，1968年任武宁县百货公司主任，1972年4月任九江地区水电局政工组组长，1973年8月任九江地区气象水文局副局长，1977年5月任九江地区水文站站长。1982年11月离休。1993年10月去世。

　　周广成（1930年6月至2011年5月）　男，江苏高邮县人，1956年9月毕业于南京华东水利学院陆地水文系，1958年9月参加工作，1982年加入中国共产党。1956年9月至1957年3月在省水利厅水文总站实习，1957年5月任江西省水利厅水电设计院技术员，1964年3月任鄱阳湖水文气象实验站流动调查队副队长，1974年10月任江西省水利厅九江地区水文站技术员，1980年10月任九江地区水文站测资科负责人、工程师，1984年9月任九江地区水文站副站长。1987年12月晋升为高级工程师。1990年7月退休。2011年5月因病去世。

　　1957—1964年，完成江口水库等工程的治理规划、设计等阶段的水文分析计算，主持抚河历史洪水调查和树木年轮调查的试点，主持抚河流域规划阶段中、下游（干、支流）历史洪水、枯水调查，完成柘林水库经济效益论证，参加樟树坑水库设计阶段的水文计算。1964—1974年，主持鄱阳湖大面积流动观测和专题调查；承担《鄱阳湖中长期水文预报》《鄱阳湖区洲、滩退水预报》方案制定；主持湖口—星子段湖区洲滩调查测量；主持全省第一座水文缆道（樟树站）的技术改造；主持高沙、先锋和罗溪水文站缆道技术改造；主持铺头、三桥口水文站缆道测深、测速信号的改造使用。1982—

1987年，主持九江水文业务管理工作（其中1982年8月至1984年9月主持全面工作）。

1958年3月，撰写《关于树木年轮延长降水资料系列的可能性》编入《江西水利》水文专刊；1964年完成《鄱阳湖大面积流动观测暂行规定》的编制；1965年撰写的《鄱阳湖湖流流态特性分析》《鄱阳湖悬移质泥沙规律初步分析》编入《鄱阳湖水文气象专题文集》第一集；1967年参加长江中、下游五省一市防洪规划会议交流和大会口头介绍获好评；1968年主编《鄱阳湖大面积流动观测水文资料手册》；1974年编制《南昌（八一桥）最高洪水位长期预报方案》；1978年11月撰写的《测流缆道水下信号的产生与接收》，参加全省水文缆道会议交流；1983年3月撰写的《梓枋水文缆道使用的体会》，在省水利学会水文学组年会交流。1976—1979年历年被评为九江地区水文站先进生产工作者。是九江颇多建树的水文专家，为全市水文预报和水文事业发展做出了重大贡献。

第二节 人 物 简 介

金世显 1934年12月出生，河南南阳人。1951年7月在南阳县中学读书，在武昌中国人民解放军第四军械学校学习，攻读步兵武器、弹药、器材构造。1953年4月毕业，同年分配到沈阳军区军械部技术检查部工作，任助理员。1958年5月分配到解放军第一军二师后勤部军械科任助理员。1962年加入中国共产党，1964年任副科长职务。1976年6月转业到星子湖泊实验站任副站长，1979年去江苏扬州水校学习培训三个月，1984年9月到九江市水文站工作，任副站长，1994年12月任九江市水文站副处级调研员退休。

沈顺根 1936年10月出生，上海人。1955年12月参加工作，1959年10月加入中国共产党。1954年从上海至江西德安县垦荒。1955年12月任德安县统战部米粮铺党委委员。1980年调德安县水电局任局长。1991年10月任江西省水利厅九江市水文站站长；1993年3月任江西省水利厅九江市水文分局局长。1996年12月退休。

宋宝昌 1936年11月出生，江苏六合人。1960年10月参加工作，1986年加入中国共产党。1955年9月考入华东水利学院，1960年9月毕业后分配至江西省水文气象局任技术员。1961年9月调入江西省水利电力学院任老师。1968年10月下放九江县劳动。1972年5月回江西省水文总站工作，1975年7月调至九江地区气象水文局工作。1986年任九江地区水文站水情科科长；

1987年12月被聘为高级工程师；1989年1月任江西省水利厅九江市水文站水情科科长；1993年3月任江西省水利厅九江市水文分局水情科科长。1996年11月退休。

1969—1971年，主持九江县赛城湖开河、建闸、围垦工程的水文计算和工程效益论证工作。1972—1973年，承担《江西省水文手册》中赣西北流域面积、频率、洪峰三变数关系曲线和经验公式的计算。1980—1981年，主持修水流域历史洪水的计算分析和整理工作。1983—1985年，承担九江地区修水流域地下水径流量、径流模数、补给系数的计算审核工作；同期完成九江地区农业区划中水资源部分的审核工作。长期从事水情工作，1996年11月，荣获江西省人民政府授予的"1996年全省抗洪抢险先进个人"称号。

张良志 1939年3月出生，江西宁冈人。1959年9月参加工作，1983年3月加入中国共产党。1956年9月参加江西省水利厅第九届水文培训班学习，1956年11月结业后分配至江西省水利厅水文总站九江水文分站工作。1962年8月调修水县龙潭峡水文站工作。1968年10月下放农村劳动。1972年9月调修水高沙水文工作，后任站长。1982年8月调九江地区水文站任测资科科长；1984年9月任九江地区水文站站长；1992年9月任江西省水利厅九江市水文站副站长（副处级）；1993年4月任江西省水利厅九江市水文分局副局长（副处级）；1998年12月任九江市水文分局助理调研员。1999年4月退休。

1958年，撰写的论文《三碛滩站测速测深垂线分析》在《水文》特刊上发表，这是九江水文历史上可查的首篇科技论文。1960年8月，撰写的论文《水库放水账的计算图解法》在《江西水利电力》上发表。

王培金 1941年4月出生，浙江龙游人。1958年9月参加工作，在樟树杭水电站任财务科驻景德镇市办事处会计。1959年，在江西省水利电力学院中专班学习，1962年分配至九江水文气象总站工作。1987年12月聘为工程师，1989年10月成为中国水利学会委员。1969—2014年，长期从事水情工作，1992年8月，荣获江西省防汛抗旱总指挥部授予的"1992年全省抗洪抢险先进个人"称号。2001年4月退休，2016年3月因病去世。

余国胜 1945年9月出生，湖北鄂城人。1968年2月参加工作，1983年2月加入中国共产党。1966年6月，在德安县林泉水库做临时工。1968年2月，在28军84师炮团二中队服兵役，1971年3月复员。1971年7月，被安排在德安梓坊水文站工作，1985年2月，调至武宁罗溪水文站工作，1986年12月，返回德安梓坊水文站工作。2005年9月退休。

1983年4月，荣获中华人民共和国水利电力部授予的"全国水文系统先进个人"称号。1988 年、1990 年、1991 年被九江市水文站评为先进工作者。1998 年 12 月，荣获由长江防汛总指挥部授予的"1998 年长江抗洪先进个人"称号。

邓镇华　1950 年 10 月出生，江西景德镇人，1968 年 11 月参加工作，1985 年 7 月加入中国共产党，1982 年 12 月毕业于长江水利水电学校陆地水文专业，1985 年 8 月华东水利学院陆地水文专业函授专科毕业。先后在景德镇市南安公社知青插队劳动、景德镇市光明瓷厂、景德镇市光明中学、景德镇市水文站、九江市水文站、九江市水文分局（局）工作，历任工厂工人、中学教师、副科长、科长、市站副站长、分局副局长、工程师，1996 年 12 月起，历任九江市水文分局局长、党支部书记、工程师、党组书记、高级工程师、副调研员；2009 年 7 月任省水文局调研员、高级工程师，2010 年 11 月退休。参与主持《PAM - 8801 微机缆道自动测流取沙控制系统》获 1991 年省科技进步三等奖、水利部科技进步四等奖；《电子技术在水文缆道上的应用》获 1984 年省科技成果四等奖、景德镇市二等奖，并编入部水文局《水文缆道技术论文集》；主持研制《HCS - 2000A 型水文缆道测流自动控制仪》，在江西、湖南、湖北、广西、浙江、江苏、福建、云南、海南、安徽等 10 个省 100 多个水文站推广应用。1998 年 10 月获中共江西省委、省政府"全省抗洪抢险先进个人"称号，1998 年获水利部"全国水利系统安全生产先进个人"称号、12 月获人事部、水利部"全国水利系统先进工作者"称号（享受省部级劳动模范待遇），2005 年 8 月获中共江西省委、省政府"全省防汛抗洪先进个人"称号。2006 年 11 月 26 日，当选中国共产党九江市第九次代表大会党代表并出席会议。

卢兵　1956 年 1 月出生，江西万载人，1973 年 8 月参加工作，1979 年 1 月省水利水电学校陆地水文专业中专毕业，1987 年 12 月加入中国共产党，1989 年 7 月河海大学函授本科毕业、工学士学位。先后在德安县林泉公社知青插队劳动、都昌康山水文气象站、都昌蒸发站、鄱阳湖水文气象实验站、鄱阳湖水文分局（局）、九江市水文局工作。1979 年 1 月分配至鄱阳湖水文气象实验站，历任都昌蒸发站副站长、鄱阳湖水文气象实验站副站长、副局长、工程师；1996 年 12 月起，任鄱阳湖水文局局长、党支部书记、高级工程师、党组书记。2008 年 9 月任九江市水文局局长、高级工程师、党组书记。

合著、独著《森林和水体对庐山南麓的气候效应》《鄱阳湖水面蒸发量计算方法探析》《鄱阳湖富营养化调查与评价》《鄱阳湖大水体蒸发实验研究》《鄱阳湖生态系统中的主要问题与调控对策》《鄱阳湖的风情、风浪特性与风能资源分析》《鄱阳湖的形成演变及发展趋势》等 10 多篇学术论文；合著《鄱阳湖水面蒸发研究》获 1993 年省水利学会优秀学术论文三等奖，合著《鄱阳湖湖泊气候及其围垦后的变化》、独著《鄱阳湖自然保护区生态环境分析》分获 1997 年、2005 年省水利学会优秀学术论文二等奖。从 1994 年开始，享受省人民政府特殊津贴。

曲永和　1957 年 3 月出生，吉林四平人。1974 年 10 月参加工作，1995 年 8 月加入中国民主建国会，曾任九江市政协常委。1974 年 10 月，星子隘口观口林场知青。1977 年 1 月，中国人民解放军 32114 部队服兵役，1981 年 2 月复员安置在九江地区水文站水情科。1982 年 2 月调至星子观口水文站。1981 年 11 月至 1984 年 11 月，在华东水利学院陆地水文专业大专函数学习。1985 年 2 月任武宁罗溪水文站站长。1988 年 1 月任九江市水文站测资科副科长。1993 年 1 月任九江市水文站水资源科副科长兼水情科副科长；1997 年 4 月任九江市水文分局水情科科长；2000 年荣获民建中央授予的"全国优秀会员"称号。2003 年发表论文《初探小河站显著性水平 α 值的选用》，2004 年发表论文《试论修水河源的确定》，2005 年与人合作发表论文《浅议九江市农村小型水利工程的现状与对策》，2008 年荣获中国农林水利工会全国委员会授予的"全国水利系统职工文化工作先进个人"称号。2003 年 1 月任局工会主席，2004 年 10 月被聘为高级工程师；2005 年 8 月任江西省九江市水文局水情科科长；2013 年 3 月任江西省九江市水文局总工。2017 年 3 月退休。

吕兰军　1960 年 12 月出生，浙江诸暨人，1977 年 9 月修水县山口公社红旗知青队下放知青，1981 年 7 月毕业于江西省水利水电学校陆地水文专业，1985 年 7 月华东水利学院陆地水文函授专科毕业，2009 年 1 月九江学院计算机科学与技术函授本科毕业，1996 年 9 月加入中国共产党。1981 年 9 月都昌蒸发实验站技术员，1988 年 1 月鄱阳湖水文气象实验站水质分析室助理工程师，1993 年 5 月任工程师，1996 年 2 月调上饶市水文局任水质科科长、工程师，1998 年 1 月调九江市水文分局任局长助理兼办公室主任，同年 10 月任副局长，2016 年 6 月任九江市水文局党组书记、局长，2016 年 9 月当选中共九江市第十一次党代表。

先后在《人民长江》《水资源保护》《上海环境科学》《湖泊科学》《海洋湖沼通报》《水利发展研究》《中国防汛抗旱》《中国水利》《江西水利科技》等国家正式刊物上发表论文 46 篇，《水文在水资源三条红线管理中的地位与作用探讨》《浅析水文水质检测在饮水安全保障中的第三方公正作用》《城市江段水源地安全保障分析与思考》《水文在海绵城市建设中的作用与思考》分别获得中国水利学会 2011 年、2014 年、2015 年、2017 年学术年会优秀论文奖；《水文在农村饮用水安全保障中的作用与思考》获 2012 年 3 月由中国水利学会、联合国儿童基金会驻中国办事处主办的气候变化与安全供水论坛优秀论文三等奖；2014 年 9 月至 2016 年 9 月被聘为《水利发展研究》杂志特约通讯员，《江西省志·水文志》编纂室成员。主持《九江市水功能区划》《九江市水域纳污能力及限制排污总量意见》《九江市水量分配细化研究方案》3 个报告的编制；主持《九江市八里湖水生态动态监测与研究》课题，获省赣鄱水利科技三等奖；1998 年 4 月被评为全省水利系统优秀中青年科技工作者，2005 年 8 月获中共江西省委、省政府"全省防汛抗洪先进个人"称号，2006—2007 年度、2008—2009 年度获全国水利系统"优秀政研工作者"称号，2011 年 6 月获江西省水利学会"先进工作者"称号。

　　黄良保　1959 年 8 月出生，江西修水人。1978 年 12 月参加工作，1981 年 8 月加入中国共产党。1978 年 12 月基建工程兵 00636 部队服役。1982 年 2 月复员分配至修水高沙水文站工作。1986 年 4 月任修水高沙水文站副站长，1994 年 7 月任修水高沙水文站站长，1997 年 1 月任修水高沙水文站站长、修水水文勘测队队长。2005 年 9 月至 2008 年 1 月在中国农业大学水利水电工程专业进行大专函授学习。2008 年 12 月任江西省九江市水文局党组成员、副局长、修水水文勘测队队长、修水高沙水文站站长。2012 年 8 月任江西省九江市水文局党组成员、副局长、副主任、修水水文勘测队队长、修水高沙水文站站长。2014 年 11 月任江西省九江市水文局党组成员、副局长、副主任、修水水文勘测队队长。

　　2005 年 5 月，荣获中共九江市委、市政府授予的"九江市劳动模范"称号。2005 年 10 月，荣获江西省水利厅批授予的"精神文明建设先进个人"称号。2007 年 11 月，荣获国家人事部、解放军总政治部、国家防汛抗旱总指挥部授予的"全国防汛抗旱模范"称号。

　　曹正池　1962 年 10 月出生，江西九江人，1981 年 7 月江西省水利水电学校陆地水文专业毕业，同年 9 月参加水文工作，1994 年 5 月加入中国共产党，1985 年 8 月华东水利学院陆地水文专业函授专科毕业，2009 年 2 月南京理工大学计算机科学与技术专业函授本科毕业。先后在武宁王坑水文站、爆竹铺水文站工作，任职工、站负责人，1985 年 1 月调九江市水文站任职工、副科长、科长等职，1995 年 1 月获工程师职称，1996 年 12 月任九江市水文分局副局长、党支部委员、党组成员；2005 年 8 月任江西省九江市水文局副局长、党支部委员、党组成员；期间，曾兼任局工会主席、九江市水利学会常务理事；2012 年 11 月任九江市水文局副调研员、党组成员。

　　长期从事水文测资、水资源分析评价与洪水情报预报等业务工作，参与《中国河湖大典》《江西河湖大典》九江部分的编纂工作，独立承担《中国城市防洪》九江市部分的编写任务，参与《江西省水文水资源监测预报能力建设规划（2011—2020)》等全省性技术报告的编写工作。1983 年荣获武宁县劳动模范、2000 年荣获九江市劳动模范称号，2011 年获赣鄱水利科学技术二等奖，2012 年被省水文局荣记三等功，2016 年 8 月获九江市委、市政府抗洪表彰，2017 年 3 月获江西省委省政府授予的"2016 年全省抗洪抢险先进个人"荣誉称号。

　　黄福耕　修水县杨树坪水文站职工，1964 年荣获江西省人民委员会授予的"1963 年全省农业生产先进个人"称号。

　　刘顺发　修水县何市雨量站代办员，1990 年荣获中华人民共和国水利电力部授予的"全国水文系统先进委托观测员"称号。

　　戴宝林　修水县全丰雨量站代办员，2005 年 8 月荣获中共江西省委、省人民政府授予的"2005 年全省防汛抗洪先进个人"称号。

第二十四章

荣　誉

历年来，九江水文部门为防汛抗旱、防灾减灾、水资源开发利用管理、水利工程和国民经济建设等提供了大量的、准确的、科学的水文服务，获得了社会的认可，受到了上级的好评。共获得 109 次县级（含县级）以上集体表彰、有 154 人次获得县级（含县级）以上个人表彰，见表 7.24.1。

第一节　先　进　集　体

1956—2016 年，九江市水文系统共获得 109 次县级（含）以上集体表彰。其中获得省、部级先进集体表彰的有 7 次，获得地、厅级先进集体表彰的有 39 次，获得上级党组表彰的先进集体 14 次，获得上级和驻地工会（妇联）表彰的先进集体 13 次，其他类表彰的先进集体 36 次。

表 7.24.1　　　　　　　九江市水文局受县级以上单位表彰情况一览

序号	单位名称	荣誉称号	授奖时间	授奖单位
1	修水龙潭峡水文站	修水县农业先进集体	1959	修水县人民政府
2	修水龙潭峡水文站	全省水文气象系统先进集体	1959	江西省水文气象局
3	德安梓坊水文站	九江专区农业先进集体单位	1959	九江专区人民委员会
4	德安梓坊水文站	1959 年全省农业生产先进集体	1960	江西省人民委员会
5	修水龙潭峡水文站	1959 年全省农业生产先进集体	1960	江西省人民委员会
6	修水先锋水文站	九江专区农业先进集体单位	1960	九江专区人民委员会
7	修水先锋水文站	修水县农业先进集体单位	1960	修水县人民政府
8	修水先锋水文站	全省水文气象系统先进集体	1960	江西省水文气象局
9	九江专区水文气象服务站	1962 年全省农业生产先进集体	1963	江西省人民委员会
10	九江专区水文气象服务站	1963 年全省农业生产先进集体	1964	江西省人民委员会
11	修水高沙水文站	1973 年度全省农业学大寨先进集体	1974	江西省人民委员会

序号	单位名称	荣誉称号	授奖时间	授奖单位
12	德安梓坊水文站	九江地区农业先进集体	1974	九江地委、地区革委会
13	武宁罗溪水文站	先进单位	1975	武宁县革命委员会
14	德安梓坊水文站	1975年全省农业先进集体	1976	江西省人民委员会
15	武宁罗溪水文站	先进单位	1976	武宁县革命委员会
16	德安梓坊水文站	九江地区科学技术先进单位	1977	九江地委、地区革委会
17	修水先锋水文站	修水县先进集体	1977	修水县革命委员会
18	武宁罗溪水文站	武宁县先进单位	1977	武宁县革命委员会
19	武宁罗溪水文站	武宁县先进单位	1978	武宁县革命委员会
20	修水先锋水文站	修水县先进集体	1979	修水县革命委员会
21	修水高沙水文站	全省水文系统先进集体	1981	江西省水文总站
22	德安梓坊水文站	1981年度九江地区农业先进集体	1982	九江地区行署
23	修水高沙水文站	1981年度测站竞赛评比先进集体	1982	江西省水利厅
24	德安梓坊水文站	1981年度测站竞赛评比先进集体	1982	江西省水利厅
25	武宁澧溪雨量站	1981年度测站竞赛评比先进集体	1982	江西省水利厅
26	德安梓坊水文站	1982年度全省水文系统先进集体	1983	江西省水文总站
27	修水高沙水文站	1982年度全省水文系统先进集体	1983	江西省水文总站
28	德安梓坊水文站	1983年度全省水文系统先进集体	1984	江西省水文总站
29	武宁爆竹铺水文站	1983年度全省水文系统先进集体	1984	江西省水文总站
30	永修水位站	1983年度全省水文系统先进集体	1984	江西省水文总站
31	武宁船滩雨量站	1983年度全省水文系统先进集体	1984	江西省水文总站
32	瑞昌铺头水文站	1985年度全省水文系统先进集体	1986	江西省水文总站
33	修水高沙水文站	全省水文系统先进水文站	1992	江西省水利厅
34	修水高沙水文站	全省水文综合经营先进水文站	1994	江西省水文局
35	九江市水文局机关第二支部	1995年度机关先进党支部	1996	江西省水文局党组
36	修水高沙水文站	全省先进水文站	1997	省防办、省水文局
37	九江市水文分局水情科	全省水情工作先进集体	1997	省防办、省水文局
38	彭冲涧水文站	全省水文测验工作先进集体	1997	省防办、省水文局
39	九江市水文分局	1997年全省水文系统目标管理先进单位	1998	江西省水文局
40	九江市水文分局	全国水利系统先进集体	1998	国家人事部、水利部
41	九江市水文分局	1998年全市抗洪抢险先进集体	1998	九江市委、市政府

序号	单位名称	荣誉称号	授奖时间	授奖单位
42	修水高沙水文站	首批厅直级"青年文明号"	1999	江西省水利厅
43	修水先锋水文站	首批厅直级"青年文明号"	1999	江西省水利厅
44	九江市水文分局党支部	先进基层党组织	1999	中共九江市直机关工委
45	九江市水文分局	98、99洪水宣传服务先进单位	1999	江西省水文局党委
46	修水水文勘测分队	全省水文系统文明站队	1999	江西省水文局
47	武宁罗溪水文站	全省水文系统文明站队	1999	江西省水文局
48	九江市水文分局	江西省水利科技工作"先进集体"	2002	江西省水利厅
49	九江市水文分局	2000年、2001年全省水文宣传先进分局	2002	江西省水文局党委
50	修水水文勘测分队	2000年、2001年全省水文宣传先进站队	2002	江西省水文局党委
51	九江市水文分局	体育道德风尚奖	2002	九江市直机关工会
52	九江市水文分局工会	网页制作组织奖	2002	九江市直机关工会
53	九江市水文分局	体育道德风尚奖	2003	九江市直机关工会
54	九江市水文分局	全省水利系统首届（2001—2002年度）文明单位	2003	江西省水利厅
55	九江市水文分局	2002—2003年度全省水利系统精神文明建设先进集体	2004	江西省水利厅文明委
56	九江市水文分局办公室	2002、2003年全省水文宣传先进单位	2004	江西省水文局党委
57	九江市水文局工会	2002—2003年度先进机关工会	2004	九江市直机关工会
58	九江市水文分局	2004年全市统战工作先进单位	2005	九江市统战部
59	九江市水文分局	2003—2005年度全省水利系统文明单位	2005	江西省水利厅
60	九江市水文分局水情科	2005年度水情工作先进集体	2005	江西省水文局
61	修水先锋水文站	全省文明水文站	2005	江西省水利厅文明办、江西省水文局
62	修水水文勘测队	全省水文防汛抗洪先进集体	2005	江西省水文局
63	九江市水文局	全省水利系统（2003—2005）文明单位	2006	江西省水利厅精神文明建设指导委员会

续表

序号	单位名称	荣誉称号	授奖时间	授奖单位
64	九江市水文局	2005年全市统战工作先进单位	2006	九江市统战部
65	九江市水文局	江西省2002—2005年度群众体育先进单位	2006	江西省体育局
66	永修水文站	省级"青年文明号"	2006	省创建"青年文明号"活动组委会
67	九江市水文局青年科技小组	2004、2005年全省水文宣传先进集体	2006	江西省水文局党委
68	九江市水文局工会	2004—2005年度职工互保工作先进单位	2006	九江市直机关工会
69	修水渣津水文站	2006年度水文绩效考核年活动先进站	2006	江西省水文局
70	修水先锋水文站	全省水文测验质量成果评比优胜站	2007	江西省水文局
71	瑞昌铺头水文站	全省水文测验质量成果评比优胜站	2007	江西省水文局
72	九江市水文局工会	2007年度职工互助保险工作先进单位	2008	九江市总工会
73	九江市水文局工会	2006—2007年度先进机关工会	2008	九江直属机关工会
74	九江市水文局	"贯彻落实水文条例,加速发展水文事业"征文组织奖	2009	水利部水文局
75	九江市水文局党支部	2009年度"创先争优"先进基层党组织	2010	中共九江市直机关工委
76	九江市水文局	2010年全市防汛抗洪先进集体	2010	九江市委、市政府
77	九江市水文局工会	2008—2009年度市直机关工会工作先进单位	2010	九江市直机关工会
78	九江市水文局水质科	全省水文系统机关效能年活动先进集体	2010	江西省水文局
79	九江市水文局机关党支部	先进基层党组织	2010	中共九江市直机关工委
80	九江市水文局	2010年度市直单位党报党刊发行工作先进单位	2010	中共九江市直机关工委

续表

序号	单位名称	荣誉称号	授奖时间	授奖单位
81	九江市水文局	2011 年度市直单位 党报党刊发行工作先进单位	2011	中共九江市直机关工委
82	九江市水文局机关第一支部	2010 年度先进党支部	2011	江西省水文局党组
83	九江市水文局机关第二支部	2010 年度先进党支部	2011	江西省水文局党组
84	九江市水文局党支部	2010 年度创先争优主题实践活动 先进基层党组织	2011	中共九江市直机关工委
85	九江市水文局党支部	2010 年度市直单位党建工作 先进基层党组织	2011	中共九江市直机关工委
86	九江市水文局党支部	2010—2012 年创先争优活动 先进基层党组织	2012	中共九江市直机关工委
87	九江市水文局工会	2011 年度市直机关工会 工作先进单位	2012	九江市直机关工会
88	九江市水文局工会	2011 年度职工互助保险工作 先进单位	2012	九江市总工会
89	修水水文勘测队	全省水文先进集体	2012	江西省水利厅
90	九江市水文局党支部	先进基层党组织	2013	中共九江市直机关工委
91	九江市水文局工会	市庆"三八"《女职工劳动保护 特别规定》知识竞赛三等奖	2013	九江市总工会
92	九江市水文局（九江市八里 湖水生态动态监测与研究）	赣鄱水利科学技术奖三等奖	2014	赣鄱水利科学技术奖 奖励委员会
93	九江市水文局工会	2013 年度市直机关工会 工作先进单位	2014	九江市直机关工会
94	德安县梓坊水文站	"7·24"特大洪水灾害 抗洪抢险工作先进集体	2014	德安县人民政府
95	九江市水文局水质科	2014 年度市"青年文明号"	2015	共青团九江市委
96	九江市水文局	2014 年度社会治安综合 治理先进单位	2015	九江市委、市政府
97	九江市水文局	2014 年度市直机关工会 工作先进单位	2015	九江市直机关工会
98	九江市水文局	2014 年度目标管理考评 绩效管理先进单位	2015	九江市委、市政府

续表

序号	单位名称	荣誉称号	授奖时间	授奖单位
99	德安县梓坊水文站	2015年度市"青年文明号"	2016	共青团九江市委
100	九江市水文局水质科	全省"青年雷锋岗"	2016	共青团江西省委
101	九江市水文局机关党支部	2015年度市直机关党的工作优秀单位	2016	中共九江市直机关工委
102	九江市水文局党支部	九江市党政机关党章党规知识竞赛三等奖	2016	中共九江市直机关工委
103	九江市水文局工会	2015年度全市行政事业单位工会工作先进单位	2016	九江市总工会
104	九江市水文局	2016年防汛抗洪工作通报表扬单位	2016	中共九江市委、市政府
105	瑞昌水文水资源中心	2016年防汛抗洪工作先进单位	2016	瑞昌市委、市政府
106	永修水文站	2016年防汛抗洪工作先进单位	2016	永修县委、县政府
107	德安县梓坊水文站	2016年度全县抗洪抢险救灾工作先进集体	2016	德安县委、县政府
108	九江市水文局	2016年度市直单位党报党刊发行工作先进单位	2016	中共九江市直机关工委
109	瑞昌水文水资源巡测中心	2016年度市直"青年文明号"	2017	共青团九江市委

第二节 先 进 个 人

1964—2016年，九江市水文系统共有154人次获得县级以上（含县级）表彰。其中获得省、部级表彰的先进个人14人次，获得地、厅级表彰的先进个人47人次，获得上级党组表彰的先进个人31人次，获得上级和驻地工会（妇联）表彰的先进个人6人次，市级劳动模范5人次，县级劳动模范1人次，荣记个人三等功1次，获得其他组织表彰的先进个人49人次，见表7.24.2。

表7.24.2　　　　九江市水文局受县级以上单位表彰情况一览

序号	姓名	荣誉称号	授奖时间	授奖单位
1	黄福耕	1963年度全省农业生产先进个人	1964	江西省人民委员会
2	张良志	1981年度江西省水文系统先进工作者	1982	江西省水利厅
3	王金香	1981年度江西省水文系统先进工作者	1982	江西省水利厅

序号	姓名	荣誉称号	授奖时间	授奖单位
4	张德贵	1981年度江西省水文系统先进工作者	1982	江西省水利厅
5	余国胜	1981年度江西省水文系统先进工作者	1982	江西省水利厅
6	黄佑才	1981年度江西省水文系统先进工作者	1982	江西省水利厅
7	杜蔚进	1981年度江西省水文系统先进工作者	1982	江西省水利厅
8	张德贵	九江地区劳动模范	1982	九江地区行署
9	张德贵	永修县人民政府积极分子	1982	永修县人民政府
10	张德贵	1982年度江西省水文系统先进工作者	1983	江西省水文总站
11	余国胜	1982年度江西省水文系统先进工作者	1983	江西省水文总站
12	张良志	1982年度江西省水文系统先进工作者	1983	江西省水文总站
13	杜蔚进	1982年度江西省水文系统先进工作者	1983	江西省水文总站
14	曹正池	1982年度武宁县先进工作者	1983	武宁县人民政府
15	余国胜	全国水文系统先进个人	1983	水利电力部
16	张德贵	1983年度江西省水文系统先进工作者	1984	江西省水文总站
17	王光荣	1983年度江西省水文系统先进工作者	1984	江西省水文总站
18	余国胜	1983年度江西省水文系统先进工作者	1984	江西省水文总站
19	樊建华	1983年度江西省水文系统先进工作者	1984	江西省水文总站
20	朱庆平	1983年度江西省水文系统先进工作者	1984	江西省水文总站
21	曹正池	1983年度江西省水文系统先进工作者	1984	江西省水文总站
22	朱庆平	1985年度全省水文系统优秀水文站长	1986	江西省水文局
23	陶建平	1985年度全省水文系统优秀水文站长	1986	江西省水文局
24	杨华昭	1985年度全省水文系统先进工作者	1986	江西省水文局
25	钟安仁	1985年度全省水文系统先进工作者	1986	江西省水文局
26	王参发	1985年度全省水文系统先进工作者	1986	江西省水文局
27	李辉程	1985年度全省水文系统先进工作者	1986	江西省水文局
28	杨海金	1985年度全省水文系统先进工作者	1986	江西省水文局
29	李晓辉	1985年度全省水文系统先进工作者	1986	江西省水文局
30	杨富云	1985年度全省水文系统先进工作者	1986	江西省水文局
31	余兰玲	1985年度全省水文系统先进工作者	1986	江西省水文局
32	黄良保	1985年度全省水文系统先进工作者	1986	江西省水文局
33	胡茂义	1985年度全省水文系统先进工作者	1986	江西省水文局
34	柯东	1985年度全省水文系统先进工作者	1986	江西省水文局

序号	姓名	荣誉称号	授奖时间	授奖单位
35	王立军	1985 年度全省水文系统先进工作者	1986	江西省水文局
36	刘顺发	全国水文系统先进委托观测员	1990	水利部
37	王培金	1992 年全省抗洪抢险先进个人	1992	江西省防汛抗旱总指挥部
38	曹正池	全省水文系统先进个人	1992	江西省水利厅
39	陈晓生	全省水文系统先进个人	1992	江西省水利厅
40	李辉程	全省水文系统先进个人	1992	江西省水利厅
41	江小青	全省水文系统先进个人	1992	江西省水利厅
42	陈世风	全省水文系统先进代办员	1992	江西省水利厅
43	胡治安	全省水文系统先进代办员	1992	江西省水利厅
44	胡昌秀	全省水文系统先进代办员	1992	江西省水利厅
45	刘盛发	全省水文系统先进代办员	1992	江西省水利厅
46	柯东	全省首届水文勘测工技术比赛第四名	1992	江西省水利厅
47	饶知孙	九江市劳动模范	1993	九江市人民政府
48	樊建华	优秀共产党员	1993	中共九江市直机关工委
49	黄良保	1994 年度全省水文思想政治工作先进个人	1995	江西省水文局党委
50	宋宝昌	1996 年全省抗洪抢险先进个人	1996	江西省人民政府
51	樊建华	优秀共产党员	1996	中共九江市直机关工委
52	曹正池	优秀共产党员	1996	中共九江市直机关工委
53	樊建华	1996—1997 年度全省水文宣传优秀通讯员	1997	江西省水文局党委
54	邓镇华	全国水利系统先进工作者	1998	人事部、水利部
55	邓镇华	全省抗洪抢险先进个人	1998	江西省委、省政府
56	邓镇华	1998 年全国水利系统安全生产先进个人	1998	水利部
57	吕兰军	江西省水利学会优秀中青年科技工作者	1998	江西省水利学会
58	余国胜	1998 年长江抗洪先进个人	1998	长江防汛总指挥部
59	梁军	98 特大洪水水文测报有功人员	1998	江西省水文局党委 江西省水文局
60	王立军	98 特大洪水水文测报有功人员	1998	江西省水文局党委 江西省水文局
61	余国胜	98 特大洪水水文测报有功人员	1998	江西省水文局党委 江西省水文局

续表

序号	姓名	荣誉称号	授奖时间	授奖单位
62	江小青	全省98特大洪水水文测报有功人员	1998	江西省水文局党委 江西省水文局
63	王红霞	全省98特大洪水水文测报有功人员	1998	江西省水文局党委 江西省水文局
64	卢甫全	全省98特大洪水水文测报有功人员	1998	江西省水文局党委 江西省水文局
65	曲永和	全省98特大洪水水文测报有功人员	1998	江西省水文局党委 江西省水文局
66	樊建华	全省98特大洪水水文测报有功人员	1998	江西省水文局党委 江西省水文局
67	徐圣良	全省98特大洪水水文测报有功人员	1998	江西省水文局党委 江西省水文局
68	张纯	全省98特大洪水水文测报有功人员	1998	江西省水文局党委 江西省水文局
69	黄良保	全省98特大洪水水文测报有功人员	1998	江西省水文局党委 江西省水文局
70	熊道光	全省98特大洪水水文测报有功人员	1998	江西省水文局党委 江西省水文局
71	余兰玲	全省98特大洪水水文测报有功人员	1998	江西省水文局党委 江西省水文局
72	余兰玲	全县抗洪抢险先进个人	1998	永修县人民政府
73	王立军	全县抗洪抢险先进个人	1998	永修县人民政府
74	梁军	全县抗洪抢险先进个人	1998	永修县人民政府
75	陈晓生	优秀共产党员	1999	中共九江市直机关工委
76	樊建华	全省水文系统文明职工	1999	江西省水文局党委
77	陈卫华	全省水文系统文明职工	1999	江西省水文局党委
78	谢启兴	全省水文系统文明职工	1999	江西省水文局党委
79	吕兰军	全省水文宣传先进个人	1999	江西省水文局党委
80	李晓辉	全省水文宣传先进个人	1999	江西省水文局党委
81	曹正池	九江市劳动模范	2000	九江市人民政府
82	张纯	优秀共产党员	2000	中共九江市直机关工委
83	王金香	优秀共产党员	2001	中共九江市直机关工委
84	黄良文	优秀共产党员	2001	修水县直属机关工会

序号	姓名	荣誉称号	授奖时间	授奖单位
85	李辉程	优秀共产党员	2002	中共九江市直机关工委
86	吕兰军	2000、2001 年全省水文宣传先进个人	2002	江西省水文局党委
87	黄良保	2002—2003 年度全省水利系统精神文明建设先进个人	2004	江西省水利厅文明委
88	樊建华	2002、2003 年全省水文宣传先进个人	2004	江西省水文局党委
89	邓镇华	2005 年全省防汛抗洪先进个人	2005	中共江西省委、省政府
90	吕兰军	2005 年全省防汛抗洪先进个人	2005	中共江西省委、省政府
91	戴宝林	2005 年全省防汛抗洪先进个人	2005	中共江西省委、省政府
92	黄良保	九江市劳动模范	2005	九江市人民政府
93	李晓辉	全省水文防汛抗洪先进个人	2005	江西省水文局
94	匡华东	全省水文防汛抗洪先进个人	2005	江西省水文局
95	杨华昭	全省水文防汛抗洪先进个人	2005	江西省水文局
96	邱启勇	全省水文防汛抗洪先进个人	2005	江西省水文局
97	戴宝林	全省水文防汛抗洪先进个人	2005	江西省水文局
98	张纯	2004 年、2005 年全省水文宣传先进个人	2006	江西省水文局党委
99	黄良保	全国防汛抗旱模范	2007	国家防总、人事部、解放军总政治部
100	吕兰军	2006—2007 年度水利系统优秀政研工作者	2007	中国水利职工思想政治工作研究会
101	曲永和	全国水利系统职工文化工作先进个人	2008	中国农林水利工会全国委员会
102	金戎	优秀共产党员	2008	中共九江市直机关工委
103	樊建华	2006 年、2007 年全省水文宣传先进个人	2008	江西省水文局党委
104	张纯	2006 年、2007 年全省水文宣传先进个人	2008	江西省水文局党委
105	曲永和	2006—2007 年度优秀工作者	2008	九江市直属机关工会
106	代银萍	优秀共产党员	2009	中共九江市直机关工委
107	欧阳庆	全省水文系统学习教育年主题活动学习标兵	2009	江西省水文局
108	曹正池、金戎	全省水文系统学习教育年主题活动优秀师徒	2009	江西省水文局
109	吕兰军	2008—2009 年度水利系统优秀政研工作者	2010	中国水利职工思想政治工作研究会
110	曲永和	民建江西省委员全省优秀会员	2010	民建江西省委

序号	姓名	荣誉称号	授奖时间	授奖单位
111	樊建华	2010 年全市防汛抗洪先进个人	2010	九江市委、市政府
112	张纯	九江市劳动模范	2010	九江市人民政府
113	吕兰军	2008—2009 年度水利系统优秀政研工作者	2010	中国水利职工思想政治工作研究会
114	黄开忠	2009 年全市目标考评先进个人	2010	九江市人民政府
115	曹正池	江西省水利厅 2010 年抗洪先进个人	2010	江西省水利厅
116	金戎	江西省水利厅 2010 年抗洪先进个人	2010	江西省水利厅
117	林杨	2010 年全县抗洪救灾先进个人	2010	中共修水县委、县政府
118	余兰玲	优秀共产党员	2010	中共九江市直机关工委
119	曲永和	民建江西省委员全省优秀会员	2010	民建江西省委
120	樊建华	2010 年抗洪先进个人	2010	江西省水文局
121	余兰玲	2010 年抗洪先进个人	2010	江西省水文局
122	江小青	2010 年抗洪先进个人	2010	江西省水文局
123	占承德	2010 年抗洪先进个人	2010	江西省水文局
124	李晓辉	2010 年抗洪先进个人	2010	江西省水文局
125	林杨	2010 年全县抗洪救灾先进个人	2010	修水县委、县政府
126	欧阳庆	2009—2010 年度全省水文宣传先进个人	2010	江西省水文局党委
127	曲永和	2008—2009 年度优秀工会工作者	2010	九江市直机关工会
128	黄开忠	全省水文系统机关效能年活动"十佳职工"	2010	江西省水文局
129	黄开忠	2010 年全市目标考评先进个人	2011	九江市人民政府
130	余兰玲	优秀共产党员	2011	中共九江市直机关工委
131	吕兰军	江西省水利学会先进工作者	2011	江西省水利学会
132	匡华东	全县抗洪抢险先进个人	2011	修水县政府
133	易云	全县抗洪抢险先进工作者	2011	修水县政府
134	金戎	优秀共产党员	2012	中共九江市直机关工委
135	段青青	优秀党务工作者	2012	中共九江市直机关工委
136	欧阳庆	2011 年全市目标管理考评先进个人	2012	九江市委、市政府
137	曹正池	荣记三等功	2012	江西省水文局
138	段青青	2012 年市直单位科技干部管理培训优秀学员	2012	中共九江市直机关工委
139	余兰玲	2012 年度全省水文先进个人	2012	江西省水利厅
140	卢兵	2012 年全市目标管理考评先进个人	2013	九江市委、市政府

序号	姓名	荣誉称号	授奖时间	授奖单位
141	曲永和	2012年度市直单位机关工会工作先进个人	2013	九江市总工会
142	李辉程	优秀共产党员	2013	中共九江市直机关工委
143	欧阳庆	优秀党务工作者	2013	中共九江市直机关工委
144	卢兵	2013年全市目标管理考评先进个人	2014	九江市委、市政府
145	黄良保	2013年度全市定点扶贫工作先进个人	2014	九江市委、市政府
146	段青青	2014年度全市定点扶贫工作先进个人	2014	九江市委、市政府
147	曲永和	2014度市直单位机关工会工作先进个人	2015	九江市直机关工会
148	匡华东	2014年度修水县先进工作者	2015	修水县委、县政府
149	欧阳庆	2014年全市目标管理考评先进个人	2015	九江市委、市政府
150	段青青	2014年全市目标管理考评先进个人	2015	九江市委、市政府
151	陈义进	优秀共产党员	2015	江西省水文局
152	卢兵	2015年全市目标管理考评先进个人	2016	九江市委、市政府
153	曹正池	2016年防汛抗洪工作通报表扬个人	2016	九江市委、市政府
154	陈新爱	2016年防汛抗洪工作先进个人	2016	瑞昌市委、市政府

附　录

江西省水利厅文件

〔1989〕赣水人字第 007 号

关于全省各地市水文机构设置及人员编制的通知

省水文总站:

〔1988〕赣水文人字第 026 号《关于地、市(湖)水文机构沿革、级别认定和机构设置的报告》悉。根据省机构编制委员会赣编发〔1989〕第 009 号《关于全省水文系统机构设置及人员编制的通知》精神,经研究,同意:

(略)

六、江西省水利厅九江市水文站为相当于副处级事业单位,定事业编制 116 名,其中机关 34 名;该站内设副科级科室 4 个,下设科级大河控制站 2 个,副科级区域代表站 2 个,其他站 12 个,详见附表六。

江西省水利厅

一九八九年二月十日

江西省水利厅九江市水文站所属机构编制表

单位级别:副处　　编制总数 116　　　　　　　　　　　　　　附表六

机关科室			区域代表站		
名称	级别	编制	名称	级别	编制
小计		34	小计		15
办公室	副科	9	武宁罗溪水文站	副科	8
水情科	副科	6	德安梓坊水文站	副科	7
测资科	副科	12	其他站		
水资源科	副科	3	名称		编制
局长室		4	小计		49
			修水杨树坪水文站		8
			修水先锋水文站		8
大河控制站(队)			修水大坑水文站		4

续表

机关科室			区域代表站	
名称	级别	编制	武宁爆竹铺水文站	3
小计		18	武宁王坑水文站	4
修水高沙水文站	正科	10	永修南山水文站	3
永修虬津水文站	正科	8	都昌彭冲涧水文站	5
			瑞昌铺头水文站	5
			星子观口水文站	4
			永修水位站	2
			永修吴城水位站（赣江）	3
			永修吴城水位站（修河）	

江西省机构编制委员会办公室文件

赣编办〔1993〕14 号

关于省水利厅地、市水文站更名的通知

省水利厅：

你厅《关于江西省水利厅地、市水文站机构更名的请示》（赣水人字〔1993〕012 号）收悉。

为加强水文行业管理，协调与当地政府部门的关系，经研究，同意将江西省水利厅赣州地区、吉安地区、宜春地区、上饶地区、抚州地区、九江市、景德镇、南昌市水文站以及鄱阳湖水文气象试验站更名为江西省水利厅地、市水文分局。机构更名后，其隶属关系、性质、级别和人员编制均不变。

江西省机构编制委员会办公室

一九九三年三月十二日

江西省机构编制委员会办公室文件

赣编办发〔1994〕第 10 号

关于省水文局增挂牌子的通知

省水利厅：

你厅《关于要求设立水环境监测中心的请示》（赣水人〔1994〕008 号）收悉。经研究，同意省水文局增挂"江西省水环境监测中心"牌子；各有关

地市（湖）水文分局增挂"××地（市）水环境监测中心"的牌子，均为一套机构，两块牌子，不增加人员编制和提高机构规格。

江西省机构编制委员会办公室

一九九四年三月十九日

九江市人民政府

市府发〔1998〕21号

关于贯彻实施《江西省水资源费征收管理办法》的通知

各县（市、区）人民政府、庐山管理局、九江开发区、共青垦殖场、市直有关单位：

为认真贯彻实施《江西省水资源费征收管理办法》（省政府60号令），切实加强我市水资源的管理和保护，维护国家对水资源的权益，特作如下通知：

一、进一步提高对贯彻实施省政府60号令的认识。水利不仅是农业的命脉，也是国民经济的基础产业。要把保护和节约水资源作为一项重要工作来抓；加强水资源管理是依法治水的重要环节。天上水、地表水、地下水是一个有机循环的整体，必须统一管理。

贯彻实施好省政府60号令，对于促进水资源的合理开发和可持续利用，增加水利投入，加快水利建设，有效增强防治水旱灾害，缓解对国民经济发展的制约等具有重大而深远的意义。因此，我市各级人民政府和有关单位必须认真贯彻执行。

要加强领导，搞好宣传，充分利用各种形式宣传省政府60号令的精神，切实把贯彻实施60号令作为我市水利建设的一项重要工作来抓。

二、加大执法力度，严格依法行政。《中华人民共和国水法》《江西省实施〈中华人民共和国水法〉办法》以及《江西省水资源费征收管理办法》是加强水资源管理和保护的法律依据。各县（市、区）要依法理顺水资源管理的关系，加大水行政执法力度。要依法对水质水量实行统一规划，统一调度，统一管理，统一发放取水许可证。水资源费由县级以上水行政主管部门负责征收。各地水行政主管部门，按审批、发放取水许可证的权限征收水资源费。

三、为加强我市的水质水量管理，各地要认真做好水质水量的检测，每年至少对辖区内的水质检测一至两次，向人民提供优质的水资源，确保全市人民群众身体健康。水质检测工作由市水行政主管部门委托市水环境监测中心负责实施，必要时通过新闻媒体进行水质公布。

四、加强水资源费的收缴、使用和监管。各级水行政主管部门收取水资源费，应持有同级物价部门的《收费许可证》，并使用省财政厅统一印制的水资源费专用票据。水资源费纳入同级财政专户，实行专户储存，专款专用，可结转下年使用。并按规定比例上缴。水资源费的使用由各级水行政主管部门提出用款计划，报同级财政主管部门审批后，按规定安排使用，并接受财政、审计主管部门的监督。

五、水资源费的统一征收从一九九八年一月一日起开始，征收标准按省政府60号令的规定执行。取水户应在每月10日前向指定的水行政主管部门交纳上月的水资源费。对取水户逾期不交纳水资源费的，每逾期1日按2‰加收滞纳金；对拒不交纳或者不足额交纳水资源费的，以及拒不安装或者安装不合格量水设备的，由县级以上水行政主管部门责令限期改正。对拒不改正的，个人可处200元以下，单位可处1000元以下罚款；未经批准擅自取水的，由水行政主管部门依法处理。

六、困难企业的认定和水资源费的减免，必须严格按省政府60号令的规定执行。任何单位和个人，不得擅自批准减、缓、免。本通知发出后，各有关部门和单位要大力支持配合水行政主管部门搞好水资源管理和保护，不能以任何借口和理由阻碍水行政主管部门依法管理水资源和统一征收水资源费。

自本通知发布之日起，《九江市人民政府关于印发〈九江市市区地下水水资源管理暂行规定〉的通知》（市府发〔1988〕64号）同时停止执行。

九江市人民政府

一九九八年十一月二十六日

九江市人民政府

九府字〔1998〕84号

关于建议给九江市水文分局表彰的函

江西省水利厅：

今年六七月间，我市长江段、鄱阳湖及博阳河发生了超历史洪水，长江和鄱阳湖的高水位维持时间之长、涨率之快、入湖流量之大，在历史上也属罕见。在这场严峻的抗洪救灾斗争中，九江市水文分局干部职工，艰苦奋战，充分发挥了防汛的耳目和参谋作用，为我市各级防汛指挥机构提供了科学决策依据，在夺取抗洪斗争的胜利中立了大功。一是信息提供得早，早在去年12月和今年2月，该局多次向市里提出，由于受厄尔尼诺现象影响和根据历年资料分析，今年长江九江段和修河，极有可能发生大洪水，长江要特别谨防 54 年型的洪水重现，修河高沙站年最高水位可达 95.00m。市政府依据这个预报进行了抗洪早安排、早准备，取得了主动权。二是短期预报准确及时，迄今为止，该局向我市防办发布的 40 次水情预报都合格。特别是 6 月 19 日当长江开始涨水时，该局提前 5 天预报 24 日 8 时九江站会出现 19.30m 的接近警戒线水位；26 日提前 4 天预报 30 日九江站水位可达 22.00m、星子站可达 21.90m；在 28 日提前 6 天预报未来九江站水位将会略超历史，这些数据与实况十分接近。该局预报的修河高沙站、永修站洪峰水位与实况吻合。这些成功的预报，使我市领导抗洪斗争心中有数、指挥有据。三是积极主动提供服务。该局一个月来，坚持昼夜值班，认真搜集长江干流及我省各地汛情，精心分析，殚思竭虑地进行预报作业，每天两三次向我市防办汇报汛情，并发布了 32 期《汛情公报》供市领导决策使用。该局的优质水情服务，使我们赢得了抗洪抢险救灾主动权，把洪灾损失降到了最低程度。

　　鉴于以上突出成绩，我府拟给该局以嘉奖，同时致函贵厅建议给予表彰。

九江市人民政府
一九九八年七月二十四日

九江市人民政府

九府字〔1999〕84 号

关于建议给九江水文分局表彰的函

江西省水利厅：

　　继 '98 洪水之后，长江九江段今年发生了有记录以来的历史第二高洪水位。在这场严峻的抗洪救灾斗争中，九江水文分局充分发挥了防汛的耳目和参谋作用，为我市各级防汛指挥机构提供了科学的决策依据，为我市夺取抗洪斗争的全胜立了大功。一是信息提供得早。今年 4 月 1 日该局便向市政府提出"长江九江段须做好迎战大洪水的准备工作"建议。市政府依据这个建议进行了抗洪早安排、早准备，取得了主动权。二是短期预报准确及时。该局向我市防汛指挥部发布的 68 次水情预报，其精度均在优良以上。如：6 月 28 日预报九江站水位 6 月 30 日将超过警戒水位，实况是 6 月 30 日夜超过 19.5 米；7 月 17 日预报九江站水位 20 日可达 22.30 米，实况是 22.30 米。成功的预报，为我市部署抗洪抢险做到心中有数、指挥有据。三是积极主动提供优质服务。该局自入汛以来，坚持 24 小时昼夜值班，认真搜集长江干流及我省各地雨情、水情信息，精心分析，精心预报，每天向我市防办汇报汛情，共发布了52期《汛情公报》，超常规地提供了一流的水情服务，为我市夺取今年抗洪斗争的全面胜利做出了较大的贡献。

鉴于九江水文局成绩突出，我府特致函贵厅建议给予表彰。

九江市人民政府

一九九九年八月二十八日

九江市人民政府文件

九府发〔1999〕27号

九江市人民政府关于贯彻江西省人民政府
关于加强水文工作的通知

各县（市、区）人民政府，共青垦殖场，市政府各部门：

水文工作是国民经济和社会发展中一项重要的基础工作，一切与水利资源有关的国家公益事业和国民经济建设都有赖于它提供科学依据。长期以来，我市水文工作在防洪减灾、水环境监测、水资源勘测和合理开发利用、管理保护等方面发挥了重要作用。我市是洪灾多发地区，水文情报预报服务，为我市减少了洪灾经济损失。但是，由于我市水文测报设备简陋、科技含量不高、资金投入渠道单一，水文职工工作和生活条件较差等问题，严重制约着我市水文事业的发展。为了认真贯彻省政府《关于加强水文工作的通知》（赣府发〔1999〕6号）文件精神，切实加强我市水文工作，特作如下通知：

一、进一步提高对水文工作重要性的认识

我市地处长江中、下游和鄱阳湖区，洪涝灾害频繁，是全国重点防洪城市，加快我市水文工作建设步伐，提高我市水文情报信息的收集、处理、测报预报质量，对我市抗洪减灾具有极其重要的意义，但是，目前我市有的地方和部门仍然存在着对水文工作重视不够，尤其是对水文站的设施建设缺乏投入，职工工作和生活条件改善关心不够、力度不大，队伍不稳定，直接影响了水文工作的有效开展。为此，各级政府和有关部门一定要站在国民经济可持续发展的高度，充分认识水文工作在减轻自然灾害和保护人民生命财产安全中的极端重要性，树立防患意识，把水文现代化建设规划纳入地方经济建设和社会发展规划，做到事事有人抓，件件有人管，使《中华人民共和国水法》和水利部《水文管理暂行办法》真正落到实处。

二、切实加强对水文测报设施的保护

保障水文设施正常运转是发挥水文作用的重要条件，各级政府要根据需要及时制定相应规章或发布公告，加强对水文测报设施的保护。

水文观测场地、院落房屋、专用道路、测验作业等方面的用地，各县级以上土地行政管理部门要依法确权、登记、发证。各类水文站（队）的测验器具、标志、测验专用道路和码头、观测场地、地下水观测井、报汛通信等设施，任何单位和个人不得侵占、毁坏或擅自移动。

各水文站（队）应根据《中华人民共和国水法》、水利部《水文管理暂行办法》等法律法规的有关规定，按照水文专业国家标准，经所在地的县级以上人民政府批准，在水文测验河段的上、下游和观测场地周围设立明显标志，划定保护区。任何单位和个人不得在保护区内从事取土、采石、挖沙、停靠船舶、倾倒垃圾余土等有碍水文作业的活动，违者视情节轻重由公安机关给予相应的处罚，情节严重构成犯罪的由司法机关依法追究刑事责任。

要保持水文站的相对稳定，确保水文资料的连续性和完整性。凡兴建影响水文正常工作以致需要搬迁水文站或水文设施的工程，建设单位必须事先与水文部门协商并按有关规定、程序报批，导致水文站设施搬迁或重建的，其搬迁或重建费用由建设单位承担。

三、必须加大对水文工作的扶持力度

水文工作是一项重要的社会公益基础事业，水文部门虽属水利厅直属管理单位，但主要是为地方服务，效益也体现在地方。各级政府和有关部门要切实加大对水文工作的资金投入，认真抓好国家、地方、社会分级负责投资体系的落实。要把水文设施建设列入地方基本建设计划，计划、财政、水利部门在安排水利经费时，对水文建设要适当给予倾斜。从 2000 年起，各级政府要把水文补偿经费列入地方财政预算。凡水文部门争取到中央、省的基建项目投资需要配套资金的，各级政府应按规定的比例落实到位。各级水利部门每年应安排一定经费用于报汛、预报、水毁设施修复、设备改造、水资源勘测评价和水环境监测。市和各县（市、区）编制水利水电建设综合规划、防洪规划、流域开发治理规划及其他有关规划时，应根据水文事业的发展要求，统筹兼顾水文情报预报、水环境保护、水资源勘测、开发、管理的需要，将水文站网建设和设施改造纳入相应的建设规划，并与其他项目同步实施。各有关部门在收取水文测量船舶、防汛交通工具等规费时，要按有关规定实行优惠或给予减免。对水文部门防汛电话费按国家统一收费项目的标准收取，免收程控电话初装费，适当减免邮电业务附加费。供电部门要尽最大可能保证水文部门测报用电。对新建、扩建水文设施和水文站（队）结合基地建设所需用地，经有关部门审定后，由当地政府和土地行政管理部门支持解决。水文测站需要新增生产、生活设施用地，应向县级以上土地行政管理部门依法申请使用国有土地，生产用地可采取划拨土地使用权方式提供，生活设施用地除法律法规规定应出让的以外，可采取划拨土地使用权方式提供，但不得转让、出租和擅自改变用途。各级政府和有关部门要积极支持水文部门根据国家有关规定开展水文专业有偿服务和技术咨询服务，支持依法开展多种经营，以弥补水文经费的不足。

四、努力改善水文职工的工作和生活条件

水文基层测站坐落在江河湖畔，地处偏僻，工作和生活条件艰苦，各级政府和有关部门要采取切实措施，进一步改善水文职工的工作和生活条件。对水文职工的医疗和养老保险要按省驻地行政事业单位职工同等对待，子女上学、就业安置等方面要与当地职工一视同仁。在本市行政区调动的水文职工和随迁家属，其户粮关系的转迁有关部门应予办理。对委托代办水位、雨量站的农民观测员，其所在地政府应减免其每年的农田水利基本建设劳动积累工和农村义务工。

五、切实加强对水文工作的领导

市水文分局是负责我市行政区内水文行业管理、水资源勘探分析、评价和水环境监测保护的职能机构，各县（市、区）水文站（队）是收集管理所在流域或县（市、区）水文资料的专业部门，市水文分局及其管辖的水文站（队）负责本区域的水文情报预报工作。各级政府和有关部门要切实加强对水文工作的领导，关心支持水文工作，将水文工作列入地方各级政府的议事日程，把水文现代化建设纳入地方经济建设和社会发展规划并同步实施。在现行水文管理体制下，要把水文部门视地方单位同等对待，帮助解决工作中的实际困难，支持水文部门统一管理水文资料的收集、汇总、审定、裁决，确保水文资料的完整性和准确性。各级水利行政主管部门在发放取水许可证、审批有关工程、征收水资源费和保护水环境监督管理中，必须委托市水文分局统一管理水量、水质的勘测、分析、评价。在本市辖区内，凡涉及水文资料的工程立项审查、水事纠纷调解、水利行政案件裁决等，一律依据市水文分局提供的正式资料。

九江市人民政府

一九九九年十二月七日

中国共产党九江市委员会（批复）

九字〔2003〕9号

中共九江市委
关于同意成立中共九江市水文分局党组的批复

中共九江市水文分局支部：

报来《关于要求成立中共九江市水文分局党组的请示》（九水文党字〔2002〕17号）收悉。经研究，同意成立中共九江市水文分局党组。希望水文分局党组切实担负起领导责任，认真贯彻党的基本路线和"三个代表"重要思想，加强对分局党的工作的指导，团结和带领全分局广大干部群众，努力完成各项工作任务。

特此批复

中国共产党九江市委员会

二〇〇三年二月二十七日

九江市防汛抗旱指挥部文件

九防指〔2005〕34号

关于涉河工程建设确保水文测报设施不受影响的通知

各县（市、区）防汛抗旱指挥部、共青开发区、九江经济开发区防汛抗旱指挥部，城区防汛指挥部：

水文工作是国家公益事业和国民经济建设中一项重要的基础工作，更是防灾减灾决策的重要依据。长期以来，我市水文工作在防洪减灾、水环境监测、水资源勘测和合理开发利用、保护管理等方面发挥了重要的作用。近些年，随着各地招商引资力度的加大，小水电开发项目也日益增多，部分无序开发项目对河道水文测报工作产生了不利的影响，尤其是在水文站测验河段上、下游范围内兴建水电站更是如此。为保持水文站的相对稳定和水文资料的连续性，确保河道水文测报设施不受影响，充分发挥水文防汛测报作用，特通知如下：

各县（市、区）要认真执行《中华人民共和国水法》和《中华人民共和国防洪法》及《河流流量测验规范》，"单位和个人有保护水工程的义务，不得侵占、毁坏堤防、护岸、防汛、水文监测、水文地质监测等工程设施"；规定"任何单位和个人不得破坏、侵占、毁损和擅自移动水文测报设施，不得进行危害和影响水文测报的活动。因工程建设需要迁移或者改建水文测报设施的，应当按照国家规定办理有关手续，迁移或者改建的费用由工程建设单位承担"，各地水行政主管单位和水利工程建设部门要严格审查涉河建筑物对水文测报设施的影响，严禁在国家防汛网络的重点水文站，在水情报汛中无法替代的骨干水文站的水文测验河段保护区内修建涉水工程，凡对水文测报有影响的涉水工程，其业主和设计单位必须事前与水文主管部门协商，并按有关规定报批。

九江市人民政府防汛抗旱指挥部

二○○五年六月九日

江西省机构编制委员会办公室

赣编办文〔2005〕162 号

关于江西省水利厅赣州市等九个水文分局更名的批复

省水利厅：

你厅《关于要求将江西省水利厅赣州市等九个水文分局更名的请示》（赣水党字〔2005〕35 号）收悉。经研究，同意：

（略）

将江西省水利厅九江市水文分局更名为江西省九江市水文局。

（略）

江西省机构编制委员会办公室

二○○五年八月一日

九江市防汛抗旱指挥部文件

市防指字〔2006〕3 号

关于协调解决武宁水文站建设用地的函

武宁县防汛抗旱指挥部：

九江市水文局向我部报来的《关于请求解决武宁水文站建设用地的报告》（九水文字〔2005〕29 号）收悉，我们认为：水文工作是国民经济和社会发展中一项重要的基础工作，在防汛减灾、水环境监测、水资源勘测和合理开发利用、管理保护等方面发挥了重要作用。武宁县是我市防汛重点地区，境内有柘林、盘溪等大中型水库，近几年来山洪、泥石流等自然灾害频繁，水文测报及防汛工作极其重要。

据报告，罗溪水文站因盘溪电站建成蓄水后不能发挥正常测报作用，市水文局拟在武宁县城建立中心水文站——武宁水文站，这样更有利于武宁县的雨量站报汛管理、河流流量测报、水质测验等项工作的开展，为我市防汛决策、京九铁路、昌九高速公路及柘林水库的防洪安全调度提供科学依据。请你们按照省、市人民政府有关文件精神，在县城附近协调解决 2000 平方米土地用于九江市水文局武宁水文站工作、生活用房。具体事宜，市水文局与你们协商。

九江市人民政府防汛抗旱指挥部
二〇〇六年一月十二日

江西省水利厅文件

赣水组人字〔2006〕30 号

关于调整省水文局等 10 个厅直事业单位内设机构的通知

厅直各单位：

根据江西省机构编制委员会办公室《关于调整省水利厅部分直属事业单位内设机构的批复》（赣编办文〔2006〕94 号），省水文局等 10 个事业单位的内设机构调整如下：

（略）

7. 九江市水文局调整后的内设机构为 12 个，即：办公室、水情科、水资源科、测资科、水质科、自动化科、九江水文勘测队、修水水文勘测队、武宁罗溪水文站、德安梓坊水文站、永修虬津水文站、高沙水文站。

（略）

江西省水利厅
二〇〇六年七月四日

江西省水利厅文件

赣水组人字〔2006〕32 号

关于调整省水利规划设计院等 22 个事业
单位科级领导干部职数的通知

厅直各单位：

经研究，同意江西省水利规划设计院等 22 个厅直事业单位科级领导干部职数调整如下：

（略）

19. 九江市水文局科级领导职数 20 名，其中正科 7 名、副科 13 名。

（略）

江西省水利厅

二〇〇六年七月四日

九江市防汛抗旱指挥部文件

九汛字〔2008〕7 号

关于解决瑞昌水文信息自动测报中心办公楼
及雨量水位观测场建设用地的函

瑞昌市人民政府：

瑞昌是我市的防汛重点地区，境内有幸福、横港、石门、高泉等多座中型水库，有亚泥、武山铜矿等多个大型企业，长江为过境河流，长河为该市主要河流。近几年来山洪、泥石流等自然灾害频繁，在历次抗洪抢险、防御台风工作中，设立在瑞昌的水文站及时地提供水雨情预警预报，为我市及瑞昌市的防汛抗旱防台等工作发挥了极其重要的作用。

铺头水文站位于瑞昌市高丰镇铺头村，观测项目有水位、流量、降水、蒸发，是我省重点区域代表站。铺头水文站管理着该市九个报汛雨量站，还担负该市的水环境监测，由于离瑞昌市区较远，在为瑞昌市的水情、旱情、水资源保护等方面的服务造成诸多不便，瑞昌市防汛抗旱、水行政主管部门多次向市水文局提出在瑞昌市区设站的愿望。因而非常有必要在瑞昌市区设立雨量水位站和水文信息自动测报中心，这样更有利于瑞昌市的雨量水位站报汛管理、河流流量测报、水环境监测等项工作的开展，为瑞昌及我市防汛决策、重点防汛单位的防洪安全提供科学依据。

按照水文测验和水文信息自动测报规范要求，在瑞昌市区需建设用地 2000 平方米，用于雨量观测场、水文信息自动测报中心办公楼的建设。请瑞昌市人民政府给予关心和重视，按照公益事业用地要求划拨给九江市水文局。

九江市人民政府防汛抗旱指挥部

二〇〇八年三月七日

九江市防汛抗旱指挥部文件

九汛字〔2008〕8 号

关于在湖口八里江下游、九江江段锁江楼
设立水位监测站的通知

九江市水文局：

为落实省政府建设"江西生态省"的指示精神，省水利厅提出在全省建设 100 个水量水质监测站点，为满足防汛监测需要，确定我市湖口八里江下游约 1500 米处及长江九江段锁江楼设立水位自动监测站，请你局组织技术人员查勘和建设，在主汛期之前投入运行，有关部门要予以配合和支持，具体事宜请与有关部门协商。

九江市人民政府防汛抗旱指挥部

二〇〇八年三月十一日

江西省机构编制委员会办公室

赣编办发〔2008〕42 号

关于印发《江西省九江市水文局（江西省九江市
水环境监测中心）主要职责内设机构和人员编制规定》的通知

省水利厅：

《江西省九江市水文局（江西省九江市水环境监测中心）主要职责内设机构和人员编制规定》已经审批，现予印发。

江西省机构编制委员会办公室

二〇〇八年八月一日

江西省九江市水文局（江西省九江市水环境
监测中心）主要职责内设机构和人员编制规定

江西省九江市水文局（江西省九江市水环境监测中心）为江西省水文局管理的副处级全额拨款事业单位。

一、主要职责

负责《中华人民共和国水文条例》和国家、地方有关水文法律、法规的

组织实施与监督检查；负责全市水文行业管理；归口管理全市水文监测、预报、分析与计算、水资源调查评价、水环境监测和水文资料审定、裁决；负责全市防汛抗旱水旱情信息系统、水文数据库、水资源监测评价管理服务系统的开发建设和运行管理，向本级人民政府防汛抗旱指挥机构，水行政主管部门提供汛情、旱情实时水文信息；承担全市范围内江、河、湖、库洪水预测预报，水生态环境、城市饮用水监测评价工作，以及水文测报现代化、信息化和新技术的推广应用工作。

二、内设机构

根据上述职责，九江市水文局（九江市水环境监测中心）设办公室、组织人事科、水情科、水资源科、水质监测、测资科、地下水监测科、自动化科、德安梓坊水文站、武宁罗溪水文站 10 个副科级机构；设九江水文勘测队、永修虬津水文站、修水水文勘测队、修水高沙水文站 4 个正科级机构。

三、人员编制

九江市水文局（九江市水环境监测中心）全额拨款事业编制 108 名。

领导职数：局长 1 名（副处级），副局长 4 名（正科级）；正科 4 名，副科 18 名。

江西省人事厅

赣人字〔2008〕228 号

关于江西省水文局列入参照公务员法管理的通知

江西省水利厅：

根据中共中央、国务院《关于印发〈中华人民共和国公务员法实施方案〉的通知》（中发〔2006〕9 号）和中共江西省委组织部、江西省人事厅《关于印发〈江西省事业单位参照公务员法管理审批办法〉和〈江西省参照公务员法管理单位工作人员登记办法〉的通知》（赣人字〔2006〕242 号），经省委、省政府批准，江西省水文局（含南昌、九江、上饶、抚州、宜春、吉安、赣州、景德镇、鄱阳湖水文局）列入参照《中华人民共和国公务员法》管理。

列入参照公务员法管理的单位，要参照《江西省参照公务员法实施工作方案》，按照《江西省参照公务员法管理单位工作人员登记办法》的要求，对工作人员进行登记，确定职务与级别、套改工资。要严格按照公务员法及其配套政策法规的规定，对本单位列入参照管理范围内的机构中除工勤人员外的工作人员进行管理。

事业单位实行参照管理后，要参照公务员法及其配套政策法规的规定，全面实施录用、考核、职务任免、升降、奖励、惩戒、培训、工资福利保险、辞退辞职、退休、申诉控告等各项公务员管理制度。参照管理单位不实行事业单位专业技术职务、工资、奖金等人事管理制度，不得从事经营活动。

江西省人事厅

二〇〇八年九月十日

九江市人民政府

九府厅发〔2011〕85号

关于印发《九江市水功能区、县（市）界河及重点水库水质动态监测实施方案》的通知

各县（市、区）人民政府，庐山管理局，九江经济技术开发区、庐山西海风景名胜区、九江八里湖新区管委会，市政府有关部门：

《九江市水功能区、县（市）界河及重点水库水质动态监测实施方案》已经市政府同意，现印发给你们，请结合实际认真贯彻落实。

九江市人民政府

二〇一一年十二月二十八日

九江市水功能区、县（市）界河及重点水库水质动态监测实施方案

根据《中华人民共和国水法》《中共中央、国务院关于加快水利改革发展的决定》实行最严格的水资源管理制度的要求，以及省、市有关文件精神，为加强全市水资源保护工作的力度，开展全市水功能区水质达标考核，市政府决定在全市水功能区、大中型水库、界河、饮用水水源地开展水质动态监测。特制定以下实施方案。

一、指导思想和总体目标

以科学发展观为指导，实行最严格的水资源管理制度，保护我市水环境的生态健康，使我市的江河水更清、人与自然更和谐、经济社会与水生态环境更协调，进一步促进经济社会发展方式转变。

二、工作任务

依据《江西省地表水功能区划》开展水功能区达标考核和各区、县（市）过境界河水体水质管理考核要求，监测评价全市主要江河重要水功能

共 69 个，其中一级水功能区 43 个、二级水功能区 26 个（详见附表一）；监测评价全市界河水体 21 个，其中省界水体 3 个、市界水体 3 个、县界水体 15 个；监测评价全市大、中型水库 25 个，其中大型水库 2 个、中型水库 23 个。评价考核水功能区、界河及大中型水库水质监测断面详见附件 1、附件 2、附件 3。

三、监测时间

（一）水功能区、县（市）界河水体监测：重点水功能区和区、县（市）界河全年监测 12 次，全市统一每月 10 日采样；一般水功能区全年监测 4 次，按季度每年 1 月、4 月、7 月、10 月的 10 日采样；在河流、水库出现最枯水位或发生突发性水污染事件时按应急预案实施，适当增加采样频次。

（二）鄱阳湖水功能区水体监测：鄱阳湖重点水功能区全年监测 12 次，全市统一每月 10 日采样，鄱阳湖一般水功能区全年监测 4 次，按季度每年 1 月、4 月、7 月、10 月的 10 日采样；在河流、水库出现最枯水位或发生突发性水污染事件时按应急预案实施，适当增加采样频次。

（三）大、中型水库监测：每年 1 月、4 月、7 月、10 月的 10 日采样。在水库出现最枯水位或发生突发性水污染事件时，适当增加采样频次。

四、监测断面布施

（一）水功能区、县（市）界河监测断面布施：源头水保护区监测垂线布设：水面宽小于 100m 的河流，设中泓 1 条垂线；水面宽大于 100m 的河流，左、中、右各设 1 条垂线（左、右设在距湿岸 5～10m 处）。

饮用水源区垂线布设：水面宽小于 100m 的河流，设中泓 1 条垂线；水面宽大于 100m 的河流，沿其水厂取水口上游 1km 处距湿岸 5m、20m、50m 各设 1 条垂线；其他水功能区监测断面布设：依据水功能区划要求在控制断面处布设监测断面。

界河断面垂线布设：水面宽小于 100m 的河流，设中泓 1 条垂线；水面宽大于 100m 的河流，左、中、右各设 1 条垂线（左、右设在距湿岸 5～10m 处）。

（二）鄱阳湖水功能区监测点布施：按卫星定位系统确定的站点采样，水面下 0.5m 处。

（三）大、中型水库监测点布施：水库坝前 50m，水面下 0.5m 处。

五、评价项目

（一）水功能区、县（市）界河水体

水质监测项目：按照《地表水环境质量标准》（GB 3838—2002）要求，

选取水温、pH 值、溶解氧、高锰酸盐指数、生化需氧量、氨氮、总磷、总氮（湖、库）、铜、锌、氟化物、硒、砷、汞、锡、六价铬、铅、氰化物、挥发酚、硫酸盐、氯化物、硝酸盐、铁、锰等 24 项参数进行监测与评价。

评价标准与方法：依据《地表水环境质量标准》（GB 3838—2002），采用单因子评价方法进行评价，超标项目与超标倍数依据相应水功能区水质目标确定。

水量监测项目：与水质监测取样同步进行流速、流量监测。

（二）鄱阳湖湖区水体

水质监测项目：按照《地表水环境质量标准》（GB 3838—2002）要求，选取水温、pH 值、溶解氧、高锰酸盐指数、生化需氧量、氨氮、总磷、总氮（湖、库）、铜、锌、氟化物、硒、砷、汞、锡、六价铬、铅、氰化物、挥发性酚、硫酸盐、氯化物、硝酸盐、铁、锰等 24 项参数进行监测与评价。

评价标准与方法：依据《地表水环境质量标准》（GB 3838—2002），采用单因子评价方法进行评价，超标项目与超标倍数依据相应水功能区水质目标确定。

按照《地表水资源质量评价技术规程》（SL 395—2007）中的湖库营养状态评价标准及分级方法，选取总磷、总氮、叶绿素 a、高锰酸盐指数和透明度共 5 项参数进行水库营养状态监测与评价。

水量监测项目：水质监测取样时同步监测水位、库容。

（三）大、中型水库

水质监测项目：按照《地表水环境质量标准》（GB 3838—2002）要求，选取水温、pH 值、溶解氧、高锰酸盐指数、生化需氧量、氨氮、总磷、总氮、铜、锌、氟化物、硒、砷、汞、锡、六价铬、铅、氰化物、挥发性酚、硫酸盐、氯化物、硝酸盐、铁、锰等 24 项参数进行检测与评价。

水质评价标准与方法：依据《地表水环境质量标准》（GB 3838—2002），采用单因子评价方法进行评价，超标项目与超标倍数以Ⅲ类水标准确定。

按照《地表水资源质量评价技术规程》（SL 395—2007）中的湖库营养状态评价标准及分级方法，选取总磷、总氮、叶绿素 a、高锰酸盐指数和透明度共 5 项参数进行水库营养状态监测与评价。

水量监测项目：水质监测取样时同步监测水位、库容。

六、监测评价承担单位

根据水环境监测评价工作要求，水质检测分析工作必须由获得国家计量认证资质的单位承担。九江市水环境监测中心于 2004 年获得国家级计量认证合格证书，是我市具备开展水环境监测评价、水文水资源调查和水资源论证合格单位。我市水功能区、界河水体和水库监测水质水量评价工作统一委托九江市水环境监测中心完成。

七、成果编制与报送

成果编制：九江市水环境监测中心依据监测资料统一编制《九江市水资源质量状况公报》《鄱阳湖水资源质量状况公报》，每月一期。

成果报送：九江市水环境监测中心于当月28日前将监测评价成果报告报市领导，送市直相关部门、各县（市、区）领导和水库管理单位。

八、保障措施

（一）加强组织领导。成立九江市水资源管理领导小组，全面负责我市水资源的开发、利用、节约、保护以及监督管理。领导小组由市政府分管领导任组长，市水利局、环保局、水文局、农业局、林业局、国土局为成员单位，领导小组办公室设在市水利局，负责日常管理工作。

各县（市、区）政府成立相应领导小组，负责此项工作的组织领导，要明确一名县领导分管负责，县（市、区）水行政主管部门负责方案的实施与监督管理，与监测技术支撑单位签订监测协议，市、县两级水利和环保部门要密切配合，分工合作，确保方案的实施。

（二）落实工作经费。监测费用承担原则上实行市、县分担。涉及市城区及省、市、县交界断面由市本级承担，其余监测断面由所在地承担。各县（市、区）政府财政要专项列支水质动态监测工作经费，保障监测工作的顺利开展。

（三）抓好技术支撑。水质监测工作的技术支撑单位为九江市水环境监测中心，各项水质检测均由市水环境监测中心进行。各地要积极配合和支持技术支撑单位的工作，做好水质的取样、送检等工作。市水环境监测中心要对所检水样进行严谨、科学的检测，监测结果由九江市水环境监测中心于当月发送至有关部门。

（四）强化督查监管。各地要根据水质监测成果及当地实际情况，对水库内从事肥水养鱼、向水源（水库）排放超标废水和对易造成水质污染的畜禽养殖场等生产经营企业建设等行为明令禁止，对水质抽样检测不达标的，要责令限期整改，期限内整改不到位的，将依法进行处罚。造成严重污染事件的，依法追究刑事责任。

（附件略）

九江市人民政府

九府函〔2013〕63 号

关于对九江市水文局实行省水利厅和
九江市人民政府双重管理的复函

省水利厅：

贵厅《关于商请对赣州等四个设区市水文局实行双重管理的函》（赣水人事字〔2013〕19 号）收悉。针对来文商请一事，我市高度重视，组织市财政局、市编办等单位进行了认真研究，现复函如下：

一、为进一步加强我市水文工作，更好地服务于我市防汛减灾和经济社会发展，我市同意九江市水文局实行省水利厅和九江市人民政府双重管理体制。

二、实行双重管理体制后，九江市水文局机构编制、领导职数、经费投入仍由省水利厅统一下达和管理。九江市水文设施及相关项目的建设、管理、维护仍由省级财政负担。

三、鉴于水文部门承担了为地方经济服务的职能，我市在财力允许的情况下，对由其承担的为地方经济建设服务的项目给予适当经费补助。

特此复函。

九江市人民政府
二〇一三年十月二十四日

九江市发展和改革委员会

九发改投资字〔2014〕529 号

关于九江市水文防汛抗旱预测预报中心建设
项目可行性研究报告的批复

九江市水文局：

报来《关于批准九江市水文防汛抗旱预测预报中心（水文巡测基地）建设项目可行性研究报告的申请》（九水文函〔2014〕11 号）及相关材料收悉，经研究，原则同意九江市水文防汛抗旱预测预报中心（水文巡测基地）建设项目可行性研究报告，现就有关事项批复如下：

一、项目建设地址：九江市浔南大道北侧。

二、建设规模及主要建设内容：总面积 3646 平方米（不含地下人防工程

1217 平方米），主要建设内容包括水文勘测队生产用房、市水环境监测中心、市水情分中心、水文数据中心、地下水监测中心、墒情监测中心、暴雨山洪灾害预警中心、河道测绘队生产用房及相关配套设施等。

三、项目投资及资金来源：估算总投资约 1700 万元（其中地下人防工程 500 万元），资金来源为拆迁补偿、上级补助及项目单位自筹。

四、请严格控制工程造价、建设规模和建设标准。按照基本建设程序开展工作，落实项目法人责任制、合同管理制、施工监理制和招投标制，遵循合理用能规范与节能设计规范，确保节约措施与能效指标的落实。

五、请委托有资质的设计单位编制初步设计文件报我委审批。

此复。

九江市发展和改革委员会

2014 年 9 月 10 日

九江市人民政府办公厅抄告单

九府厅抄字〔2014〕508 号

市水文局：

《关于申请解决九江市水功能区水资源监测经费的请求》收悉。经研究，同意从省下达的砂石资源费中追加你局 2014 年水资源监测经费 80 万元，并自 2015 年起，每年市级财政预算列入你局水资源监测经费 80 万元。涉及县级饮用水源地水资源监测的县（区），按照分级负担的原则，其水资源监测经费由各县（区）级财政负担。

特此抄告。

九江市人民政府办公厅

2014 年 11 月 25 日

中国共产党九江市委员会

九字〔2016〕28 号

中共九江市委　九江市人民政府
关于 2016 年全市防汛抗洪工作表现突出
单位和个人的表扬通报

各县（市、区）委、人民政府，庐山管理局、九江经济技术开发区、庐山西海风景名胜区、八里湖新区，市委各部门，市直及驻市中央、省属各单位：

今年，受超强厄尔尼诺事件影响，全市先后出现 22 次较强降雨过程，特别是 7 月份以来，受降雨和长江上游来水影响，全市江河湖泊水位迅猛上涨，7 月 3 日起全线"超警"，创下 21 世纪以来最高水位。面对严峻的防汛形势，在省委、省政府的坚强领导下，全市上下紧急行动起来，按照"做最扎实的准备，做最困难的打算"的要求，立足"打大仗、打硬仗、打苦仗"，强化措施，落实责任，超前谋划，科学防控，党政军民齐心协力众志成城，全力以赴防大汛、抗大洪、抢大险、战大灾，全市实现未垮一坝，未倒一堤，未死一人，取得防汛抗洪的关键性胜利，涌现出了一大批工作表现突出的单位和个人。为总结经验，树立典型，激励全市人民进一步弘扬抗洪精神，全力以赴夺取今年防汛抗旱全面胜利，夺取灾后重建和经济社会发展的新胜利，市委、市政府决定，对在 2016 年防汛抗洪工作中表现突出的市水文局等 64 个单位和彭书堂等 182 名个人予以通报表扬。

希望受到表扬的单位和个人，珍惜荣誉，再接再厉，在今后工作中再立新功。希望全市各级组织、广大干部群众要以受到表扬的单位和个人为榜样，继承和发扬抗洪抢险中的好传统、好作风，把抗洪精神转化为促进全市经济社会发展的强大动力，求真务实、凝心聚力，为建设"五大九江"、推动"双核"发展、全面建成小康社会而努力奋斗。

附件：2016 年防汛抗洪工作通报表扬单位和个人

中共九江市委　九江市人民政府

2016 年 8 月 14 日

表扬单位：九江市水文局　表扬个人：曹正池

其他名单略

九江市史志办公室文件

九史志字〔2017〕35 号

关于将《九江市水文志》列入全市地方志系列的批复

九江市水文局：

报来《关于将〈九江市水文志〉列入全市地方志系列的请示》收悉。水文工作直接为开发、利用、节约、保护水资源和防灾减灾服务，是经济社会发展的基础性事业，在国民经济发展中占有重要地位。九江市近代水文始于 1885 年，开全省之先河，在 130 多年历史中，发挥过巨大作用，积累了丰硕科技成果。编纂《九江市水文志》，能记述前人积累的各种科技知识，保存大量珍贵的历史资料，推动水文事业跃上新台阶，为全市经济社会发展提供持久性的地情资料支持。同时，《九江市水文志》也将是全市地方志系列中一部重要著作，极大地丰富全市地方志成果群。

经研究，市史志办将《九江市水文志》列入全市地方志系列，并将全力支持志书的编纂。请相关部门大力支持，积极协同，共同编纂出版一部精品佳志。

九江市史志办公室

2017 年 12 月 29 日

九江市史志办公室

九史志字〔2019〕27 号

关于《九江市水文志》的复审意见

九江市水文局：

2018 年 12 月，贵局报来《九江市水文志（送审稿）》（以下简称"志稿"）收悉，我办组织专家审读后，于 2019 年 3 月 11 日赴贵局反馈了意见。4 月 23 日，贵局将修改后的志稿再次送报我办，经我办再度组织专家审读后，认为：

一、志稿全面、客观地记述了九江市水文事业环境、机构、业务、科技和人文等各方面历史与现状，涵盖了本行政区域内水文事业全部的发展变化情况，史料丰富、系统、翔实，具有较强的行业特色，时代特色和地方特点，是一部重要的区域行业性文献。

二、志稿坚持以马列主义、毛泽东思想、中国特色社会主义理论体系、习近平新时代中国特色社会主义思想为统领，系统反映了在党和政府的正确领导下，全市水文战线广大干部职工爱岗敬业，忠于职守，刻苦钻研业务技术，努力掌握操作技能，为防汛抗旱、防灾减灾、水资源开发利用管理、水利工程和国民经济建设做出的重大贡献，热情讴歌人民创造历史的主旋律。

三、志稿体裁完备，结构严谨，归类科学，层次分明，语言规范，符合志书体例要求。图片选用得当，有较高的存史价值。

为此，我办同意通过志稿。请按照专家提出的建议，对志稿作进一步精细完善，报请编纂委员会终审验收后，出版发行。

九江市史志办公室

2019 年 5 月 27 日

编 后 记

2012年1月，省政府启动第二轮《江西省志》编纂工作。2013年6月，省地方志编纂委员会批复省水利厅，同意《水文志》列入《江西省志》序列，正式志名定为《江西省志·水文志》，同时，《江西省志·江河志》也列入编纂计划。这两部志书的承编主体为省水利厅，承编单位为省水文局。

2013年4月，吕兰军加入《江西省水文志》编纂室；曹正池、樊建华、曲永和加入《江西省志·江河志》编纂室。以上人员同时参加了省地方志举办的第二轮《江西省志》编纂培训班学习，并分别在这两部志书的编写中承担了重要工作。

随着编纂工作的不断深入，对志书的了解也逐步加深、认识在不断加强。江西水文始于九江，九江水文的发展历史，可以说就是江西水文发展历史的缩影。九江水文的发展历史如果不能在我们手上加以总结、发展和传承，对于我们这些在九江干了近四十年水文工作的人来说必将心存惭愧，着手编纂《九江市水文志》也就成为顺理成章之事。

2017年3月17日，江西省九江市水文局发文，成立《九江市水文志》编纂室（九水文发〔2017〕7号），樊建华同志担任编纂室主任，标志着《九江市水文志》编纂工作的正式开始。

为更好地完成《九江市水文志》的编纂工作，力争全面客观地反映九江水文的发展过程，2017年6月16日，吕兰军、曹正池、樊建华三人走访了九江市史志办。

市史志办主任戴和君及方志科科长郭国胜热情接待了吕兰军一行。在听取了吕兰军关于修志的情况汇报后，对于九江水文修志工作的前瞻意识给予充分肯定，建议把《九江市水文志》定义为行业志，提升水文行业特色，并指派专业人士对修志工作全程加以辅导。同时表示对于志书的审核、批复、出版都将给予大力支持。

2017年6月18日，召开第一次编委会议，对《九江市水文志》篇目大纲进行审查，经樊建华统筹修改后，送交市史志办审阅。同时对工作进度、编写任务作出具体安排。

2017年6月20日，市史志办批复通过《九江市水文志》篇目大纲。

2017 年 6—12 月，按照章节分工，开展 1885—2016 年《九江市水文志》所需资料的搜集工作。

2017 年 12 月 29 日，市史志办批复，同意将《九江市水文志》列入全市地方志系列。

2018 年 1 月，《九江市水文志》进入正式编纂阶段。

2018 年 12 月，《九江市水文志》初稿完成，打印成册，交由各科室和相关单位进行预审。

2018 年 12 月 18 日，与中国水利水电出版社签订出版合同。

2019 年 2 月，初稿完成预审，修改完成一审稿。

2019 年 3 月 11 日，为了更好地开展《九江市水文志》的修编工作，特邀市史志办方志科科长郭国胜举办修志知识专题讲座，局领导及有关修志人员听取了讲座。

2019 年 4 月 8 日，根据市史志办修改意见，修改完成二审稿。

2019 年 4 月 23 日，形成送审稿，再次报请市史志办审核。

2019 年 5 月 27 日，市史志办经过再审后，下发关于《九江市水文志》的复审意见，同意通过志稿，建议对志稿作进一步精细完善，报请编纂委员会终审验收后，出版发行。

2019 年 6 月 17 日，召开第二次编委会议，对《九江市水文志》终审稿进行审议。

2019 年 6 月 21 日，召开第三次编委会议，提出精细完善的修改建议，一致通过《九江市水文志》的终审验收。

2019 年 7 月 10 日，《九江市水文志》修改完成终审稿，提交出版社安排出版。

全志编纂完成情况如下：

樊建华：负责序；凡例；概述；大事记；第一篇第一～第三章、第四章第二节，第五章，第六章；第二篇第七章、第十章；第三篇；第四篇第十五章第三节、第四节；第五篇第十六章第一节、第二节、第十七章第二节、第三节；第六篇第十八章、第十九章、第二十二章第二节；附录；编后记的编纂。负责全志总纂。

江虹：提供第一篇第四章第一节；第二篇第八章第一～第八节、第十章第一～第四节；第四篇第十四章第一～第三节、第十五章第一节、第二节；第六篇第二十二章第一节部分资料。

杨蓓：提供第二篇第七章第三节，第八章第九节，第九章；第六篇第二十二章第四节部分资料。

张洁：提供第一篇第四章第一节；第五篇第十七章第二节；第六篇第二十二章第三节部分资料。

余兰玲：提供第二篇第七章第三节部分资料。

张九耘：提供第二篇第七章第三节、第八章第三节部分资料。

金戎：提供第五篇第十六章第三节、第十七章第一节部分资料。

曾倩倩：提供第六篇第二十章第一节～第四节，第二十一章；第七篇。

王东志：提供第六篇第二十章第五节、第二十二章第四节部分资料。

李国霞：提供第六篇第十九章第三节部分资料。

郎锋祥：提供第六篇第十九章第四节部分资料。

吴传红：提供鄱阳湖水文局站点资料。

陈义进：负责部分图片收集。

曹涛涛：负责地图修订工作。

全志编纂过程中，得到了省、市水文局领导的高度重视和大力支持、得到了参编人员及鄱阳湖水文局吴传红的鼎力相助、得到了邓镇华等老同志的热心斧正，得到了市史志办的精心指导，使全志编纂工作得以顺利完成。在此，一并表示诚挚的感谢！

编纂《九江市水文志》是一项全新的工作。由于缺乏经验，学识水平所限，时间跨度长等原因，本志内容难免存在错误、遗漏和不当之处，恳请读者予以批评指正。